최근 출제경향을 완벽하게 분

KB160527

최신판

국가기술자격
검정시험대비

PROFESSIONAL ENGINEER
FIRE PROTECTION

소방
기술사 1
기출문제풀이

배상일 · 김성곤 공저

예문사

머리말

소방기술사 시험은 기사 및 산업기사보다 높은 단계에 있는 상위 자격증으로 취업 등 사회적 우대를 받게 되는 자격제도이며, 연봉이 높고 취업분야가 많지만 난이도가 높아 합격률이 굉장히 낮은 시험입니다.

소방기술사 자격시험의 1차 필기는 논술형 방식으로 '화재 및 소화이론(연소, 폭발, 연소생성물 및 소화약제 등), 소방수리학 및 화재역학, 소방시설의 설계 및 시공, 소방설비의 구조원리(소방시설 전반), 건축방재(피난계획, 연기제어, 방·내화설계 및 건축재료 등), 화재, 폭발위험성 평가 및 안정성 평가(건축물 등 소방 대상물), 소방관계법령에 관한 사항' 과목으로 실시됩니다. 이처럼 내용과 범위가 광대하므로 길을 모르고 시작하면 필연적으로 수험기간이 길어지고, 수험생은 포기할 수밖에 없습니다.

이 책은 1차 필기를 세 번만에 합격한 경험을 바탕으로, 소방기술사를 준비하는 수험생들의 공부방법과 답안지 작성방법을 수험생의 입장에서 쉽게 접근하고, 빠른 기간에 합격할 수 있는 지름길을 안내하기 위해 편찬하였습니다.

이 한 권의 책이 수험생들에게 빠른 합격의 발판이 되길 기원하며, 책이 나올 수 있도록 도움을 주신 김성곤 원장님, 예문사 출판관계자분들과 곁에서 함께 해준 가족들에게 감사드립니다.

2024. 6
배상일(소방기술사)

출제기준

출제기준[필기]

직무 분야	안전관리	중직무 분야	안전관리	자격 종목	소방기술사	적용 기간	2023.1.1.~2026.12.31.

직무내용 : 소방설비 종목에 관한 고도의 전문지식과 실무경험에 입각한 계획, 연구, 설계, 분석, 시험, 운영, 시공, 평가, 진단, 유지관리 또는 이에 관한 지도, 감리, 사업관리 등의 기술업무를 수행하는 직무이다.

검정방법	단답형/주관식 논문형	시험시간	400분(1교시당 100분)

필기 과목명	주요항목	세부항목
화재 및 소화이론(연소, 폭발, 연소생성물 및 소화약제 등), 소방수리학 및 화재역학, 소방시설의 설계 및 시공, 소방설비의 구조원리(소방시설 전반), 건축방재(피난계획, 연기제어, 방화·내화설계 및 건축재료 등), 화재, 폭발위험성 평가 및 안전성 평가(건축물 등 소방대상물), 소방관계 법령에 관한 사항	1. 연소 및 소화이론	1. 연소이론 　－가연물별 연소 특성, 연소한계 및 연소범위 　－연소생성물, 연기의 생성 및 특성, 연기농도, 감광계수 등 2. 화재 및 폭발 　－화재의 종류 및 특성 　－폭발의 종류 및 특성 3. 소화 및 소화약제 　－소화원리, 화재 종류별 소화대책 　－소화약제의 종류 및 특성 4. 위험물의 종류 및 성상 　－화재현상 및 화재방어 등 　－위험물제조소 등 소방시설 5. 기타 연소 및 소화관련 기술동향
	2. 소방유체역학, 소방전기, 화재역학 및 제연	1. 소방유체역학 　－유체의 기본적 성질 　－유체정역학 　－유체유동의 해석 　－관내의 유동 　－펌프 및 송풍기의 성능 특성 2. 소방전기 　－소방전기 일반 　－소방용 비상전원 3. 화재역학 　－화재역학 관련 이론 　－화재확산 및 화재현상 등 　－열전달 등

필기 과목명	주요항목	세부항목
	2. 소방유체역학, 소방전기, 화재역학 및 제연	4. 제연기술 　－연기제어 이론 　－연기의 유동 및 특성 등
	3. 소방시설의 설계, 시공, 감리, 유지 관리 및 사업관리	1. 소방시설의 설계 　－소방시설의 계획 및 설계(기본, 실시설계) 　－법적 근거, 건축물의 용도별 소방시설 설치기준 등 　－특정소방대상물 분류 등 　－성능위주설계 　－소방시설 등의 내진설계 　－종합방재계획에 관한 사항 등 　－사전 재난 영향성 평가 2. 소방시설의 시공 　－수계소화설비 시공 　－가스계소화설비 시공 　－경보설비 시공 　－소방용 전원설비 시공 　－피난·소화용수설비 시공 　－소화활동설비 시공 3. 소방시설의 감리 　－공사감리 결과보고 　－성능평가 시행 4. 소방시설의 유지관리 　－유지관리계획 　－시설점검 등 5. 소방시설의 사업관리 　－설계, 시공, 감리 및 공정관리 등
	4. 소방시설의 구조 원리	1. 소화설비 　－소화기구, 자동소화장치, 옥내소화전설비, 스프링클러설비 등, 물분무 등 소화설비, 옥외소화전설비 2. 경보설비 　－단독경보형 감지기, 비상경보설비, 시각경보기, 자동화재탐지설비, 비상방송설비, 자동화재속보설비, 통합감시시설, 누전경보기, 가스누설경보기

필기 과목명	주요항목	세부항목
	4. 소방시설의 구조 원리	3. 피난설비 　－피난기구, 인명구조기구, 유도등, 비상 　　조명등 및 휴대용비상조명등 4. 소화용수설비 　－상수도소화용수설비, 소화수조 · 저수 　　조, 그 밖의 소화용수설비 5. 소화활동설비 　－제연설비, 연결송수관설비, 연결살수설 　　비, 비상콘센트설비, 무선통신보조설비, 　　연소방지설비
	5. 건축방재	1. 피난계획 　－RSET, ASET, 피난성능평가 등 　－피난계단, 특별피난계단, 비상용승강기, 　　피난용승강기, 피난안전구역 등 　－방 · 배연 관련 사항 등 2. 방 · 내화관련 사항 　－방화구획, 방화문 등 방화설비, 관통부, 　　내화구조 및 내화성능 　－건축물의 피난 · 방화구조 등의 기준에 　　관한 규칙 3. 건축재료 　－불연재, 난연재, 단열재, 내장재, 외장재 　　종류 및 특성 　－방염제의 종류 및 특성, 방염처리방법 등
	6. 위험성 평가	1. 화재폭발위험성평가 　－위험물의 위험등급, 유해 및 독성기준 등 　－화재위험도분석(정량 · 정성적 위험성 　　평가) 　－피해저감 대책, 특수시설 위험성평가 　　및 화재안전대책 　－사고결과 영향분석 2. 화재 조사 　－화재 원인 조사 　－화재 피해 조사 　－PL법, 화재영향평가 등

필기 과목명	주요항목	세부항목
	7. 소방 관계 법령 및 기준 등에 관한 사항	1. 소방기본법, 시행령, 시행규칙 2. 소방시설공사업법, 시행령, 시행규칙 3. 화재의 예방 및 안전관리에 관한 법률, 시행령, 시행규칙 4. 소방시설 설치 및 관리에 관한 법률, 시행령, 시행규칙 5. 화재안전성능기준, 화재안전기술기준 6. 위험물안전관리법, 시행령, 시행규칙 7. 초고층 및 지하연계 복합건축물 재난관리에 관한 특별법, 시행령, 시행규칙 8. 다중이용업소의 안전관리에 관한 특별법, 시행령, 시행규칙 9. 기타 소방관련 기술 기준 사항(예 : NFPA, ISO 등)

출제기준

 출제기준[면접]

직무 분야	안전관리	중직무 분야	안전관리	자격 종목	소방기술사	적용 기간	2023.1.1.~2026.12.31.

직무내용 : 소방설비 종목에 관한 고도의 전문지식과 실무경험에 입각한 계획, 연구, 설계, 분석, 시험, 운영, 시공, 평가, 진단, 유지관리 또는 이에 관한 지도, 감리, 사업관리 등의 기술업무를 수행하는 직무이다.

검정방법	구술형 면접시험	시험시간	15~30분 내외

면접항목	주요항목	세부항목
화재 및 소화이론(연소, 폭발, 연소생성물 및 소화약제 등), 소방수리학 및 화재역학, 소방시설의 설계 및 시공, 소방설비의 구조원리(소방시설 전반), 건축방재(피난계획, 연기제어, 방화·내화설계 및 건축재료 등), 화재, 폭발위험성 평가 및 안전성 평가(건축물 등 소방대상물), 소방관계 법령에 관한 전문지식/기술	1. 연소 및 소화이론	1. 연소이론 　－가연물별 연소 특성, 연소한계 및 연소범위 　－연소생성물, 연기의 생성 및 특성, 연기농도, 감광계수 등 2. 화재 및 폭발 　－화재의 종류 및 특성 　－폭발의 종류 및 특성 3. 소화 및 소화약제 　－소화원리, 화재 종류별 소화대책 　－소화약제의 종류 및 특성 4. 위험물의 종류 및 성상 　－화재현상 및 화재방어 등 　－위험물제조소 등 소방시설 5. 기타 연소 및 소화관련 기술동향
	2. 소방유체역학, 소방전기, 화재역학 및 제연	1. 소방유체역학 　－유체의 기본적 성질 　－유체정역학 　－유체유동의 해석 　－관내의 유동 　－펌프 및 송풍기의 성능 특성 2. 소방전기 　－소방전기 일반 　－소방용 비상전원 3. 화재역학 　－화재역학 관련 이론 　－화재확산 및 화재현상 등 　－열전달 등

면접항목	주요항목	세부항목
	2. 소방유체역학, 소방전기, 화재역학 및 제연	4. 제연기술 – 연기제어 이론 – 연기의 유동 및 특성 등
	3. 소방시설의 설계, 시공, 감리, 유지 관리 및 사업관리	1. 소방시설의 설계 – 소방시설의 계획 및 설계(기본, 실시설계) – 법적 근거, 건축물의 용도별 소방시설 설치기준 등 – 특정소방대상물 분류 등 – 성능위주설계 – 소방시설 등의 내진설계 – 종합방재계획에 관한 사항 등 – 사전 재난 영향성 평가 2. 소방시설의 시공 – 수계소화설비 시공 – 가스계소화설비 시공 – 경보설비 시공 – 소방용 전원설비 시공 – 피난 · 소화용수설비 시공 – 소화활동설비 시공 3. 소방시설의 감리 – 공사감리 결과보고 – 성능평가 시행 4. 소방시설의 유지관리 – 유지관리계획 – 시설점검 등 5. 소방시설의 사업관리 – 설계, 시공, 감리 및 공정관리 등
	4. 소방시설의 구조 원리	1. 소화설비 – 소화기구, 자동소화장치, 옥내소화전설비, 스프링클러설비 등, 물분무 등 소화설비, 옥외소화전설비 2. 경보설비 – 단독경보형 감지기, 비상경보설비, 시각경보기, 자동화재탐지설비, 비상방송설비, 자동화재속보설비, 통합감시시설, 누전경보기, 가스누설경보기

면접항목	주요항목	세부항목
	4. 소방시설의 구조 원리	3. 피난설비 　－피난기구, 인명구조기구, 유도등, 비상조명등 및 휴대용비상조명등 4. 소화용수설비 　－상수도소화용수설비, 소화수조·저수조, 그 밖의 소화용수설비 5. 소화활동설비 　－제연설비, 연결송수관설비, 연결살수설비, 비상콘센트설비, 무선통신보조설비, 연소방지설비
	5. 건축방재	1. 피난계획 　－RSET, ASET, 피난성능평가 등 　－피난계단, 특별피난계단, 비상용승강기, 피난용승강기, 피난안전구역 등 　－방·배연 관련 사항 등 2. 방·내화관련 사항 　－방화구획, 방화문 등 방화설비, 관통부, 내화구조 및 내화성능 　－건축물의 피난·방화구조 등의 기준에 관한 규칙 3. 건축재료 　－불연재, 난연재, 단열재, 내장재, 외장재 종류 및 특성 　－방염제의 종류 및 특성, 방염처리방법 등
	6. 위험성 평가	1. 화재폭발위험성평가 　－위험물의 위험등급, 유해 및 독성기준 등 　－화재위험도분석(정량·정성적 위험성평가) 　－피해저감 대책, 특수시설 위험성평가 및 화재안전대책 　－사고결과 영향분석 2. 화재 조사 　－화재 원인 조사 　－화재 피해 조사 　－PL법, 화재영향평가 등

면접항목	주요항목	세부항목
	7. 소방 관계 법령 및 기준 등에 관한 사항	1. 소방기본법, 시행령, 시행규칙 2. 소방시설공사업법, 시행령, 시행규칙 3. 화재의 예방 및 안전관리에 관한 법률, 시행령, 시행규칙 4. 소방시설 설치 및 관리에 관한 법률, 시행령, 시행규칙 5. 화재안전성능기준, 화재안전기술기준 6. 위험물안전관리법, 시행령, 시행규칙 7. 초고층 및 지하연계 복합건축물 재난관리에 관한 특별법, 시행령, 시행규칙 8. 다중이용업소의 안전관리에 관한 특별법, 시행령, 시행규칙 9. 기타 소방관련 기술 기준 사항(예 : NFPA, ISO 등)
품위 및 자질	8. 기술사로서 품위 및 자질	1. 기술사가 갖추어야 할 주된 자질, 사명감, 인성 2. 기술사 자기개발과제

수험정보

🔔 출제경향 분석(70~131회)

소방기술사는 다양한 분야에서 출제되고 있으므로 출제율에 따라서 공부의 우선순위를 정하는 것이 효율적이다.

구분	연소	소방 전기	소방 기계	건축 방화	방폭	위험물	위험성 평가	소방의 적용	계산 문제	합계
출제 횟수	163	312	480	250	59	82	41	186	146	1,719
비율 (%)	9.5	18.2	27.9	14.5	3.4	4.8	2.4	10.8	8.5	100
우선 순위	5	2	1	3	8	7	9	4	6	

처음 소방기술사 공부를 하는 경우에는 소방기계 → 소방전기 → 건축방화 순으로 정리하도록 하며, 소방기술사 준비를 오랫동안 해온 경우에는 전체를 아울러 내용을 정리하도록 한다.

🔔 수험요령

1. 준비 전 단계

주변정리	기술사 시험은 장기간 준비하여야 하므로, 주변 생활을 단순화하여야 한다. 음주, 흡연, 가족, 친구, 동료 및 교우관계 단체 참석 등을 최소화하여 인생의 전부를 건다는 생각으로 집중이 필요하다.
건강유지	수험기간 동안 책상에 앉아있는 시간이 길기 때문에 체력저하 등이 발생하여 중도에 포기해야 하는 상황이 발생할 수 있다. 이를 방지하기 위해 다양한 방법으로 건강을 지키며 공부하여야 한다.
마음가짐	첫째도 자신감, 둘째도 자신감이다. '나는 무조건 합격한다'는 마음가짐으로 초심을 잃지 않아야 한다.

2. 시험준비 단계

기본도서 선정	① 기출문제풀이집, ② 계산문제풀이집, ③ 기본서 세 가지를 매일매일 정해진 양과 정해진 시간에 맞춰 공부할 수 있어야 한다.
계산문제 풀이	계산문제를 먼저 정리하여야 하는 이유는 타과목의 문제로는 변별성을 갖추기 힘들고, 작성만 하면 고득점을 얻을 수 있기에 포기해서는 안 되며, 타과목을 공부하기 이전에 최소 30분씩이라도 매일 공부할 수 있어야 한다.
기출문제 분석	기출문제를 전체적으로 일독하여 어떻게 출제되는지를 알고, 그중에서 자주 출제되는 문제, 형태, 시대적 경향 등을 분석하여 출제빈도가 높은 문제는 한 번이라도 더 보는 시간을 가져야 한다.
시사성 문제 정리	방재신문, 화재보험협회, 학원교재, 기타 인터넷검색을 통해 좀 더 깊이 있고, 변화된 시스템에 대해 알고 시사성 있는 문제를 정리해야 한다.
답안의 패턴화	기출문제 분석을 통해 답안을 어떻게 전개해 나가야 하는지를 고민하고 정형화, 패턴화하면 좀 더 쉽게 이해되고 머릿속에 오랫동안 남아있게 된다.
모의시험평가	시험에 실패하는 혹은 합격하지 못하는 분의 주된 원인은, 공부는 오랜 기간 하였지만 자신이 아는 부분과 표현하는 방식의 차이에 따른 괴리에서 비롯된 경우가 많다. 1교시에는 문제당 8분, 2교시부터는 문제당 20분 안에 정리할 수 있는 실력을 배양하여야 한다.

3. 마무리 단계

암기 및 이해	① 기출문제풀이집, ② 계산문제풀이집, ③ 기본서 세 가지 기본도서를 최소 일주일 안에 일독이 가능해지면 응용력과 자신감이 증대되고 좋은 마무리가 된다.
답안의 차별화	차별화는 내용의 차별화 및 표현의 차별화로 나눌 수 있다. 내용의 차별화는 심도있는 깊이를 가져야 하기에 좀 더 많은 시간이 필요하지만, 표현의 차별화는 그림. 도표, 답안형식 등을 이용하여 채점관에게 어필할 수 있는 방법이기에 평상시 모의고사 등을 통해 확인하여야 한다.

수험정보

🔔 답안지 작성요령

1. 답안지 작성방법

시험시간	시험시간은 총 4교시로 구성되어 있으며 1교시당 100분의 시간이 주어진다. 1교시에는 13문제 중 10문제를 선택하여 작성하고, 2~4교시에는 6문제 중 4문제를 선택하여 작성한다. 즉, 총 31문제 중 22문제를 선택하여 작성한다.
답안지	필기시험 답안지는 산업인력관리공단 양식으로 A4 용지 7매(14페이지)가 제공되며 더 필요할 경우 시험감독관에게 요청하면 추가로 더 받을 수 있다. 한 교시당 10페이지 이상을 작성하여야 한다.
답안지 작성시간	한 교시당 10페이지를 작성하기 위해서는 1교시에는 문제당 10분, 2~4교시에는 문제당 25분 안에 작성하여야 한다. 이를 위해 모의고사 평가 시 1교시에는 문제당 8분, 2~4교시에는 20분 이내에 작성할 수 있도록 연습하여야 한다.
답안지 형식	각 교시마다 한 문제의 풀이가 끝나면 "끝"이라 표기하고, 2줄을 띄운 후 다음 문제풀이에 들어간다. 마지막 문제의 풀이가 끝나면 "끝"을 표기하고, 다음 줄에 "이하여백"이라고 표기 후 제출한다. 이때 문제풀이 순서는 관계 없다.
필기구	필기구는 시중에 나와 있는 검은색으로 써지는 펜을 사용하여야 한다. 일반 볼펜 보다는 잉크 덩어리가 나오지 않는 속기용 펜이 좋으며, 자신의 손에 맞는 펜을 선택하여 모의고사 시 계속 사용하면서 손에 익혀야 한다.
합격 점수	3명이 채점하여 각각 400점씩, 총 1,200점이 되며, 720점 이상이면 합격을 하게 된다.
공통 Tip	• 출제자는 세 가지 지문의 설명을 원하는데 그중에서도 소방에서의 적용은 어떻게 할지 물어본 것이다. 따라서 이런 문제의 유형에는 소방에서의 적용 란이 포함되어야 한다. • 1교시에는 한페이지 꽉 채우시는 겁니다. • 머리에서 연상하기를 문제를 받으면 어떻게 서술할지를 계속생각해내야 하고 생각한 것을 어떻게 펜으로 쓸것인가를 고민하는 사람만이 합격의 영광을 안을수 있습니다. • 첫인상 첫문제의 답안이 제일 중요합니다. 그리고 1페이지를 다채우지 못한다면 마직막엔 소견을 적어 꽉찬 1페이지를 만들어야 합니다. • 문제지에 번호를 표기하고 어떻게 답안을 꾸려 나갈지 생각하는데 30초에서 1분정도 생각을 한후 답을 써야 합니다. 그래서 시험일 감독관이 시험지를 배포하면 그때부터 머릿속으로 답안을 작성해 나가고 있어야 합니다.

공통 Tip	• 근거가 있어야 답을 내릴 수 있으며, 기술사는 이러한 근거를 말하고 답을 전개해 나갈수 있는 능력이 있는 사람을 말하며, 이러한 점을 고려하며, 채점자는 채점을 하게 되는 것입니다. • 수험생은 평상시 구글링을 통해 내가 실제 답안지에 적용하여 간단하게 그릴수 있는 그림이 뭐가 있을까 하고 검색해 보셔야 합니다. 그림으로 인해서 채점자에게 어필할수 있고 내가 알고있다는 점을 확실하게 주입시킬수 있습니다. 채점자는 유치원생입니다. 쉽게 그리고 친절하게 ..) • 수험생은 전개를 어떻게 끌어갈지 문제에 번호를 표기하면서 생각해야 합니다.

2. 답안지 작성 실패사례

시간배정 오류	앞서 말했듯이 한 교시당 10페이지를 작성하기 위해서는 1교시에는 문제당 10분, 2~4교시에는 25분 안에 작성하여야 한다. 자신이 잘 아는 문제가 나와 시간을 더배정하여 문제를 풀면 나머지 문제에서 시간이 부족하고, 답안 내용이 부실해져 전체점수가 바람직한 결과를 가져오지 못한다.
선택문항 수 및 기타 오류	1교시는 10문제를 선택하고, 2~4교시는 4문제를 선택한다. 이때 지문에서 뭘 묻고 있는지 정확하게 이해하여야 한다. 계산문제는 맞으면 고득점이지만 틀리면 0점이기에 자신이 정확하게 이해하여 암기하고 있는 문제일 때 답을 작성하여야 한다.

3. 실제 답안 작성형식 예시

① 실제문제(100회 1교시 1번 문제 : 100 - 1 - 1)

> 100 - 1 - 1) 건식 스프링클러설비의 건식 밸브에서 발생되는 Water Columning 현상의 정의, 발생원인, 영향 및 방지대책에 대하여 설명하시오.

② 시험지에 번호 표기

> 100 - 1 - 1) 건식 스프링클러설비의 건식 밸브에서 발생되는 Water Columning 현상의 정의(1), 발생원인(2), 영향(3) 및 방지대책(4)에 대하여 설명하시오.

③ 출제자의도 파악 및 지문에서 내가 써야 할 대제목, 소제목 가져오기

지문	대제목 및 소제목
Water Columning 현상의 정의(1)	1. 정의
Water Columning 현상의 발생원인(2)	2. 발생원인
Water Columning 현상의 영향(3)	3. 영향
Water Columning 현상의 방지대책(4)	4. 방지대책

④ 실제 답안지에 작성해보기

한 페이지는 22줄이며, 1교시에는 문제당 1페이지를, 2~4교시에는 문제당 2.5~3페이지를 쓰도록 한다. 한 줄당 글자 수는 21~24자를 넘기지 않아야 가독성이 늘어나며, 채점자에게 어필할 수 있다.

문	1 - 1) Water Columning 현상의 정의, 발생원인 설명
1.	정의
	건식 밸브 클래퍼 상부 누적수두에 의해 건식 밸브 클래퍼가 작동되지 않는 경우
	나 시간지연이 발생할 수 있는 현상
2.	발생원인
	① 2차 측 배관 내 압축공기의 응축수 누적
	② 물공급조정밸브를 통한 배수 지연
	③ 잔류 소화수 누적
3.	영향
	① 밸브의 Trip Point 초과에 따른 방수시간 지연
	② 빙점 이하에 노출 시 동결로 인한 밸브작동 불가
	③ 밸브의 동파 위험
4.	방지대책
	① 응축수 등을 제거하기 위한 자동 응축수 트랩 설치
	② 압축공기 공급관 계통 내 습기제거용 Filter 설치

③ 2차측 충전 압력 질소 또는 Dry 공기 사용

④ 응축수 확인용 Sight Glass 설치

5. 소견(남은 줄수를 채우고, 채점자에게 내가 많이 알고 있다는 것을 알리기 위해 내용을 쓴다.)

배관에서도 2차 측 배관 내 압축공기의 응축수 누적으로 인한 동파가능성 염려로 질소 사용이 필요하다.

"끝"

🔔 면접시험 요령

1. 면접시험이란

필기시험을 합격한 사람에게 기술사로서 갖추어야 할 소양과 실무경험 수험생의 자세 등을 확인하고자 하는 시험으로서 면접관 앞에서 실제 말을 하는 것이기에 압박감이 상당하다.

2. 면접시험 내용 및 준비

시험관	통상적으로 대학교수와 기술사 등으로 3인 1조로 구성된다.
면접시간	1명당 3문제씩, 통상 9문제를 물어보며, 시간은 20~30분 정도 소요된다.
면접문제	① 기본적인 내용 : 기술사를 취득하려는 동기, 이력카드에 작성된 것 이외에 소방 관련 직무 수행 경험, 자기PR ② 기술적인 내용 : Door Fan Test, 공기흡입형 감지기를 설명하는 등의 전문적인 소방지식 ③ 지적을 받았을 경우 '좋은 지적 감사합니다.', '미처 준비하지 못해 죄송합니다.' 등과 같이 답변하도록 한다. 첫째도 겸손, 둘째도 겸손, 셋째도 겸손임을 잊어서는 안 된다.
면접준비	① 첫인상이 중요하므로 양복정장 차림이 좋으며, 눈에 거슬리거나 화려하지 않게 해야 한다. ② 면접모의 : 평상시에 주변사람 혹은 선배 등에게 면접모의를 실시하여 당일에 떨리지 않게 준비한다.
주의사항	① 다변과 궤변 등으로 면접관이 질문한 요지를 빗나가는 말을 하지 않도록 주의할 것 ② 침착과 차분한 목소리로 예의를 지킬 것 ③ 이력카드상의 내용을 거짓으로 적고 마치 일을 실제 한 것처럼 하는 것 금물

차례

111~122회 기출문제풀이

Chapter 01

제111회

소방기술사
기출문제풀이

111회 1교시 1번

1. 문제

> 위험물안전관리법령에 따라 다음 사항을 설명하시오.
>
> (1) 액상의 정의
> (2) 지정수량 판정기준을 위한 수용성의 정의
> (3) 유분리장치 설치여부를 위한 수용성의 정의

2. 시험지에 번호 표기

> 위험물안전관리법령에 따라 다음 사항을 설명하시오.
>
> (1) 액상의 정의(1)
> (2) 지정수량 판정기준을 위한 수용성의 정의(2)
> (3) 유분리장치 설치여부를 위한 수용성의 정의(3)

3. 출제자 의도 파악 및 지문에서 내가 써야 할 대제목, 소제목 가져오기

지문	대제목 및 소제목
액상의 정의(1)	1. 액상의 정의
지정수량 판정기준을 위한 수용성의 정의(2)	2. 지정수량 판정기준을 위한 수용성의 정의
유분리장치 설치여부를 위한 수용성의 정의(3)	3. 유분리장치 설치여부를 위한 수용성의 정의

4. 실제 답안지에 작성해보기

문 1-1) 위험물안전관리법령에 따라 다음 사항을 설명

1. 액상의 정의

구분	내용
정의	수직 시험관(안지름 30mm, 높이 120mm의 원통형유리관)에 시료를 55mm까지 채운 다음 시험관을 수평으로 하였을 때 시료액면 선단이 30mm를 이동하는 데 걸리는 시간이 90초 이내에 있는 것

소방에의 적용	액상의 가연물의 위험성	대책
	• 인화되기 쉬움 • 가연성 혼합기 형성이 쉬움 • 착화온도가 낮은 것은 위험함 • 정전기가 축적되기 쉬움	• 점화원 접촉 금지 • 소분하여 보관 및 취급 • 마찰 충격 등 금지 • 정치시간 준수, 접지 붙임 등 실시

2. 지정수량판정을 위한 수용성의 정의

정의	20℃, 1기압에서 동일한 양의 증류수와 혼합하여, 혼합액의 유동이 멈춘 후 당해 혼합액이 균일한 외관을 유지하는 것
소방에의 적용	제4류위험물 : 수용성의 경우 지정수량 2배 적용

3. 유분리장치 설치여부를 위한 수용성의 정의

정의	온도 20℃의 물 100g에 용해되는 양이 1g 미만인 것
소방에의 적용	지하주차장 물분무 소화설비를 설치할 경우 집수정 및 유분리 장치 설치

"끝"

1. 문제

화학물질 분류 및 표지에 관한 세계조화시스템(GHS)에 따른 위험물 수납용기 외부의 경고표시 기재사항을 설명하시오.

2. 시험지에 번호 표기

화학물질 분류 및 표지에 관한 세계조화시스템(GHS)(1)에 따른 위험물 수납용기 외부의 경고표시 기재사항(2)을 설명하시오.

3. 출제자 의도 파악 및 지문에서 내가 써야 할 대제목, 소제목 가져오기

지문	대제목 및 소제목
화학물질 분류 및 표지에 관한 세계조화시스템 (GHS)(1)	1. 정의
위험물 수납용기 외부의 경고표시 기재사항(2)	2. 위험물 수납용기 외부의 경고표시 기재사항

4. 실제 답안지에 작성해보기

문 1-2) 위험물 수납용기 외부의 경고표시 기재사항

1. 정의

   화학물질 분류 및 표지에 관한 세계조화시스템인 GHS는 전세계적으로 통일된 분류기준에 따라 화학물질의 유해 및 위험성을 분류하고, 통일된 형태의 경고표지 및 MSDS 정보를 전달하는 제도

2. 위험물 수납용기 외부의 경고표시(Labelling) 기재사항

   1) 외부 경고표시

- 제품정보 : ○ ○ ○
- 신호어 : 위험
- 유해 · 위험 문구
- 예방조치 문구
- 예방 :
- 대응 :
- 저장 :
- 폐기 :

| • 공급자 정보 : | • 전화번호 : | • 개정일자 : |

구분	내용
제품정보	제품명 경유 등을 알림
신호어	위험
유해 · 위험 문구	고인화성 액체 또는 증기 등 위험성 알림
예방조치 문구	취급 · 작업 시 보호구 착용 등을 알림
예방, 대응, 저장 등	노출될 경우, 밀봉저장 등, 관련 법규에 의한 폐기 등

"끝"

1. 문제

> 포의 발포배율(팽창비)에 대한 정의를 쓰고, 동일한 포소화약제에서 발포배율에 따른 포의 환원시간, 유동성, 내열성의 상관관계를 설명하시오.

2. 시험지에 번호 표기

> 포의 발포배율(팽창비)에 대한 정의(1)를 쓰고, 동일한 포소화약제에서 발포배율에 따른 포의 환원시간, 유동성, 내열성(2)의 상관관계(3)를 설명하시오.

3. 출제자 의도 파악 및 지문에서 내가 써야 할 대제목, 소제목 가져오기

지문	대제목 및 소제목
포의 발포배율(팽창비)에 대한 정의(1)	1. 팽창비의 정의
환원시간, 유동성, 내열성(2)	2. 환원시간, 유동성, 내열성
상관관계(3)	3. 환원시간, 유동성, 내열성의 상관관계

4. 실제 답안지에 작성해보기

문 1 - 3) 포의 발포배율(팽창비)에 대한 정의

1. 팽창비의 정의

① 최종 발생한 포 체적을 원래 포수용액 체적으로 나눈 값

② 관계식 : 팽창비＝방출된 포의 체적/방출 전 포수용액의 체적

2. 환원시간, 유동성, 내열성

구분	내용
환원시간	포의 25% 환원시간은 채집한 포로부터 떨어지는 포수용액량이 용기 내의 포에 포함되어 있는 포수용액량의 25%(1/4)가 환원되는 시간 측정
유동성	화원에 얼마나 빨리 접근하여 소화시킬 수 있는 정도, 즉 포의 이동속도를 의미함
내열성	열에 견디는 정도, 내열성이 클수록 소화효과가 큼

3. 환원시간, 유동성, 내열성의 상관관계

구분	환원성	유동성	내열성
고팽창포	환원시간 긺	유동성 증가	내열성 감소
저팽창포	환원시간 짧음	유동성 감소	내열성 증가

4. 소견

① 가연물에 따른 팽창비를 고려한 포를 사용해야 함

② 물류창고의 랙 상부에 포제너레이터를 설치하여 화재를 진압할 수 있는바 사용성이 높음

"끝"

1. 문제

> 제벡(Seebeck)효과를 설명하시오.

2. 시험지에 번호 표기

> 제벡(Seebeck)효과(1)를 설명(2)하시오.

3. 출제자 의도 파악 및 지문에서 내가 써야 할 대제목, 소제목 가져오기

지문	대제목 및 소제목
제벡(Seebeck)효과(1)	1. 정의
설명(2)	2. 제벡효과
	3. 소방에의 적용

4. 실제 답안지에 작성해보기

문 1 – 4) 제벡효과 설명

1. 정의

서로 다른 두 종류의 금속을 접촉하여 온도차를 주면 온도차에 의해 미소한 전류가 흐르고 이 전류의 흐름에 의해 열기전력이 발생하는 현상

2. 제벡효과

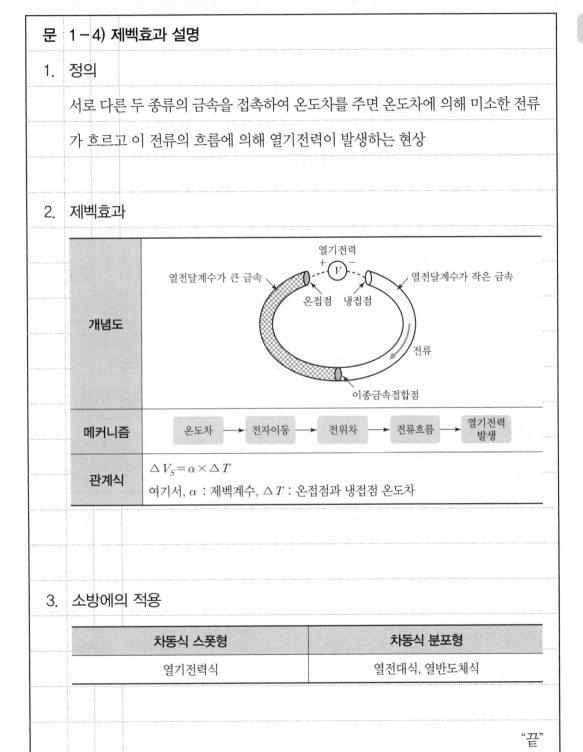

개념도	(개념도: 열전달계수가 큰 금속 / 열전달계수가 작은 금속, 열기전력, 온접점, 냉접점, 이종금속접합점, 전류)
메커니즘	온도차 → 전자이동 → 전위차 → 전류흐름 → 열기전력 발생
관계식	$\triangle V_S = \alpha \times \triangle T$ 여기서, α : 제벡계수, $\triangle T$: 온접점과 냉접점 온도차

3. 소방에의 적용

차동식 스폿형	차동식 분포형
열기전력식	열전대식, 열반도체식

"끝"

1. 문제

화염의 전파와 관계있는 다음의 용어를 설명하시오.

(1) 소염거리

(2) 최대시험안전틈새(Maximum Experimental Safe Gap)

2. 시험지에 번호 표기

화염의 전파와 관계있는 다음의 용어를 설명하시오.

(1) 소염거리(1)

(2) 최대시험안전틈새(Maximum Experimental Safe Gap)(2)

3. 출제자 의도 파악 및 지문에서 내가 써야 할 대제목, 소제목 가져오기

지문	대제목 및 소제목
소염거리(1)	1. 소염거리
최대시험안전틈새(Maximum Experimental Safe Gap)(2)	2. 최대안전틈새
	3. 소방에의 적용

4. 실제 답안지에 작성해보기

문 1-5) 소염거리, 최대시험안전틈새 설명

1. 소염거리

1) 정의

최소발화에너지가 전극 간 거리가 짧아지면 작아지다가 어떤 값에 도달하면 갑자기 무한대가 되고 그 거리 이하에서는 아무리 큰 방전 에너지를 부여하여도 인화되지 않는 거리

2) 개념도

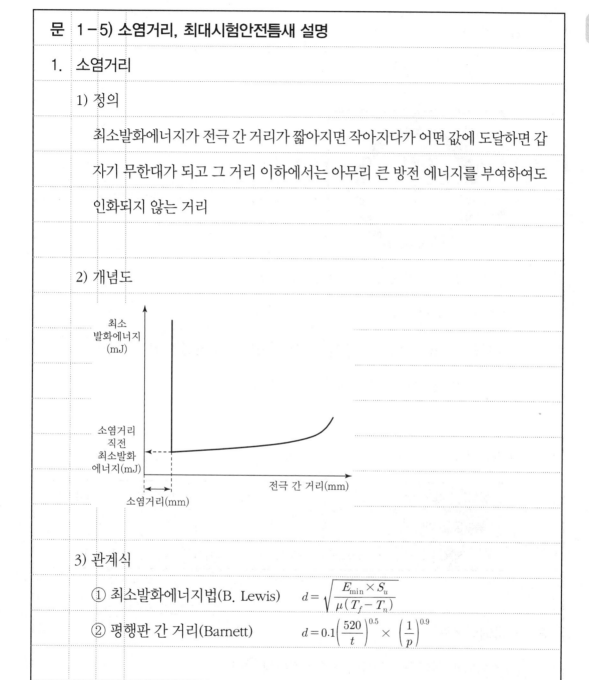

3) 관계식

① 최소발화에너지법(B. Lewis) $d = \sqrt{\dfrac{E_{min} \times S_u}{\mu\,(T_f - T_n)}}$

② 평행판 간 거리(Barnett) $d = 0.1\left(\dfrac{520}{t}\right)^{0.5} \times \left(\dfrac{1}{p}\right)^{0.9}$

2. 최대안전틈새

1) 정의

예혼합 연소에서 화염이 전파되지 않는 최대틈새

2) 측정방법

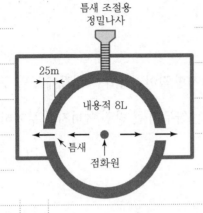

① 내·외부 용기에 모두 혼합가스를 채움

② 내부 용기에 점화

③ 틈새를 조절하여 외부 혼합가스에 점화될 때 틈새를 확인

④ 최대안전틈새가 작을수록 폭발위험이 큼

3) 가스분류

최대안전틈새(mm)	0.9 이상	0.5 초과~0.9 미만	0.5 이하
폭발등급(위험성)	II_A	II_B	II_C
적용가스	CH_4, C_2H_6, C_3H_8	C_2H_4, HCN	H, C_2H_2

3. 소방에의 적용

① 소염거리 원리를 이용하여 최대안전틈새 선정

② 폭발방지를 위한 방폭전기 설비에 적용

③ 배관, 통기관 등의 화염전파 방지기 설비에 적용

"끝"

111회 1교시 6번

1. 문제

소화배관의 수리 계산 시 사용되는 배관의 마찰손실에 대하여 설명하시오.

2. 시험지에 번호 표기

소화배관의 수리 계산 시 사용되는 **배관의 마찰손실(1)**에 대하여 **설명(2)**하시오.

3. 출제자 의도 파악 및 지문에서 내가 써야 할 대제목, 소제목 가져오기

지문	대제목 및 소제목
배관의 마찰손실(1)	1. 정의
설명(2)	2. 배관의 마찰손실
	3. 마찰손실 계산식 비교(소방에의 적용)

4. 실제 답안지에 작성해보기

문 1 – 6) 배관의 마찰손실에 대하여 설명

1. 정의

① 소화배관에서 마찰손실은 유체의 점성에 의해 발생하는 손실로 주손실과 부차적 손실로 구분됨

② 마찰손실의 계산 시 달시 – 바이스바하(Darcy – Weisbach)식과 하젠 – 윌리엄스(Hazen – Williams)식을 적용함

2. 배관의 마찰손실

구분	주손실	부손실
개념	직관에서의 손실	직관 이외에서 발생하는 모든 손실
손실 표현	• 달시 – 바이스바하식 $$\triangle H(\mathrm{m}) = f \times \frac{L}{D} \times \frac{v^2}{2g}$$ • 하젠 – 윌리엄스식 $$\triangle P(\mathrm{MPa}) = 6.053 \times 10^4 \times \frac{Q^{1.85}}{C^{1.85} \times D^{4.87}} \times L\,[\mathrm{MPa}]$$	• 급격한 축소관의 손실 : $h_L = \dfrac{(V_c - V_2)^2}{2g}$ • 급격한 확대관의 손실 : $h_L = \dfrac{(V_1 - V_2)^2}{2g}$ • 점차 확대관의 손실 : $\triangle h = k\dfrac{(v_1 - v_2)^2}{2g}$

3. 마찰손실 계산식 비교

구분	달시 – 바이스바하식	하젠 – 윌리엄스식
대상유체	모든 유체	물
특징	• 배관과 유체의 물리적 특성으로 마찰손실 계산 • 층류와 난류 모두 적용 • 레이놀즈수 적용으로 계산이 복잡	• 관의 물리적 특성만으로 마찰손실 계산 • 층류에 적용(난류에서도 적용 가능) $-v \leq 3\mathrm{m/s}$ 시 적용 • 조도계수값 적용으로 마찰손실 계산이 용이 • 관경(d) 50mm 이상에서 적용

"끝"

1. 문제

> 전기화재의 발화 원인에 따른 종류를 구분하여 설명하시오.

2. 시험지에 번호 표기

> 전기화재(1)의 발화 원인에 따른 종류(2)를 구분하여 설명하시오.

3. 출제자 의도 파악 및 지문에서 내가 써야 할 대제목, 소제목 가져오기

지문	대제목 및 소제목
전기화재(1)	1. 정의
발화 원인에 따른 종류(2)	2. 전기화재의 발화 원인에 따른 종류

4. 실제 답안지에 작성해보기

문 1-7) 전기화재의 발화 원인에 따른 종류를 구분하여 설명

1. 정의

전기화재란 전기에 의한 발열체가 발화원이 되는 화재의 총칭임. 따라서 전기회로 중에 발열, 방전을 수반하는 장소에 가연물 또는 가연성 가스가 존재하면 전기화재로 연결됨

2. 전기화재의 발화 원인에 따른 종류

원인	종류	내용
줄열	과열	• 발열>방열 • 줄열(Joule) $H=I^2Rt$에 의해 발화
	탄화현상	• 전극 사이 절연체 탄화 • 줄열(Joule) $H=I^2Rt$에 의한 발화
	아산화동 증식 발열	• 동도체에서 아산화동이 증식하여 발열에 의한 열축적 • 줄열(Joule) $H=I^2Rt$에 의한 발화
스파크	트래킹	먼지, 분진 등의 외부 여건에 의해 도전로가 형성되어 전기누설에 의해 화재 발생
	접촉저항증가	두 도체를 접속시켜 전류인가 시 저항 발생 → 국부적 발열 발생
	은이동현상	반도체 절연물의 표면에 이물질 부착으로 전류가 흘러 반도체 소자의 기능 방해 및 화재 발생
	지락	단상 혹은 삼상의 단락전류가 대지로 통하는 현상
	누전	전류가 회로로 설계된 이외의 곳으로 흘러 줄열에 의해 발생
	낙뢰	일종의 정전기로서 구름과 대지 간의 방전현상
	경년열화	시간의 경과를 의미하는 것으로 전기절연물의 오랜 사용으로 절연성이 저하되는 자연현상
	스파크	스위치 OFF 시 불꽃이 발생하는 현상
	정전기화재	불꽃방전, 코로나방전, 스트리머, 연면방전 등이 있으며, 정전기의 방전현상에 의해 불꽃의 발생으로 화재나 폭발 발생

"끝"

1. 문제

화학물질이 누출될 때 일어날 수 있는 화재현상인 Jet Fire와 Flash Fire의 정의를 설명하시오.

2. 시험지에 번호 표기

화학물질이 누출될 때 일어날 수 있는 화재현상인 Jet Fire와 Flash Fire의 정의(1)를 설명(2)하시오.

3. 출제자 의도 파악 및 지문에서 내가 써야 할 대제목, 소제목 가져오기

지문	대제목 및 소제목
Jet Fire와 Flash Fire의 정의(1)	1. 정의
설명(2)	2. Jet Fire와 Flash Fire

4. 실제 답안지에 작성해보기

문 1-8) Jet Fire와 Flash Fire의 정의를 설명

1. 정의

   ① Jet Fire란 압력상태의 가연성 가스나 포화증기압력이 높은 인화성 액체가 작은 틈새를 통해 누설되어 점화원에 의해 착화되어 발생된 화재

   ② Flash Fire란 Flashing 액체의 누출에 따른 Flashing 증발로 가연성 혼합기를 형성하여 점화원에 의해 착화되어 발생하는 화재

2. Jet Fire와 Flash Fire

1) 메커니즘

Jet Fire	가연성 물질 압력상태 저장 → 저장용기 파손 → 가연성 물질 압력 상태 분출 → 공기유입 → 가연성 혼합기 형성 → 점화원 → 발화
Flash Fire	Flashing 액체 누출 → Flashing 증발 → 공기혼합 → 가연성 혼합기 형성 → 점화원 → 발화

2) 특징

Jet Fire	Flash Fire
• 복사열보다는 접염에 의한 피해 • 분출되는 가연물 속도에 따라 층류연소와 난류연소로 구분 • 층류화염의 길이는 가연물의 분출속도와 비례 • 난류화염은 가연물의 분출구 면적에 따라 화염의 길이가 증가 $L_f = k \times d$ (여기서, L_f : 난류화염길이, k : 연료 종류 등에 의해 결정되는 상수, d : 개구부 직경)	• 가연물의 Flashing 증발에 따른 가연성 혼합기 형성. 순식간에 가연물 전체에 화염이 확산 • 접염에 의한 화재피해 • 복사열에 의한 원거리에서의 원격발화와 인명피해를 발생 • 목표물에 대한 복사수열량은 스테판볼츠만의 법칙으로 설명. 화염으로부터의 거리, 화염 높이, 화재 크기에 따라 양상이 달라짐

"끝"

111회 1교시 9번

1. 문제

> 위험물안전관리법령에 따른 위험물의 성질을 분류하기 위한 시험방법 중 다음 (   )안에 알맞은 내용을 쓰시오.

Tip 수험생이 선택하기에 쉽지 않은 문제입니다.

111회 1교시 10번

1. 문제

> 공기 중 프로판가스의 다음 사항을 설명하시오.
>
> (1) 연소범위(Vol%)
> (2) 이론혼합비(C_{st})(단, 계산과정을 포함할 것)

2. 시험지에 번호 표기

> 공기 중 프로판가스의 다음 사항을 설명하시오.
>
> (1) 연소범위(Vol%)(1)
> (2) 이론혼합비(C_{st})(단, 계산과정을 포함할 것)(2)

3. 출제자 의도 파악 및 지문에서 내가 써야 할 대제목, 소제목 가져오기

지문	대제목 및 소제목
연소범위(Vol%)(1)	1. 프로판의 연소범위 　① 정의 ② 프로판의 연소범위
이론혼합비(C_{st})(단, 계산과정을 포함할 것)(2)	2. 프로판의 이론혼합비

4. 실제 답안지에 작성해보기

문 1 - 10) 프로판가스의 연소범위 및 이론혼합비 설명

1. 프로판의 연소 범위

정의	• 연소범위란 화학반응이 일어나는 공간으로 가연성 혼합기에 점화했을 때 화염이 전파하는 가연성 가스의 농도한계 • 가연성 가스 농도가 낮은 쪽은 연소하한계, 농도가 높은 쪽은 연소상한계
연소 범위	 • 실험에 따른 연소범위 　－LFL : 2.1% 　－UFL : 9.5% • Jones식 연소범위 　－연소하한계 : 　　$LFL = 0.55 \times C_{st}$ 　－연소상한계 : 　　$UFL = 3.5 \times C_{st}$

2. 프로판의 이론혼합비

정의	이론혼합비(C_{st})란 탄화수소 연료가 완전연소를 위한 가연성 가스와 공기의 양론적 비
관계식	$C_{st} = \dfrac{\text{연료몰수}}{\text{연료몰수} + \text{공기몰수}} \times 100$
반응식	$C_3H_8 + 5O_2 \rightarrow 3CO_2 + 4H_2O$
변이요소	연료몰수 : 1mol, 산소몰수 : 5mol → 공기몰수 : 5/0.21 = 23.81mol
계산	프로판(C_{st}) = $\dfrac{1}{1 + 23.81} \times 100 ≒ 4.03\,(\text{Vol}\%)$
답	4.03%

"끝"

1. 문제

소방시설 등의 성능위주설계와 관련하여 다음 사항을 설명하시오.

(1) 성능위주설계 대상 특정소방대상물(5가지)

(2) 성능위주설계자가 관할 소방서장에게 성능위주설계 변경 신고 범위(6가지)

2. 시험지에 번호 표기

소방시설 등의 성능위주설계와 관련하여 다음 사항을 설명하시오.

(1) 성능위주설계 대상 특정소방대상물(1)(5가지)

(2) 성능위주설계자가 관할 소방서장에게 성능위주설계 변경 신고 범위(2)(6가지)

3. 출제자 의도 파악 및 지문에서 내가 써야 할 대제목, 소제목 가져오기

지문	대제목 및 소제목
성능위주설계 대상 특정소방대상물(1)	1. 성능위주설계 대상 특정소방대상물
성능위주설계 변경 신고 범위(2)	2. 성능위주설계 변경 신고 범위
	3. 소견

4. 실제 답안지에 작성해보기

문 1 - 11) 성능위주설계와 관련하여 다음 사항 설명

1. 성능위주설계 대상 특정소방대상물

구분	내용
연면적	연면적 20만㎡ 이상인 특정소방대상물(공동주택 중 주택으로 쓰이는 층수가 5층 이상인 주택은 제외)
아파트 등	지하층 제외 50층 이상 높이 200m 이상
층+높이	지하층 포함 30층 이상 높이 120m 이상인 특정소방대상물
연면적+용도	연면적 3만㎡ + 철도, 도시철도시설, 공항시설
창고시설	연면적 10만㎡ 이상, 지하층 2개층 이상이고 면적 3만㎡ 이상
기타	영화상영관(하나의 건축물에 10개 이상), 지하연계복합건축물, 터널(5,000m 이상 혹은 수저터널)

2. 성능위주설계 변경 신고 범위

① 연면적이 10% 이상 증가되는 경우

② 연면적을 기준으로 10% 이상 용도변경이 되는 경우

③ 층수가 증가되는 경우

④ 소방법 적용이 곤란한 특수공간으로 변경되는 경우

⑤ 설계변경으로 성능위주설계 심의내용과 상이하거나 화재안전에 지장이 있다고 관할 소방본부장 또는 소방서장이 인정하는 경우

⑥ 건축법에 따라 허가를 받았거나 신고한 사항을 변경하여 허가나 신고를 신청하는 경우

3. 소견

① 성능위주설계란 설계대상물의 화재상황을 화재 및 피난 시뮬레이션 등으로

공학적으로 예측 및 평가하고 이에 알맞은 소방설비를 하는 것임

② 성능위주설계의 범위를 넓혀 인명의 안전 및 재산보호를 더욱더 견고히 하는

것이 필요하다고 사료됨

"끝"

1. 문제

> 「화재예방, 소방시설 설치·유지 및 안전관리에 관한 법률」에 따른 중앙소방기술심의위원회의 심의
> 사항을 설명하시오.(5가지)

2. 시험지에 번호 표기

> 「화재예방, 소방시설 설치·유지 및 안전관리에 관한 법률」에 따른 중앙소방기술심의위원회(1)의
> 심의사항(2)을 설명하시오.(5가지)

3. 출제자 의도 파악 및 지문에서 내가 써야 할 대제목, 소제목 가져오기

지문	대제목 및 소제목
중앙소방기술심의위원회(1)	1. 중앙소방기술심의위원회(정의 및 구성)
심의사항(2)	2. 심의사항

4. 실제 답안지에 작성해보기

문 1-12) 중앙소방기술심의위원회의 심의사항 설명

1. 중앙소방기술심의위원회

정의	소방시설 설치 및 관리에 관한 법률 시행령에 따라 정해진 내용을 심의함
구성	• 위원장 포함 60명 이내로 구성 • 회의는 위원장이 회의마다 지정하는 6인 이상 12명 이하의 인원으로 구성, 위원 중 5인 이상 출석으로 개의하며, 분야별 소위원회를 구성·운영함

2. 중앙소방기술심의위원회 심의사항

구분	법적 기준검토 및 기술적 기준검토
화재안전기준에 관한 사항	• 현행 기준의 개정 필요성(유□, 무□) • 새로운 기술과 해외의 기술기준 사례 등 비교·검토 여부(유□, 무□)
소방시설의 구조 및 원리 등에서 공법이 특수한 설계 및 시공에 관한 사항	• 화재안전기준에서 정하는 사항에 대한 적합성 • 새롭게 개발되었거나 개량된 독창적인 공법(유□, 무□)
소방시설의 설계 및 공사감리의 방법에 관한 사항	• 현행 법령 및 기술기준 등에 중복·상충·모순·저촉 유무(유□, 무□) • 기존 설계(감리)방법 적용이 현저히 곤란한 기술적 장애 여부(유□, 무□)
• 소방시설공사의 하자를 판단하는 기준에 관한 사항 • 연면적 10만m² 이상의 특정소방대상물에 설치된 소방시설의 설계·시공·감리의 하자 유무에 관한 사항	• 소방시설의 설계·공사·감리사항이 화재안전기준에 적정한지 여부(유□, 무□) • 소방시설 공사·감리내용의 적정성 및 사용된 자재의 검정 인증 여부(유□, 무□)
새로운 소방시설과 소방용품 등의 도입 여부에 관한 사항	• 도입 시 소방 관련 법령의 재·개정의 필요 여부(유□, 무□) • 모방이 아닌 새롭게 개발되었거나 개량된 독창적인 제품·기술(유□, 무□)

"끝"

1. 문제

> 「초고층 및 지하연계 복합건축물 재난관리에 관한 특별법」에 따른 피난안전구역의 면적 산정기준을 설명하시오.

2. 시험지에 번호 표기

> 「초고층 및 지하연계 복합건축물 재난관리에 관한 특별법」에 따른 피난안전구역(1)의 면적 산정기준(2)을 설명하시오.

3. 출제자 의도 파악 및 지문에서 내가 써야 할 대제목, 소제목 가져오기

지문	대제목 및 소제목
피난안전구역(1)	1. 정의
	2. 설치대상
면적 산정기준(2)	3. 피난안전구역 면적 산정기준

4. 실제 답안지에 작성해보기

문 1 - 13) 피난안전구역의 면적 산정기준 설명

1. 정의

피난안전구역이란 고층 또는 초고층 빌딩 등의 건물에 화재, 지진 등의 재난이 발생했을 때 건축물 내의 근무자, 거주자, 이용객 등이 대피할 수 있는 구역

2. 피난안전구역 설치대상

대상	내용
초고층건축물	초고층건축물에는 피난층 또는 지상으로 통하는 직통계단과 직접 연결되는 피난안전구역을 지상층으로부터 최대 30개 층마다 1개소 이상 설치해야 함
30층 이상 49층 이하인 지하연계 복합건축물	준초고층건축물에는 피난층 또는 지상으로 통하는 직통계단과 직접 연결되는 피난안전구역을 해당 건축물 전체 층수의 1/2에 해당하는 층으로부터 상하 5개 층 이내에 1개소 이상 설치해야 함
16층 이상 29층 이하인 지하연계 복합건축물	지상층별 거주밀도가 1.5명/m²을 초과하는 층은 해당 층의 사용형태별 면적의 합의 1/10에 해당하는 면적을 피난안전구역으로 설치할 것
초고층건축물 등의 지하층이 일정용도일 경우	• 용도 : 문화 및 집회시설, 판매시설, 운수시설, 업무시설, 숙박시설, 위락시설 중 유원시설업의 시설 또는 종합병원과 요양병원의 용도로 사용되는 경우 • 피난안전구역을 설치하거나, 선큰을 설치할 것

3. 피난안전구역 면적 산정기준

지상층 면적산정	지상층 피난안전구역 면적(A)=피난안전구역 위층의 재실자 수$\times0.5\times0.28(\text{m}^2)$ 피난안전구역 위층의 재실자 수$=\dfrac{\text{피난안전구역 사이 용도별 바닥면적}}{\text{형태별 재실자 밀도}(\text{m}^2/\text{인})}$

지하층 면적산정	• 지하층이 하나의 용도로 사용되는 경우 :
	  피난안전구역 면적(A)=수용인원$\times0.1\times0.28(\text{m}^2)$
	• 지하층이 둘 이상의 용도로 사용되는 경우 :
	  피난안전구역 면적(A)=사용형태별 수용인원 합$\times0.1\times0.28(\text{m}^2)$

지하연계 복합건축물	• 16층 이상 29층 이하 • 지상층별 거주밀도가 1.5명/m²을 초과하는 층은 해당 층의 사용형태별 면적의 합의 1/10에 해당하는 면적

"끝"

111회 2교시 1번

1. 문제

> 건식 스프링클러설비와 관련하여 다음 사항을 설명하시오.
>
> (1) 설치상 제한조건
>
> (2) 건식 밸브 초기세팅(복구) 절차와 시험방법

2. 시험지에 번호 표기

> 건식 스프링클러설비(1)와 관련하여 다음 사항을 설명하시오.
>
> (1) 설치상 제한조건(2)
>
> (2) 건식 밸브 초기세팅(복구) 절차와 시험방법(3)

3. 출제자 의도 파악 및 지문에서 내가 써야 할 대제목, 소제목 가져오기

지문	대제목 및 소제목
건식 스프링클러설비(1)	1. 개요
설치상 제한조건(2)	2. 건식 스프링클러설비 설치상 제한조건
건식 밸브 초기세팅(복구) 절차와 시험방법(3)	3. 건식 밸브 초기세팅(복구) 절차와 시험방법
	4. 소견

4. 실제 답안지에 작성해보기

문 2-1) 건식 스프링클러설비와 관련하여 설치상 제한조건, 건식 밸브 초기세
팅(복구) 절차와 시험방법 설명

1. 개요

① 건식 스프링클러설비는 2차 측에 압축공기의 압력 하강을 통해 화재를 감지하
는 설비임

② 2차 측 압축공기의 신속한 배출을 통해 빠른 소화가 이루어져야 함

③ 설치상 제한조건과 세팅방법 및 시험방법을 통한 유지관리가 매우 중요함

2. 설치상의 제한조건

1) 제한 이유

① 방수지연시간 제한

② 방수지연시간이란 건식유수검지 스프링클러설비에서 압축공기 배출에 따
른 소화수의 방수지연시간을 의미함

③ 방수지연시간의 종류에는 소화배관 내로 소화수가 이송하는 데 걸리는 시
간(Delivery Time)과 밸브 클래퍼의 트립시간(Trip Time)으로 구분됨

2) 제한내용

제한사항	내용
2차 측 배관 내용적	750gallons 이내
급속개방장치	500gallons 이상 시 설치(2차 측 방사시간이 1분 이내 제외)
배관	그리드배관 제외(시간지연 발생)

제한사항	내용
2차 측 공기압	저차압식 1.1 : 1
	건식 밸브의 작동압력 + 20psi
	공기 충전시간 30분 이내

3. 건식 밸브의 복구절차와 시험방법

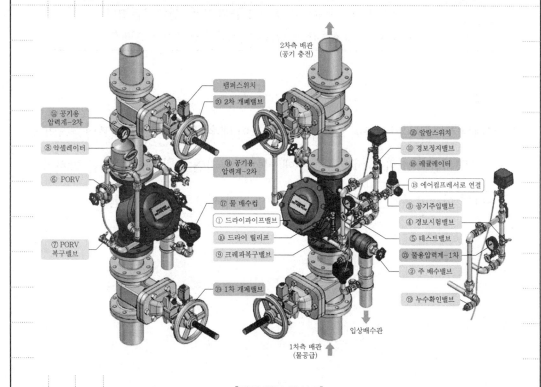

[건식 밸브 구성도]

복구절차	① 19번 1차 개폐밸브 폐쇄 및 3번 공기주입밸브 및 PORV 폐쇄 ② 2번 주 배수밸브 개방하여 2차 측 물을 완전 배수 후 폐쇄 ③ PORV 복구밸브 개방 후 폐쇄 ④ 8번 악셀레이터의 잔류 압력 제거 ⑤ 9번 클래퍼 복구밸브 개방 후 폐쇄
시험방법	① 20번 2차 측 개폐밸브 폐쇄 ② 5번 테스트밸브 개방 ③ 17번 물 유입 컵에 물 유입 확인 및 15번 알람스위치 작동 확인 ④ 제어반의 화재 점등, 해당 방호구역 점등 확인, 사이렌 출력 확인

4. 소견

화재는 αt^2으로 성장하며 소화수 방사시간이 매우 중요함. 건식 스프링클러의 경우 트립시간과 소화수 이송시간 등에 의한 방수지연이 발생되며, 이를 방지하기 위하여 화재안전기준 등에 이를 규정하는 것이 필요하다고 사료됨

"끝"

1. 문제

> 터널의 환풍기에 사용되는 3상 유도전동기 정역운전에 대하여 시퀀스도(Sequence Diagram)를 작성하고 설명하시오.

2. 시험지에 번호 표기

> 터널의 환풍기에 사용되는 3상 유도전동기 정역운전(1)에 대하여 시퀀스도(Sequence Diagram)를 작성(2)하고 설명(3)하시오.

3. 출제자 의도 파악 및 지문에서 내가 써야 할 대제목, 소제목 가져오기

지문	대제목 및 소제목
3상 유도전동기 정역운전(1)	1. 개요
시퀀스도(Sequence Diagram)를 작성(2)	2. 정역운전의 시퀀스도
설명(3)	3. 시퀀스도의 설명
	4. 소견

4. 실제 답안지에 작성해보기

문 2-2) 3상 유도전동기 정역운전에 대하여 시퀀스도(Sequence Diagram)를

작성하고 설명

1. 개요

① 3상 유도전동기는 전동기전원 3상 중 2개 상의 접속 위치를 바꾸면 회전방향

이 반대가 됨

② 터널제연의 경우 바람의 세기와 방향에 따라 팬의 바람의 방향을 바꿔야 하며,

이때 정역운전을 하게 됨

2. 정역운전의 시퀀스도

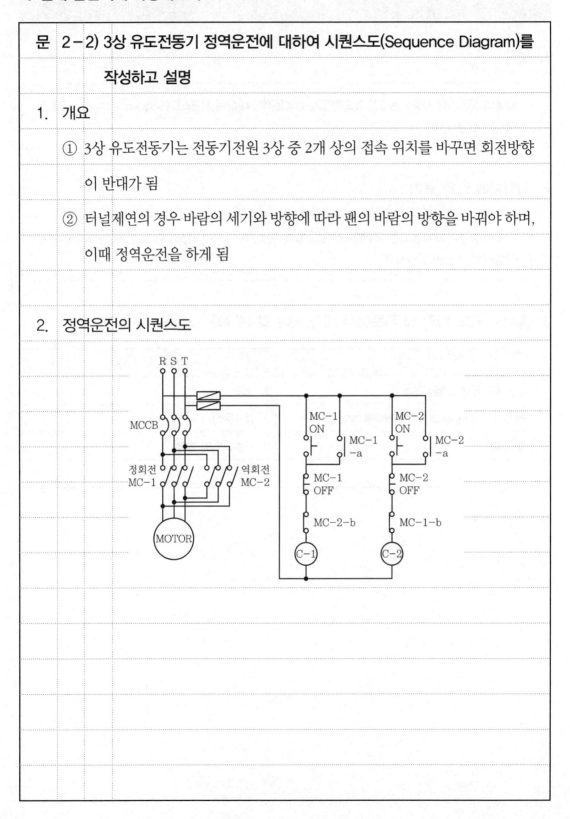

3. 시퀀스도의 설명

구분	내용
정방향 운전	① 정방향 운전용 Push Button S/W(MC-1 ON)을 누름 ② MC-1의 Coil C-1이 여자되고 MC-1 Magnet S/W ON ③ MC-1-a 접점이 붙으면서 자기유지되어 Push Button S/W(MC-1 ON) 복귀되더라도 Motor는 운전상태 유지 ④ 운전을 정지하려면 Push Button S/W(MC-1 OFF)를 누름 ⑤ MC-1의 Coil C-1에 전원공급 중단 → Magnet S/W MC-1 OFF
역방향 운전	① 역방향 운전용 Push Button S/W(MC-2 ON)을 누름 ② MC-2의 Coil C-2가 여자되고 MC-2 Magnet S/W ON ③ MC-2-a 접점이 붙으면서 자기유지되어 Push Button S/W(MC-2 ON) 복귀되더라도 Motor는 운전상태 유지 ④ 운전을 정지하려면 Push Button S/W(MC-2 OFF)를 누름 ⑤ MC-2의 Coil C-1에 전원공급 중단 → Magnet S/W MC-2 OFF
Inter Lock	① 정회전하고 있는 상태에서 Push Button S/W(MC-2 ON)을 누르면 단락에 의한 사고 발생 ② 따라서 Inter Lock 회로가 필요함 ③ 상기 Sequence도의 MC-1-b 및 MC-2-b는 동시에 정·역 기동을 하지 못하도록 한 전기적 Inter Lock 회로임

4. 소견

① 바람의 방향, 세기 등에 따라 정역운전을 하여 연기의 제어가 중요함

② 또한, 어느 지점의 팬의 방향을 정역으로 운전할 것인지 정하기 위한 감지설비의 정확성 및 화점의 위치파악이 중요하기에 이에 대한 평상시 점검도 중요하다고 사료됨

"끝"

1. 문제

화학공장에서 촉매로 사용되는 알킬알루미늄(Alkylauminium)에 대하여 다음 사항을 설명하시오.

(1) 위험성

(2) 소화약제(사용 가능한 것과 사용 불가능으로 구분)

(3) 위험물의 성질에 따른 제조소의 특례기준에 따라 설치해야 하는 설비

(4) 물과 트라이에틸알루미늄(Triethylaluminium)의 화학반응식

Tip 수험생이 선택하기에 쉽지 않은 문제입니다.

111회 2교시 4번

1. 문제

「초고층 및 지하연계 복합건축물 재난관리에 관한 특별법」 시행규칙에 따른 종합방재실의 설치기준과 관련하여 다음 사항을 설명하시오.

(1) 종합방재실의 개수   (2) 종합방재실의 위치

(3) 종합방재실의 구조 및 면적   (4) 종합방재실의 설비 등

2. 시험지에 번호 표기

「초고층 및 지하연계 복합건축물 재난관리에 관한 특별법」 시행규칙에 따른 종합방재실(1)의 설치기준과 관련하여 다음 사항을 설명하시오.

(1) 종합방재실의 개수(2)   (2) 종합방재실의 위치(3)

(3) 종합방재실의 구조 및 면적(4)   (4) 종합방재실의 설비 등(5)

3. 출제자 의도 파악 및 지문에서 내가 써야 할 대제목, 소제목 가져오기

지문	대제목 및 소제목
종합방재실(1)	1. 개요
종합방재실의 개수(2)	2. 종합방재실의 개수
종합방재실의 위치(3)	3. 종합방재실의 위치
종합방재실의 구조 및 면적(4)	4. 종합방재실의 구조 및 면적
종합방재실의 설비 등(5)	5. 종합방재실의 설비

4. 실제 답안지에 작성해보기

문 2-4) 종합방재실의 설치기준과 관련하여 종합방재실의 개수, 종합방재실의 위치 등 설명

1. 개요

① 종합방재실은 초고층건축물의 재난 및 안전관리를 종합함은 물론 방재와 관련된 설비의 제어 및 작동상황을 집중적으로 감시하고, 해당 설비 등의 유기적인 제휴 및 유지관리의 기능 외에 방재상 관리운영의 일원화를 통해 재난 및 피해를 최소화하는 역할을 함

② 방재실의 위치, 개수, 설비 등이 중요함

2. 종합방재실의 개수

원칙	1개(99층 이하일 경우)
2개 이상	100층 이상인 초고층건축물 등 관리주체는 종합방재실이 그 기능을 상실하는 경우에 대비하여 종합방재실을 추가로 설치하거나, 관계지역 내 다른 종합방재실에 보조종합재난관리체제를 구축하여 재난관리 업무가 중단되지 않도록 해야 함

3. 종합방재실의 위치

원칙	• 1층 또는 피난층 • 2층 또는 지하 1층 : 특별피난계단 출입구로부터 5m 이내에 설치 • 공동주택의 경우 관리사무소
이동관련	비상용 승강장, 피난 전용 승강장 및 특별피난계단으로 이동하기 쉬운 곳
거점역할 접근성	• 재난정보 수집 및 제공, 방재 활동의 거점(據點) 역할을 할 수 있는 곳 • 소방대(消防隊)가 쉽게 도달할 수 있는 곳
역할지속	화재 및 침수 등으로 인하여 피해를 입을 우려가 적은 곳

4. 종합방재실의 구조 및 면적

구획	• 다른 부분과 방화구획(防火區劃)으로 설치할 것 • 감시창 : 두께 7mm 이상의 망입(網入)유리로 된 4m² 미만의 붙박이창을 설치 가능(두께 16.3mm 이상의 접합유리 또는 두께 28mm 이상의 복층유리를 포함)
부속실	인력의 대기 및 휴식 등을 위하여 종합방재실과 방화구획된 부속실(附屬室)을 설치할 것
면적	20m² 이상
시설 · 장비	재난 및 안전관리, 방범 및 보안, 테러 예방을 위하여 필요한 시설 · 장비의 설치와 근무 인력의 재난 및 안전관리 활동, 재난 발생 시 소방대원의 지휘 활동에 지장이 없도록 설치할 것
출입통제	출입문에는 출입 제한 및 통제 장치를 갖출 것

5. 종합방재실의 설비

시설 · 장비	• 조명설비(예비전원을 포함한다) 및 급수 · 배수설비 • 상용과 예비전원의 공급을 자동 또는 수동으로 전환하는 설비 • 급기(給氣) · 배기(排氣) 설비 및 냉방 · 난방 설비 • 전력 공급 상황 확인 시스템 • 공기조화 · 냉난방 · 소방 · 승강기 설비의 감시 및 제어시스템 • 자료 저장 시스템 • 지진계 및 풍향 · 풍속계(초고층건축물에 한정) • 소화 장비 보관함 및 무정전(無停電) 전원공급장치 • 피난안전구역, 피난용 승강기 승강장 및 테러 등의 감시와 방범 · 보안을 위한 폐쇄회로텔레비전(CCTV)

"끝"

1. 문제

> 방폭전기설비 중에서 폭발위험분위기의 빈도와 시간에 따른 위험장소를 분류하고 해당 장소(구체적 장소 포함)를 설명하시오.

2. 시험지에 번호 표기

> 방폭전기설비 중에서 폭발위험분위기의 빈도와 시간에 따른 위험장소(1)를 분류(2)하고 해당장소 (구체적 장소 포함)(3)를 설명하시오.

3. 출제자 의도 파악 및 지문에서 내가 써야 할 대제목, 소제목 가져오기

지문	대제목 및 소제목
위험장소(1)	1. 개요
분류(2)	2. 위험장소의 분류
해당 장소(구체적 장소 포함)(3)	3. 위험장소별 방폭전기기기의 적응성
	4. 위험장소분류별 해당장소
	5. 소견

4. 실제 답안지에 작성해보기

문 2-5) 폭발위험분위기의 빈도와 시간에 따른 위험장소를 분류하고 해당장소 (구체적 장소 포함) 설명	

1. 개요

① 폭발성 분위기가 존재하는 장소로서 발생빈도와 지속시간에 따라 국내의 경우 0종, 1종, 2종으로 구분됨

② 위험장소를 분류하는 목적은 물적 조건인 가연성 혼합기가 형성된 장소에 에너지 조건이 될 수 있는 방폭전기설비 등을 안전하게 선정하고 설치하기 위함임

2. 위험장소의 분류

위험장소 분류 (IEC CODE)	빈도	시간
0종 장소	정상상태에서 폭발위험분위기가 장기간 또는 빈번하게 발생 존재	연간 1,000시간 초과
1종 장소	정상상태에서 폭발위험분위기가 간헐적 발생 존재	연간 10~1,000 시간 이하
2종 장소	정상상태에서는 폭발위험분위기의 가능성이 없거나 빈도가 아주 희박하고 짧은 시간 지속되는 장소	연간 1~10시간 미만
비위험 장소	정상상태에서는 폭발위험분위기의 가능성이 없음	연간 1시간 미만

3. 위험장소별 방폭전기기기의 적응성

위험장소 분류	방폭전기기기 적응성
0종 장소	본질안전방폭구조 : 정상 또는 이상상태에서 발생되는 점화원이 위험성 분위기에 폭발을 발생시킬 수 없도록 하는 구조
1종 장소	2종 장소에 설치할 수 있는 비점화 방폭구조 외 방폭구조 선정
2종 장소	0종, 1종, 2종 장소에 설치할 수 있는 모든 방폭기기 선정 가능
비위험 장소	방폭구조가 아닌 일반 전기기기 사용

4. 위험장소분류별 해당장소

장소구분	해당장소
0종	• 인화성 액체의 용기 또는 탱크 내 액면상부 공간 • 가연성 가스의 용기 내부, 가연성 액체 내의 액중펌프 등과 같은 장소
1종	• 탱크로리 등에 인화성 액체 충전 시 개구부 부근 • 탱크류의 벤트 부근, 가스가 체류할 수 있는 피트 부근
2종	• 운전원의 오조작으로 가스 또는 액체가 방출될 우려가 있는 장소 • 강제 환기장치의 고장 등으로 가연성 가스가 체류할 수 있는 장소

5. 소견

구분	위험장소의 분류		
국내(KS C IEC Code)	0종	1종	2종
국외(IEC Code)	Division1		Division2

IEC CODE에서는 좀더 넓은 영역으로 위험장소를 선정하고 있음. 이는 인명과 재산피해를 최소화하려는 의도라고 판단되며, 국내에서도 좀 더 엄격한 적용이 필요하다고 사료됨

"끝"

111회 2교시 6번

1. 문제

> 수계 소화설비에서 일반적으로 사용되는 밸브의 종류, 기능 및 사용처에 대하여 설명하시오.(단, 스프링클러 시스템의 알람밸브, 델류지밸브, 건식 밸브, 준비작동식 밸브는 제외한다.)

2. 시험지에 번호 표기

> 수계 소화설비(1)에서 일반적으로 사용되는 밸브의 종류, 기능 및 사용처(2)에 대하여 설명하시오.
> (단, 스프링클러 시스템의 알람밸브, 델류지밸브, 건식 밸브, 준비작동식 밸브는 제외한다.)

3. 출제자 의도 파악 및 지문에서 내가 써야 할 대제목, 소제목 가져오기

지문	대제목 및 소제목
수계 소화설비(1)	1. 개요
	2. 수계 소화설비의 구성도
밸브의 종류, 기능 및 사용처(2)	3. 밸브의 종류, 기능 및 사용처
	4. 소견

4. 실제 답안지에 작성해보기

문 2-6) 수계 소화설비에서 일반적으로 사용되는 밸브의 종류, 기능 및 사용처
에 대한 설명

1. 개요

　① 수계 소화설비에 사용되는 밸브로는 개폐밸브, 방향성 밸브, 유량조절밸브,

　감압밸브 등이 있음

　② 밸브는 소화수를 제어하는 부분에 사용되고 밸브의 특성에 따라 사용 장소를

　제한함

2. 수계 소화설비의 구성도

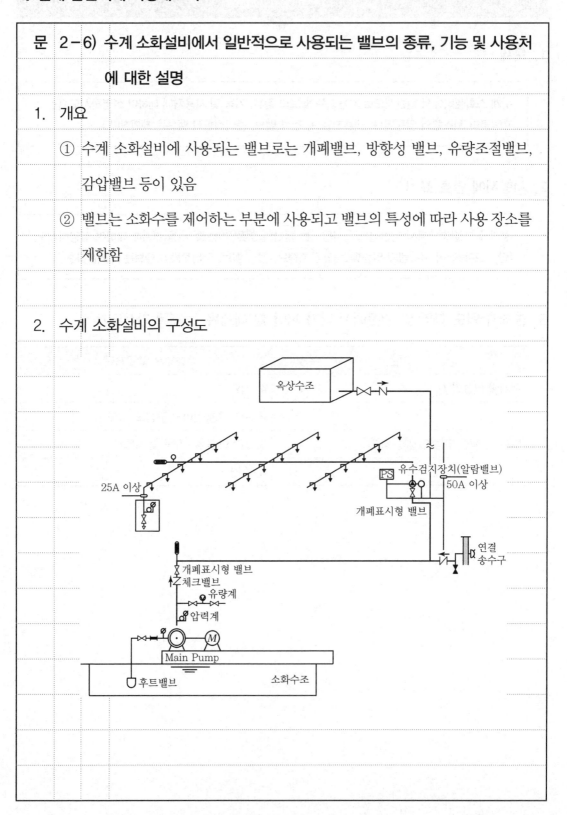

3. 밸브의 종류, 기능 및 사용처

1) 개폐밸브

밸브 종류	구성	기능	사용처
버터플라이 밸브		소화수 차단, 공급	소화펌프 흡입 측 사용 제외
게이트 밸브	게이트	소화수 차단, 공급	• 펌프토출 측 • 유수검지장치 1, 2차 측 • 소화수조 • 옥상수조 토출 • 기타 급수 계통 • 소화펌프 흡입 측 가능
글루브 밸브		소화펌프유량 조절	성능시험배관 유량조절

2) 방향성 밸브

밸브 종류	구성	기능	시용처
스윙체크		• 펌프 토출 측 배관 내 소화수 Drain 방지 • 가압송수장치 기동 시 옥상 수조로의 소화수 넘침 방지 • 가압송수장치 기동 시 옥외 송수구로 소화수 이송 방지	• 소화펌프 토출 측 • 옥상수조 토출 측 • 연결송수구 배관
스모렌스키 체크	 유체방향		
웨이퍼체크		소화수 역류 방지	압축공기 사용처
리프트체크		소화수 역류 방지	• 수평관로 • 펌프토출 측

3) 압력제어밸브

밸브 종류	구성	기능	사용처
감압밸브		옥내 · 외소화전, 스프링클러 → 균일한 살수밀도 유지	• 옥내 · 외소화전 : 토출압력 0.7MPa 이상인 장소 • 스프링클러설비 : 방사압력 1.2MPa 촉사인 장소
순환릴리프밸브		과열에 의한 펌프 보호	펌프토출 측 환배관 계통에 설치
압력릴리프밸브		과압으로 인한 배관계통 보호	엔진펌프 등 펌프토출 측 급격한 압력 변화가 발생하는 곳

4. 소견

① 밸브의 특성을 알고 정확한 위치에 사용하는 것이 중요함

② 하지만 올바르게 설치하였다 해도 경년변화 및 녹 등에 의해 밸브의 기능을 상실하는 경우가 있기에 평상시에도 작동여부 점검을 하는 등 유지관리가 아주 중요하다고 사료됨

"끝"

1. 문제

> 펌프의 비속도(Specific Speed)와 관련하여 다음 사항을 설명하시오.
>
> (1) 비속도의 개념과 특성
>
> (2) 비속도가 펌프 효율과 동력에 미치는 영향

2. 시험지에 번호 표기

> 펌프의 비속도(Specific Speed)와 관련하여 다음 사항을 설명하시오.
>
> (1) 비속도의 개념과 특성(1)
>
> (2) 비속도가 펌프 효율과 동력에 미치는 영향(2)

3. 출제자 의도 파악 및 지문에서 내가 써야 할 대제목, 소제목 가져오기

지문	대제목 및 소제목
비속도의 개념과 특성(1)	1. 비속도의 개념과 특성
비속도가 펌프 효율과 동력에 미치는 영향(2)	2. 비속도가 펌프 효율에 미치는 영향
	3. 비속도가 동력에 미치는 영향
	4. 결론

4. 실제 답안지에 작성해보기

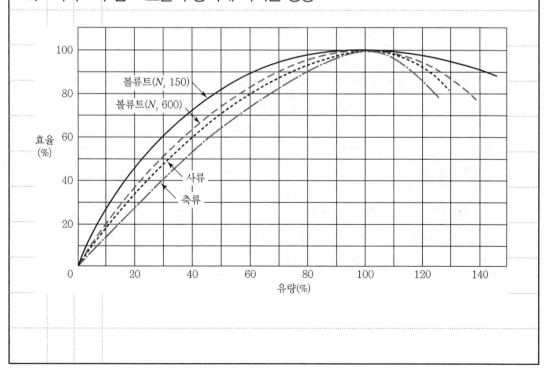

문 3-1) 펌프의 비속도(Specific Speed)와 관련하여 설명

1. 비속도(Specific Speed)의 개념과 특징

개념	실제펌프와 기하학적 상사인 펌프를 가상하고 이 가상의 펌프가 단위유량 (1m³/min), 단위양정(1m)일 때 이 가상의 펌프 임펠러 회전수를 비속도라 함
관계식	$N_s = \dfrac{N\sqrt{Q}}{H^{\frac{3}{4}}}$ 여기서, N_s : 비속도, Q : 토출량(m³/min), H : 양정(m), N : 회전수

특성
- 비속도는 임펠러 형상과 펌프 특성을 결정
- 비속도 작음 → 소유량 → 마찰손실이 작음 → 펌프성능곡선 완만
- 소방펌프는 비속도가 작은 볼류트, 터빈 펌프를 사용

N_s	100, 200, 300	400	800~1,000	1,200 이상
펌프의 종류	편흡입 볼류트	양흡입 볼류트	사류	축류

저유량 고양정 ←　　　　　　　　　　　→ 대유량 저양정

2. 비속도가 펌프 효율과 동력에 미치는 영향

볼류트(N_s 150)
볼류트(N_s 600)
사류
축류

효율(%) / 유량(%)

효율의 종류	수력효율, 체적효율, 기계효율
비속도의 영향 – 효율의 저하	• 비속도(N_s)는 수력효율에 영향을 미침 • 수력효율 $= \dfrac{\text{이론양정} - \text{손실수두}}{\text{이론양정}}$ • $N_s = \dfrac{N\sqrt{Q}}{H^{\frac{3}{4}}}$ 유량이 증가할수록 비속도와 손실수두 증가 → 효율의 저하 발생

3. 비속도가 동력에 미치는 영향

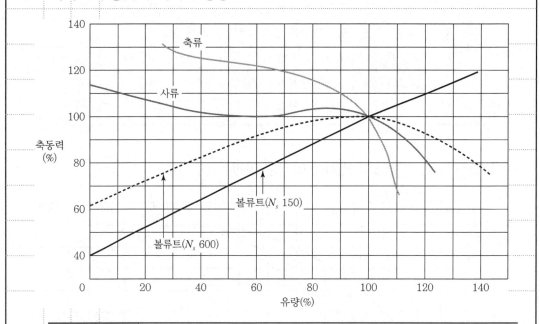

동력산출식	$P_{kw} = \dfrac{\gamma \, Q \, H}{102 \, \eta_{_T}}$
전양정	전양정(흡입양정 + 마찰손실 + 방사압)이 증가할수록 동력 증가
비속도의 영향 – 동력의 증가	유량 증가에 따른 마찰손실 증가 → 마찰손실 증가에 따른 전양정 증가 → 전 양정 증가에 의한 소요동력 증가

4. 결론

구분	효율	소요동력
N_s가 작은 펌프	효율이 높음	유량 증가에 따른 소요동력 증가
N_s가 큰 펌프	체절점 근처에서 곡율반경이 작아져 유량변화 시 효율이 크게 저하됨	체절점에서 가장 크고 토출량 증가에 따라 소요동력 감소

"끝"

1. 문제

옥외탱크저장소에 최대저장수량이 100,000L인 탱크 1개만을 설치하는 경우 다음 사항을 설명하시오.(단, 저장 위험물은 휘발유이고, 지반면의 탱크 바닥으로부터 탱크 옆판의 상단까지 높이는 6m이며, 탱크 내의 최대상용압력은 정압 4kPa이다.)

(1) 보유공지의 너비, 방유제의 용량 및 높이
(2) 설치 가능한 통기관의 종류와 설치기준
(3) 주입구 게시판의 표시 내용
(4) 설치하여야 하는 소화설비와 경보설비

Tip 내용이 방대하므로, 답안 작성 시간 및 위험물의 특성을 고려하여 작성하여야 합니다.

1. 문제

> 도로터널에 사용되는 제연방식의 종류를 열거하고 각각의 특징에 대하여 설명하시오.

2. 시험지에 번호 표기

> 도로터널에 사용되는 제연방식의 종류(1)를 열거하고 각각의 특징에 대하여 설명(2)하시오.

3. 출제자 의도 파악 및 지문에서 내가 써야 할 대제목, 소제목 가져오기

지문	대제목 및 소제목
제연방식의 종류(1)	1. 개요
각각의 특징에 대하여 설명(2)	2. 도로터널에 사용되는 제연방식의 종류 및 특징
	1) 종류환기방식
	2) 횡류환기방식
	3) 반횡류환기방식
	3. 소견

4. 실제 답안지에 작성해보기

문	3-3) 도로터널의 제연방식의 종류를 열거하고 각각의 특징에 대하여 설명

1. 개요

① 종류환기방식 : 터널 안의 배기가스와 연기 등을 배출하는 환기설비로서 기류를 종방향(출입구 방향)으로 흐르게 하여 환기하는 방식

② 횡류환기방식 : 터널 안의 배기가스와 연기 등을 배출하는 환기설비로서 기류를 횡방향(바닥에서 천장)으로 흐르게 하여 환기하는 방식

③ 반횡류환기방식 : 터널 안의 배기가스와 연기 등을 배출하는 환기설비로서 터널에 수직배기구를 설치해서 횡방향과 종방향으로 기류를 흐르게 하여 환기하는 방식

2. 도로터널에 사용되는 제연방식의 종류 및 특징

1) 종류환기방식

개념도	
특징	• 터널 안의 배기가스와 연기 등을 배출하는 환기설비로서 기류를 종방향(출입구 방향)으로 흐르게 하여 환기하는 방식 • 차량의 방향이 일방향 터널인 경우 용이함 • 속도를 임계속도 이상 유지하여 Back Layering(역기류)을 방지해야 함 • 차량 운행 시 차량풍으로 인해 효과적임 • 대면터널이나 차량정체가 빈번하고 불규칙한 터널에는 적용 곤란함

2) 횡류환기방식

개념도	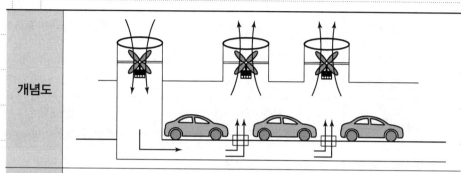
특징	• 터널 안의 배기가스와 연기 등을 배출하는 환기설비로서 기류를 횡방향(바닥에서 천장으로 흐르게 하여 환기하는 방식 • 터널의 상·하로 신선공기와 연기 이동 • 신선공기는 하부로, 연기는 상부로 배출하는 방식 • 길이가 긴 장대터널에 효과적임 • 열기류의 방향제어가 곤란함

3) 반횡류환기방식

개념도	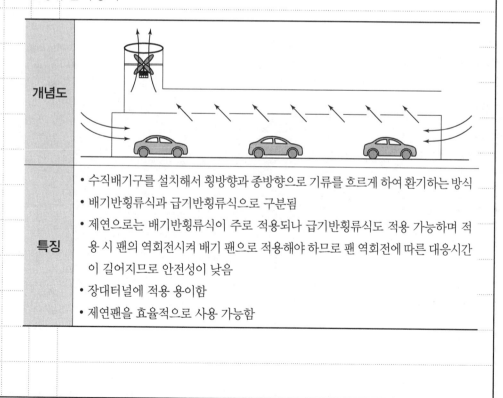
특징	• 수직배기구를 설치해서 횡방향과 종방향으로 기류를 흐르게 하여 환기하는 방식 • 배기반횡류식과 급기반횡류식으로 구분됨 • 제연으로는 배기반횡류식이 주로 적용되나 급기반횡류식도 적용 가능하며 적용 시 팬의 역회전시켜 배기 팬으로 적용해야 하므로 팬 역회전에 따른 대응시간이 길어지므로 안전성이 낮음 • 장대터널에 적용 용이함 • 제연팬을 효율적으로 사용 가능함

3. 소견

구분	종류환기방식	횡류환기방식(반횡류식)
개념	Back Layering(역기류)을 방지	연기배출 신선공기 급기
적용통행방식	일방향 터널	양방향 터널
환기용량	임계풍속 고려 제트팬 설치개수 결정	연기발생량+ 주변 공기 유입량 이상
비상전원용량	60분 이상	60분 이상

① 교통량과 경사도 등, 터널의 제연방식을 고려하여 설치함

② 감지설비의 화점위치, 바람의 방향까지 알 수 있는 설비를 설치해야 피난안전

성을 도모할 수 있다고 사료됨

"끝"

111회 3교시 4번

1. 문제

> 「누전경보기의 화재안전기준(NFSC 205)」에 따른 설치기준 중 다음 사항을 설명하시오.
>
> (1) 경계전로의 정격전류가 60A를 초과하는 전로와 60A 이하의 전로에서 설치방법
>
> (2) 변류기(CT) 설치장소
>
> (3) 누전경보기의 수신부 설치장소

2. 시험지에 번호 표기

> 「**누전경보기(1)**의 화재안전기준(NFSC 205)」에 따른 설치기준 중 다음 사항을 설명하시오.
>
> (1) 경계전로의 정격전류가 60A를 초과하는 전로와 60A 이하의 전로에서 설치방법(2)
>
> (2) 변류기(CT) 설치장소(3)
>
> (3) 누전경보기의 수신부 설치장소(4)

3. 출제자 의도 파악 및 지문에서 내가 써야 할 대제목, 소제목 가져오기

지문	대제목 및 소제목
누전경보기(1)	1. 정의
경계전로의 정격전류가 60A를 초과하는 전로와 60A 이하의 전로에서 설치방법(2)	2. 경계전로의 정격전류가 60A를 초과하는 전로와 60A 이하의 전로에서 설치방법
변류기(CT) 설치장소(3)	3. 변류기(CT) 설치장소
누전경보기의 수신부 설치장소(4)	4. 누전경보기의 수신부 설치장소

4. 실제 답안지에 작성해보기

문 3-4) 누전경보기의 화재안전기준에 따른 설치기준 중 다음 사항 설명

1. 정의

누전경보기	• 설치대상 : 내화구조가 아닌 건축물로서 벽, 바닥 또는 천장의 전부나 일부를 불연재료 또는 준불연재료가 아닌 재료에 철망을 넣어 만든 건물 • 대상의 전기설비로부터 누설전류를 탐지하여 경보를 발하는 기기로서, 변류기와 수신부로 구성된 것을 말함
변류기	경계전로의 누설전류를 자동적으로 검출하여 이를 누전경보기의 수신부에 송신하는 것을 말함
수신부	변류기로부터 검출된 신호를 수신하여 누전의 발생을 해당 특정소방대상물의 관계인에게 경보하여 주는 것(차단기구를 갖는 것을 포함한다)을 말함

2. 경계전로의 정격전류가 60A를 초과하는 전로와 60A 이하의 전로에서 설치방법

구분(정격전류)	내용
60A 초과	1급 누전경보기 설치
60A 이하	1급 또는 2급 누전경보기 설치

3. 변류기(CT) 설치장소

구분	내용
장소	옥외 인입선의 제1지점의 부하 측 또는 제2종 접지선 측의 점검이 쉬운 위치
옥외	변류기를 옥외의 전로에 설치하는 경우에는 옥외형으로 설치할 것
옥내	인입선의 형태 또는 특정소방대상물의 구조상 부득이한 경우에는 인입구에 근접한 옥내에 설치할 수 있음

4. 수신부의 설치장소

구분	내용
장소	누전경보기의 수신부는 옥내의 점검에 편리한 장소에 설치
주의사항	가연성의 증기·먼지 등이 체류할 우려가 있는 장소의 전기회로에는 해당 부분의 전기회로를 차단할 수 있는 차단기구를 가진 수신부를 설치해야 함. 이 경우 차단기구의 부분은 해당 장소 외의 안전한 장소에 설치해야 함
피해야 하는 장소	화재, 부식, 폭발의 위험성이 있고, 습도, 온도, 대전류 또는 고주파 등에 의한 영향을 받는 장소
음향장치	수위실 등 상시 사람이 근무하는 장소에 설치해야 하며, 그 음량 및 음색은 다른 기기의 소음 등과 명확히 구별할 수 있는 것으로 해야 함

"끝"

1. 문제

도어 팬 테스트(Door Fan Test)의 시험목적과 절차 등에 대하여 설명하시오.

2. 시험지에 번호 표기

도어 팬 테스트(Door Fan Test)(1)의 시험목적(2)과 절차(3) 등에 대하여 설명하시오.

3. 출제자 의도 파악 및 지문에서 내가 써야 할 대제목, 소제목 가져오기

지문	대제목 및 소제목
도어 팬 테스트(1)	1. 개요
시험목적(2)	2. 시험목적
절차(3)	3. 도어 팬 테스트의 절차
	4. 소견

4. 실제 답안지에 작성해보기

문 3-5) 도어 팬 테스트(Door Fan Test)의 시험목적과 절차 등에 대하여 설명

1. 개요

① 도어 팬 테스트(Door Fan Test)는 전역방출식 가스계 소화설비가 설치된 방호구역 내에 직접 소화약제를 방출하지 않고 약제 방출 시와 동일한 환경을 조성하여 누설면적 및 소화성능에 영향을 미치는 설계농도유지시간 등을 계산하는 방법임

② 도어 팬 테스트의 목적을 정확히 인지하고 절차 등을 아는 것이 가스계 소화설비의 적응성을 확보하는 데 중요함

2. 시험목적

구분	내용
설계농도 유지시간 확보	누설되는 약제량을 정량적으로 측정하고 설계농도유지시간에 필요한 약제량(Extended Discharge)을 산정
추가 약제량 방출시기 및 방출량 산정	방호구역 내 설계농도 유지시간에 대한 정량적 평가를 한 후 소화약제가 설계농도 이하로 되는 시점을 확인하고 추가 약제량을 방출
과압배출구의 Size 계산	약제방출 시 방호구역 내에 가해지는 최대압력을 분석하여 피압구의 필요성 판단 및 적정 면적 결정
방호구역 기밀도 확인	방호구역에 대해 주기적인 성능시험을 통하여 기밀도 유지여부 확인
보험료 할인 효과	해외 재보험자들이 가스계 소화설비의 신뢰성 제고를 위해 도어 팬 테스트를 보험조건에 포함하는 등 강하게 요구하는 추세임

3. 도어 팬 테스트의 절차

순서	내용
(1) 설계검토	• 건물구조(체적, 높이) • HVAC구조(인터록, 공기순환) • 소화시설(농도, 유지시간, 작동방식)
(2) 기초자료 측정	온도, 압력, 풍향, 풍속
(3) Door Fan 설치	Door Fan 장착, 대형 누출부위 Sealing
(4) 가압 및 감압시험	실내·외 정압차, 가압·감압 범위 설정, Door Fan 가동
(5) 실험결과 분석	실험 Data 입력, 누설량, 누설 등가면적, 소화농도 유지시간 산출
(6) 보정실험	• 실험결과 정밀도 검증 실험 → 누출 등가면적 30% 범위 내 Door Fan 판넬 개방 후 실험 → 등가면적 ±10% 적정 • 부적합 시 방호구역 내 기밀성 보완 후 재시험
(7) 보고서 작성	최종분석 및 보고서 제출

4. 소견

① 현재 성능위주 설계에서는 도어 팬 테스트를 강제하고 있음

② 소화설비는 All or Nothing이므로 가스계 소화설비의 도어 팬 테스트를 의무로 강제할 필요가 있다고 사료됨

"끝"

1. 문제

> 「자동화재 탐지설비 및 시각경보장치의 화재안전기준(NFSC 203)」에 따른 배선 방법 및 설치기준
> 과 관련하여 다음 사항을 설명하시오.
>
> (1) 전원회로의 배선과 그 밖의 배선
>
> (2) 감지기 상호간 또는 감지기로부터 수신기에 이르는 감지기회로의 배선
>
> (3) 감지기회로의 도통시험을 위한 종단저항 설치기준
>
> (4) 감지기 사이의 회로 배선 방식
>
> (5) 감지기회로 및 부속회로의 전로와 대지 사이 및 배선 상호간의 절연저항 기준
>
> (6) 자동화재 담지설비의 전선관, 덕트, 몰드, 풀박스 등의 설치 방법
>
> (7) P형 수신기 및 GP형 수신기의 감지기회로의 배선에 있어서 하나의 공통선에 접속할 수 있는 경
>   계구역 기준
>
> (8) 자동화재 탐지설비의 감지기회로의 전로저항 기준 및 수신기의 각 회로별 종단에 설치되는 감지
>   기에 접속되는 배선의 전압 기준

Tip 지문이 길지만 정확히 쓴다면 고득점도 가능합니다. 지문을 각각의 대주제로 이용하여 작성하
는 것이 좋습니다.

2. 실제 답안지에 작성해보기

문 3-6) 자동화재 탐지설비 및 시각경보장치의 화재안전기준(NFPC 203)에 따른 배선 방법 및 설치기준과 관련하여 설명

1. 전원회로의 배선과 그 밖의 배선

구분	내용(「옥내소화전설비의 화재안전성능기준(NFPC 102)」 제10조제2항)
전원회로	내화배선
그밖의 배선	내화배선 혹은 내열배선

2. 감지기 상호간 또는 감지기로부터 수신기에 이르는 감지기회로의 배선

전자파 방해방지 배선	아날로그방식, R형 수신기용 등으로 사용되는 것은 전자파의 방해를 받지 않는 것으로 배선
그 외의 일반배선	일반배선을 사용할 때에는 내화배선 또는 내열배선

3. 감지기회로의 도통시험을 위한 종단저항 설치기준

설치장소	점검 및 관리가 쉬운 장소에 설치할 것
전용함 설치	설치 높이는 바닥으로부터 1.5m 이내로 할 것
설치위치	• 감지기회로의 끝부분에 설치 • 종단감지기에 설치할 경우에는 구별이 쉽도록 해당 감지기의 기판 및 감지기 외부 등에 별도의 표시를 할 것

4. 감지기 사이의 회로 배선 방식

감지기회로 배선 방식	송배선식으로 할것
송배선 방식	• 중간에서 분기하지 않고 감지기회로의 모든 선이 하나로 연결되는 것 • 도통시험이 원활하기 위한 것임

5. 감지기회로 및 부속회로의 전로와 대지 사이 및 배선 상호간의 절연저항 기준

구역	1경계구역마다
절연저항측정기	직류 250V
절연저항	측정한 절연저항이 0.1MΩ 이상

6. 자동화재 담지설비의 전선관, 덕트, 몰드, 풀박스 등의 설치 방법

별도의 관, 덕트 등 사용	60V 이상의 강전류 회로 사용 시
동일한 관, 덕트 등 사용	60V 미만의 약 전류회로에 사용하는 전선으로서 각각의 전압이 같을 때

7. P형, GP형 감지기회로 하나의 공통선에 접속할 수 있는 경계구역기준

피(P)형 수신기 및 지피(G.P.)형 수신기의 감지기회로의 배선에 있어서 하나의

공통선에 접속할 수 있는 경계구역은 7개 이하로 할 것

8. 자동화재 탐지설비의 감지기회로의 전로저항 기준 및 수신기의 각 회로별 종

단에 설치되는 감지기에 접속되는 배선의 전압 기준

전로저항	감지기회로의 전로저항은 50Ω 이하
배선의 전압	감지기 정격전압의 80% 이상

"끝"

1. 문제

가스계 소화설비의 과압배출구(Pressure Vent)와 관련하여 다음 사항을 설명하시오.

(1) 정의

(2) CO_2 및 Inergen 소화설비의 과압배출

(3) 과압배출구 설계 시 고려사항

(4) 소화약제의 방사 중 방호구역 최대 및 최저압력의 결정요소

(5) 과압 여부 대한 검토사항

Tip 지문 5개를 그대로 대주제로 답안을 작성하면 됩니다.

2. 실제 답안지에 작성해보기

문 4-1) 가스계 소화설비의 과압배출구(Pressure Vent)와 관련하여 다음 사항

　　　　설명

1. 정의

　① 가스계 시스템은 약제방출 시 방호공간에 과압이 발생됨

　② 이로 인한 구조물 등에 손상이 생길 우려가 있는 장소에는 과압배출구를 설치

　　하여 손상을 방지해야 함

2. CO_2 및 Inergen 소화설비의 과압배출

구분	CO_2	Inergen
방호구역 내 압력 변화		
특징	• 방사초기 기화잠열, 줄톰슨 효과에 의해 부압형성 후 점차 압력 상승 • 가스밀도가 공기보다 무거우므로 상부에 설치	방사초기부터 과압 상승

구분	CO_2	Inergen
배출구 면적	$X(\text{cm}^2) = \dfrac{2.39 \times Q(\text{kg/min})}{\sqrt{P(\text{kPa})}}$ • $P(\text{kPa})$: 방호구역 내의 허용압력 • 경량구조 : 1.2kPa • 일반구조 : 2.4kPa • 아치(둥근)구조 : 4.8kPa	IG $-$ 541 $X(\text{cm}^2) = \dfrac{4.29 \times Q(\text{m}^3/\text{min})}{\sqrt{P(\text{kPa})}}$ • $P(\text{kPa})$: 방호구역 내의 허용압력 • 경량구조 : 0.098kPa • 블록마감구조 : 0.49kPa • 철근콘크리트벽 : 0.98kPa • 벽체의 종류를 알 수 없는 경우 : 0.48kPa

3. 과압배출구 설계 시 고려사항

배출구 위치	소화약제 방사노즐에서 가능한 먼 곳
배출구 크기	• 과압 발생 시 신속히 개방, 성능 및 크기 • 허용압력 미만에서 개방될 것
부압, 양압의 고려	• 액화가스 : 부압, 양압 발생 • 압축가스 : 양압만 발생
약제량 및 실의 내압강도	적정 약제량과 구조물의 내압강도 향상
배출구 개수	과압을 충분히 배출할 수 있도록 균등하게 설치

4. 소화약제 방사 중 방호구역 최대 및 최저압력의 결정요소

방사시간	방사시간에 따라 압력 상승의 변화 발생
약제량	약제량에 따라 최대 및 최소압력 발생
기화잠열, 줄톰슨효과	액화가스의 경우 적용
방호공간의 온도	온도에 따라 기체팽창률 변화
밀폐도 및 개구부	방호공간 밀폐도와 개구부에 따라 압력변화 발생

5. 과압 여부에 대한 검토사항

Door Fan Test 실시	도어 팬 테스트를 통하여 방호공간의 과압유무 확인
적정 약제량 여부 검토	적정한 약제량의 선정여부 검토
배출구 위치 검토	• Descend Interface Mode에서는 가스밀도가 무거우므로 상부에 설치 • Mixing Mode에서는 기류이동으로 제한받지 않음
방호공간의 온도 검토	샬의 법칙에 따라 온도상승 시 기체체적이 팽창되어 방호공간의 압력 상승

6. 소견

① 가스계 시스템은 균일한 설계농도 유지가 매우 중요함

② 방호공간의 과압과 부압 발생 시 구조물 및 개구부 파손 등으로 소화실패의 우려가 발생됨. 따라서 과압배출구를 적정하게 설치하는 것이 무엇보다 중요함

"끝"

1. 문제

밀폐상태에 가까운 전기배전반 또는 전기분전함의 화재에 대하여 다음 사항을 설명하시오.

(1) 화재의 주요 원인

(2) 화재의 성상 및 특성

(3) 화재탐지 방안

(4) 화재예방 방안

(5) 적응 소화설비

Tip 지문 5개를 그대로 대주제로 답안을 작성하면 됩니다.

2. 실제 답안지에 작성해보기

문 4 - 2) 전기배전반 또는 전기분전함의 화재에 대하여 다음 사항 설명

1. 개요

   ① 전기배전반 및 전기분전반함은 부하설비에 동력을 공급하기 위한 설비로서 부스바를 통한 다수의 전기접점이 존재하기에 늘 전기화재의 위험성을 갖고 있음

   ② 배전반 등에서 발생하는 화재의 원인 파악, 화재예방 및 소화대책 마련을 통해 전력공급의 신뢰성을 확보해야 함

2. 화재의 주요 원인

외부요인	외부 충격 및 지진 등 외부 환경에 의한 화재 발생
내부요인	• 줄열 : 과전류에 의한 케이블 허용온도 이상의 온도 상승 • 국부발열 : 분전반 내부 케이블 및 부스바 접속부 이완에 의한 국부적인 발열 발생

3. 화재의 성상 및 특성

   ① 화재초기에는 미소발열에 의해 미열이 발생되며, 연기 등이 존재하지 않는 심부화재의 특성을 지님

   ② 성장기에 이르러 열과 화염이 외부로 노출되지 않는 한 화재 감지가 어려운 성상임

4. 화재탐지 방안

전용의 화재감지기 설치	• 각 분전반마다 전용 감지기를 설치하여 화재 감지 • 조기 탐지를 위해 연기감지기, 공기흡입형 감지기 설치
자동소화장치 설치	화재감지 + 자동소화

5. 화재예방 방안

화재 발생 원인 제거	• 과전류차단기 설치를 통해 과전류 발생 시 전원 차단 • 정기적인 점검을 통해 전기단자의 이완 여부 확인 • 정기적인 점검을 통해 케이블의 노후 여부 확인 • 분전반 내부의 먼지 등의 청소를 통해 자연발화 방지
전용 소방설비 설치를 통한 초기 대응	• 전용 감지기에 의한 초기화재 감지 • 자동소화장치에 의한 초기 소화

6. 적응 소화설비

고체에어로졸 자동소화장치	열, 연기 또는 불꽃 등을 감지하여 에어로졸의 소화약제를 방사하여 소화
자동소화장치 (용기형, 튜브형)	열, 연기 또는 불꽃 등을 감지하여 가스계 소화약제를 방사하여 소화

7. 소견

① 전기분전반 화재의 경우 밀폐된 상태로 유지되고, 화재의 감지가 어려움. 따라서 일정규모 이상일 경우 자동소화장치 등의 설치를 의무화해야 함

② 자동소화장치는 별도의 전원이 필요없는 제품으로 성능이 검증되어진 제품을 사용해야 할 것으로 사료됨

"끝"

1. 문제

> 소방설비의 내진설계 기준에서 제시한 배관 설치를 위한 다음 사항을 설명하시오.
>
> (1) 배관의 내진설계 설치기준
>
> (2) 배관의 수평지진하중 산정방법
>
> (3) 배수관, 송수관, 기타배관을 포함한 벽, 바닥 또는 기초를 관통하는 배관의 이격을 위한 설치기준
>
> (4) 배관정착을 위한 설치방법

Tip 지문이 4개이며, 개요에서 대상이나 목적 등을 언급해 주도록 합니다.

2. 실제 답안지에 작성해보기

문 4 - 3) 소방설비의 내진설계 기준에서 제시한 배관 설치를 위한 다음 사항 설명

1. 소방설비 내진설계 목적 및 대상

목적	• 지진 시 건축물에 설치된 소방시설의 내진 안전성 확보 • 지진 시 화재, 폭발 등 소방설비 손상으로 발생할 수 있는 2, 3차 재해 대비 및 피해 최소화
대상	• 옥내소화전 설비 : 가압송수장치, 입상배관, 주배관 • 스프링클러 설비 : 가압송수장치, 입상배관, 수평주형배관, 교차배관, 65mm 이상 가지배관(횡방향버팀대에 한함) • 물분무 등 소화설비 : 물분무 등 소화설비 중 가스계 소화설비 저장용기의 고정

2. 배관의 내진설계 설치기준

구분	내용
목적	• 건물 구조부재 간의 상대변위에 의한 배관의 응력을 최소화 • 방법 : 지진분리이음 또는 지진분리장치를 사용하거나 이격거리를 유지
지진분리장치	건축물 지진분리이음 설치 위치 및 건축물 간의 연결배관 중 지상노출 배관이 건축물로 인입되는 위치의 배관에 설치
흔들림방지 버팀대	• 천장과 일체 거동을 하는 부분에 배관이 지지되어 있을 경우 배관을 단단히 고정시키기 위함 • 배관의 흔들림을 방지하기 위함
소화설비 동작, 살수방해	흔들림 방지 버팀대와 그 고정장치는 소화설비의 동작 및 살수를 방해하지 않아야 함

3. 배관의 수평지진하중 산정방법

내진설계 기준	소방시설의 내진설계에서 내진등급, 성능수준, 지진위험도, 지진구역 및 지진구역계수는 "건축물 내진설계기준(KDS 41 17 00)"을 따르고 중요도계수(I_p)는 1.5로 함
지진하중 계산	• 소방시설의 지진하중은 "건축물 내진설계기준" 중 비구조요소의 설계지진력 산정방법을 따름 • 허용응력설계법을 적용하는 경우에는 산정방법 중 허용응력설계법 외의 방법으로 산정된 설계지진력에 0.7을 곱한 값을 지진하중으로 적용함 • 지진에 의한 소화배관의 수평지진하중(F_{pw}) 산정은 허용응력설계법으로 하며 다음 내용 중 하나를 적용함 $- F_{pw} = C_p \times W_p$ F_{pw} : 수평지진하중, C_p : 소화배관의 지진계수, W_p : 가동중량 $-$ 산정방법 중 허용응력설계법 외의 방법으로 산정된 설계지진력에 0.7을 곱한 값을 수평지진하중(F_{pw})으로 적용함 • 지진에 의한 배관의 수평설계지진력이 $0.5\,W_p$을 초과하고, 흔들림 방지 버팀대의 각도가 수직으로부터 45도 미만인 경우 또는 수평설계지진력이 $1.0\,W_p$를 초과하고 흔들림 방지 버팀대의 각도가 수직으로부터 60도 미만인 경우 흔들림 방지 버팀대는 수평설계지진력에 의한 유효수직반력을 견디도록 설치해야 함

4. 배수관, 송수관, 기타배관을 포함한 벽, 바닥 또는 기초를 관통하는 배관의 이격을 위한 설치기준

관통구 및 배관 슬리브의 호칭구경	• 배관의 호칭구경이 25mm 이상 100mm 미만인 경우 배관의 호칭구경보다 50mm 이상 커야 함 • 배관의 호칭구경이 100mm 이상인 경우 배관의 호칭구경보다 100mm 이상 커야 함
방화구획 관통 배관의 틈새	「건축물의 피난·방화구조 등의 기준에 관한 규칙」 제14조제2항에 따라 내화채움성능이 인정된 구조 중 신축성이 있는 것으로 메워야 함
예외	벽, 바닥 또는 기초의 각 면에서 300mm 이내에 지진분리이음을 설치하거나 내화성능이 요구되지 않는 석고보드나 이와 유사한 부서지기 쉬운 부재를 관통하는 배관일 경우

5. 배관정착을 위한 설치방법

배관 정착 정의	배관을 건축물의 구조요소 또는 구조요소와 동등한 안전성이 확인된 부재에 연결하여 고정시키는 것
수평지지 하중	소방시설을 팽창성·화학성 또는 부분적으로 현장타설된 건축부재에 정착할 경우에는 수평지진하중을 1.5배 증가시켜 사용
앵커볼트	• 대상 : 수조, 가압송수장치, 함, 제어반 등, 비상전원, 가스계 및 분말소화설비의 저장용기 등은 "건축물 내진설계기준" 비구조요소의 정착부의 기준에 따라 앵커볼트를 설치해야 함 • 앵커볼트는 건축물 정착부의 두께, 볼트설치 간격, 모서리까지 거리, 콘크리트의 강도, 균열 콘크리트 여부, 앵커볼트의 단일 또는 그룹설치 등을 확인하여 최대허용하중을 결정해야 함 • 최대허용하중 : 흔들림 방지 버팀대에 설치하는 앵커볼트 최대허용하중은 제조사가 제시한 설계하중 값에 0.43을 곱해야 함 • 건축물 부착 형태에 따른 프라잉효과나 편심을 고려하여 수평지진하중의 작용하중을 구하고 앵커볼트 최대허용하중과 작용하중과의 내진설계 적정성을 평가하여 설치해야 함

"끝"

111회 4교시 4번

1. 문제

> 미분무소화설비의 설계도서 작성기준과 관련하여 일반설계도서 및 특별설계도서를 설명하시오.

2. 시험지에 번호 표기

> 미분부소화설비(1)의 설계도서 작성기준(2)과 관련하여 일반설계도서(3) 및 특별설계도서(4)를 설명하시오.

3. 출제자 의도 파악 및 지문에서 내가 써야 할 대제목, 소제목 가져오기

지문	대제목 및 소제목
미분부소화설비(1)	1. 개요
설계도서 작성기준(2)	2. 설계도서 작성기준
일반설계도서(3)	3. 일반설계도서
특별설계도서(4)	4. 특별설계도서
	5. 소견

4. 실제 답안지에 작성해보기

문 4-4)	미분부소화설비의 설계도서 작성기준과 관련하여 일반설계도서 및 특별설계도서 설명

1. 개요

① 미분무소화설비 : 가압된 물이 헤드 통과 후 미세한 입자로 분무됨으로써 소화성능을 가지는 설비를 말하며, 소화력을 증가시키기 위해 강화액 등을 첨가할 수 있음

② 설계도서 : 성능설계에서 화재가혹도를 결정하기 위한 것으로 건축물에서 발생 가능한 상황을 선정하여 일반설계도서와 특별설계도서로 각각 1개 이상을 작성함

2. 설계도서 작성기준

구분	내용
작성기준	• 일반설계도서 : 유사한 특정소방대상물의 화재사례 등을 이용하여 작성하여야 함 • 특별설계도서 : 일반설계도서에서 발화 장소 등을 변경하여 위험도를 높게 만들어 작성하여야 함
검증	소방관서에 허가동의를 받기 전 성능시험기관으로 지정받은 기관에서 그 성능을 검증받아야 함
고려사항	• 점화원의 형태 • 초기 점화되는 연료 유형 • 화재 위치 • 문과 창문의 초기상태(열림, 닫힘) 및 시간에 따른 변화상태 • 공기조화설비, 자연형(문, 창문) 및 기계형 여부 • 시공 유형과 내장재 유형

3. 일반설계도서

개요	건물용도, 사용자 중심의 일반적 화재 가상
필수 적용사항	• 건물사용자 특성 • 사용자의 수와 장소 • 실 크기 • 가구와 실내 내용물 • 연소 가능한 물질들과 그 특성 및 발화원 • 환기조건 • 최초 발화물과 발화물의 위치

4. 특별설계도서

특별설계도서 1	• 내부 문들이 개방된 상황에서 피난로에 화재 발생하여 급격한 화재연소가 이루어지는 상황 가상 • 화재 시 가능한 피난방법의 수에 중점을 두고 작성
특별설계도서 2	• 사람이 상주하지 않는 실에서 화재가 발생하지만, 잠재적으로 많은 재실자에게 위험이 되는 상황을 가상 • 건축물 내의 재실자가 없는 곳에서 화재가 발생하여 많은 재실자가 있는 공간으로 연소 확대되는 상황에 중심을 두고 작성
특별설계도서 3	• 많은 사람이 있는 실에 인접한 벽이나 덕트 공간 등에서 화재가 발생한 상황을 가상 • 화재감지기가 없는 곳이나 자동으로 작동하는 소화설비가 없는 장소에서 화재가 발생하여 많은 재실자가 있는 곳으로의 연소 확대가 가능한 상황에 중심을 두고 작성
특별설계도서 4	• 많은 거주자가 있는 아주 인접한 장소 중 소방시설의 작동범위에 들어가지 않는 장소에서 아주 천천히 성장하는 화재를 가상 • 작은 화재에서 시작하지만 대형 화재를 일으킬 수 있는 화재에 중심을 두고 작성

특별설계도서 5	• 건축물의 일반적인 사용 특성과 관련, 화재하중이 가장 큰 장소에서 발생한 아주 심각한 화재를 가상	
	• 재실자가 있는 공간에서 급격하게 연소 확대되는 화재를 중심으로 작성	
특별설계도서 6	• 외부에서 발생하여 본 건물로 화재가 확대되는 경우를 가상	
	• 본 건물에서 떨어진 장소에서 화재가 발생하여 본 건물로 화재가 확대되거나 피난로를 막거나 거주가 불가능한 조건을 만드는 화재에 중심을 두고 작성	

5. 소견

① 설계도서 성능화재에서 화재가혹도를 산정하는 과정이며, 화재가혹도를 정확히 산정하는 것이 무엇보다 중요함

② 그러기 위해서는 전문인력의 양성과 교육, Database가 마련되는 것이 필요하다고 사료됨

"끝"

1. 문제

소화약제로 사용되고 있는 물(H_2O)에 대하여 다음 사항을 설명하시오.

(1) 물리적 성질

(2) 화학적 성질

(3) 냉각효과가 우수한 이유

2. 시험지에 번호 표기

소화약제로 사용되고 있는 **물(H_2O)(1)**에 대하여 다음 사항을 설명하시오.

(1) **물리적 성질(2)**

(2) **화학적 성질(3)**

(3) **냉각효과가 우수한 이유(4)**

3. 출제자 의도 파악 및 지문에서 내가 써야 할 대제목, 소제목 가져오기

지문	대제목 및 소제목
물(H_2O)(1)	1. 개요
물리적 성질(2)	2. 물리적 성질
화학적 성질(3)	3. 화학적 성질
냉각효과가 우수한 이유(4)	4. 냉각효과가 우수한 이유
	5. 소견

4. 실제 답안지에 작성해보기

문 4-5) 소화약제로 사용되고 있는 물(H_2O)에 대하여 다음 사항 설명

1. 개요

① 물은 수소와 산소 원자로 결합된 물질로 분자식은 H_2O로 나타냄

② 물의 물리적, 화학적 성질로 인하여 다양한 방사형태를 가지며, 여러 가지 첨가제 사용이 가능하고 냉각효과가 우수함

2. 물의 물리적 성질

1) 물의 상평형도에 따른 성질

상평형도	
성질	• 0.01℃, 0.006atm의 상태에서 고체, 액체, 기체가 상존함(삼중점) • 물은 4℃일 때 부피가 가장 작음 • 밀도 : 액체 > 고체 > 기체 • 동결 시 약 10%의 체적팽창과 25MPa의 압력상승으로 동파 발생 • 374℃, 218atm 이상에서는 증기로서만 존재

2) 물의 상태도에 따른 성질

상태도	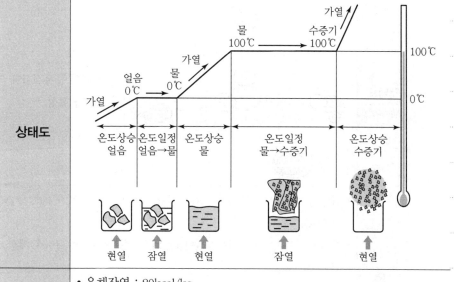
성질	• 융해잠열 : 80kcal/kg • 비열 : 1kcal/kg℃ • 증발잠열 : 539kcal/kg • 증발 시 체적 : 약 1,700배 팽창

3. 물의 화학적 성질

1) 극성 공유결합

개념도	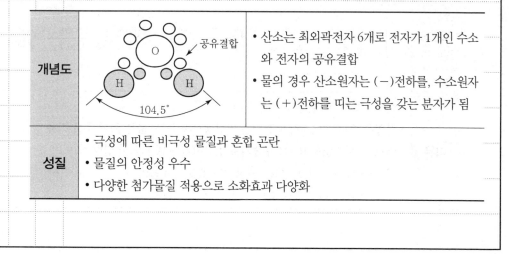 • 산소는 최외곽전자 6개로 전자가 1개인 수소와 전자의 공유결합 • 물의 경우 산소원자는 (−)전하를, 수소원자는 (+)전하를 띠는 극성을 갖는 분자가 됨
성질	• 극성에 따른 비극성 물질과 혼합 곤란 • 물질의 안정성 우수 • 다양한 첨가물질 적용으로 소화효과 다양화

2) 수소결합

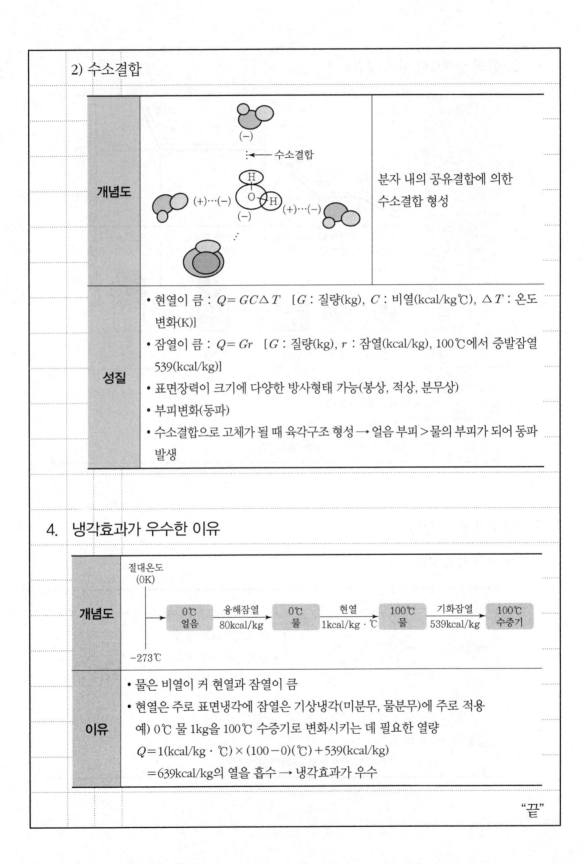

개념도	분자 내의 공유결합에 의한 수소결합 형성
성질	• 현열이 큼 : $Q = GC\triangle T$ [G : 질량(kg), C : 비열(kcal/kg℃), $\triangle T$: 온도 변화(K)] • 잠열이 큼 : $Q = Gr$ [G : 질량(kg), r : 잠열(kcal/kg), 100℃에서 증발잠열 539(kcal/kg)] • 표면장력이 크기에 다양한 방사형태 가능(봉상, 적상, 분무상) • 부피변화(동파) • 수소결합으로 고체가 될 때 육각구조 형성 → 얼음 부피 > 물의 부피가 되어 동파 발생

4. 냉각효과가 우수한 이유

개념도	절대온도 (0K) 0℃ 얼음 →[용해잠열 80kcal/kg]→ 0℃ 물 →[현열 1kcal/kg·℃]→ 100℃ 물 →[기화잠열 539kcal/kg]→ 100℃ 수증기 −273℃
이유	• 물은 비열이 커 현열과 잠열이 큼 • 현열은 주로 표면냉각에 잠열은 기상냉각(미분무, 물분무)에 주로 적용 예) 0℃ 물 1kg을 100℃ 수증기로 변화시키는 데 필요한 열량 $Q = 1(\text{kcal/kg} \cdot ℃) \times (100 - 0)(℃) + 539(\text{kcal/kg})$ 　　$= 639\text{kcal/kg}$의 열을 흡수 → 냉각효과가 우수

"끝"

1. 문제

석유화학의 기본물질인 파라핀계 탄화수소(Alkane)에 대하여 다음 사항을 설명하시오.

(1) 파라핀계 탄화수소(Alkane)의 일반식을 쓰고 탄수소 1~10번까지의 이름과 분자식

(2) 폭발하한계(L, vol.%)와 연소열($\triangle H_c$, kcal/mol) 사이의 관계

(3) 폭발범위(L, U)와 이론혼합비(화학양론조성, C_{st}) 사이의 관계

2. 시험지에 번호 표기

석유화학의 기본물질인 **파라핀계 탄화수소(Alkane)(1)**에 대하여 다음 사항을 설명하시오.

(1) 파라핀계 탄화수소(Alkane)의 일반식을 쓰고 탄수소 1~10번까지의 이름과 분자식(2)

(2) 폭발하한계(L, vol.%)와 연소열($\triangle H_c$, kcal/mol) 사이의 관계(3)

(3) 폭발범위(L, U)와 이론혼합비(화학양론조성, C_{st}) 사이의 관계(4)

3. 출제자 의도 파악 및 지문에서 내가 써야 할 대제목, 소제목 가져오기

지문	대제목 및 소제목
파라핀계 탄화수소(1)	1. 개요
일반식을 쓰고 탄수소 1~10번까지의 이름과 분자식(2)	2. 파라핀계 탄화수소(Alkane)의 일반식과 탄수소 1~10번까지의 이름과 분자식
폭발하한계(L, vol.%)와 연소열 사이의 관계(3)	3. 폭발하한계와 연소열 사이의 관계
폭발범위(L, U)와 이론혼합비(화학양론조성) 사이의 관계(4)	4. 폭발범위와 이론혼합비(화학양론조성, C_{st}) 사이의 관계

4. 실제 답안지에 작성해보기

문 4-6) 석유화학의 기본물질인 파라핀계 탄화수소(Alkane)에 대하여 다음 사항을 설명

1. 개요

　① 파라핀계 탄화수소는 탄소가 사슬 모양으로 연결된 것으로서, 탄소와 수소가 포화결합으로 되어 있는 탄화수소임

　② 수소와 결합한 탄소수에 따라 연소열과 화학양론조성의 특성이 달라짐

2. 파라핀계 탄화수소(Alkane)의 일반식과 탄소수 1~10번까지의 이름과 분자식

　1) 파라핀계 탄화수소(Alkane)의 일반식

　C_nH_{2n+2}

　2) 이름과 분자식

탄수소수	이름	분자식
1	메테인(메탄)	CH_4
2	에테인(에탄)	C_2H_6
3	프로페인(프로판)	C_3H_8
4	뷰테인(부탄)	C_4H_{10}
5	펜테인(펜탄)	C_5H_{12}
6	헥테인(헥산)	C_6H_{14}
7	헵테인(헵탄)	C_7H_{16}
8	옥테인(옥탄)	C_8H_{18}
9	노네인(노난)	C_9H_{20}
10	데케인(데칸)	$C_{10}H_{22}$

3. 폭발하한계와 연소열 사이의 관계

폭발하한계	화학반응이 일어나는 공간으로 가연성 혼합기에 점화했을 때 화염이 전파하는 가스의 농도한계로 농도가 낮은 쪽이 폭발하한계임
연소열	어떤 물질 1몰을 산소와 반응하여 완전연소했을 때 방출되는 열량
Burgess −Wheeler 법칙	파라핀계 탄화수소의 폭발하한계 LFL 과 연소열(ΔH)의 곱은 일정 $LFL \times \Delta H_c \simeq 1,050\,(\mathrm{kcal/mol})$
관계	• 파라핀계에서는 탄소수가 증가할수록 폭발하한계가 낮아지며 Burgess −Wheeler 법칙에 따라 연소열은 증가 • 탄소수가 작아질수록 폭발 하한값이 높아져 연소열은 감소

4. 폭발범위와 이론혼합비 사이의 관계

1) 폭발범위

정의	연소, 즉 화학반응이 일어나는 공간으로 가연성 혼합기에 점화했을 때 화염이 전파하는 가스의 농도한계로 폭발상한과 하한으로 구분
관계식	• 단일물질(존스식) : $LFL = 0.55 \times C_{st}$, $UFL = 3.5 \times C_{st}$ • 혼합물질 　− 연소하한계 : $\dfrac{100}{L} = \dfrac{V_1}{L_1} + \dfrac{V_2}{L_2}$ 　− 연소상한계 : $\dfrac{100}{U} = \dfrac{V_1}{U_1} + \dfrac{V_2}{U_2}$

2) 이론혼합비

정의	화학양론조성비란 상온, 상압의 가연성 가스·공기계에서 연료몰수와 가연성 혼합기몰수의 농도 비율을 말하며 C_{st} vol%로 나타냄
관계식	$C_{st} = \dfrac{연료몰수}{연료몰수 + 공기몰수} \times 100$

3) 폭발범위와 이론혼합비 사이의 관계

① 존스식에 따라 폭발범위가 좁을수록 이론혼합비는 작아짐

② 파라핀계는 탄소수가 증가할수록 완전연소에 더 많은 양의 산소가 필요함

③ 이론혼합비가 낮아지면 폭발하한계는 낮아짐

④ 탄소수가 증가할수록 이론혼합비는 낮아지며, 폭발범위는 좁아짐

메탄	에탄	프로판	부탄	펜탄	헥산	헵탄	옥탄	노난	데칸
5~15%	3~12.5%	2.1~9.5%	1.8~8.4%	1.5~7.8%	1.1~7.5%	1.1~6.7%	1.0~6.5%	0.8~2.9%	0.8~5.4%

"끝"

Chapter 02

제112회

소방기술사
기출문제풀이

112회 1교시 1번

1. 문제

건축물의 구조안전확인 대상과 적용기준을 설명하시오.

2. 시험지에 번호 표기

건축물의 구조안전확인 대상(1)과 적용기준(2)을 설명하시오.

3. 출제자 의도 파악 및 지문에서 내가 써야 할 대제목, 소제목 가져오기

지문	대제목 및 소제목
건축물의 구조안전확인 대상(1)	1. 건축물의 구조안전확인 대상
적용기준(2)	2. 적용기준

4. 실제 답안지에 작성해보기

문 1-1) 건축물의 구조안전확인 대상과 적용기준 설명

1. 건축물의 구조안전확인 대상

구분	대상
층수	층수가 2층(주요구조부인 기둥과 보를 설치하는 건축물로서 그 기둥과 보가 목재인 목구조 건축물(목구조 건축물)의 경우에는 3층) 이상인 건축물
연면적	연면적이 200m²(목구조 건축물의 경우에는 500m²) 이상인 건축물. 다만, 창고, 축사, 작물 재배사는 제외함
높이	높이가 13m 이상인 건축물
기둥 사이 거리	기둥과 기둥 사이의 거리가 10m 이상인 건축물
처마높이	처마높이가 9m 이상인 건축물
중요도	건축물의 용도 및 규모를 고려한 중요도가 높은 건축물로서 국토교통부령으로 정하는 건축물
문화유산	국가적 문화유산으로 보존할 가치가 있는 건축물로서 국토교통부령으로 정하는 것
주택	건축법시행령의 단독주택과 공동주택

2. 적용기준

구분	적용기준
건축법 제11조 (건축허가)	건축물을 건축하거나 대수선하려는 자는 특별자치시장·특별자치도지사 또는 시장·군수·구청장의 허가를 받아야 함
건축법 제48조 (구조내력 등)	• 건축법 제11조제1항에 따른 건축물을 건축하거나 대수선하는 경우에는 건축법 시행령 제32조로 정하는 바에 따라 구조의 안전을 확인하여야 함 • 지방자치단체의 장은 구조안전확인 대상 건축물에 대하여 허가 등을 하는 경우 내진(耐震)성능 확보 여부를 확인하여야 함

구분	적용기준
건축법 시행령 제32조 (구조 안전의 확인)	• 건축물을 건축하거나 대수선하는 경우 해당 건축물의 설계자는 국토교통부령(건축물 구조기준 규칙)으로 정하는 구조기준 등에 따라 그 구조의 안전을 확인하여야 함 • 구조안전을 확인한 건축물에 해당하는 건축물의 건축주는 해당 건축물의 설계자로부터 구조안전의 확인 서류를 받아 법 제21조에 따른 착공신고를 하는 때에 그 확인 서류를 허가권자에게 제출하여야 함. 다만, 표준설계도서에 따라 건축하는 건축물은 제외함
건축물의 구조기준 등에 관한 규칙 제58조(구조안전확인서 제출)	구조안전의 확인(지진에 대한 구조안전을 포함)을 한 건축물에 대해서는 건축법 제21조에 따른 착공신고를 하는 경우에 구조안전 및 내진설계 확인서를 작성하여 제출하여야 함

"끝"

112회 1교시 2번

1. 문제

간막이벽(경계벽)의 설치대상 건축물과 설치기준을 설명하시오.

2. 시험지에 번호 표기

간막이벽(경계벽)의 설치대상 건축물(1)과 설치기준(2)을 설명하시오.

3. 출제자 의도 파악 및 지문에서 내가 써야 할 대제목, 소제목 가져오기

지문	대제목 및 소제목
간막이벽(경계벽)의 설치대상 건축물(1)	1. 간막이벽(경계벽)의 설치대상 건축물
설치기준(2)	2. 간막이벽 설치기준

4. 실제 답안지에 작성해보기

문 1-2) 간막이벽(경계벽)의 설치대상 건축물과 설치기준 설명

1. 간막이벽 설치대상 건축물

용도 구분	내용
단독, 공동주택	단독주택 중 다가구주택의 각 가구 간 또는 공동주택(기숙사 제외)의 각 세대 간 경계벽(거실·침실 등의 용도로 쓰지 아니하는 발코니 부분 제외)
공동주택 등	공동주택 중 기숙사의 침실, 의료시설의 병실, 교육연구시설 중 학교의 교실 또는 숙박시설의 객실 간 경계벽
제2종근린	제2종 근린생활시설 중 다중생활시설의 호실 간 경계벽
노유자시설	• 노인복지주택의 각 세대 간 경계벽 • 노인요양시설의 호실 간 경계벽

2. 간막이벽 설치기준

구조	내화구조로 할 것
높이	지붕밑 또는 바로 위층의 바닥판까지 닿을 것
두께	• 철근콘크리트조·철골철근콘크리트조로서 두께가 10cm 이상 • 무근콘크리트조 또는 석조로서 두께가 10cm 이상 • 콘크리트블록조 또는 벽돌조로서 두께가 19cm 이상
성능	품질시험에서 그 성능이 확인된 것일 것
인정	한국건설기술연구원장이 정한 인정기준에 따라 인정하는 것

"끝"

112회 1교시 3번

1. 문제

이산화탄소소화설비의 설계농도 34%의 산출과정을 유도하고, 그 의미를 설명하시오.

2. 시험지에 번호 표기

이산화탄소소화설비(1)의 설계농도 34%의 산출과정을 유도(2)하고, 그 의미를 설명(3)하시오.

3. 출제자 의도 파악 및 지문에서 내가 써야 할 대제목, 소제목 가져오기

지문	대제목 및 소제목
이산화탄소소화설비(1)	1. 정의
설계농도 34%의 산출과정을 유도(2)	2. 설계농도 34%의 산출과정
의미를 설명(3)	3. 설계농도 34% 의미

4. 실제 답안지에 작성해보기

문 1 – 3) 이산화탄소소화설비의 설계농도 34%의 산출과정을 유도

1. 정의

① 이산화탄소소화설비는 질식을 주된 소화 메커니즘으로 냉각을 수반하여 화재를 제어·진압하는 설비임

② 질식소화를 위한 산소농도는 15% 이하를 기준으로 이산화탄소소화설비는 표면화재의 전역방출방식에서 최소설계농도 34%를 적용함

2. 설계농도 34%의 산출과정 유도

관계식	무유출 이론 관계식 → CO_2농도(%) $= \dfrac{21 - O_2\%}{21} \times 100$
산소농도	질식소화를 위해 산소농도 15% 이하로 적용
계산	CO_2농도(%) $= \dfrac{21 - 15\%}{21} \times 100 = 28.57\%$
안전율 고려	설계농도 $= 28.57 \times 1.2 = 34.28\%$

3. 설계농도 34% 의미

① 국내화재안전기준에서 이산화탄소 소화설비의 전역방출방식의 표면화재의 설계농도를 34% 규정하고 있음

② 이산화탄소의 최대설계농도는 제한하고 있지 않으며 그 이유는 재실자가 상주한 방호공간에는 사용할 수 없기 때문임

③ 질식소화가 주된 소화효과로 산소농도를 15% 이하로 유지해야 질식효과가 있으므로 최대설계농도는 제한하지 않고 최소설계농도 34%만을 기준으로 하고 있음

"끝"

112회 1교시 4번

1. 문제

저압전기설비에 설치된 서지방지기(Surge Protective Device) 고장의 경우 전원공급과 보호의 연속성을 확보하기 위한 개폐장치의 설치방식 3가지를 설명하시오.

2. 시험지에 번호 표기

저압전기설비에 설치된 서지방지기(Surge Protective Device)(1) 고장의 경우 전원공급과 보호의 연속성을 확보하기 위한 개폐장치의 설치방식 3가지를 설명(2)하시오.

3. 출제자 의도 파악 및 지문에서 내가 써야 할 대제목, 소제목 가져오기

지문	대제목 및 소제목
서지방지기(Surge Protective Device)(1)	1. 정의
개폐장치의 설치방식 3가지를 설명(2)	2. 전원공급 개폐장치의 설치방식 3가지

4. 실제 답안지에 작성해보기

문 1 - 4) 전원공급과 보호의 연속성을 확보하기 위한 개폐장치의 설치방식 설명

1. 서지방지기

정의	Line 또는 회로를 따라서 전달되며, 급속히 증가하고 서서히 감소하는 특성을 지닌 전기적 전류, 전압 또는 전력의 과도파형
문제점	기기의 오작동, 파손초래하여 통합접지 시공 시 SPD 설치 규정

2. 전원공급 개폐장치의 설치방식 3가지

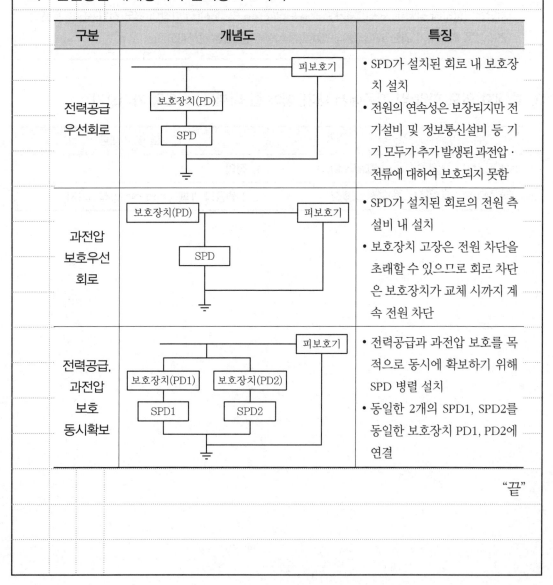

구분	개념도	특징
전력공급 우선회로		• SPD가 설치된 회로 내 보호장치 설치 • 전원의 연속성은 보장되지만 전기설비 및 정보통신설비 등 기기 모두가 추가 발생된 과전압·전류에 대하여 보호되지 못함
과전압 보호우선 회로		• SPD가 설치된 회로의 전원 측 설비 내 설치 • 보호장치 고장은 전원 차단을 초래할 수 있으므로 회로 차단은 보호장치가 교체 시까지 계속 전원 차단
전력공급, 과전압 보호 동시확보		• 전력공급과 과전압 보호를 목적으로 동시에 확보하기 위해 SPD 병렬 설치 • 동일한 2개의 SPD1, SPD2를 동일한 보호장치 PD1, PD2에 연결

"끝"

1. 문제

> 발화의 요인이 되는 단열압축에 대하여 설명하시오.

2. 시험지에 번호 표기

> 발화의 요인이 되는 **단열압축에 대하여 설명(1.정의. 2.메커니즘 3.문제점·대책)**하시오.

Tip 단열압축에 대해서 설명하라고 했으며, 발화의 관점에서 설명을 하여야 하니 정의－메커니즘 －문제점과 대책 순으로 대주제를 선정해서 답안을 작성합니다.

3. 실제 답안지에 작성해보기

문 1−5) 단열압축에 대하여 설명

1. 정의

① 열 공급이 없는 상태에서 기체가 압축되는 현상

② 기체를 단열적으로 압축하면 부피는 줄어 들고 온도가 올라감

2. 메커니즘

개념도	관계식
세계 누름 / 열출입× (단열) / 내부에너지↓ =온도↑	$$T_f = T_i \left(\frac{P_f}{P_i}\right)^{\frac{\gamma-1}{\gamma}}$$ 여기서, T_f : 최종절대온도 T_i : 초기절대온도 P_f : 최종절대압력 P_i : 초기절대압력 γ : C_p / C_v (정압비열/정적비열)

3. 단열압축의 위험성 및 방지 대책

위험성	방지 대책
• 단열압축 시 온도상승에 의해 점화원으로 작용 • 밀폐된 긴공간 화재 시 폭굉발생 화재 → 연소파 → 압축파 → 충격파 → 단열압축 → 폭굉 • 압축기의 온도상승으로 발화 • 압력상승에 의한 기기 파손	• 가연성 물질의 이격, 제거 • 다단 압축기 사용으로 압축비 감소 • 단열압축 환경의 제거 • 온도감지센서 설치 고온 발생부 냉각설비 설치 • 조기감지, 조기소화 → 폭굉으로 전이 방지

"끝"

1. 문제

불완전연소 시 발생되는 이상 현상에 대하여 설명하시오.

2. 시험지에 번호 표기

불완전연소(1) 시 발생되는 이상 현상에 대하여 설명(2)하시오.

3. 출제자 의도 파악 및 지문에서 내가 써야 할 대제목, 소제목 가져오기

지문	대제목 및 소제목
불완전연소(1)	1. 정의
이상 현상에 대하여 설명(2)	2. 이상 현상 원인
	3. 문제점 및 대책

4. 실제 답안지에 작성해보기

문 1-6) 불완전연소 시 발생되는 이상 현상에 대하여 설명

1. 정의

   ① 불완전연소란 가연성 가스와 공기의 혼합비가 충분하지 않아 완전연소를 하지 못한 연소를 말함

   ② 일반적인 불꽃의 형태는 적염, 황염을 띠며 그을음이 발생함

2. 이상 현상의 발생원인

과농혼합기	공기와의 접촉 및 혼합이 불충분할 때
당량비>1	과대한 가스양 또는 필요량의 공기가 없을 때
배기가스	배기가스의 배출이 불량할 때
저온도	불꽃이 온도가 내려갈 때(충분한 활성화 에너지 미공급)

3. 문제점 및 대책

문제점	대책
• 다량의 CO 연소생성물 발생 : 마취성 • 미연소 탄소에 의한 Soot 발생 : 가시거리 약화 • 저온에 따른 연기 단층화 형성 : 화재감지기 및 스프링클러 설비 미작동 • 다양한 종류의 독성 물질 발생 : NOx, HCN 등	• 제연설비의 설치 : 연기의 배출 • 공기흡입형 감지기 등 설치 : 능동적 감지 • 습식 스프링클러 설치 : 빠른 소화 가능 • 피난구유도등 및 피난유도선 설치 • 훈련된 직원의 상시 배치로 재해, 피난약자 고려

"끝"

1. 문제

초고층건축물의 피난안전구역에 설치하는 피난유도선, 비상조명등 및 인명구조기구의 설치기준을
각각 설명하시오.

Tip 법에 따른 답안을 작성하는 경우에는 타 수험생들과 차별화를 위하여 본책처럼 표로 작성하여
마무리하는 것이 좋습니다.

2. 실제 답안지에 작성해보기

문 1-7) 초고층건축물의 피난안전구역에 설치하는 피난유도선, 비상조명등 및 인명구조기구의 설치기준

1. 정의

고층건축물의 화재안전기준(NFPC 604)에 따라 소방시설을 설치하여 재실자, 방문객의 피난안전성 및 소방대의 구조시기까지 견딜 수 있게 함

2. 피난안전구역에 설치하는 소방시설

구분	설치기준
제연설비	피난안전구역과 비 제연구역 간의 차압은 50Pa(옥내에 스프링클러설비가 설치된 경우에는 12.5Pa) 이상으로 해야 함
피난유도선	피난유도선은 다음의 기준에 따라 설치해야 함 • 피난안전구역이 설치된 층의 계단실 출입구에서 피난안전구역 주 출입구 또는 비상구까지 설치할 것 • 계단실에 설치하는 경우 계단 및 계단참에 설치할 것 • 피난유도 표시부의 너비는 최소 25mm 이상으로 설치할 것 • 광원점등방식(전류에 의하여 빛을 내는 방식)으로 설치하되, 60분 이상 유효하게 작동할 것
비상조명등	피난안전구역의 비상조명등은 상시 조명이 소등된 상태에서 그 비상조명등이 점등되는 경우 각 부분의 바닥에서 조도는 10lx 이상이 될 수 있도록 설치할 것

구분	설치기준
휴대용 비상조명등	• 피난안전구역에는 휴대용비상조명등을 다음의 기준에 따라 설치해야 함 　－초고층건축물에 설치된 피난안전구역 : 피난안전구역 위층의 재실자수의 10분의 1 이상 　－지하연계 복합건축물에 설치된 피난안전구역 : 피난안전구역이 설치된 층의 수용인원 10분의 1 이상 • 건전지 및 충전식 건전지의 용량은 40분 이상 유효하게 사용할 수 있는 것으로 함. 다만, 피난안전구역이 50층 이상에 설치되어 있을 경우의 용량은 60분 이상으로 할 것
인명구조기구	• 방열복, 인공소생기를 각 2개 이상 비치할 것 • 45분 이상 사용할 수 있는 성능의 공기호흡기를 2개 이상 비치해야 함. 다만, 피난안전구역이 50층 이상에 설치되어 있을 경우에는 동일한 성능의 예비용기를 10개 이상 비치할 것 • 화재 시 쉽게 반출할 수 있는 곳에 비치할 것 • 인명구조기구가 설치된 장소의 보기 쉬운 곳에 "인명구조기구"라는 표지판 등을 설치할 것

"끝"

1. 문제

제연설비에 사용되는 다익형 송풍기(Multiblade Fan)의 특징, 장단점 및 특성 곡선을 설명하시오.

2. 시험지에 번호 표기

제연설비에 사용되는 **다익형 송풍기(Multiblade Fan)(1)의 특징(2)**, 장단점 및 특성 곡선(3)을 설명하시오.

3. 출제자 의도 파악 및 지문에서 내가 써야 할 대제목, 소제목 가져오기

지문	대제목 및 소제목
다익형 송풍기(1)	1. 정의
특징(2)	2. 다익형 송풍기의 특징
장단점 및 특성 곡선(3)	3. 다익형 송풍기의 장단점 및 특성 곡선

4. 실제 답안지에 작성해보기

문 1-8) 다익형 송풍기(Multiblade Fan)의 특징, 장단점 및 특성 곡선

1. 정의

① 다익형 송풍기는 시로코 팬이라고도 불리며 풍압 150mmAq 이하의 전압에서

　다량의 공기 또는 가스를 취급하는 데 가장 적합한 송풍기임

② 제연설비에서 송풍기로 다익형이 많이 적용되고 있음

2. 다익형 송풍기의 특징

그림	특징
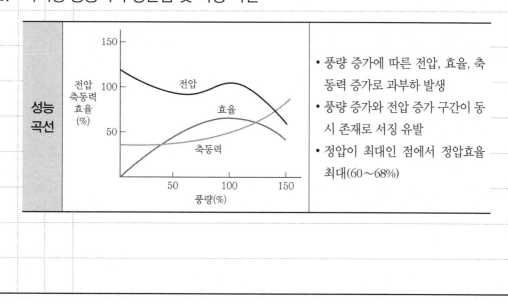	• 저압의 송풍기용 • 타 원심식 송풍기와 비교하여 동일용량에 대한 크기가 가장 적음 • 임펠러는 깃의 길이가 길고 깃의 높이가 낮음 • 동일풍압에 대해서는 회전속도가 낮으며, 저진동·저소음임

3. 다익형 송풍기의 장단점 및 특성 곡선

성능 곡선	
성능곡선 그래프: 전압/축동력/효율(%) 대 풍량(%)	• 풍량 증가에 따른 전압, 효율, 축동력 증가로 과부하 발생 • 풍량 증가와 전압 증가 구간이 동시 존재로 서징 유발 • 정압이 최대인 점에서 정압효율 최대(60~68%)

장점	단점
• 압력곡선이 후곡형 날개에 비해 완만하며, 송풍기의 풍량변동에 따른 압력변화가 작음 • 운전범위가 넓음 : 30~80% • 구조가 간단, 제작비가 낮아 경제적 • 저속회전으로 수명이 깊	• 풍량이 증가에 따른 축동력의 급격히 증가 • 운전조건에 따라 서징 유발 • 정압효율이 낮음 • 깃의 형태와 구조적 취약성으로 다양한 유체 이송 곤란

"끝"

112회 1교시 9번

1. 문제

> 건축물에 설치되는 자가발전설비의 소방부하와 비상부하의 종류를 설명하시오.

2. 시험지에 번호 표기

> 건축물에 설치되는 자가발전설비(1)의 소방부하와 비상부하(2)의 종류를 설명하시오.

3. 출제자 의도 파악 및 지문에서 내가 써야 할 대제목, 소제목 가져오기

지문	대제목 및 소제목
자가발전설비(1)	1. 정의
소방부하와 비상부하(2)	2. 소방부하와 비상부하의 종류
	3. 소견

Tip 1교시의 문제는 3개 정도의 대제목이면 답안을 작성할 수 있습니다. 쉬운게 함정인 간단한 문제의 경우 마지막 소견을 꼭 작성해 주어야 6점을 받을 수 있습니다.

4. 실제 답안지에 작성해보기

문 1 - 3) 자가발전설비의 소방부하와 비상부하의 종류 설명

1. 정의

   자가발전설비는 상용전원이 정전되었을 때 비상부하 또는 소방부하로 전기를 공급하기 위해 설치하는 비상발전기와 부대설비를 말함

2. 소방부하와 비상부하의 종류

구분	소방부하	비상부하
개념	• 소방시설 및 피난 · 방화 · 소화활동을 위한 시설의 전력부하 • 화재안전기준에서 예비전원 공급을 정하고 있는 부하	• 전력설비에서 상용전원이 정전되었을 때 비상용 시설이 가동되는데, 이 비상용 시설의 전력부하 • 소방부하 이외의 부하로서 관련 타 법령에서 예비전원 공급을 정하고 있는 부하를 의미
종류	소화펌프, 제연설비, 비상콘센트설비 등	승용승강기, 환기시설, 비상급배수시설, 위생시설, 조명시설, 전열시설, 방범시설 등의 부하가 포함

---

3. 소견

1) 개념도

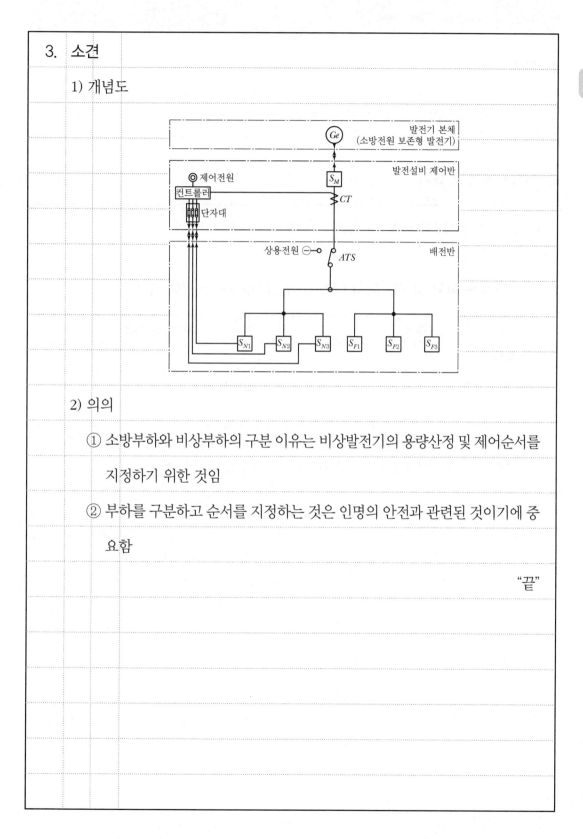

2) 의의

① 소방부하와 비상부하의 구분 이유는 비상발전기의 용량산정 및 제어순서를 지정하기 위한 것임

② 부하를 구분하고 순서를 지정하는 것은 인명의 안전과 관련된 것이기에 중요함

"끝"

1. 문제

> 건축물에서 방화구획 시공 시 사전확인 사항에 대하여 설명하시오.

2. 시험지에 번호 표기

> 건축물에서 방화구획(1) 시공 시 사전확인 사항(2)에 대하여 설명하시오.

3. 출제자 의도 파악 및 지문에서 내가 써야 할 대제목, 소제목 가져오기

지문	대제목 및 소제목
방화구(1)	1. 정의
사전확인 사항(2)	2. 사전확인 사항
	3. 소견

Tip 1교시의 문제는 3개 정도의 대제목이면 답안을 작성할 수 있습니다. 쉬운게 함정인 간단한 문제의 경우 마지막 소견을 꼭 작성해 주어야 6점을 받을 수 있습니다.

4. 실제 답안지에 작성해보기

문 1-10) 방화구획 시공 시 사전확인 사항에 대하여 설명

1. 정의

방화구획이란 Fire-Fighting Partition, 즉 화염의 확산을 방지하기 위해 건축물의 특정 부분과 다른 부분을 내화구조로 된 바닥, 벽 또는 60분 혹은 60+방화문(자동방화셔터 포함)으로 구획하는 것을 말함

2. 사전확인 사항

사전확인 사항	법적 내용
• 건축물 연면적 및 층별 방화구획 확인 • 방화구획 도면 이용 방화구획 면적 확인 • 층간 구획 대상 확인	• 10층 이하의 층은 바닥면적 1,000m² 이내마다 구획할 것 • 매 층마다 구획할 것 • 11층 이상의 층은 바닥면적 200m²(스프링클러 기타 이와 유사한 자동식 소화설비를 설치한 경우에는 600m²) 이내마다 구획할 것
방화구획 재료 확인	• 내화구조에 적합한 구조일 것 • 자동방화셔터 설치 위치 및 구조 확인 • 방화문의 종류 및 구조 확인
관통부 충전재료	• 방화구획선에 위치한 배관, 케이블트레이, 덕트 등 관통부 충전재료 및 충전방법 확인 • 내화채움구조 확인
커튼월 재료 확인	Leapfrog, Pork-Through Effect 방지 일환

3. 소견

현재 방화구획 완화규정이 광범위하며, 특히 주차장의 경우 최소한 자동화재 설비의 방호공간 이내의 방화구획이 필요하다고 사료됨

"끝"

1. 문제

> 펌프에서의 공동현상(Cavitation)에 대한 발생원인, 발생한계 및 방지대책을 설명하시오.

2. 시험지에 번호 표기

> 펌프에서의 공동현상(Cavitation)에 대한 발생원인(1), 발생한계(2) 및 방지대책(3)을 설명하시오.

3. 출제자 의도 파악 및 지문에서 내가 써야 할 대제목, 소제목 가져오기

지문	대제목 및 소제목
발생원인(1)	1. 공동현상의 발생원인
발생한계(2)	2. 발생한계
방지대책(3)	3. 방지대책

4. 실제 답안지에 작성해보기

문 1 – 11) 공동현상(Cavitation)에 대한 발생원인, 발생한계 및 방지대책

1. 공동현상의 발생원인

메커니즘	발생원인
• $NPSH_{av} < NPSH_{re}$ • $NPSH_{av} \leq NPSH_{re}$ • $H_a \pm H_s - H_f - H_v$ $\quad < NPSH_{re}$	• 물의 온도 상승에 의한 증기압 상승으로 기포 발생 • 흡입구 연결부 등에 의한 공기혼입 • 축봉장치 부분에서의 공기혼입 • 유체의 빠른 흐름에 의한 펌프 내 압력이 포화증기압 이하 시 발생

2. 발생한계

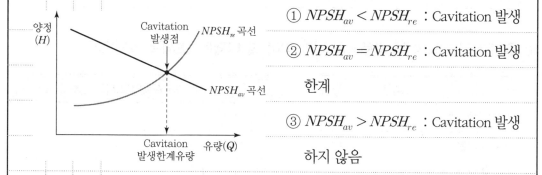

① $NPSH_{av} < NPSH_{re}$: Cavitation 발생

② $NPSH_{av} = NPSH_{re}$: Cavitation 발생
한계

③ $NPSH_{av} > NPSH_{re}$: Cavitation 발생
하지 않음

3. 방지대책

방지대책	내용
메커니즘에 대한 대책	$NPSH_{av} > NPSH_{re}$ 조치
$NPSH_{av}$ 높이는 방법 $H_a \pm H_s - H_f - H_v$	• 펌프의 설치 높이를 낮춰 흡입양정 최소화 • 흡입관의 손실수두 최소화 　－흡입배관 길이를 짧게 함 　－흡입 관경을 크게 함 　－흡입 유속을 낮춤 • 수온을 낮춤 • 수직샤프트 터빈펌프(압축펌프) 사용 • 조도 C값이 큰 동관 · 스테인리스관 사용
$NPSH_{re}$ 낮추는 방법	• 흡입비속도(N_s) 낮은 펌프 적용 • 양흡입 펌프 사용

"끝"

1. 문제

> 소방시설성능시험표에서 확인하는 자가발전설비 시동용 계전기의 설치위치 및 개선사항에 대하여 설명하시오.

2. 시험지에 번호 표기

> 소방시설성능시험표에서 확인하는 자가발전설비 **시동용 계전기(1)**의 **설치위치(2)** 및 **개선사항(3)**에 대하여 설명하시오.

3. 출제자 의도 파악 및 지문에서 내가 써야 할 대제목, 소제목 가져오기

지문	대제목 및 소제목
시동용 계전기(1)	1. 정의
설치위치(2)	2. 설치위치
개선사항(3)	3. 개선사항

> **Tip** 시사성이 떨어지는 문제입니다. 시험출제 당시에 적용되는 사항이며, 현재는 저압 측 차단기와 ATS 사이에 설치합니다.

1. 문제

화재 시 피난과 관련된 연기의 가시도(Visibility)를 설명하시오.

2. 시험지에 번호 표기

화재 시 피난과 관련된 연기의 **가시도(Visibility)(1)**를 **설명(2)**하시오.

3. 출제자 의도 파악 및 지문에서 내가 써야 할 대제목, 소제목 가져오기

지문	대제목 및 소제목
가시도(1)	1. 정의
설명(2)	2. 가시도
	1) 산출
	2) 감광계수와의 관계
	3) 개선사항
	3. 소견

Tip 출제자가 설명하라고 했으므로 어떤 답이든지 관계 없으나, 지문에 "화재 시 피난과 관련된"이라는 내용이 있으니, 화재 시 가시도가 떨어졌을 때 문제점과 대책을 적는 것이 타당합니다.

4. 실제 답안지에 작성해보기

문	1 − 13) 화재 시 피난과 관련된 연기의 가시도(Visibility)를 설명

1. 정의

① 가시도란 눈으로 특정한 물체를 보고 식별할 수 있는 최대 거리를 말하며 빛의 산란 및 흡수에 따른 영향을 받음

② 가시도는 화재 시 발생된 연기에 의한 감광계수와 관련이 있음

2. 가시도

산출	• Lambert − Beer의 법칙을 이용한 감광계수법 $C_s = \dfrac{1}{L}\ln\left(\dfrac{I_0}{I}\right)$ • 실험에 의한 발광 형태별 가시거리 　− 반사판형 : $C_s \times L = 2 \sim 4$ 　− 발광형 : $C_s \times L = 5 \sim 10$
감광계수와의 관계	• 감광계수 $= 0.1\text{m}^{-1}$일 경우 • 화재의 초기 연기 감지기가 작동할 정도의 연기로 반사판형 표지일 경우 가시거리는 $20\sim40\text{m}$, 발광형은 $50\sim100\text{m}$ • 일반적 한계가시도 30m 시 반사형은 소량의 연기에 의해서도 가시거리가 약해짐
개선사항	• 성능위주설계 인명안전 기준 　− 집회시설, 판매시설 : 가시거리에 따른 영향 기준을 10m로 제한 　− 기타시설 : 가시거리에 따른 영향 기준을 5m로 제한 　− 고휘도 유도등, 바닥유도등, 축광유도표지 설치 시 기준을 7m로 제한

3. 소견

① 화재 시 발생된 연기는 화재의 확산 및 인명에 대한 비열적 열적손상을 발생시키기에 연기의 배출 희석 등의 제연설비가 중요함

② 제연설비의 설치대상의 확대, 특히 주차장의 경우 제연설비를 설치하고 주기적인 TAB를 실시해야 함

"끝"

1. 문제

NFPA 13에서 규정하고 있는 준비작동식 스프링클러설비의 설비요건(System Requirements)에 대하여 설명하시오.

2. 시험지에 번호 표기

NFPA 13에서 규정하고 있는 **준비작동식 스프링클러설비(1)**의 **설비요건(System Requirements)(2)**에 대하여 설명하시오.

3. 출제자 의도 파악 및 지문에서 내가 써야 할 대제목, 소제목 가져오기

지문	대제목 및 소제목
준비작동식 스프링클러설비(1)	1. 개요
설비요건(System Requirements)(2)	2. 설비요건
	1) Single – Interlock System
	2) None – Interlock System
	3) Double – Interlock System
	3. 국내와 비교

4. 실제 답안지에 작성해보기

문 2-1) NFPA 13에서 규정하고 있는 준비작동식 스프링클러설비의 설비요건 설명

1. 개요

① 준비작동식 스프링클러설비에는 폐쇄형 헤드를 사용하며, 유수검지장치로는 프리액션밸브(Preaction Valve)를 설치함

② 프리액션밸브의 설비요건, 즉 개방방식에 따라 NFPA 13에서는 Single, None, Double-Interlock System으로 구분하고 있음

2. 설비요건

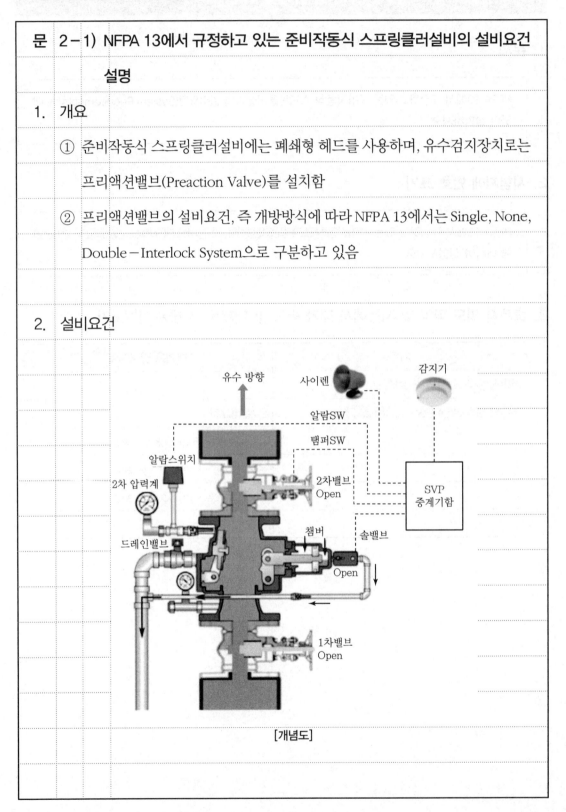

[개념도]

1) Single-Interlock System(단일 인터록 설비)

개념	감지장치가 작동하면 물이 스프링클러설비의 배관으로 흐르도록 하는 설비
밸브개방	감지기 동작에 의해 밸브가 개방
설치기준	• 감지장치 　ㅡ해당 설비의 스프링클러헤드보다 낮은 표시온도(이중 인터록보다 빨리 작동) • 설비 크기 　ㅡ1개의 준비작동식 밸브에 의해 제어되는 헤드 개수는 1,000개 이하 • 설비 형태 　ㅡ보조저장을 제외한 저장 시설을 보호 시 격자형 배관 금지

2) None-Interlock System(비인터록 설비)

개념	감지장치 또는 자동식 스프링클러헤드가 작동하면 물이 스프링클러설비의 배관으로 흐르도록하는 설비
밸브개방	감지기 또는 스프링클러헤드 동작에 의해 밸브가 개방
설치기준	• 감지장치 　ㅡ해당 설비의 스프링클러헤드보다 낮은 표시온도(이중 인터록보다 빨리 작동) • 설비 크기 　ㅡ1개의 준비작동식 밸브에 의해 제어되는 헤드 개수는 1,000개 이하 • 설비 형태 　ㅡ보조저장을 제외한 저장 시설을 보호 시 격자형 배관 금지 　ㅡ최소감시 공기압 0.5bar 이상

3) Double – Interlock System(이중 인터록 설비)

개념	감지장치 및 자동식 스프링클러헤드가 함께 작동하면 물이 스프링클러설비의 배관으로 흐르도록하는 설비
밸브개방	감지기 및 스프링클러헤드가 동시에 작동 시 밸브가 개방
설치기준	• 배관 내 용적 　－500gal 이하(방출 소요시간 제한 없음) 　－500gal 초과 시 방출소요시간 60초 이내 • 설비형태 　－설계면적 30% 증가 　－격자형 배관 금지

3. 국내와 비교

구분	국내	NFPA
밸브개방	Single – Interlock System	Single, Double. None – Interlock System으로 구분
헤드수	제한 없음	1,000개로 제한
단점	감지기 고장 시 시스템 작동불가	적용이 복잡함

① NFPA의 경우 적용이 복잡하지만 각각의 장·단점이 있고, 거기에 제한사항을 두고 있음

② 국내의 경우 Single – Interlock System과 교차회로 방식을 사용하여 시간지연등이 발생하는 바 이를 보완할 필요가 있다고 사료됨

"끝"

1. 문제

접지저항 측정방법(단독 및 공통, 통합접지) 및 판정기준에 대하여 설명하시오.

2. 시험지에 번호 표기

접지저항 측정방법(2)(단독 및 공통, 통합접지(1)) 및 판정기준(3)에 대하여 설명하시오.

3. 출제자 의도 파악 및 지문에서 내가 써야 할 대제목, 소제목 가져오기

지문	대제목 및 소제목
단독 및 공통, 통합접지(1)	1. 개요
접지저항 측정방법(2)	2. 접지저항 측정방법
판정기준(3)	3. 접지저항 판정기준
	4. 소방시설의 접지대상

4. 실제 답안지에 작성해보기

문 2-2) 접지저항 측정방법(단독 및 공통, 통합접지) 및 판정기준 설명

1. 개요

접지 목적	감전보호(저압전기설비), 기능보호(통신설비 등)에 있음
단독접지	접지를 각각 독립적으로 시공하는 방식으로 다른 접지로부터 영향을 받지 않고 장비나 시설을 보호하기 위한 접지방식
공통접지	등전위가 형성되도록 고압 및 특별고압 접지계통과 저압 접지계통을 공통으로 접지하는 방식
통합접지	전기설비의 접지계통과 건축물의 피뢰설비 및 통신설비 등의 접지극을 공용하는 통합접지

2. 접지저항 측정방법

1) 3점 전위차 측정법

측정 원리	
절차	① 접지전극(E)과 전류측정용 보조접지전극(C) 사이에 교류전압 e[V]를 인가시켜 접지전류 I[A]를 접지전극(E) 쪽으로 흐르게 함 ② 전위측적용 보조접지전극(P)을 EC선상을 따라 이동하면서 접지전극(E)의 전위상승 e_a[V]를 측정하여 전위분포곡선을 작성함 ③ 전위분포곡선 중 평평해지는 부분의 전위 e_b [V]를 구하고 접지전류 I[A]로 나누면 접지전극(E)의 접지저항(R)을 구할 수 있음 $R = \dfrac{e_b}{I}$ [Ω]
특징	• IEEE, NEC, ANSI 규격 만족 • 이론을 근거로 한 정확한 측정 방식 • 측정 위치와 방향에 따라 측정값 불변 • E점과 C점 간의 충분한(접지봉 길이의 약 5~10배) 거리를 이격 후 측정 • 전체 측정 거리의 약 62% 지점 평탄한 데이터 곡선을 가짐

2) 클램프 온 측정방법

측정 원리	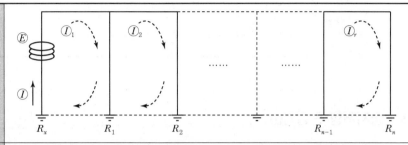
절차	① 회로에 전압을 공급하면 전류가 흐르는데 이때 특수한 변류기를 사용하여 통전된 전류를 측정 시 전류와 전압과의 관계식에서 저항을 산출함 $$\frac{E}{I} = R_x + \frac{1}{\sum_{k=1}^{n} \frac{1}{R_k}} \ , \ R_x \gg \sum_{k=1}^{n} \frac{1}{R_k} \text{에서} \ \frac{E}{I} = R_x \text{의 저항 산출식 됨}$$ ② 측정할 접지전극이 접지봉 간의 연결도선이나 접지봉 혹은 중성선과 전기적으로 경로가 구성되었는지 확인 ③ 클램프 온 측정기를 접지도선, 접지봉에 물리고 전류 버튼 "A"를 누름 ④ 접지전류를 측정하여 측정전류가 최대범위 30[A]를 초과한다면 접지저항을 측정할 수 없음 ⑤ 30[A]를 초과하지 않을 때 접지저항버튼 "Ω"를 눌러 측정 ⑥ 접지저항 기록양식에 측정값, 측정일자, 측정전류, 측정 위치 및 접지봉 등을 함께 기록

3) 콜라우스 브리지법

측정 원리	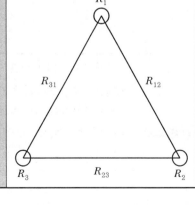	• R_1의 접지저항을 측정 시 보조전극 R_2, R_3를 10m 이상 이격 • R_{12} : 본접지극과 보조접지극 간 저항 • R_{31} : 본접지극과 보조접지극 간 저항 • R_{23} : 보조접지극 상호간 저항

저항 계산	• R_1 접지저항 계산 $- R_1 + R_2 = R_{12}$, $R_2 + R_3 = R_{23}$, $R_3 + R_1 = R_{31}$ $- R_1 = \dfrac{1}{2}(R_{12} + R_{31} - R_{23})$

3. 접지저항 판정기준

접지대상	현행 접지방식	KEC 접지방식
(특)고압설비	1종 : 접지저항 10Ω	• 계통접지 : TN, TT, IT 계통
600V 이하 설비	특3종 : 접지저항 10Ω	• 보호접지 : 등전위본딩 등
400V 이하 설비	3종 : 접지저항 100Ω	• 피뢰시스템접지
변압기	2종 : (계산요함)	"변압기 중성점 접지"로 명칭 변경

접지대상	현행 접지도체 최소단면적	KEC 접지/보호도체 최소단면적
(특)고압설비	1종 : 6.0mm² 이상	상도체 단면적 S(mm²)에 따라 선정*
600V 이하 설비	특3종 : 2.5mm² 이상	• $S \leq 16$: S
400V 이하 설비	3종 : 2.5mm² 이상	• $16 < S \leq 35$: 16 • $35 < S$: $S/2$
변압기	2종 : 16.0mm² 이상	또는 차단시간 5초 이하의 경우 $S = \sqrt{I^2 t}/k$

* 접지도체와 상도체의 재질이 같은 경우로서, 다른 경우에는 재질 보정계수(k_1/k_2)를 곱함

4. 소방시설의 접지대상

- 수신기와 전원과의 접속부위
- 비상방송설비의 앰프 설치 부위
- 유도등 및 비상조명등의 전원부
- 무선통신보조설비의 무선기기 접속단자 부위
- 감시제어반 및 동력제어반
- 수계 소화설비의 펌프
- 제연설비의 송풍기 설치장소
- 비상발전기의 전원 연결부위
- 비상전원수전설비의 설치장소
- 누전경보기의 설치부위

"끝"

112회 2교시 3번

1. 문제

자동방화셔터의 설치위치, 셔터구성, 성능기준 및 사용에 따른 문제점에 대하여 설명하시오.[2020. 1. 30 기준]

2. 시험지에 번호 표기

자동방화셔터(1)의 설치위치(2), 셔터구성(3), 성능기준(4) 및 사용에 따른 문제점(5)에 대하여 설명하시오.[2020. 1. 30 기준]

3. 출제자 의도 파악 및 지문에서 내가 써야 할 대제목, 소제목 가져오기

지문	대제목 및 소제목
자동방화셔터(1)	1. 개요
설치위치(2)	2. 자동방화셔터 설치위치
셔터구성(3)	3. 셔터구성
성능기준(4)	4. 성능기준
사용에 따른 문제점(5)	5. 사용상의 문제점 및 대책

4. 실제 답안지에 작성해보기

문 2-3) 자동방화셔터의 설치위치, 셔터구성, 성능기준 및 사용에 따른 문제점에 대하여 설명

1. 개요

   ① 자동방화셔터란 방화구획의 용도로 화재 시 연기 및 열을 감지하여 자동 폐쇄되는 것으로서, 공항·체육관 등 넓은 공간에 부득이하게 내화구조로 된 벽을 설치하지 못하는 경우에 사용하는 방화셔터를 말함

   ② 자동방화셔터는 방화구획을 완성하는 구조체로서 설치위치, 성능 등이 내화구조의 성능을 가져야 함

2. 자동방화셔터 설치위치(건축물의 피난·방화구조 등의 기준에 관한 규칙)

위치	피난이 가능한 60분+ 방화문 또는 60분 방화문으로부터 3m 이내에 별도로 설치할 것
구조	• 전동방식이나 수동방식으로 개폐할 수 있을 것 • 불꽃감지기 또는 연기감지기 중 하나와 열감지기를 설치할 것 • 불꽃이나 연기를 감지한 경우 일부 폐쇄되는 구조일 것 • 열을 감지한 경우 완전 폐쇄되는 구조일 것

3. 셔터의 구성(구조)

수직폐쇄구조	• 전동방식이나 수동방식으로 개폐할 수 있을 것 • 불꽃감지기 또는 연기감지기 중 하나와 열감지기를 설치할 것 • 불꽃이나 연기를 감지한 경우 일부 폐쇄되는 구조일 것 • 열을 감지한 경우 완전 폐쇄되는 구조일 것
수평폐쇄구조	불꽃, 연기 및 열감지에 의해 완전폐쇄가 될 수 있는 구조
틈	자동방화셔터의 상부는 상층 바닥에 직접 닿도록 하여야 하며, 그렇지 않은 경우 방화구획 처리를 하여 연기와 화염의 이동통로가 되지 않도록 하여야 함

4. 성능기준(건축자재 등 품질인정 및 관리기준)

내화성능	KS F 2268 – 1(방화문의 내화시험방법)에 따른 내화시험 결과 비차열 1시간
차연성능	KS F 4510(중량셔터)에서 규정한 차연성능
개폐성능	KS F 4510(중량셔터)에서 규정한 개폐성능

5. 사용상의 문제점 및 대책

구분	문제점	대책
내화성능	방화셔터는 방화구획의 벽 개념으로 차염성, 차열성, 차연성 확보를 하여야 하나 차열성 확인하지 않음	차열성 규정확보
개폐성능	일체형 셔터의 하부 측이 접히거나 녹발생 등 출입문 개폐 어려움	개폐성능 규정 확보
차연성능	하부 바닥부위 등 누설틈새 발생	밀폐성능 보완 필요

"끝"

1. 문제

0종 및 1종 방폭지역에서의 금속전선관 공사 시의 전선관 실링(Sealing) 방법에 대하여 설명하시오.

Tip 수험생 입장에서 선택하기 쉽지 않은 문제이며, 기본 점수를 받기 어려운 문제입니다.

1. 문제

청정소화약제소화설비의 약제량 계산식을 할로겐화합물계열과 불활성가스계열로 구분하여 각각 유도하고 설명하시오.

2. 시험지에 번호 표기

청정소화약제소화설비(1)의 약제량 계산식을 할로겐화합물계열(2)과 불활성가스계열(3)로 구분하여 각각 유도하고 설명하시오.

3. 출제자 의도 파악 및 지문에서 내가 써야 할 대제목, 소제목 가져오기

지문	대제목 및 소제목
청정소화약제소화설비(1)	1. 개요
약제량 계산식을 할로겐화합물계열(2)	2. 할로겐화합물소화약제 약제량
불활성가스계열(3)	3. 불활성기체소화약제 약제량
	4. 할로겐화합물 및 불활성기체소화약제 비교

4. 실제 답안지에 작성해보기

문 2-5) 청정소화약제소화설비의 약제량 계산식 유도하고 설명

1. 개요

① 할로겐화합물소화약제란 불소, 염소, 브롬 또는 요오드 중 하나 이상의 원소를 포함하고 있는 유기화합물을 기본성분으로 하는 소화약제임

② 불활성기체소화약제란 헬륨, 네온, 아르곤 또는 질소가스 중 하나 이상의 원소를 기본성분으로 하는 소화약제임

2. 할로겐화합물소화약제 약제량

계산식	$W = V \times \left(\dfrac{C}{100-C} \right) \times \dfrac{1}{S}$ 여기서, W : 소화약제의 무게(kg), V : 방호구역의 체적(m^3) C : 최소설계농도(%), S : 소화약제별 선형상수($K_1 + K_2 \times t$)(m^3/kg)
유도	농도 21% / 산소 / 공기 V(m^3) = 농도 O_2% / 산소 / 공기 V(m^3) ← CO_2 x(m^3) A : 방사 전(실체적 V) B : 방사 후(실체적 V) ① 소화약제＝부피×농도, 단위가 m^3이므로 비체적을 나누어 단위를 kg으로 변환 ② 농도 ＝ $\dfrac{방사한\ 약제부피}{방호구역체적+방사한\ 약제부피} \times 100$ 농도 $C = \dfrac{\nu}{V+\nu} \times 100$, ν(약제부피) ＝ S(비체적) × W(약제질량) $\nu = \dfrac{m^2}{kg} \times kg \rightarrow m^3$ 농도 $C = \dfrac{W \times S}{(V + W \times S)} \times 100$, $C(V + WS) = 100(WS)$ $WS(100-C) = CV \rightarrow W = V \times \dfrac{C}{100-C} \times \dfrac{1}{S}$

3. 불활성기체소화약제 약제량

계산식	$X = 2.303 \times \dfrac{V_s}{S} \times V \times \log\left(\dfrac{100}{100-C}\right)$ 여기서, X : 약제량(m^3), V_s : 20℃의 비체적, S : 비체적 　　　　V : 방호구역체적(m^3), C : 설계농도(%)
유도	 ① 밀폐공간의 압력에 의한 공기의 외부누설을 고려한 약제량은 자유유출식으로 산정 ② 방호구역 $1m^3$당 약제량(X_1) 　－약제방사 시 구획실의 약제농도가 0에서 설계농도에 이르기까지 약제농도 　　는 실험식 $e^{X_1} = \dfrac{100}{100-C}$ 　－양변에 자연로그를 취하면 　　$X_1 = \log e\left(\dfrac{100}{100-C}\right) = 2.303 \times \log\left(\dfrac{100}{100-C}\right)$ ③ 전체방호구역 필요한 약제량(X_2) 　$X_2 = 2.303\log\left(\dfrac{100}{100-C}\right) \times V$ ④ 온도에 따른 약제부피변화를 고려한 약제량(X_3) 　－이상기체 상태방정식에서 부피는 온도에 비례해서 증가하므로 비체적 개념 　　을 도입 20℃의 비체적(V_s)를 곱한 후 비체적(S)으로 나눔 ⑤ 따라서 약제량 $x = V \times 2.303 \log\left(\dfrac{100}{100-C}\right) \times \left(\dfrac{V_s}{S}\right)$ 　－단위, 무차원[방호공간 체적(m^3)을 곱하면 약제량(m^3)이 됨]

4. 할로겐화합물 및 불활성기체소화약제 비교

구분	할로겐화합물	불활성기체
상태	액체(액화가스)	기체(가압가스)
점검방법	액위, 중량, 압력측정법	압력측정법
방출시간	10초	AC급 2분, B급 1분
소화효과	냉각, 부촉매	질식, 냉각
적응화재	A, B, C급	A, B, C급
약제량 산정	$W = \dfrac{V}{S} \times \left[\dfrac{C}{100-C} \right]$	$X = \left[2.303 \dfrac{V_s}{S} \log\left(\dfrac{100}{100-C} \right) \right] \times V$

"끝"

1. 문제

> 건축물의 방화계획에서 다음을 설명하시오.
>
> (1) 구조계획   (2) 평면 및 단면 계획
>
> (3) 설비계획   (4) 유지관리계획

2. 시험지에 번호 표기

> 건축물의 방화계획(1)에서 다음을 설명하시오.
>
> (1) 구조계획(2)   (2) 평면 및 단면 계획(3)
>
> (3) 설비계획(4)   (4) 유지관리계획(5)

Tip 2~4교시의 경우 지문이 4개 이상이면 우선 개요를 설정하고 나머지 지문들로 대주제로 사용하여 답안을 구성합니다.

3. 출제자 의도 파악 및 지문에서 내가 써야 할 대제목, 소제목 가져오기

지문	대제목 및 소제목
건축물의 방화계획(1)	1. 개요
구조계획(2)	2. 구조계획
평면 및 단면 계획(3)	3. 평면 및 단면 계획
설비계획(4)	4. 설비계획
유지관리계획(5)	5. 유지관리계획
	6. 소견

4. 실제 답안지에 작성해보기

문	2-6) 건축물의 방화계획에서 다음을 설명

1. 개요

① 화재 발생 시 화재의 확대방지, 안전피난을 위하여 건축물의 방화계획을 수립함

② 방화계획은 구조계획 평면 및 단면 계획, 설비계획, 유지관리계획 등으로 구분함

2. 구조계획

구분	내용
부지 선정 및 배치 계획	• 피난, 소화활동 및 구조 활동, 주변으로부터 받을 위험성 등을 고려하여 부지를 확보하고 건물을 배치 • 소방차량진입 부지 및 통로 확보, 피난경로 확보, 인접공간에 발코니, 노대, 피난교 설치를 고려하여 안전성 확보
구조계획	• 화재하중 × 화재강도를 고려하는 내화설계 고려 • 내화설계방법(내화성능 > 설계화재시간) : 건축물의 주요 구조부로 화재 시에 작용하는 응력에 대해 설계화재시간 이상 안전하도록 설계 • 내화성능 : 구조부재의 내화성능은 고온 시 강도저하 성상과 응력의 값에 따라 결정(연소열, 비표면적, 공기공급률, 단열성, 화재가혹도) • 내화피복 : 건축의 구조부분을 화열로부터 일정시간 보호하고, 내력 저하를 허용치 이하로 억제하는 목적 → 일반적으로는 강구조 골조에 적용

3. 평면 및 단면 계획

평면 계획	• 조닝계획 : 계단의 배치, 단순 명쾌한 피난로, 방배연 계획
	• 안전구획
	  −1차(복도) : 피난로(복도)로 인도함과 동시에 혼란이 생기지 않도록 일시적으로 안전하게 수용하기 위하여 설치
	  −2차(특별피난계단의 부속실 또는 복도와 연결된 피난계단, 발코니) : 장시간에 걸쳐 불과 연기로부터 안전하게 보호되는 성능을 지녀야 할 부분으로 장시간에 걸쳐 인원을 수용할 수 있도록 함과 동시에 소방 거점이 되는 넓이와 기능이 필요함
	  −3차(최종 피난경로, 특별피난계단의 계단실 등) : 연기와 화염으로부터 보호해 피난과 소방활동의 주요한 경로가 되도록 계획
	• 수직통로구획 : 수직통로(계단, 에스컬레이터, 엘리베이터, 수직덕트, 배관덕트 등)에 의한 상층 오염확대 방지
	• 용도구획 : 상호 피난상 장해가 되지 않는 방법으로 구획하여 타용도 부분과의 피난 장해 방지, 각기 별도의 경로에 의한 피난로를 설치하여 인명 안전 도모

단면 계획	• 수평구획
	  −일정 면적마다 소구역으로 방화구획하여 화재규모를 작게 함
	  −각 층 평면계획이 수직방향의 동선과 엇갈리지 않는 구조로 계획
	• 수직통로구획
	  −계단, 엘리베이터, 에스컬레이터, 경사로 등과 같은 수직통로에 벽 등으로 구획하여 연소확대를 최소화
	  −발코니, 차양, 스팬드럴 등을 층과 층 사이에 설치
	  −피난계단, 비상용 엘리베이터 등의 수직 동선은 전용구획으로 연기의 침입을 막도록 계획(전용구획, 방연조치)
	• 중간 절연층 : 초고층건축물에서 상하층을 분리하여 연소확대를 차단할 수 있도록 중간 기계층을 중간 피난바닥(대피장소)으로 활용
	• 옥상 피난 : 옥상의 안전광장 확보
	• 발코니 : 발코니 외기에 면하는 복도와 계단을 설치하여 피난경로가 연기에 오염되는 것을 방지

4. 설비계획

공조설비	공조계통의 방화, 방연조치 → 열연감지기 연동댐퍼
전기설비	방재설비 배선의 내화, 비상조명 장치, 비상전원
급배수설비	소화용수 확보대책
소방설비	소화설비, 경보설비, 피난설비, 소화용수설비, 소화활동설비의 적절한 선정 배치

5. 유지관리계획

구성	조직적인 방화관리체계를 구성
건축물관리	건축물 내의 방화관리는 종합센터에서 총괄 운영
안전관리자	• 대통령령으로 정하는 사항이 포함된 소방계획서의 작성 및 시행 • 자위소방대 및 초기대응체계의 구성 · 운영 · 교육 • 피난시설, 방화구획 및 방화시설의 유지 · 관리 • 소방훈련 및 교육 • 소방시설이나 그 밖의 소방 관련 시설의 유지 · 관리 • 화기 취급의 감독 • 그 밖에 소방안전관리에 필요한 업무
기타	재난예방 및 피해경감계획의 수립

6. 소견

① 화재확산 방지를 위한 방화계획은 공간적 대응과 설비적 대응으로 분류되고
이러한 공간적 대응 및 설비적 대응이 공조되어 설계

② 소기 목적을 달성할 수 있으니 cm, PM 등을 활용할 필요가 있음

"끝"

1. 문제

「산업안전보건법」에 의한 공정안전보고서의 제출대상 및 세부내용에 대하여 설명하시오.

2. 시험지에 번호 표기

「산업안전보건법」에 의한 공정안전보고서(1)의 제출대상(2) 및 세부내용(3)에 대하여 설명하시오.

3. 출제자 의도 파악 및 지문에서 내가 써야 할 대제목, 소제목 가져오기

지문	대제목 및 소제목
공정안전보고서(1)	1. 개요
제출대상(2)	2. 적용대상(제출대상)
세부내용(3)	3. 세부내용
	4. 업무시행절차도 및 평가, 관리

4. 실제 답안지에 작성해보기

문 3-1) 공정안전보고서의 제출대상 및 세부내용에 대하여 설명

1. 개요

① 「산업안전보건법」에서 정하는 유해·위험물질을 제조·취급·저장하는 설비를 보유한 사업장은 그 설비로부터의 위험물질 누출 및 화재·폭발 등으로 인한 '중대산업사고'를 예방하기 위하여 공정안전보고서를 작성·제출하여 심사·확인을 받도록 한 법정제도

② 「산업안전보건법」에 의거 제출대상 및 세부내용을 정하고 있음

2. 적용대상(제출대상)

적용대상	적용제외대상
• 원유정제 처리업 • 기타 석유정제물 처리업 • 석유화학계 기초화학물 제조업 또는 합성수지 및 기타 플라스틱 제조업 • 질소, 인산 및 칼리질 비료 제조업 • 복합비료 제조업 • 농약 원제 제조업 • 화약 및 불꽃제품 제조업	• 원자력설비 • 군사시설 • 사업주가 해당사업장 내에서 직접 사용하기 위한 난방용 연료 저장설비 • 도매 소매시설 • 차량 등의 운송설비 • 「액화석유가스의 안전관리 및 사업법」에 따른 액화석유가스의 충전, 저장시설 • 「도시가스사업법」에 따른 가스공급시설

3. 세부내용(주요 구성요소)

공정안전자료	• 화학물질, 장치, 설비, 건축물, 안전환경 등 부대시설에 대한 기초정보로 가장 기본이 되는 요소 • 유해 · 위험물질자료, 유해위험설비의 목록 및 사양, 공정도면, 건물 · 설비배치도, 폭발위험장소 구분도 및 전기 단선도
공정위험성 평가서	평가목적, 공정위험 특성, 평가결과에 따른 잠재위험 종류, 사고빈도 최소화 및 피해 최소화 대책이 포함
안전운전지침서	공정운전 중 발생할 수 있는 모든 경우에 대한 운전절차를 규정하는 지침서
설비 점검. 검사 및 유지 관리지침서	유해 · 위험설비에 대한 등급화를 통한 점검, 정비 및 유지관리의 효율성, 설비의 신뢰도 확보를 위한 지침서
위험작업허가	유해 · 위험이 잠재된 특정작업에 대한 사고발생을 최소화하고자 작업허가 절차와 작업관리를 규정하는 지침서
도급업체 안전관리계획	도급한 업체가 고용한 근로자의 안전보건을 확보하기 위한 계획서
근로자 등 교육계획	설비의 안전운전, 정비 · 보수 · 유지관리 작업 및 비상조치 등에 대하여 적절한 대응을 할 수 있도록 사업장 내 모든 근로자의 교육계획서
가동 전 점검지침	새로운 장비를 설치 · 공정 또는 설비변경 후 설비의 안전운전을 위해 가동 전 실시하는 점검절차를 규정하는 것
변경요소 관리계획	생산량 증가, 품질, 안전, 환경개선 등에 의해 발생하는 변경으로 인한 위험요소를 최소화하고 설비운전의 신뢰성 확보와 사고예방을 위한 절차 등을 규정한 지침서
자체감사 계획	공정안전관리의 각 구성요소가 제대로 실행되고 있는지를 확인 · 평가하고 문제점을 보완 · 시행토록 제어기능을 수행하는 절차 등을 규정하는 것
공정사고 조사계획	공정사고 등에 대한 정확한 원인규명과 대책 마련을 통해 유사사고 재발 방지를 위한 지침서
비상조치계획	예기치 못한 상황에 의하여 사고 발생 시 피해를 최소화하고자 하는 대응방안 등을 규정하는 것

4. 업무시행절차도 및 평가, 관리

1) 업무시행절차도

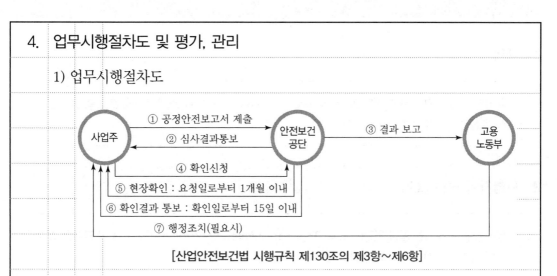

[산업안전보건법 시행규칙 제130조의 제3항~제6항]

2) 평가등급

등급	환산점수	점검종류 및 시기
P 등급(우수)	90점 이상	자율관리
S 등급(양호)	80점 이상~90점 미만	연1회 점검
M+ 등급(보통)	70점 이상~80점 미만	연1회 점검 및 1회 기술지원
M- 등급(불량)	70점 미만	연2회 점검 및 1회 기술지원

"끝"

1. 문제

> 푸리에 변환 적외선 분광기(Fourier Transform Infrared Spectrometer)를 이용한 건축물 마감재료
> 의 독성평가에 대하여 설명하시오.

2. 시험지에 번호 표기

> 푸리에 변환 적외선 분광기(2)(Fourier Transform Infrared Spectrometer)를 이용한 건축물 마감재
> 료의 독성평가(1)에 대하여 설명하시오.

3. 출제자 의도 파악 및 지문에서 내가 써야 할 대제목, 소제목 가져오기

지문	대제목 및 소제목
건축물 마감재료의 독성평가(1)	1. 도입의 필요성
푸리에 변환 적외선 분광기(2)	2. 푸리에 변환 적외선 분광기 원리
	3. FT/IR의 절차 및 분석
	4. 소견

4. 실제 답안지에 작성해보기

문 3 - 2) 푸리에 변환 적외선 분광기를 이용한 건축물 마감재료의 독성평가 설명

1. 도입의 필요성

① 국내에서 마감재료에 대한 연소독성평가는 설치류(쥐)를 이용한 가스유해성

시험(KS F2271)으로 실험용 쥐의 평균행동정지시간으로 평가

② 동물시험으로 인한 비윤리성과 정량적 평가로서의 불안정성 등으로 푸리에

변환 적외선 분광기를 이용한 건축물 마감재료 독성평가가 필요함

2. 푸리에 변환 적외선 분광기 원리

개념	적외선 분광분석이란 간섭계를 사용하여 위상 변조한 적외선 영역의 백색광을 사용하는 적외선 분광학의 한 종류로, 시료에 적외선을 비추어서 쌍극자 모멘트가 변화하는 분자 골격의 진동과 회전에 대응하는 에너지의 흡수를 측정하는 분석법
원리	 신축진동 [대칭]　신축진동 [비대칭]　굽힘진동 [대칭]　흔들림진동 [대칭] • 분자 내 원자 간의 공유결합에는 끊임없이 진동하는데 분자들마다 고유의 진동주파수를 갖음 • 자진동 에너지 = 적외선이 가진 에너지 • 분자는 분자가 갖고 있는 진동 주파수와 일치하는 적외선 주파수만을 흡수하는데, 적외선 분광기란 IR 영역에서 분자가 흡수하는 주파수를 측정하는 기기임

3. FT-IR의 절차 및 분석

개념도	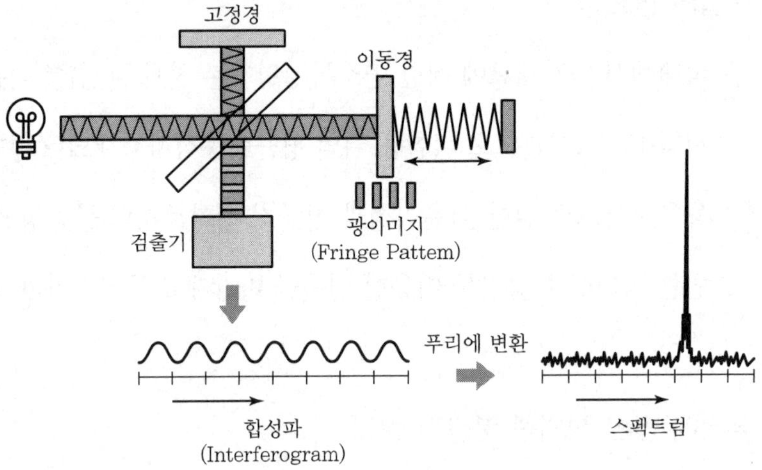

개념도 영역 텍스트:

고정경
이동경
광이미지
(Fringe Pattern)
검출기
푸리에 변환
합성파
(Interferogram)
스펙트럼

절차	① 시료를 지난 빛은 광분석기(Beam Splitter)에 의해 둘로 나뉘어 하나는 반사되어 고정경으로 진행하고 다른 하나는 투과한 다음 이동경에 의해 반사되어 다시 반투경에서 하나로 합쳐 합성파(Interferogram)로 나옴 ② 이동경은 1~2초간에 2~3mm 이동하며 고정경과 이동경에서 각각 반사된 빛은 광차 때문에 위상차가 생겨 간섭파가 얻어짐 ③ 시료를 지나 반투경에서 나온 간섭파는 아날로그-디지털 변환기로 일정한 간격으로 샘플링하여 디지털 값으로 저장함 ④ 간섭파의 디지털 값을 푸리에 변환(적외선을 주파수 성분으로 분해하는 것)하면 각 파장의 흡광도를 얻게 되어 흡광도 스펙트럼을 얻을 수 있음 ⑤ 스펙트럼의 흡광도를 투과율로 고치면 일반적으로 사용되는 투과율 적외흡수 스펙트럼을 얻을 수 있음 → Lambert-Beer 법칙 적용 ⑥ 적외선 스펙트럼을 표준 스펙트럼과 비교하면 화학물질의 종류를 알 수 있음

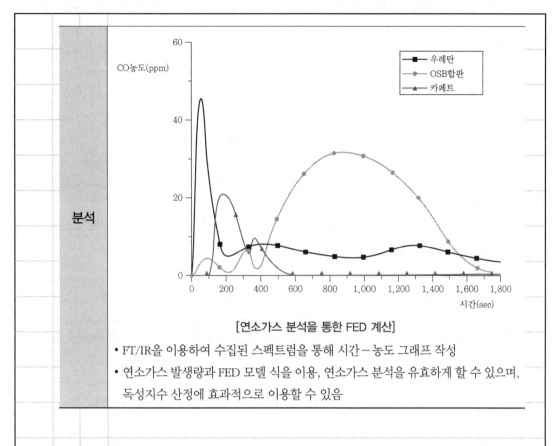

[연소가스 분석을 통한 FED 계산]

- FT/IR을 이용하여 수집된 스펙트럼을 통해 시간－농도 그래프 작성
- 연소가스 발생량과 FED 모델 식을 이용, 연소가스 분석을 유효하게 할 수 있으며,
  독성지수 산정에 효과적으로 이용할 수 있음

4. 소견

구분	독성산출 내용
단일가스	$FED = \dfrac{\text{일정농도}(C)\text{를 시간}(t)\text{동안 흡입한 양}}{\text{독성감응을 나타내거나 치사하는 데 유효한 분량}(C \times t)}$
혼합가스	$FED = \dfrac{m[CO]}{[CO_2] - b} + \dfrac{21 - [O_2]}{21 - LC_{50}O_2} + \dfrac{[HCN]}{LC_{50}HCN} + \dfrac{[HCl]}{LC_{50}HCl} + \dfrac{[HBr]}{LC_{50}HBr}$ 여기서, m과 b값은 CO_2의 농도에 의존 $CO_2 \leq 5\%$이면 $m = -18$, $b = 122{,}000$, $CO_2 > 5\%$이면 $m = 23$, $b = -38{,}600$

① 측정 시간이 신속하여 짧은 시간 내에 여러 번 측정 반복 가능하며, 정밀도 우

수하고, 컴퓨터에 디지털 형식으로 저장 및 기기가 간단하여 측정이 용이함

② 따라서 기존의 쥐를 이용한 실험을 대체하기에 적당하다고 사료됨

"끝"

1. 문제

온도와 반응속도의 관계에 있어서 다음을 설명하시오.

(1) 아레니우스(Arrhenius) 식　　　　(2) 충돌이론

(3) 전이상태이론　　　　　　　　　(4) 온도와 반응속도와의 관계도

2. 시험지에 번호 표기

온도와 반응속도(1)의 관계에 있어서 다음을 설명하시오.

(1) 아레니우스(Arrhenius) 식(2)　　　(2) 충돌이론(3)

(3) 전이상태이론(4)　　　　　　　　(4) 온도와 반응속도와의 관계도(5)

> **Tip** 2~4교시의 경우 지문이 4개 이상이면 우선 개요를 설정하고 나머지 지문들을 대주제로 사용하여 답안을 구성합니다.

3. 출제자 의도 파악 및 지문에서 내가 써야 할 대제목, 소제목 가져오기

지문	대제목 및 소제목
온도와 반응속도(1)	1. 개요
아레니우스(Arrhenius) 식(2)	2. 아레니우스(Arrhenius) 식
충돌이론(3)	3. 충돌이론
전이상태이론(4)	4. 전이상태이론
온도와 반응속도와의 관계도(5)	5. 온도와 반응속도와의 관계도

4. 실제 답안지에 작성해보기

문 3-3) 온도와 반응속도의 관계에 있어서 다음을 설명

1. 개요

① 화학에서 반응속도(反應速度)는 어떤 화학 반응이 일어나는 속도를 말함. 온도, 운동의 방향성, 크기에 따라서 반응속도가 달라짐

② 설명하는 방법으로 아레니우스(Arrhenius) 식, 충돌이론, 전이상태이론 등이 있음

2. 아레니우스식

관계식	$k(T) = A\exp\left(-\dfrac{E_a}{RT}\right)$ 여기서, $k(T)$: 반응속도(1/sec) 　　　　A : 아레니우스 속도 상수(＝충돌 빈도 : 단위 시간당 충돌하는 횟수) 　　　　E_a : 활성화 에너지(J/mol) 　　　　T : 절대 온도(켈빈) 　　　　R : 기체상수(8.314J/mol · K)
개념	• 반응물의 온도가 상승할수록 활성화 에너지가 작아져 화학반응속도인 연소속도가 빨라짐 • 온도와 연소속도는 비례관계에 있음

3. 충돌이론

개념도	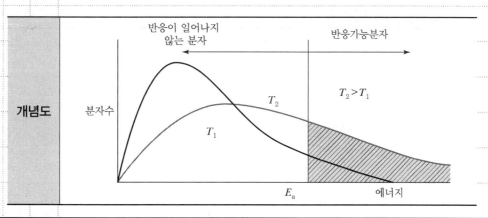

개념	• 분자가 반응하기 위해서는 반드시 충돌이 필요하며 그 충돌은 분자가 활성화에너지 이상의 에너지를 갖고 화학적 반응에 필요한 방향이 알맞을 때 반응 • $V = C \times e^{(-E/RT)} = C \times \dfrac{1}{e^{\frac{E}{RT}}}$ • 기체는 충분한 운동에너지를 가지고 충돌해야 화학반응을 하며 온도가 증가할수록 분자 간 운동이 활발해져 정충돌 횟수가 증가함 • 반응물질이 화학양론 조성비에서 유효충돌횟수가 증가하여 반응속도 빨라짐

4. 전이상태이론

개념도	
개념	• 화학반응은 분자상대기 아닌 활성라디칼 상태에서 화학반응을 일으키며, 이를 전이상태이론이라 함 • 초기상태에서 전이상태 에너지 차를 활성화에너지라 하며, 이는 화학반응이 일어나기 위한 에너지를 말함 • 활성화에너지는 반응속도와 반비례 관계에 있어 활성화에너지가 클 경우 화학반응은 늦어짐

5. 온도와 반응속도와의 관계도

개념도	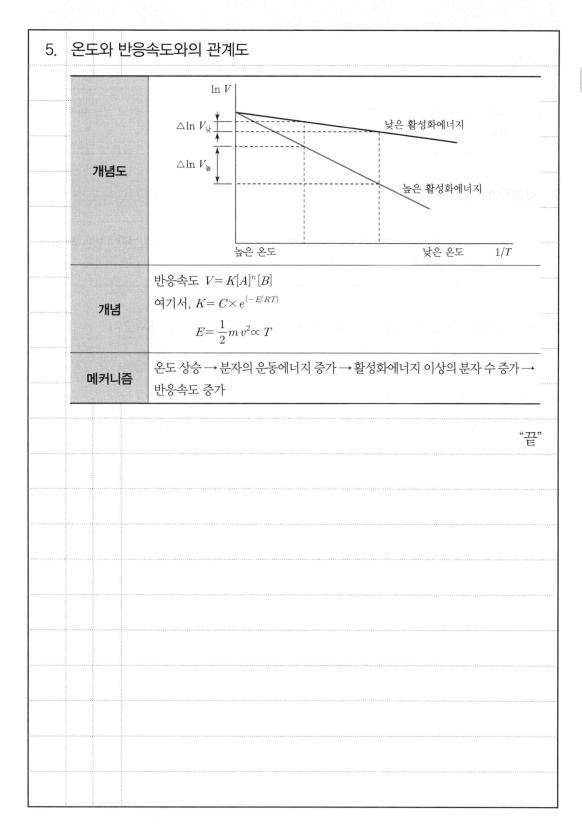
개념	반응속도 $V = K[A]^n[B]$ 여기서, $K = C \times e^{(-E/RT)}$ $E = \dfrac{1}{2}mv^2 \propto T$
메커니즘	온도 상승 → 분자의 운동에너지 증가 → 활성화에너지 이상의 분자 수 증가 → 반응속도 증가

"끝"

1. 문제

「가스계 소화설비의 설계프로그램 성능인증 및 제품검사의 기술기준」에서 요구하고 있는 설계프로그램의 구성요건에 대하여 설명하시오.

2. 시험지에 번호 표기

「가스계 소화설비의 설계프로그램(1) 성능인증 및 제품검사의 기술기준」에서 요구하고 있는 설계프로그램의 구성요건(2)에 대하여 설명하시오.

3. 출제자 의도 파악 및 지문에서 내가 써야 할 대제목, 소제목 가져오기

지문	대제목 및 소제목
가스계 소화설비의 설계프로그램(1)	1. 개요
설계프로그램의 구성요건(2)	2. 설계프로그램의 구성요건

4. 실제 답안지에 작성해보기

문 3-4) 가스계 소화설비의 설계프로그램의 구성요건에 대하여 설명

1. 개요

   ① 설계프로그램의 유효성 확인을 위하여 가스계 소화설비 설계프로그램의 성능 인증 및 제품검사의 기술기준에서 요구하는 구성요건을 모두 확인할 수 있어야 함

   ② 신청자가 제시하는 20개 이상의 시험모델(분사헤드를 3개 이상 설치하여 설계한 모델) 중에서 임의로 선정한 5개 이상의 시험모델을 실제 설치하여 시험하는 경우에 구성요건을 만족하여야 함

2. 설계프로그램 구성요건

   1) 소화약제 : "소화약제의 형식승인 및 검정기술기준"에 적합

   2) 기밀시험

대상	소화약제 저장용기 이후부터 분사헤드 이전까지의 설비부품 및 배관 등의 양 끝단 밀폐시킨 후 시험
시험압력	98kPa 압력공기 등으로 5분간 가압하는 때에 누설되지 않아야 함

   3) 방출시험

   ① 방출시간

   • 방출시간산정 : 방출헤드의 압력변화곡선에 의해 산출

   • 방출시간기준

구분	방출시간 허용한계
10초 방출방식의 설비	설계값 ±1초
60초 방출방식의 설비	설계값 ±10초
기타의 설비	설계값 ±10%

- 기타 : 압력곡선으로 방출시간을 산정할 수 없는 경우에는 공인된 다른 시험방법(온도·농도곡선 등)이나 기술적으로 충분히 과학적인 것으로 인정되는 시험방법을 적용하여 시험할 수 있음

② 방출압력 : 소화약제 방출 시 각 분사헤드마다 측정된 방출압력은 설계값의 ±10% 이내

③ 방출량

개념도	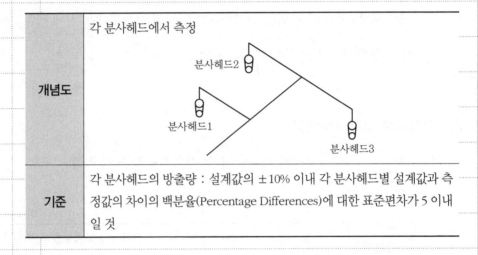 각 분사헤드에서 측정
기준	각 분사헤드의 방출량 : 설계값의 ±10% 이내 각 분사헤드별 설계값과 측정값의 차이의 백분율(Percentage Differences)에 대한 표준편차가 5 이내일 것

④ 소화약제 도달 및 방출종료시간

개념도	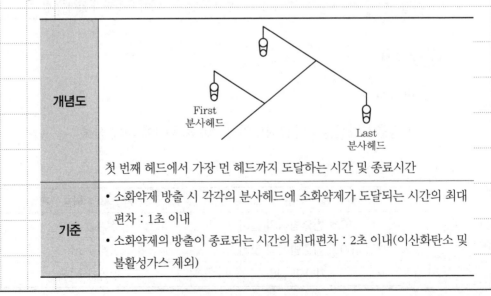 첫 번째 헤드에서 가장 먼 헤드까지 도달하는 시간 및 종료시간
기준	• 소화약제 방출 시 각각의 분사헤드에 소화약제가 도달되는 시간의 최대편차 : 1초 이내 • 소화약제의 방출이 종료되는 시간의 최대편차 : 2초 이내(이산화탄소 및 불활성가스 제외)

4) 방출면적시험

모든 소화시험모형은 소화약제의 방출이 종료된 후 30초 이내에 소화되어야 함. 이 경우 소화약제방출에 따른 시험실의 과압 또는 부압은 설계값(신청자가 제시한 입력값)을 초과하지 않아야 함

5) 소화시험

A급 소화시험	• 목재 소화시험 : 소화약제 방출종료시간으로부터 10분 이내에 소화되고 잔염이 없어야 하며, 재연소(Reignition)되지 아니할 것 • 중합재료 소화시험 : 소화약제 방출종료시간으로부터 1분 이내에 소화되고 잔염이 없어야 하며(단, 내부 2개의 중합재료상단의 불꽃은 3분 이내에 소화), 방출종료시간으로부터 10분 이내에 재연소되지 아니할 것
B급 소화시험	소화약제 방출종료시간으로부터 30초 이내에 소화되고 재연소(잔염 포함)되지 아니할 것

"끝"

1. 문제

지하역사 승강장에서 화재발생 시 화재위험특성, 피난특성 및 소화활동특성에 대하여 설명하시오.

Tip ○○ 화재 : 기본패턴을 활용하여 지금까지 배워온 내용 중에서 기본적인 내용을 작성하시면 됩니다.

○○ 화재
1. 개요 　1) 장소적 특성 　2) 열적 특성(축열, 비산, 비화 등)
2. 화재위험 특성 　1) 발화적 특성 　2) 연소특성 　3) 연소확대특성
3. 피난특성 및 소화활동특성 　1) 가연물의 산재 　2) 거주자 특성 　3) 소화활동성과 피난동선 일치
4. 건축 및 소방 대책 　1) 건축대책 　2) 소방대책

1. 문제

위험전압에 대하여 다음 사항을 설명하시오.

(1) 접촉전압(Touch Voltage)

(2) 보폭전압(Step Voltage)

(3) 위험전압의 저감대책

(4) 허용전압의 산출근거

(5) 각 국가별 안전전압

2. 시험지에 번호 표기

위험전압(1)에 대하여 다음 사항을 설명하시오.

(1) 접촉전압(Touch Voltage)(2)

(2) 보폭전압(Step Voltage)(3)

(3) 위험전압의 저감대책(4)

(4) 허용전압의 산출근거(5)

(5) 각 국가별 안전전압(6)

Tip 2~4교시의 경우 지문이 4개 이상이면 우선 개요를 설정하고 나머지 지문들을 대주제로 사용하여 답안을 구성합니다.

3. 실제 답안지에 작성해보기

문 3-6) 위험전압에 대하여 다음 사항을 설명

1. 개요

① 전원과 인체의 접촉으로 인체에 인가될 수 있는 전압을 위험전압이라 하며, 접촉전압과 보폭전압의 2가지로 나눌 수 있음

② 명확한 산출근거와 저감대책을 두어 인체 감전의 위험성을 낮추고 안전전압을 통해 인체 감전의 위험성을 낮추어야 함

2. 접촉전압

개념		작업자가 대지에 접촉하고 있는 발과 다른 신체부분과의 사이에 인가되는 전압
관계식	접촉전압 $E_t = I \cdot (R_c + R_i + R_f/2)$ 여기서, R_c : 손의 접촉저항, R_i : 인체내부저항 R_f : 다리접촉저항, I : 인체의 통전전류	

3. 보폭전압

개념		접지를 실시한 구조물에 고장전류가 흘렀을 때 접지전극 근처에 전위가 생기는데, 이때 인축의 양다리에 걸리는 전위차
관계식	보폭전압 $E_w = i_k \cdot (R_i + 2R_f)$ 여기서, i_k : 양다리 사이에 흐르는 접지전류, R_i : 인체내부저항, R_f : 다리접촉저항	

4. 위험전압의 저감 대책

전위 경도를 낮게 시공	• 접지저항을 낮게 시공 • 접지극을 깊게 시공 • 메시접지 시공
접촉저항 증가	• 절연 및 절연체 포설 • 대지면의 접촉저항 증가 시공(자갈이나 아스팔트 포장) • 구내에 배수설비 철저(습기 제거)

5. 허용전압의 산출근거

구분	전압(=전류·저항)	전류	저항(인체저항)
1종 접촉상태	2.5V	5mA(이탈한계전류)	500Ω
2종 접촉상태	25V	50mA(인체통과전류)	500Ω
3종 접촉상태	50V	30mA	1,700Ω
4종 접촉상태	제한 없음		

6. 국가별 안전전압

국명	안전전압(V)	국명	안전전압(V)
체코	20	대한민국	30
독일	24	프랑스	50
영국	24	네덜란드	50
일본	24~30	오스트리아	60

"끝"

1. 문제

피난안전구역에 관하여 다음을 설명하시오.

(1) 초고층건축물의 피난안전구역 설치기준

(2) 지하연계 복합건축물의 선큰(Sunken) 설치기준

(3) 피난안전구역에 설치하는 소방시설

2. 시험지에 번호 표기

피난안전구역(1)에 관하여 다음을 설명하시오.

(1) 초고층건축물의 피난안전구역 설치기준(2)

(2) 지하연계 복합건축물의 선큰(Sunken) 설치기준(3)

(3) 피난안전구역에 설치하는 소방시설(4)

3. 실제 답안지에 작성해보기

문	4-1) 피난안전구역에 관한 설명

1. 개요

정의	고층 또는 초고층 빌딩 등의 건물에 화재, 지진 등의 재난이 발생했을 때 건축물 내의 근무자, 거주자, 이용객이 대피할 수 있는 구역
설치대상	• 초고층건축물, 30층 이상 49층 이하인 지하연계 복합건축물 • 16층 이상 29층 이하인 지하연계 복합건축물 • 초고층건축물 등의 지하층이 일정용도일 경우 선큰 설치

2. 피난안전구역 설치기준

대피공간	• 1개 층을 대피공간 • 내화구조로 구획된 기계실, 보일러실, 전기실 등 건축설비를 설치하기 위한 공간과 같은 층에 설치할 수 있음
특별피난계단	피난안전구역을 거쳐서 상·하층으로 갈 수 있는 구조
구조, 설비	• 피난안전구역의 바로 아래층 및 위층에는 단열재를 설치 • 내부마감재료는 불연재료 • 계단은 특별피난계단의 구조 • 비상용 승강기는 피난안전구역에서 승하차할 수 있는 구조 • 급수전을 1개소 이상 설치하고 예비전원에 의한 조명설비 • 관리사무소, 방재센터 등과 긴급연락이 가능한 경보 및 통신시설 • 기준에 따라 산정한 면적 이상 • 피난안전구역의 높이는 2.1m 이상 • 배연설비를 설치할 것 • 그 밖에 소방청장이 정하는 소방 등 재난관리를 위한 설비

3. 선큰 설치기준

용도	초고층건축물 등의 지하층이 문화 및 집회시설, 판매시설, 운수시설, 업무시설, 숙박시설, 위락시설 중 유원시설업의 시설 또는 종합병원과 요양병원의 용도로 사용되는 경우
면적	• 문화 및 집회시설 중 공연장, 집회장 및 관람장 : 해당 면적의 7% 이상 • 판매시설 중 소매시장 : 해당 면적의 7% 이상 • 그 밖의 용도 : 해당 면적의 3% 이상
설치기준	• 지상 또는 피난층으로 통하는 너비 1.8m 이상의 직통계단을 설치하거나, 너비 1.8m 이상 및 경사도 12.5% 이하의 경사로를 설치할 것 • 거실 바닥면적 100m²마다 0.6m 이상을 거실에 접하도록 하고, 선큰과 거실을 연결하는 출입문의 너비는 거실 바닥면적 100m²마다 0.3m로 산정한 값 이상으로 할 것
설비설치	• 침수방지 시설 : 차수판, 집수정, 역류방지기를 설치할 것 • 제연설비 : 선큰과 거실이 접하는 부분에 설치할 것 − 선큰과 거실이 접하는 부분에 설치된 공기조화설비가 화재안전기준에 맞게 설치되어 있고, 화재발생 시 제연설비 기능으로 자동 전환되는 경우에는 제연설비를 설치하지 않을 수 있음

4. 피난안전구역에 설치하여야 할 소방시설

경보설비	자동화재탐지설비
피난설비	피난설비 중 방열복, 공기호흡기(보조마스크 포함), 인공소생기, 피난유도선(피난안전구역으로 통하는 직통계단 및 특별피난계단 포함), 피난안전구역으로 피난을 유도하기 위한 유도등ㆍ유도표지, 비상조명등 및 휴대용비상조명등
소화설비	소화기구(소화기 및 간이소화용구만 해당), 옥내소화전설비 및 스프링클러설비
소화활동설비	제연설비, 무선통신보조설비

기타	• 자동제세동기 등 심폐소생술을 할 수 있는 응급장비
	• 방독면
	  − 초고층건축물에 설치된 피난안전구역 : 피난안전구역 위층의 재실자 수의 1/10 이상
	  − 지하연계 복합건축물에 설치된 피난안전구역 : 피난안전구역이 설치된 층의 수용인원의 1/10 이상

"끝"

1. 문제

가연성 분진의 착화 폭발 메커니즘에 대하여 설명하시오.

2. 시험지에 번호 표기

가연성 분진(1)의 착화 폭발 메커니즘(2)에 대하여 설명하시오.

Tip 이 문제의 경우 두 개의 지문만 나와 있어 최소 두 개의 지문을 더 만들어 답안을 작성해야 합니다. 가연성 분진 – 폭발 메커니즘 – 분진폭발의 특징 혹은 문제점 – 예방 및 대책 순으로 작성하도록 합니다.

3. 출제자 의도 파악 및 지문에서 내가 써야 할 대제목, 소제목 가져오기

지문	대제목 및 소제목
가연성 분진(1)	1. 개요
	① 정의 ② 분진의 종류
착화 폭발 메커니즘(2)	2. 착화 폭발 메커니즘
	3. 분진폭발의 특징(문제점)
	4. 예방 및 방호대책
	5. 소견

4. 실제 답안지에 작성해보기

문 4 – 2) 가연성 분진의 착화 폭발 메커니즘에 대하여 설명

1. 개요

① 가연성 분진이란 직경 $420\mu m$ 이하인 미세한 분말상의 물질로서 적절한 비율로 공기와 혼합되면 점화원에 의해 폭발할 위험성이 있는 분진

② 분진이란 $75\mu m$ 이하의 가연성 고체입자로서 공기 중에 떠있는 입자

발화도	폭연성 분진	가연성 분진	
		전도성	비전도성
발화도 I1 (발화온도 270℃ 초과)	마그네슘, 알루미늄 알루미늄브론즈	아연, 티탄, 코크스 카본블랙	밀, 옥수수, 고무 염료, 페놀수지, 설탕
발화도 I2 (발화온도 200℃ 초과 270℃ 이하)		철, 석탄	코코아, 리그린
발화도 I3 (발화온도 150℃ 초과 200℃ 이하)			유황

2. 착화 폭발 메커니즘

개념도	

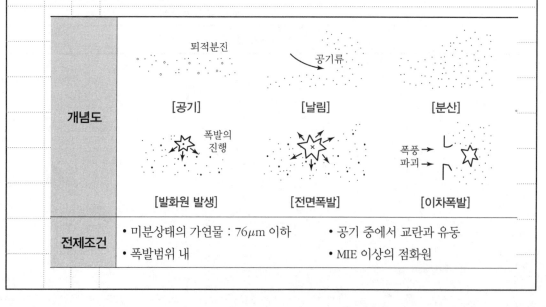

전제조건	• 미분상태의 가연물 : $76\mu m$ 이하 • 공기 중에서 교란과 유동 • 폭발범위 내 • MIE 이상의 점화원

메커니즘	① 흡열 : 열에너지에 의한 입열 ② 분해 : 분해가스 대기 중 방출 ③ 혼합 : 가연성 혼합기 형성 ④ 연소 : MIE 이상의 점화원에 의한 착화 ⑤ 폭발 : 2·3차 연쇄 폭발	
영향요소	**구분**	**위험이 큰 경우**
	분진의 화학적 성질과 조성	휘발성이 클수록
	입도 및 입도분포	입자가 작을수록
	수분	수분함유량이 적을수록
	산소농도	C_{st} 일수록
	가연성 가스	가연성 가스와 혼합 시
	부유성	공기 중에 충분한 교란

3. 분진폭발의 특징(문제점)

① 발화에너지가 큼　　　　　② CO 발생량이 많음

③ 발생에너지가 큼　　　　　④ 파괴력이 가스폭발에 비해 큼

⑤ 최초폭발력은 작지만 2·3차 폭발함

4. 예방 및 방호대책

예방		방호대책
점화원관리	분진관리	
• 점화원 제거 • 분진방폭구조 • 정전기 제거	• 불활성화 • Housekeeping	• 봉쇄 및 차단 • 폭발억제 및 배출

5. 소견

분진폭발은 2·3차 폭발을 발생시키고 파괴력이 크므로 예방이 중요하며,

Housekeeping 평상 시 분진의 퇴적을 막는 것이 최선으로 사료됨

"끝"

1. 문제

「화재예방, 소방시설 설치 · 유지 및 안전관리에 관한 법령」에서 정하고 있는 내용연수가 경과한 소 방용품의 사용기한 연장을 위한 성능확인 절차 및 방법에 대하여 설명하시오.

Tip 시사성이 떨어지는 문제입니다. 출제 당시 분말소화기 내용연수가 정해지고 전국적으로 교체 를 해야 할 시점에 나온 문제로 보입니다.

1. 문제

교류아크 용접기의 자동전격방지장치에 대하여 설명하시오.

2. 시험지에 번호 표기

교류아크 용접기의 자동전격방지장치(1)에 대하여 설명하시오.

Tip 이 문제의 경우 1개의 지문만 나와 있고 최소 두세 개의 지문을 더 만들어 답안을 작성해야 합니 다. 개요 – 문제점 및 필요성 – 자동전격방지장치 메커니즘 – 작동원리 – 설치상 유의할 점 이 렇게 5개의 지문을 만들 수 있습니다.

3. 실제 답안지에 작성해보기

문 4 – 4) 교류아크 용접기의 자동전격방지장치에 대하여 설명	

1. 개요

① 교류아크 용접기 입력 측에 정격전압을 인가 시 용접 홀더선과 어스선 사이의 출력전압은 용접작업 중 25~40V 정도의 낮은 전압으로 인체감전 위험성이 낮음

② 무부하 시에는 2차 측 홀더와 어스 사이에 60~95V의 높은 전압이 걸려 작업자에 대한 위험도가 높아 이 전압을 단시간 내에 안전전압 25V 이하로 내려주는 전기적 방호장치를 전격방지장치라고 함

2. 자동전격방지장치의 필요성

① 인체의 감전위험으로부터 보호

② 용접기 2차 측 무부하전압 감소

③ 용접기의 와류손 및 히스테리스손에 의한 무부하 전력손실 억제

④ 역률개선 및 절전효과

3. 자동전격방지장치 메커니즘

결선도	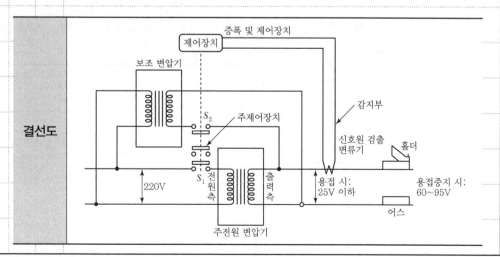

구성도		

작동 원리	용접 시	입력전압인가(220V) → S_1 접점 ON → 주전원변압기 출력 측 : 홀더와 어스 사이 약 25V → 인체안전전압
	용접 중지 시	입력전압인가(220V) → S_1 접점 ON → 주전원변압기 출력 측 : 홀더와 어스 사이 60~95V → 인체 위험 → S_1 접점 OFF → S_2 접점 ON → 보조변압기 전원인가 → 홀더와 어스 사이 약 25V 이하로 인체감전 방지 → 인체감전 낮음

4. 자동전격방지기 설치방법 및 유의사항

설치방법	유의사항
• 용접기 본체에 직각으로 부착할 것 • 용접기의 이동, 전동, 충격으로 이완되지 않도록 견고히 설치할 것 • 작동상태를 알기 위한 요소 등은 보기 쉬운 곳에 설치할 것 • 작동상태를 시험하기 위한 Test S/W는 조작하기 쉬운 곳에 부착할 것	• 주위 온도가 −20℃ 이상 45℃ 이하에서 정상 작동 • 습기 및 먼지가 많은 장소에서 정상 작동 • 선상 또는 해안과 같은 염분을 포함한 공기 중의 상태에서 정상 작동 • 이상진동이나 충격을 받지 않는 상태에서 작동

"끝"

1. 문제

플래시오버(Flash Over)를 정의하고, 다음의 영향요인들과 플래시오버와의 관계에 대하여 설명하시오.

(1) 화원의 크기　　　　　(2) 내장재료　　　　　(3) 개구율

2. 시험지에 번호 표기

플래시오버(Flash Over)를 정의(1)하고, 다음의 영향요인들과 플래시오버와의 관계에 대하여 설명하시오.

(1) 화원의 크기(2)　　　　　(2) 내장재료(3)　　　　　(3) 개구율(4)

3. 출제자 의도 파악 및 지문에서 내가 써야 할 대제목, 소제목 가져오기

지문	대제목 및 소제목
플래시오버(Flash Over)를 정의(1)	1. 정의
	2. 플래시오버 메커니즘
화원의 크기(2), 내장재료(3), 개구율(4)	3. 영향요인들과 플래시오버와의 관계
	1) 화원의 크기
	2) 내장재료
	3) 개구율
	4. 소견(결론)

4. 실제 답안지에 작성해보기

문 4 - 5) 플래시오버(Flash Over)를 정의하고, 다음의 영향요인들과 플래시오버와의 관계에 대하여 설명

1. 정의

① 국소화재에서 전실화재로의 전이현상

② 피난허용시간의 기준 및 구조적 안전성 확보여부를 결정하는 분기점

2. 플래시오버 메커니즘

개념도	
발생조건	• 연기층의 가스온도 : 500~600℃ • 바닥 복사수열량 : 20~40kW/m² • 산소농도 : 10% • CO_2/CO : 150
메커니즘	가연물 열분해 및 착화 → 분해가스실 천장 하부 축적 → 온도상승에 의한 연소범위 증가 → 분해가스 착화 → 바닥 미연가연물 자연발화 → 전실화재로 전이

3. 영향요인들과 플래시오버와의 관계

1) 화원의 크기

관계식	$T - T_0 = 6.85 \left(\dfrac{Q_C^2}{h_k \cdot A_T \cdot A\sqrt{H}} \right)^{\frac{1}{3}}$
관계	관계식에서 연기층의 가스온도는 화원의 크기와 비례 $T \propto Q_C^2$
특징	초기 화원의 크기가 클수록 플래시오버에 빨리 도달

2) 내장재료

관계식	$h_k = \sqrt{\dfrac{k\rho c}{t}}$ 또는 $\dfrac{k}{l}$ 중 큰 값 적용
관계	플래시오버에 도달하는 온도(T)는 대류열전달계수와 반비례 $$T \propto \frac{1}{\sqrt{h_k}}$$
특징	재료의 열전도도, 열용량, 두께가 낮을수록 플래시오버에 빨리 도달

3) 개구율

관계식	$T - T_0 = 6.85 \left(\dfrac{Q_C^2}{h_k \cdot A_T \cdot A\sqrt{H}} \right)^{\frac{1}{3}}$
관계	플래시오버는 환기요소인 개구율과 반비례 $$T \propto \frac{1}{A\sqrt{H}}$$
특징	플래시오버 전단계에서는 실내 공기량이 충분하고 개구율이 클수록 방열이 많아져 플래시오버 도달에 불리함

4. 소견

플래시오버 대책	• 천장의 불연화 : 천장 및 측벽을 불연화하여 화재의 발전을 지연 • 가연물 양의 제한 : 건물 내 가연물의 양을 제한하고 수용 가연물을 불연화, 난연화 • 개구부의 제한 : 개구인자가 적으면 플래시오버 발생시기가 늦으므로 개구부의 크기를 제한하여 지연시킴 → 개구부가 작으면 Back Draft의 우려가 있으며, 배연창을 설치하여 개구부를 크게 하면 플래시오버를 지연하거나 막을 수 있음

"끝"

1. 문제

다음 (1)~(4)의 용어를 정의하고 (5)를 계산하시오.

(1) 세장비   (2) 슬로싱(Sloshing)

(3) 지진분리이음   (4) 지진분리장치

(5) 아래 그림의 세장비 계산

(단, 버팀대 길이 $l = 3m$, 양단 Pin 지지, 좌굴길이의 계수 $r = 1$)

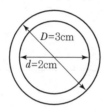
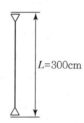

2. 시험지에 번호 표기

다음 (1)~(4)의 **용어를 정의(1)**하고 (5)를 **계산(2)**하시오.

(1) 세장비   (2) 슬로싱(Sloshing)

(3) 지진분리이음   (4) 지진분리장치

(5) 아래 그림의 세장비 계산

(단, 버팀대 길이 $l = 3m$, 양단 Pin 지지, 좌굴길이의 계수 $r = 1$)

3. 출제자 의도 파악 및 지문에서 내가 써야 할 대제목, 소제목 가져오기

지문	대제목 및 소제목
용어를 정의(1)	1. 용어의 정의
	1) 세장비 2) 슬로싱(Sloshing) 3) 지진분리이음 4) 지진분리장치
계산(2)	2. 세장비 계산

4. 실제 답안지에 작성해보기

문 4-6) 다음의 용어를 정의하고 세장비 계산

1. 용어의 정의

구분	정의
세장비	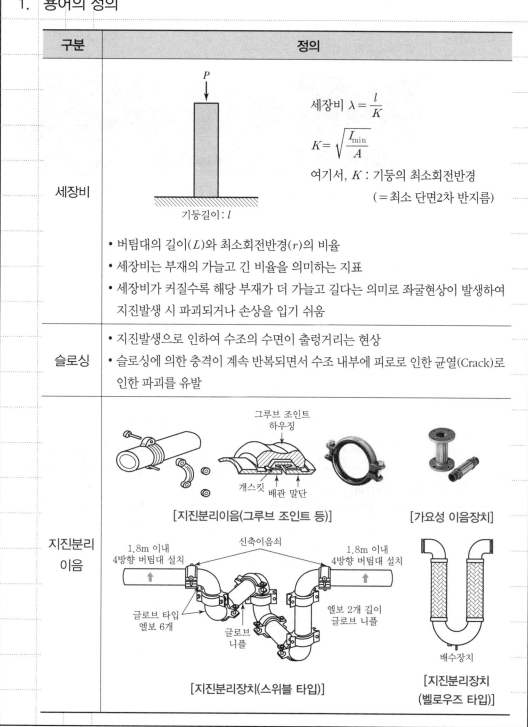 세장비 $\lambda = \dfrac{l}{K}$ $K = \sqrt{\dfrac{I_{\min}}{A}}$ 여기서, K : 기둥의 최소회전반경 (= 최소 단면2차 반지름) • 버팀대의 길이(L)와 최소회전반경(r)의 비율 • 세장비는 부재의 가늘고 긴 비율을 의미하는 지표 • 세장비가 커질수록 해당 부재가 더 가늘고 길다는 의미로 좌굴현상이 발생하여 지진발생 시 파괴되거나 손상을 입기 쉬움
슬로싱	• 지진발생으로 인하여 수조의 수면이 출렁거리는 현상 • 슬로싱에 의한 충격이 계속 반복되면서 수조 내부에 피로로 인한 균열(Crack)로 인한 파괴를 유발
지진분리 이음	[지진분리이음(그루브 조인트 등)] 　[가요성 이음장치] [지진분리장치(스위블 타입)] 　[지진분리장치(벨로우즈 타입)]

그루브 조인트 하우징

개스킷　배관 말단

1.8m 이내 4방향 버팀대 설치　신축이음쇠　1.8m 이내 4방향 버팀대 설치

글로브 타입 엘보 6개　글로브 니플　엘보 2개 길이 글로브 니플

배수장치

구분	정의
지진분리 이음	• 지진발생 시 지진으로 인한 진동이 전달되지 않도록 진동을 흡수할 수 있는 이음 • 지진으로 인한 진동이 배관에 손상을 주지 않고 축방향 변위와 회전, 1° 이상의 각도 변위를 허용하는 이음
지진분리 장치	 [다양한 구조의 건축물 지진분리이음(익스펜션 조인트)] ['소방시설의 내진설계 기준 해설서 1.0'에 따른 지진분리장치 설치 예시도] 지진발생 시 건축물의 지진하중이 소방시설에 전달되지 않도록 지진으로 인한 진동을 격리시키는 장치

2. 세장비 계산

관계식	• 세장비$(\lambda) = \dfrac{L}{\gamma}$ 회전반경$(\gamma) = \sqrt{\dfrac{I}{A}}$ 여기서, I : 버팀대 단면2차모멘트 $\qquad A$: 버팀대의 단면적 • $I = \dfrac{\pi}{64}(D_1^4 - D_2^4),\ \ A = \dfrac{\pi}{4}D^2$
변수	$D_1 = 3,\ D_2 = 2,\ L = 300$
계산	① 중공축의 단면2차모멘트 $I = \dfrac{\pi(3^4 - 2^4)}{64} = 3.19$ ② 단면적 $A = \dfrac{\pi(3^2 - 2^2)}{4} = 3.927$ ③ 회전반경 $\gamma = \sqrt{\dfrac{I}{A}} = \sqrt{\dfrac{3.19}{3.927}} = 0.9013\,\text{cm}$ ④ 세장비 $\lambda = \dfrac{300}{0.9013} = 332.85$
답	• $\lambda = 332.85$ • 세장비는 300 초과해서는 안 되기에 적용불가함 • 버팀대의 길이를 줄이거나 배관의 치수를 늘려야 함

"끝"

Chapter 03

제113회

소방기술사
기출문제풀이

113회 1교시 1번

1. 문제

> 차량화재의 원인을 설명하시오.

2. 시험지에 번호 표기

> 차량화재(1)의 원인(2)을 설명하시오.

Tip 시사성 문제로서 평상시 시사성 있는 주제에 대한 정리가 필요합니다. 또한 원인이라는 질문이
나오면 대책이 나와야 완벽한 답이 됩니다. 현재 추세로는 전기자동차의 원인을 설명하라는 문
제가 더 시사성이 있습니다.

1. 문제

원자핵 분열과 핵분열이 일어날 때 방출되는 에너지를 설명하시오.

2. 시험지에 번호 표기

원자핵 분열(1)과 핵분열이 일어날 때 방출되는 에너지(2)를 설명하시오.

3. 출제자 의도 파악 및 지문에서 내가 써야 할 대제목, 소제목 가져오기

지문	대제목 및 소제목
원자핵 분열(1)	1. 정의
핵분열이 일어날 때 방출되는 에너지(2)	2. 핵분열이 일어날 때 방출되는 에너지

4. 실제 답안지에 작성해보기

문 1-2) 원자핵 분열과 핵분열이 일어날 때 방출되는 에너지 설명

1. 정의

① 핵분열은 무거운 원자핵이 중성자와 충돌하여 두 쪽 이상으로 분열되면서 에너지와 2~3개의 중성자를 방출하는 현상

② 핵분열 시에는 중성자와 함께 막대한 양의 에너지가 방출됨

2. 핵분열이 일어날 때 방출되는 에너지

개념도	[핵분열의 원리] 우라늄-235가 중성자를 흡수하면 원자핵이 2개로 쪼개짐 / 핵분열이 일어날 때는 많은 에너지와 함께 2~3개의 중성자도 함께 나옴
관계식	$E = mC^2$ 여기서, E : 핵분열 에너지 　　　m : 질량결손(g) 　　　C : 진공 속의 빛의 속도(299,792,458m/s)
에너지	• 핵분열이 일어나면 핵분열파편, 즉발중성자(Prompt Neutron), 방사선 입자 등의 핵분열생성물(Fission Products)이 생성됨. 분열 전 원자핵과 분열 후 생성된 원자핵들의 질량차이(질량결손)로 인해 에너지가 발생함($E = \triangle mC^2$) • 질량결손의 차이가 진공 속의 빛의 속도 자승에 비례하여 에너지 발생

"끝"

1. 문제

화재모델의 사용 시 열과 연기에 대한 공학적 능력을 토대로 적절한 입력조건을 결정하기 위한 고려사항을 제시하시오.

2. 시험지에 번호 표기

화재모델(1)의 사용 시 열과 연기에 대한 공학적 능력을 토대로 적절한 입력조건을 결정하기 위한 고려사항(2)을 제시하시오.

3. 출제자 의도 파악 및 지문에서 내가 써야 할 대제목, 소제목 가져오기

지문	대제목 및 소제목
화재모델(1)	1. 정의
입력조건을 결정하기 위한 고려사항(2)	2. 입력조건을 결정하기 위한 고려사항

4. 실제 답안지에 작성해보기

문 1-3) 화재모델의 사용 시 입력조건을 결정하기 위한 고려사항

1. 정의

① 화재 모델링은 구체적인 조건에서 화재와 화재로 인해 발생되는 현상의 결과를 예측하기 위한 계산 도구임

② 정확한 모델링을 하기 위해서는 건축물의 공간적 특성, 화재 특성을 고려해야 함

2. 입력조건을 결정하기 위한 고려사항

고려사항	내용
공간적 특성	• 가스층 온도상승 계산식 $\triangle T = C(\dfrac{\dot{Q_c}^2}{h_k A_T A \sqrt{H}})^{\frac{1}{3}}$ 여기서, h_k : 대류열전달계수, $\dfrac{k}{l}$, $\sqrt{\dfrac{k\rho c}{t}}$ 중 큰 값 적용 　　　C : 화염이 중앙에 있을 때 : 6.85, 　　　　화염이 벽(구석)에 있을 때 : 12.4, 　　　　화염이 마감재(모시리)에 있을 때 : 16.5 적용 　　　Q_c : 화재크기(kW), A_T : 개구부면적을 뺀 전표면적 　　　A : 개구부면적, H : 개구부높이 • 화원의 위치 및 크기와 비표면적 및 환기요소 등에 따라 화재실의 온도 상승
화재특성	• 연돌효과유도 $\Delta P = P_1 - P_2 = (\gamma_1 - \gamma_2)H = (\rho_1 - \rho_2)gH$ ⋯⋯ (a) $PV = nRT = \dfrac{w}{m}RT$ 이므로, $\rho = \dfrac{w}{V} = \dfrac{Pm}{RT}$ ⋯⋯ (b) (b)를 (a)에 대입하면, 개방계이고 질량은 보존하므로 $\Delta P = \dfrac{Pm}{R}(\dfrac{1}{T_1} - \dfrac{1}{T_2})gH$ 　　$= \dfrac{1 \times 29 \times 9.8}{0.082}(\dfrac{1}{T_o} - \dfrac{1}{T_i})H ≒ 3460H(\dfrac{1}{T_o} - \dfrac{1}{T_i})$ • 화재 시 몰수 증가에 따른 부피 팽창에 의해 압력 증가 • 화재 시 온도 상승으로 인해 압력 증가

고려사항	내용
화재감시	• 부력에 의해 열기류 상승 연층을 형성 • 감기기 설치는 천장고의 10% 내 설치 • 열감지기 설치 시 기간지연 등 고려 • 연기 감지기와 아날로그식 감지기 설치 고려 • 조기 감지를 통한 초기 대응, 초기 피난, 초기 소화 가능
소화설비	• 화재 초기 관계인의 조기 경보를 통한 초기 소화 : 소화기구 및 옥내소화전을 통한 초기 소화 • 초기 소화 실패 시 자동식 소화설비에 의화 화재 진압 : 스프링클러 헤드 설치 시 천장 8~12cm에 설치 감열 개방
HVAC	• 화재실에서의 연기 배출 • 화재실 청결층 화보 • 부속실 가압을 통한 피난 안전성 확보

"끝"

1. 문제

Bernoulli 방정식의 각 항의 뜻과 물, 공기에 적용 시 차이점을 설명하시오.

2. 시험지에 번호 표기

Bernoulli 방정식(1)의 각 항의 뜻(2)과 물, 공기에 적용 시 차이점(3)을 설명하시오.

3. 출제자 의도 파악 및 지문에서 내가 써야 할 대제목, 소제목 가져오기

지문	대제목 및 소제목
Bernoulli 방정식(1)	1. 정의
각 항의 뜻(2)	2. Bernoulli 방정식의 각 항의 뜻
물, 공기에 적용 시 차이점(3)	3. 물, 공기에 적용 시 차이점

4. 실제 답안지에 작성해보기

문 1-4) 베르누이 방정식 적용

1. 정의

① 베르누이정리란 유체가 흐르는 속도와 압력, 높이의 관계를 수량적으로 나타 낸 법칙으로서 유체의 종류에 따라, 즉 물과 공기의 차이점이 발생하게 됨

② 각 지점에서 갖는 에너지 총합=속도에너지+압력에너지+위치에너지가 일 정하다는 법칙

2. 베르누이 방정식의 각 항의 뜻

관계식	$P + \dfrac{v^2}{2g}\gamma + Z\gamma = Const'\,(\text{N/m}^2)$
$P(\text{N/m}^2)$	• 정압 • 기체의 흐름에 평행인 물체의 표면에 기체가 수직으로 미는 압력 • 관로벽에 수직으로 뚫은 정압공 또는 공기흐름에 평행하게 놓여진 피조미 터로 측정
$\dfrac{v^2}{2g}\gamma(\text{N/m}^2)$	• 동압 • 속도에너지를 압력에너지로 환산한 압력 • 전압과 정압을 각각 측정하여 전압에서 정압을 감해줌으로써 측정
$Z\gamma(\text{N/m}^2)$	• 위치압 • 기준면으로부터 높은 곳에 있는 물체가 중력에 의해 갖는 압력 • 물체의 비중량과 그 물체가 위치에 있는 높이에 의해 결정

3. 베르누이 방정식의 물, 공기에 적용 시 차이점

물에 적용 시	공기에 적용 시
• 동압, 정압, 위치압 적용	• 정압, 동압 적용
• 밀도 : 1,000($\text{kg}_\text{m}/\text{m}^3$)으로 낙차 수두 고려	• 밀도 : 1.2($\text{kg}_\text{m}/\text{m}^3$)으로 낙차 미고려
• 위치에너지 적용	• 위치에너지 미고려

"끝"

1. 문제

절대압력과 게이지압력을 비교하여 설명하시오.

2. 시험지에 번호 표기

절대압력(2)과 게이지압력(2)을 비교하여 설명하시오.

Tip 이 시험은 소방시험이고 출제자도 소방인이기에 소방에서 어떻게 쓰이는지 알고 쓰는 것이 포인트입니다.

3. 출제자 의도 파악 및 지문에서 내가 써야 할 대제목, 소제목 가져오기

지문	대제목 및 소제목
압력	1. 정의
절대압력(2)과 게이지압력(2)	2. 절대압력과 게이지압력
	3. 소방에의 적용

4. 실제 답안지에 작성해보기

문 1 – 5) 절대압력과 게이지압력을 비교하여 설명

1. 정의

① 압력(Pressure) : 단위 면적당 가해지는 힘

② 종류 : 절대압력, 게이지압력, 대기압

2. 절대압력과 게이지압력

개념도	
절대압력	• 완전진공을 기준으로 한 압력 • 절대압력 = 대기압력 + 게이지압력 • 절대압력 = 대기압력 − 진공압력
게이지압력	• 대기압력을 0으로 하여 측정한 압력 • 게이지압력(양압) = 절대압력 − 대기압력 • 게이지압력(음압) = 대기압력 − 절대압력

3. 소방에의 적용

절대압력	• 베르누이 방정식 $\frac{1}{2}\rho v^2 + p + \rho g z = p_T = cont$($r = eg$ 대입) • 이상기체상태방정식 $PV = nRT$
게이지압력		소방설비 2차 압력계로 사용

"끝"

1. 문제

덕트 풍속 측정 시 측정점, 피토관 측정 시 풍속 공식 및 풍량 계산을 설명하시오.

2. 시험지에 번호 표기

덕트 풍속 측정 시 측정점(1), 피토관 측정 시 풍속 공식(2) 및 풍량 계산(3)을 설명하시오.

3. 출제자 의도 파악 및 지문에서 내가 써야 할 대제목, 소제목 가져오기

지문	대제목 및 소제목
덕트 풍속 측정 시 측정점(1)	1. 덕트 풍속 측정 시 측정점
피토관 측정 시 풍속 공식(2), 풍량 계산(3)	2. 피토관 측정 시 풍속 공식 및 풍량 계산
	3. 소견

4. 실제 답안지에 작성해보기

문 1-6) 덕트 풍속 측정 시 측정점, 풍속 공식 및 풍량 계산

1. 덕트 풍속 측정 시 측정점

개념도	
측정점

[원형 덕트] [장방형 덕트] |

- 150mm마다 직경 8mm 이상의 구멍 타공(차후 밀봉처리)
- 상류 2.5배, 하류(풍도 꺾임 지점) 7.5배 지점 타공
- 타공 지점에 피토관을 이용하여 동압 측정

2. 피토관 측정 시 풍속 공식 및 풍량 계산

피토관	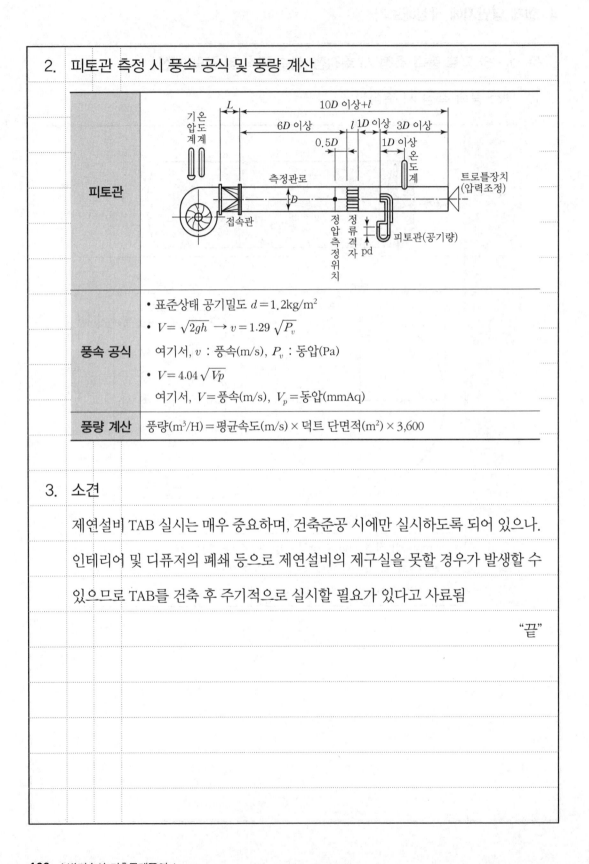

풍속 공식	• 표준상태 공기밀도 $d = 1.2\text{kg/m}^2$
	• $V = \sqrt{2gh} \rightarrow v = 1.29\sqrt{P_v}$
	  여기서, v : 풍속(m/s), P_v : 동압(Pa)
	• $V = 4.04\sqrt{Vp}$
	  여기서, V = 풍속(m/s), V_p = 동압(mmAq)

풍량 계산	풍량(m^3/H) = 평균속도(m/s) × 덕트 단면적(m^2) × 3,600

3. 소견

제연설비 TAB 실시는 매우 중요하며, 건축준공 시에만 실시하도록 되어 있으나.

인테리어 및 디퓨저의 폐쇄 등으로 제연설비의 제구실을 못할 경우가 발생할 수

있으므로 TAB를 건축 후 주기적으로 실시할 필요가 있다고 사료됨

"끝"

1. 문제

> 흡입덕트와 토출덕트로 연결되어 있는 송풍계통에서 송풍기의 전압과 정압을 구하시오.(단, 토출구
> 정압 200Pa, 토출구 동압 100Pa, 흡입구 정압 −150Pa, 흡입구 동압 50Pa으로 한다.)

Tip 계산문제는 고득점을 받을 수 있으며, 답안 구성을 차별화하여 최대한 점수를 받을 수 있도록
하는 것이 중요합니다.

2. 실제 답안지에 작성해보기

문 1-7) 송풍계통에서 송풍기의 전압과 정압을 구하시오.

1. 송풍기의 전압과 정압

개념도	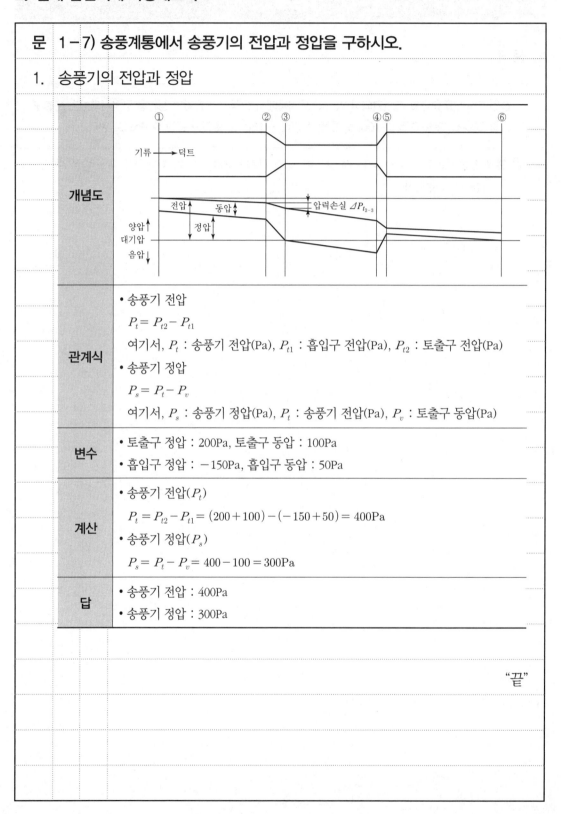
관계식	• 송풍기 전압 $$P_t = P_{t2} - P_{t1}$$ 여기서, P_t : 송풍기 전압(Pa), P_{t1} : 흡입구 전압(Pa), P_{t2} : 토출구 전압(Pa) • 송풍기 정압 $$P_s = P_t - P_v$$ 여기서, P_s : 송풍기 정압(Pa), P_t : 송풍기 전압(Pa), P_v : 토출구 동압(Pa)
변수	• 토출구 정압 : 200Pa, 토출구 동압 : 100Pa • 흡입구 정압 : −150Pa, 흡입구 동압 : 50Pa
계산	• 송풍기 전압(P_t) $$P_t = P_{t2} - P_{t1} = (200+100) - (-150+50) = 400\text{Pa}$$ • 송풍기 정압(P_s) $$P_s = P_t - P_v = 400 - 100 = 300\text{Pa}$$
답	• 송풍기 전압 : 400Pa • 송풍기 정압 : 300Pa

"끝"

1. 문제

> 「고층건축물의 화재안전기준(NFSC 604)」에 따른 50층 이상인 건축물에 설치하는 자동화재탐지설비에 설치하는 통신 · 신호배선의 설치기준에 대하여 설명하시오.

2. 시험지에 번호 표기

> 「**고층건축물(1)**의 화재안전기준(NFSC 604)」에 따른 50층 이상인 건축물에 설치하는 자동화재탐지설비에 설치하는 **통신 · 신호배선의 설치기준(2)**에 대하여 설명하시오.

Tip 출제자는 통신신호배선 설치기준만 제시했지만 이 내용만 작성할 경우 3점밖에 못 받습니다. 정의에서 고층건축물의 정의와 문제점을 언급하고, 대책으로 NFPA 72의 Class 에 대해서도 언급하며, 국내에서도 대책으로 규정한 것에 대한 설명도 해주는 것이 적절합니다.

3. 출제자 의도 파악 및 지문에서 내가 써야 할 대제목, 소제목 가져오기

지문	대제목 및 소제목
고층건축물(1)	1. 정의
	① 정의
	② 고층건축물의 문제점
	2. NFPA 72의 Class A, Class B
통신 · 신호배선의 설치기준(2)	3. 통신 · 신호배선의 설치기준

4. 실제 답안지에 작성해보기

문 1-8) 50층 이상 건축물 자동화재탐지설비

1. 정의

고층건축물	층수가 30층 이상이거나 높이가 120m 이상인 건축물
문제점	• 재실자, 피난약자의 수가 층수에 비례하여 증가 • 이들에게 피난 및 초기소화를 유도하기 위한 자동화재탐지설비의 배선이 중요하여 이중배선 등으로 고장 시에도 경보가 가능하도록 함

2. NFPA 72 Class A, Class B

Class A	• Class A=Loop 배선 • 단선, 지락 시 정상 작동
Class B	• Class B=일반배선, 단방향통신 • 단선, 단락 시 정상 작동되지 않음

3. 고층건축물의 통신·신호배선의 설치기준

설치기준	• 통신·신호배선은 이중배선을 설치 • 단선 시에도 고장표시가 되며 정상 작동할 수 있는 성능 갖춤
적용	• 수신기와 수신기 사이의 통신배선 • 수신기와 중계기 사이의 신호배선 • 수신기와 감지기 사이의 신호배선
기준해석	• Loop 배선 적용=NFPA 72의 Class A 배선 • 단선 시에도 고장표시 및 정상 작동

"끝"

1. 문제

> 복합형 감지기와 다신호식 감지기의 설치목적, 원리, 동작방식, 종류, 적용장소에 대하여 설명하시오.

2. 시험지에 번호 표기

> 복합형 감지기와 다신호식 감지기(1)의 설치목적, 원리, 동작방식, 종류, 적용장소(2)에 대하여 설명
> 하시오.

Tip 두 개의 감지기 종류의 비교 문제로서, 두 가지 감지기 종류의 정의를 내리고 나머지 지문들은
표로 정리하여 답을 정리합니다.

3. 실제 답안지에 작성해보기

문 1-9) 복합형 감지기와 다신호식 감지기의 설치목적 등 설명

1. 정의

복합형 감지기	화재 시 발생하는 열, 연기, 불꽃을 자동적으로 감지하는 기능 중 두 가지 이상의 성능(동일 생성물이나 다른 연소생성물의 감지 기능)을 가진 것으로서 두 가지 이상의 성능이 함께 작동할 때 화재신호를 발신하거나 또는 두 개 이상의 화재신호를 각각 발신하는 감지기
다신호식 감지기	1개의 감지기 내에 서로 다른 종별 또는 감도 등의 기능을 갖춘 것으로서 일정시간 간격을 두고 각각 다른 2개 이상의 화재신호를 발하는 감지기

2. 설치목적, 감지원리, 종류, 적용 장소

구분	복합형 감지기	다신호식 감지기
설치목적	비화재보 방지	실보 방지
감지원리	감지원리 다른 소자의 조합 : 하나의 감지기에 두 가지 감지성능을 가짐	감지원리 동일 : 종, 감도, 축적방식 등의 차이
동작방식	• 두 가지 기능이 모두 작동될 때 • 각 기능이 작동될 때	다신호(OR신호) : 두 가지 신호 중 한 가지 신호만 입력되도 화재신호 출력
종류	 차동식 / 광전식, 차동식 / 이온화식 정온식 / 광전식, 정온식 / 이온화식 차동식 스포트형 1종, 차동식 스포트형 2종, 정온식 스포트형 1종 60℃, 정온식 스포트형 1종 80℃ 이온화식 스포트형 1종, 이온화식 스포트형 2종, 광전식 스포트형 1종(비축적형), 광전식 스포트형 1종(축적형)	• 열복합형 : 차동식＋정온식 • 연기복합형 : 이온화식＋광전식 • 열연기복합형 : 차동식＋광전식, 정온식＋이온화식, 정온식＋광전식 • 정온식 다신호식(60℃, 70℃) • 연기감지기(축적형, 비축적형)
적용장소	일시적으로 오동작 우려 높은 장소	심부성 화재가 예상되는 장소

"끝"

1. 문제

> 「감지기의 형식승인 및 제품검사의 기술기준」에서 요구하는 비화재보 방지 시험에 대하여 설명하시오.

2. 시험지에 번호 표기

> 「감지기의 형식승인 및 제품검사의 기술기준」에서 요구하는 **비화재보(1) 방지 시험에 대하여 설명(2)**하시오.

3. 출제자 의도 파악 및 지문에서 내가 써야 할 대제목, 소제목 가져오기

지문	대제목 및 소제목
비화재보(1)	1. 정의
	① 정의
	② 비화재보의 문제점
방지 시험에 대하여 설명(2)	2. 비화재보 방지 시험
	3. 소견 : 원인과 대책

4. 실제 답안지에 작성해보기

문 1 – 10) 비화재보 방지 시험에 대하여 설명하시오.

1. 정의

비화재보	화재 상황이 아닌 상태에서 화재 신호를 발하는 것을 의미
문제점	• 재실자의 피난지연 및 업무능률 감소 • 소방대의 잦은 출동으로 실제 화재 시 골든타임 놓치는 경우 발생

2. 비화재보 방지 시험

공통시험	• 주위 온도 (23 ± 2)℃인 조건을 유지하며 상대습도 (20 ± 5)%에서 (90 ± 5)%인 상태로 급격하게 3회 변경 투입을 반복하는 경우 • 감지기에 분당 6회의 비율로 순간적인 감지기 공급전원의 차단을 반복하는 경우 작동하지 않아야 함
광전식	• 공통시험　　• 백열램프 크세논램프에 노출되었을 경우 작동하지 않아야 함
이온화식	• 공통시험　　• 기류에 가하는 경우에 작동하지 않아야 함
불꽃식	• 공통시험 • 형광램프, 할로겐램프, 직사 및 반사된 태양광, 아크용접 불꽃충격파전압, 그 밖의 외광 및 흔들리는 주황색의 천(영상분석식에 한함)

3. 소견

비화재보 원인	대책
• 인위적인 원인 • 기능상의 원인 • 설치상의 원인 • 유지상의 원인	• 설치장소에 적합한 감지기를 선택 • 연기감지기 벌레 및 습기의 침입을 방지하는 등의 감지기의 구조적인 비화재보 대책을 강구 • 감지기 설치장소의 주위상황을 개선하거나 이온화식 감지기 내부의 먼지를 청소하는 등 유지관리상의 대책을 강구 • 일과성 비화재보가 예상되는 지역 또는 발생되는 곳에 감지기(축적형, 복합식, 다신호식, 2신호식 수신기, 광전식 분리형 감지기)를 설치하고, 축적형의 중계기 또는 수신기 설치, 수신기에 축적부가장치를 부착하여 경감할 수 있음

"끝"

---

1. 문제

> 건축물의 화재발생 시 수직 화재 확산 등을 방지하기 위하여 외벽마감재와 외벽마감재 지지구조 사이의 공간에 대해 적용하는 화재확산 방지구조에 대하여 설명하시오.

2. 시험지에 번호 표기

> 건축물의 화재발생 시 수직 화재 확산 등을 방지하기 위하여 외벽마감재와 외벽마감재 지지구조 사이의 공간에 대해 적용하는 **화재확산 방지구조(1)**에 대하여 **설명(2)**하시오.

3. 출제자 의도 파악 및 지문에서 내가 써야 할 대제목, 소제목 가져오기

지문	대제목 및 소제목
화재확산 방지구조(1)	1. 정의
화재확산 방지구조에 대하여 설명(2)	2. 화재확산 방지구조
	3. 소견

4. 실제 답안지에 작성해보기

문 1 - 11) 화재확산 방지구조에 대하여 설명

1. 정의

수직 화재확산 방지를 위하여 외벽마감재와 외벽마감재 지지구조 사이의 공간을

화재확산 방지재료로 매 층마다 최소 높이 400mm 이상 밀실하게 채운 구조

2. 화재확산 방지구조

[커튼월 Type]   [외단열공법 Type]

설치 대상	• 외벽마감재료 제한 : 불연재료, 준불연 마감
	• 상업지역(근린상업지역은 제외한다)의 건축물로서 다음 중 어느 하나에 해당하는 것
	   - 제1종 근린생활시설, 제2종 근린생활시설, 문화 및 집회시설, 종교시설, 판매시설, 운동시설 및 위락시설의 용도로 쓰는 건축물로서 그 용도로 쓰는 바닥면적의 합계가 2천m² 이상인 건축물
	   - 공장의 용도로 쓰는 건축물로부터 6m 이내에 위치한 건축물
	• 의료시설, 교육연구시설, 노유자시설 및 수련시설의 용도 건축물
	• 3층 이상 또는 높이 9m 이상인 건축물
	• 1층의 전부 또는 일부를 필로티 구조로 설치한 주차장 건축물

재료	방화 석고 보드	KS F 3504(석고 보드 제품), 12.5mm 이상
	석고 시멘트판	KS L 5509(석고 시멘트판), 6mm 이상
	평형 시멘트판	KS L 5114(섬유강화 시멘트판), 6mm 이상
	보온판	KS L 9102(인조 광물섬유 단열재), 미네랄울 보온판 2호
	내화성능 재료 [한국산업표준 KS F 2257-8(건축 부재의 내화 시험 방법)]	수직 비내력 구획 부재의 성능 조건에 따라 내화성능 시험한 결과 15분의 차염성능 및 이면온도가 120K 이상 상승하지 않는 재료

3. 소견

① 화재확산 방지구조의 경우는 건축적, Passive적인 방법

② 이와 별도로 외부 화재확산 방지 SP, 혹은 창문형 SP 설치 등 Active적인 설비로 보강해야 할 필요가 있다고 사료됨

"끝"

1. 문제

NFPA 13에서 수직개구부에 대한 구획대안으로 적용하는 Closely Spaced Sprinkler의 설치기준 및 적용장소에 대하여 설명하시오.

2. 시험지에 번호 표기

NFPA 13에서 수직개구부에 대한 구획대안으로 적용하는 Closely Spaced Sprinkler(1)의 설치기준 및 적용장소(2)에 대하여 설명하시오.

Tip 출제자는 NFPA에서 사용되는 Closely Spaced Sprinkler에 대한 내용과 국내에서는 수직개구부에 대한 어떠한 대책이 있는지 혹은 어떤 문제점을 가지고 있고 개선방향도 알고 있는지 물어보고 있습니다.

3. 출제자 의도 파악 및 지문에서 내가 써야 할 대제목, 소제목 가져오기

지문	대제목 및 소제목
Closely Spaced Sprinkler(1)	1. 정의
설치기준 및 적용장소(2)	2. Closely Spaced Sprinkler의 설치기준 및 적용장소
	3. 소견

4. 실제 답안지에 작성해보기

문 1-12) Closely Spaced Sprinkler의 설치기준 및 적용장소

1. 정의

Closely Spaced Sprinkler란 제연경계(드래프트커튼)와 조합하여 일정 규모의 수직개구부에 연소생성물의 빠른 확산을 방지하는 Sprinkler

2. Closely Spaced Sprinkler의 설치기준 및 적용장소

설치기준	• 스프링클러헤드 설치 시 제연경계를 조합하여 설치할 것 • 스프링클러헤드는 1.8m 이하로 배치하며, 개구부로부터 먼 쪽에 있는 제연경계로부터 152~305mm 이격해야 함 • 제연경계의 조건 　－제연경계는 개구부 직근에 위치할 것 　－제연경계는 깊이가 475mm 이상일 것 　－제연경계는 스프링클러헤드가 작동되기 전이나 작동하는 동안 제자리에 유지되도록 불연재 또는 난연재로 할 것
적용장소	• 에스컬레이터, 계단실 및 이와 유사한 바닥개구부가 방호구역되지 않은 곳 • 스프링클러 방호가 수직 개구부의 구획대안으로 사용되는 경우

3. 소견

구분	국내	NFPA	개선점
제연경계	미설치	설치	제연경계인 드래프트 커튼 설치
피난약자	미고려	고려	국내는 방화셔터설치로 피난약자의 지연시간을 고려 않고 있으나 NFPA에서는 에스컬레이터 주변에 SP를 설치하여 피난시간 고려
계단실 SP	미설치	설치	계단실에도 SP 설치 타당

"끝"

1. 문제

> 건축법에 따른 하향식 피난기구와 「피난기구의 화재안전기준(NFSC 301)」에 따른 하향식 피난기구
> 의 설치기준상 차이점에 대하여 설명하시오.

2. 시험지에 번호 표기

> 건축법에 따른 하향식 피난기구와 「피난기구의 화재안전기준(NFSC 301)」에 따른 하향식 피난기구
> 의 설치기준(1)상 차이점(2)에 대하여 설명하시오.

Tip 기출문제가 중요한 것이 상기와 같은 문제를 받았을 때 어떻게 접근하고 풀어야 할지 미리 연습
을 할 수 있고 법에 대해서 수험자의 접근방법을 알려주기에 유익한 것입니다.

3. 출제자 의도 파악 및 지문에서 내가 써야 할 대제목, 소제목 가져오기

지문	대제목 및 소제목
건축법에 따른 하향식 피난기구와 「피난기구의 화재안전기준(NFSC 301)」에 따른 하향식 피난기구의 설치기준(1)	1. 건축법과 화재안전기준에 따른 하향식 피난기구의 설치기준
차이점(2)	2. 차이점

4. 실제 답안지에 작성해보기

문 1 - 13) 하향식 피난기구의 설치기준상 차이점

1. 건축법과 화재안전기준의 하향식 피난기구 설치기준

구분	건축법	화재안전기준
개구부 규격	피난구의 유효 개구부 규격은 직경 60cm 이상, 덮개는 비차열 1시간 이상의 내화성능	대피실의 면적은 2m²(2세대 이상일 경우에는 3m²) 이상이고, 하강구(개구부) 규격은 직경 60cm 이상
상하층 상호수평거리	수직방향 간격을 15cm 이상 이격	상호 수평거리 15cm 이상의 간격
구조	아래층에서는 바로 위층의 피난구를 열 수 없는 구조	하강구 내측에는 기구의 연결 금속구 등이 없어야 하며 전개된 피난기구는 하강구 수평투영면적 공간 내의 범위를 침범하지 않는 구조
경보	덮개가 개방될 경우에는 건축물관리시스템 등을 통하여 경보음이 울리는 구조	대피실 출입문이 개방되거나, 피난기구 작동 시 해당층 및 직하층 거실에 설치된 표시등 및 경보장치가 작동되고, 감시 제어반에서는 피난기구의 작동을 확인 가능
조명	예비전원에 의한 조명설비	대피실 내에는 비상조명등
사다리	사다리는 바로 아래층의 바닥면으로부터 50cm 이하까지 내려오는 길이	규정 없음
출입문	규정 없음	60분, 60분＋방화문대피실 표지 부착
표지판	규정 없음	층의 위치표시와 피난기구 사용설명서 및 주의사항 표지판
성능	규정 없음	사용 시 기울거나 흔들리지 않도록 설치할 것

2. 차이점

구분	건축법	소방법
설치목적	대피공간 설치 면제 목적	피난기구는 특정소방대상물의 10층 이하에 화재안전기준에 적합한 것으로 설치하여야 함. 대피공간 내에도 하향식 피난기구 설치
층의 제한	10층 이상의 층에서도 설치 가능	10층 이하의 층에만 설치 가능
면제	직통계단 2개 사용 가능 시 면제	면제 조항 없음

"끝"

113회 2교시 1번

1. 문제

> 가솔린 화재에서 화재플럼(Fire Plume)속도가 공기인입을 제어하는 이유를 설명하시오.[단, 가솔린은 최고연소유속으로 연소, 가솔린 밀도는 공기밀도의 2배로 간주, 화재플럼의 높이는 1m로 가정한다.]

2. 시험지에 번호 표기

> 가솔린 화재에서 화재플럼(Fire Plume)(1)속도가 공기인입을 제어하는 이유를 설명(2)하시오.[단, 가솔린은 최고연소유속으로 연소, 가솔린 밀도는 공기밀도의 2배로 간주, 화재플럼의 높이는 1m로 가정한다.]

Tip 가솔린의 연소속도를 유도하여 가솔린의 연소속도와 화재플럼의 속도를 비교하고, 어느 것이 더 속도가 빠른지 비교하여 답안을 만들면 고득점을 받을 수 있습니다.

3. 출제자 의도 파악 및 지문에서 내가 써야 할 대제목, 소제목 가져오기

지문	대제목 및 소제목
가솔린 화재의 화재플럼(1)	1. 개요
	2. 최대질량연소속도와 화재플럼속도
	1) 가솔린의 최대질량연소속도
	2) 화재플럼의 속도
화재플럼의 속도가 공기인입을 제어하는 이유(2)	3. 화재플럼의 속도가 공기인입을 제어하는 이유

4. 실제 답안지에 작성해보기

문 2-1) 가솔린 화재에서 화재플럼(Fire Plume)속도가 공기인입을 제어하는 이유

1. 가솔린 화재플럼 및 연소특징

개념도	
연소특징	• 가솔린 성상 : $C_5H_{12} \sim C_9H_{20}$(비수용성), 증기비중 : $0.65 \sim 0.8$, 인화점 : $-40 \sim -20℃$, 발화점 : $300℃$, 연소범위 : $1.4 \sim 7.6\%$ • 상온에서 항상 가연성혼합기 형성 • 예혼합형 화염전파 • 점화원이 작고, 연소속도가 빠르며, 열방출률이 큼

개념도 내 라벨: 부력연기, 혼합·확산·냉각, 복사열, 공기유입, 분해·증발연료, 열분해구간, 고체연료, 부력플럼, 화염플럼, 화재플럼

2. 가솔린의 연소속도와 화재플럼의 속도

1) 최대질량연소속도

개념	가솔린 액면화재 시 가솔린의 밀도에 대한 연소질량 속도의 비
유도	V(증발속도) = 질량연소흐름속도 / 가솔린의 밀도(공기밀도의 2배) $= 55g/m^2 \cdot s\ /\ 1,225g/m^3$(공기의 밀도) $\times 2$ $= 55\ /\ 2,450 = 0.0224m/s$

2) 화재플럼의 속도

개념도	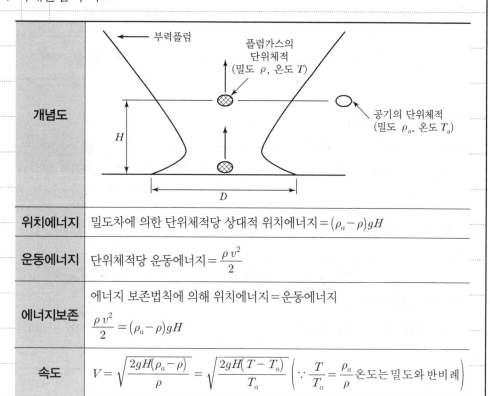
위치에너지	밀도차에 의한 단위체적당 상대적 위치에너지 $= (\rho_a - \rho)gH$
운동에너지	단위체적당 운동에너지 $= \dfrac{\rho v^2}{2}$
에너지보존	에너지 보존법칙에 의해 위치에너지 = 운동에너지 $\dfrac{\rho v^2}{2} = (\rho_a - \rho)gH$
속도	$V = \sqrt{\dfrac{2gH(\rho_a - \rho)}{\rho}} = \sqrt{\dfrac{2gH(T - T_a)}{T_a}} \left(\because \dfrac{T}{T_a} = \dfrac{\rho_a}{\rho} \text{ 온도는 밀도와 반비례} \right)$

3. 화재플럼의 속도가 공기인입을 제어하는 이유

연소속도	0.0224m/s
플럼속도	$V = \sqrt{\dfrac{2gH(\rho_a - \rho)}{\rho}} = \sqrt{\dfrac{2 \times 9.8 \times 1}{1}} = 4.43\text{m/s}$
이유	플럼속도가 연소속도에 비해 4.43 / 0.0224 = 197배 빠름 따라서 플럼속도가 공기의 인입을 제어함

"끝"

1. 문제

복사에너지의 정의 및 복사에너지가 실제 방사율, 온도 등과의 상호관계를 설명하시오.

2. 시험지에 번호 표기

복사에너지의 정의(1) 및 복사에너지가 실제 방사율, 온도 등과의 상호관계(2)를 설명하시오.

3. 출제자 의도 파악 및 지문에서 내가 써야 할 대제목, 소제목 가져오기

지문	대제목 및 소제목
복사에너지의 정의(1)	1. 정의
실제 방사율, 온도와의 상관관계(2)	2. 복사에너지가 실제 방사율 온도와의 상관관계
	3. 소견

4. 실제 답안지에 작성해보기

문 2-2) 복사에너지의 정의 및 복사에너지가 실제 방사율, 온도 등과의 상호관계를 설명

1. 정의

구분	내용	
정의	• 복사에너지란 복사에 의해 전달되는 에너지를 말함 • 복사는 절대온도 이상의 물질에서 방사하는 전자기파로 전기와 자기장으로 구성된 전자파에너지	
관계식	스테판-볼츠만 법칙	$\dot{q}'' = \sigma T^4$ 여기서, σ : 스테판-볼츠만 계수 5.67×10^{-8} [W/m²K⁴], $T(K)$: 물체온도
	방사율을 고려한 복사에너지	$\dot{q}'' = \varepsilon \sigma T^4$ 여기서 : $\varepsilon = 1 - e^{-kl}$, K : 흡수계 수, l : 화염의 두께
	형태계수를 고려한 복사에너지	$\dot{q}'' = \varnothing \varepsilon \sigma T^4$ 여기서, $\varnothing$: 형태계수

2. 복사에너지가 실제 방사율, 온도 등과의 상호관계

1) 실제 방사율($0 < \varepsilon < 1$)

흑체, 백체	• 흑체 : 흡수한 빛의 100% 재방사 $\varepsilon = 1$ • 백체 : 빛을 흡수하지 않고 방사 $\varepsilon = 0$
실제 방사율	• 실제 물질(회색체)의 표면에서 방사된 복사에너지와 흑체에서 방사된 복사의 비로 나타내며, 목표물에서의 에너지 감소를 의미함 • 실제 방사율 $0 < \varepsilon < 1$ 　-고체, 액체의 일반적인 실제 방사율은 0.8 ± 0.2 　-화염의 두께가 2m 이상일 때 방사율은 1에 근접 • $\varepsilon = \dfrac{\text{실제 표면의 방사에너지}}{\text{흑체의 방사에너지}} = \dfrac{\dot{q}''}{\sigma T^4}$　　$\therefore \dot{q}'' = \varepsilon \sigma T^4$
상호관계	• 방사에너지는 실제 방사율이 클수록 높음 • 실제 방사율은 화염에서 손실이 작을수록 높음

2) 온도와의 상관관계

관계식	$\dot{q}'' = \varepsilon\,\sigma\,T^4$
온도	• 물체의 표면온도로 열방출률은 절대온도 T^4에 비례함 • T는 절대온도로 [K]로 나타냄
상관관계	• 복사에너지는 온도가 높을수록 큼 • 화염의 온도는 완전연소 시 가장 높고, LFL, UFL 근처에서는 불완전연소 형태로 온도가 상대적으로 낮음 • 복사에너지는 절대온도 4승에 비례함

3. 소견

① 화재초기에는 전도, 성장기에는 대류, 최성기에는 복사의 열전달로 화재는 성장하며, 복사열전달을 늦추는 것이 F.O 유발을 늦춤

② 인명안전기준에서 허용가능시간 ASET > RSET이기에 제연설비 및 배연창을 설치하여 화재실의 온도를 낮추는 것이 필요함

"끝"

1. 문제

소방공사 감리업무 수행 내용과 설계도서 해석의 우선순위에 대하여 설명하시오.

2. 시험지에 번호 표기

소방공사 감리업무(1) 수행 내용(2)과 설계도서 해석의 우선순위(3)에 대하여 설명하시오.

3. 출제자 의도 파악 및 지문에서 내가 써야 할 대제목, 소제목 가져오기

지문	대제목 및 소제목
소방공사 감리업무(1)	1. 개요
수행 내용(2)	2. 감리업무 수행 내용
설계도서 해석의 우선순위(3)	3. 설계도서 해석의 우선순위

4. 실제 답안지에 작성해보기

문	2-3) 소방공사 감리업무 수행 내용과 설계도서 해석의 우선순위에 대하여 설명

1. 개요

① 소방공사 감리업무란 소방시설공사에 관한 발주자의 권한을 대행하여 소방시설공사가 설계도서와 관계 법령에 따라 적법하게 시공되는지를 확인하고, 품질 · 시공 관리에 대한 기술지도를 하는 업무

② 감리는 상주감리와 일반감리로 구분되며, 상주감리는 공사현장에 상주하며, 일반감리는 일정기간을 두고 공사현장을 관리하는 형태

2. 감리업무 수행 내용

구분	내용
적법성	• 소방시설 등의 설치계획표의 적법성 검토 • 피난시설 및 방화시설의 적법성 검토 • 실내장식물의 불연화와 방염 물품의 적법성 검토
적합성	• 소방시설 등 설계도서의 적합성 검토 • 소방시설 등 설계 변경 사항의 적합성 검토 • 소방용 기계 · 기구 등의 위치 · 규격 및 사용 자재의 적합성 검토 • 공사업자가 작성한 시공 상세 도면의 적합성 검토
지도감독	공사업자가 한 소방시설 등의 시공이 설계도서와 화재안전기준에 맞는지에 대한 지도 · 감독
성능시험	완공된 소방시설 등의 성능시험

3. 설계도서의 해석 우선순위

선정사유	설계도서, 법령해석, 감리자의 지시 등이 서로 일치하지 않는 경우 계약으로 그 적용의 순위를 정하지 않았을 경우 다음의 순서를 원칙으로 함	
해석순위	① 공사시방서	② 설계도면
	③ 전문시방서	④ 표준시방서
	⑤ 산출내역서	⑥ 승인된 상세시공도면
	⑦ 관계법령의 유권해석	⑧ 감리자의 지시사항
의의	감리자의 지시사항이 후순위인 이유는 감리자가 모든 것을 고려한 후 업무를 수행하라는 의미임	

"끝"

1. 문제

미분무소화설비의 배관마찰손실 계산방법을 설명하시오.

2. 시험지에 번호 표기

미분무소화설비(1)의 배관마찰손실 계산방법(2)을 설명하시오.

3. 출제자 의도 파악 및 지문에서 내가 써야 할 대제목, 소제목 가져오기

지문	대제목 및 소제목
미분무소화설비(1)	1. 개요
	1) 정의 2) 분류
배관마찰손실 계산방법(2)	2. 배관마찰손실 계산방법
	1) 정의
	2) 저압식 미분무소화설비 배관마찰손실
	3) 중 · 고압식 미분무소화설비 배관마찰손실
	3. 소견

4. 실제 답안지에 작성해보기

> **문 2-4) 미분무소화설비의 배관마찰손실 계산방법 설명**
>
> **1. 개요**
>
> **1) 정의**
>
> 가압된 물이 헤드 통과 후 미세한 입자로 분무됨으로써 소화성능을 가지는 설비를 말하며, 소화력을 증가시키기 위해 강화액 등을 첨가할 수 있음
>
> **2) 분류**
>
> | 국내기준 | • 저압식 : 최고사용압력 1.2MPa 이하
• 중압식 : 최저사용압력 1.2~3.5MPa
• 고압식 : 최저사용압력 3.5MPa을 초과 |
> |---|---|
> | NFPA 750 기준 | • 고압식 : 압력 35bar 이상
• 중압식 : 압력 12~35bar
• 저압식 : 압력 12bar 이하 |
> | SFPE 기준 | • Class 1 : Dv0.9≤200mm
• Class 2 : 200mm<Dv0.9≤400mm
• Class 3 : 400mm<Dv0.9≤1,000mm |
>
> **2. 배관마찰손실**
>
> **1) 정의**
>
> ① 배관 내의 흐름과 압력손실 / 배관 내를 흐르는 액체의 유량과 압력의 관계에서 어떠한 흐름에서라도 유체의 점성에 의해 마찰 저항이 작용하며, 마찰 저항은 흐름의 에너지 손실이 되는데, 이러한 에너지 손실을 배관마찰손실이라고 함
>
> ② 배관마찰손실은 유체의 흐름과 속도에 의해 좌우되며, 이에 따라 저압 미분무소화설비와 중·고압 미분무소화설비의 배관마찰손실은 서로 다른 방법으로 구함

2) 저압식 미분무소화설비 배관마찰손실

개요	• NFPA 750에서 저압식 미분무소화설비는 표준형스프링클러설비 또는 물분무 설비와 유사함 • 저압식 미분무설비의 유속은 스프링클러나 물분무설비와 유사하여 배관마찰 손실 계산 시 수온, 점도 등은 고려하지 않음
관계식	• 하젠 – 윌리암스식 $$\triangle p = 6.053 \times 10^4 \times \frac{Q^{1.85}}{C^{1.85} \times d^{4.87}} \times L \,[\text{MPa}]$$ 여기서, Q : 유량(m³/min), C : 조도계수, d : 배관내경(mm), L : 배관길이(m)
특징	• 수온은 상온으로 가정, 밀도, 점도는 고려하지 않음 • 소화수에 첨가제 사용하지 않음 • 수온, 점도가 일반수와 현저히 다를 시, 달시 – 바이스바하식 사용 가능 • 미분무 설비의 관경 등의 특징이 스프링클러 설비와 차이가 클 경우 달시 – 바이스바하식 사용 가능

3) 중 · 고압식 미분무소화설비 배관마찰손실

개요	• 중 · 고압식 미분무설비는 저압식에 비해 유속이 매우 빠르고 배관경도 작아 마찰손실에 큰 영향을 유발함 • 배관의 마찰손실 계산 시 점도, 수온 등을 고려하여 계산되어야 함
관계식	• 달시 – 바이스바하식 $$\triangle p = f \times \frac{l}{d} \times \frac{\gamma v^2}{2g} \,[\text{MPa}]$$ 여기서, f : 관마찰계수, l : 배관길이(m), γ : 비중량(kg/m³), v : 유속(m/s), d : 배관내경(mm), g : 중력가속도(m/s²)
특징	• 소화수의 특징인 수온, 점도, 밀도 등 반영 시 달시 – 바이스바하식의 정확도 우수 • 소화수에 첨가제 사용 시 적용 • 소화수의 특징이 일반적 수원과 크게 다를 경우 적용

3. 소견

① 배관마찰손실의 정확한 계산은 펌프의 용량산정, 예비전원의 용량산정 등에 필요하며, 이는 균일한 살수밀도, 즉 화재의 소화, 진압, 제어에 중요함

② 따라서 Hazen-Williams식과 Darcy-Weisbach식의 차이점을 정확이 이해할 필요가 있다고 사료됨

구분	달시-바이스바하식	하젠-윌리엄스식
대상	모든 유체	물
특징	• 배관과 유체의 물리적 특성으로 마찰손실 계산 • 층류와 난류 모두 적용 • 레이놀즈수 적용으로 계산이 복잡	• 관의 물리적 특성만으로 마찰손실 계산 • 층류에 적용(난류에서도 적용 가능) $-v \leq 3\mathrm{m/s}$ 시 적용 • 조도계수값 적용으로 마찰손실 계산이 용이함 • 관경(d)는 50mm 이상에서 적용

"끝"

1. 문제

복합형 수신기의 기능 및 설치기준에 대하여 설명하시오.

2. 시험지에 번호 표기

복합형 수신기(1)의 기능(2) 및 설치기준(3)에 대하여 설명하시오.

3. 출제자 의도 파악 및 지문에서 내가 써야 할 대제목, 소제목 가져오기

지문	대제목 및 소제목
복합형 수신기(1)	1. 개요
	1) 정의 2) 분류
기능(2)	2. 복합형 수신기의 기능
설치기준(3)	3. 복합형 수신기의 설치기준

4. 실제 답안지에 작성해보기

문 2-5) 복합형 수신기의 기능 및 설치기준 설명

1. 개요

1) 정의

복합형 수신기는 일반수신기의 경보설비 기능 이외에 수신기의 입력신호와 연동하여 소화설비나 제연설비 등 관련된 설비를 제어할 수 있는 제어기능이 있는 수신기를 말함

2) 분류

분류	특징
P형 복합식 수신기	감지기 또는 P형 발신기로부터 발하여지는 신호를 직접 또는 중계기를 통하여 공통신호로서 수신하여 화재의 발생을 당해 소방대상물의 관계자에게 경보하여 주고, 자동 또는 수동으로 옥내·외소화전설비, 스프링클러설비, 물분무소화설비, 포소화설비, 이산화탄소소화설비, 할로겐화물소화설비, 분말소화설비, 배연설비 등의 가압송수장치 또는 기동장치 등을 제어하는 수신기
R형 복합식 수신기	감지기 또는 P형 발신기로부터 발하여지는 신호를 직접 또는 중계기를 통하여 고유신호로서 수신하여 화재의 발생을 당해 소방대상물의 관계자에게 경보하여 주고 제어기능을 수행하는 수신기
GP형 복합식 수신기	P형 복합식 수신기와 가스누설경보기의 수신부 기능을 겸한 수신기
GR형 복합식 수신기	R형 복합식 수신기와 가스누설경보기의 수신부 기능을 겸한 수신기

2. 복합형 수신기의 기능

수신 및 경보 기능	• 화재표시 작동시험을 할 수 있는 장치와 종단저항기에 연결되는 외부배선의 단선 및 수신기에서부터 각 중계기까지의 단락을 검출하는 장치가 있을 것 • 들 장치의 조작 중에 다른 회선으로부터 화재신호를 수신하는 경우 화재표시가 될 수 있을 것 • 주전원이 정지한 경우에는 자동적으로 예비전원으로 전환되고, 주전원이 정상상태로 복귀한 경우에는 자동적으로 예비전원으로부터 주전원으로 전환되는 장치를 가질 것 • 신호를 수신하는 경우 자동적으로 음신호 또는 표시등에 의하여 지시되는 고장신호 표시장치가 있을 것 • 가스누설표시 작동시험장치의 조작 중에 다른 회선으로부터 가스누설신호를 수신하는 경우 가스누설표시가 될 수 있을 것 • 2회선에서 가스누설신호를 동시에 수신하는 경우 가스누설표시를 할 수 있을 것 • 도통시험장치의 조작 중에 다른 회선으로부터 누설신호를 수신하는 경우 가스누설표시를 할 수 있을 것 • 신호 수신 시 음향장치 및 고장표시등이 자동으로 작동할 것 • 수신개시부터 가스누설표시까지 소요시간은 60초 이내일 것 • 신호를 수신하는 경우 자동적으로 음신호 또는 표시등에 의하여 지시되는 고장신호 표시장치가 있을 것 • 경보농도 시험에 적합할 것 • 가스 시험에 적합할 것

제어 기능	• 옥내·외소화전설비, 물분무소화설비 및 포소화설비
	  − 각 펌프의 작동여부를 확인할 수 있는 표시등 및 음향경보기능이 있을 것
	  − 각 펌프를 자동 및 수동으로 작동시키거나 작동을 중단시킬 수 있을 것
	  − 수조 또는 물올림탱크가 저수위로 될 때 표시등 및 음향으로 경보될 것
	• 스프링클러설비
	  − 각 유수검지장치, 일제개방밸브 및 펌프의 작동여부를 확인할 수 있는 표시기능이 있을 것
	  − 수원 또는 물올림탱크의 저수위 감시 표시기능이 있을 것
	  − 일제개방밸브를 개방시킬 수 있는 스위치를 설치할 것
	  − 각 펌프를 수동으로 작동 또는 중단시킬 수 있는 스위치가 있을 것
	  − 일제개방밸브를 사용하는 설비의 화재감지를 화재감지기에 의하는 경우에는 경계회로로 별로 화재표시를 할 수 있을 것

제어 기능	• 이산화탄소소화설비, 할로겐화합물소화설비 및 분말소화설비 　－수동기동장치 또는 감지기에서의 신호를 수신하여 음향경보장치를 작동, 소화 　　약제의 방출 또는 지연 등의 제어기능이 있을 것 　－각 방호구역마다 음향경보장치의 조작 및 감지기의 작동을 명시하는 표시등과 　　이와 연동하여 작동하는 벨, 부저 등의 경보장치를 부착할 것 　－수동식 기동장치에 있어서는 그 방출용 스위치와 작동을 명시하는 표시등을 설 　　치할 것 　－소화약제의 방출을 명시하는 표시등을 설치할 것 　－자동식 기동장치에 있어서는 자동, 수동의 전환을 명시하는 표시등을 설치할 것 • 제연설비 　－기동식의 벽, 배연경계벽, 댐퍼 및 배출기의 작동은 감지기와 연동되어야 하며, 　　수동으로 기동 가능할 것

3. 수신기의 설치기준

구분	내용
장소	• 수위실 등 상시 사람이 근무하는 장소 • 설치된 장소에는 경계구역 일람도를 비치
음향기구	음향기구는 그 음량 및 음색이 다른 기기의 소음 등과 명확히 구별될 수 있는 것으로 할 것
경계구역	수신기는 감지기 · 중계기 또는 발신기가 작동하는 경계구역을 표시할 수 있는 것으로 할 것
종합방재반	화재 · 가스 전기 등에 대한 종합방재반을 설치한 경우에는 해당 조작반에 수신기의 작동과 연동하여 감지기 · 중계기 또는 발신기가 작동하는 경계구역을 표시할 수 있는 것으로 할 것
표시	하나의 경계구역은 하나의 표시등 또는 하나의 문자로 표시
조작스위치	수신기의 조작 스위치는 바닥으로부터의 높이가 0.8m 이상 1.5m 이하인 장소에 설치
2 이상 설치	하나의 특정소방대상물에 2 이상의 수신기를 설치하는 경우에는 수신기를 상호간 연동하여 화재발생 상황을 각 수신기마다 확인할 수 있도록 할 것

"끝"

1. 문제

다음과 같은 규모의 초고층건축물에 대해 옥내소화전설비, 스프링클러설비 및 연결송수관 설비의 수원, 펌프, 배관망, 알람밸브 등이 반영된 수계 소화설비 흐름도를 작성하고 구성 사유를 설명하시오.(단, 건축물 용도는 업무시설이며 지하 5층, 지상 55층, 연면적 180,000m²이다. 기준층 바닥면적은 2,800m², 기준층 높이는 4.2m로 한다. 옥내소화전 및 스프링클러설비용 펌프와 수조는 옥상 및 25층 중간기계실에 각각 설치하며, 연결송수관 펌프는 지하 5층, 지상 25층에 설치한다. 소화펌프양정 및 수조용량은 생략한다.)

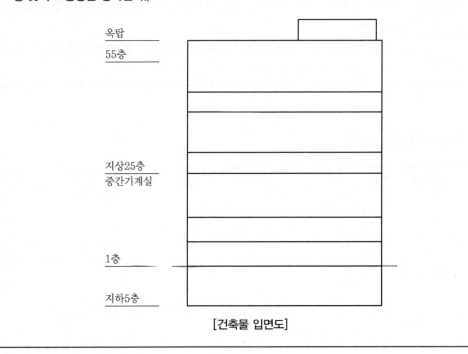

[건축물 입면도]

Tip 수험생이 선택하기에 쉽지 않은 문제입니다.

1. 문제

구획실 화재(환기구 크기, 1m×2m)에서 플래시오버 이후 환기지배형 화재의 에너지 방출과 최성기 화재(800℃로 가정)의 크기를 비교하시오.[단, 연료(공기) 기화열 3kJ/g, 연료가 퍼진 바닥면적 12m², 가연물의 기화열 2kJ/g, 평균 연소열 $\triangle H_c = 20kJ/g$ Stefan Boltzmann 상수$(\sigma) = 5.67 \times 10^{-8} W/m^2 \cdot K^4$으로 한다.]

2. 시험지에 번호 표기

구획실 화재(1)(환기구 크기, 1m×2m)에서 플래시오버 이후 환기지배형 화재의 에너지 방출(2)과 최성기 화재(800℃로 가정)(3)의 크기를 비교(4)하시오.[단, 연료(공기) 기화열 3kJ/g,연료가 퍼진 바닥면적 12m², 가연물의 기화열 2kJ/g, 평균 연소열 $\triangle H_c = 20kJ/g$ Stefan Boltzmann 상수(σ) $= 5.67 \times 10^{-8} W/m^2 \cdot K^4$으로 한다.]

3. 출제자 의도 파악 및 지문에서 내가 써야 할 대제목, 소제목 가져오기

지문	대제목 및 소제목
구획실 화재(1)	1. 개요
환기지배형 화재의 에너지 방출(2)	2. 환기지배형 화재의 에너지 방출
최성기 화재(800℃로 가정)(3)	3. 최성기 화재의 에너지 방출
크기를 비교(4)	4. 크기의 비교

4. 실제 답안지에 작성해보기

문 3-1) 환기지배형 화재의 에너지 방출과 최성기 화재(800℃로 가정)의 크기

비교

1. 개요

개념도	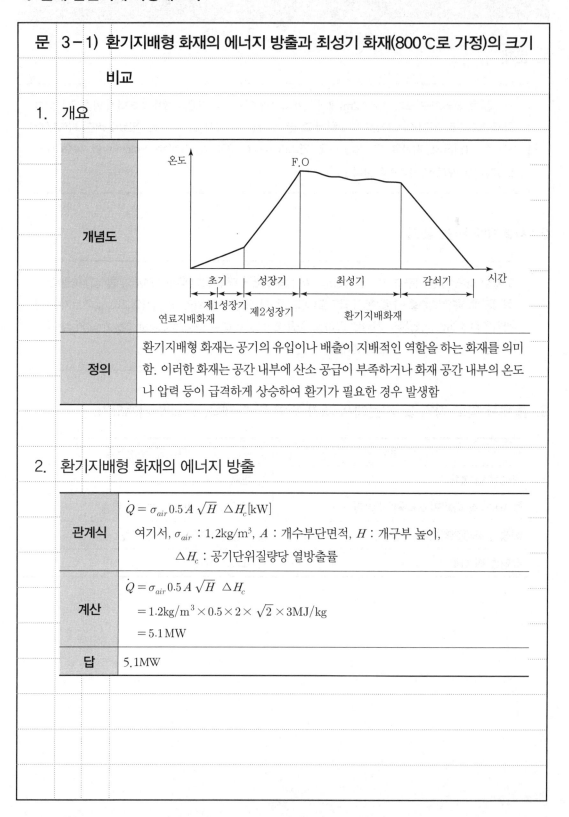
정의	환기지배형 화재는 공기의 유입이나 배출이 지배적인 역할을 하는 화재를 의미함. 이러한 화재는 공간 내부에 산소 공급이 부족하거나 화재 공간 내부의 온도나 압력 등이 급격하게 상승하여 환기가 필요한 경우 발생함

2. 환기지배형 화재의 에너지 방출

관계식	$\dot{Q} = \sigma_{air}\,0.5\,A\,\sqrt{H}\;\triangle H_c[\mathrm{kW}]$ 여기서, σ_{air} : 1.2kg/m³, A : 개수부단면적, H : 개구부 높이, 　　　　$\triangle H_c$: 공기단위질량당 열방출률
계산	$\dot{Q} = \sigma_{air}\,0.5\,A\,\sqrt{H}\;\triangle H_c$ $= 1.2\mathrm{kg/m^3} \times 0.5 \times 2 \times \sqrt{2} \times 3\mathrm{MJ/kg}$ $= 5.1\mathrm{MW}$
답	5.1MW

3. 최성기 화재의 에너지 방출

관계식	$\dot{Q} = \dfrac{\dot{q}''}{L} A \, \triangle H_c$ 여기서, $\dot{q}'' = \sigma T^4$ $\quad\quad \sigma$: 스테판$-$볼츠만 계수, T : 절대온도, A : 연소단면적, $\quad\quad \triangle H_c$: 가연물의 평균연소열
계산	$\bullet \ \dot{q}'' = \sigma T^4$ $\quad = 5.67 \times 10^{-8} \, \text{W/m}^2 \cdot \text{K}^4 \times (273 + 800)^4$ $\quad = 75.16 \, \text{kW}$ $\bullet \ \dot{Q} = \dfrac{\dot{q}''}{L} A \, \triangle H_c$ $\quad = \dfrac{75.16}{2} \times 12 \times 20 = 9{,}019.2 \, \text{kW} = 9.02 \, \text{MW}$
답	9.02MW

4. 에너지 방출률 비교

크기 비교	환기지배형 화재의 에너지 방출률은 5.1MW이고, 최성기 화재(800℃로 가정)의 에너지 방출률은 9.02MW로 최성기 화재가 큼
이유	F.O 시에 축적된 모든 가연성 가스가 순간 발화하여 폭발적인 열을 방출하고, 플래시오버 이후 환기지배형 화재 시에는 화재실 내 O_2 농도가 0에 가까워 유입되는 공기에 따라 연소속도가 제한받기 때문

"끝"

1. 문제

> 송풍기의 풍량제어 방법과 풍량제어법에 따른 송풍기 압력변화를 설명하시오.

2. 시험지에 번호 표기

> 송풍기의 풍량제어(1) 방법(2)과 풍량제어법에 따른 송풍기 압력변화(3)를 설명하시오.

3. 출제자 의도 파악 및 지문에서 내가 써야 할 대제목, 소제목 가져오기

지문	대제목 및 소제목
송풍기의 풍량제어(1)	1. 개요
방법(2)	2. 송풍기의 풍량제어 방법
풍량제어법에 따른 송풍기 압력변화(3)	3. 풍량제어법에 따른 송풍기 압력변화
	4. 소견

4. 실제 답안지에 작성해보기

> **문 3-2)** 송풍기의 풍량제어 방법과 풍량제어법에 따른 송풍기 압력변화 설명

1. 개요

구분	방법	목적
거실제연	청결층 확보	피난안전성 확보, 소방대의 원활한 활동
부속실제연	방연풍속, 차압	

거실제연과 부속실 제연설비의 목적을 확보하기 위하여 송풍기의 풍량제어가 필요하며, 급기댐퍼, 흡입댐퍼, 회전수제어의 방법이 있음

2. 송풍기의 풍량제어 방법

풍량제어방법	개념	특징
토출 댐퍼 제어	송풍기 토출 측에 댐퍼를 설치 풍량을 제어하는 방법	• 적용 용이/경제적 • 서징(Surging) 가능성이 높고 효율이 낮으며, 진동 · 소음 발생
흡입 댐퍼 제어	송풍기 흡입 측 댐퍼 설치하여 풍량을 제어하는 방법	• 적용 용이/경제적 • 토출 댐퍼에 의한 제어보다 효율 우수 • 과도 제어 시 전동기의 Over Load
흡입 베인 제어	흡입측에 베인을 설치하여 베인의 기울기로 풍량을 제어	• 적용 용이/경제적 • 서징(Surging) 발생 억제 • Vane의 정밀 조절 및 견고성이 요구됨
회전수 변경에 의한 제어	상사법칙 응용 송풍기 회전수를 변화 풍량제어 방법	• 자동화 운전이 가능 • 에너지 효율이 좋고 소용량에서 대용량까지 적용범위가 넓음 • 소풍량 운전 시 전동기 과열 우려
가변 피치 제어	송풍기에서 부착된 날개의 각도를 변화시켜 풍량을 제어	• 에너지 효율 우수, 저동력 사용 • 송풍기의 특성 변화없이 송풍량과 토출 압력 조절 용이

3. 풍량제어법에 따른 송풍기 압력변화

방법	풍량 · 압력변화 그래프	송풍기 압력변화
토출 댐퍼 제어	[후곡형]	송풍기의 임계압력까지는 개구면적이 좁을수록 토출풍량은 감소하고, 토출압력은 증가
흡입 댐퍼 제어		풍량이 감소하면 토출압력도 감소
흡입 베인 제어		풍량이 감소하면 토출압력도 감소

방법	풍량 · 압력변화 그래프	송풍기 압력변화
회전수 변경에 의한 제어	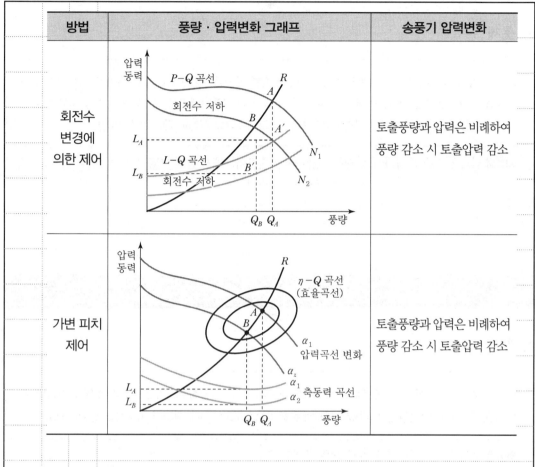	토출풍량과 압력은 비례하여 풍량 감소 시 토출압력 감소
가변 피치 제어		토출풍량과 압력은 비례하여 풍량 감소 시 토출압력 감소

4. 소견

연기제어의 필요성	소견
• 연기의 단층현상 • 보충급기 • 플러그 홀링(Plug Holing)	회전수 변경에 따른 제어 방식인 VVVF방식이 타당하며, 화재초기에는 회전수를 작게, 최성기 이후에는 회전수를 크게 하는 제어가 필요하다고 사료됨

"끝"

1. 문제

> 「소방시설 등의 성능위주설계 방법 및 기준」에 따른 성능위주설계 적용대상, 절차 및 「초고층 및 지하연계복합건축물 재난관리에 관한 특별법」에 의한 사전재난영향성검토 적용대상, 절차를 기술하고, 신청·신고내용, 초고층건축물에서 특별히 고려해야할 사항에 대하여 설명하시오.

Tip 법과 관련된 문제이며, 현재는 성능위주설계가이드에서 출제가 되고 있습니다. 이에 대한 답안 기술은 다른 회차에서 설명하도록 하겠습니다.

1. 문제

> 「소방시설의 내진설계기준」에서 제시하는 수평력(F_{pw})과 「건축구조기준」 중 기계 및 전기설비 등 비구조요소의 내진설계 기준에서 제시하는 등가정적하중(F_p)에 대하여 비교하여 설명하시오.

Tip 수험생이 선택하기에 쉽지 않은 문제입니다.

1. 문제

NFPA 72에서 요구하는 소방배선방식의 CLASS와 STYLE에 대하여 설명하시오.

2. 시험지에 번호 표기

NFPA 72에서 요구하는 소방배선방식(1)의 CLASS(2)와 STYLE(3)에 대하여 설명하시오.

Tip 현재는 7가지의 CLASS로 분류되고 있으며, STYLE은 적용하지 않고 있어 해당 내용을 삭제하였습니다. 소견에는 국내와의 비교가 되어야 충분한 점수를 얻을 수 있습니다.

3. 출제자 의도 파악 및 지문에서 내가 써야 할 대제목, 소제목 가져오기

지문	대제목 및 소제목
소방배선방식(1)	1. 개요
CLASS(2)	2. CLASS
	3. 소견

4. 실제 답안지에 작성해보기

문 3-5) NFPA 72에서 요구하는 소방배선방식의 CLASS에 대하여 설명

1. 개요

CLASS 분류	CLASS A, B, C, D, E, N, X 7가지로 분류
고려사항	감시, 점검의 지속성 선로 등의 중복성 화재 등 손상원인으로부터의 보호

2. CLASS

1) 구성

입력장치회로	• 정의 : 수신기나 중계기에 화재발생을 통보하는 장치 • 장치 : 수동발신기, 감지기, 감시용 스위치(발신기, Pressure SW 등), 각종 감시용 접점(Tamper SW, 탱크 저수위 SW 등)
통보장치회로	• 정의 : 화재의 발생을 통보하고 대피와 소화활동에 필요한 신호를 발생시키는 장치 • 장치 : 벨, 스피커, 스트로브(Strobe), 사이렌(Siren)
신호선로회로	• 정의 : 입력장치와 수신기, 수신기와 수신기, 수신기와 중계기간 다중 통신회로 • 장치 : Analoguc 및 Address 감지기, R형 수신기, 중계기

2) CLASS별 회로구성 및 특성

① Class B(일반 배선방식)

수신기(FACP 및 SCP)
혹은 전원 중계반   아날로그감지기

Class B(Style 4) 배선방식

FACP/SCP   FACP/SCP   FACP/SCP   FACP/SCP

Single TSP Cable

[구성도]

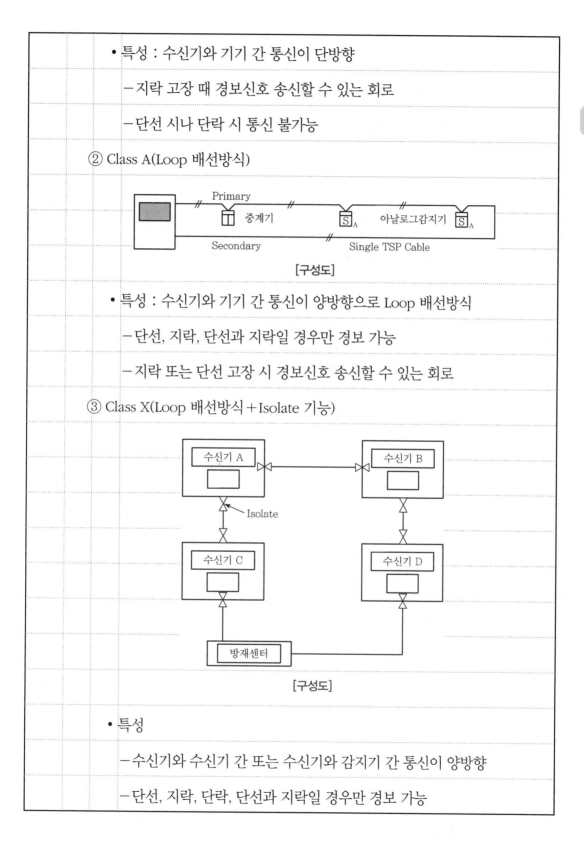

- 특성 : 수신기와 기기 간 통신이 단방향

  - 지락 고장 때 경보신호 송신할 수 있는 회로

  - 단선 시나 단락 시 통신 불가능

② Class A(Loop 배선방식)

[구성도]

- 특성 : 수신기와 기기 간 통신이 양방향으로 Loop 배선방식

  - 단선, 지락, 단선과 지락일 경우만 경보 가능

  - 지락 또는 단선 고장 시 경보신호 송신할 수 있는 회로

③ Class X(Loop 배선방식 + Isolate 기능)

[구성도]

- 특성

  - 수신기와 수신기 간 또는 수신기와 감지기 간 통신이 양방향

  - 단선, 지락, 단락, 단선과 지락일 경우만 경보 가능

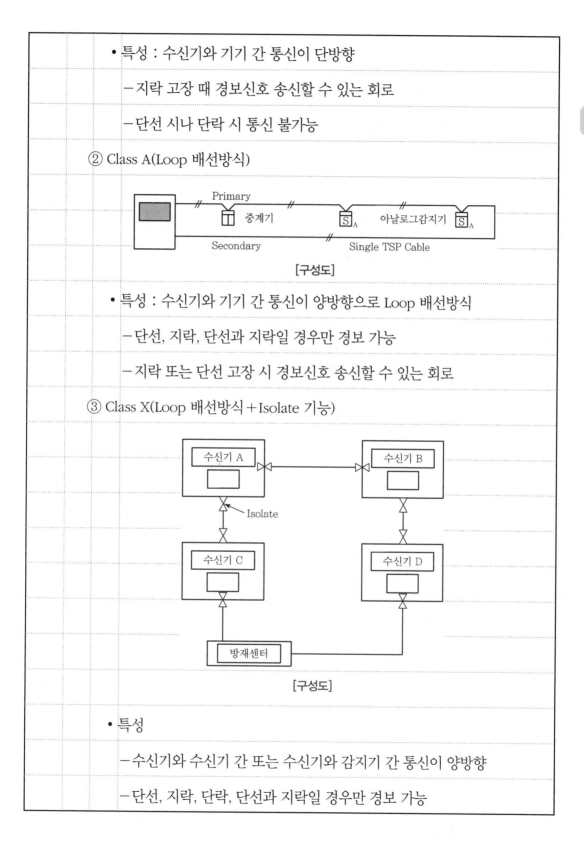

－단락 시 경보가 가능한 것은 Local 수신기 자체에 Isolate 기능이 있어

　고장 회로분리 후 통신이 가능하기 때문

－지락, 단선 또는 단락 고장 때 경보신호를 송신할 수 있음

3. 소견

국내규정	50층 이상인 건축물에 설치하는 통신신호배선은 이중배선을 설치하도록 하고 단선(斷線) 시에도 고장표시가 되며 정상 작동할 수 있는 성능을 갖도록 설비해야 함 1. 수신기와 수신기 사이의 통신배선 2. 수신기와 중계기 사이의 신호배선 3. 수신기와 감지기 사이의 신호배선

50층 이상의 건축물뿐만 아니라 일정 규모의 인원이 사용하는 건축물의 경우 화

재배선은 루프배선이 필요하다고 사료됨

"끝"

113회 3교시 6번

1. 문제

피난용 승강기의 설치대상 및 세부기준 및 피난용 승강기 안전검사기준에 따른 추가요건에 대하여 설명하시오.

Tip 피난용 승강기 안전검사기준에 따른 추가요건에 대해서 수험생이 알기에는 쉽지 않습니다. 피난용 승강기에 대해서 정확하게 답안을 작성하고 기본점수를 받는 방법으로 정리합니다.

113회 4교시 1번

1. 문제

분진폭발의 변수 및 폭발지수에 대하여 설명하시오.

2. 시험지에 번호 표기

분진폭발(1)의 변수(2) 및 폭발지수(3)에 대하여 설명하시오.

3. 출제자 의도 파악 및 지문에서 내가 써야 할 대제목, 소제목 가져오기

지문	대제목 및 소제목
분진폭발(1)	1. 개요
	2. 분진폭발 메커니즘
변수(2)	3. 분진폭발의 변수
폭발지수(3)	4. 분진폭발지수
	5. 소견

4. 실제 답안지에 작성해보기

문 2-4) 분진폭발의 변수 및 폭발지수 설명

1. 개요

정의	가연성 고체 미립자가 공기 중에 부유하여 발화원이 존재할 경우 특정 조건에서 폭발 연소하는 것
폭발요소	

밀폐공간
점화원
분산/부유
산소(공기)
가연물

2. 분진폭발 메커니즘

에너지
표면온도상승
에너지
입자
에너지
에너지
기체발생
입자
혼
입자
점
입자
입자
입자
입자
입자
입자

[1단계]　　　[2단계]　　　[3단계]　　　[4단계]

1단계	입자 표면이 주위로부터 열을 흡수하여 표면온도 상승
2단계	분진이 열분해 또는 건류작용을 일으켜 가연성 가스 방출
3단계	분자 주위의 가연성 가스가 폭발범위 형성, 점화원에 의한 1차 폭발 발생
4단계	폭발로 인해 분진이 공기 중 부유 2차, 3차 분진폭발 발생

3. 분진폭발의 변수

변수	설명
분진의 화학적 조성과 성질	휘발분이 11% 이상이면 폭발하기 쉬움
입도 및 입도분포	• 평균 입경이 작고, 밀도가 작으면 비표면적이 커 표면에너지가 커짐 • 입자가 작을수록 점화에너지가 낮아져 폭발성 증가
입자의 형상과 표면상태	• 분진입자의 체적에 비해 비표면적이 클수록 폭발성 증가 • 노출시간이 짧을수록 폭발성 증가
수분	• 수분이 많을 경우 분진 부유성 억제, 점화유효에너지 감소, 대전성 감소를 통한 폭발성 억제 • Mg, Al 금수성 물질은 물과 반응하여 발생 위험성 증가
분진의 부유성	부유성이 클수록 공기 중 체류시간이 길고 위험성 증가
분진 농도	화학양론 농도보다 약간 높은 농도에서 폭발속도 최대
산소 농도	• 산소농도가 증가할수록 폭발압력과 최대폭발압력 • 상승속도 및 폭발 가능한 농도범위가 넓어짐
압력	압력의 증가 시 분진폭발의 위험이 증가
온도	온도 증가 시 최대폭발압력 상승속도 증가

4. 분진폭발지수

개요	• 분진의 위험성은 위험등급별로 분류하여 안전대책의 기초로 삼는 것으로 미국에서는 폭발지수를 이용하여 폭발정도를 4등급으로 분류함 • 폭발성 지수는 각 분진에 대해 발화도와 폭발강도의 비율을 계산하여 산출함
관계식	폭발성 지수 = 발화도 × 폭발강도 • 발화도 $$= \frac{(\text{표준석탄분진의})\text{최소발화에너지}(MIE) \times \text{폭발하한농도}(LFL) \times \text{발화온도}(T_{ig})}{(\text{측정분진의})\text{최소발화에너지} \times \text{폭발하한농도} \times \text{발화온도}}$$ • 폭발강도 $= \dfrac{(\text{측정분진의})\text{최대폭발압력} \times \text{최대압력상승}}{(\text{표준석탄분진의})\text{최대폭발압력} \times \text{최대압력상승}}$

5. 소견

예방대책	• 분진의 퇴적 및 분진운 생성 방지 • 점화원 제거 • 불활성 물질 첨가
방호대책	• 봉쇄 • 폭발억제, 배출장치 설치 • 공정 및 장치에 대한 방호
확산방지	• 인동거리 확보 • 공유면적 확보

"끝"

1. 문제

자동화재탐지설비의 수신기에 설치하는 SPD(Surge Protective Device)의 설치목적, 설치대상 건축물, 동작원리, 동작기능의 분류 및 설치기준에 대하여 설명하시오.(전기설비의 SPD설치에 대한 설계기준 – 전기설계연구소)

2. 시험지에 번호 표기

자동화재탐지설비의 수신기에 설치하는 SPD(Surge Protective Device)의 설치목적(1), 설치대상 건축물(2), 동작원리(3), 동작기능의 분류(4) 및 설치기준(5) 대하여 설명하시오.(전기설비의 SPD설치에 대한 설계기준 – 전기설계연구소)

Tip 문제의 지문이 5개이며, 순서대로 답안을 작성하면 됩니다.

3. 실제 답안지에 작성해보기

문 4-2) 자동화재탐지설비의 수신기에 설치하는 SPD의 설치목적, 설치대상 건축물, 동작원리 등을 설명

1. SPD의 설치목적

정의	"서지보호장치(SPD : Surge Protective Device)"란 과도 과전압을 제한하고 서지전류를 분류시키기 위한 장치
목적	서지보호기는 전자기기에 선로를 통하여 유입되는 뇌서지 보호가 목적이며, 소방에서는 수신기, 중계기 등 전원이 사용되는 설비를 보호함

2. 설치대상 건축물

설치대상	전기설비를 통합접지하는 모든 건축물의 기기장치
통합접지	

3. 동작원리

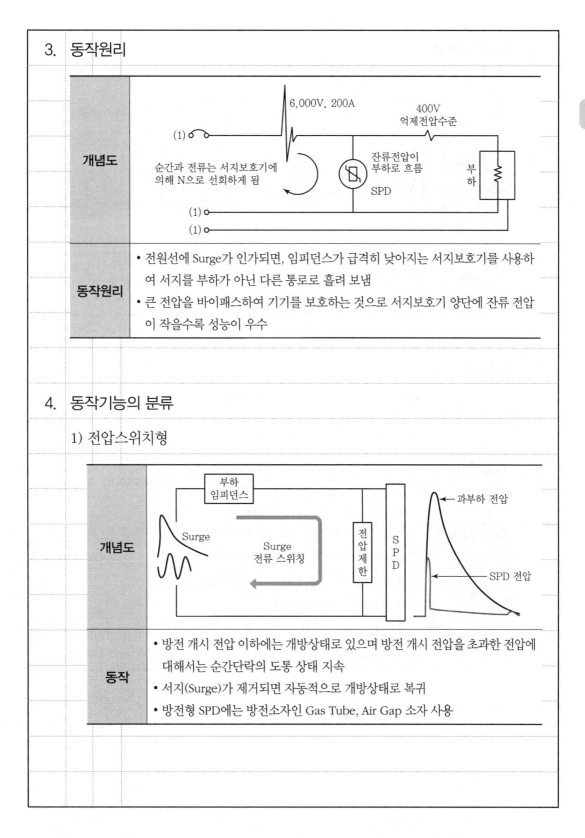

개념도	

동작원리	• 전원선에 Surge가 인가되면, 임피던스가 급격히 낮아지는 서지보호기를 사용하여 서지를 부하가 아닌 다른 통로로 흘려 보냄 • 큰 전압을 바이패스하여 기기를 보호하는 것으로 서지보호기 양단에 잔류 전압이 작을수록 성능이 우수

4. 동작기능의 분류

1) 전압스위치형

개념도	

동작	• 방전 개시 전압 이하에는 개방상태로 있으며 방전 개시 전압을 초과한 전압에 대해서는 순간단락의 도통 상태 지속 • 서지(Surge)가 제거되면 자동적으로 개방상태로 복귀 • 방전형 SPD에는 방전소자인 Gas Tube, Air Gap 소자 사용

2) 전압억제형

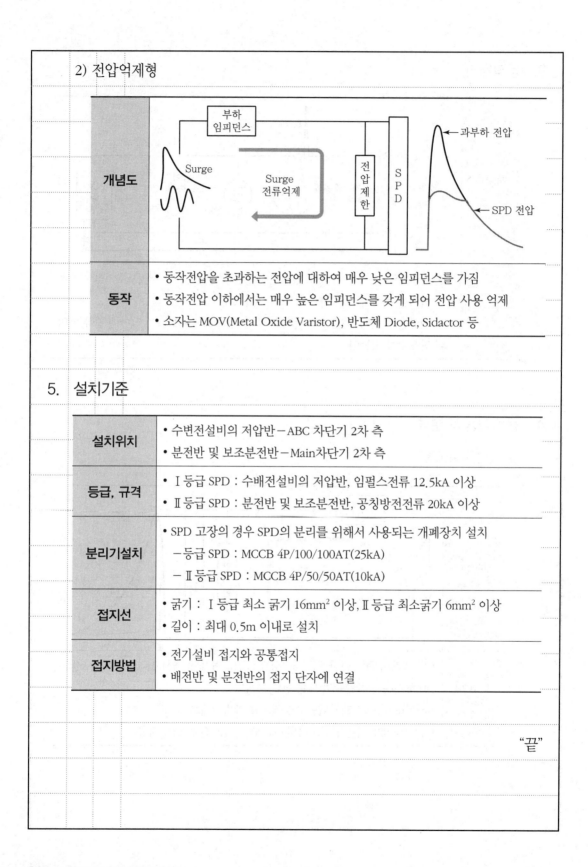

개념도	
동작	• 동작전압을 초과하는 전압에 대하여 매우 낮은 임피던스를 가짐 • 동작전압 이하에서는 매우 높은 임피던스를 갖게 되어 전압 사용 억제 • 소자는 MOV(Metal Oxide Varistor), 반도체 Diode, Sidactor 등

5. 설치기준

설치위치	• 수변전설비의 저압반 – ABC 차단기 2차 측 • 분전반 및 보조분전반 – Main차단기 2차 측
등급, 규격	• Ⅰ등급 SPD : 수배전설비의 저압반, 임펄스전류 12.5kA 이상 • Ⅱ등급 SPD : 분전반 및 보조분전반, 공칭방전전류 20kA 이상
분리기설치	• SPD 고장의 경우 SPD의 분리를 위해서 사용되는 개폐장치 설치 　– 등급 SPD : MCCB 4P/100/100AT(25kA) 　– Ⅱ등급 SPD : MCCB 4P/50/50AT(10kA)
접지선	• 굵기 : Ⅰ등급 최소 굵기 16mm² 이상, Ⅱ등급 최소굵기 6mm² 이상 • 길이 : 최대 0.5m 이내로 설치
접지방법	• 전기설비 접지와 공통접지 • 배전반 및 분전반의 접지 단자에 연결

"끝"

1. 문제

> 냉동물류창고의 화재 위험성과 적응성을 갖는 소화설비 및 감지기에 대하여 설명하시오.

2. 시험지에 번호 표기

> 냉동물류창고(1)의 화재 위험성(2)과 적응성을 갖는 소화설비 및 감지기(3)에 대하여 설명하시오.

3. 출제자 의도 파악 및 지문에서 내가 써야 할 대제목, 소제목 가져오기

지문	대제목 및 소제목
냉동물류창고(1)	1. 개요
화재 위험성(2)	2. 화재 위험성
	1) 공간적 위험성
	2) 연소 위험성
	3) 피난 및 소화활동 위험성
소화설비 및 감지기(3)	3. 적응성을 갖는 소화설비 및 감지기
	4. 소견

4. 실제 답안지에 작성해보기

문 4-3) 냉동물류창고의 화재 위험성과 적응성을 갖는 소화설비 및 감지기에 대하여 설명

1. 개요

① 현행법에서는 대부분의 창고시설에는 옥내소화전, SP설비, 자동화재탐지설비 등이 설치되어 있으나 냉동창고의 경우 동파 우려와 적응성 문제로 많은 소방설비가 제외됨

② 화재 시 조기감지, 조기소화 가능한 적응성 있는 감지기와 소화설비 설치가 필요함

2. 화재 위험성

공간적 위험성	• 무창 폐쇄공간으로 화재가혹도가 크며, 진압, 피난이 어려움 • 철골구조에 벽체부분을 샌드위치 판넬로 마감하여 가연성 높음 • 랙식 창고의 형태로 저장물 저장하여 수직 연소확대 가능 • 넓은 대공간으로 피난경로가 길어 피난시간 증가 • 대부분 넓은 대공간에 여러 개의 냉동실로 설치됨
연소 위험성	• 합성고분자 내장재 사용으로 화재확산이 매우 빠름 • 발생되는 연기는 독성, 자극성 물질로 인체피해가 큼 • 물품의 운반 등을 위한 방화구획 관통부의 존재로 연소확대 우려 큼
피난 및 소화활동 위험성	• 넓은 대공간과 내부구조가 복잡하여 피난이 어려움 • 소방활동 동선과 피난동선이 일치하여 피난 어려움 • 농연으로 인한 가시거리 저하로 피난장애 및 소화활동 장애 발생 • 최소피난시간(RSET) 증가로 인명안전 확보 어려움

3. 적응성을 갖는 소화설비 및 감지기

1) 소화설비

설계 시 고려	• 습식 설비의 경우 동파우려와 배관 내용적 증가에 따른 방수지연시간 증가 문제 • 저온도에서의 기능상실 등으로 소화설비 설계 시 반영
적응 소화설비	• 저차압식 건식 시스템 설치 　－수압 대 공기압비는 1.1 : 1 설비 • CMSA 설치 　－방출계수(K)＝160 이상인 설비 • 옥내소화전의 경우 건식으로 여러장소에 설치 　－동파우려가 없도록 건식으로 설치 및 1인 조작 가능한 호스릴 방식으로 설치

2) 적응 감지기

설계적 고려	• 저온에 의한 화열의 냉각과 천장이 높고 대공간으로 초기감지 어려움 • 저온에 의한 감지기 기능 저하 등으로 감지기 설계 시 반영
적응 감지기	• 연소생성물의 파장을 감지하는 불꽃감지기 • 차동식 분포형 아날로그식 감지기 • 광전식 분리형 감지기를 적응성 있는 높이에 설치 • 복합형 감지기 • 공기흡입형 감지기 등 특수 감지기 사용

4. 소견

① 적응성 있는 소화설비와 감지기 설치도 중요함. 하지만 재실자 및 근로자의 피난안전성을 확보할 수 있는 설비가 필요함

② 화재 시 경보설비와 연동되는 광원식 피난유도선 및 방송설비의 음량확대피난유도등 및 비상조명등 설치가 필요하다고 사료됨

"끝"

1. 문제

특별피난계단의 계단실 및 부속실 제연설비의 TAB(Testing Adjusting & Balancing)에 대하여 다음 각 물음을 설명하시오.

(1) 수행목적   (2) 수행절차   (3) 측정방법

2. 시험지에 번호 표기

특별피난계단의 계단실 및 부속실 제연설비의 TAB(1)(Testing Adjusting & Balancing)에 대하여 다음 각 물음을 설명하시오.

(1) 수행목적(2)   (2) 수행절차(3)   (3) 측정방법(4)

3. 출제자 의도 파악 및 지문에서 내가 써야 할 대제목, 소제목 가져오기

지문	대제목 및 소제목
TAB(1)	1. 개요
수행목적(2)	2. 수행목적
수행절차(3)	3. 수행절차
측정방법(4)	4. 측정방법
	5. 소견

4. 실제 답안지에 작성해보기

문	4-4) 특별피난계단의 계단실 및 부속실 제연설비의 TAB에 대하여 다음을 설명

1. 개요

① TAB란 시스템의 시험(Testing), 조정(Adjusting), 균형(Balancing)을 말하며 설계목적에 부합되도록 시스템을 검토하고 조정하는 과정을 말함

② 수행목적을 정확히 이해하고, 목적에 맞게 절차와 풍속, 풍량 등의 방법을 아는 것이 중요함

2. 수행목적

제연설비의 목적	특별피난계단의 계단실 및 부속실은 화재 시 피난통로로, 여기에 제연설비를 설치하여 피난로 및 피난공간의 안전성을 확보하여 인명안전뿐만 아니라 소방관의 소화·구조 활동을 원활하게 해주게 하는 데 그 목적이 있음
TAB 수행목적	• 제연설비의 목적에 부합된 설계도면 적합 여부 • 제연설비의 현장 설치상태 확인 • 제연계통시스템의 풍량분배시스템 검토 • 송풍기 성능 확인 및 자동제어 작동상태 확인

3. 수행절차

순서	내용
① 출입문의 크기와 개폐 방향의 설계도서와의 일치 여부	불일치 시 급기량, 보충량 재산출 조정가능 여부 및 재설계, 개수 여부 등 결정
② 출입문과 바닥의 틈새의 균일 여부	• 불균일 시 바닥마감재 재시공 • 불연재료로 틈새 조정
③ 출입문 개폐력 측정	제연설비 비가동 상태에서 측정

순서	내용
④ 출입문 개방력 측정	• 제연설비 가동상태에서 측정 • 제연구역의 모든 출입문이 닫힌 상태에서 측정 • 출입문 개방력이 110N 이하인지 확인 • 부적합 시 　－급기구의 개구율 조정 　－플랩댐퍼의 조정 　－송풍기의 풍량조절댐퍼 조정
⑤ 출입문의 자동폐쇄상태 확인	• 개방된 출입문의 자동폐쇄 여부 • 닫힌 상태를 유지 가능한지 여부 확인 및 조정
⑥ 층별로 화재감지기 동작시험	제연설비 작동여부 확인
⑦ 방연풍속 측정	부속실에 면하는 옥내 출입문, 계단실 출입문 동시 개방상태로 측정(옥내 출입문에서) －10곳 이상 측정치의 평균이 방연풍속임
⑧ 방연풍속 측정 시 비개방제연구역의 차압	정상차압(40Pa, SP 설치 시 12.5Pa)의 70% 이상이 되는지 확인

4. 측정방법

측정장비	측정방법
• 차압 : 차압계 • 방연풍속 : 열선형 유속계 　(디지털차압계 : 차압＋방연풍속) • 문개방 폐쇄력 : Push－Pull게이지 • 회전수 : 타고 m	• 송풍기 시운전 • 부속실 차압 측정 • 출입문 개폐력 측정 • 방연풍속 측정 : 등면적법 32개 지점 측정, 송풍기에서 가장 먼 제연구역, 계단실 옥내 출입문 • 개방상태 • 비개방층 차압측정 : 개방문의 직상층과 직하층, 5개 층마다 1개 층 이상 측정 • 송풍기 정압, 풍량 측정 • 모터 회전수, 전압, 전류 측정 • 유입공기 배출풍량 측정

5. 소견

① 소방설비가 설치된 건축물 준공 시 TAB 업체를 선정하여 펌프 작동, Door Fan Test, Hot Smoke Test 등을 실시하는 것이 필요함

② 적합, 적법하게 조정하고 건축주에게 인증서를 발행받도록 하고 이를 바탕으로 건축물 준공필증을 교부하여 준다면 소방설비의 신뢰성 및 소방의 힘을 키우는 데 일조할 수 있을 것으로 사료됨

"끝"

1. 문제

화재 시 발생된 연기유동에 따른 기본방정식을 설명하시오.

2. 시험지에 번호 표기

화재 시 발생된 연기유동(1)에 따른 기본방정식(2)을 설명하시오.

3. 출제자 의도 파악 및 지문에서 내가 써야 할 대제목, 소제목 가져오기

지문	대제목 및 소제목
연기유동(1)	1. 개요
기본방정식(2)	2. 기본방정식
	1) 연속방정식
	2) 운동량방정식
	3) 개구부를 통한 연기유동 방정식

4. 실제 답안지에 작성해보기

문 4-5) 화재 시 발생된 연기유동에 따른 기본방정식 설명

1. 개요

① 화재 시에 발생하는 연소생성물인 연기는 자연 법칙에 따라 이동하게 되며, 주변환경에는 여러 가지 많은 변화가 생기게 됨

② 연기의 유동을 해석하는 방정식에는 연속방정식, 운동량 방정식 등이 있음

2. 연기유동에 따른 기본방정식

1) 연속방정식

개념도	x : 길이, V_1 : 부피, A_1 : 단면적
개념	유관 속의 질량은 질량보존의 법칙에 따라 유관 x_1지점과 x_2지점 사이의 질량이 일정함
관계식	• 질량유량 $m = \rho v_1 A_1 = \rho v_2 A_2 = cont'\,[\mathrm{kg_m/s}]$ • 체적유량 $Q = A_1 v_1 = A_2 v_2 = cont'\,[\mathrm{m^3/s}]$ 여기서, ρ : 유체밀도$(\mathrm{kg/m^3})$, v : 유체속도$(\mathrm{m/s})$, A : 유관의 단면적$(\mathrm{m^2})$

2) 운동량 방정식(에너지보존법칙)

개념	• 비압축성 이상유체의 1차원 유체가 흐를 때, 임의의 지점에서 축방향으로 작용하는 유체의 힘은 뉴턴의 제2운동법칙 $\sum F = ma$ 적용 • 에너지보존법칙으로 에너지 변환 시 손실이 없음을 나타냄
가정	유선, 즉 정상류, 비압축성 흐름, 비점성 흐름, 압축·비압축성 유체
관계식	• $\dfrac{1}{2}\rho v^2 + p + \rho g z = p_T = cont$ 여기서, p : 압력$(\mathrm{N/m^2})$, g : 중력가속도$(\mathrm{m/s^2})$, z : 높이(m) $\dfrac{1}{2}\rho v^2$: 동압, p : 정압, $\rho g z$: 위치압, p_T : 전압

3) 개구부를 통과한 연기유동 방정식

개념도	①과 ② 지점에서 연속방정식과 베르누이방정식 적용
관계식	• 연속방정식 $Q = A_1 \times v_1 = A_2 \times v_2$, Vena Contracta에서 유량을 측정함 유로의 단면적 A_2는 오리피스 단면적과 Vena Contracta의 단면적비로 산출할 수 있고 Vena Contracta에서 유속 v_2는 베르누이방정식으로 산출함 • Vena Contracta에서 유로의 단면적 A_2 개구비$(K) = \dfrac{A_2}{A_1}$ 에서 $A_2 = KA_1$이 됨 • 베르누이방정식에 의한 Vena Contracta에서 유속 v_2 산출 ① $\dfrac{p_1}{\gamma} + \dfrac{v_1^2}{2g} + Z_1 = \dfrac{p_2}{\gamma} + \dfrac{v_2^2}{2g} + Z_2$에서 $z_1 = z_2$이고, $v_1 \simeq 0 (v_1 \ll v_2)$으로 $\dfrac{p_1}{\gamma} + \cancel{z_1} + \cancel{\dfrac{v_1^2}{2g}} = \dfrac{p_2}{\gamma} + \cancel{z_2} + \dfrac{v_2^2}{2g}$ ② $p_1 = p_2 + \dfrac{\rho\, v^2}{2}$ 　여기서, p : 압력(Pa = N/m²), ρ : 밀도(kg$_m$/m³), v : 속도(m/s) ③ $v_2 = \sqrt{\dfrac{2(p_1 - p_2)}{\rho}}$ ④ 개구부 면적 A일 때 유량은 $\rho v A (\mathrm{kg_m/s})$이지만 실제유량은 개구비에 따라 달라짐 • $Q = A_2 \times v_2$에 A_2, v_2 값을 대입하여 정리하면 ① $Q = A_2 \times v_2 = KA_1 \sqrt{\dfrac{2(p_1 - p_2)}{\rho}}\ [\mathrm{m^3/s}]$ ② 질량유량으로 나타내면 $\dot{m} = Q \times \rho = \rho KA_1 \sqrt{\dfrac{2(p_1 - p_2)}{\rho}} = KA_1 \sqrt{2\rho\,\triangle p}\ [\mathrm{kg/s}]$

"끝"

1. 문제

최근 공기조화설비와 겸용하는 거실제연설비의 성능 불만족 사례가 발생하는 원인과 대책을 제시하시오.

Tip 시사성 있는 문제로서 평상시 시사에 관련된 문제를 정리해 두어야 합니다.

Chapter 04

제114회

소방기술사
기출문제풀이

114회 1교시 1번

1. 문제

비상용 승강기의 승강장에 설치하는 배연설비의 구조에 대해 설명하시오.

2. 시험지에 번호 표기

비상용 승강기의 승강장에 설치하는 배연설비(1)의 구조(2)에 대해 설명하시오.

3. 출제자 의도 파악 및 지문에서 내가 써야 할 대제목, 소제목 가져오기

지문	대제목 및 소제목
배연설비(1)	1. 개요
구조(2)	2. 배연설비의 구조

4. 실제 답안지에 작성해보기

문 1 – 1) 비상용 승강기의 승강장에 설치하는 배연설비의 구조

1. 개요

비상용 승강기는 소방구조 목적, 즉 안전한 소방 작전을 위한 준비 공간으로서, 안전한 피난을 위한 공간이 필요하기 때문에 배연설비가 설치된 승강장이 필요함

2. 배연설비의 구조

[개요도]

배연구, 배연풍도	• 재질 : 불연재료 • 연결 : 외기 혹은 평상시 사용하지 않는 굴뚝과 연결
배연구 개방장치	• 수동개방장치 • 자동개방장치설치 : 손으로도 열고 닫을 수 있는 것
배연구 구조	배연구는 평상시에는 닫힌 상태를 유지하고, 연 경우에는 배연에 의한 기류로 인하여 닫히지 아니하도록 할 것
배연기	배연구가 외기에 접하지 아니하는 경우에는 배연기를 설치할 것
배연기 성능	배연기는 배연구의 열림에 따라 자동적으로 작동하고, 충분한 공기배출 또는 가압능력이 있을 것
전원	배연기에는 예비전원을 설치할 것
소방법 준용	공기유입방식을 급기가압방식 또는 급·배기방식으로 하는 경우

"끝"

1. 문제

3상Y부하와 △부하의 피상전력에 모두 $P_a = \sqrt{3}\,VI[\text{VA}]$를 사용할 수 있음을 설명하시오.

2. 시험지에 번호 표기

3상Y부하(1)와 △부하(2)의 피상전력에 모두 $P_a = \sqrt{3}\,VI[\text{VA}]$를 사용할 수 있음을 설명하시오.

Tip 유도하는 문제는 계산문제라고 생각하고 유도과정을 풀이하시면 됩니다. 그리고 내가 쓸 답안을 고려하여 1교시에는 1페이지가 넘어갈 경우를 생각해서 바로 풀이과정으로 답안을 작성하는 것이 좋습니다.

3. 실제 답안지에 작성해보기

| 문 | 1 – 2) 3상Y부하와 △부하의 피상전력에 모두 $P_a = \sqrt{3}\, VI[\mathrm{VA}]$를 사용 |

1. Y부하 피상전력 산출식 유도

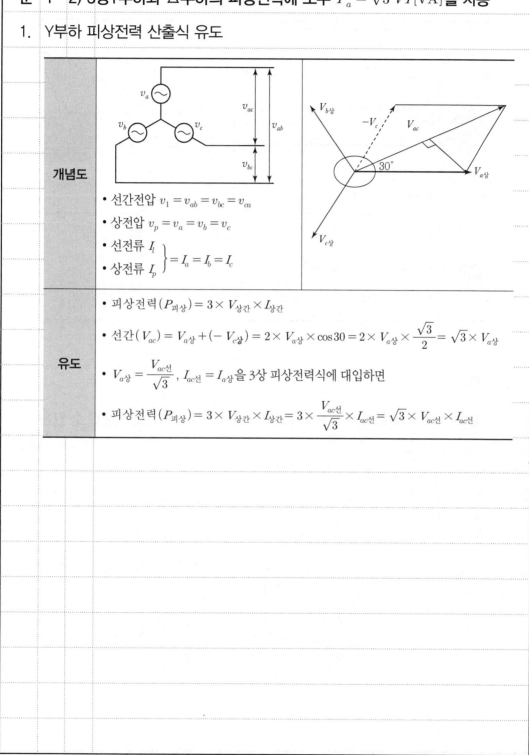

개념도	 • 선간전압 $v_1 = v_{ab} = v_{bc} = v_{ca}$ • 상전압 $v_p = v_a = v_b = v_c$ • 선전류 I_l • 상전류 I_p $\Big\}= I_a = I_b = I_c$
유도	 • 피상전력$(P_{\text{피상}}) = 3 \times V_{\text{상간}} \times I_{\text{상간}}$ • 선간$(V_{ac}) = V_{a상} + (-V_{c상}) = 2 \times V_{a상} \times \cos 30 = 2 \times V_{a상} \times \dfrac{\sqrt{3}}{2} = \sqrt{3} \times V_{a상}$ • $V_{a상} = \dfrac{V_{ac선}}{\sqrt{3}}$, $I_{ac선} = I_{a상}$을 3상 피상전력식에 대입하면 • 피상전력$(P_{\text{피상}}) = 3 \times V_{\text{상간}} \times I_{\text{상간}} = 3 \times \dfrac{V_{ac선}}{\sqrt{3}} \times I_{ac선} = \sqrt{3} \times V_{ac선} \times I_{ac선}$

2. △부하 피상전력 산출식 유도

개념도	
	$v_l = v_p$ $I_l \neq I_p$, $I_l = \sqrt{3}\, I_p \angle -\dfrac{\pi}{6}$

유도	• 선간$(I_{ac}) = I_{a상} + (-I_{c상}) = 2 \times I_{a상} \times \cos 30 = 2 \times I_{a상} \times \dfrac{\sqrt{3}}{2} = \sqrt{3} \times I_{a상}$ 3상 피상전력식에 대립하면, • 피상전력$(P_{피상}) = 3 \times V_{상간} \times I_{상간} = 3 \times \dfrac{I_{ac선}}{\sqrt{3}} \times V_{ac선} = \sqrt{3} \times V_{ac선} \times I_{ac선}$

3. 결론

3상Y부하와 △부하의 피상전력에 모두 $P_a = \sqrt{3}\, VI[\mathrm{VA}]$를 사용할 수 있음

"끝"

114회 1교시 3번

1. 문제

Aircraft Fire Extinguisher System이 적용되는 대상의 주요 화재 특성을 설명하시오.

Tip 수험생이 선택하기에 쉽지 않은 문제입니다.

114회 1교시 4번

1. 문제

정온식 감지선형 감지기로 교차회로를 구성하고자 한다. 교차회로 방식과 이때의 회로구성 방법을 설명하시오.

2. 시험지에 번호 표기

정온식 감지선형 감지기로 교차회로를 구성하고자 한다. **교차회로 방식(1)**과 이때의 **회로구성 방법 (2)**을 설명하시오.

3. 출제자 의도 파악 및 지문에서 내가 써야 할 대제목, 소제목 가져오기

지문	대제목 및 소제목
교차회로 방식(1)	1. 교차회로 방식
회로구성 방법(2)	2. 정온식 감지기형 감지기 회로구성
	3. 소견

4. 실제 답안지에 작성해보기

문 1-4) 정온식 감지선형 감지기의 교차회로 방식과 회로구성

1. 교차회로 방식

개념도	
	A회로 종단저항 B회로
개념	① 1개 회로의 감지기가 동작 시 그와 연동되는 소방시설이 작동되지 않고 경보만 발생 ② 감지기가 회로별로 각각 1개씩 2개 이상의 감지기 동작 시 수신반에서 소방시설비 작동 신호 송출 → 소방시설 작동 → 소방시설의 오작동률을 낮출 수 있음

2. 정온식 감지선형 감지기 회로구성

구성도	시스(외피) 용융점 70℃선 용융점 90℃선 보호테이프 강선 2개의 도선을 각기 다른 용융점(70/90℃)을 갖는 가용절연물로 피복한 후, 가이드 도체를 포함한 3선으로 트위스팅하여 하나의 케이블 형태로 조합하여 외장처리 한 것
회로구성	
1차경보	• 예비경보신호 • 동작 : 70℃ 용융선과 강선과의 단락 → 70℃ 예비경보신호 발신
2차경보	• 화재경보신호 • 동작 : 90℃ 용융선과 강선과의 단락 → 90℃ 화재경보신호 발신

3. 소견

교차회로 장점	단점
소화설비 오작동으로 인한 수손피해 방지	• 반응이 늦음 • 하나의 회로가 고장나면 설비 불능

① 급격한 연소확대가 발생될 경우 ADD ≤ RDD 발생될 우려가 있음

② 소방설비의 미작동이 염려되기에 교차회로 방식이 아닌 공기흡입형 감지기

등을 설치하여 능동적으로 대처하는 것이 타당하다고 사료됨

"끝"

1. 문제

스윙 체크밸브(Swing Check Valve)와 스모렌스키 체크밸브(Smolensky Check Valve)의 차이점과 용도에 대하여 설명하시오.

2. 시험지에 번호 표기

스윙 체크밸브(1)(Swing Check Valve)와 스모렌스키 체크밸브(Smolensky Check Valve)의 차이점과 용도(2)에 대하여 설명하시오.

3. 출제자 의도 파악 및 지문에서 내가 써야 할 대제목, 소제목 가져오기

지문	대제목 및 소제목
체크밸브(1)	1. 정의
	2. 구조
차이점과 용도(2)	3. 스윙 체크밸브와 스모렌스키 체크밸브의 차이점과 용도

4. 실제 답안지에 작성해보기

문 1-5) 스윙 체크밸브와 스모렌스키 체크밸브의 차이점과 용도

1. 정의

① 체크밸브는 유체의 흐름을 한 방향으로만 흐르게 하는 밸브

② 수계 소화설비에서는 구조와 용도의 차이에 따라 스윙타입과 리프트타입, 스모렌스키 체크밸브를 사용함

2. 구조

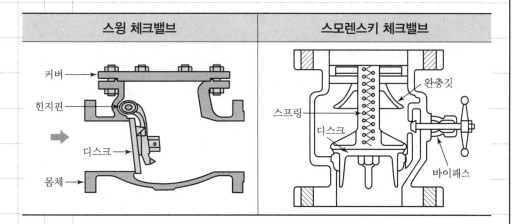

스윙 체크밸브	스모렌스키 체크밸브

3. 차이점과 용도

1) 차이점

구분	스윙 체크밸브	스모렌스키 체크밸브
설치위치	수평, 수직배관	수평, 수직배관
마찰손실	작음	큼
수격	있음	해소 가능
구조	간단함	복잡함
드레인	2차 측 드레인 곤란	2차 측 드레인 가능
펌프부압	부압해소 곤란	부압해소 용이
경제성	저가	고가

2) 용도

스윙 체크밸브	스모렌스키 체크밸브
• 펌프흡입 측(풋밸브) • 압력과 유속이 낮은 장소 • 가스계 소하설비합관과 용기 사이	• 펌프 토출 측 배관 • 유속변화가 큰 곳 • 압력변하가 큰 곳

"끝"

1. 문제

폴리우레탄 폼 벽체를 관통하는 단위 면적당 열유동률을 구하시오.

〈조건〉
- 벽의 두께는 0.1m, 벽 양면의 온도는 각각 20℃와 −10℃이다.
- 폴리우레탄 폼의 열전도도는 0.034W/m · K이다.

2. 시험지에 번호 표기

폴리우레탄 폼 벽체를 관통하는 **단위 면적당 열유동률(1)**을 구하시오.

〈조건〉
- 벽의 두께는 0.1m, 벽 양면의 온도는 각각 20℃와 −10℃이다.
- 폴리우레탄 폼의 열전도도는 0.034W/m · K이다.

Tip 계산 문제는 고득점이 가능하며, 계산식을 설명하는 개념도를 그려 설명을 돕는 것이 도움이 됩니다. 또한 표를 그리며 단계별 풀이를 하는 것이 답안지의 차별화에 도움이 됩니다.

3. 실제 답안지에 작성해보기

문 1-6) 폴리우레탄 폼 벽체를 관통하는 단위 면적당 열유동률

1. 정의

개념도	
정의	• 단위 표면적을 통해 단위 시간에 고체벽의 양쪽 유체가 단위 온도차일 때 한쪽 유체에서 다른 쪽 유체로 전해지는 열량 • 단열재의 경우 열유동률이 낮을수록 단열성능이 좋음

2. 열유동률 계산

관계식	열통과율$(q'') = \dfrac{\triangle T}{\dfrac{1}{h_i} + \dfrac{l}{k} + \dfrac{1}{h_o}} \, [\mathrm{W/m^2}]$
계산조건	• l(벽두께) : 0.1m • K(열전도도) : 0.034W/m · K • $\triangle T = (273 + 20) - (273 - 10) = 30\mathrm{K}$
계산	$q'' = \dfrac{\triangle T}{\dfrac{l}{k}} = \dfrac{30}{\dfrac{0.1}{0.034}} = 10.2 \, \mathrm{W/m^2}$
답	$10.2\mathrm{W/m^2}$

"끝"

1. 문제

수계 소화설비의 주요 구성요소 7가지와 가압송수장치 종류 4가지에 대해 설명하시오.

2. 시험지에 번호 표기

수계 소화설비의 주요 구성요소 7가지(1)와 가압송수장치 종류 4가지(2)에 대해 설명하시오.

Tip 문제지의 지문이 2개이며, 1교시는 한 페이지를 작성하기에 바로 답안지에 지문을 풀어가는 것이 좋습니다.

3. 실제 답안지에 작성해보기

문 1-7) 수계 소화설비의 구성요소 7가지와 가압송수장치 종류 4가지

1. 수계 소화설비의 주요 구성요소 7가지

구성요소	내용
수조(수원)	소화수 저장
배관	방수구까지 소화수 이송 경로
가압송수장치	소화를 위한 규정방사압, 방사량 확보
연결송수구	소방차에서 소화수 공급
방수구	소화수 방사
동력제어반	펌프방식의 가압송수장치 전동기에 동력 공급장치
감시제어반	가압송수장치 기동유무 감시 및 수동 기동장치

2. 가압송수장치 종류 4가지

가압송수장치	개요도	내용
고가수조방식		• 옥상이나 높은 곳에 물탱크를 설치하고 자연 낙차 압력에 의해서 규정 방수압력을 토출할 수 있도록 낙차를 이용하는 가압방식 • $H = H_1 + H_2 + 17$ (호스릴옥내소화전 = 25, SP설비 = 10) 여기서, H : 필요한 낙차(m) H_1 : 소방용 호스 마찰손실수두(m) H_2 : 배관의 마찰손실수두(m)

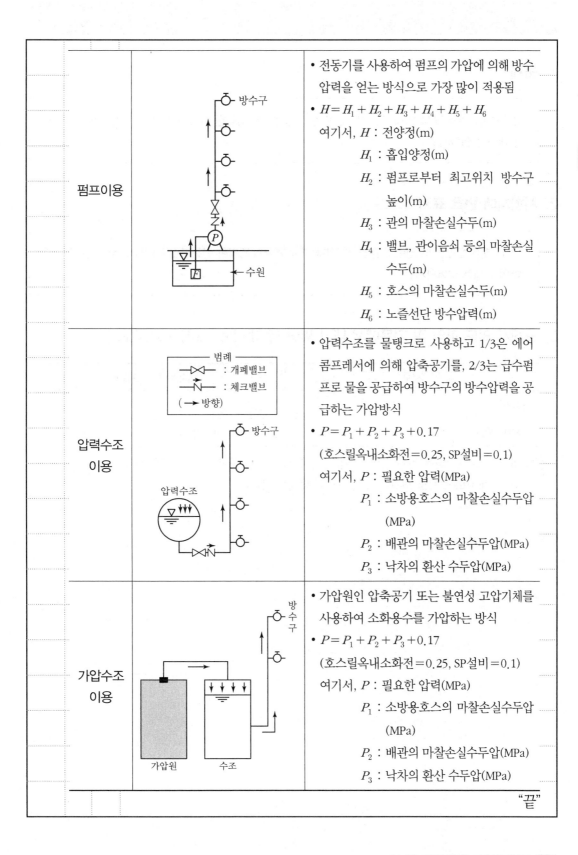

펌프이용		• 전동기를 사용하여 펌프의 가압에 의해 방수 압력을 얻는 방식으로 가장 많이 적용됨 • $H = H_1 + H_2 + H_3 + H_4 + H_5 + H_6$ 여기서, H : 전양정(m) 　　　　H_1 : 흡입양정(m) 　　　　H_2 : 펌프로부터 최고위치 방수구 높이(m) 　　　　H_3 : 관의 마찰손실수두(m) 　　　　H_4 : 밸브, 관이음쇠 등의 마찰손실 수두(m) 　　　　H_5 : 호스의 마찰손실수두(m) 　　　　H_6 : 노즐선단 방수압력(m)
압력수조 이용		• 압력수조를 물탱크로 사용하고 1/3은 에어 콤프레서에 의해 압축공기를, 2/3는 급수펌 프로 물을 공급하여 방수구의 방수압력을 공급하는 가압방식 • $P = P_1 + P_2 + P_3 + 0.17$ (호스릴옥내소화전=0.25, SP설비=0.1) 여기서, P : 필요한 압력(MPa) 　　　　P_1 : 소방용호스의 마찰손실수두압 (MPa) 　　　　P_2 : 배관의 마찰손실수두압(MPa) 　　　　P_3 : 낙차의 환산 수두압(MPa)
가압수조 이용		• 가압원인 압축공기 또는 불연성 고압기체를 사용하여 소화용수를 가압하는 방식 • $P = P_1 + P_2 + P_3 + 0.17$ (호스릴옥내소화전=0.25, SP설비=0.1) 여기서, P : 필요한 압력(MPa) 　　　　P_1 : 소방용호스의 마찰손실수두압 (MPa) 　　　　P_2 : 배관의 마찰손실수두압(MPa) 　　　　P_3 : 낙차의 환산 수두압(MPa)

"끝"

1. 문제

유체기계를 운전할 때 압력의 순간적인 변동과 송출량의 급격한 변화가 일어나는 현상 및 방지대책에 대해 설명하시오.

2. 시험지에 번호 표기

유체기계를 운전할 때 압력의 순간적인 변동과 송출량의 급격한 변화가 일어나는 현상(1) 및 방지대책(2)에 대해 설명하시오.

3. 출제자 의도 파악 및 지문에서 내가 써야 할 대제목, 소제목 가져오기

지문	대제목 및 소제목
현상(1)	1. 정의
방지대책(2)	2. 원인 및 방지대책

Tip 지문을 해석하는 것은 정의 → 원인(메커니즘) → 문제점 → 대책 혹은 정의 → 문제점 → 원인 → 대책의 순서로 생각하며 답안을 작성해야 합니다.

4. 실제 답안지에 작성해보기

문 1-8) 압력의 변동과 송출량의 변화가 일어나는 현상 및 방지대책

1. 정의

① 맥동현상(서징)이란 송풍기, 펌프, 압축기 등이 저유량, 고양정일 때 유입유량과 유출유량의 차이가 생겨 주기적으로 한 숨을 쉬듯이 동작하는 것을 말함

② 진동, 소음 등이 발생하며 장시간 계속되면 유체관로를 연결하는 기계나 장치 등의 파손을 초래함

2. 원인 및 방지대책

1) 원인

[서징 발생범위]

① 펌프의 $H \sim Q$ 곡선이 산고곡선, 즉 우상향 구배곡선일 때

② 그래프에서 송출량이 Q_1 이하에서 운전할 때

③ 배관 도중에 수압탱크 또는 공기통이 있을 때

④ 기체상태가 있는 부분의 하류 측 밸브 B 에서 송출량을 조절하는 경우

2) 방지대책

원심펌프	원심식 송풍기
• H−Q곡선이 우하향구배 특성을 가진 펌프 적용 • By pass 배관을 사용하여 운전점이 우하향 특성 범위 내에 있도록 함 • 배관 중에 수조 또는 기체상태의 부분이 존재하지 않도록 함 • 펌프 토출 측 직후에 유량조절밸브의 위치	• 방풍 : 여분의 풍량을 대기로 방출 • By pass : 여분의 풍량을 송풍기 흡입 측으로 Feed−back하여 순환하는 방법 • 흡입댐퍼 또는 Vane을 조임 : 압력곡선이 우하향 특성 서징한계가 좁아지게 함

"끝"

1. 문제

수계 소화설비의 흡입배관 구비조건과 적용할 수 없는 개폐밸브에 대해 설명하시오.

2. 시험지에 번호 표기

수계 소화설비(1)의 흡입배관 구비조건(2)과 적용할 수 없는 개폐밸브(3)에 대해 설명하시오.

3. 출제자 의도 파악 및 지문에서 내가 써야 할 대제목, 소제목 가져오기

지문	대제목 및 소제목
수계 소화설비(1)	1. 정의
흡입배관 구비조건(2)	2. 흡입배관의 구비조건
적용할 수 없는 개폐밸브(3)	3. 적용할 수 없는 개폐밸브

4. 실제 답안지에 작성해보기

문 1-9) 수계 소화설비의 흡입배관 구비조건과 적용할 수 없는 개폐밸브

1. 정의

부압식 수계 소화설비 계통도	설계고려사항
[부압방식의 펌프 흡입 측 구성도]	• 수조에서 선회류에 의해 공기가 흡입되어 펌프 성능 저하 및 소음, 진동 발생 • 흡입관에서의 선회류와 공기고임 현상이 발생되지 않도록 흡입배관 고려

2. 흡입배관의 구비조건

조도	관의 조도가 우수할 것, 마찰손실 감소
관 길이	길이를 짧게 하며 공기가 들어 가거나 공기 등이 생기지 않도록 경사 배관을 할 것(약 1/50 구비)
유속	유속은 2m/sec 이하로 할 것
직관부	난류(선회류)가 형성되지 않고 층류가 형성되도록 흡입배관 구경의 10배 이상 직관부 적용
강도, 구경	펌프의 진동 및 충격에 견딜 수 있는 충분한 강도와 토출구경과 동등 이상의 구경을 가질 것

3. 흡입배관에 적용할 수 없는 개폐밸브

적용할 수 없는 개폐밸브	제한 이유
 [버터플라이 밸브]	• 흡입 마찰손실 증가 • 경계층 박리 유발 → 케비테이션 발생 • 펌프 내 기포 유입에 따른 진공도 저하 • 펌프 성능 저하 및 흡입 불능 • 규정 방사압, 방사량 확보 곤란 화재 제어, 진압 곤란

"끝"

1. 문제

건축물의 바깥쪽에 설치하는 피난계단의 건축법상 구조기준에 대해 설명하시오.

2. 시험지에 번호 표기

건축물의 바깥쪽에 설치하는 피난계단(1)의 건축법상 구조기준(2)에 대해 설명하시오.

3. 출제자 의도 파악 및 지문에서 내가 써야 할 대제목, 소제목 가져오기

지문	대제목 및 소제목
바깥쪽에 설치하는 피난계단(1)	1. 정의
	2. 설치대상
건축법상 구조기준(2)	3. 건축법상 구조기준

4. 실제 답안지에 작성해보기

문	1-10) 건축물의 바깥쪽에 설치하는 피난계단의 건축법상 구조기준

1. 정의

공연장, 집회장 등 일정규모 이상이며, 많은 사람이 모일 경우에 재난상황에서 피난 동선의 분산을 위하여 설치하는 피난계단

2. 설치대상

건축물 용도	3층 이상, 거실바닥면적의 합계
제2종 근린생활시설(공연장)	300m² 이상
문화 및 집회시설(공연장)	
위락시설(주점영업)	
문화 및 집회시설(집회장)	1,000m² 이상

3. 건축물의 바깥쪽에 설치하는 피난계단의 구조

개념도	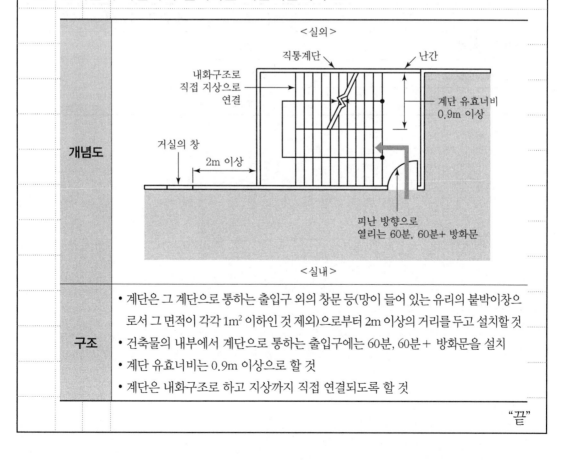
구조	• 계단은 그 계단으로 통하는 출입구 외의 창문 등(망이 들어 있는 유리의 붙박이창으로서 그 면적이 각각 1m² 이하인 것 제외)으로부터 2m 이상의 거리를 두고 설치할 것 • 건축물의 내부에서 계단으로 통하는 출입구에는 60분, 60분+ 방화문을 설치 • 계단 유효너비는 0.9m 이상으로 할 것 • 계단은 내화구조로 하고 지상까지 직접 연결되도록 할 것

"끝"

1. 문제

> 소방시설 등의 성능위주설계 방법에서 시나리오 적용기준 중 인명안전기준에 대하여 설명하시오.

2. 시험지에 번호 표기

> 소방시설 등의 성능위주설계(1) 방법에서 시나리오 적용기준 중 인명안전기준(2)에 대하여 설명하시오.

Tip 인명안전기준만을 제시할 경우 4점 이상을 받을 수 없습니다. 이러한 문제는 소견이 필수적으로 포함되어야 합니다.

3. 출제자 의도 파악 및 지문에서 내가 써야 할 대제목, 소제목 가져오기

지문	대제목 및 소제목
성능위주설계(1)	1. 정의
인명안전기준(2)	2. 인명안전기준
	3. 소견

4. 실제 답안지에 작성해보기

문 1-11) 성능위주설계 방법에서 시나리오 적용기준 중 인명안전기준

1. 정의

① 성능위주설계 : 특정소방대상물의 용도 · 위치 · 구조 · 수용인원 · 가연물의 종류 및 양 등을 고려하여 설계하는 것

② 인명안전기준 : 재실자의 거실 거주허용시간 ASET을 측정할 수 있는 척도

2. 인명안전기준

구분	성능기준	비고
호흡 한계선	바닥으로부터 1.8m 기준	
열에 의한 영향	60℃ 이하	
가시거리에 의한 영향	용도별 허용가시거리 한계 • 기타시설 : 5m • 집회/판매 시설 : 10m	단, 고휘도유도등, 바닥유도등, 축광유도표지 설치 시 집회시설, 판매시설 7m 적용 가능
독성에 의한 영향	성분별 독성 기준치 • CO : 1,400ppm • O_2 : 15% 이상 • CO_2 : 5% 이하	기타, 독성가스는 실험결과에 따른 기준치 적용 가능

3. 소견

구분	NFPA 인명안전기준	국내
인명안전	호흡한계 : 1.8m	호흡한계선 : 1.8m
재산피해	연기에 의한 화재전파	규정 없음
소방관 안전	건축물의 구조적 붕괴시점인 온도 538℃로 규정함	규정 없음

좀 더 세세한 규정이 필요하며, 성능위주설계대상을 확대하고, 설계 후 인테리어 건축물의 경년 변화 등을 고려하여 주기적인 TAB 실시가 필요하다고 사료됨

"끝"

1. 문제

> 취침 · 숙박 · 입원 등 이와 유사한 용도의 거실에 연기감지기를 설치하여야 하는 특정소방대상물에 대해 설명하시오.

2. 시험지에 번호 표기

> 취침 · 숙박 · 입원 등 이와 유사한 용도의 거실에 연기감지기(1)를 설치하여야 하는 특정소방대상물 (2)에 대해 설명하시오.

Tip 연기감지기 설치대상만을 쓸 경우 4점 이상을 받을 수 없습니다. 이러한 문제는 연기감지기가 필요한 이유와 소견이 필수적 답안 내용으로 포함되어야 합니다.

3. 출제자 의도 파악 및 지문에서 내가 써야 할 대제목, 소제목 가져오기

지문	대제목 및 소제목
연기감지기(1)	1. 정의
특정소방대상물(2)	2. 취침 · 숙박 · 입원 등 이와 유사한 용도로 사용되는 거실이 있는 특정소방대상물
연기감지기 설치 특정소방대상물(3)	3. 소견 : 연기감지기 취침 · 숙박시설에 설치하는 이유

4. 실제 답안지에 작성해보기

문	1 – 12) 연기감지기를 설치하여야 하는 특정소방대상물에 대해 설명

1. 정의

연기감지기는 기체 속에서 완전 연소하지 않는 가연물인 고체 및 액체 미립자가

공기 중에 부유하고 있는 것을 검출하는 장치로서 열감지기보다 우수한 화재반응

도를 가짐

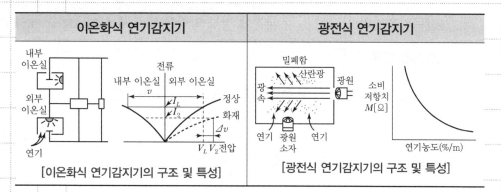

이온화식 연기감지기	광전식 연기감지기
[이온화식 연기감지기의 구조 및 특성]	[광전식 연기감지기의 구조 및 특성]

2. 취침 · 숙박 · 입원 등 이와 유사한 용도로 사용되는 거실이 있는 특정소방대

상물

① 공동주택 · 오피스텔 · 숙박시설 · 노유자시설 · 수련시설

② 교육연구시설 중 합숙소

③ 의료시설, 근린생활시설 중 입원실이 있는 의원 · 조산원

④ 교정 및 군사시설

⑤ 근린생활시설 중 고시원

3. 소견 : 특정소방대상물에 연기감지기 사용하는 이유

연소생성물 생성순서와 적응 감지기	① 연소미립자 생성 : 이온화식 연기감지기 적응성
	② 온도 상승 : 열감지기(차동식 · 정온식) 적응성
	③ 발화온도 도달 시 불꽃 생성 : 불꽃감지기

① 취침 · 숙박시설의 거주자들이 잠들어 있을 확률이 높고, 화재 인지 · 피난에

이르기까지의 시간이 길기 때문에 경보 알람을 빠르게 하여 ASET > RSET의

조건을 만족시킴

② 연기감지기 성능유지 및 유지보수가 중요하다고 사료됨

"끝"

1. 문제

> 보일의 법칙과 샤를의 법칙을 비교하여 물질의 상태에 대한 물리적 의미를 설명하시오.

2. 시험지에 번호 표기

> 보일의 법칙과 샤를의 법칙(1)을 비교(2)하여 물질의 상태에 대한 물리적 의미를 설명(3)하시오.

Tip '물질의 상태에 대한 물리적 의미를 설명' 해당 지문의 의미가 명확하지 않습니다. 하지만 개념 정도를 언급하여 답안을 마무리하는 것이 좋을 듯합니다.

3. 출제자 의도 파악 및 지문에서 내가 써야 할 대제목, 소제목 가져오기

지문	대제목 및 소제목
보일의 법칙과 샤를의 법칙(1)	1. 정의
보일의 법칙과 샤를의 법칙 비교(2)	2. 보일의 법칙과 샤를의 법칙
물질의 상태에 대한 물리적 의미(3)	3. 물질의 물리적 의미

4. 실제 답안지에 작성해보기

문 1 - 13) 보일의 법칙과 샤를의 법칙 비교 설명

1. 정의

보일의 법칙	압력과 부피 간의 상관관계를 설명
샤를의 법칙	압력 일정 시 온도와 부피 간의 상관관계

2. 보일의 법칙과 샤를의 법칙

구분	보일의 법칙	샤를의 법칙
개념	기체의 양과 온도가 일정하면, 압력(P)과 부피(V)는 서로 반비례	기체의 압력이 일정한 상태에서 기체의 부피는 절대 온도에 비례
관계식	$P \times V = cont'$	$\dfrac{V}{T} = cont'$
관계 그래프		
소방에의 적용	물의 질식소화, 카르노사이클, 이상기체 상태방정식 유도	선형상수(K_2), 이상기체상태방정식 유도, 기체압축기의 압축비

3. 물질의 물리적 의미

상평형도	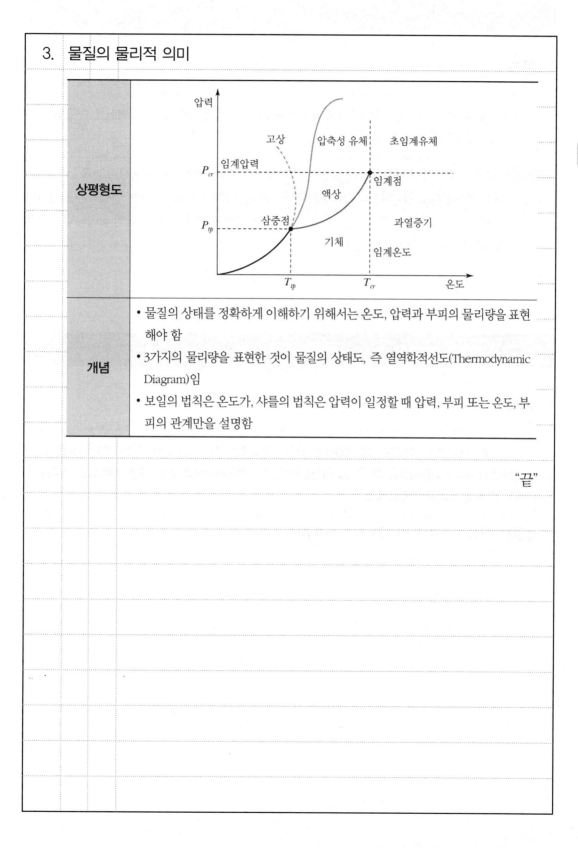
개념	• 물질의 상태를 정확하게 이해하기 위해서는 온도, 압력과 부피의 물리량을 표현해야 함 • 3가지의 물리량을 표현한 것이 물질의 상태도, 즉 열역학적선도(Thermodynamic Diagram)임 • 보일의 법칙은 온도가, 샤를의 법칙은 압력이 일정할 때 압력, 부피 또는 온도, 부피의 관계만을 설명함

"끝"

1. 문제

> 전력구에 설치되어 있는 강화액 자동소화설비의 구성과 주요특성, 작동원리를 설명하고, 타 소화설비와 성능을 비교하여 설명하시오.

Tip 345kV 전력구에서 화재발생 시 적응성 있는 강화액 자동소화설비는 수험생이 고를 수 있는 문제는 아니었다고 봅니다. 하지만 강화액의 소화적응성은 K급화재에서도 언급되는 문제이니 기본 점수를 맞는 것으로 방향을 잡아 답안을 작성하여야 할 듯합니다. 답안 작성방법은 추후 문제에서 다루도록 하겠습니다.

1. 문제

> 지하 3층, 지상 49층, 연면적 120,000m²인 건축물에 소화설비를 구성하고자 한다. 주된 수원을 고가수조방식으로 적용하였을 때, 옥내소화전설비 및 스프링클러설비를 고층, 중층, 저층으로 구분하여 계통도를 그리고 설명하시오.

Tip 수험생이 선택하기에 쉽지 않은 문제입니다.

1. 문제

연기제어를 위한 급배기 덕트 설계 시 외기온도나 바람 등의 영향을 고려하여야 한다. 이때 기류를 평가하는 CONTAM Program을 수행절차 중심으로 설명하시오.

2. 시험지에 번호 표기

연기제어를 위한 급배기 덕트 설계 시 외기온도나 바람 등의 영향(2)을 고려하여야 한다. 이때 기류를 평가하는 CONTAM Program(1)을 수행절차 중심으로 설명(3)하시오.

3. 출제자 의도 파악 및 지문에서 내가 써야 할 대제목, 소제목 가져오기

지문	대제목 및 소제목
CONTAM Program(1)	1. 개요
외기온도나 바람 등의 영향(2)	2. 외기온도와 바람의 영향
수행절차 중심으로 설명(3)	3. CONTAM Program의 수행절차
	4. 소견

4. 실제 답안지에 작성해보기

문 2-3) 기류를 평가하는 CONTAM Program을 수행절차 중심으로 설명

1. 개요

   ① CONTAM은 미국 NIST(National Institute of Standards and Technology)에서 개발한 빌딩의 공기질과 환기량 연기유동을 분석하는 Simulation Program

   ② 외기온도와 바람 등의 영향을 고려하여 실제 건물을 평면으로 도식화하고, 실제 건물의 누설틈새를 표현하여 공기의 유동을 해석할 수 있음

2. 외기온도와 바람의 영향

   1) 외기온도에 의한 영향

개념도	
정의	고층건물의 기계실, 엘리베이터실과 같은 수직공간 내의 온도와 밖의 온도가 서로 차이가 있을 경우 부력에 의한 압력차가 발생하여 연기가 수직공간을 상승하거나 하강하는데, 이와 같은 현상을 연돌효과 또는 굴뚝효과라고 함

   2) 바람에 의한 영향

개념도	

개념	• 외부의 바람이 직접 건물 내로 유입되어 연기를 이동 • 바람에 의한 압력차에 의해 연기를 이동 • 건물 내 공기유동에 미치는 영향(P_w) $$P_w = C_p P_v$$ 여기서, C_p : 외피에 대한 풍압계수 P_v : 지붕 높이에서의 풍속에 의한 압력

3. 수행절차

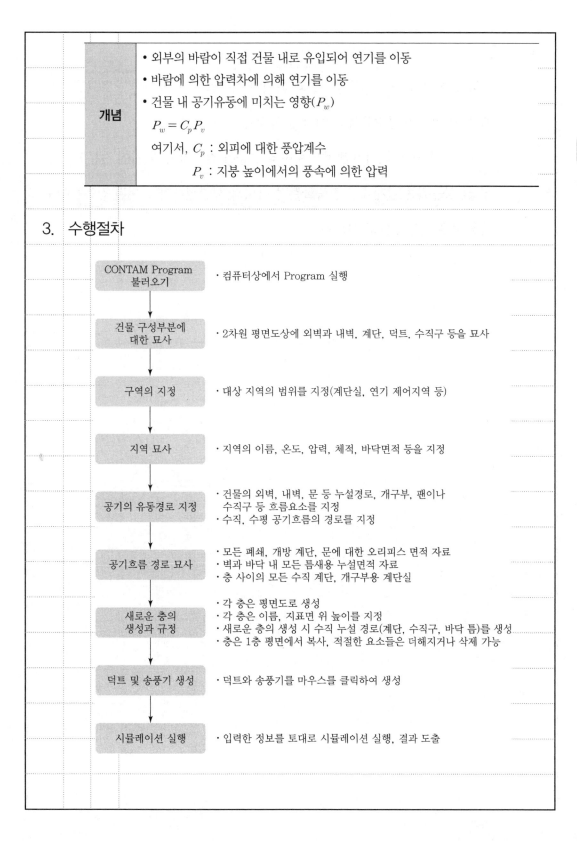

CONTAM Program 불러오기	• 컴퓨터상에서 Program 실행
건물 구성부분에 대한 묘사	• 2차원 평면도상에 외벽과 내벽, 계단, 덕트, 수직구 등을 묘사
구역의 지정	• 대상 지역의 범위를 지정(계단실, 연기 제어지역 등)
지역 묘사	• 지역의 이름, 온도, 압력, 체적, 바닥면적 등을 지정
공기의 유동경로 지정	• 건물의 외벽, 내벽, 문 등 누설경로, 개구부, 팬이나 수직구 등 흐름요소를 지정 • 수직, 수평 공기흐름의 경로를 지정
공기흐름 경로 묘사	• 모든 폐쇄, 개방 계단, 문에 대한 오리피스 면적 자료 • 벽과 바닥 내 모든 틈새용 누설면적 자료 • 층 사이의 모든 수직 계단, 개구부용 계단실
새로운 층의 생성과 규정	• 각 층은 평면도로 생성 • 각 층은 이름, 지표면 위 높이를 지정 • 새로운 층의 생성 시 수직 누설 경로(계단, 수직구, 바닥 틈)를 생성 • 층은 1층 평면에서 복사, 적절한 요소들은 더해지거나 삭제 가능
덕트 및 송풍기 생성	• 덕트와 송풍기를 마우스를 클릭하여 생성
시뮬레이션 실행	• 입력한 정보를 토대로 시뮬레이션 실행, 결과 도출

4. 소견

① CONTAM은 건축물 실내공기질과 환기량 예측을 위해 개발한 프로그램이며, 화재 시 연기와 공기유동을 예측 분석할 수 있음

② 프로그램 특징상 급기가압 제연설비의 성능을 검증할 수 있기에 전문인의 양성 및 성능위주 설계대상 건축물뿐만 아니라 제연설비가 설치된 건축물에도 적용할 필요가 있다고 사료됨

"끝"

1. 문제

자동화재탐지설비의 음향장치 설치기준을 국내 기준과 NFPA 기준을 비교하여 설명하시오.

2. 시험지에 번호 표기

자동화재탐지설비(1)의 음향장치 설치기준을 국내 기준(2)과 NFPA 기준(3)을 비교하여 설명(4)하시오.

3. 출제자 의도 파악 및 지문에서 내가 써야 할 대제목, 소제목 가져오기

지문	대제목 및 소제목
자동화재탐지설비(1)	1. 개요
국내 기준(2)	2. 국내 음향장치 설치기준
NFPA 기준(3)	3. NFPA 음향장치 설치기준
비교하여 설명(4)	4. 비교 및 소견

4. 실제 답안지에 작성해보기

문 2-4) 자동화재탐지설비의 음향장치 설치기준을 국내 기준과 NFPA 기준

1. 개요

① 자동화재탐지설비는 감지기나 발신기에서 발하는 화재신호를 직접 또는 중계

    기를 통하여 수신기에 수신하여 화재의 발생을 표시 및 경보하여 주는 장치

② 재실자의 안전한 피난을 위하여 자동화재탐지설비의 음향장치는 건물 모든

    부분에 유효하게 경보를 할 수 있는 성능을 확보해야 함

2. 국내 음향장치 설치기준

주음향장치	수신기의 내부 또는 그 직근에 설치할 것
우선경보 방식	층수가 11층(공동주택의 경우에는 16층) 이상의 특정소방대상물은 발화층에 따라 경보하는 층을 달리하여 경보를 발할 수 있도록 할 것
지구음향 장치	지구음향장치는 특정소방대상물의 층마다 설치하되, 해당 특정소방대상물의 각 부분으로부터 하나의 음향장치까지의 수평거리가 25m 이하가 되도록 하고, 해당 층의 각 부분에 유효하게 경보를 발할 수 있도록 설치할 것
구조 및 성능	• 정격전압의 80%의 전압에서 음향을 발할 수 있는 것으로 할 것. 다만, 건전지를 주전원으로 사용하는 음향장치는 그렇지 않음 • 음량은 부착된 음향장치의 중심으로부터 1m 떨어진 위치에서 90dB 이상이 되는 것으로 할 것 • 감지기 및 발신기의 작동과 연동하여 작동할 수 있는 것으로 할 것
대형공간	기둥 또는 벽이 설치되지 아니한 대형 공간의 경우 지구음향장치는 설치 대상 장소의 가장 가까운 장소의 벽 또는 기둥 등에 설치할 것
시각경보기	청각장애인용 시각경보장치「시각경보장치의 성능인증 및 제품검사의 기술기준」에 적합한 것으로 설치할 것

3. NFPA 음향장치 설치기준

개요	음량에 대한 NFPA 72 기준은 총 음압레벨은 110dBA를 초과하지 않아야 하며 평균 주변소음레벨이 105dBA 이상인 경우 공공모드에서는 시각통보장치를 사용해야 함

구분		음량크기
MODE별 음량	공공모드 (Public Mode)	• 평균 주변 음량보다 15dB 이상 • 최소 60초간 지속되는 최대음량보다 5dB 이상일 것
	사설모드 (Private Mode)	• 평균 주변 음량보다 10dB 이상 • 최소 60초간 지속되는 최대음량보다 5dB 이상일 것
	수면지역 (Sleeping Area)	• 평균 주변 음량보다 15dB 이상 • 최소 60초간 지속되는 최대음량보다 5dB 이상일 것 • 최소음량 75dB 이상일 것 • 상기 3개의 음량 중 큰 것 적용
시각경보장치		소음이 심한 장소에는 부가적으로 시각경보장치를 설치

4. 비교 및 소견

국내기준	NFPA
• 공간별 특성이나 상황에 대한 고려 없음 • 음량은 부착된 음향장치의 중심으로부터 1m 떨어진 위치에서 90dB 이상으로 규정 • 소음이 큰 장소(공장 등)에서는 소음에 묻힐 가능성이 있음 • 청각장애인용 시각경보장치를 설치하도록 하고 있음	• 공간의 특성이나 상황을 고려 • 해당 장소의 소음 수준보다 조금 더 높은 음량의 신호를 발신하도록 하고 있어, 신호전달의 확실성을 담보하고 있음 • 공공장소 및 수면공간에서는 평균 주변소음도보다 최소 15dB 이상 • 공공장소가 아닌 곳에서는 최소 10dB 이상 높은 소리를 출력하도록 하고 있음 • 소음이 심한 장소에는 부가적으로 시각경보장치를 설치하도록 하고 있음

① 청각장애인용으로 규정된 시각경보장치의 경우에는 주변 소음을 고려하여 사람이 많은 곳에 설치규정을 강화할 필요가 있음

② 설치장소별 특성이나 상황을 고려한 음량 기준을 설정할 필요가 있다고 사료됨

"끝"

1. 문제

> 건축물에 화재발생 시 유독가스 발생으로 인한 인명피해를 최소화하기 위한 마감재료의 기준과 수직
> 화재 확산방지를 위한 화재확산방지구조에 대하여 각각 설명하시오.

2. 시험지에 번호 표기

> 건축물에 화재발생 시 유독가스 발생으로 인한 인명피해를 최소화하기 위한 마감재료(1)의 기준(2)
> 과 수직화재 확산방지를 위한 화재확산방지구조(3)에 대하여 각각 설명하시오.

3. 출제자 의도 파악 및 지문에서 내가 써야 할 대제목, 소제목 가져오기

지문	대제목 및 소제목
마감재료(1)	1. 개요
기준(2)	2. 내 · 외장재 마감재료 기준
화재확산방지구조(3)	3. 화재확산방지구조
	4. 소견

4. 실제 답안지에 작성해보기

문 2-5) 마감재료의 기준과 수직화재 확산방지를 위한 화재확산방지구조에 대하여 각각 설명

1. 개요

① 법령에 의해 정해진 건축물의 마감재료는 불연재료, 준불연재료 및 난연재료로 해야 함

난연성능	개념정의	재료
불연재료 (난연1급)	불에 타지 아니하는 성질을 가진 재료	콘크리트·석재·벽돌·기와·철강·알루미늄·유리 및 건축공사 표준시방서에서 정한 두께 이상이 시멘트 모르타르 또는 회동 미장재료(피난방화규칙 제6조 제1호)
준불연재료 (난연2급)	불연재료에 준하는 성질을 가진 재료로 재료 자체는 간신히 연소되지만 크게 번지지 않는 것	석고보드 등
난연재료 (난연3급)	(목재에 비해) 불에 잘 타지 아니하는 성능을 가진 재료	난연합판, 난연플라스틱판 등

② 마감재료의 제한은 내용상 실내 마감재료 및 외부 마감재료의 제한, 특정 용도의 거실 부분과 피난동선(계단, 주된 복도 및 통로) 마감재료의 제한 및, 지하층 거실 마감재료의 특별한 관리로 구분할 수 있음

2. 내·외장재 마감재료 기준

1) 내부 마감재료 규제대상

① 단독주택 중 다중주택·다가구주택

② 공동주택

③ 제2종 근린생활시설 중 공연장·종교집회장·인터넷컴퓨터게임시설제공

　업소·학원·독서실·당구장·다중생활시설의 용도로 쓰는 건축물

④ 위험물저장 및 처리시설, 자동차 관련 시설, 방송통신시설 중 방송국·촬영

　소 또는 발전시설의 용도로 쓰는 건축물

⑤ 공장의 용도로 쓰는 건축물(단, 건축물이 1층 이하이고, 연면적 1,000m² 미

　만으로서 다음 요건을 모두 갖춘 경우 제외)

　• 국토교통부령으로 정하는 화재위험이 적은 공장용도로 쓸 것

　• 화재 시 대피가 가능한 국토교통부령으로 정하는 출구를 갖출 것

　• 복합자재를 내부 마감재료로 사용하는 경우에는 국토교통부령으로 정하

　　는 품질기준에 적합할 것

⑥ 5층 이상인 층 거실의 바닥면적의 합계가 500m² 이상인 건축물

⑦ 문화 및 집회시설, 종교시설, 판매시설, 운수시설, 의료시설, 교육연구시설

　중 학교·학원, 노유자시설, 수련시설, 업무시설 중 오피스텔, 숙박시설, 위

　락시설, 장례시설, 다중이용업의 용도로 쓰는 건축물

⑧ 창고로 쓰이는 바닥면적 600m²(스프링클러나 그 밖에 이와 비슷한 자동식

　소화설비를 설치한 경우에는 1,200m²) 이상인 건축물(단, 벽 및 지붕을 국

　토교통부장관이 정하여 고시하는 화재 확산 방지구조 기준에 적합하게 설

　치한 건축물 제외)

2) 외벽 마감재료 규제대상

외벽 마감재료	대상
준불연재료 또는 불연재료	• 상업지역(근린상업지역 제외)의 건축물로서 다음 각 시설 　－제1종 근린생활시설, 제2종 근린생활시설, 문화 및 집회시설, 종교시설, 판매시설, 운동시설 및 위락시설의 용도로 쓰는 건축물로서 그 용도로 쓰는 바닥면적의 합계가 2,000m² 이상인 건축물 　－공장(국토교통부령으로 정하는 화재 위험이 적은 공장 제외)의 용도로 쓰는 건축물로부터 6m 이내에 위치한 건축물 • 의료시설, 교육연구시설, 노유자시설 및 수련시설의 용도로 쓰는 건축물 • 3층 이상 또는 높이 9m 이상인 건축물 • 1층의 전부 또는 일부를 필로티 구조로 설치하여 주차장으로 쓰는 건축물로 건축물의 외벽[필로티 구조의 외기(外氣)에 면하는 천장 및 벽체 포함] 중 1층과 2층 부분
난연재료	• 국토교통부장관이 정하여 고시하는 화재 확산 방지구조 기준에 적합하게 설치하는 경우 • 마감재료를 구성하는 재료 전체를 하나로 보아 국토교통부장관이 고시하는 기준에 따라 난연성능을 시험한 결과 불연재료 또는 준불연재료에 해당하는 경우 • 상업지역(근린상업지역 제외)의 건축물 　－제1종 근린생활시설, 제2종 근린생활시설, 문화 및 집회시설, 종교시설, 판매시설, 운동시설 및 위락시설의 용도로 쓰는 건축물로서 그 용도로 쓰는 바닥면적의 합계가 2,000m² 이상인 건축물로서 5층 이하이면서 높이 22m 미만인 건축물 　－공장(국토교통부령으로 정하는 화재 위험이 적은 공장 제외)의 용도로 쓰는 건축물로부터 6m 이내에 위치한 건축물로서 5층 이하이면서 높이 22m 미만인 건축물 • 의료시설, 교육연구시설, 노유자시설 및 수련시설의 용도로 쓰는 건축물로서 5층 이하이면서 높이 22m 미만인 건축물 • 3층 이상 또는 높이 9 m 이상인 건축물로서 5층 이하이면서 높이 22m 미만인 건축물

3. 화재확산방지구조

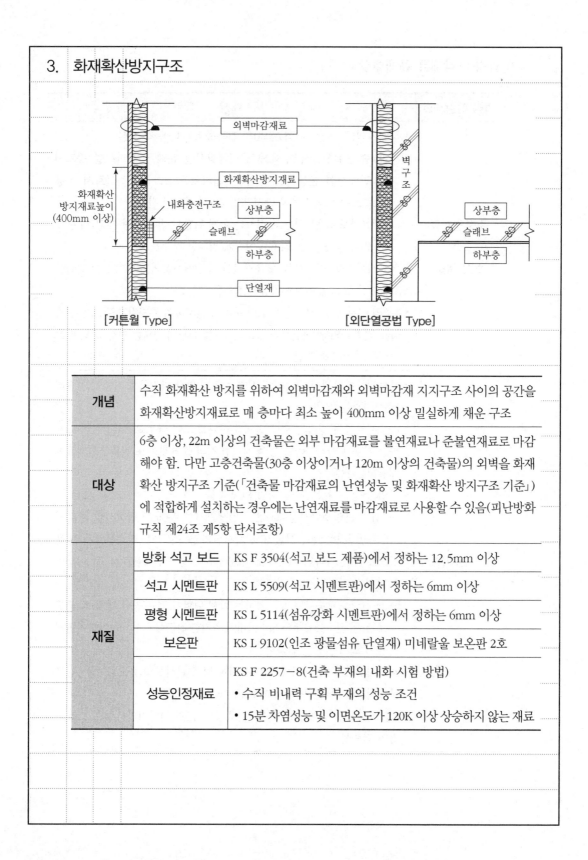

[커튼월 Type]　　　　　　　　　　[외단열공법 Type]

개념	수직 화재확산 방지를 위하여 외벽마감재와 외벽마감재 지지구조 사이의 공간을 화재확산방지재료로 매 층마다 최소 높이 400mm 이상 밀실하게 채운 구조
대상	6층 이상, 22m 이상의 건축물은 외부 마감재료를 불연재료나 준불연재료로 마감해야 함. 다만 고층건축물(30층 이상이거나 120m 이상의 건축물)의 외벽을 화재확산 방지구조 기준(「건축물 마감재료의 난연성능 및 화재확산 방지구조 기준」)에 적합하게 설치하는 경우에는 난연재료를 마감재료로 사용할 수 있음(피난방화규칙 제24조 제5항 단서조항)

재질	방화 석고 보드	KS F 3504(석고 보드 제품)에서 정하는 12.5mm 이상
	석고 시멘트판	KS L 5509(석고 시멘트판)에서 정하는 6mm 이상
	평형 시멘트판	KS L 5114(섬유강화 시멘트판)에서 정하는 6mm 이상
	보온판	KS L 9102(인조 광물섬유 단열재) 미네랄울 보온판 2호
	성능인정재료	KS F 2257-8(건축 부재의 내화 시험 방법) • 수직 비내력 구획 부재의 성능 조건 • 15분 차염성능 및 이면온도가 120K 이상 상승하지 않는 재료

4. 소견

① 건축물의 내외장재 마감은 Passive적인 요소임

② Active적인 요소인 자동소화설비, 제연설비 등을 설치하여 인명안전 등 성능을 향상시킬 수 있을 것이라고 사료됨

"끝"

1. 문제

Normal Stack Effect와 Reverse Stack Effect에 의한 기류이동을 도시하여 비교하고, Normal Stack Effect 조건에서 화재가 중성대 하부와 상부에 발생했을 때 각각의 연기흐름을 도시하고 설명하시오.

2. 시험지에 번호 표기

Normal Stack Effect(1)와 Reverse Stack Effect에 의한 기류이동을 도시하여 비교하고(2), Normal Stack Effect 조건에서 화재가 중성대 하부와 상부에 발생했을 때 각각의 연기흐름을 도시하고 설명(3)하시오.

Tip 그림을 그리고 내용을 설명하라고 했습니다. 내용이 방대해질 수가 있으니 그림을 중심으로 설명하고 내용은 적게 넣는 방법으로 답안을 작성해야 20분 안에 답안을 작성할 수 있습니다.

3. 출제자 의도 파악 및 지문에서 내가 써야 할 대제목, 소제목 가져오기

지문	대제목 및 소제목
Stack Effect(1)	1. 개요
기류이동을 도시하여 비교하고(2)	2. 연돌효과와 역연돌효과에 의한 기류이동
화재가 중성대 하부와 상부에 발생했을 때 각각의 연기흐름을 도시하고 설명(3)	3. 중성대 하부와 상부 화재 시 연기흐름
	4. 소견

4. 실제 답안지에 작성해보기

문 2 – 6) Normal Stack Effect와 Reverse Stack Effect에 의한 기류이동을 도

시하여 비교 설명

1. 개요

정의	연돌효과란 건물 내·외부 온도차에 의한 압력차로 기류가 수직공간을 통해 이동하는 것
차압발생	• $\triangle P = P_1 - P_2 = (\rho_0 - \rho_i)gh$, $\rho = \dfrac{PM}{RT}$ $\triangle P = \dfrac{PM}{R}(\dfrac{1}{T_o} - \dfrac{1}{T_i})gh = \dfrac{1 \times 28.96 \times 9.8}{0.082} \times (\dfrac{1}{T_o} - \dfrac{1}{T_i})h$ $\triangle P = 3{,}460H(\dfrac{1}{T_o} - \dfrac{1}{T_i})$ 여기서, $\triangle P$: 연돌효과에 의한 압력차(Pa), H : 중성대로부터 높이(m) 　　　　T_o : 외부공기의 절대온도(K), T_i : 내부공기의 절대온도(K) • 연돌효과에 의한 차압은 $\triangle P = 3{,}460H(\dfrac{1}{T_o} - \dfrac{1}{T_i})$로 중성대로부터의 높이, 실내외 온도차에 의해서 결정

2. 연돌효과와 역연돌효과에 의한 기류이동

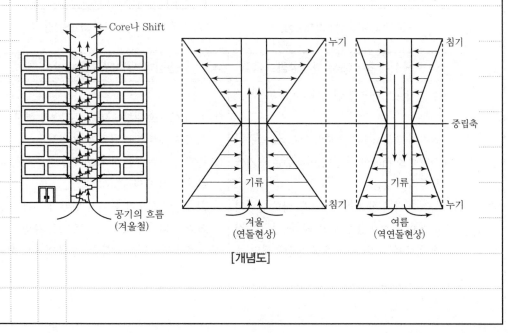

[개념도]

연돌효과(겨울철)	역연돌효과(여름철)
• 실내온도 > 실외온도일 때 중성대 상부에는 분출되려는 압력, 중성대 하부는 인입되려는 압력이 발생 • 기류는 수직공간을 통해 상부로 이동하게 됨	• 실내온도 < 실외온도일 때 중성대 상부에는 인입되려는 압력, 중성대 하부는 분출되려는 압력이 발생 • 기류는 수직공간을 통해 하부로 이동하게 됨

3. 중성대 하부와 상부 화재 시 연기흐름

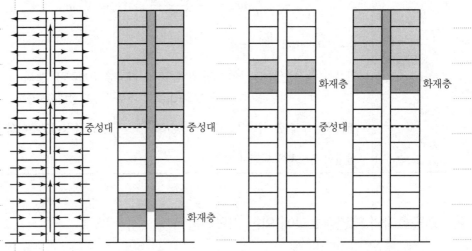

[중성대 하부에서 화재발생]　　　　[중성대 상부에서 화재발생]

중성대 하부에서 화재발생	중성대 상부에서 화재발생
① 수직 샤프트 내부로 연기가 유입 → 상부로 이동 ② 연기 자체 온도에 의한 부력으로 상승력 증가 ③ 화재층을 제외한 중성대 아래층은 연기에 오염되지 않음 ④ 화재층 바로 직상층은 샤프트 내로 유입되지 못한 연기가 층간 누설틈새를 통하여 직접 상층부로 전파 → 층간 누설틈새의 중요성	① 수직 샤프트 내부에서 옥내로 기류 형성 → 샤프트 내부로 연기유입 어려움 ② 층간 누설틈새 존재 시 화재층 바로 직상층은 연기에 오염 ③ 화재층의 온도가 높아져 연기의 부력 > 연돌효과 되면 연기가 샤프트 내로 유입 ④ 상층부 연기오염 → 상층부부터 연기가 충만

4. 소견

문제점		• 화염전파 및 피난안전성 저하 • 제연설비 급배기 풍량 적정량 공급의 어려움 • 피난 시 출입문 정상적인 개폐 어려움 • 엘리베이터 문의 오동작 • 기타 소음, 에너지손실, 불쾌감 유발
방지대책	**건축적 대책**	• 외벽의 기밀화 • 층간 방화구획 • 출입구를 작게 설치하고 방풍실 설치 • 건물 상층부 개구부 설치 지양 • 건물 상층부 기계실의 기밀화 • 엘리베이터, 계단실 수직 Shaft Zoning
	설비적 대책	• 전층 급기(전층의 압력분포 균일화) • 중성대 아래 급기가압 상층은 환기량 늘림
	소방적 대책	• 스프링클러 설치 : 온도차 낮춤 • 특수감지기 설치 : 화재를 조기 감지

"끝"

1. 문제

> 기존의 옥내소화전을 호스릴(Hose Real) 옥내소화전으로 변경하는 경우 발생할 수 있는 문제점과 대책을 설명하시오.
>
> > 〈조건〉
> > - 지하 3층, 지상 35층의 공동주택이다.
> > - 소화설비의 가압송수장치는 전동기펌프로서 지하 2층에 설치되었다.

2. 시험지에 번호 표기

> 기존의 옥내소화전을 호스릴(Hose Real) 옥내소화전(1)으로 변경하는 경우 발생할 수 있는 문제점(2)과 대책(3)을 설명하시오.
>
> > 〈조건〉
> > - 지하 3층, 지상 35층의 공동주택이다.
> > - 소화설비의 가압송수장치는 전동기펌프로서 지하 2층에 설치되었다.

3. 출제자 의도 파악 및 지문에서 내가 써야 할 대제목, 소제목 가져오기

지문	대제목 및 소제목
호스릴(Hose Real) 옥내소화전(1)	1. 개요 ① 정의 ② 필요성
문제점(2)	2. 변경 시 문제점
대책(3)	3. 대책
	4. 소견

4. 실제 답안지에 작성해보기

문 2-4) 호스릴(Hose Real) 옥내소화전으로 변경하는 경우 발생할 수 있는 문제점과 대책

1. 개요

정의	호스릴소화전이란 소방용수시설 등에 소방용 릴호스를 연결하여 화재를 진압할 수 있도록 한 비상소화장치	

필요성	구분	호스릴방식 옥내소화전	일반 옥내소화전
	실물 사진		
	방수량	130L/min	130L/min
	특징	굵기가 가늘고 호스말이에 감아둔 상태로 호스를 당기면 감겨져 있는 호스가 풀어져 1인 사용 가능	호스의 꼬임 현상이 심하고 1인 사용 제한

- 호스릴옥내소화전의 사용 편리성
- 호스릴소화전의 방수 신속성, 사용 후 수납 및 보관의 용이성

2. 변경 시 문제점

1) 건축적 문제점

내화구조체 성능저하	호스릴옥내소화전함의 최소깊이는 200mm 이상이어야 하므로 매립 시 구조체 성능저하 발생
벽체 사이즈 증가	호스릴 몸체크기 증가에 따른 벽체 상·하부 크기 증가
보강에 필요한 비용 증가	가로, 세로, 깊이 증가에 따른 내력벽 보강비용 증가

2) 기계적 문제점

마찰손실 증가	• 구경변경에 따른 부차적 손실 발생 • 유속 증가에 따른 손실 발생
배관 내 과압 발생	• 구경변경에 의한 배관 내 압력 증가 • 압력 증가에 따른 배관 누수 및 파손 발생
연결송수관설비의 방수구 이동	호스릴 소화전함 크기 증가에 따라 방수구 이동 또는 별도의 방수구함 설치
펌프 용량 증가	마찰손실 증가에 따른 펌프 용량 증가

3) 전기적 문제점

전동기 용량 증가	압력손실 증가에 따른 전동기 등의 용량 증가
비상전원 용량 증가	전동기 등의 전기설비 증가에 따른 비상전원 용량 증가
케이블 사이즈 증가	전동기 용량 증가에 따른 전원 케이블 용량 증가

3. 대책

건축적 대책	• 함 사이즈 증가에 따른 내화구조체 성능 확보 • 함 사이즈만큼의 벽체를 증가시켜 성능 확보할 것 • 철근 및 철골 등을 이용하여 보강할 것
기계적 대책	• 수리계산을 실시하여 정확한 압력과 유량을 선정 • 마찰손실을 고려한 배관경을 선정하여 시공 • 전체 압력을 합산하여 펌프용량을 산정 • 전체 유량을 합산하여 수원을 산정 • 연결송수관 설비의 방수구 위치를 재조정
전기적 대책	• 전체적인 전기부하 계산서를 작성 • 전동기 용량 증가에 따른 케이블 선정 • 비상전원 증가에 따라 용량 산정 • 케이블 등 적절한 전기설비 산정

4.	소견
	① 호스릴 옥내소화전설비는 노약자 및 비전문가도 쉽게 사용할 수 있는 설비이며, 초기소화에 성능이 탁월함
	② 2024년 공동주택화재안전기준이 적용되며 호스릴은 공동주택에도 사용되어지고 또한 노유자시설 등에도 설치되어야 한다고 사료됨

"끝"

1. 문제

이산화탄소소화설비의 저장방식 및 방출방식에 따른 분류에 대해 설명하시오.

2. 시험지에 번호 표기

이산화탄소소화설비(1) 저장방식(2) 및 방출방식(3)에 따른 분류에 대해 설명하시오.

3. 출제자 의도 파악 및 지문에서 내가 써야 할 대제목, 소제목 가져오기

지문	대제목 및 소제목
이산화탄소소화설비(1)	1. 개요
저장방식(2)	2. 저장방식에 따른 분류
방출방식(3)	3. 방출방식에 따른 분류
	4. 소견

4. 실제 답안지에 작성해보기

문 3-2) 이산화탄소소화설비의 저장방식 및 방출방식에 따른 분류에 대해 설명

1. 개요

① CO_2 소화약제는 청결성, 소화 시에도 독성물질이 생성되지 않고 불꽃 침투성이 우수하고, 비전기전도성으로 C급화재에 적응성이 있음

② 저장방식에는 저압식과 고압식이 있으며, 방출방식에는 전역방출방식, 국소방출방식 등이 있음

2. 저장방식에 따른 분류

구분	저압식	고압식
저장압력	20℃ 상온에서 6MPa 압력으로 CO_2 액상 저장	180℃에서 2.1MPa의 압력으로 CO_2 액상 저장
충전비	1.5~1.9	1.1~1.4
저장용기	• 25MPa 이상의 내압시험압력 • 45kg/68L 용기를 표준으로 설치	• 3.5MPa 이상의 내압시험압력 • 내압시험압력의 0.64~0.8배의 압력에서 작동하는 안전밸브와 내압시험압력의 0.8배 이상 내압시험압력에서 작동하는 봉판 설치 • 액면계 및 압력계와 2.3MPa 이상 1.9MPa 이하의 압력에서 작동하는 압력경보장치 설치 • 대형 저장탱크 1개 설치
방사압력	2.1MPa 이상	1.05MPa 이상
약제저장실	• 내화구조의 용기실 필요 • 일반적으로 지하에 설치	환기가 용이하고 지상에 설치 고려
안전장치	안전밸브	액면계, 압력계, 압력경보장치, 안전밸브, 파괴봉판 등
약제방출량	전체량 방출	소화에 필요한 양 만큼 방출
오작동 시	방출 제어 불가	약제방출 제어 가능
규모적용	소규모 방호 대상에 용이	대규모 방호 대상에 용이

3. 방출방식에 따른 분류

구분	전역방출방식	국소방출방식
정의	고정식 이산화탄소 공급장치에 배관 및 분사헤드를 고정 설치하여 밀폐 방호구역 내에 이산화탄소를 방출하는 설비	고정식 이산화탄소 공급장치에 배관 및 분사헤드를 설치하여 직접 화점에 이산화탄소를 방출하는 설비
적용 대상	• 가연성 액체가스 등 표면화재 방호대상물 • 서고, 전자제품창고 심부화재 방호대상물	• 윗면이 개방된 용기에 저장 • 연소면이 한정되고 가연물이 비산할 우려가 없는 경우에는 방호대상물

소화 약제량

전역방출방식:

• 표면화재 시

방호구역 (m³)	약제량 (kg/m³)	저장량최저 한도(kg)
45 미만	1.0	45
~150 미만	0.9	45
~1,450 미만	0.8	135
1,450 이상	0.75	1,125

• 심부성 화재 시

방호대상물	약제량 (kg/m³)	설계 농도(%)
유압기기제외 전기실, 케이블실	1.3	50
체적 55m³ 미만의 전기설비	1.6	50
서고, 전자제품창고, 목재가공품창고	2.0	65
고무류, 면호류창고, 모피창고, 석탄창고	2.7	75

국소방출방식:

• 윗면 개방용기 및 화재 한정 시 : $13kg/m^2$

• 기타 방호대상물

$$Q = 8 - 6\frac{a}{A}$$

여기서, Q : 방호공간 $1m^3$에 대한 이산화탄소 소화약제의 양 (kg/m^3)

a : 방호 대상물 주위에 설치된 벽의 면적의 합계(m^2)

A : 방호공간의 벽면적(벽이 없는 경우에는 벽이 있는 것으로 가정한 당해 부분의 면적)의 합계(m^2)

• 방호공간 : 방호대상물의 각 부분으로부터 0.6m의 거리에 따라 둘러싸인 공간

구분	전역방출방식	국소방출방식
개구부 가산	• 표면화재 : 개구부 면적 1m²당 5kg 가산 • 심부성 화재 : 개구부 면적 1m²당 10kg 가산	–
보정 계수	설계농도가 34% 이상인 방호대상에 적용	–
방사 시간	• 표면화재 : 1분 이내 • 심부성 화재 : 7분 이내(2분 이내 설계 농도의 30%에 도달)	30초 이상

4. 소견

① 이산화탄소 소화설비의 문제점은 소화농도에서 질식, A급 화재에 낮은 소화 성능, 저온에 의한 손상, 흰 운무에 의한 가시도 약화를 들 수 있음

② 소화성능의 대책으로 설계농도 유지시간을 측정할 수 있는 Door Fan Test를 실시하는 것을 원칙으로 하고, 가시도 약화에 따른 화재초기 대피안전성을 높 이기 위한 피난유도선 설치 등 안전에 만전을 기해야 한다고 사료됨

"끝"

1. 문제

> 수계 소화설비 배관의 부식 발생원인과 방지대책에 대해 설명하시오.

2. 시험지에 번호 표기

> 수계 소화설비 배관의 부식(1) 발생원인(2)과 방지대책(3)에 대해 설명하시오.

Tip 개요 – 원인(메커니즘) – 문제점 – 방지대책 – 소견의 순서대로 답안을 작성하여야 합니다.

3. 출제자 의도 파악 및 지문에서 내가 써야 할 대제목, 소제목 가져오기

지문	대제목 및 소제목
배관의 부식(1)	1. 개요
발생원인(2)	2. 배관의 부식 발생원인
	3. 부식의 문제점
방지대책(3)	4. 방지대책
	5. 소견

4. 실제 답안지에 작성해보기

문 3-3) 수계 소화설비 배관의 부식 발생원인과 방지대책에 대한 설명

1. 개요

① 부식이란 산화발열반응으로 금속의 일부가 떨어져 나가는 현상으로 전면부식과 국부부식으로 구분되며, 부식발생 시 배관의 누수 등으로 소화수 부족 등의 원인이 됨

② 부식의 발생원인을 이해하고 방지대책을 세워 화재의 소화, 제어, 진압해야 함

2. 배관의 부식 발생원인

1) 부식 발생 메커니즘

개념도	
메커니즘	• 양극 : $Fe \rightarrow Fe^{2+} + 2e^-$ • 음극 : $H_2O + \frac{1}{2}O_2 + 2e^- \rightarrow 2OH^-$ • 전해질 : $Fe + H_2O + \frac{1}{2}O_2 \rightarrow Fe^{2+} + 2OH^- \rightarrow Fe(OH)_2$

2) 부식의 발생조건

① 양극부(부식부) 존재, 음극부 존재

② 전해질 : 전류 운반 매체(용액, 토양) 등

③ 부식 전류의 회로가 형성될 것 : 전위차, 부식 전리

3. 부식의 문제점

① 밸브의 고착으로 인한 작동의 어려움

② 배관 내 부식으로 수질오염 발생   ③ 마찰손실 증가

④ 누수로 인한 소화수 부족   ⑤ 스케일 발생

⑥ 비위생적인 주위 환경 발생   ⑦ 동력 증가

4. 방지대책

종류	방식원리	방식방법
재료선택법	적정재료 선정	스테인리스, 동합금
표면피복법	부식환경 차단	도장법, 금속, 비금속, 콘크리트피복
구조상세변경법	구조상세 변경	배수구 위치 선정, 연결접속법 변경
환경처리법	주변 환경 제어	부식 촉진 성분 제거, 제습, pH 조정
방식법	부식억제의 원리	부식억제성분 첨가, 부식억제제 첨가
전기방식법	전기·화학적 제어	희생양극법, 배류법, 외부전원법

5. 소견

① 부식방지대책으로도 배관의 부식은 막을 수 없으며, 핀홀 및 스케일의 발생 시 목표점의 균일한 살수밀도 유지는 불가능하여 소화할 수 없음

② NFPA처럼 일정주기가 되면 배관 기밀시험을 하고 습식 설비의 경우 배관 내부에 부동액을 채우는 등의 조치가 필요하다고 사료됨

"끝"

1. 문제

일반 감지기와 아날로그 감지기의 주요 특성을 비교하고, 경계구역의 산정방법에 대하여 설명하시오.

2. 시험지에 번호 표기

일반 감지기와 아날로그 감지기(1)의 주요 특성을 비교(2)하고, 경계구역의 산정방법(3)에 대하여 설명하시오.

3. 출제자 의도 파악 및 지문에서 내가 써야 할 대제목, 소제목 가져오기

지문	대제목 및 소제목
일반 감지기와 아날로그 감지기(1)	1. 개요
주요 특성을 비교(2)	2. 특성 비교
경계구역의 산정방법(3)	3. 경계구역의 산정방법
	4. 소견

4. 실제 답안지에 작성해보기

문 3-4) 일반 감지기와 아날로그 감지기의 주요 특성을 비교하고, 경계구역의 산정방법에 대해 설명

1. 개요

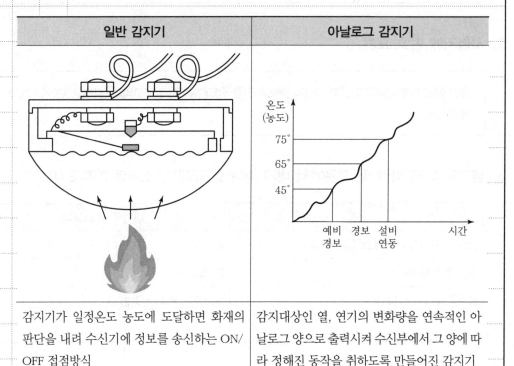

일반 감지기	아날로그 감지기
감지기가 일정온도 농도에 도달하면 화재의 판단을 내려 수신기에 정보를 송신하는 ON/OFF 접점방식	감지대상인 열, 연기의 변화량을 연속적인 아날로그 양으로 출력시켜 수신부에서 그 양에 따라 정해진 동작을 취하도록 만들어진 감지기

2. 특성 비교

구분	일반 감지기	아날로그 감지기
종류	열(차동, 정온), 연기(이온, 광전)	열(스폿형), 연기(이온, 광전)
동작특성	정해진 온도, 농도에 도달 시 접점동작 수신반에서 즉시 경보	온도, 농도를 항시 검지하여 아날로그 신호 송출, 수신기에서 단계적 경보 발생
회로수	경계구역별 1회로, 회로수 작음	감지기별 1회로, 회로수 큼
가격	저렴	고가

구분	일반 감지기	아날로그 감지기
신호전송	개별신호	다중전송 방식
신뢰도	신뢰도 낮음	비화재보 방지기능(자기보상, 다단계, 오염도경보 등), 신뢰도가 4배 높음

3. 경계구역의 산정방법

1) 일반 감지기

정의	경계구역이란 소방대상물 중 화재신호를 발신하고 그 신호를 수신 및 유효하게 제어할 수 있는 지역
개념도	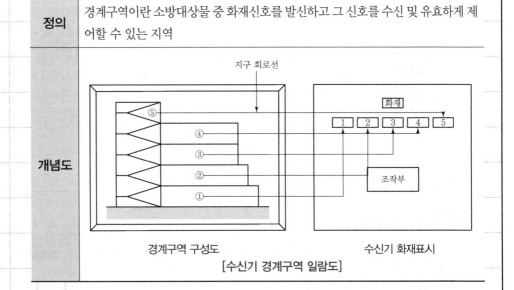 [수신기 경계구역 일람도]

① 산정방법

구분		원칙	예외
수평적	층별	층마다	2개의 층이 500m² 이하일 때는 하나의 경계구역으로 할 수 있음
	면적	600m² 이하	주된 출입구에서 건물 내부 전체가 보일 때는 1,000m² 이하로 할 수 있음
	한 변 길이	50m 이하	지하구 700m, 도로터널 100m 이하

구분	계단 · 경사로	E/V권상기실, 린넨슈트 등	
수직적	높이	45m 이하	제한 없음
	지하층 구분	지상층과 지하층 구분 (단, 지하 1층만 있을 경우에는 제외)	제한 없음

수평거리 50m 이내에 2개 이상의 계단경사로 등이 있을 경우에는 하나의 경계구역으로 할 수 있다.

	소화설비	방호구역	설정기준
다른 소화 설비의 감지기 사용 시	SP 설비 / 폐쇄형	바닥면적 및 층별기준	• 3,000m² 미만 • 1개 층이 하나의 방호구역 • 1개 층에 헤드가 10개 이하 　−3개 층 이내를 하나의 방호구역으로 할 수 있음
	SP 설비 / 개방형	층별기준 및 헤드기준	• 1개 층이 하나의 방수구역 • 50개 이하
	물분무, 제연설비	방호대상기준	방사구역마다 설정

2) 아날로그 감지기

아날로그 감지기인 경우 감지기 하나가 하나의 회로로 구성되며, 하나의 회로가 하나의 경계구역이 됨

4. 소견

① 아날로그 감지기의 경우 비화재보 방지에 일반 감지기에 비해 탁월하여 창고시설에도 적용 예정되어 있음

② 아날로그 감지기 대상을 확대하여 비화재보의 방지를 할 필요가 있다고 사료됨

"끝"

1. 문제

건축법상 방화구획과 내화구조의 기준을 비교하고, 차이점을 설명하시오.

2. 시험지에 번호 표기

건축법상 방화구획과 내화구조(1)의 기준을 비교(2)하고, 차이점(3)을 설명하시오.

3. 출제자 의도 파악 및 지문에서 내가 써야 할 대제목, 소제목 가져오기

지문	대제목 및 소제목
건축법상 방화구획과 내화구조(1)	1. 개요
기준을 비교(2)	2. 방화구조와 내화구조의 기준
차이점(3)	3. 방화구조와 내화구조의 차이점
	4. 소견

4. 실제 답안지에 작성해보기

문 3-5) 건축법상 방화구획과 내화구조의 기준을 비교하고, 차이점 설명

1. 개요

① "내화구조(耐火構造)"란 화재에 견딜 수 있는 성능을 가진 구조로서 국토교통부령으로 정하는 기준에 적합한 구조를 말함

② "방화구조(防火構造)"란 화염의 확산을 막을 수 있는 성능을 가진 구조로서 국토교통부령으로 정하는 기준에 적합한 구조를 말함

2. 방화구획과 내화구조의 기준

1) 개념

방화구획	Post-Fo까지 화재한정하여 가두는 개념
내화구조	화재 시 건축물의 강도 및 성능을 일정시간 유지할 수 있는 구조, 화재최성기 화재저항을 나타냄

2) 구성

방화구획	• 방화구획 기준 　-10층 이하의 층은 바닥면적 1,000m² 이내마다 구획 　-매 층마다 구획할 것 　-11층 이상의 층은 바닥면적 200m²(스프링클러, 기타 이와 유사한 자동식 소화설비를 설치한 경우에는 600m²) 이내마다 구획할 것 　　다만, 벽 및 반자의 실내에 접하는 부분의 마감을 불연재료로 한 경우에는 바닥면적 500m² 이내마다 구획 　-필로티나 그 밖에 이와 비슷한 구조(벽면적의 1/2 이상이 그 층의 바닥면에서 위층 바닥 아래면까지 공간으로 된 것만 해당)의 부분을 주차장으로 사용하는 경우 그 부분은 건축물의 다른 부분과 구획할 것 • 방화구획 구획부재 　-60분, 60분+ 방화문　　　-수평, 수직(급수, 배전관) 방화구획 관통부 　-방화댐퍼　　　　　　　　-하향식 피난구 　-외벽과 바닥 사이 틈

	• 목적
내화구조	−화재확대 방지 및 재산보호
	−건축물 붕괴억제, 주변위해 확대 방지
	−건축물에서 인명안전 및 소방관 소화활동 보장
	• 조건 : 구조적 안전성, 차열성, 차염성
	• 적용 : 콘크리트조, 연와조, 기타 이와 유사한 구조로 주요 구조부에 적용

3. 방화구획과 내화구조의 차이점

구분	방화구획	내화구조
구조	벽, 천장, 바닥이 공간 형성	자립형태로의 벽 등으로 공간을 형성하기 위한 구조체
역할	구획된 공간에서의 수직, 수평으로의 화재확산 방지	건축물의 구조적 안전성 확보 및 이면의 화재확산 방지
성능	차염성, 차열성, 차연성	구조적 안전성, 차염성, 차열성, 차연성
구분	면적별, 용도별, 층별 구분	내력벽, 보, 기둥, 바닥

4. 소견

① 내화구조는 방화구획을 완성하기 위한 부재이며, 방화구획은 Post-flashover 까지 화재를 한정하는 목적이 있음

② 법 적용상 일정기준이면 방화구획을 완화해주고 있으며, 특히 주차장의 경우 내화구조, 마감이 불연재료일 경우 방화구획완화 대상이지만 이는 불합리하다고 사료되며, 최소한 자동식 소화설비 방호구역 3,000m² 이내마다 방화구획을 적용하여야 한다고 사료됨

"끝"

1. 문제

> 환기구가 있는 구획실의 화재 시, 연기 충진(Smoke Filling) 과정과 중성대형성에 따른 화재실의 공기 및 연기흐름을 3단계로 구분하여 설명하시오.

2. 시험지에 번호 표기

> 환기구가 있는 **구획실의 화재 시, 연기 충진(Smoke Filling)(1)** 과정과 중성대형성에 따른 **화재실의 공기 및 연기흐름을 3단계(2)**로 구분하여 설명하시오.

Tip 개요 – 메커니즘 – 3단계 설명 – 소견 순으로 작성합니다.

3. 출제자 의도 파악 및 지문에서 내가 써야 할 대제목, 소제목 가져오기

지문	대제목 및 소제목
구획실의 화재 시, 연기 충진(Smoke filling)(1)	1. 개요
	2. 구획실화재의 연기충진 메커니즘
화재실의 공기 및 연기흐름을 3단계(2)	3. 공기 및 연기흐름 3단계
	1) 1단계
	2) 2단계
	3) 3단계
	4. 소견

4. 실제 답안지에 작성해보기

문 3-6) 연기 충진(Smoke Filling) 과정과 중성대형성에 따른 화재실의 공기 및 연기흐름을 3단계 설명

1. 개요

① 연기와 공기의 운동은 주로 온도상승에 의한 부력의 영향으로 화재성장단계에 따라 공기 및 연기흐름의 영향을 미침

② 구획실 화재는 구획실의 형태에 따라 영향을 받으며 화재는 열의 피드백에 의하여 강화되고 산소저하에 의하여 감소함

2. 연기충진 메커니즘

개념도	
과정	① 성장기에는 연료 및 공기가 충분하여 연소속도가 빠르고 열방출속도가 빨라 발연량이 증가함 ② Ceilling Jet Flow에 의하여 천장면에 급속히 연기가 유동함 ③ 연기축적에 의하여 연기층이 하강하면서 연기가 충진됨 ④ 중성대가 하강 및 상승하다가 최성기가 되면 중앙에 위치하여 연기 및 공기의 유출입량이 일정하게 유지됨

3. 공기 및 연기흐름 3단계

1) 1단계

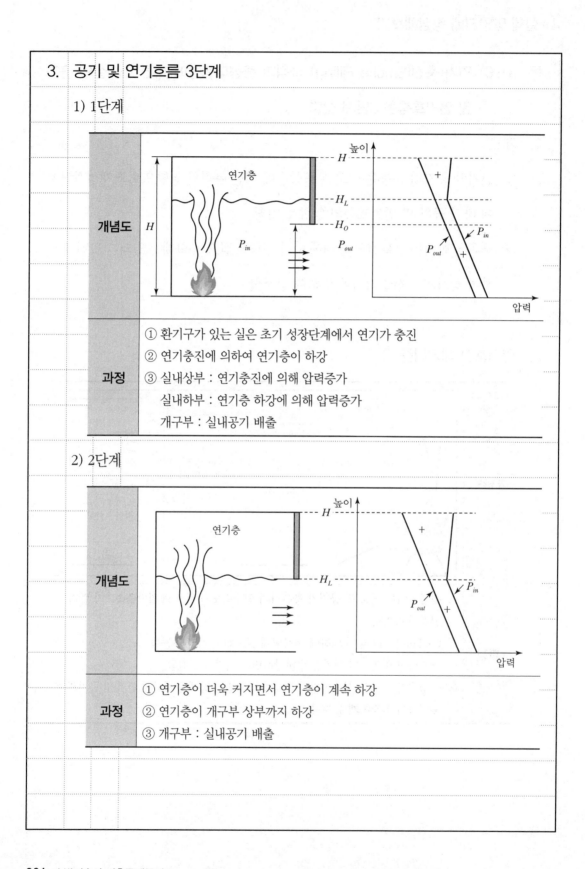

개념도	(상단 개념도 그림)
과정	① 환기구가 있는 실은 초기 성장단계에서 연기가 충진 ② 연기충진에 의하여 연기층이 하강 ③ 실내상부 : 연기충진에 의해 압력증가 　실내하부 : 연기층 하강에 의해 압력증가 　개구부 : 실내공기 배출

2) 2단계

개념도	(하단 개념도 그림)
과정	① 연기층이 더욱 커지면서 연기층이 계속 하강 ② 연기층이 개구부 상부까지 하강 ③ 개구부 : 실내공기 배출

3) 3단계

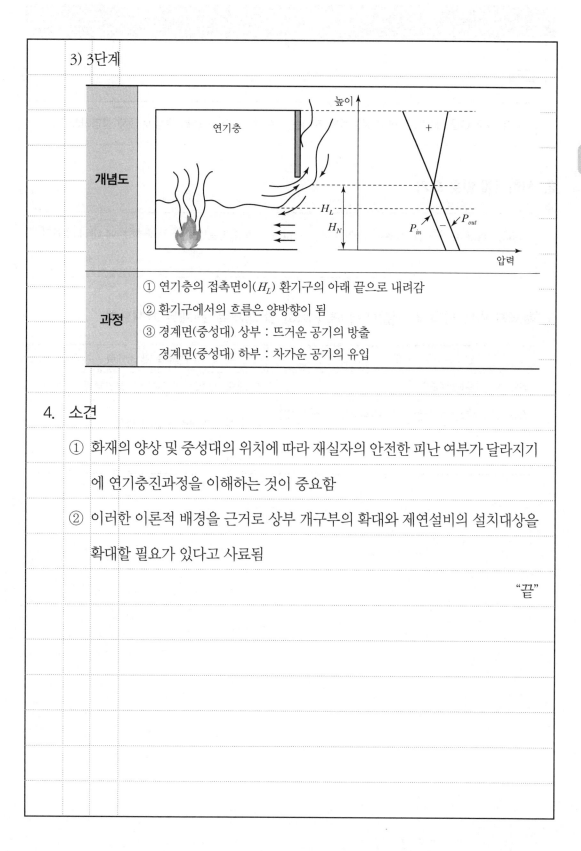

개념도	
과정	① 연기층의 접촉면이(H_L) 환기구의 아래 끝으로 내려감 ② 환기구에서의 흐름은 양방향이 됨 ③ 경계면(중성대) 상부 : 뜨거운 공기의 방출 경계면(중성대) 하부 : 차가운 공기의 유입

4. 소견

① 화재의 양상 및 중성대의 위치에 따라 재실자의 안전한 피난 여부가 달라지기

  에 연기충진과정을 이해하는 것이 중요함

② 이러한 이론적 배경을 근거로 상부 개구부의 확대와 제연설비의 설치대상을

  확대할 필요가 있다고 사료됨

                                                                    "끝"

1. 문제

> A급, B급, C급 화재에 각각 소화능력을 가지는 수계 소화설비와 소화 특성에 대해 설명하시오.

2. 시험지에 번호 표기

> A급, B급, C급 화재(1)에 각각 소화능력을 가지는 수계 소화설비와 소화 특성(2)에 대해 설명하시오.

3. 출제자 의도 파악 및 지문에서 내가 써야 할 대제목, 소제목 가져오기

지문	대제목 및 소제목
A급, B급, C급 화재(1)	1. 개요 ① 화재의 구분 ② 설비분류
각각 소화능력을 가지는 수계 소화설비와 소화 특성(2)	2. 수계 소화설비와 소화 특성
	3. 소견

4. 실제 답안지에 작성해보기

> 문 4-1) A급, B급, C급 화재에 각각 소화능력을 가지는 수계 소화설비와 소화
>
> 특성

1. 개요

화재의 구분	구분		정의	가연물 종류
	A급 화재	일반화재	일반 가연물이 타고 나서 재가 남는 화재	나무, 섬유, 종이, 고무 등
	B급 화재	유류화재	유류가 타고 나서 재가 남지 않는 화재	인화성 액체, 가연성 액체 등
	C급 화재	전기화재	전류가 흐르고 있는 전기기기, 배선과 관련된 화재	전기기기, 배선 등

설비분류	
	소화약제 ─ 수계 소화약제 ─ 물소화약제 / 포소화약제 ─ 가스계 소화약제 ─ 이산화탄소소화약제 / 할로겐화합물 및 불활성기체 소화약제 / 분말소화약제 수계 소화설비는 물을 소화약제로 사용하는 설비로서 적응성에 따라 스프링클러 설비, 포소화설비, 미분무소화설비로 나눌 수 있음

2. 수계 소화설비와 소화 특성

1) A급 화재 적응성

구분	소화 특성	소화 메커니즘
스프링클러 설비	• 화재감지특성 　－표시온도 　－반응시간지수(RTI) 　－전도열전달계수(C) • 방사특성 　－화재제어 : 물을 방사하여 가연성 물질 주위를 물로 적심으로써, 화재를 일정 온도로 제어하는 방법 　－화재진압 : 물이 화염을 지나 연소하는 연료표면까지 충분히 도달함으로써 화재를 진압하는 방법	• 냉각효과 : 물의 현열과 잠열의 합인 기화열이 커서 냉각소화 효과가 우수함

2) B급 화재 적응성

구분	소화 특성	소화 메커니즘
포소화설비	• 방사특성 　－포원액 종류, 포혼합방식 등에 따라 포방사 형태가 다양함	• 냉각효과 • 표면질식효과 　－포소화약제의 주성분인 계면활성제가 가연물 표면을 덮어 산소를 차단하여 질식 소화

3) C급 화재 적응성

구분	소화 특성	소화 메커니즘
미분무 소화설비	• 방사특성 －용도별 물방울 입자와 살수밀도, 방사모멘트에 따라 소화효과가 다름	• 냉각효과 • 산소희석 : 소화수 온도 상승에 따른 급격한 체적 팽창으로 산소농도를 희석하여 화재규모 축소 • 복사열 차단

3. 소견

① 수계 소화설비에 따라 적응성이 구별되며, A급 화재에는 스프링클러설비, B급 화재에는 포소화설비, C급 화재에는 미분무소화설비가 적응성이 있음

② 적응성이 있는 소화설비를 설치하고 유지관리를 하여야 화재를 소화 · 제어, 진압할 수 있음

"끝"

1. 문제

수계 소화설비에 사용되는 물의 특성을 열역학적 선도(Thermodynamic Diagram)에서 삼중점 (Triple Point)과 삼중선(Triple Line)으로 구분하여 설명하시오.

2. 시험지에 번호 표기

수계 소화설비에 사용되는 물의 특성(1)을 열역학적 선도(Thermodynamic Diagram)에서 삼중점 (Triple Point)(2)과 삼중선(Triple Line)(3)으로 구분하여 설명하시오.

3. 출제자 의도 파악 및 지문에서 내가 써야 할 대제목, 소제목 가져오기

지문	대제목 및 소제목
물의 특성(1)	1. 개요
열역학적 선도에서 삼중점(Triple Point)(2)	2. 삼중점
삼중선(Triple Line)(3)	3. 삼중선
	4. 소견

4. 실제 답안지에 작성해보기

문 4 - 2) 열역학적 선도에서 삼중점과 삼중선으로 구분하여 설명

1. 개요

물	소화약제로서 물은 온도, 압력에 따라서 상태변화가 발생함
삼중점	고상, 액상, 기상이 혼재하는 온도(0.0098℃)와 압력(0.006atm)점
삼중선	물질의 세 개의 상 모두가 평형상태에서 공존하는 상태를 나타내는 선을 말하며, 3중선상의 물질의 상태는 압력과 온도는 같으나 비체적은 변함

2. 삼중점

개념도	\n\n[물 상평형 그래프]
정의	• 물의 상태가 고체, 액체, 기체 모두 존재하는 Point\n• 삼중점은 온도 0.0098℃, 압력 0.006atm
소방에의 적용	• 압력이 온도 0.0098℃에서 삼중점 압력(0.006atm) 미만으로 감소하면 물은 기체상태로 변하고 소방펌프의 케비테이션이 발생함\n• 케비테이션이 발생하면 소음·진동이 발생하고 적정 방수압, 방수량이 미달되어 소화불능이 발생함

3. 삼중선

개념도	
개념	• 물질의 열역학적 특성에서 온도, 압력, 부피 3차원을 압력과 온도와의 관계로만 해석하면 P−T선도로 해석되고, 임계점과 삼중점이 하나의 상태의 점으로 표현됨 • 온도, 압력, 부피 3차원을 압력과 부피의 관계로 해석하면 P−V선도로 해석되고, 임계점(Critical Point)과 삼중선(Triple Line)으로 표현됨 • 즉, 삼중점과 삼중선은 별도의 상태가 아니고 동일한 물질의 열역학적 특성 상태에서 관점에 따라 다른 표현임

4. 소견

① 소화약제로서 물은 압력이 온도 0.0098℃에서 삼중점 압력(0.006atm) 미만으로 감소하면 물은 기체상태로 변하고 소방펌프의 케비테이션이 발생함

② 캐비테이션을 방지하는 것이 설비의 성능을 확보하는 것이기에 평상시 유지관리가 중요하다고 사료됨

"끝"

1. 문제

건축물이 대형화 · 고층화 · 심층화되면서 주차장 역시 지하화되고 있다. 주차장에서 화재 발생 시 문제점과 화재 안전성 확보를 위한 대책을 설명하시오.

2. 시험지에 번호 표기

건축물이 대형화 · 고층화 · 심층화되면서 주차장 역시 지하화(1)되고 있다. 주차장에서 화재 발생 시 문제점(2)과 화재 안전성 확보를 위한 대책(3)을 설명하시오.

Tip 개요 – 메커니즘 – 문제점 – 대책의 순서대로 답을 완성해나가야 합니다.

3. 출제자 의도 파악 및 지문에서 내가 써야 할 대제목, 소제목 가져오기

지문	대제목 및 소제목
주차장 역시 지하화(1)	1. 개요
	2. 주차장 화재 메커니즘
주차장에서 화재 발생 시 문제점(2)	3. 주차장 화재 발생 시 문제점
화재 안전성 확보를 위한 대책(3)	4. 화재 안전성 확보를 위한 대책

4. 실제 답안지에 작성해보기

문 4 - 3) 주차장에서 화재 발생 시 문제점과 화재 안전성 확보를 위한 대책 설명

1. 개요

① 현대식 건축물이 대형화, 고층화, 심층화되면서 지하공간에 대한 활용도가 중요시되고 주차장도 지하에 설치하는 특징이 있음

② 지하주차장의 주차 대수 증가 및 다양한 차종에 따른 화재 가혹도가 증가하여 화재에 대한 대책이 필요함

2. 주차장 화재 메커니즘

연소의 3요소	
가연물	차량 자체가 가연물이며, 연료, 내부자재, 배터리 등 내부 인테리어 재질이 가연물임
점화원	차량의 배터리는 전기적 원인의 점화원이며, 배기통은 열적 원인 기타 원인으로 방화, 용접·용단 시의 불티 등이 외부적 요인이 됨
화재확대	주차차량의 연속적 배치로 인한 연쇄반응적 화재

가연물: 불에 탈 수 있는 물질 (고체, 액체, 가스)
산소: 산소, 공기, 산화성 물질
점화에너지: 용접·용단 불티, 전기스파크, 마찰불꽃

3. 주차장 화재 발생 시 문제점

화재위험성	• 다량의 가연물 　─종류 : 자동차 연료(경유, 휘발유), 자동차 시트, 내장재 등 고분자물질, 폐지 등 가연물 적재 　─차량의 내장재 등은 고분자 물질 사용으로 연소 시 발열량이 크고 연소확대가 빠름 • 다양한 점화원 　─종류 : 동파 방지를 위한 열선, 차량배터리, 용접작업, 누전 등 　─외기에 노출되어 전기설비의 노후화가 빠르며 다양한 발화원인 발생 • 무창폐쇄공간 　─밀폐된 공간으로 축연, 축열 발생 : 화재초기 이후 환기지배형 화재 　─고분자 물질이 다량 적재되어 발생열량이 큼
피난위험성	• 지하공간으로 자연채광 불가능 • 연기층 하강시간이 빨라 청결층 파괴시간 단축되어 대피가능시간 감소 • 일체형 방화셔터 사용으로 패닉 발생
건축구조적 문제점	• 지하주차장은 방화구획 완화 대상 : 화재구획 불가, 연소확대 가능성 증가 • 각 소방대상물별 지하공간이 연결 : 대공간으로 빠르게 연기 확산 • 대공간으로서 사각지역 존재
소방적인 문제점	• 준비작동식 스프링클러 적용 : 작동지연, 초기소화 불가능 • 열감지기 적용 : 초기감지 불가능 • 경보문제 : 대공간 일제경보 적용과 지상층 건축물 화재경보 연동 난해 • 제연설비 : 환기설비만 존재해서 연기배출 제한

4. 화재 안전성 확보를 위한 대책

예방대책	• 점화원 제거 : 용접 등 화재위험 작업 시 작업허가 등 화재감시원 배치, 전기설비 등 주기적 유지관리 철저 • 가연물 관리 : 주차장은 용도 외 가연물 적재 금지 • 유지관리 철저 : CCTV, 관리인 24시간 감시로 화재 예방
소방대책	• 습식 스프링클러 적용 : 준비작동식의 초기 작동지연문제 해결 • 제연설비(배연) 적용 : 지하공간의 연기를 배출하여 청결층 확보 • 아날로그감지기 사용 : 비화재보, 작동지연을 방지
피난대책	• 피난유도선 적용 : 유도등 대신 유도선을 적용 • 양방향 피난 확보 : 피난기구 및 일정거리 내 특별피난계단 설치 • 주기적인 피난훈련 및 숙련된 직원에 의한 안내방송 제공
건축대책	• 방화구획 적용 : 일정 규모별 방화구획 적용, 사용편의성보다 화재안전을 우선 • 일체형 방화셔터 사용금지 : 패닉의 원인으로 별도 피난구 설치 • 주차장 위치 : 용도별 구획 철저

"끝"

1. 문제

아래 조건과 같은 특정소방대상물의 비상전원 용량산정 방법과 제연설비의 송풍기 수동조작스위치를 송풍기별로 설치하여야 하는 이유에 대하여 설명하시오.

〈조건〉
- 5개의 특정소방대상물이 지하에 설치된 주차장으로 연결되어 있다.
- 주차장에서 하나의 특정소방대상물의 제연구역으로 들어가는 입구에는 제연용 연기감지기가 설치되어 있다.
- 제연용 연기감지기의 작동에 따라 특정소방대상물의 해당 수직풍도에 연결된 송풍기와 댐퍼가 작동한다.

2. 시험지에 번호 표기

아래 조건과 같은 특정소방대상물의 **비상전원(1) 용량산정 방법(2)**과 제연설비의 송풍기 **수동조작스위치를 송풍기별로 설치하여야 하는 이유(3)**에 대하여 설명하시오.

〈조건〉
- 5개의 특정소방대상물이 지하에 설치된 주차장으로 연결되어 있다.
- 주차장에서 하나의 특정소방대상물의 제연구역으로 들어가는 입구에는 제연용 연기감지기가 설치되어 있다.
- 제연용 연기감지기의 작동에 따라 특정소방대상물의 해당 수직풍도에 연결된 송풍기와 댐퍼가 작동한다.

3. 출제자 의도 파악 및 지문에서 내가 써야 할 대제목, 소제목 가져오기

지문	대제목 및 소제목
비상전원(1)	1. 개요
용량산정 방법(2)	2. 비상전원 용량산정 방법
수동조작스위치를 송풍기별로 설치하여야 하는 이유(3)	3. 제연설비의 수동조작스위치를 송풍기별로 설치하여야 하는 이유
	4. 소견

4. 실제 답안지에 작성해보기

문	4–4) 비상전원 용량산정 방법과 제연설비의 송풍기 수동조작스위치를 송풍기별로 설치하여야 하는 이유

1. 개요

　① 비상전원 용량의 안전한 확보를 위해 소방부하 및 비상부하를 고려하여 발전기 용량을 산정하고 있음

　② 화재 시 제연설비의 송풍기는 비상전원으로 공급되고, 화재감지기의 작동 또는 수동조작스위치를 통하여 자동 또는 수동으로 동작이 가능하도록 설치함

2. 비상전원 용량산정 방법(GP법)

관계식	$GP = [\sum P + (\sum Pm - PL) \times a + (PL \times a \times c)] \times k$ 여기서, $\sum P$: 전동기 이외 부하의 입력용량 합계(kVA) ㉠ 입력용량(고조파발생부하 제외) $P = \dfrac{부하용량(\text{kW})}{부하효율 \times 역률}$ ㉡ 고조파발생부하의 입력용량 합계(kVA) • UPS의 입력용량 $P = (\dfrac{\text{UPS 출력(kVA)}}{\text{UPS 효율}} \times \lambda) + 축전지충전용량$ ※ 축전지충전용량은 UPS용량의 6~10% 적용 • 입력용량(UPS 제외) $P = \dfrac{부하용량(\text{kW})}{효율 \times 역률} \times \lambda$ ※ λ(THD 가중치)는 KS C IEC 61000–3–6의 표 6을 참고. 다만, 고조파저감장치를 설치할 경우에는 가중치 1.25를 적용할 수 있음 $\sum Pm$: 전동기 부하용량 합계(kW) PL : 전동기 부하 중 기동용량이 가장 큰 전동기 부하용량(kW), 다만, 동시에 기동될 경우에는 이들을 더한 용량으로 함 a : 전동기의 kW당 입력용량 계수(고효율은 1.38, 표준형은 1.45. 다만, 전동기 입력용량은 각 전동기별 효율, 역률을 적용하여 입력용량을 환산할 수 있음) c : 전동기의 기동계수 k : 발전기 허용전압강하 계수

3. 제연설비의 송풍기 수동조작스위치를 송풍기별로 설치하여야 하는 이유

1) 화재안전기준에 의한 규정

급기댐퍼	둘 이상의 특정소방대상물이 지하에 설치된 주차장으로 연결되어 있는 경우에는 주차장에서 하나의 특정소방대상물의 제연구역으로 들어가는 입구에 설치된 제연용 연기감지기의 작동에 따라 특정소방대상물의 해당 수직풍도에 연결된 모든 제연구역의 댐퍼가 개방되도록 할 것
TAB	둘 이상의 특정소방대상물이 지하에 설치된 주차장으로 연결되어 있는 경우에는 주차장에서 하나의 특정소방대상물의 제연구역으로 들어가는 입구에 설치된 제연용 연기감지기의 작동에 따라 특정소방대상물의 해당 수직풍도에 연결된 모든 제연구역의 댐퍼가 개방되도록 하고 비상전원을 작동시켜 급기 및 배기용 송풍기의 성능이 정상인지 확인할 것
수직풍도	• 부속실을 제연하는 경우 동일수직선상의 모든 부속실은 하나의 전용수직풍도를 통해 동시에 급기할 것 • 하나의 수직풍도마다 전용의 송풍기로 급기할 것
수동조작 S/W	• 전층의 제연구역에 설치된 급기댐퍼의 개방 • 당해 층의 배출댐퍼 또는 개폐기의 개방 • 급기송풍기 및 유입공기의 배출용 송풍기(설치한 경우)의 작동 • 개방·고정된 모든 출입문(제연구역과 옥내 사이의 출입문에 한함)의 개폐장치의 작동

2) 소방시설의 작동에 대한 신뢰도 확보

① 하나의 수직풍도마다 송풍기별로 전용의 수동조작스위치 설치

② 화재 시 제연설비의 작동에 대한 신뢰도 확보 가능

3) 인명보호 및 재산피해 최소화

① 화재를 관계인이 조기 발견 시 화재감지기가 동작되지 않더라도 수동조작에 의해 제연송풍기 작동 가능

② 소화활동 중인 소방대원 및 재실자의 청결층 확보로 원활한 소화활동 및 피난으로 인명 및 재산피해 최소화 가능

4. 소견

① 비상전원은 화재 및 정전 시 소방시설을 가동시켜 주어 재난을 예방하고 최소

화하는 데 있어 중추역할을 하는 것으로, 소방부하 겸용이 아닌 소방전용발전

기 설치로 지향함

② 제연설비의 송풍기는 화재 시 비상전원으로 안전하게 공급되어 전원을 확보

하고, 송풍기별로 전용의 수동조작스위치를 통하여 작동에 대한 신뢰도를 높

일 수 있어 인명 및 재산피해 최소화 가능

"끝"

1. 문제

> Y(Star)로 결선된 농형 유도전동기의 선간전압(Line Voltae)이 상전압(Phase Voltage)에 $\sqrt{3}$ 배가 됨을 극좌표형식으로 증명하시오.

2. 시험지에 번호 표기

> Y(Star)로 결선(1)된 농형 유도전동기의 선간전압(Line Voltae)이 상전압(Phase Voltage)에 $\sqrt{3}$ 배가 됨을 극좌표형식으로 증명(2)하시오.

Tip 계산문제와 유도문제는 고득점을 받을 수 있기에 전개과정을 명확히하고 답이 도출하는 것이 좋습니다.

3. 출제자 의도 파악 및 지문에서 내가 써야 할 대제목, 소제목 가져오기

지문	대제목 및 소제목
Y(Star)로 결선(1)	1. 개요
극좌표형식으로 증명(2)	2. 선간전압이 상전압의 $\sqrt{3}$ 배 증명

4. 실제 답안지에 작성해보기

문 4-5) Y(Star)로 결선된 농형 유도전동기의 선간전압이 상전압에 $\sqrt{3}$ 배가
됨을 극좌표형식 설명

1. 개요

유동전동기	AC 전동기의 한 유형으로 고정자와 회전자로 구성되며, 교류전기로 고정자에 회전자기장을 발생시키고 도체인 회전자에 유도전류를 발생시키면 회전자가 전자기력을 받아 회전자기장에 대응하여 회전운동을 하는 원리
문제점	기동 시 과전류 및 큰 기동토크에 의해 역률이 저하됨
Y 결선	기동 시 감전압 기동을 하기 위하여 선전압이 상전압의 $\sqrt{3}$ 배를 이용

2. Y 결선 시 선간전압이 상전압의 $\sqrt{3}$ 배 증명

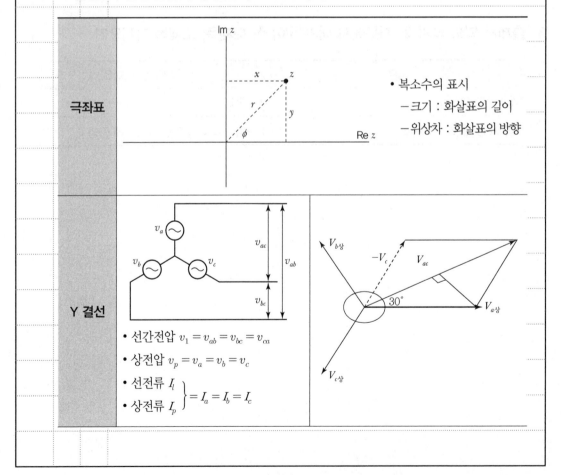

극좌표	• 복소수의 표시 − 크기 : 화살표의 길이 − 위상차 : 화살표의 방향
Y 결선	• 선간전압 $v_1 = v_{ab} = v_{bc} = v_{ca}$ • 상전압 $v_p = v_a = v_b = v_c$ • 선전류 I_l • 상전류 I_p $\Big\} = I_a = I_b = I_c$

유도	① a상 전압(V_a)을 극좌표 표현하면 $V_a \angle 0°$ ② C상 전압(V_c)을 극좌표 표현하면 $V_c \angle 120°$ ③ $V_{ac} = V_a \angle 0° - V_c \angle 120°$로 표현되므로 　선간($V_{ac}$) $= V_{a상} + (-V_{c상}) = 2 \times V_{a상} \times \cos 30$ 　　　　$= 2 \times V_{a상} \times \dfrac{\sqrt{3}}{2} = \sqrt{3} \times V_{a상} \angle 30°$ ④ 선간전압은 상전압보다 크기는 $\sqrt{3}$ 배가 크고 위상은 30° 앞섬

"끝"

1. 문제

제연용 송풍기에 가변풍량 제어가 필요한 이유를 설명하시오. 또한 댐퍼제어방식과 회전수제어방식의 특징을 성능곡선으로 비교하고, 각 방식의 장·단점 및 적용 대상에 대하여 설명하시오.

2. 시험지에 번호 표기

제연용 송풍기(1)에 가변풍량 제어가 필요한 이유(2)를 설명하시오. 또한 댐퍼제어방식과 회전수제어방식의 특징을 성능곡선으로 비교(3)하고, 각 방식의 장·단점(4) 및 적용 대상(5)에 대하여 설명하시오.

Tip 2~4교시에는 5개의 지문을 적용하면 20분 안에 답안을 작성할 수 있으며, 이 문제에서는 지문을 5개 발췌할 수 있기에 그대로 적용해서 답안을 작성합니다.

3. 출제자 의도 파악 및 지문에서 내가 써야 할 대제목, 소제목 가져오기

지문	대제목 및 소제목
제연용 송풍기(1)	1. 개요 ① 정의 ② 종류
가변풍량 제어가 필요한 이유(2)	2. 가변풍량 제어가 필요한 이유
	3. 댐퍼제어방식과 회전수제어방식의 특징
댐퍼제어방식과 회전수제어방식의 특징을 성능곡선으로 비교(3)	1) 특징
각 방식의 장·단점(4)	2) 장·단점 및 적용대상
적용 대상(5)	
	4. 소견

4. 실제 답안지에 작성해보기

문 4-6) 제연용 송풍기에 가변풍량 제어가 필요한 이유 설명

1. 제연설비

정의	제연설비는 소화활동 설비로서 건축물의 화재 초기단계에서 발생하는 열과 연기를 감지하여 화재실 연기를 배출하고 피난경로인 복도, 계단 등에 연기가 확산되지 않게 함으로써 피난안전성 확보 및 연기에 의한 손실방지, 소화활동을 위한 시계 확보 및 유독가스 배출, 공기흐름을 조정하여 화재연소경로 유도에 있음
종류	송풍량 제어 방식에서 정풍량방식과 가변풍량방식이 있으며 가변풍량방식에서는 조임제어, 날개각도제어, 속도제어 방식으로서 토출댐퍼, 흡입댐퍼, 흡입베인제어, 회전수제어방식 등이 있음

2. 가변풍량 제어가 필요한 이유

개념도	요구량(SV) / 측정량(PV) / 조작량(MV) / a_1 a_2 / 댐퍼 / 팬	
필요이유	부속실제연	피난을 위한 출입문의 개방에 따른 방연 풍속 유지 및 연기유입차단을 위한 차압 유지
	거실제연	• 건축물의 층고 확보 및 설비경제성에 따른 평시에 공조에서 열부하에 따른 운전 화재 시 제연설비 가동에 따른 부하 증가 운전 • 화재초기에 송풍기 전성능 운전 시 플러그 홀링(Plug Holing) 현상 발생
제어방법	부속실제연	• 복합댐퍼방식에서 급기팬 흡입 측 또는 토출 측에 설치 - 출입문과 연동 작동 - 덕트에 고압이 걸리면 누설량에 의해 전실까지 과압 발생 방지
	거실제연	공조 겸용인 경우 화재 시 제연 풍량 가변 적용

3. 댐퍼제어방식과 회전수제어방식

1) 특징

구분	댐퍼제어방식	회전수제어방식
성능 곡선		
특징	• 송풍기의 흡입, 토출 측에 설치된 댐퍼를 개폐해 풍량을 조절하는 방식 • 설치비가 저렴하고 조작이 간편하나, 과도하게 풍량을 감소시킬 경우 서징현상과 소음이 발생될 우려가 있음	• 송풍기의 회전수를 증감시키면 압력 특성 곡선이 변화하면서 풍량과 압력이 모두 증가하거나 감소함 • 회전수 감소 시 동력 절감폭이 커서 운전 에너지 절약에 가장 효과적임

2) 장 · 단점 및 적용대상

구분		장점	단점	적용대상
댐퍼 제어	토출 댐퍼	• 경제적 • 적용 용이	• 서징(Surging) 가능성 • 효율이 불량, 소음 발생	공조설비, 제연설비
	흡입 댐퍼	• 적용 용이 • 경제적 동력제어 유리 • 서징(Surging) 방지	• 과도 제어 시 Over Load • 유량변화에 따른 압력변화가 큼	집진설비, 제연설비
회전수제어		• 소용량에서 대용량까지 적용범위가 넓음 • 자동화 운전이 가능 • 에너지 효율이 좋음	• 설비비 고가 • 전자파에 취약함	항온항습시스템, 소음발생 시 곤란 구역

4. 소견

① 송풍기의 풍량 변화에 따른 압력변화는 토출댐퍼 > 흡입댐퍼제어 > 흡입베인

　제어 > 회전수제어 순이며, 일반적으로 효율이 가장 떨어지는 토출댐퍼제어

　방식이 많이 사용됨

② 소화활동설비인 제연설비는 화재 초기에 연기 등을 감지하여 인명의 피난안

　전성 확보와 소화활동을 위한 시계확보 및 유독가스 배출을 목적으로 하는 것

　으로서 신뢰성이 확보된 유연성 있는 회전수 제어방식의 제연풍량 제어방식

　의 검토가 필요하다고 사료됨

"끝"

Chapter 05

제115회

소방기술사
기출문제풀이

115회 1교시 1번

1. 문제

화재에 의해 발생된 불꽃의 적외선 영역 내의 파장성분과 방사량을 감지하는 방식 4가지를 설명하시오.

2. 시험지에 번호 표기

화재에 의해 발생된 **불꽃의 적외선 영역 내의 파장성분과 방사량(1)**을 감지하는 방식 4가지(2)를 설명하시오.

3. 출제자 의도 파악 및 지문에서 내가 써야 할 대제목, 소제목 가져오기

지문	대제목 및 소제목
불꽃의 적외선 영역 내의 파장성분과 방사량(1)	1. 정의
감지하는 방식 4가지(2)	2. 감지방식
	3. 소견

4. 실제 답안지에 작성해보기

문 1-1) 불꽃의 적외선 영역 내의 파장성분과 방사량을 감지하는 방식

1. 정의

개념도	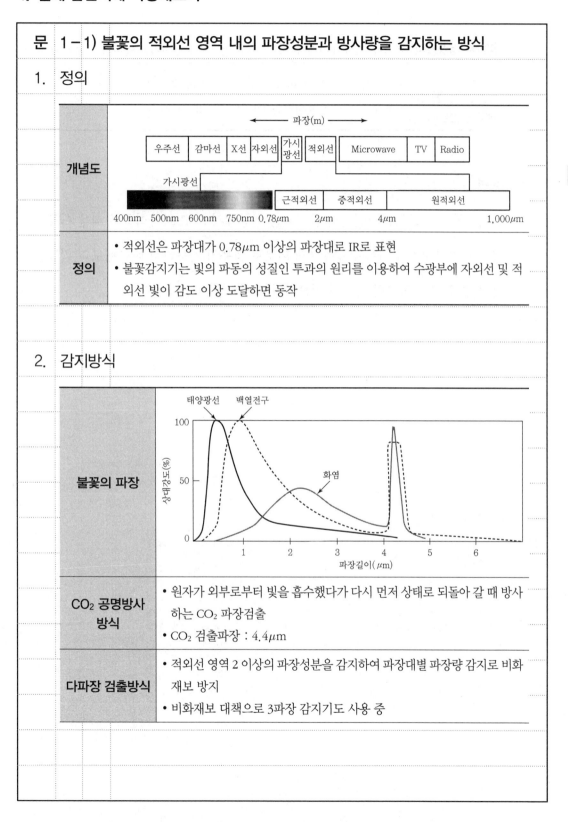
정의	• 적외선은 파장대가 $0.78\mu m$ 이상의 파장대로 IR로 표현 • 불꽃감지기는 빛의 파동의 성질인 투과의 원리를 이용하여 수광부에 자외선 및 적외선 빛이 감도 이상 도달하면 동작

2. 감지방식

불꽃의 파장	
CO_2 공명방사 방식	• 원자가 외부로부터 빛을 흡수했다가 다시 먼저 상태로 되돌아 갈 때 방사하는 CO_2 파장검출 • CO_2 검출파장 : $4.4\mu m$
다파장 검출방식	• 적외선 영역 2 이상의 파장성분을 감지하여 파장대별 파장량 감지로 비화재보 방지 • 비화재보 대책으로 3파장 감지기도 사용 중

정방사 검출방식	0.7μm 이하의 가시광선은 적외선 필터로 차단시키고 이외의 파장 검출
Flicker (깜박이는 불빛) 단파장 검출방식	• 화염의 경우 정방사의 6.5% Flicker 성분을 포함함 • 화재 시 Flicker 주파수는 1~10Hz로 Flicker 검출

3. 소견

준비작동식 스프링클러설비의 감지기는 현장에서 A, B 교차회로 방식을 사용하지만 불꽃감지기를 사용할 경우 1개 회로로 적용이 가능하고 비화재보의 위험을 줄일 수 있기에 적극적 사용이 필요하다고 사료됨

"끝"

1. 문제

다음 용어에 대하여 간략히 설명하시오.

(1) 도체저항   (2) 접촉저항

(3) 접지저항   (4) 절연저항

2. 시험지에 번호 표기

다음 용어에 대하여 간략히 설명하시오.

(1) 도체저항   (2) 접촉저항

(3) 접지저항   (4) 절연저항

Tip 지문 4개를 순서대로 작성하면 됩니다. 이때 수험생과 채점자 모두 소방인이므로 "소방에의 적용"이 반드시 들어가야 합니다.

3. 실제 답안지에 작성해보기

문 1-2) 도체저항, 접촉저항, 접지저항, 절연저항

1. 도체저항

개념도	$R = \rho \dfrac{l}{A} [\Omega]$ $\rho = $ 고유저항 $= \dfrac{1}{\sigma}$ $\sigma = $ 도전도 고유저항 $\rho = R\dfrac{A}{l} [\Omega \cdot m]$
정의	도체 고유의 저항을 말함
소방에의 적용	• 점화원으로서 줄열 발생 $R = e\dfrac{L}{A}$ $H = I^2 Rt$ • 도체로 사용되고 있는 동은 온도 상승 시 저항 증가 $R_2 = R_1[1 + \alpha_{T1}(T_2 - T_1)]$ 여기서, R_2 : T_2일 때 저항(Ω), R_1 : T_1일 때 저항(Ω), α_{T1} : T_1일 때 온도계수

2. 접촉저항

개념도	
정의	2개 이상의 물체가 1개의 접촉면에 접했을 때 접촉면의 전기저항값을 말함
소방에의 적용	• 접촉저항이 다를 시 통전에 따른 열 발생 • 통신신호 전송 시 반사파에 따른 통신품질 저하 • 소방에서는 임피던스 매칭과 정재파비 제한으로 적용

3. 접지저항

측정방법	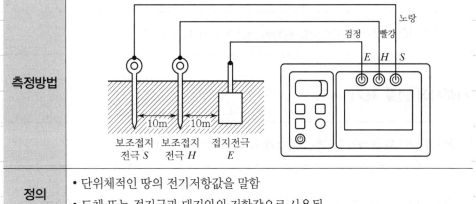
정의	• 단위체적인 땅의 전기저항값을 말함 • 도체 또는 접지극과 대지와의 저항값으로 사용됨
소방에의 적용	인체감전 방지 및 수신기 등의 통신품질 향상

4. 절연저항

측정방법 (메거사용법)	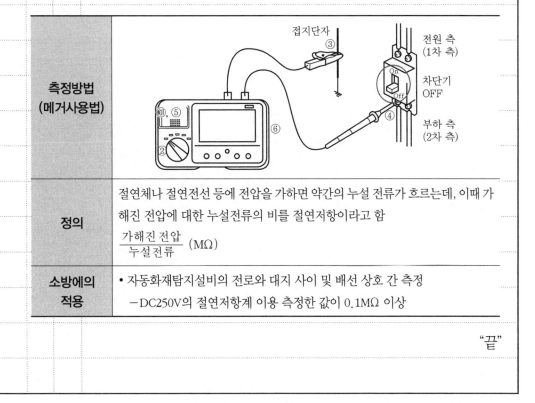
정의	절연체나 절연전선 등에 전압을 가하면 약간의 누설 전류가 흐르는데, 이때 가해진 전압에 대한 누설전류의 비를 절연저항이라고 함 $\dfrac{\text{가해진 전압}}{\text{누설전류}}$ $(M\Omega)$
소방에의 적용	• 자동화재탐지설비의 전로와 대지 사이 및 배선 상호 간 측정 $-$ DC250V의 절연저항계 이용 측정한 값이 $0.1M\Omega$ 이상

"끝"

1. 문제

줄열에 의한 발열과 아크에 의한 발열에 대하여 각각 설명하시오.

2. 시험지에 번호 표기

줄열에 의한 발열(1)과 아크에 의한 발열(2)에 대하여 각각 설명하시오.

3. 출제자 의도 파악 및 지문에서 내가 써야 할 대제목, 소제목 가져오기

지문	대제목 및 소제목
줄열에 의한 발열(1)	1. 줄열에 의한 발열
아크에 의한 발열(2)	2. 아크에 의한 발열
	3. 비교

4. 실제 답안지에 작성해보기

문 1-3) 줄열에 의한 발열과 아크에 의한 발열에 대하여 각각 설명

1. 줄열에 의한 발열

개념도	(−)→(+) (−)→(+) 전류 ← 전원 (−) 자유전자 (+) 원자
정의	도체 내 전압인가 시 전류의 흐름에 따라 전기저항이 생기는데, 이 전기저항에 의해 발생되는 열을 말함
소방에의 적용	점화원으로서 줄열 또는 저항열이라 하며 $H = I^2 \cdot R \cdot t$

2. 아크에 의한 발열

개념도	탄소전극 / 저항 / 전원 / 전류 [폐회로] 전극간전압 / 탄소전극 / 저항 / 전원 / 전류 [아크 발생]
아크 가열	전기 아크(섬락)는 전도체 사이의 공극을 통과해 흐르는 고전류의 지속적인 전기 방전이며, 단락 시 혹은 접점 OFF 시 발생
소방에의 적용	• 단락 → 접촉저항 "0"에 수렴 → 전류 ∝ 수렴 → 전류제곱으로 발열 • 접점 OFF → 소호발생 → 공기절연내력 이상 → 전류제곱으로 발열

3. 비교

구분	줄열	아크열
내용	• 발열체에 전류를 흐르게 하여 발생된 열을 전도, 대류, 복사에 의해 전달 • 점화원으로 작용 : 열축적이 중요 • 발열 > 방열 발화점 이상 시 열 축적에 의한 발화	• 저항체인 발열체에 전류 통전 → 발열체 양단에서 발생된 아크열을 피열물에 전달하는 방식 • 점화원으로 작용 : 에너지 크기가 중요 • 발생에너지 > 가연물 발화에너지일 때 즉시 발화
대책	• 도체의 굵기 증가 • 평상시 열화상카메라 점검 등 유지관리가 중요	• 나사 단자대 부분의 조임 확인 • 평상시 열화상카메라 점검 등 유지관리가 중요

"끝"

1. 문제

건축용 강부재의 방호방법 중 히트 싱크(Heat Sink)방식에 대하여 설명하시오.

Tip 수험생이 선택하기에 쉽지 않은 문제입니다.

1. 문제

다음 용어를 위험물안전관리법에 근거하여 설명하시오.

(1) 위험물   (2) 지정수량   (3) 제조소
(4) 저장소   (5) 취급소

2. 시험지에 번호 표기

다음 용어를 위험물안전관리법에 근거하여 설명하시오.

(1) 위험물   (2) 지정수량   (3) 제조소
(4) 저장소   (5) 취급소

Tip 지문이 5개이므로 지문당 4줄 정도씩 할애합니다.

3. 실제 답안지에 작성해보기

문 1 - 5) 위험물, 지정수량, 제조소, 저장소, 취급소

1. 위험물

정의	인화성 또는 발화성 등의 성질을 가지는 것으로서 대통령령이 정하는 물품
분류	• 1류 : 산화성 고체 • 2류 : 가연성 고체 • 3류 : 자연발화성 금수성 물질 • 4류 : 인화성 액체 • 5류 : 자기반응성 물질 • 6류 : 산화성 액체

2. 지정수량

정의	위험물의 종류별로 위험성을 고려하여 대통령령이 정하는 수량으로서 제조소 등의 설치허가 등에 있어서 최저의 기준이 되는 수량
지정수량 배수계산	$\dfrac{A품목\ 저장수량}{A품목\ 지정수량} + \dfrac{B품목\ 저장수량}{B품목\ 지정수량} + \dfrac{C품목\ 저장수량}{C품목\ 지정수량}$

3. 제조소

정의	위험물을 제조할 목적으로 지정수량 이상의 위험물을 취급하기 위하여 허가를 받은 장소
소화설비	• 소화가 곤란한 정도에 따른 소화난이도는 소화난이도등급 I, II 및 III으로 구분 • 소화난이도등급에 해당하는 제조소 등의 규모, 저장 또는 취급하는 위험물의 품명 및 최대수량 등과 그에 따라 제조소 등별로 설치하여야 하는 소화설비의 종류, 각 소화설비의 적응성 및 소화설비의 설치

4. 저장소

정의	지정수량 이상의 위험물을 저장하기 위한 대통령령이 정하는 장소로서 허가를 받은 장소
분류	옥내 · 옥외저장소, 옥내 · 옥외탱크저장소, 지하탱크저장소, 간이탱크저장소, 이동탱크저장소, 암반탱크저장소

5. 취급소

정의	지정수량 이상의 위험물을 제조외의 목적으로 취급하기 위한 대통령령이 정하는 장소로서 규정에 따른 허가를 받은 장소
분류	주유취급, 판매취급, 이송취급소, 일반취급소

"끝"

1. 문제

그레이엄(Graham)의 확산법칙을 설명하고, 표준상태에서 수소가 산소보다 몇 배 빨리 확산하는지를 구하시오.

2. 시험지에 번호 표기

그레이엄(Graham)의 확산법칙(1)을 설명하고, 표준상태에서 수소가 산소보다 몇 배 빨리 확산하는지를 구하시오(2).

3. 출제자 의도 파악 및 지문에서 내가 써야 할 대제목, 소제목 가져오기

지문	대제목 및 소제목
그레이엄(Graham)의 확산법칙(1)	1. 그레이엄(Graham)의 확산법칙
표준상태에서 수소가 산소보다 몇 배 빨리 확산하는지를 구하시오(2)	2. 확산속도 비교

4. 실제 답안지에 작성해보기

문 1 – 6) 그레이엄(Graham)의 확산법칙을 설명

1. 그레이엄의 확산법칙

정의	• 기체의 분자량과 기체 분자들의 평균 이동속도에 관한 법칙 • 유체는 같은 온도와 압력에서 두 기체의 확산 속도비는 두 기체의 분자량의 제곱근에 반비례함
관계식	$$\frac{V_a}{V_b} = \sqrt{\frac{M_b}{M_a}} = \sqrt{\frac{D_b}{D_a}}$$ V_a : a기체의 확산속도, V_b : b기체의 확산속도 M_a : a기체의 분자량, M_b : b기체의 분자량 D_a : a기체의 밀도, D_b : b기체의 밀도
의미	• 분자량이 작을수록 기체의 확산속도가 빨라진다. • 분자량 차가 클수록 확산속도는 증가한다. • 이때 기체의 기준은 공기로 일반적으로 28.96의 분자량을 갖는다.

2. 수소와 산소의 확산속도 비교

관계식	$$\frac{V_a}{V_b} = \sqrt{\frac{M_b}{M_a}} = \sqrt{\frac{D_b}{D_a}}$$
계산조건	산소의 분자량＝32g, 수소의 분자량＝2g
계산	$$\frac{V_{산소}}{V_{수소}} = \sqrt{\frac{M_{산소}}{M_{수소}}} = \sqrt{\frac{32}{2}} = 4$$
답	표준상태에서 수소는 산소보다 4배 빠른 확산속도를 갖는다.

"끝"

1. 문제

> 물이 이산화탄소보다 끓는점과 녹는점이 높은 이유를 화학결합이론으로 설명하시오.

2. 시험지에 번호 표기

> 물이 이산화탄소보다 끓는점과 녹는점(1)이 높은 이유를 화학결합이론(2)으로 설명하시오.

3. 출제자 의도 파악 및 지문에서 내가 써야 할 대제목, 소제목 가져오기

지문	대제목 및 소제목
물이 이산화탄소보다 끓는점과 녹는점(1)	1. 물과 이산화탄소의 녹는점과 끓는점
높은 이유를 화학결합이론(2)	2. 물의 녹는점, 끓는점이 높은 이유와 화학결합이론

4. 실제 답안지에 작성해보기

문 1-7) 물이 이산화탄소보다 끓는점과 녹는점이 높은 이유

1. 물과 이산화탄소의 녹는점과 끓는점

구분	물	이산화탄소
상 평형도	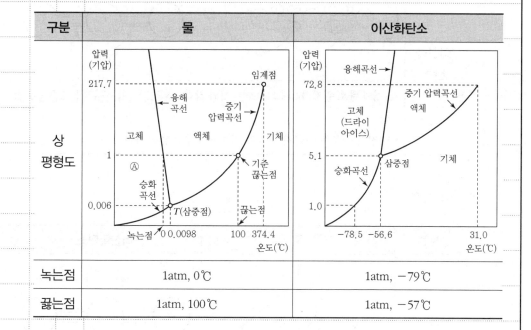	
녹는점	1atm, 0℃	1atm, −79℃
끓는점	1atm, 100℃	1atm, −57℃

2. 물의 녹는점, 끓는점이 높은 이유와 화학결합이론

1) 물과 이산화탄소의 화학결합

구분	화학결합
물	• 물 분자는 수소 원자 2개와 산소 원자 1개가 공유결합을 하고, 물 분자와 물 분자는 수소결합을 함 • 산소가 수소보다 전기음성도가 높기 때문에 공유되고 있는 전자는 산소쪽에 보다 가깝게 끌려가고, 그 결과 산소는 약한 음의 전하를, 수소는 약한 양의 전하를 띠게 됨 • 비대칭 구조로 쌍극자 모멘트 합이 0이 아닌 극성공유결합임

구분	화학결합
이산화 탄소	O=C=O • 1개의 탄소 원자가 2개의 산소 원자와 각각 2쌍의 전자를 공유하는 2중 공유결합 구조임 • 대칭적 구조로 쌍극자 모멘트 합이 0인 무극성 분자임

2) 수소결합

분류	물	이산화탄소
쌍극자 모멘트	 쌍극자 모멘트의 합≠0 └ 물 : 극성 분자	 쌍극자 모멘트의 합=0 └ 이산화탄소 : 무극성 분자
구조	굽은형(＝비대칭 구조)	직선형(＝대칭 구조)
결합	공유결합, 수소결합	공유결합
극성	극성 분자	무극성 분자
녹는점	1atm, 0℃	1atm, −79℃
끓는점	1atm, 100℃	5.11atm, −57℃

3. 결론

물의 녹는점과 끓는점이 월등히 높은 이유는 물 분자가 주변의 다른 물 분자 4개와

수소결합을 하고 있어 수소결합을 끊으려면 더 높은 에너지가 필요하기 때문임

"끝"

1. 문제

> 피난용 트랩의 설치대상과 구조를 설명하시오.

Tip 수험생이 선택하기에 쉽지 않은 문제입니다. 다만 설치장소별 피난기구의 적응성 표는 암기하여야 합니다.

[설치장소별 피난기구의 적응성]

설치장소별 ＼ 층별	1층	2층	3층	4층 이상 10층 이하
1. 노유자 시설	미끄럼대 구조대 피난교 다수인피난장비 승강식 피난기	미끄럼대 구조대 피난교 다수인피난장비 승강식 피난기	미끄럼대 구조대 피난교 다수인피난장비 승강식 피난기	구조대[1] 피난교 다수인피난장비 승강식 피난기
2. 의료시설·근린생활시설 중 입원실이 있는 의원·접골원·조산원			미끄럼대 구조대 피난교 피난용 트랩 다수인피난장비 승강식 피난기	구조대 피난교 피난용 트랩 다수인피난장비 승강식 피난기
3. 「다중이용업소의 안전관리에 관한 특별법 시행령」 제2조에 따른 다중이용업소로서 영업장의 위치가 4층 이하인 다중이용업소		미끄럼대 피난사다리 구조대 완강기 다수인피난장비 승강식 피난기	미끄럼대 피난사다리 구조대 완강기 다수인피난장비 승강식 피난기	미끄럼대 피난사다리 구조대 완강기 다수인피난장비 승강식 피난기
4. 그 밖의 것			미끄럼대 피난사다리 구조대 완강기 피난교 피난용 트랩 간이완강기[2] 공기안전매트[3] 다수인피난장비 승강식 피난기	피난사다리 구조대 완강기 피난교 간이완강기[2] 공기안전매트[3] 다수인피난장비 승강식 피난기

[비고]

1) 구조대의 적응성은 장애인 관련 시설로서 주된 사용자 중 스스로 피난이 불가한 자가 있는 경우 제4조제2항제4호에 따라 추가로 설치하는 경우에 한한다.

2), 3) 간이완강기의 적응성은 제4조제2항제2호에 따라 숙박시설의 3층 이상에 있는 객실에, 공기안전매트의 적응성은 제4조제2항제3호에 따라 공동주택(「공동주택관리법」 제2조제1항제2호 가목부터 라목까지 중 어느 하나에 해당하는 공동주택)에 추가로 설치하는 경우에 한한다.

1. 문제

NFPA 25에서 소방펌프 유지관리 시험 시 디젤펌프를 최소 30분 동안 구동하는 이유에 대하여 설명하시오.

2. 시험지에 번호 표기

NFPA 25에서 소방펌프 유지관리 시험 시 **디젤펌프(1)**를 최소 **30분 동안 구동하는 이유(2)**에 대하여 설명하시오.

3. 출제자 의도 파악 및 지문에서 내가 써야 할 대제목, 소제목 가져오기

지문	대제목 및 소제목
디젤펌프(1)	1. 개요 ① 정의 ② 디젤펌프의 구성 ③ 기동순서
30분 동안 구동하는 이유(2)	2. 30분 동안 구동하는 이유

4. 실제 답안지에 작성해보기

문 1-9) 디젤펌프를 최소 30분 동안 구동하는 이유

1. 개요

정의	• 내연기관을 이용한 펌프로서 연료를 경유로 쓰는 펌프를 말함 • 상용전원 차단에 따른 소화펌프의 신뢰도를 높이기 위해 디젤엔진을 사용한 엔진펌프 방식이 Fail-Safe 관점에서 사용됨
펌프의 구성	
기동순서	화재 → 소화수방수구 개방 → 급수계통 내 압력 저하 → 기동용 수압개폐장치 작동 → 디젤엔진기동 → 펌프회전 → 규정방수압·방수량 확보

2. 디젤펌프를 최소 30분 동안 구동하는 이유

화재하중	기본 화재하중을 30분으로 한정함
연료계통	• 디젤엔진 기동에 필요한 연료량의 충분성 확인 • 연료의 원활한 공급상태 확인
냉각계통	엔진펌프의 가동시간이 충분해야 엔진의 온도 상승 후 냉각계통의 작오여부, 냉각수의 양, 엔진온도 상승 확인 가능
환기	• 엔진펌프실 내 디젤엔진 기동에 필요한 유입공기량 확인 • 펌프실 내 환기상태 확인
배기계통	• 디젤엔진의 배출가스의 원활한 배출상태 확인 • 연통의 충분한 가열로 배출가스 응축 방지
운전상태	• 디젤엔진의 RPM상태 확인 • 엔진의 부조화 상태 및 진동 소음 등 확인

3. 소견

① 소방용 엔진펌프의 지속적인 유지관리가 중요

② 주 1회 시동 시험을 실시하되, 비상펌프용 엔진의 경우에는 부하를 걸지 않은

무부하 상태로 30분 이상 작동시험을 하는 것을 명문화하는 것이 필요하다고

사료됨

"끝"

1. 문제

스프링클러헤드의 로지먼트(Lodgement)현상에 대하여 설명하시오.

2. 시험지에 번호 표기

스프링클러헤드의 로지먼트(Lodgement)현상(1)에 대하여 설명하시오.

Tip 정의 – 원인(메커니즘) – 문제점 – 대책 순으로 정리합니다.

3. 실제 답안지에 작성해보기

문 1-10) 스프링클러헤드의 로지먼트(Lodgement)현상에 대하여 설명

1. 정의

① 스프링클러헤드의 로지먼트 현상이란 스프링클러헤드 개방 시 감열체의 부분 용용에 따른 부분개방과 헤드 부품 및 배관 내 이물질에 의한 걸림으로 소화수의 살수패턴이 변형되는 현상을 말함

② 주로 퓨즈블링크 타입 폐쇄형 헤드에서 발생함

2. 원인

헤드 구성도	로지먼트 발생원인
 감열체 — 프레임 디플렉터	• 감열체 부분용융 • 플래시 타입 : 반사판 하강 불량 • 드라이팬던트 헤드 : 내부관 하강 불량 • 표준형 헤드 반사판 변형 및 이물질 부착

3. 문제점 및 대책

문제점	대책
• 소화수 살수패턴 왜곡으로 미경계지역 발생 • 살수밀도 확보 곤란 • 화재 제어 및 진압 곤란	• 헤드 구성부품 최소화 • 감열체 개방식 개선 • 제품검사 기술기준 강화 • 최근 스프링클러헤드 걸림 작동시험 개정

"끝"

[참조] 스프링클러헤드의 형식승인 및 제품검사의 기술기준 제12조의2(걸림작동

　　시험)

폐쇄형 헤드는 별도 14 시험장치에 설치하여 0.1MPa, 0.4MPa, 0.7MPa, 1.2MPa 수압

을 각각 가하여 작동시킬 때, 분해되는 부품이 걸리지 말아야 한다.

[별도14]

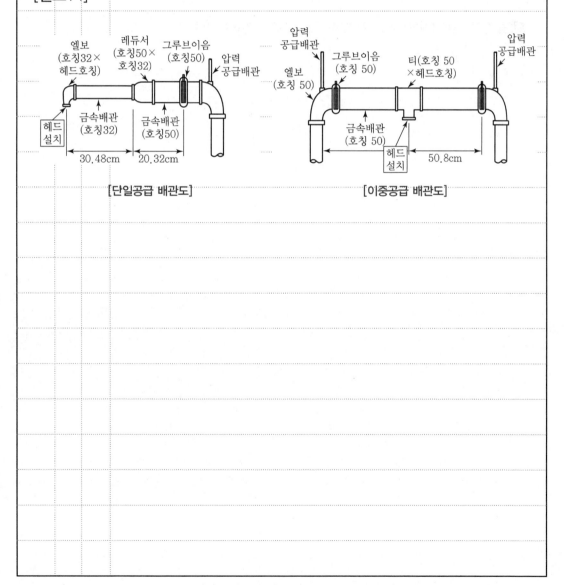

1. 문제

연기배출구 설계에 있어 플러그 홀링(Plug Holing) 현상에 대하여 설명하시오.

2. 시험지에 번호 표기

연기배출구 설계에 있어 플러그 홀링(Plug Holing) 현상(1)에 대하여 설명하시오.

Tip 정의 – 원인(메커니즘) – 문제점 – 대책 순으로 정리합니다.

3. 실제 답안지에 작성해보기

문 1-11) 연기배출구 설계에 있어 플러그 홀링(Plug Holing) 현상

1. 정의

플러그 홀링(Plug Holing)이란 화재 시 연기배출구 아래 연층 깊이가 비교적 얇고 배출량이 클 경우 연기층이 형성되지 않고 청결층의 신선한 공기까지 배출하는 현상을 말함

2. 메커니즘

개념도	 [정상연기배출]　　　[Plug Holing 발생]
메커니즘	화재발생 → 연층형성 → 제연설비 작동 → 부분적 과도한 연기 배출 → 연층 홀발생 → 신선공기와 함께 연기 배출 → 신선공기 배출량만큼 연기 실내 축적 → 연층 하강시간 단축 → ASET 감소 → 피난안전성 저해

3. 문제점 및 대책

문제점	• 플러그홀링은 연기층의 온도와 깊이가 낮을 때 쉽게 생기며 연기층에서 만들어진 구멍으로 연기뿐만 아니라 연기층 아래쪽에서 공기가 배출됨 • 제연실 내 연기 축적 인명안전기준까지 연층 하강시간 단축 • ASET 감소로 인한 피난안전성 확보 곤란
대책	• 거실제연설비 TAB를 통한 균등 배출성능 확보 • Hot－Smoke Test를 통한 플러그홀링 유무 확인 • 제연설비 설계 시 정량화된 관계식에 의한 질량유량 산출 $$m_{\max} = C\beta d^{\frac{5}{2}} \left(\frac{T_S - T_O}{T_S} \right)^{\frac{1}{2}} \left(\frac{T_O}{T_S} \right)^{\frac{1}{2}}$$ 여기서, $m_{\max}$: 플러그홀링이 없는 최대배출 질량흐름률(kg/s) $\quad\quad\quad T_S$: 연기층의 절대온도(K) $\quad\quad\quad T_O$: 주변의 절대온도(K) $\quad\quad\quad d$: 배출구 하부 연기층의 깊이(m) $\quad\quad\quad \beta$: 배출구 위치 선정계수(무차원수) $\quad\quad\quad C$: 3.13

"끝"

1. 문제

원자력발전소의 심층화재방어의 개념에 대하여 설명하시오.

2. 시험지에 번호 표기

원자력발전소(1)의 **심층화재방어의 개념(2)**에 대하여 설명하시오.

Tip 문제점이 뭔지 알아야 방어를 할 수 있으므로 원자력 발전소의 정의 – 문제점 – 대책으로서 심층화재방어 설명 순으로 전개합니다.

3. 출제자 의도 파악 및 지문에서 내가 써야 할 대제목, 소제목 가져오기

지문	대제목 및 소제목
원자력발전소(1)	1. 정의
	2. 문제점
심층화재방어의 개념(2)	3. 심층화재방어

4. 실제 답안지에 작성해보기

문 1 – 12) 원자력발전소의 심층화재방어의 개념에 대하여 설명
1. 정의
① 핵분열 연쇄반응을 통해서 발생한 에너지로 만든 수증기로 터빈발전기를 돌려 전기를 생산하는 발전방식
② 심층방어의 기본 개념은 화재를 발생하지 않도록 사전에 예방하고, 화재 발생 시 화재를 조기에 감지 · 진압하며, 화재로 인한 피해를 최소화하는 3단계 설계목표를 달성하는 방향으로 설계하는 것
2. 원자력발전소의 문제점
① 원자력은 전력공급에 매우 중요한 전력생산설비이지만 화재 등의 재해 시 인명 및 재산 피해가 매우 크며 오랜 시간 동안 영향을 미침
② 원자력 설비에서의 화재는 치명적이며, 원자로의 소손에 따른 방사능 물질과 폭발 과압이 주변에 미치지 않도록 하여야 함

3. 심층화재방어

구분	내용
기본 개념	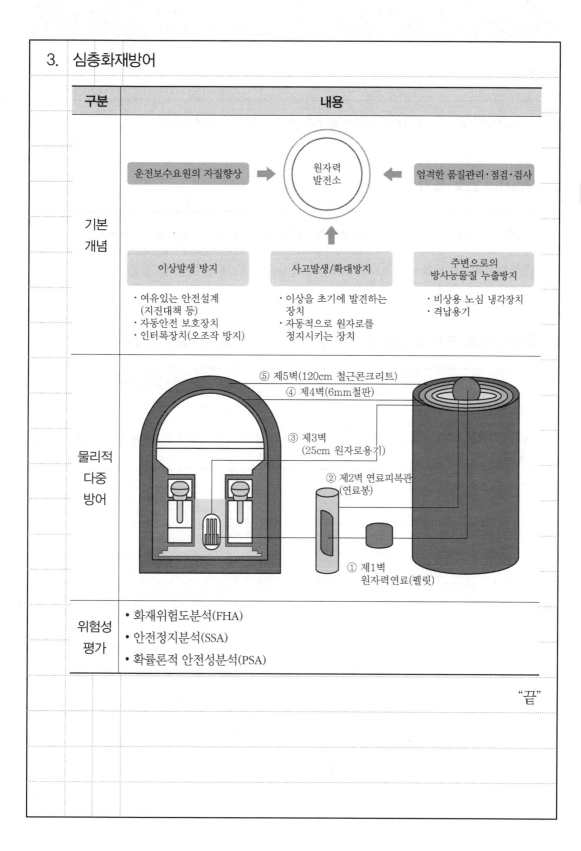
물리적 다중 방어	
위험성 평가	• 화재위험도분석(FHA) • 안전정지분석(SSA) • 확률론적 안전성분석(PSA)

"끝"

1. 문제

> 내화배선에 금속제 가요전선관을 사용할 경우 2종만 허용되는 이유를 설명하시오.

2. 시험지에 번호 표기

> 내화배선(1)에 금속제 가요전선관을 사용할 경우 2종만 허용되는 이유(2)를 설명하시오.

Tip 내화배선의 정의 및 시공방법에 의한 문제점에 따른 2종 금속제 가요전선관을 사용하는 이유에 대해서 설명합니다.

3. 출제자 의도 파악 및 지문에서 내가 써야 할 대제목, 소제목 가져오기

지문	대제목 및 소제목
내화배선(1)	1. 내화배선 정의
금속제 가요전선관을 사용할 경우 2종만 허용되는 이유(2)	2. 금속제 가요전선관을 사용할 경우 2종만 허용되는 이유

4. 실제 답안지에 작성해보기

문 1-13) 내화배선에 금속제 가요전선관을 사용할 경우 2종만 허용되는 이유

1. 내화배선

정의	내화배선은 화재에 견디는 내력이 있는 배선을 의미하며 Flashover 이후에도 신뢰성을 확보할 수 있음
시공방법	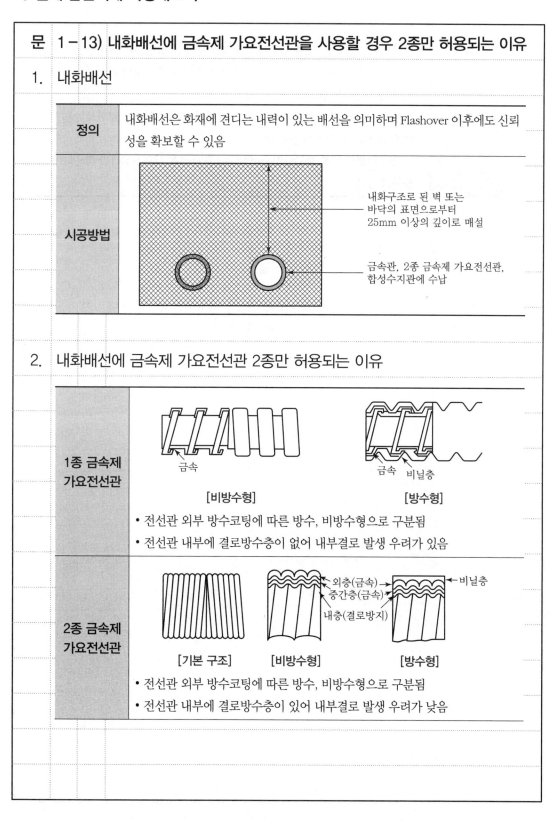

시공방법 이미지 설명:
- 내화구조로 된 벽 또는 바닥의 표면으로부터 25mm 이상의 깊이로 매설
- 금속관, 2종 금속제 가요전선관, 합성수지관에 수납

2. 내화배선에 금속제 가요전선관 2종만 허용되는 이유

1종 금속제 가요전선관	금속 [비방수형]　　금속 비닐층 [방수형] • 전선관 외부 방수코팅에 따른 방수, 비방수형으로 구분됨 • 전선관 내부에 결로방수층이 없어 내부결로 발생 우려가 있음
2종 금속제 가요전선관	[기본 구조]　[비방수형]　외층(금속) 중간층(금속) 내층(결로방지)　비닐층 [방수형] • 전선관 외부 방수코팅에 따른 방수, 비방수형으로 구분됨 • 전선관 내부에 결로방수층이 있어 내부결로 발생 우려가 낮음

| 이유 | • 내화배선은 금속관 · 2종 금속제 가요전선관 또는 합성수지관에 수납하여 내화구조로 된 벽 또는 바닥 등에 벽 또는 바닥의 표면으로부터 25mm 이상의 깊이로 매설하여야 함
• 전선관의 매립 시 전선관 내부에 결로 발생에 따른 절연저항 약화로 소방시설에 대한 신뢰성 확보가 곤란함
• 따라서 전선관 내부 결로방지층이 있는 2종 금속제 가요전선관만 적용하여 사용하고 있음 |

"끝"

1. 문제

> 스프링클러설비와 미분무소화설비의 소화메커니즘, 소화특성, 용도 및 주된 소화효과를 비교하여
> 설명하시오.

2. 시험지에 번호 표기

> 스프링클러설비와 미분무소화설비(1)의 소화메커니즘(2), 소화특성(3), 용도(4) 및 주된 소화효과
> (5)를 비교하여 설명하시오.

Tip 소화메커니즘(2), 소화특성(3), 용도(4) 및 주된 소화효과(5) 각각을 소제목으로 사용하여 답안
을 작성합니다.

3. 출제자 의도 파악 및 지문에서 내가 써야 할 대제목, 소제목 가져오기

지문	대제목 및 소제목
스프링클러설비와 미분무소화설비(1)	1. 개요
소화메커니즘(2), 소화특성(3), 용도(4) 및 주된 소화효과(5)를 비교하여 설명	2. 스프링클러설비 　　소화메커니즘, 소화특성, 용도, 주된 소화효과
	3. 미분무소화설비 　　소화메커니즘, 소화특성, 용도, 주된 소화효과
	4. 비교

4. 실제 답안지에 작성해보기

문 2-1) 스프링클러설비와 미분무소화설비의 소화메커니즘 소화특성, 용도 및 주된 소화효과를 비교하여 설명

1. 개요

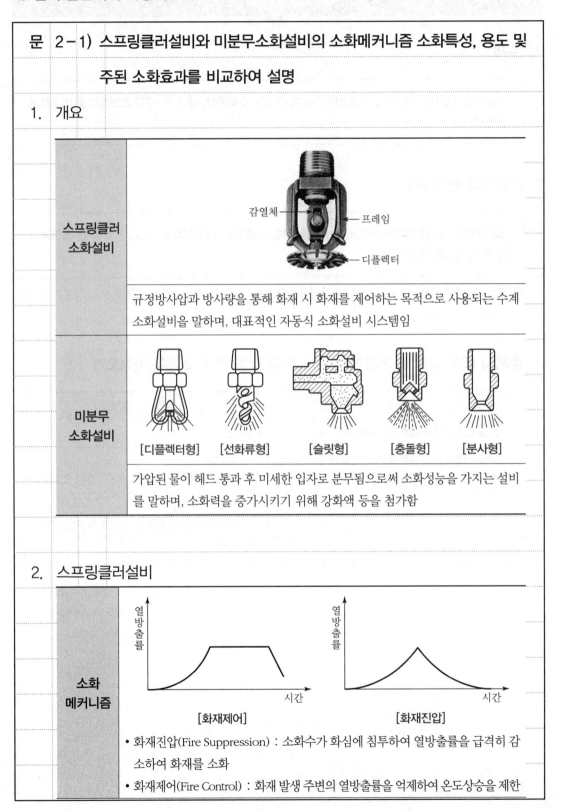

스프링클러 소화설비	감열체 ── 프레임 ── 디플렉터
	규정방사압과 방사량을 통해 화재 시 화재를 제어하는 목적으로 사용되는 수계 소화설비을 말하며, 대표적인 자동식 소화설비 시스템임
미분무 소화설비	[디플렉터형] [선화류형] [슬릿형] [충돌형] [분사형]
	가압된 물이 헤드 통과 후 미세한 입자로 분무됨으로써 소화성능을 가지는 설비를 말하며, 소화력을 증가시키기 위해 강화액 등을 첨가함

2. 스프링클러설비

소화 메커니즘	[화재제어] [화재진압]
	• 화재진압(Fire Suppression) : 소화수가 화심에 침투하여 열방출률을 급격히 감소하여 화재를 소화
	• 화재제어(Fire Control) : 화재 발생 주변의 열방출률을 억제하여 온도상승을 제한

소화특성	• 화재감지 특성(감열체) 　－반응시간지수(RTI), 전도열전달계수(C－Factor) 　－RTI에 따른 헤드 구분 : Fast, Special, Standard • 방사 특성(디플렉터) 　－화제제어 특성(ADD＜RDD) : 열방출률 감소, 화재확산 억제, 구조물 붕괴예방 　－화재진압 특성(ADD＞RDD) : 물방울 침투력 증가, 열방출률 격감, 재발화방지
용도	일반 건축물, 물에 적응성이 있는 장소(실내화재의 구역 방호의 개념)
주된 소화효과	• 냉각소화 : 물의 현열과 잠열을 이용한 냉각소화(기화잠열 : 539kcal/kg) • 질식소화 : 물의 기화하는 경우 체적대비 1,600배 팽창

3. 미분무소화설비

소화 메커니즘	• 냉각작용 : 미세한 물방울이 화열에 쉽게 증발되어 효과적인 냉각작용 가능 • 질식작용 : 미분무수가 쉽게 기화되어 산소의 공급을 억제 • 복사열 감소 : 헤드에서 방사되는 미분무수, 증발된 수증기가 복사열을 차단
소화특성	• 화재제어 : 화재발생 주변의 열방출률을 억제하고 제한 • 화재진압 : 충분한 미분무수를 방출하여 급격히 열방출률 감소 • 화재소화 : 연소 중인 가연물이 완전히 소진될 때까지 화재를 진압, 완전소화의 　단계 • 온도제어 : 화열의 화면에 직접 물을 방사 또는 주변을 미리 적셔주어 온도를 낮 　추는 효과 • 노출부분의 방호 : 복사, 전도, 대류의 열확산을 미분무 입자가 차단하는 성능
용도	선박, 비행기, 지하 공동구 등 작게 구분된 소구역에 대한 구역방호
주된 소화효과	냉각작용, 질식작용, 복사열 감소, 기타(연기 흡수, 가연성 증기 희석, 동적 효과)

4. 비교

구분	스프링클러설비	미분무소화설비
소화메커니즘	화재진압, 화재제어	냉각, 질식, 복사열 차단
소화특성	감지특성, 방사특성	화재제어, 화재진압, 화재소화, 온도제어, 노출부분의 방호
용도	실내화재 구역방호, 일반 용도 건축물, 창고, 주택, 주차장 등	소구역의 구역방호, 선박, 비행기, 가연성 액체의 저장취급시설 등
소화효과	• 냉각소화(가장 우수) • 질식소화	• 질식소화(가장 우수), 냉각소화 • 복사열 차단

"끝"

1. 문제

아래 조건에 따른 스폿형 연기감지기의 설치방법에 대하여 설명하시오.

〈조건〉
- NFPA 72의 스폿형 연기감지기 설치기준을 따른다.
- 천장은 수평천장(Level Ceiling)이다.
- 연기감지기 설치 시 화재플럼(Fire Plume), 천장류(Ceiling Jet)를 고려한다.

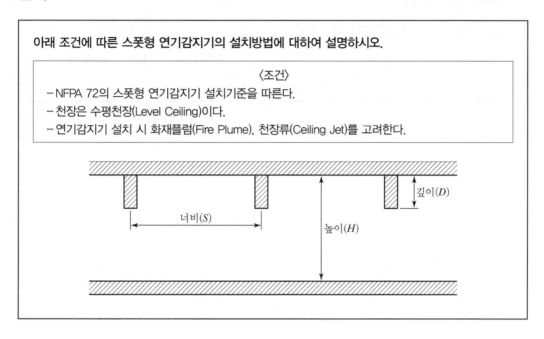

2. 시험지에 번호 표기

아래 조건에 따른 스폿형 연기감지기(1)의 설치방법(3)에 대하여 설명하시오.

〈조건〉
- NFPA 72의 스폿형 연기감지기 설치기준(2)을 따른다.
- 천장은 수평천장(Level Ceiling)이다.
- 연기감지기 설치 시 화재플럼(Fire Plume), 천장류(Ceiling Jet)를 고려한다.

Tip 수험생이 선택하기에 쉽지 않은 문제이지만 기출문제는 곧 기본문제이므로 알고 넘어가도록
합니다.

115회

3. 출제자 의도 파악 및 지문에서 내가 써야 할 대제목, 소제목 가져오기

지문	대제목 및 소제목
스폿형 연기감지기(1)	1. 개요
NFPA 72의 스폿형 연기감지기 설치기준(2)	2. NFPA 72의 스폿형 연기감지기 설치기준
설치방법(3)	3. 조건에 따른 연기감지기 설치방법
	4. 소견

4. 실제 답안지에 작성해보기

문 2 - 2) NFPA 72의 스폿형 연기감지기의 설치방법에 대하여 설명

1. 개요

구분	내용	
이온화식	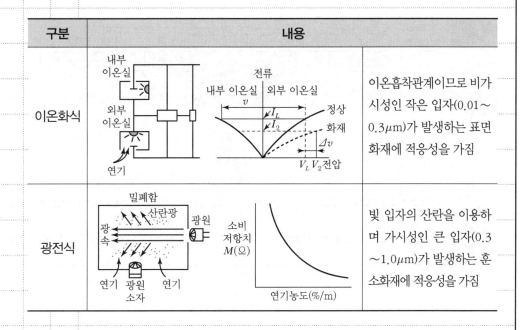	이온흡착관계이므로 비가시성인 작은 입자(0.01∼0.3μm)가 발생하는 표면화재에 적응성을 가짐
광전식		빛 입자의 산란을 이용하며 가시성인 큰 입자(0.3∼1.0μm)가 발생하는 훈소화재에 적응성을 가짐

2. NFPA 72의 스폿형 연기감지기 설치기준

NFPA 72에서는 보의 깊이(D)와 천장과 반자의 높이(H)에 따라 설치기준을 달리하고 있음

구분	설치기준	
설치장소 제한	• 공기유입구, 욕실문, 주방문 3′(약 0.9m) 이내, 전등 6′(약 1.8m) 이내 • 온도 : 고온도[100℉(0℃) 초과], 저온도[32℉(38℃) 미만] 지역 • 습도 : 93% 이상(특히 욕실) • 공기흐름유속 : 300ft/min(1.5m/sec) 이상	
고려사항	• 천장 형태와 천장 표면 • 방호구역 내용물 구성(특히 침실 등) • 구획실 환기(공조, 천정팬)	• 천장높이 • 가연물의 연소특성 및 예상 당량비 • 주변환경 : 주위온도, 고도, 습도 및 대기

3. 조건에 따른 연기감지기 설치방법

1) 빔의 깊이가 천장높이의 10%(0.1H) 미만인 천장의 경우

개념도	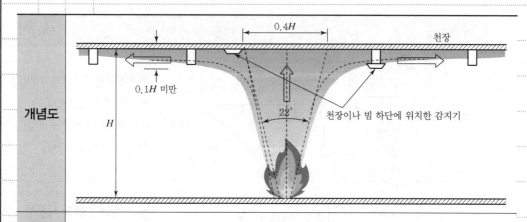
설치 방법	평활천장 간격이 허용되며, 스폿형 연기감지기는 빔의 하단이나 천장에 위치될 수 있어야 함

2) 빔의 깊이가 천장높이의 10%(0.1H) 이상인 천장의 경우

① 빔의 간격이 천장높이의 40% (0.4H) 미만인 경우

개념도	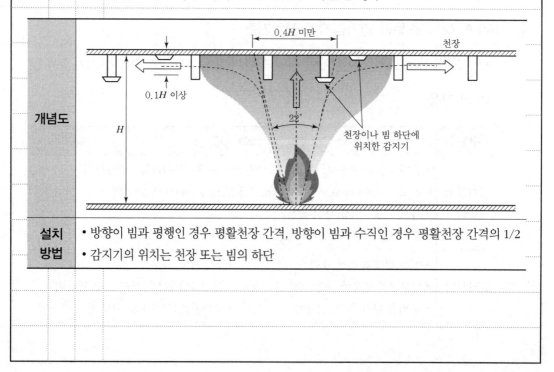
설치 방법	• 방향이 빔과 평행인 경우 평활천장 간격, 방향이 빔과 수직인 경우 평활천장 간격의 1/2 • 감지기의 위치는 천장 또는 빔의 하단

② 빔의 간격이 천장높이의 40%(0.4H) 이상인 경우

개념도	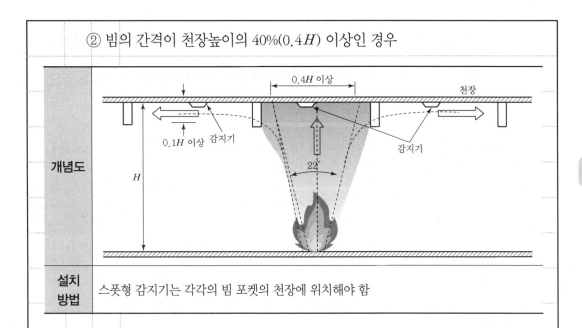
설치 방법	스폿형 감지기는 각각의 빔 포켓의 천장에 위치해야 함

4. 소견

<table>
<tr>
<td rowspan="4">화재
안전기준</td>
<td colspan="3">가. 감지기의 부착높이에 따라 다음 표에 따른 바닥면적마다 1개 이상으로 할 것
(단위 : m²)</td>
</tr>
<tr>
<td rowspan="2">부착 높이</td>
<td colspan="2">감지기의 종류</td>
</tr>
<tr>
<td>1종 및 2종</td>
<td>3종</td>
</tr>
<tr>
<td>
<table>
<tr><td>4m 미만</td><td>150</td><td>50</td></tr>
<tr><td>4m 이상 20m 미만</td><td>75</td><td>—</td></tr>
</table>
나. 감지기는 복도 및 통로에 있어서는 보행거리 30m(3종에 있어서는 20m)마다,
　 계단 및 경사로에 있어서는 수직거리 15m(3종에 있어서는 10m)마다 1개 이상
　 으로 할 것
다. 천장 또는 반자가 낮은 실내 또는 좁은 실내에 있어서는 출입구의 가까운 부분
　 에 설치할 것
라. 천장 또는 반자 부근에 배기구가 있는 경우에는 그 부근에 설치할 것
마. 감지기는 벽 또는 보로부터 0.6m 이상 떨어진 곳에 설치할 것
</td>
</tr>
</table>

① 국내에서는 감지기가 설치되는 천장의 형태 및 보의 깊이를 고려하지 않고 있

으며, 이는 화재 시 연기가 포켓에 충진이 되는 시간까지 감지가 불가하다는

의미가 됨

② NFPA 72처럼 보의 깊이 높이에 따른 감지기 설치규정이 필요하다고 사료됨

"끝"

115회 2교시 3번

1. 문제

> IOT 무선통신 화재감지시스템의 개념을 설명하고, 무선통신 감지기의 구현에 필요한 항목에 대하여 설명하시오.

2. 시험지에 번호 표기

> IOT 무선통신 화재감지시스템의 개념(1)을 설명하고, **무선통신 감지기의 구현에 필요한 항목에 대하여 설명(2)**하시오.

3. 출제자 의도 파악 및 지문에서 내가 써야 할 대제목, 소제목 가져오기

지문	대제목 및 소제목
IOT 무선통신 화재감지시스템의 개념(1)	1. 개요
	2. 기본구성도 및 작동원리
무선통신 감지기의 구현에 필요한 항목에 대하여 설명(2)	3. 무선통신 감지기의 구현에 필요한 항목
	4. 소견

4. 실제 답안지에 작성해보기

문 2-3) IOT 무선통신 화재감지시스템의 개념을 설명하고, 무선통신 감지기의 구현에 필요한 항목을 설명

1. 개요

　① IOT란 사물인터넷(Internet of Things)의 약자로서, 무선통신을 통해 각종 사물을 연결하는 기술을 의미함

　② IOT 무선통신 화재감지시스템이란 기존의 배선작업 없이 기기들 간에 무선통신으로 화재를 감지 및 통보하는 시스템을 말함

2. 기본구성도 및 작동원리

구분	내용
개념도	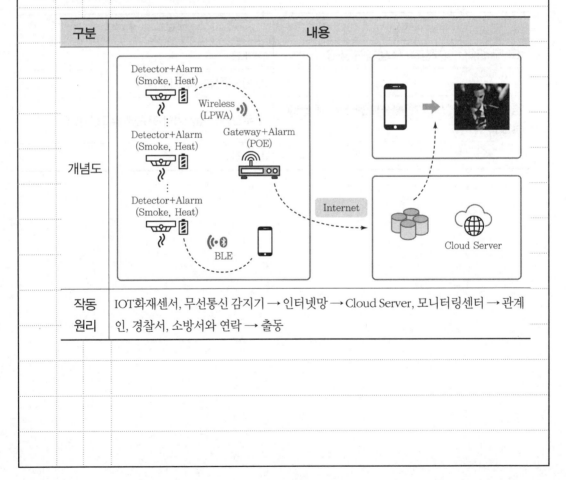
작동원리	IOT화재센서, 무선통신 감지기 → 인터넷망 → Cloud Server, 모니터링센터 → 관계인, 경찰서, 소방서와 연락 → 출동

3. 무선통신 감지기의 구현에 필요한 항목

구분	내용
예비전원의 효율적 사용	• 감시방식 : 연기감지기의 경우 공칭값 이상의 연기가 발생되었을 때 이를 30초 이내에 감지하기 위하여 감지기는 30초 이내에 최소 3회 이상의 감시를 수행하여야 하므로 10초에 한 번 감시펄스를 발생시키는 것이 효율적 • MCU 전원의 최소화 : 감시펄스 작동 10초에 맞추어 Sleep모드와 Wake모드로 전환하여 감지기가 10초에 한 번씩만 깨어나서 감시하고 나머지 시간에는 전류소모를 하지 않도록 제어하는 기술
비화재보 저감기술	• 감지기의 암실구조 설계 보완 • 환경오염 자동보정 알고리즘 구현을 통한 비화재보 저감 기술
Helical Antenna 설계기술	무선화재감지기의 안테나는 외부에 노출될 경우 디자인의 제약 및 제조원가가 상승하면 관리의 어려움도 있을 수 있어 PCB 패턴을 통해 임피던스를 매칭시켜 원하는 주파수에서 최적의 공진이 될 수 있는 설계와 설계 툴을 이용하여 시작품 제작 전 충분한 시뮬레이션 및 디버깅을 수행하고 시작품을 만드는 것이 중요
통신품질 확보	배선 없이 주파수를 이용해 감지신호를 전송하므로, 통신품질 확보가 필요
기존 소방시설과의 호환	기존에 설치된 중계기 및 수신기 등과 호환 필요
실시간 모니터링	소방시설 상태와 화재발생 상황을 모니터링을 통해 실시간으로 확인 및 조치 가능

4. 소견

1) 장점

① 소방시설공사 : 배선이 필요 없으므로, 공사비 절감 및 공기단축 효과 기대

② 소방시설점검 : 실시간으로 소방시설상태 점검 가능하며, 점검업무 시 소방시설이 설치되어 있는 장소까지의 이동 불필요

③ 소방시설 유지관리 : 실시간으로 소방시설상태 확인 가능하며, 교체시기

　　파악 용이

④ 화재발생 시 자동신고 기능 : 화재발생 시 핸드폰 또는 컴퓨터 등에 저장된

　　주소를 통해 소방서 및 관계인에게 자동신고 가능

2) 이외에도 CCTV 혹은 IOT 화재센서와 AI를 이용한 24시간 상시 감시 및 데이터

　　비교로 비화재보를 줄일 수 있는 장점이 있기에 설치를 하여야 한다고 사료됨

"끝"

1. 문제

인화성 증기 또는 가스로 인한 위험요인이 생성될 수 있는 장소의 폭발위험장소 구분에 대한 규정인 한국산업표준(KS C IEC 60079 – 10 – 1)이 2017년 11월에 개정되었다. 주요 개정사항 7가지를 설명하시오.

Tip 수험생이 선택하기에 쉽지 않은 문제입니다.

1. 문제

수소화 알루미늄리튬(Lithium Aluminium Hudride)의 성상, 위험성, 저장 및 취급방법, 그리고 소화방법에 대하여 설명하시오.

Tip 쉽지 않은 문제이므로 수소화 알루미늄리튬이 3류 위험물이란 것을 알고 3류 위험물의 일반적인 성상, 위험성, 저장취급방법, 소화방법에 대해 답안을 작성하여 기본점수를 받도록 합니다.

1류	2류	3류	4류	5류	6류
산화성 고체	가연성 고체	금수성 및 자연발화성 물질	인화성 액체	자기반응성 물질	산화성 액체
물에 의한 냉각소화(단, 무기과산화물류는 건조사로 질식소화)	물에 의한 냉각소화(단, 황화린 · 철분 · 마그네슘 · 금속분은 건조사로 질식소화)	건조사, 팽창질석, 팽창진주암에 의한 질식소화(소화효과 : 팽창질석, 팽창진주암 > 건조사)	포, CO_2, 분말, Halon 소화약제에 의한 질식소화	화재초기 다량의 물로 냉각소화 (단, 화재 진행 시 자연 진화되도록 기다릴 것)	건조사, CO_2, 분말 소화약제로 질식소화(단, 과산화수소는 다량의 물로 희석소화)
− 무기과산화물 : 화기주의, 충격주의, 물기엄금, 가연물접촉주의 − 그 밖의 것 : 화기주의, 충격주의, 가연물접촉주의	− 철분, 금속분, 마그네슘 : 화기주의, 물기엄금 − 인화성 고체 : 화기엄금 − 그 밖의 것 : 화기주의	− 자연발화성 물질 : 화기엄금, 공기접촉주의 − 금수성 물질 : 물기엄금	화기엄금	화기엄금, 충격주의	가연물 접촉주의

※ 혼재가능한 위험물 : 1류 · 6류, 2류 · 4류 · 5류, 3류 · 4류

115회 2교시 6번

1. 문제

> 소방감리의 검토대상 중 설계도면, 설계 시방서 · 내역서 및 설계계산서의 주요 검토 내용에 대하여 설명하시오.

Tip 설계를 하시는 분은 어렵지 않게 쓸 수 있겠지만 그렇지 않은 분들은 고민해 볼 문제입니다. 요즘 추세와 맞지 않는 문제이기도 합니다. 최근에는 성능위주 설계가 많이 출제되고 있기에 이러한 문제를 고민해보고 답을 하는 것이 타당해 보입니다.

115회 3교시 1번

1. 문제

> 시퀀스회로를 구성하는 릴레이의 원리 및 구조와 a, b, c접점 릴레이의 작동원리를 설명하시오.

2. 시험지에 번호 표기

> **시퀀스회로(1)**를 구성하는 **릴레이의 원리 및 구조(2)**와 a, b, c접점 **릴레이의 작동원리(3)**를 설명하시오.

3. 출제자 의도 파악 및 지문에서 내가 써야 할 대제목, 소제목 가져오기

지문	대제목 및 소제목
시퀀스회로(1)	1. 개요
릴레이의 원리 및 구조(2)	2. 릴레이의 원리 및 구조
a, b, c접점 릴레이의 작동원리(3)	3. a, b, c접점 릴레이의 작동원리
	4. 작동예시

4. 실제 답안지에 작성해보기

문 3-1) 시퀀스회로를 구성하는 릴레이의 원리 및 구조와 a, b, c접점 릴레이의 작동원리

1. 개요

① 시퀀스 제어란 미리 정해진 순서나 일정한 논리에 의하여 제어 각 단계를 순차적으로 진행하는 방식으로서 어떠한 기계나 장치의 시동, 정지, 운전상태의 변경, 제어계에서 얻고자 하는 목표 값의 변경 등을 미리 정해진 순서에 따라 행하는 것임

② 시퀀스에는 릴레이가 사용되며, a, b, c접점을 이용하여 회로를 구성함

2. 릴레이의 원리 및 구조

구조	
원리	• 평상시 : 코일이 소자(자성을 잃음)되어 있어 b접점과 a접점 형성 • 전원 투입 시 : 코일이 여자(자성을 얻음)되어 가동철편을 끌어당겨 a접점과 b접점 형성

3. a, b, c접점 릴레이의 작동원리

① 종류

| 종류

접점 | 푸시
버튼 | 순시
접점 | 한시접점 | | 플리커
릴레이 | 수동복귀
접점 | 기계적
접점 |
			ON − Delay Timer	OFF − Delay Timer			
a접점 (Normal Open)							
b접점 (Normal Close)							
비고	수동동작 자동복귀	순시동작 순시복귀	한시동작 순시복귀	순시동작 한시복귀	−	−	리미트 스위치

② 작동원리

a접점	• 보통 때에는 접점이 떨어져 있고, 스위치를 조작할 때에만 접점이 붙음 • Arbeit Contact에서 앞글자를 따서 a접점이라고 함 • 메이크 접점(Make Contact) 또는 상개 접점(NO 접점 : Normally Open Contact) 　이라고도 함
b접점	• 보통 때에는 접점이 붙어 있고, 스위치를 조작할 때에는 접점이 떨어짐 • Break Contact에서 앞글자를 따서 b점점이라고 함 • 상폐 접점(NC 접점 : Normally Close Contact)이라고도 함
c접점	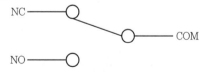 • a접점과 b접점이 하나의 케이스 안에 있는 것으로, 필요에 따라 a접점과 b접점 　을 선택하여 사용할 수 있음 • 전환 접점(Change − Over Contact) 또는 트랜스퍼 접점(Transfer Contact)이 　라고도 함

4. 작동예시

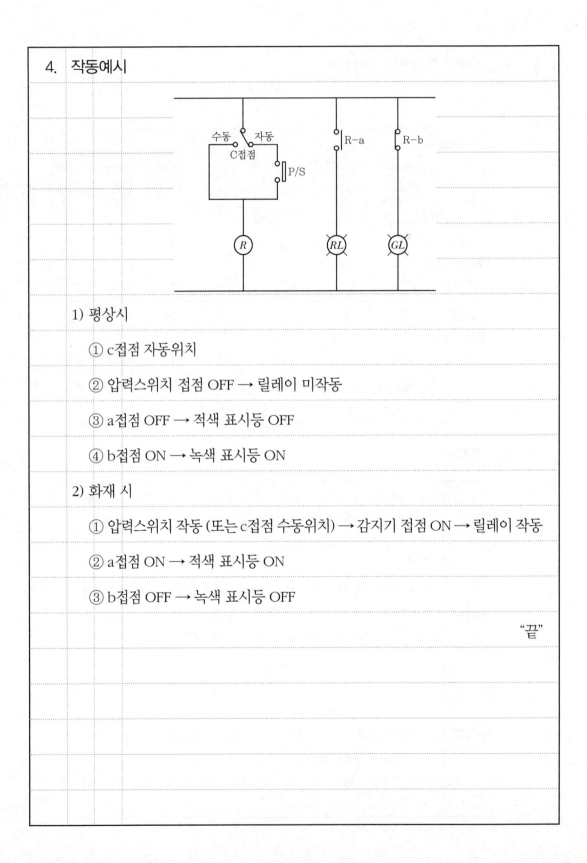

1) 평상시

① c접점 자동위치

② 압력스위치 접점 OFF → 릴레이 미작동

③ a접점 OFF → 적색 표시등 OFF

④ b접점 ON → 녹색 표시등 ON

2) 화재 시

① 압력스위치 작동 (또는 c접점 수동위치) → 감지기 접점 ON → 릴레이 작동

② a접점 ON → 적색 표시등 ON

③ b접점 OFF → 녹색 표시등 OFF

"끝"

1. 문제

> NFSC 203과 NFPA 72에서 발신기 설치기준을 비교하여 설명하시오.

2. 시험지에 번호 표기

> NFSC 203과 NFPA 72에서 **발신기(1) 설치기준(2)**을 **비교(3)**하여 설명하시오.

Tip 개요 – 화재안전기준 – NFPA 72 – 비교(차이점) – 소견 순으로 답안을 작성하여야 합니다. 표나 그림을 추가하면 차별화되어 추가 득점이 가능합니다.

3. 출제자 의도 파악 및 지문에서 내가 써야 할 대제목, 소제목 가져오기

지문	대제목 및 소제목
발신기(1)	1. 개요
설치기준(2)	2. 발신기 설치기준
	1) 화재안전기준
	2) NFPA 72에 따른 발신기 설치기준
비교(3)	3. 소견

4. 실제 답안지에 작성해보기

문 3-2) NFSC 203과 NFPA 72에서 발신기 설치기준을 비교하여 설명

1. 개요

개념도	명판 전화잭 응답확인램프(LED) 보호판 스위치
발신기	발신기란 화재 발생 시 사람이 누름단추를 조작하여 수신기에 수동으로 신호를 발신하는 것으로서 P형, T형, M형 발신기가 있으며, 주로 P형1급이 사용됨

2. 발신기 설치기준

1) 화재안전기준(NFPC 203)

장소	조작이 쉬운 장소에 설치
스위치	스위치는 바닥으로부터 0.8m 이상 1.5m 이하의 높이에 설치
설치개수	• 특정소방대상물의 층마다 설치 • 수평거리 : 해당 특정소방대상물의 각 부분으로부터 하나의 발신기까지의 수평거리가 25m 이하가 되도록 할 것 • 보행거리 : 복도 또는 별도로 구획된 실로서 보행거리가 40m 이상일 경우에는 추가로 설치하여야 함
대형 공간	기둥 또는 벽이 설치되지 아니한 대형 공간의 경우 발신기는 설치 대상장소의 가장 가까운 장소의 벽 또는 기둥 등에 설치할 것
표시등	발신기의 위치를 표시하는 표시등은 함의 상부에 설치하되, 그 불빛은 부착면으로부터 15° 이상의 범위 안에서 부착지점으로부터 10m 이내의 어느 곳에서도 쉽게 식별할 수 있는 적색 등으로 하여야 함

2) NFPA 72에 따른 발신기 설치기준

장소	눈에 잘 띄고 접근에 방해받지 않는 장소에 설치할 것
목적	화재 시 경보 목적으로만 사용할 것
발신기 색상	• 설치장소의 배경과 다른 색상으로 설치할 것 • 빨간색 페인트 또는 빨간색 플라스틱 등 적색일 것
스위치	작동부는 바닥으로부터 42in(1.07m) 이상 48in(1.22m) 이하 높이에 설치할 것
설치개수	• 각 층의 출입구로부터 5ft(1.5m) 이내에 설치할 것 • 각 부분으로부터 수평거리 200ft(61m) 이내일 것 • 폭 40ft(12.2m) 이상 개구부 측면에 개구부 각 측면으로부터 5ft(1.5m) 이내에 설치할 것

3. 소견

① NFPA에 의하면 발신기는 각층의 각 비상출입구(Exit Doorway)의 1.5m 이내에 설치하도록 되어 있음

② 국내는 수평거리와 보행거리 기준으로 되어 있어 설치장소에 대한 구체적인 구분이 없기 때문에 피난자가 다른 피난하지 못한 재실자에게 알리는 게 편리하도록 출입구 기준이 마련되어야 한다고 사료됨

"끝"

1. 문제

방화댐퍼의 설치기준, 설치 시 고려사항 및 방연시험에 대하여 설명하시오.

2. 시험지에 번호 표기

방화댐퍼(1)의 설치기준(2), 설치 시 고려사항(3) 및 방연시험(4)에 대하여 설명하시오.

3. 출제자 의도 파악 및 지문에서 내가 써야 할 대제목, 소제목 가져오기

지문	대제목 및 소제목
방화댐퍼(1)	1. 개요
설치기준(2)	2. 방화댐퍼 설치기준
설치 시 고려사항(3)	3. 설치 시 고려사항
방연시험(4)	4. 방연시험
	5. 소견

4. 실제 답안지에 작성해보기

문 3-3) 방화댐퍼의 설치기준, 설치 시 고려사항 및 방연시험에 대하여 설명

1. 개요

개념도	 덕트가 방화구획을 관통하는 부근에 설치
정의	연기 또는 불꽃, 온도를 감지해 동작하는 방식으로 내화성능 시험결과 비차열 1시간 이상의 성능과 KS F 2822에서 규정한 방연성능을 확보한 것을 말함

2. 방화댐퍼 설치기준

미끄럼부	열팽창, 녹, 먼지 등에 의해 작동이 저해받지 않는 구조
점검구	방화댐퍼의 주기적인 작동상태, 점검, 청소 및 수리 등 유리·관리를 위하여 검사구·점검구는 방화댐퍼에 인접하여 설치할 것
부착방법	구조체에 견고하게 부착시키는 공법으로 화재 시 덕트가 탈락, 낙하해도 손상되지 않을 것
구조	배연기의 압력에 의해 방재상 해로운 진동 및 간격이 생기지 않는 구조일 것

3. 설치 시 고려사항

개념도	

구조체에 견고하게 설치

풍도의 낙하에
견뎌줄 달대

풍도

풍도

15mm 이상의 철판

방화 댐퍼 몸체 줄에서 달아냄

[방화댐퍼의 올바른 설치 예]

열에 의한
덕트의 축소 및
비틀림

댐퍼

벽

[방화댐퍼 부적절한 설치 시 화재확산 경로 형성]

고려사항	• 댐퍼 주위 틈새에 대한 내화성능 확보 여부 • 닫히는 경우 방화에 지장있는 틈새 발생 유무 • 반자 및 덕트에 댐퍼 점검을 위한 점검구 설치 여부 • 방화댐퍼의 견고한 고정방법 • 도면상 설치위치와 동일한 위치에 설치

4. 방연시험(KS F 2822)

시험체	• 방화댐퍼 몸체에 연동폐쇄장치를 포함한 것으로 함 • 재료 및 구성이 실제의 것과 동일한 조건에서 제작된 것일 것

시험장치	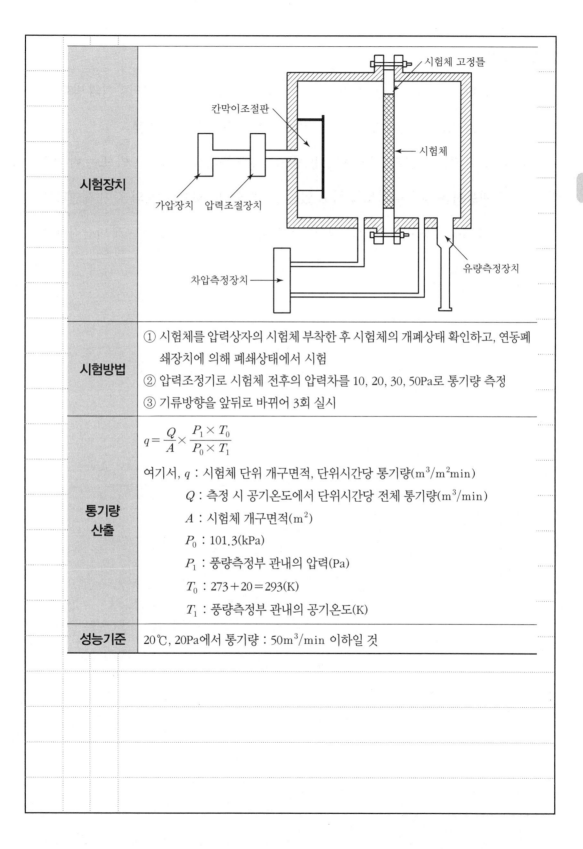시험체 고정틀 칸막이조절판 시험체 가압장치　압력조절장치 유량측정장치 차압측정장치
시험방법	① 시험체를 압력상자의 시험체 부착한 후 시험체의 개폐상태 확인하고, 연동폐쇄장치에 의해 폐쇄상태에서 시험 ② 압력조정기로 시험체 전후의 압력차를 10, 20, 30, 50Pa로 통기량 측정 ③ 기류방향을 앞뒤로 바꾸어 3회 실시
통기량 산출	$q = \dfrac{Q}{A} \times \dfrac{P_1 \times T_0}{P_0 \times T_1}$ 여기서, q : 시험체 단위 개구면적, 단위시간당 통기량($\mathrm{m^3/m^2 min}$) 　　　Q : 측정 시 공기온도에서 단위시간당 전체 통기량($\mathrm{m^3/min}$) 　　　A : 시험체 개구면적($\mathrm{m^2}$) 　　　P_0 : 101.3(kPa) 　　　P_1 : 풍량측정부 관내의 압력(Pa) 　　　T_0 : $273 + 20 = 293$(K) 　　　T_1 : 풍량측정부 관내의 공기온도(K)
성능기준	20℃, 20Pa에서 통기량 : 50$\mathrm{m^3/min}$ 이하일 것

115회

5. 소견

① 설비 유지관리 측면에서 연기 또는 불꽃 감지로 동작하는 모터방식의 방화 댐퍼는 최소 1개월에 한 번 정도 정상 작동 여부를 확인해야 함

② 방화 댐퍼는 환기, 냉방, 난방용 풍도가 방화구획을 구성하는 벽 또는 바닥을 관통하는 경우 설치토록 하고 있음. 국내에서도 NFPA에서와 같이 제연덕트에 일정 온도 이상의 방화 댐퍼를 적용하도록 기준을 개정하는 게 바람직하다고 사료됨

"끝"

1. 문제

할로겐화합물 및 불활성기체소화설비의 화재안전기준(NFPC 107)에 규정된 방사시간의 정의, 기준 및 방사시간 제한에 대하여 설명하시오.

2. 시험지에 번호 표기

할로겐화합물 및 불활성기체소화설비(1)의 화재안전기준(NFPC 107)에 규정된 방사시간의 정의 (2), 기준(3) 및 방사시간 제한(4)에 대하여 설명하시오.

3. 출제자 의도 파악 및 지문에서 내가 써야 할 대제목, 소제목 가져오기

지문	대제목 및 소제목
할로겐화합물 및 불활성기체소화설비(1)	1. 개요
방사시간의 정의(2)	2. 방사시간의 정의
기준(3)	3. 방사시간의 기준
방사시간 제한(4)	4. 방사시간 제한 목적
	5. 소견

4. 실제 답안지에 작성해보기

문 3-4) 방사시간의 정의, 기준 및 방사시간 제한에 대하여 설명

1. 개요

할로겐화합물	"할로겐화합물소화약제"란 불소, 염소, 브롬 또는 요오드 중 하나 이상의 원소를 포함하고 있는 유기화합물을 기본성분으로 하는 소화약제를 말함
불활성기체	"불활성기체소화약제"란 헬륨, 네온, 아르곤 또는 질소가스 중 하나 이상의 원소를 기본성분으로 하는 소화약제를 말함

2. 방사시간의 정의

개념도	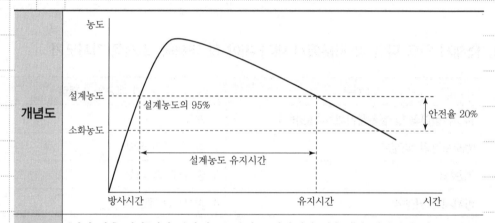
정의	"방사(방출)시간"이란 분사헤드로부터 소화약제가 방출되기 시작하여 방호구역의 가스계 소화약제 농도값이 최소설계농도의 95 %에 도달되는 시간을 말함

3. 방사시간의 기준

할로겐	할로겐화합물소화약제는 10초 이내에 방호구역 각 부분에 최소설계농도의 95% 이상 해당하는 약제량이 방출되도록 하여야 함
불활성기체	불활성기체소화약제는 A · C급 화재 2분, B급 화재 1분 이내에 방호구역 각 부분에 최소설계농도의 95% 이상 해당하는 약제량이 방출되도록 하여야 함

4. 방사시간 제한 목적

1) SFPE 핸드북

열분해 생성물
발생을 최소화
	• 화재 시 할로겐화합물은 분해열에 의해 할로겐산(HF, HCl, HBr)을 생성
	• 불화수소(HF) 독성한계값 적용기준
	  －NFPA 704 기준 : 유독성 3, 가연성 0, 반응성 2로 표시
	  －ERPG 1=2ppm, ERPG 2=50ppm, ERPG 3=170ppm
	  －국내 기준
	    TWA : 0.5ppm, C : 3ppm, 2.5mg/m^3
	• 무색의 자극성, 유독성 액체로 피부나 점막에 강하게 침투
	• 호흡 시 기도나 폐가 손상될 수 있고 폐부종, 출혈, 갑상선 기능이상, 간장과 위장은 피부를 통하여서도 침투하여 통증을 유발

방호구역 내 약제와 공기의 균일한 혼합	• 빠른 시간 내 방사를 통한 약제와 공기의 균일한 혼합을 유도 • 균일한 혼합을 통한 방호구역 내 균일한 설계농도 유지
충분한 유속을 통해 액상, 기상 흐름을 균일하게 유지	• 방사시간 제한을 통한 배관 내 과다한 기상흐름 방지 • 액상과 기상의 균일한 흐름을 통한 방호구역 내 균일한 설계농도 유지
직 · 간접피해 최소화	• 화재 시 화재의 성장은 시간의 제곱에 비례하여 열방출률이 상승됨 $$Q = \alpha t^2$$ 여기서, Q : 열방출속도(kW), α : 화재성장속도(1,055kW/t^2), t : 열방출률이 1,055kW에 도달하는 시간 • 빠르게 약제를 방사하여 조기 소화를 통한 화재성장을 억제 → 화재로 인한 직 · 간접 피해 최소화

2) NFPA 2001

① 분해부산물 제한　　② 균일한 혼합　　③ 직 · 간접피해 최소화

④ 구획실 과압제한　　⑤ 부수적 노즐효과

5. 소견

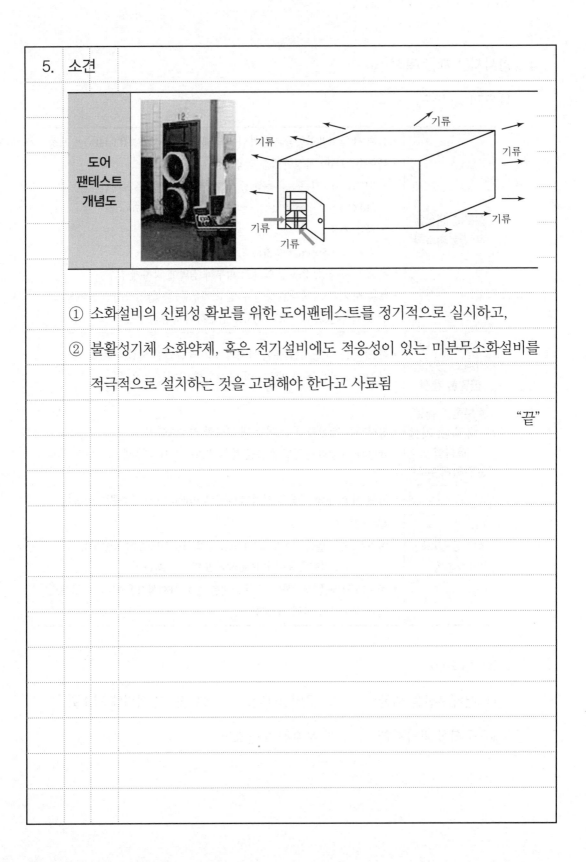

| 도어
팬테스트
개념도 | |

① 소화설비의 신뢰성 확보를 위한 도어팬테스트를 정기적으로 실시하고,

② 불활성기체 소화약제, 혹은 전기설비에도 적응성이 있는 미분무소화설비를

   적극적으로 설치하는 것을 고려해야 한다고 사료됨

"끝"

115회 3교시 5번

1. 문제

방염에서 현장처리물품의 품질확보에 대한 문제점과 개선방안을 설명하시오.

2. 시험지에 번호 표기

방염(1)에서 현장처리물품(2)의 품질확보에 대한 문제점(3)과 개선방안(4)을 설명하시오.

3. 출제자 의도 파악 및 지문에서 내가 써야 할 대제목, 소제목 가져오기

지문	대제목 및 소제목
방염(1)	1. 개요
현장처리물품(2)	2. 현장처리물품의 종류
품질확보에 대한 문제점(3)	3. 품질확보에 대한 문제점
개선방안(4)	4. 개선방안
	5. 소견

4. 실제 답안지에 작성해보기

문 3-5) 방염에서 현장처리물품의 품질확보에 대한 문제점과 개선방안을 설명

1. 개요

정의	방염성이란 화재의 발생초기 단계에서 화재의 확대방지를 위하여 불꽃의 전파를 지연 또는 단절시키는 성질을 말하며, 이러한 성질의 정도를 "방염성능"이라 함
개념도	[연소속도]
의의	화재 초기의 발화를 지연시키고, 화재 성장속도를 늦출수 있고, ASET > RSET을 가능하게 하는 데 의의가 있음

2. 현장처리물품의 종류

선처리제품	제품을 생산 또는 제작 시 방염성능이 있도록 제작하여 "한국소방산업기술원"으로부터 방염성능검사 합격표시를 받은 제품
후처리제품	"현장처리물품"이라 하며, 설치 현장에서 "방염처리업으로 등록하여 정상영업 중인 업체"로부터 방염 시공을 한 목재 및 합판 등 현장에서 방염도료, 방염액, 방염필름 등을 이용하여 방염성능이 있도록 처리한 제품

3. 품질확보에 대한 문제점

1) 현장처리물품의 방염성능검사

절차	방염시료채취 → 비영리시험기관에 방염성능 신청 → 시료제출 → 시험 → 판정 → 결재 → 의뢰자에게 결과통보

시험항목	• 버너의 불꽃을 제거한 때부터 불꽃을 올리며 연소하는 상태가 그칠 때까지 시간은 20초 이내일 것 • 버너의 불꽃을 제거한 때부터 불꽃을 올리지 아니하고 연소하는 상태가 그칠 때까지 시간은 30초 이내일 것 • 탄화(炭化)한 면적은 50cm^2 이내; 탄화한 길이는 20cm 이내일 것 • 불꽃에 의하여 완전히 녹을 때까지 불꽃의 접촉 횟수는 3회 이상일 것 • 발연량(發煙量)을 측정하는 경우 최대연기밀도는 400 이하일 것

2) 문제점

문제점	내용
시료의 신뢰성	• 현재 방염처리 현장에서 시공된 시료를 채취토록 함 • 시료를 방염업자가 채취하여 신청토록 함으로써 허위 시료 제출에 따른 신뢰성 문제 발생
전문 기술인력의 부족	• 방염도료, 방염필름 등을 시공하는 전문 시공인력 부재 • 비숙련공에 의한 시공에 의한 시공품질 저하
시공 매뉴얼 미준수 부실시공	도장면의 처리, 도막 건조시간, 도장횟수 등 시공 매뉴얼 미준수에 따른 방염성능 저하
무자격 방염업체에 의한 시공	등록된 방염업자의 자격을 대여하고 무자격 업체에서 시공

4. 개선방안

① 등록된 방염처리 업체에 의한 시공사항을 관리·감독

② 시료 채취 단계에서 진품 인증용 메모기록 및 사진촬영 등 신뢰성 확보

③ 방염 전문 기술인력 확보를 위한 정기적 교육 및 양성 실시

④ 시공 매뉴얼 준수 도장면의 처리, 도막 건조시간, 도장횟수 등 시공 매뉴얼 준수를 위한 작업자에 대한 교육 실시

5. 소견

① 주택은 인명과 재산피해가 압도적으로 많지만 방염대상이 아니며, 화재 발생

저감을 위해 아파트를 포함한 모든 주거 용도에 방염이 포함될 수 있도록 법령

개정이 필요함

② 방염대상 물품의 경우 고정식 가구는 제외되어 있지만 포함하여 화재 시 착화

지연 및 피난안전성을 높이는 것이 필요함

"끝"

1. 문제

위험물 제조소의 위치 · 구조 및 설비의 기준에서 안전거리, 보유공지와 표지 및 게시판에 대하여 설명하시오.

2. 시험지에 번호 표기

위험물 제조소(1)의 위치 · 구조 및 설비의 기준에서 안전거리(2), 보유공지(3)와 표지 및 게시판(4)에 대하여 설명하시오.

Tip 위험물 관련 문제 중에서 기본문제이며, 그림과 표로 정리해야 할 필요가 있습니다.

3. 출제자 의도 파악 및 지문에서 내가 써야 할 대제목, 소제목 가져오기

지문	대제목 및 소제목
위험물 제조소(1)	1. 개요
안전거리(2)	2. 안전거리
보유공지(3)	3. 보유공지
표지 및 게시판(4)	4. 표지 및 게시판

4. 실제 답안지에 작성해보기

문 3-6) 위험물 제조소의 위치·구조 및 설비의 기준에서 안전거리, 보유공지

와 표지 및 게시판

1. 개요

① 위험물 제조소란 위험물을 제조하는 시설로서 최초에 사용한 원료가 위험물

인가, 비위험물인가의 여부에 관계없이 여러 공정을 거쳐 제조한 최종 물품이

위험물인 대상을 말함

② 위험물이기에 안전거리, 보유공지를 두고 표지 및 게시판을 세워 안전 및 위험

성을 알리고 있음

2. 안전거리

개념도	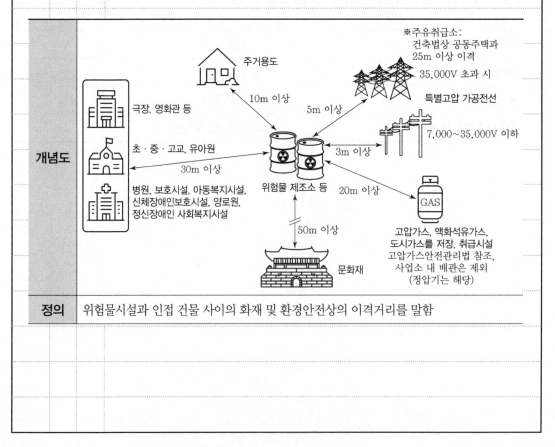
정의	위험물시설과 인접 건물 사이의 화재 및 환경안전상의 이격거리를 말함

단축 기준	• 안전거리 단축 가능 대상 및 단축거리				

**단축
기준**

• 안전거리 단축 가능 대상 및 단축거리

구분	지정수량의 배수	안전거리(m, 이상)		
		주거용 건축물	학교 · 유치원 등	문화재
제조소 · 일반취급소 −취급하는 위험물의 양이 주거지역 에 있어서는 30배, 상업지역에 있어 서는 35배, 공업지역에 있어서는 50 배 이상인 것을 제외	10배 미만	6.5	20	35
	10배 이상	7.0	22	38

• 불연재료로 된 방화상 유효한 담 또는 벽을 설치하는 경우 안전거리 단축 가능

벽기준

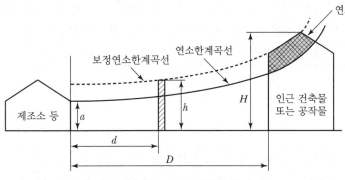

D : 제조소 등과 인근 건축물 또는 공작물과의 거리(m)

H : 인근 건축물 또는 공작물의 높이(m)

a : 제조소 등의 외벽의 높이(m)

d : 제조소 등과 방화상 유효한 담과의 거리(m)

h : 방화상 유효한 담의 높이(m)

p : 상수

• 방호상 유효한 벽이 있는 경우
  −방호상 유효한 벽의 높이

  $H \leq pD^2 + a$인 경우, $h = 2$

  $H > pD^2 + a$인 경우, $h = H - p(D^2 - d^2)$

벽기준	−방화상 유효한 벽의 길이 • 제조소 등의 외벽의 양단(a_1, a_2)을 중심으로 위험물안전관리법의 건축물 등에 따른 안전거리를 반지름으로 한 원을 그려 당해 원의 내부에 들어오는 인근 건축물 등의 부분 중 최외측 양단(p_1, p_2)을 구한 다음, a_1과 p_1을 연결한 선분(L_1)과 a_2와 p_2를 연결한 선분(L_2) 상호 간의 간격(L)으로 함 • 방화상 유효한 담은 제조소 등으로부터 5m 미만의 거리에 설치하는 경우 내화구조로, 5m 이상의 거리에 설치하는 경우에는 불연재료, 제조소 등의 벽을 높게 하여 방화상 유효한 담을 갈음하는 경우 그 벽을 내화구조로 하고 개구부 설치 금지

3. 보유공지

정의	화재 발생 시 피난 및 소화활동을 위하여 보유하여야 할 공지로 보유공지 안에는 어떠한 시설도 있어서는 안 되는 절대적 확보공간임. 저장·취급하는 위험물의 종류·최대수량·건축물의 구조에 따라 기준이 달라지며 방호벽을 설치하여도 단축되지 않음	
기준	**취급하는 위험물의 최대수량**	**공지의 너비**
	지정수량의 10배 이하	3m 이상
	지정수량의 10배 초과	5m 이상
제외대상	제조소의 작업공정이 다른 작업장의 작업공정과 연속되어 있어, 제조소의 건축물 그 밖의 공작물의 주위에 공지를 두게 되면 그 제조소의 작업에 현저한 지장이 생길 우려가 있는 경우	

4. 표지 및 게시판

1) 표지

① 제조소에는 보기 쉬운 곳에 "위험물 제조소"라는 표시를 한 표지 설치

② 표지는 한변의 길이가 0.3m 이상, 다른 한변의 길이가 0.6m 이상인 직사각형으로 할 것

③ 표지의 바탕은 백색으로, 문자는 흑색으로 할 것

2) 게시판

기준	• 제조소에는 보기 쉬운 곳에 방화에 관하여 필요한 사항을 게시한 게시판 설치 • 게시판은 한변의 길이가 0.3m 이상, 다른 한변의 길이가 0.6m 이상인 직사각형으로 할 것 • 게시판에는 저장 또는 취급하는 위험물의 유별·품명 및 저장최대수량 또는 취급최대수량, 지정수량의 배수 및 안전관리자의 성명 또는 직명을 기재할 것 • 게시판의 바탕은 백색으로, 문자는 흑색으로 할 것
유별 주의사항	• 게시판의 색은 "물기엄금"을 표시하는 것에 있어서는 청색바탕에 백색문자로, "화기주의" 또는 "화기엄금"을 표시하는 것에 있어서는 적색바탕에 백색문자로 할 것 - 제1류 위험물 중 알칼리금속의 과산화물과 이를 함유한 것 또는 제3류 위험물 중 금수성 물질에 있어서는 "물기엄금" - 제2류 위험물(인화성 고체 제외)에 있어서는 "화기주의" - 제2류 위험물 중 인화성 고체, 제3류 위험물 중 자연발화성 물질, 제4류 위험물 도는 제5류 위험물에 있어서는 "화기엄금"

"끝"

1. 문제

NFSC 103에서 천장과 반자 사이의 거리 및 재료에 따른 스프링클러헤드의 설치제외 기준을 설명하고, 천장과 반자 사이 공간의 안전성 확보를 위해 확인해야 할 사항을 설명하시오.

2. 시험지에 번호 표기

NFSC 103에서 천장과 반자 사이의 거리 및 재료에 따른 스프링클러(1)헤드의 설치제외 기준(2)을 설명하고, 천장과 반자 사이 공간의 안전성 확보를 위해 확인해야 할 사항(3)을 설명하시오.

3. 출제자 의도 파악 및 지문에서 내가 써야 할 대제목, 소제목 가져오기

지문	대제목 및 소제목
스프링클러(1)	1. 개요
헤드의 설치제외 기준(2)	2. 헤드 설치제외 기준
천장과 반자 사이 공간의 안전성 확보를 위해 확인해야 할 사항(3)	3. 천장과 반자 사이 공간의 안전성 확보를 위해 확인해야 할 사항
	4. 소견

4. 실제 답안지에 작성해보기

문 4 – 1) 천장과 반자 사이의 거리 및 재료에 따른 스프링클러헤드의 설치제외 기준을 설명

1. 개요

① 스프링클러설비는 화재 발생 시 이를 감지하고 소화수를 방사하여 화재를 제어 또는 진압하는 자동식 소화설비를 말함

② 스프링클러헤드의 효율성이 낮은 장소에는 이를 제외할 수 있도록 화재안전기준에서 규정하고 있지만 헤드를 제외한 공간에도 안전성 확보를 위하여 가연물, 점화원 등의 정도를 확인하여야 함

2. 헤드 설치제외 기준

1) 천장과 반자 양쪽이 불연재인 경우

　① 천장과 반자 사이의 거리가 2m 미만인 부분

　② 천장과 반자 사이의 벽이 불연재료이고 천장과 반자 사이의 거리가 2m 이상으로서 그 사이에 가연물이 존재하지 아니하는 부분

2) 천장, 반자 중 한쪽이 불연재료로 되어 있고 천장과 반자 사이의 거리가 1m 미만인 부분

3) 천장 및 반자가 불연재료 외의 것으로 되어 있고 천장과 반자 사이의 거리가 0.5m 미만인 부분

3. 천장과 반자 사이 공간의 안전성 확보를 위하여 확인해야 할 사항

연소의 3요소	
점화원 확인	• 전선관 등의 설치상태 　－전선의 적합한 시공상태, 접합부의 시공상태 　－내열 및 내화배선 적합한 시공상태(노출배선 시 FR－8, FR－3 사용여부 등) • 조명 　－조명 설치 시 배선상태, 조명 연결 시 접합상태
가연물 확인	• 천장부분 가연물 　－최상층 천장은 단열을 위해 스티로폼 등으로 시공, 보온재 　－덕트보온재 난연성 확인 및 접합부 시공상태 　－배관보온재 난연성 확인 및 접합부 시공상태 • 가스배관 등 가연물 이송배관 등의 유무확인 • 먼지 및 가연물 적재 여부

4. 소견

① 먼지 및 분진은 시간이 경과할수록 퇴적되며, 점화원이 있을 경우 가연물이 되기에 평상시 청결상태 유지관리가 무엇보다 중요함

② 천장과 반자 사이에 배선 혹은 배관 등을 증설하는 경우가 많으므로 설치제외 요건을 강화하여 헤드를 설치하는 것이 타당하다고 사료됨

"끝"

115회 4교시 2번

1. 문제

> 위험물안전관리법령상 제2류 위험물의 품명과 지정수량, 범위 및 한계, 일반적인 성질과 소화방법에
> 대하여 설명하시오.

Tip 위험물 기본문제로 전회차에서 설명한 부분입니다.

115회 4교시 3번

1. 문제

> **무정전전원설비의 다음 사항에 대하여 설명하시오.**
> (1) 동작방식별 기본 구성도   (2) 각각의 장단점   (3) 선정 시 고려사항

Tip ESS 출제 전 나온 문제로 시사성이 떨어지는 문제입니다.

1. 문제

청정소화약제소화설비에서 다음 항목에 대한 설계 시공상의 문제점을 설명하시오.

(1) 방호공간의 기밀도
(2) 방호대상공간의 압력배출구
(3) 가스집합관의 안전밸브
(4) 가스배관의 접합
(5) PRD 시스템

2. 시험지에 번호 표기

청정소화약제소화설비에서 다음 항목에 대한 **설계 시공(1)**상의 문제점을 설명하시오.

(1) 방호공간의 기밀도(2)
(2) 방호대상공간의 압력배출구(3)
(3) 가스집합관의 안전밸브(4)
(4) 가스배관의 접합(5)
(5) PRD 시스템(6)

Tip 지문 5개를 순서대로 답안을 작성하되 문제점을 쓰라고 했으니 대책까지 제시해야 점수를 받을 수 있습니다.

3. 실제 답안지에 작성해보기

문 4-4) 청정소화약제소화설비에서 각각의 항목에 대한 설계 시공상의 문제점을 설명

1. 개요

① 가스계 소화설비 시스템은 방호공간의 균일한 설계농도를 유지하여야 재발화 방지 및 완전소화를 달성할 수 있음

② 국내 가스계 시스템의 설계 및 시공 시 엔지니어링이 이루어져야 하며, 가스계 시스템의 소화신뢰도를 높이는 방법이 필요함

2. 각각의 항목에 대한 설계 시공상의 문제점 및 대책

1) 방호공간의 기밀도

구분	내용
개념도	
문제점	• 가스계 시스템의 실패요인 약제방출 – 개구부 및 보이지 않는 누설면적 – 약제누설 – 균일한설계농도 유지불가 – 소화실패 • NFPA 2001에서 소화농도 10분 이상 유지 • 국내는 유효농도 유지시간이 없어 약제량이 정확히 설계되지 않고 있음 • 기밀도를 고려하지 않고 약제량을 선정함
대책	도어 팬 테스트(Door Fan Test) 실시하여 신뢰도 향상

2) 방호공간의 압력배출구

문제점	• 청정소화약제 방출 시 과압 및 부압 발생 • 설계농도 유지시간 결여 및 화재진압 불가 • 허술한 구조체 및 유리창 파손
대책	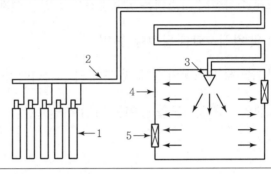 • 건축자료를 바탕으로 합리적 설계 필요 • 계산근거 : 벽, 창문, 출입문 강도 중 가장 약한 부분을 기준으로 하여야 함

3) 가스집합관의 안전밸브

문제점	• 설계압력을 고려하지 않고 설치 • 배출규격이 너무 작아서 과압배출 불가능 • 안전밸브 규격선정에 엔지니어링이 이루어지지 않음 • 약제저장실에서 배출되므로 저장실안전 및 관리자 안전에 치명적 위해 발생
대책	• 가스압력을 고려하여 규격을 선정하여야 함 • 안전밸브설계법에 따라 설계 및 시공할 것 • 안전밸브 토출관은 반드시 옥외로 배출되도록 연장하여야 함

4) 가스배관의 접합

문제점	• 질소계 가스설비의 경우 1차 감압 후의 압력이 80bar에 이르고 스케줄 80배관 을 사용하는 데 용접기준이 없음 • 전문용접사가 아닌 일반배관공이 용접함 • 플랜트 배관으로 분류하지 않은 엔지니어링 기준의 미흡 • 고압가스가 충격적으로 방출될 때 배관이 파손될 가능성이 높음

대책	• 플랜트 배관으로 분류하고 엔지니어링 기준 보강 • 플랜트 용접공 반영 • 가스집합관은 가급적 공장에서 전문시방서에 의해 제작되어야 함 (배관단면 베벨링가공 – 1차 TIG 용접비드 – 2차 Arc 용접비드 3단계 감리검측)

5) PRD(Piston Release Damper)시스템

개념도	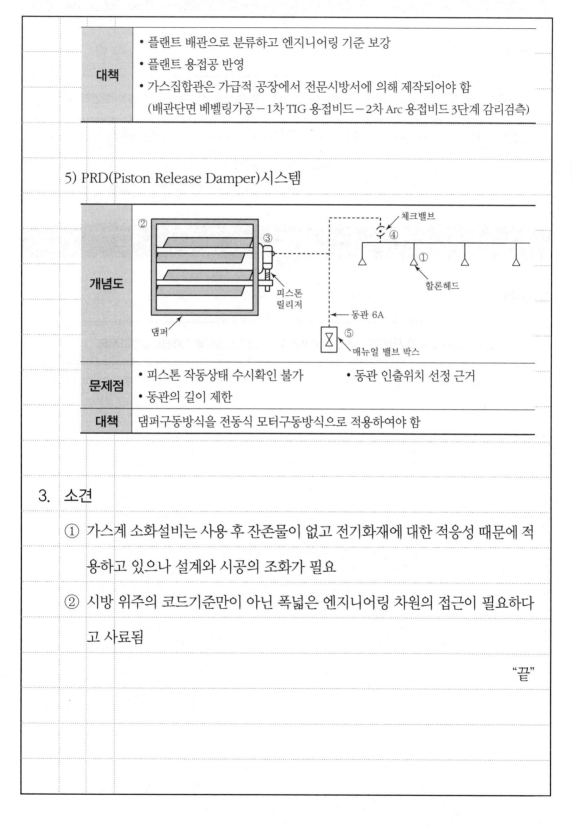
문제점	• 피스톤 작동상태 수시확인 불가 • 동관 인출위치 선정 근거 • 동관의 길이 제한
대책	댐퍼구동방식을 전동식 모터구동방식으로 적용하여야 함

3. 소견

① 가스계 소화설비는 사용 후 잔존물이 없고 전기화재에 대한 적응성 때문에 적

용하고 있으나 설계와 시공의 조화가 필요

② 시방 위주의 코드기준만이 아닌 폭넓은 엔지니어링 차원의 접근이 필요하다

고 사료됨

"끝"

1. 문제

드라이비트(외단열미장마감공법)의 화재확산에 영향을 미치는 시공상의 문제점을 설명하시오.

Tip 시사문제였으며 현재는 건축물의 용도 규모에 따라 외장재료 마감을 제한하고 있습니다.

1. 문제

휴대전화, 노트북 등에 사용되는 리튬이온 배터리의 화재위험성과 대책을 설명하시오.

Tip 시사문제였으며 지금은 자동차배터리, ESS의 열폭주 문제와 관련한 문제 등이 출제되고 있습니다.

Chapter 06

제116회

소방기술사
기출문제풀이

116회 1교시 1번

1. 문제

연소확대와 관련하여 Pork Through 현상에 대하여 설명하시오.

2. 시험지에 번호 표기

연소확대와 관련하여 Pork Through(1) 현상(2)에 대하여 설명하시오.

Tip 정의 – 메커니즘 – 문제점 – 대책 4단계를 생각하시면서 답안을 작성해 나가시면 됩니다.

3. 실제 답안지에 작성해보기

문 1-1) Pork Through 현상에 대하여 설명

1. 정의

개념도	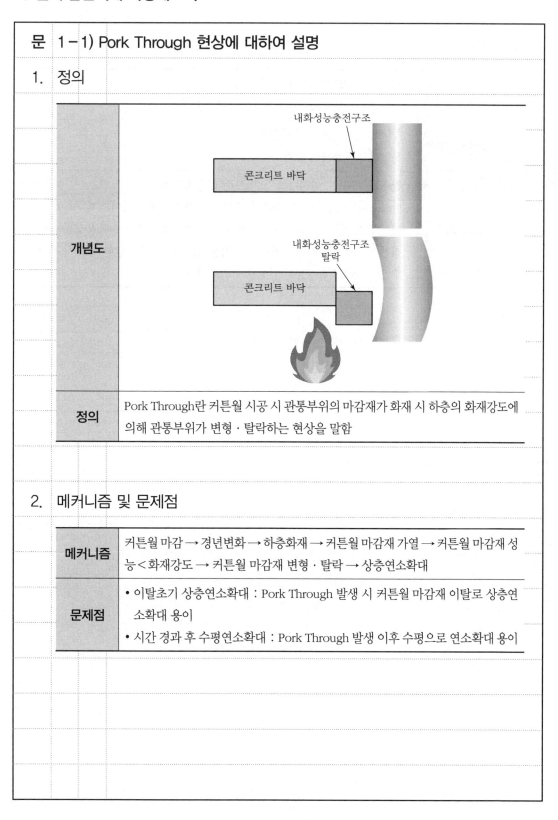
정의	Pork Through란 커튼월 시공 시 관통부위의 마감재가 화재 시 하층의 화재강도에 의해 관통부위가 변형·탈락하는 현상을 말함

2. 메커니즘 및 문제점

메커니즘	커튼월 마감 → 경년변화 → 하층화재 → 커튼월 마감재 가열 → 커튼월 마감재 성능<화재강도 → 커튼월 마감재 변형·탈락 → 상층연소확대
문제점	• 이탈초기 상층연소확대 : Pork Through 발생 시 커튼월 마감재 이탈로 상층연소확대 용이 • 시간 경과 후 수평연소확대 : Pork Through 발생 이후 수평으로 연소확대 용이

3. 대책

Passive 대책	• 시방위주 내화설계 : 내화성능 > 요구내화시간 • 성능위주 내화설계 : 내화성능 > 설계기준화재
Active 대책	• 창문형 옥외 스프링클러 설치 • 창문형 스프링클러 설치
법적 기준	• 건축물의 피난·방화구조 등의 기준에 관한 규칙 방화구획으로 되어 있는 부분을 관통하는 경우 그로 인하여 방화구획에 틈이 생긴 때에는 그 틈을 별표 1 제1호에 따른 내화시간(내화채움성능이 인정된 구조로 메워지는 구성 부재에 적용되는 내화시간을 말한다) 이상 견딜 수 있는 내화채움성능이 인정된 구조로 메울 것

"끝"

1. 문제

이중결합을 가지고 있는 지방족 탄화수소화합물의 명칭과 일반식을 쓰고 고분자(Polymer) 형성과정에 대하여 설명하시오.

2. 시험지에 번호 표기

이중결합을 가지고 있는 지방족 탄화수소화합물의 명칭과 일반식(1)을 쓰고 고분자(Polymer) 형성과정(2)에 대하여 설명하시오.

Tip 지문이 2개이므로 지문당 10줄씩 나눠 작성합니다.

3. 실제 답안지에 작성해보기

문 1-2) 지방족 탄화수소화합물, 고분자(Polymer) 형성과정

1. 지방족 탄화수소화합물

명칭	• 알켄(Alkene) • 불포화탄화수소 중에서 이중결합을 한 탄화수소를 말함
일반식	$C_nH_{2n} \rightarrow C_2H_4$, C_4H_8 , C_5H_{10} 등 에틸렌 + 물 $\xrightarrow{H^+}$ 에탄올
분류	탄화수소 포화 탄화수소 / 불포화 탄화수소 사슬모양 탄화수소 — 알칸(C_aH_{2n+2}) 단일결합 고리모양 탄화수소 — 시클로알케인(C_nH_{2n}) 단일결합 사슬모양 탄화수소 — 알칸(C_nH_{2n}) 이중결합 / 알킨(C_nY_{2n-2}) 삼중결합 고리모양 탄화수소 — 방향족 탄화수소 단일결합, 이중결합

2. 고분자 형성과정

정의	폴리머(Polymer)란 '중합체, 고분자'라는 뜻을 가지고 있으며, 고분자란 분자량이 1만 이상인 거대한 분자를 의미	
종류	열가소성(첨가중합반응)	열경화성 수지
구조식	에틸렌 → 폴리에틸렌	단위체 + 단위체 $\xrightarrow[{-H_2O}]{축합 중합}$ 중합체
특징	• 가열 시 용융되고, 재사용 가능 • 분자구조 : 사슬모양 • 폴리염화비닐, 폴리에틸렌, 폴리스티렌 등	• 가열 시 분해되어 재사용 불가능 • 분자구조 : 그물구조 • 멜라닌수지, 요소수지 등

"끝"

1. 문제

> 산불화재에서 Crown Fire와 화학공정에서 Blow Down에 대하여 설명하시오.

2. 시험지에 번호 표기

> 산불화재에서 Crown Fire(1)와 화학공정에서 Blow Down(2)에 대하여 설명하시오.

Tip 지문이 2개이므로 지문당 10줄씩 나눠 작성합니다.

3. 실제 답안지에 작성해보기

문 1-3) 산불화재에서 Crown Fire와 화학공정에서 Blow Down

1. Crown Fire(수관화)

정의	지표에서 발생한 화재가 서있는 나무의 가지와 잎을 태우는 산불을 말함
메커니즘	지표화 → 수간화 → 수관화
확대과정	 2. 불똥 상승　　　3. 불똥 비산 1. 화염 및 열기둥 생성 4. 재발화 ① 지표화 : 지표에 있는 낙엽과 초류 등의 지피물, 어린나무 등이 타는 것 ② 수간화 : 나무의 줄기가 타는 불이며 지표화로부터 연소되는 경우가 많음 ③ 수관화 : 지표화 또는 수간화로부터 수관부에 불이 닿아 수관화로 발전

대책	문제점	방지대책
	• 화세가 강하여 진압이 곤란 • 진행속도가 빠르고 산불화재 중 피해가 가장 큼 • Fire Plume을 일으킴 • 비화로 확산 산불 피해면적이 커짐	• 방화수림대 조성 • 소방관 활동통로 및 소방용수 확보 • 입산객연 및 취사금지 • 입산객 화기 단속 및 캠페인 실시

2. Blow Down

정의	화학공정에서 배기밸브 또는 배기구가 열리기 시작할 때 실린더 내의 가스가 뿜어져 나오는데, 증기, 열유, 열액 등의 공정액체를 빼내어 이것을 안전하게 유지하고 처리하기 위한 설비를 말함
구조도	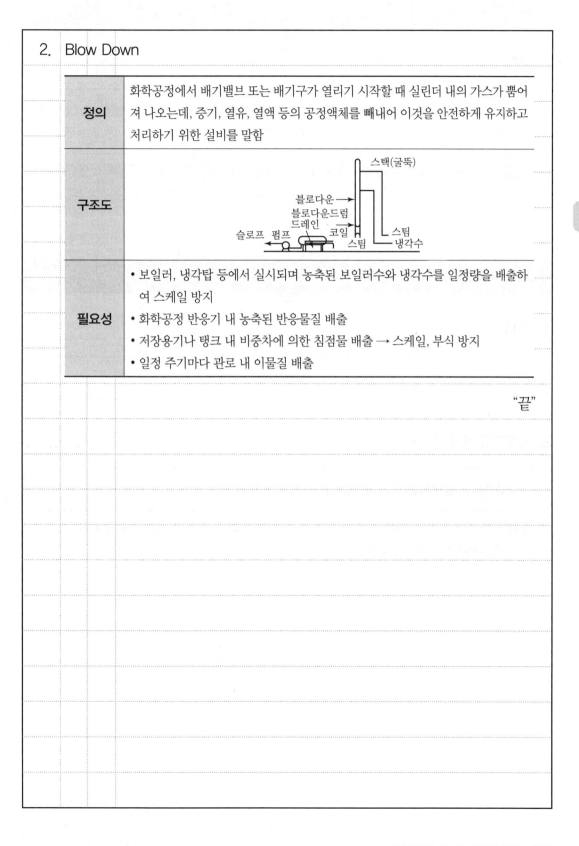
필요성	• 보일러, 냉각탑 등에서 실시되며 농축된 보일러수와 냉각수를 일정량을 배출하여 스케일 방지 • 화학공정 반응기 내 농축된 반응물질 배출 • 저장용기나 탱크 내 비중차에 의한 침점물 배출 → 스케일, 부식 방지 • 일정 주기마다 관로 내 이물질 배출

"끝"

1. 문제

> 외단열 미장마감에서 단열재를 스티로폼으로 시공 시 화재확산과 관련하여 닷 앤 댑(Dot & Dab) 방식과 리본 앤 댑(Ribbon & Dat) 방식에 대하여 설명하시오.

Tip 시사문제였으며, 현재는 건축물의 외벽마감재를 불연, 준불연 등으로 규제하고 있습니다.

1. 문제

> 방화구조 설치대상 및 구조기준에 대하여 설명하시오.

2. 시험지에 번호 표기

> 방화구조(1) 설치대상(2) 및 구조기준(3)에 대하여 설명하시오.

Tip 지문은 3개이며 문제(1줄) – 정의(3줄) – 필요한 그림(4줄) – 설치대상과 구조기준(14줄)으로 1페이지를 채우도록 합니다.

3. 실제 답안지에 작성해보기

문 1 - 5) 방화구조 설치대상 및 구조기준에 대하여 설명

1. 정의

방화구조	방화구조란 화염의 확산을 막을 수 있는 성능을 가진 구조로서 국토교통부령으로 정하는 기준에 적합한 구조를 말함
연소할 우려가 있는 부분	인접대지경계선·도로중심선 또는 동일한 대지 안에 있는 2동 이상의 건축물(연면적 합계가 500m² 이하인 건축물은 하나의 건축물로 본다) 상호 외벽 간의 중심선으로부터 1층에 있어서는 3m 이내, 2층 이상에 있어서는 5m 이내의 거리에 있는 건축물의 각 부분을 말함

2. 설치대상

① 대규모 목조건축물

② 연면적 1,000m² 이상인 목조건축물은 그 외벽 및 처마 밑의 연소할 우려가 있는 부분

3. 구조기준

구분	구조기준
철망모르타르	바름두께가 2cm 이상인 것
석고판 위에 시멘트모르타르나 회반죽을 바른 것	두께의 합계가 2.5cm 이상인 것
시멘트모르타르 위에 타일을 붙인 것	두께의 합계가 2.5cm 이상인 것
심벽에 흙으로 맞벽치기한 것	모두 인정
한국산업표준이 정하는 바에 따라 시험한 결과 방화 2급 이상에 해당하는 것	

4.	소견	
	①	연소할 우려가 있는 부분에 방화구조 성능을 보강하는 방법은 Passive적인 방법임
	②	Active적인 방법으로 드렌처 설비 혹은 창문형 SP설비 등을 설치하여 방화성능을 확보할 필요가 있다고 사료됨
		"끝"

1. 문제

자동방화댐퍼의 설치기준과 점검 시에 발생하는 외관상 문제점에 대하여 설명하시오.

2. 시험지에 번호 표기

자동방화댐퍼(1)의 설치기준(2)과 점검 시에 발생하는 외관상 문제점(3)에 대하여 설명하시오.

3. 실제 답안지에 작성해보기

문 1 – 6) 자동방화댐퍼의 설치기준과 점검 시에 발생하는 외관상 문제점

1. 정의

자동방화 댐퍼	냉난방 풍도 등에 설치되어 구획실 화재 시 연기, 온도 등을 검지하여 자동으로 폐쇄되는 방화구획의 한 구성요소를 의미함
설치대상	• 환기, 난방 또는 냉방시설의 풍도가 방화구획을 관통하는 경우에 그 관통부분 또는 이에 근접한 부분에 설치 • 제외 : 반도체공장 건축물로 관통부 풍도 주위에 스프링클러헤드를 설치하는 경우

2. 설치기준

미끄럼부	열팽창, 녹, 먼지 등에 의해 작동이 저해받지 않는 구조일 것
점검구	방화댐퍼의 주기적인 작동상태, 점검, 청소 및 수리 등 유리 · 관리를 위하여 검사구 · 점검구는 방화댐퍼에 인접하여 설치할 것
부착방법	구조체에 견고하게 부착시키는 공법으로 화재시 덕트가 탈락 · 낙하해도 손상되지 않을 것
구조	배연기의 압력에 의해 방재상 해로운 진동 및 간격이 생기지 않는 구조일 것

3. 점검 시 발생하는 외관상 문제점

[방화댐퍼의 올바른 설치 예]   [방화댐퍼 부적절한 설치 시 화재확산 경로 형성]

문제점	대책
방화댐퍼 온도 획일적 (일반 : 72℃, 제연용 : 280℃)	실의 연소속도 화재 성장속도 고려 설치
점검구 상부에 각종 전선관 배관 덕트 이동으로 점검구 개방곤란	개방 고려 점검구 설치
점검구, 덕트위치 도면의 상이	인테리어 시 무단 변경금지, 변경사항 표시
덕트 성능평가 곤란	누기테스트 등 TAB 실시

"끝"

1. 문제

> 건축물의 화재확산 방지구조 및 재료에 대하여 설명하시오.

Tip 전회차에서도 출제되었고 계속 출제되는 문제이므로 꼭 숙지하시기 바랍니다.

1. 문제

> 화확적 폭발의 종류와 개별특성에 대하여 설명하시오.

2. 시험지에 번호 표기

> 화확적 폭발(1)의 종류와 개별특성(2)에 대하여 설명하시오.

Tip 두 가지 지문 외에 대책까지 작성하여야 점수를 받을 수 있습니다.

3. 실제 답안지에 작성해보기

문 1-8) 화학적 폭발의 종류와 개별특성에 대하여 설명

1. 정의

화학적 폭발	물질의 급격한 산화 환원반응을 일으키는 과정에서 다량의 열과 에너지를 발생시키는 현상
종류	가스폭발, 분무폭발, 분진폭발, 분해폭발 등

2. 개별특성

구분	폭발형태	특징
화학적 폭발	가스폭발	• 가연성 가스와 산소의 혼합기체에서 발생, 물적 조건과 에너지 조건을 만족 시 발생 • UVCE, VCE 등이 있으며, 피해가 큼
	분무폭발	• 공기 중에 분출된 가연성 액체의 미세한 액적이 무상으로 되어 공기 중에 부유하고 있을 때 발생 • 분무폭발과 비슷한 박막폭굉이 있으며 윤활유가 공기 중에 분무될 때 발생
	분진폭발	• 가연성의 고체가 미분말로 되어 공기 중에 부유하고 있을 때 발생 • 예방 : 불활성 가스로 완전히 치환, 산소농도 낮추고, 점화원 제거
	분해폭발	• 분해폭발 물질 : 에틸렌, 산화에틸렌, 아세틸렌 등 • 분해에 의해 생성된 가스가 열팽창되고 이때 생기는 압력상승과 압력의 방출에 의해 폭발

3. 화학적 폭발 방지대책

대책	내용
산소농도제한	밀폐단위공정에서 적용할 수 있으며, 폭발이 일어날 수 없는 범위까지 퍼징을 실시하여 질소, 이산화탄소 등의 불활성가스로 대체
점화원 제거	방폭전기기기 적용, 마찰, 충격 등 제한
혼합물 조성억제	가연성 가스 감지기 및 배연설비 설치로 폭발혼합물 조성억제

"끝"

1. 문제

나트륨(Na)에 관한 다음 질문에 답하시오.

(1) 물과의 반응식

(2) 보호액의 종류와 보호액 사용 이유

(3) 다음 중 사용할 수 없는 소화약제를 모두 골라 쓰시오.

이산화탄소, Halon 1301, 팽창질석, 팽창진주암, 강화액 소화약제

2. 시험지에 번호 표기

나트륨(Na)에 관한 다음 질문에 답하시오.

(1) 물과의 반응식(1)

(2) 보호액의 종류와 보호액 사용 이유(2)

(3) 다음 중 사용할 수 없는 소화약제(3)를 모두 골라 쓰시오.

이산화탄소, Halon 1301, 팽창질석, 팽창진주암, 강화액 소화약제

Tip 지문 3개를 순서대로 작성합니다.

3. 실제 답안지에 작성해보기

문 1-9) 나트륨(Na)에 관한 다음 질문에 답하시오.

1. 물과의 반응식

반응식	$2Na + 2H_2O \rightarrow 2NaOH + H_2$
위험성	• 물과 반응 시 가연성 가스인 수소 발생 • 화재 시 수소폭발에 의한 화재확산

2. 보호액의 종류와 보호액 사용 이유

종류	제4류 위험물인 등유, 경유, 파라핀 등 석유류에 저장
사용 이유	• 물과의 접촉방지 • 물과 반응 시 수소가스 생성 억제로 화재발생 방지

3. 사용할 수 없는 소화약제

구분	내용
이산화탄소	• 반응식 : $4Na + CO_2 \rightarrow 2Na_2O + C\uparrow$ • 탄소에 의한 가시거리 저하에 따른 피난장애 • 탄소의 급격한 폭발연소
하론 1301	• $CF_3Br \rightarrow CF_2 + HBr^* + OH^* \rightarrow CF_2 + Br + H_2O$ • 화학적 소화가 미치지 못하여 소화효과가 없음
강화액	• $K_2CO_3 + H_2O \rightarrow K_2O + H_2O\uparrow + CO_2\uparrow - Q\,kal$ • 물이 생성되며 나트륨이 물과 반응하여 수소가스 발생 • 수소폭발에 의한 화재 확대

4. 소견

마른 팽창질석, 팽창진주암을 사용하여 질식소화를 해야 함

"끝"

1. 문제

B급 화재 위험성이 있는 특정소방대상물에 미분무소화설비를 적용하고자 할 때 고려되어야 할 변수들을 2차원과 3차원 화재로 각각 분류하여 기술하시오.

2. 시험지에 번호 표기

B급 화재 위험성이 있는 특정소방대상물에 미분무소화설비(1)를 적용하고자 할 때 고려되어야 할 변수(2)들을 2차원(1)과 3차원(1) 화재로 각각 분류하여 기술하시오.

3. 실제 답안지에 작성해보기

문 1 – 10) 미분무소화설비를 적용하고자 할 때 고려되어야 할 변수

1. 정의

미분무 소화설비	소량의 물을 고압으로 방사시켜 미세 물입자로 만들어 화재를 진압하는 소화설비
2차원 화재	저장용기 등과 같이 모양을 갖춘 용기의 상부에서 발생한 화재
3차원 화재	3차원의 입체적인 화재로서 가연물 분무 화재 및 흘러가는 가연물 캐스케이드 화재로 구분

2. 고려해야 할 변수

2차원 화재	3차원 화재
• 가연물의 하중과 형상 • 가연물의 인화점 • 예비연소시간의 액면의 크기 및 유출 크기 • 재발화원	• 가연물의 하중과 형상 및 인화점 • 예비연소 시간 • 캐스케이드(Cascade) 및 유출류 화재 여부 • 연료유량 및 화재형상 • 분무화재 시 연료배관 압력, 연료분무 각도, 방위 • 재발화원

3. 설계도서 작성 시 고려사항

설계도서목적	미분무소화설비의 성능을 확인하기 위함
고려사항	• 점화원의 형태 • 초기 점화되는 연료 유형 • 화재 위치 • 문과 창문의 초기상태(열림, 닫힘) 및 시간에 따른 변화상태 • 공기조화설비, 자연형(문, 창문) 및 기계형 여부 • 시공 유형과 내장재 유형

"끝"

1. 문제

건식 스프링클러설비의 건식 밸브(Dry Valve) 작동 · 복구 시 초기주입수(Priming Water)의 주입 목적에 대하여 설명하시오.

2. 시험지에 번호 표기

건식 스프링클러설비의 건식 밸브(1)(Dry Valve) 작동 · 복구(3) 시 초기주입수(1)(Priming Water)의 주입 목적(2)에 대하여 설명하시오.

3. 실제 답안지에 작성해보기

문 1－11) 초기주입수(Priming Water)의 주입 목적에 대하여 설명

1. 정의

건식 밸브	급수배관으로부터 공급된 물과 스프링클러헤드까지 채워진 공기를 서로 균형 있게 유지하며 화재 시 2차 측 배관에 가압수를 보내어 소화를 가능하게 하는 역할을 하는 밸브
초기주입수	클래퍼의 평형유지 및 누수감지를 위해 주입하는 물 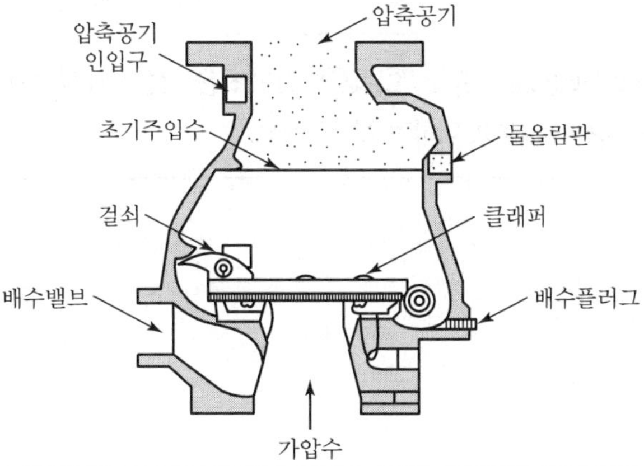

2. 초기주입수 주입 목적

클래퍼 폐쇄	클래퍼 표면이 균일하지 않아 그 위에 물을 채워 압축공기로 평형유지
차압형성	1.2차의 힘의 균형으로 건식 밸브가 고정이 되며, 이후 초기주입수에 의해 2차 측 압력이 더 강해져 밸브 클래퍼가 쉽게 오작동하지 않음
클래퍼 누수	클래퍼 간헐적 동작 시 누수를 감지하여 중간챔버 내 배수관으로 배수

3. 작동복구 시 초기주입수 채우는 순서

① 화재 및 시험작동 이후 2차 측에 있는 물을 배수관을 통해 모두 드레인

② 드레인시킨 후 클래퍼를 닫고 물올림관과 물올림컵을 통해 초기주입수를 채움

③ 물이 일정 수위에 차게 되면 미리 개방해놓은 수위확인배관으로 물이 흘러나오게 되면 충수가 된 것이므로 물올림관과 수위확인배관을 폐쇄

"끝"

1. 문제

물분무소화설비(Water Spray System)의 작동ㆍ분무 시 물입자의 동(動)적 특성 및 소화 메커니즘 (Mechanism)에 대하여 설명하시오.

2. 시험지에 번호 표기

물분무소화설비(Water Spray System)(1)의 작동ㆍ분무 시 물입자의 동(動)적 특성(2) 및 소화 메커 니즘(Mechanism)(3)에 대하여 설명하시오.

3. 실제 답안지에 작성해보기

문 1-12) 물입자의 동(動)적 특성 및 소화 메커니즘(Mechanism)

1. 정의

물분무 소화설비	물분무소화설비는 스프링클러 소화설비와 유사하며 스프링클러설비의 방수압력보다 고압으로 방사하여 물의 입자를 미세하게 분무시켜서 물방울의 표면적을 넓게 함으로써 유류화재, 전기화재 등에도 적응성이 뛰어나도록 한 소화설비임
헤드의 종류	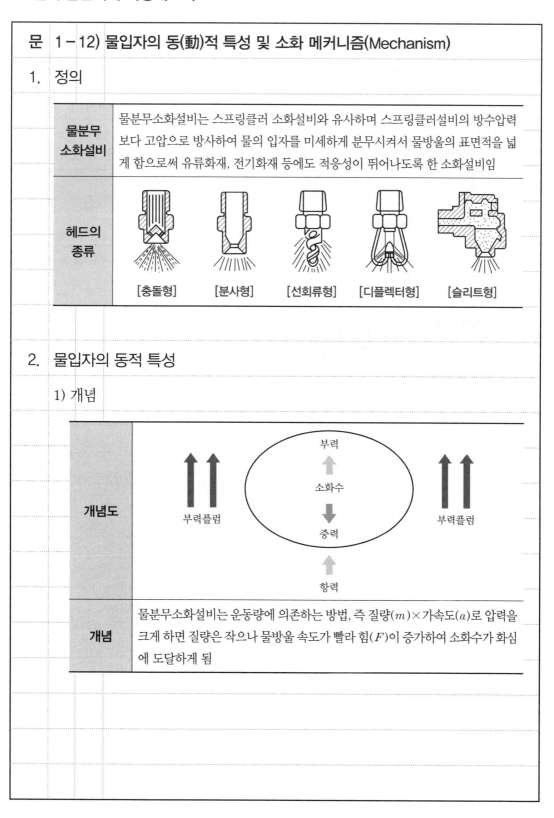

2. 물입자의 동적 특성

1) 개념

개념도	(개념도)
개념	물분무소화설비는 운동량에 의존하는 방법, 즉 질량(m)×가속도(a)로 압력을 크게 하면 질량은 작으나 물방울 속도가 빨라 힘(F)이 증가하여 소화수가 화심에 도달하게 됨

2) 물방울 종말속도와 플럼 상승속도의 비교

물방울 종말속도＞플럼 상승속도	• 화심까지 물방울 침투 가능 • 연소 가연물 표면냉각과 질식효과
물방울 종말속도＜플럼 상승속도	• 화심 주변을 적셔 화재제어 가능 • 연소 가연물 주변 기상냉각과 질식효과

3. 물분무 소화 메커니즘

냉각작용	무상의 물은 표면적이 대단히 크기 때문에 열을 흡수하기 쉬워지고, 물이 증발할 때의 증발잠열이 크므로 냉각효과가 우수함
질식작용	분무주수이므로 대량의 수증기가 발생하여 체적이 1,670배로 팽창하여 농도를 21%에서 15% 이하로 낮추어 소화함
희석작용	알코올과 같이 수용성인 액체는 물에 잘녹아 희석하여 소화함
유화작용	석유4류 위험물과 같이 유류화재 시 불용성의 가연성 액체 표면에 불연성의 유막을 형성하여 소화함

"끝"

1. 문제

연돌효과를 고려한 계단실 급기가압 제연설비 설계 시 최소 설계차압 적용 위치(층)와 보충량 계산을 위한 문 개방 조건 적용 위치(층)에 대하여 설명하시오.

2. 시험지에 번호 표기

연돌효과를 고려한 계단실 급기가압 제연설비 설계 시 최소 설계차압 적용 위치(층)(1)와 보충량 계산을 위한 문 개방 조건 적용 위치(층)(2)에 대하여 설명하시오.

3. 실제 답안지에 작성해보기

문 1-13) 최소 설계차압 적용 위치(층)와 문 개방 조건 적용 위치(층)

1. 최소설계차압 적용 위치(층) = 피난층, 1층 또는 최상층을 기준

연돌 효과	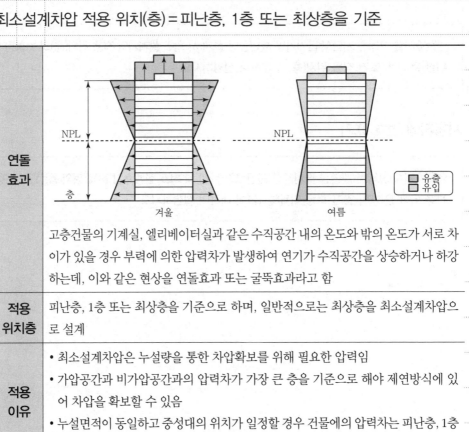 고층건물의 기계실, 엘리베이터실과 같은 수직공간 내의 온도와 밖의 온도가 서로 차이가 있을 경우 부력에 의한 압력차가 발생하여 연기가 수직공간을 상승하거나 하강하는데, 이와 같은 현상을 연돌효과 또는 굴뚝효과라고 함
적용 위치층	피난층, 1층 또는 최상층을 기준으로 하며, 일반적으로는 최상층을 최소설계차압으로 설계
적용 이유	• 최소설계차압은 누설량을 통한 차압확보를 위해 필요한 압력임 • 가압공간과 비가압공간과의 압력차가 가장 큰 층을 기준으로 해야 제연방식에 있어 차압을 확보할 수 있음 • 누설면적이 동일하고 중성대의 위치가 일정할 경우 건물에의 압력차는 피난층, 1층과 최상층의 압력차가 가장 큼

2. 보충계산 적용 위치(층) = 최상층을 기준

보충량	$Q_2 = Q_n - Q_0$ $\rightarrow Q_n = K\left(\dfrac{A \times V}{0.6}\right)$ $Q_2 = K\left(\dfrac{A \times V}{0.6}\right) - Q_0$ 보충량(Q_2) 방연풍량(Q_n) 거실유입풍량(Q_0) 보충량은 방연풍속을 확보하기 위한 풍량임
적용 위치층	• 출입문의 크기가 상이할 경우 출입문의 크기가 가장 큰 층이 기준 • 출입문의 크기가 동일하고 급기송풍기가 피난층이나 그 아래에 설치 시 최상층이 기준 • 보충량은 방연풍속을 확보하기 위한 풍량으로 개방된 출입문의 크기가 중요함

"끝"

116회 2교시 1번

1. 문제

고층건축물(30층 이상) 공사현장에서 공정별 화재위험요인을 설명하시오.(공정 : 기초 및 지하 골조 공사, Core Wall공사, 철골 · Deck · 슬라브공사, 커튼월공사, 소방설비공사, 마감 및 실내장식공사, 시운전 및 준공 시)

Tip 수험생이 선택하기에 쉽지 않은 문제입니다.

116회 2교시 2번

1. 문제

건축물에 설치하는 피난용 승강기와 비상용 승강기의 설치대상, 설치대수 산정기준, 승강장 및 승강로 구조에 대하여 설명하시오.

2. 시험지에 번호 표기

건축물에 설치하는 **피난용 승강기와 비상용 승강기(1)**의 **설치대상(2), 설치대수 산정기준(3), 승강장 (4) 및 승강로 구조(5)**에 대하여 설명하시오.

Tip 지문 5개로 양이 많으므로, 표로 정리하고 짧게 의미를 전달할 수 있도록 하여야 합니다.

3. 실제 답안지에 작성해보기

문 2-2) 피난용 승강기와 비상용 승강기의 설치대상, 설치대수 산정기준, 승강 장 및 승강로 구조

1. 개요

피난용 승강기	피난용 승강기는 초고층건축물 등에 의한 피난동선이 길어 재실자의 피난안전성 확보가 요구되어 고층건축물 이상에 적용됨
비상용 승강기	비상용 승강기는 소화활동설비로 소방대원의 소화활동 지원을 위해 31m 이상의 건축물에 설치됨
피난안전성	고층 대형화되고 있는 현재 건축물의 특징에 따라 피난용 승강기와 비상용 승강기의 설치와 유지관리가 그 어떤 소방시설보다 재실자의 피난안전성 확보를 위해 필요함

2. 설치대상

피난용 승강기	비상용 승강기
고층건축물 (30층 이상 건축물)	• 높이 31m 이상 건축물, 공동주택 : 10층 이상 • 비상용 승강기를 설치하지 아니할 수 있는 건축물 　-31m 넘는 각층의 용도가 거실 이외의 용도 　-31m 넘는 각층의 바닥면적 합계가 500m² 이하 　-31m 넘는 층수가 4개층 이하이고 각층 바닥면적 200m² 이하로 　　방화구획된 건축물(마감불연재료 : 500m²)

3. 설치대수 산정기준

고층건축물 : **승용승강기 중 1대 이상**	• 높이 31m를 넘는 각 층의 바닥면적 중 최대 바닥면적이 1,500m² 이하인 건축물 : 1대 이상 • 높이 31m를 넘는 각 층의 바닥면적 중 최대 바닥면적이 1,500m²를 넘는 건축물 : 1대에 1,500m² 초과 3,000m² 이하마다 1대씩 더한 대수 이상

4. 승강장

구분	피난용 승강기	비상용 승강기
구획	승강장의 출입구를 제외한 부분은 해당 건축물의 다른 부분과 내화구조의 바닥 및 벽으로 구획할 것	승강장의 창문·출입구 기타 개구부를 제외한 부분은 당해 건축물의 다른 부분과 내화구조의 바닥 및 벽으로 구획할 것
방화문	각 층의 내부와 연결될 수 있도록 하되, 그 출입구에는 60분, 60분+ 방화문을 설치할 것	각 층의 내부와 연결될 수 있도록 하되, 그 출입구에는 60분, 60분+ 방화문을 설치할 것
마감재료	실내에 접하는 부분의 마감은 불연재료로 할 것	벽 및 반자가 실내에 접하는 부분의 마감재료는 불연재료로 할 것
배연설비	건축물의 설비기준 등에 관한 규칙에 따른 배연설비 설치(제연설비 설치 시 제외)	노대 또는 외부를 향하여 열 수 있는 창문이나 배연설비를 설치할 것
조명		채광이 되는 창문이 있거나 예비전원에 의한 조명설비를 할 것
바닥면적		승강장의 바닥면적은 비상용 승강기 1대에 대하여 $6m^2$ 이상으로 할 것
거리		피난층이 있는 승강장의 출입구로부터 도로 또는 공지에 이르는 거리가 30m 이하일 것

5. 승강로

• 해당 건축물의 다른 부분과 내화구조로 구획할 것 • 승강로 상부에 배연설비를 설치할 것	• 당해 건축물의 다른 부분과 내화구조로 구획할 것 • 각 층으로부터 피난층까지 이르는 승강로를 단일구조로 연결하여 설치할 것

"끝"

1. 문제

건축물 내부에 설치하는 피난계단과 특별피난계단의 설치대상, 설치예외조건, 계단의 구조에 대하여 설명하시오.

2. 시험지에 번호 표기

건축물 내부에 설치하는 **피난계단과 특별피난계단(1)**의 **설치대상(2)**, **설치예외조건(3)**, **계단의 구조(4)**에 대하여 설명하시오.

Tip 지문이 4개이며, 피난계단과 특별피난계단 두 가지를 비교해야 하므로 내용이 많습니다. 평소에 정리를 해두실 필요가 있습니다.

3. 실제 답안지에 작성해보기

문 2-3) 피난계단과 특별피난계단의 설치대상, 설치예외조건, 계단의 구조에 대하여 설명

1. 개요

① 피난계단과 특별피난계단은 화재 등 재난 발생 시 인명피해를 최소화하기 위한 구조와 설비로 설치되는 계단으로서 직통계단의 요건에 일정한 요건을 추가로 갖춘 계단을 말함

② 피난계단과 특별피난계단의 가장 큰 차이점은 피난계단은 건축물의 내부와 계단실이 바로 이어지는 구조로 이루어지는데 반해 특별피난계단은 건축물의 내부에서 노대 또는 부속실을 거쳐 계단실로 이어지는 구조로 되어있음

2. 설치대상

피난계단	• 5층 이상 또는 지하 2층 이하인 층에 설치하는 직통계단은 피난계단 또는 특별피난계단으로 설치 • 건축물의 5층 이상인 층으로서 문화 및 집회시설 중 전시장 또는 동·식물원, 판매시설, 운수시설(여객용 시설만 해당한다), 운동시설, 위락시설, 관광휴게시설(다중이 이용하는 시설만 해당한다) 또는 수련시설 중 생활권 수련시설의 용도로 쓰는 층에는 직통계단 외에 그 층의 해당 용도로 쓰는 바닥면적의 합계가 2천 m^2를 넘는 경우에는 그 넘는 2천m^2 이내마다 1개소의 피난계단 또는 특별피난계단 설치
특별피난 계단	• 건축물의 11층(공동주택은 16층) 이상인 층 또는 지하 3층 이하인 층으로부터 피난층 또는 지상으로 통하는 직통계단은 특별피난계단으로 설치 • 판매시설로서 5층 이상 또는 지하 2층 이하인 층으로부터의 직통계단 중 1개 이상 특별피난계단으로 설치

3. 설치예외 조건

피난계단	건축물의 주요구조부가 내화구조 또는 불연재료로 되어 있는 경우로서 다음 각 호의 어느 하나에 해당하는 경우 −5층 이상인 층의 바닥면적의 합계가 200m² 이하인 경우 −5층 이상인 층의 바닥면적 200m² 이내마다 방화구획이 되어 있는 경우
특별피난 계단	• 설치대상 중 바닥면적 바닥면적이 400m² 미만인 층 • 공동주택 중 갓복도식 아파트

4. 피난계단의 구조

옥외

옥내

내화구조의 벽

내화구조의 계단으로 피난층 또는 지상층까지 직접 연결

2m 이상

건축물의 내부에서 계단실로 통하는 출입구의 유효너비는 0.9m 이상으로 하고, 출입구에는 피난의 방향으로 열 수 있는 것으로 언제나 닫힌 상태를 유지하거나 화재로 인한 연기 또는 불꽃을 감지하여 자동적으로 닫히는 구조로 된 60분 방화문을 설치할 것

예비전원에 의한 조명 설비

실내에 접하는 부분은 불연재료로 마감

망이 들어있는 유리 붙박이창으로서 면적 1m² 이하

벽	내화구조(창문, 출입구, 기타 개구부 제외)
마감	불연재료로 마감(실내에 접한 모든 부분)
조명	예비전원에 의한 조명설비
창문	• 계단실의 바깥쪽과 접하는 창문은 건축물의 다른 부분에 설치하는 창문 등으로부터 2m 이상의 거리를 두고 설치(화재 시 유독가스의 유입을 방지하기 위함) • 망이 들어있는 유리 붙박이창으로 면적이 각각 1m² 이하인 경우 2m 이상의 거리를 두지 않고 설치할 수 있음 • 건축물 내부와 접하는 계단실 창문은 망이 들어있는 유리 붙박이창으로 면적이 각각 1m² 이하

출입구	60분, 60분+ 방화문으로서 －유효너비 0.9m 이상, 출입문은 피난방향으로 열 수 있는 구조 －언제나 닫힌 상태를 유지하거나 화재로 인한 연기 또는 불꽃을 감지하여 자동적으로 닫히는 구조 －연기 또는 불꽃을 감지하여 자동적으로 닫히는 구조로 할 수 없는 경우에는 온도를 감지하여 자동적으로 닫히는 구조로 할 수 있음
계단구조	내화구조로 하고 피난층 또는 지상까지 직접 연결

5. 특별피난계단의 구조

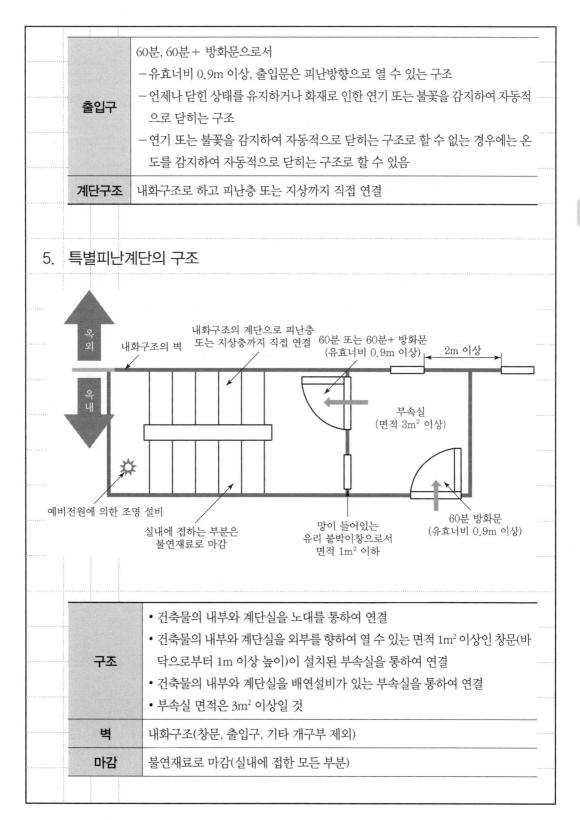

구조	• 건축물의 내부와 계단실을 노대를 통하여 연결 • 건축물의 내부와 계단실을 외부를 향하여 열 수 있는 면적 1m² 이상인 창문(바닥으로부터 1m 이상 높이)이 설치된 부속실을 통하여 연결 • 건축물의 내부와 계단실을 배연설비가 있는 부속실을 통하여 연결 • 부속실 면적은 3m² 이상일 것
벽	내화구조(창문, 출입구, 기타 개구부 제외)
마감	불연재료로 마감(실내에 접한 모든 부분)

	조명	예비전원에 의한 조명설비
	창문	• 계단실 · 노대 또는 부속실에 설치하는 건축물의 바깥쪽에 접하는 창문은 건축물의 다른 부분에 설치하는 창문 등으로부터 2m 이상의 거리를 두고 설치(화재 발생 시 유독가스의 유입을 방지하기 위함) • 망이 들어있는 유리 붙박이창으로 면적이 각각 $1m^2$ 이하인 경우 2m 이상의 거리를 두지 않고 설치할 수 있음 • 노대, 부속실 및 계단실에서 건축물 내부와 접하는 창문 설치불가

	출입구	• 노대, 부속실 출입구
		  -유효너비 0.9m 이상, 출입문은 피난방향으로 열 수 있는 구조
		  -60분, 60분+ 방화문
		• 계단실 출입구
		  -유효너비 0.9m 이상, 출입문은 피난방향으로 열 수 있는 구조
		  -60분, 60분+ 방화문, 30분 방화문

	계단의 구조	내화구조로 하고, 피난층 또는 지상까지 직접 연결

"끝"

1. 문제

폭발에 관한 다음 질문에 답하시오.

(1) 폭발의 정의   (2) 폭연과 폭굉의 차이점
(3) 폭굉 유도거리   (4) 폭굉 유도거리가 짧아질 수 있는 조건
(5) 폭발 방지대책

2. 시험지에 번호 표기

폭발에 관한 다음 질문에 답하시오.

(1) 폭발의 정의(1)   (2) 폭연과 폭굉의 차이점(2)
(3) 폭굉 유도거리(3)   (4) 폭굉 유도거리가 짧아질 수 있는 조건(4)
(5) 폭발 방지대책(5)

Tip 지문이 5개이며, 순서대로 양을 조절해야 합니다. 지문당 대략 10줄 정도로 답을 작성하고 20분 안에 마쳐야만 나중에 다시 한번 검토할 시간이 있습니다.

3. 실제 답안지에 작성해보기

문	2-4) 폭발에 관한 정의, 폭연과 폭굉의 차이점, 폭굉 유도거리, 폭굉 유도거리가 짧아질 수 있는 조건, 폭발 방지대책

1. 정의

① 폭발이란 압력의 급격한 발생 또는 해방의 결과로서 심한 음을 발생하며 파괴하기도 하고 팽창하기도 하는 것을 말함

② 충격파의 유무 및 전파속도 등에 따라 폭연과 폭굉으로 분류하며, 폭굉의 경우 전파속도가 1,000m/s 이상으로 재해를 확대시키기에 이에 대한 대책이 필요함

2. 폭연과 폭굉의 차이점

폭연	폭발 시 연소파의 전파속도가 음속 이하인 것			
폭굉	• 폭발 시 연소파의 전파속도가 음속 이상인 것 • 파면선단에 충격파라고 하는 압력파가 생겨 격렬한 파괴작용을 일으키는 현상			
차이점	**구분**	**연소**	**폭연**	**폭발**
	상태	개방	개방	밀폐
	연소형태	확산연소	확산연소	예혼합연소
	화염전파속도	0.4~0.5m/s	0.5~10m/s	1,000~3,500m/s
	압력증가	없음	초압의 10배 이하	초압의 10배 이상

3. 폭굉 유도거리

정의	최초의 완만한 연소가 격렬한 폭굉으로 발전할 때까지의 거리
개념도	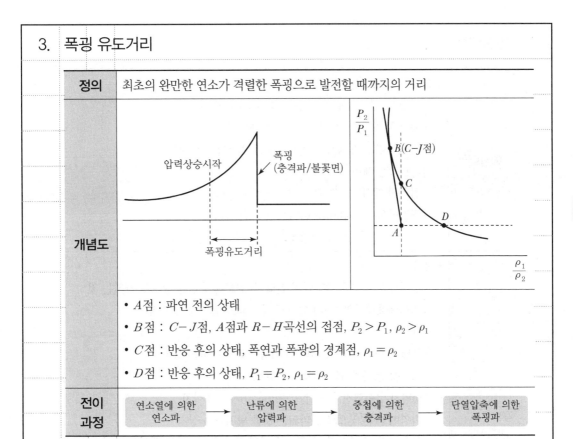 • A점 : 파연 전의 상태 • B점 : $C-J$점, A점과 $R-H$곡선의 접점, $P_2 > P_1$, $\rho_2 > \rho_1$ • C점 : 반응 후의 상태, 폭연과 폭굉의 경계점, $\rho_1 = \rho_2$ • D점 : 반응 후의 상태, $P_1 = P_2$, $\rho_1 = \rho_2$
전이 과정	연소열에 의한 연소파 → 난류에 의한 압력파 → 중첩에 의한 충격파 → 단열압축에 의한 폭굉파

4. 폭굉 유도거리가 짧아지는 조건

구분	내용
압력	고압일수록 큰 에너지를 가지고 폭발가능성, 즉 폭굉으로 전이가능성이 큼
점화원	점화원의 에너지가 강할수록 폭굉으로 전이가능성이 큼
연소속도	연소속도가 큰 혼합가스일수록 폭굉으로 전이가능성이 큼
배관	• 관 속에 방해물이 있을 때 폭굉으로 전이가능성이 큼 • 관 내경 지름이 작을수록 폭굉으로 전이가능성이 큼

5. 방지대책

예방대책	• 물적 조건 제어
	  −가연성, 인화성 물질의 누설, 방류, 체류 방지
	  −폭발 분위기가 생성되지 않도록 불활성화
	  −가연성 혼합기 농도가 폭발범위를 벗어나도록 제어
	• 에너지조건 제어
	  −점화원 제거
	  −최소발화에너지(MIE) 이하로 점화원 관리
	  −전기기기, 설비의 전기방폭화

방호대책	• 봉쇄
	  −장치나 건물이 폭발압력에 견딜 수 있도록 충분한 강도를 가지는 것
	  −최대폭발압력의 1.5배 이상의 강도를 갖도록 용기 설계
	• 차단
	  −폭발이 다른 곳으로 전파 시 자동으로 차단하는 설비
	  −초고속 검지설비와 차단설비 필요
	• 불꽃방지기[화염전파 방지기(Flame Arrester)] 설치
	  −화염이 다른 곳으로 전파되는 것을 방지하는 장치
	  −무염영역, 소염거리 등에 의해 발열＜방열되게 하여 제어하는 시스템
	• 폭발억제 장치 설치
	  −파괴적 압력에 도달하기 전에 소화약제를 고속 분사하여 제어하는 시스템
	  −감지부, 제어부, 소화약제부로 구성
	• 폭발배출 장치 설치
	  −Rupture Disk, Burstring Diaphragm, 폭발방산공 등
	  −폭발 압력의 적절한 배출
	• 안전거리 확보
	  −피해 확산 방지를 위해 폭발로부터 안전한 거리 확보
	  −인동거리 확보
	  −공유면적 확보

"끝"

1. 문제

도로터널에 화재위험성평가를 적용하는 경우 이벤트 트리(Event Tree)와 F－N곡선에 대하여 설명하시오.

Tip 수험생이 선택하기 쉽지 않은 문제입니다. 하지만 다른 수험생들도 마찬가지이기에 ETA와 F－N곡선 개념 정도만 써도 기본점수를 받을 수 있는 문제이기도 합니다.

2. 실제 답안지에 작성해보기

문 2-5)	도로터널에 화재위험성평가를 적용하는 경우 이벤트 트리(Event Tree)와 F-N곡선에 대하여 설명

1. 개요

정의	화재위험성평가는 "어떤 일이 발생했고, 가능성과 결과는 무엇인가"라는 근원적인 질문과 관련되며, 여기에는 위험요소의 정의와 각각 위험요소에 대한 발생 가능성과 결과에 대한 추산이 포함됨
절차도	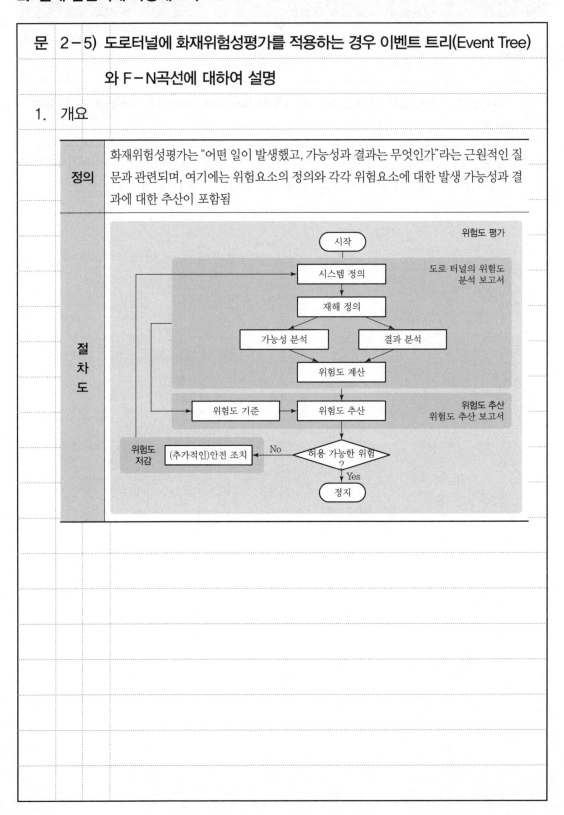

2. 사건수 분석법(ETA)

정의	작업자를 포함하는 시스템의 각 구성요소의 초기사건을 시작으로 이로부터 발생하는 최종결과를 귀납적인 접근방법으로 평가하는 정량적인 평가방법
개념도	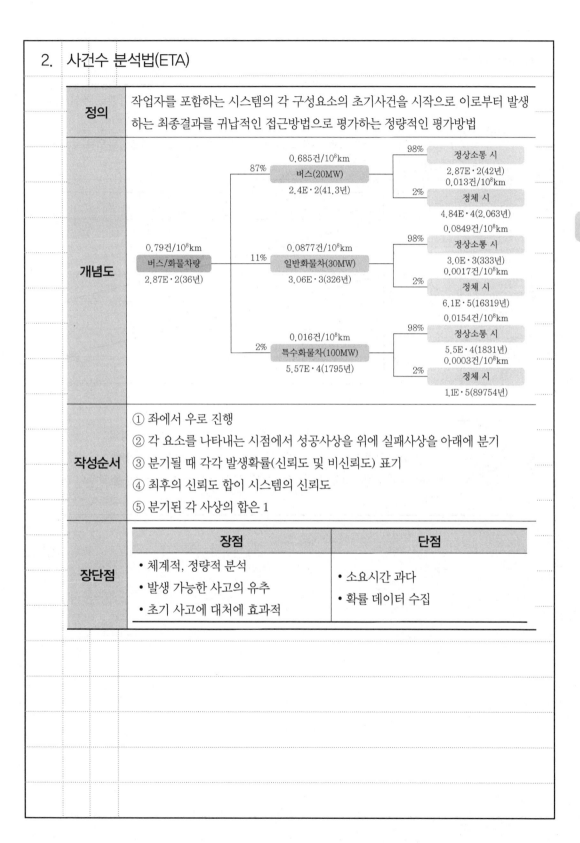
작성순서	① 좌에서 우로 진행 ② 각 요소를 나타내는 시점에서 성공사상을 위에 실패사상을 아래에 분기 ③ 분기될 때 각각 발생확률(신뢰도 및 비신뢰도) 표기 ④ 최후의 신뢰도 합이 시스템의 신뢰도 ⑤ 분기된 각 사상의 합은 1

장단점	**장점**	**단점**
	• 체계적, 정량적 분석 • 발생 가능한 사고의 유추 • 초기 사고에 대처에 효과적	• 소요시간 과다 • 확률 데이터 수집

3. F-N 곡선

정의	• 도로터널에서의 위험성을 평가하여 누적빈도와 사상자 수와의 관계를 곡선으로 나타낸 것 • 위험의 정도를 정량화한 것으로 사회적으로 허용되는 낮은 위험영역으로 낮추는 노력이 필요
개념도	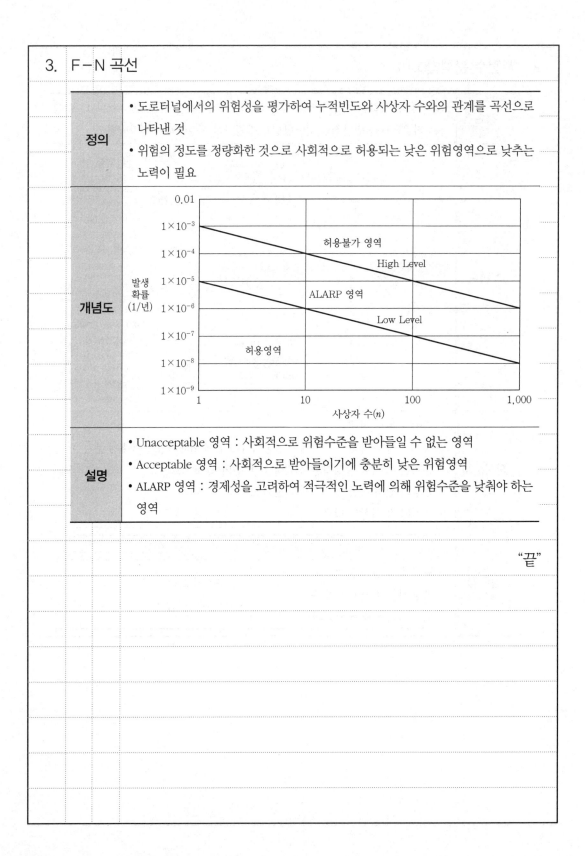
설명	• Unacceptable 영역 : 사회적으로 위험수준을 받아들일 수 없는 영역 • Acceptable 영역 : 사회적으로 받아들이기에 충분히 낮은 위험영역 • ALARP 영역 : 경제성을 고려하여 적극적인 노력에 의해 위험수준을 낮춰야 하는 영역

"끝"

1. 문제

소방펌프실의 펌프 고장으로 액체연료인 윤활유가 바닥면에 1cm 두께, 면적 4m²로 누유된 후 점화원에 의해 화재가 발생하였다. 이때 열방출률($\dot{Q}$), Heskestad의 화염길이(L), 화재지속시간(t)을 계산하시오.(단, 용기화재의 단위면적당 연소율 계산식은 $\dot{m}'' = \dot{m}_\infty'' (1 - \exp^{k\beta\eta})$이고, 이때 윤활유의 $\dot{m}_\infty'' = 0.039$kg/m²s, $k\beta = 0.7$m⁻¹, 밀도 $\rho = 760$kg/m³, 완전연소열 $\triangle H_c = 46.4$MJ/kg, 연소효율 $\chi = 0.7$이다.)

2. 시험지에 번호 표기

소방펌프실의 펌프 고장으로 액체연료인 윤활유가 바닥면에 1cm 두께, 면적 4m²로 누유된 후 점화원에 의해 화재가 발생하였다. 이때 열방출률($\dot{Q}$)(1), Heskestad의 화염길이(L)(2), 화재지속시간(t)(3)을 계산하시오.(단, 용기화재의 단위면적당 연소율 계산식은 $\dot{m}'' = \dot{m}_\infty'' (1 - \exp^{k\beta\eta})$이고, 이때 윤활유의 $\dot{m}_\infty'' = 0.039$kg/m²s, $k\beta = 0.7$m⁻¹, 밀도 $\rho = 760$kg/m³, 완전연소열 $\triangle H_c = 46.4$MJ/kg, 연소효율 $\chi = 0.7$이다.)

Tip 계산문제는 단위를 잘 파악하고 숙지만 하시면 상당히 편안하게 문제를 풀 수 있습니다. 또한 계산문제는 고득점이 가능하므로 놓치지 말아야 합니다.

3. 실제 답안지에 작성해보기

문 2-6) 열방출률($\dot{Q}$), Heskestad의 화염길이(L), 화재지속시간(t) 계산

1. 열방출률

열방출률	$\dot{Q}=\dot{m}''\times A\times\triangle H_C\,(\mathrm{kW})\times\chi$
계산조건	• $\dot{m}''=\dot{m_\infty}''(1-\exp^{-k\beta D})$ $\dot{m_\infty}''=0.039\mathrm{kg/m^2s}$ $k\beta=0.7\mathrm{m^{-1}}$ • A(면적) : $4\mathrm{m^2}$ • $\triangle H_c=46.4\mathrm{MJ/kg}$
계산	연소율 $\dot{m}''=0.039\times(1-\exp^{-0.7\times2.2568})=0.03097\mathrm{kg/m^2s}$ 열방출률 $\dot{Q}=0.03097\times4\times46.4\times1,000\times0.7$ $\qquad=4,023.62\mathrm{kW}$

2. 화염길이

계산식	화염의 길이 : $L_f=0.23\times\dot{Q}^{\frac{2}{5}}-1.02\times D$
계산조건	$Q=4,023.62\mathrm{kW}$ $D=2.2568\mathrm{m}-4\mathrm{m^2}=\dfrac{\pi}{4}\times D^2\,D=2.2568\mathrm{m}$
계산	$L_f=0.23\times4,023.62^{\frac{2}{5}}-1.02\times2.2568$ $\qquad=4.0598\mathrm{m}$

3. 화재지속시간

계산식	가연물량(kg) $= \rho(\mathrm{kg/m^3}) \times V(\mathrm{m^3})$ 지속시간(sec) $=$ 가연물량/(연소율 $\times$ 바닥면적)
계산조건	연소율 $\dot{m}'' = 0.039 \times (1 - \exp^{-0.7 \times 2.2568}) = 0.03097 \mathrm{kg/m^2 s}$ $\rho = 760 \mathrm{kg/m^3},\ V = 0.4\mathrm{m^3}$
계산	$760\,\mathrm{kg/m^3} \times 0.01\mathrm{m} \times 4\mathrm{m^2} = 30.4\,\mathrm{kg}$ $\dfrac{30.4\,\mathrm{kg}}{0.03097\,\mathrm{kg/m^2 s} \times 4\,\mathrm{m^2}} = 245.40\,\mathrm{s}$

4. 답

열방출률	화염의 길이	화재지속시간
4023.62kW	4.06m	245.40s

"끝"

1. 문제

국내 전력구에 설치되고 있는 강화액 자동식소화설비에 관하여 아래의 사항에 대하여 설명하시오.

(1) 강화액 소화설비의 작동원리

(2) 강화액 소화설비의 구성과 소화효과

(3) 기존 소화설비(수계 , 가스계 , 강화액)와 성능 비교

Tip 시사성이 떨어지는 문제입니다.

1. 문제

「재난 및 안전관리기본법령」상에 의거한 재난현장에 설치하는 긴급구조통제단의 기능과 조직(자치구 또는 시 · 군 기준)에 대하여 설명하시오.

Tip 시사성이 떨어지는 문제입니다.

1. 문제

초고층 및 지하연계 복합 건축물에 설치하는 종합방재실의 설치 위치, 면적, 구조, 설비에 대하여 설명하시오.

2. 시험지에 번호 표기

초고층 및 지하연계 복합 건축물에 설치하는 종합방재실(1)의 설치 위치(2), 면적, 구조(3), 설비(4)에 대하여 설명하시오.

Tip 법에 관한 내용은 정확히 쓰는 것도 중요하지만 마지막 소견을 쓰는 연습을 하셔야 합니다.

3. 실제 답안지에 작성해보기

문 3-3) 종합방재실의 설치 위치, 면적, 구조, 설비에 대하여 설명

1. 개요

종합방재실의 구축효과

화재피해 최소화	화재 시 신속한 대응	시스템 안전성 향상	유지관리 비용절감
· 신속한 화재탐지 · 인명을 최우선으로 보호 · 재산피해 최소화 · 신속한 피난유도	· 화재의 입체적 감시, 제어 · 중앙화재 감시로 신속 대응 · 담당자에게 화재상황 전달 · 가스누출사고 신속대응	· 비화재보 억제 · 고장 및 장애 상황 신속처리 · 시스템 신뢰성 확보	· 유지보수 비용절감 · 작동상황 기록관리 편의성 · 운영인력 비용절감

초고층건축물 등의 관리주체는 그 건축물 등의 건축, 소방, 전기, 가스 등 안전관리 및 방범, 보안, 테러 등을 포함한 통합적 재난관리를 효율적으로 시행하기 위하여 종합방재실 법의 규정에 맞게 설치하여야 함

2. 방재실의 위치

구분	위치
원칙	• 1층 또는 피난층 • 2층 또는 지하1층 : 초고층건축물 등에 특별피난계단이 설치되어 있고, 특별피난계단 출입구로부터 5m 이내에 종합방재실을 설치하려는 경우 공동주택의 경우 관리사무소 내에 설치할 수 있음
피난관련	비상용 승강장, 피난 전용 승강장 및 특별피난계단으로 이용하기 쉬운 곳
소방활동	소방대가 쉽게 도달할 수 있는 곳
작동장애	화재 및 침수 등으로 인하여 피해를 입을 우려가 적은 곳

3. 방재실의 면적, 구조

구획	• 다른 부분과 방화구획으로 설치할 것 • 감시창 : 다른 제어실 등의 감시를 위하여 두께 7mm 이상의 망입유리(두께 16.3mm 이상의 접합유리 또는 두께 28mm 이상의 복층유리를 포함)로 된 4m² 미만의 붙박이창을 설치할 수 있음
부속실	인력의 대기 및 휴식 등을 위하여 종합방재실과 방화구획된 부속실을 설치할 것
면적	20m² 이상으로 할 것
시설장비	재난 및 안전관리, 방범 및 보안, 테러 예방을 위하여 필요한 시설 장비의 설치와 근무 인력의 재난 및 안전관리 활동, 재난 발생 시 소방대원의 지휘 활동에 지장이 없도록 설치할 것
출입통제	출입문에 출입 제한 및 통제 장치를 갖출 것

4. 방재실의 설비

① 조명설비(예비전원 포함) 및 급수 · 배수설비

② 상용전원과 예비전원의 공급을 자동 또는 수동으로 전환하는 설비

③ 급기 · 배기설비 및 냉방 · 난방 설비

④ 전력 공급 상황 확인 시스템

⑤ 공기조화 · 냉난방 · 소방 · 승강기 설비의 감시 및 제어시스템자료 저장 시스템

⑥ 지진계 및 풍향 · 풍속계(초고층건축물에 한함)

⑦ 소화 장비 보관함 및 무정전 전원공급장

⑧ 피난안전구역, 피난용 승강기 승강장 및 테러 등의 감시와 방범 · 보안을 위한 폐쇄회로

⑨ 텔레비전(CCTV)

5. 소견

① 초고층건축물은 대부분 복합시설물로서 불특정다수인이 사용하고 이용되고 있어 재난 시 인명의 피해가 클 수밖에 없으므로 소방대의 출동시간, 즉 Golden Time이 중요하기에 화재발생 상황 및 전개과정을 알 필요가 있음

② 따라서 AI 중앙감시시스템 혹은 IOT 감지시스템의 적용을 고려하여 할 필요가 있다고 사료됨

"끝"

1. 문제

요오드가 160인 동식물유류 500,000L를 옥외저장소에 저장하고 있다. 다음 질문에 답하시오.

(1) 위험물안전관리법령상 지정수량 및 위험등급, 주의사항을 표시하는 게시판의 내용을 쓰시오.

(2) 동식물유류를 요오드가에 따라 분류하고, 해당품목을 각각 2개씩 쓰시오.

(3) 위험물안전관리법령상 옥외저장소에 저장 가능한 4류 위험물의 품명을 쓰시오.

(4) 상기 위험물이 자연발화가 발생하기 쉬운 이유를 설명하시오.

(5) 인화점이 200℃인 경우 위험물안전관리법령상 경계표시 주위에 보유하여야 하는 공지의 너비를 쓰시오.

2. 시험지에 번호 표기

요오드가 160인 동식물유류 500,000L를 옥외저장소에 저장하고 있다. 다음 질문에 답하시오.

(1) 위험물안전관리법령상 지정수량 및 위험등급, 주의사항을 표시하는 게시판의 내용을 쓰시오.

(2) 동식물유류를 요오드가에 따라 분류하고, 해당품목을 각각 2개씩 쓰시오.

(3) 위험물안전관리법령상 옥외저장소에 저장 가능한 4류 위험물의 품명을 쓰시오.

(4) 상기 위험물이 자연발화가 발생하기 쉬운 이유를 설명하시오.

(5) 인화점이 200℃인 경우 위험물안전관리법령상 경계표시 주위에 보유하여야 하는 공지의 너비를 쓰시오.

Tip 지문 자체가 길고 많은 내용을 써야 합니다. 기본적인 문제도 있지만 생소한 문제도 있어 쓸 수 만 있으면 기본점수 이상을 받을 수 있는 문제입니다. 지문이 길기에 개요는 쓰지 않고 바로 답을 쓰는 것이 유리합니다.

3. 실제 답안지에 작성해보기

문 3-4) 요오드가 160인 동식물유류 500,000L를 옥외저장소에 저장하고 있다. 다음 질문에 답하시오.

1. 위험물안전관리법령상 지정수량, 위험등급, 게시판 내용

지정수량	10,000L
위험등급	Ⅲ등급
게시판 내용	• 위험물 옥외저장소 • 위험물의 품명 • 지정수량의 배수 • 위험물의 유별 • 저장최대수량 • 위험물 안전관리자

2. 요오드가에 따른 동식물유류 분류 및 해당품목

요오드가	분류	개념	종류
100 이하	불건성유	공기 중에 두어도 산화되지 않고 마르지 않는 기름	올리브유, 동백기름, 피마자기름 등
100~130	반건성유	공기 중에 두면 건조되는 속도가 더딘 기름	참기름, 면실유 등
130 이상	건성유	공기 중에 두면 건조되어 굳어버리는 기름	해바라기, 아마인유, 들기름, 정어리유 등

3. 옥외저장소에 저장 가능한 4류 위험물의 품명

① 제1석유류(인화점 0℃ 이상)   ② 알코올류

③ 제2석유류   ④ 제3석유류

⑤ 제4석유류   ⑥ 동식물유

4. 자연발화가 발생하기 쉬운 이유

이유	요오드가가 높은 동식물유일수록 공기 중 건조속도가 매우 높고, 산화성이 높음
메커니즘	• 기름을 쏟거나 청소 후 기름걸레 혹은 기름찌꺼기 방치 • 기름걸레나 기름찌꺼기는 공기와 접촉면적 증가 시 산화발열속도가 증가 발열 > 방열 → 발화점도달 → 자연발화

5. 인화점이 200℃인 경우 경계표시 주위에 보유하여야 하는 공지의 너비

기준	저장 또는 취급하는 위험물의 최대수량	공지의 너비
	지정수량의 2,000배 이하	3m 이상
	지정수량의 2,000배 초과 4,000배 이하	5m 이상
	지정수량의 4,000배 초과	당해 탱크의 수평단면의 최대지름(횡형인 경우에는 긴 변)과 높이 중 큰 것의 3분의 1과 같은 거리 이상. 다만, 5m 미만으로 하여서는 아니 된다.

지정배수	• 지정 배수 $= \dfrac{\text{저장량}}{\text{지정수량}} = \dfrac{500{,}000}{10{,}000} = 50$배 • 지정배수 2,000배 이하이므로 3m 이상
보유공지	3m

"끝"

1. 문제

아래 소방대상물의 설치장소별 적응성 있는 피난기구를 모두 기입하시오.

설치장소별 \ 층별	1층	2층	3층	4층 이상 10층 이하
노유자시설				
다중이용업소의 안전관리에 관한 특별법 시행령 제2조에 따른 다중이용업소로서 영업장의 위치가 4층 이하인 "다중이용업소"				

2. 시험지에 번호 표기

아래 소방대상물의 설치장소별 적응성 있는 피난기구(2)를 모두 기입하시오.

설치장소별 \ 층별	1층	2층	3층	4층 이상 10층 이하
노유자시설(1)				
다중이용업소의 안전관리에 관한 특별법 시행령 제2조에 따른 다중이용업소로서 영업장의 위치가 4층 이하인 "다중이용업소(1)"				

Tip 소방기술사 시험은 법규를 알고 내가 알고 있는 것을 정확하게 답을 내고, 문제점에 대한 소견을 쓰지 않으면 점수는 지극히 낮게 나올 수밖에 없습니다.

3. 실제 답안지에 작성해보기

문 3-5) 소방대상물의 설치장소별 적응성 있는 피난기구 기입

1. 개요

1) 정의

노유자시설	영유아 및 아동관련, 그리고 노인관련시설로서 법에 정해진 시설이며, 피난약자, 재해약자 등이 거주 생활하고 있는 시설
다중이용업소	불특정다수인이 이용하는 시설을 말하는 것으로 음식점, 단란주점 등 주취자등이 있을 수 있고 많은 사람이 이용하고 있는 시설로서 화재 및 재난재해 시 많은 인명피해가 발생할수 있는 시설

2) 상기의 내용으로 알 수 있듯이 법에서는 위험성을 인지하여 층마다 적응성 있는 피난구조설비를 설치하고 있음

2. 피난구조설비 피난기구 설치대상

설치대상	피난기구는 특정소방대상물의 모든 층에 화재안전기준에 적합한 것으로 설치
설치제외	피난층, 지상 1층, 지상 2층(노유자시설 중 피난층이 아닌 지상 1층과 피난층이 아닌 지상 2층은 제외), 층수가 11층 이상인 층과 위험물 저장 및 처리시설 중 가스시설, 지하가 중 터널 및 지하구의 경우

3. 적응성 있는 피난기구

1) 노유자시설

층별 구분	1층	2층	3층	4층 이상 10층 이하
노유자 시설	• 미끄럼대 • 구조대 • 피난교 • 다수인피난장비 • 승강식 피난기	• 미끄럼대 • 구조대 • 피난교 • 다수인피난장비 • 승강식 피난기	• 미끄럼대 • 구조대 • 피난교 • 다수인피난장비 • 승강식 피난기	• 구조대 • 피난교 • 다수인피난장비 • 승강식 피난기

2) 다중이용업소

구분 \ 층별	1층	2층	3층	4층 이상 10층 이하
"다중이용 업소"		• 미끄럼대 • 피난사다리 • 구조대 • 완강기 • 다수인피난장비 • 승강식 피난기	• 미끄럼대 • 피난사다리 • 구조대 • 완강기 • 다수인피난장비 • 승강식 피난기	• 미끄럼대 • 피난사다리 • 구조대 • 완강기 • 다수인피난장비 • 승강식 피난기

3. 소견

① 복합시설물 및 업무시설 등 복도 등 통로에 설치하는 피난기구는 병목현상 등을 고려하여 승강식 피난기구를 적용하는 것이 타당함

② 복합시설물 등에 수직 피난불능자에 대한 대피공간 확보 및 피난기구 설치가 필요하고, 피난약자를 고려한 근무자의 배치 및 재해 시 재해약자의 이동을 도울 필요가 있다고 사료됨

"끝"

1. 문제

단일 구획에 설치된 스프링클러소화설비의 헤드 열적 반응과 살수 냉각 효과를 조사하기 위하여 Zone 모델(FAST) 하재프로그램을 사용하여 아래와 같이 5가지 화재시나리오에 대하여 화재시뮬레이션을 각각 수행할 경우 화재시뮬레이션 결과의 열방출률−시간곡선의 그림을 도시하고 헤드의 소화성능을 반응시간지수(RTI) 값과 살수밀도 ρ값을 고려하여 비교 설명하시오.(단, 구획 크기는 4m×4m×3m, 화재성장계수 α = medium(= 0.012kW/s²), 최대 열방출률 $\dot{Q}_{max}$ = 1,055kW이고, 쇠퇴기는 성장기와 같다. 화재시뮬레이션 결과 시나리오 2(S2)의 경우 헤드작동시간 t_a = 135, 화재진압시간 t = 700s이다.)

시나리오	반응시간지수 RTI[(m · s)^{1/2}]	살수밀도 ρ[m³/s · m²]	헤드작동온도 T_a[℃]
S1	No sprinkler	No sprinkler	No sprinkler
S2	100	0.0001017	74
S3	260	0.0001017	74
S4	50	0.0002033	74
S5	100	0.0002033	74

Tip 수험생이 선택하기에 쉽지 않은 문제입니다.

1. 문제

소방펌프에 사용되는 농형 유도전동기에서 저항 $R[\Omega]$ 3개를 Y로 접속한 회로에 200[V]의 3상 교류전압을 인가 시 선전류가 10[A]라면 이 3개의 저항을 △로 접속하고 동일 전원을 인가 시 선전류는 몇 [A]인지 구하시오.

2. 시험지에 번호 표기

소방펌프에 사용되는 농형 유도전동기에서 저항 $R[\Omega]$ 3개를 Y로 접속한 회로에 200[V]의 3상 교류전압을 인가 시 선전류가 10[A]라면 이 3개의 저항을 △로 접속하고 동일 전원을 인가 시 **선전류는 몇 [A]**인지 구하시오.

Tip 계산문제는 이해하는 문제일까요? 외워야 하는 문제일까요? 답은 없습니다. 저의 경우에는 문제를 외우되 단위는 철저히 이해했습니다. 이 문제는 저항 R을 구하는 문제가 아니기에 R은 상수로 놔두고 정리를 하여야 하며 Y결선은 전류가 △결선에서는 전압이 동일하다는 점을 알고 계셔야 답을 쓸 수 있습니다. 아울러 소방에의 적용에 대해서 소견을 작성해야 더 높은 점수를 받을 수 있습니다.

3. 실제 답안지에 작성해보기

문 4-1) 3개의 저항을 △로 접속하고 동일 전원을 인가 시 선전류는 몇 [A]인지 구하시오.

1. Y결선 상전류, 선전류

개념도	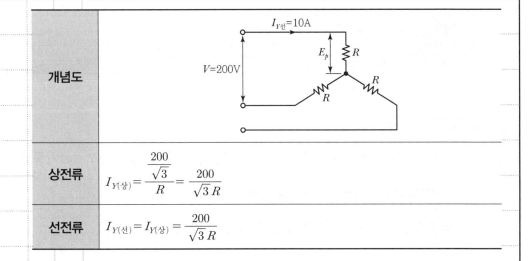
상전류	$I_{Y(\text{상})} = \dfrac{\frac{200}{\sqrt{3}}}{R} = \dfrac{200}{\sqrt{3}\,R}$
선전류	$I_{Y(\text{선})} = I_{Y(\text{상})} = \dfrac{200}{\sqrt{3}\,R}$

2. △결선 상전류, 선전류

개념도	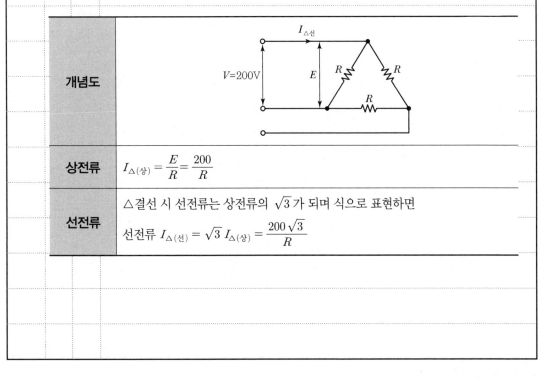
상전류	$I_{\triangle(\text{상})} = \dfrac{E}{R} = \dfrac{200}{R}$
선전류	△결선 시 선전류는 상전류의 $\sqrt{3}$ 가 되며 식으로 표현하면 선전류 $I_{\triangle(\text{선})} = \sqrt{3}\,I_{\triangle(\text{상})} = \dfrac{200\sqrt{3}}{R}$

3. △결선 시 선전류

계산식	$\dfrac{I_{\triangle(\text{선})}}{I_{Y(\text{선})}} = \dfrac{\dfrac{200\sqrt{3}}{R}}{\dfrac{200}{\sqrt{3}\,R}} = 3$
계산	$I_{\triangle(\text{선})} = 3I_{Y(\text{선})} = 3 \times 10 = 30[\text{A}]$
답	30[A]

4. 소방에의 적용

① 소방펌프에 사용되는 농형 유도 전동기의 경우 직입기동보다 Y - △기동방식

을 채택하면 기동전류가 1/3로 감소

② 수전용량 및 비상전원용량을 줄일 수 있어 경제적임

"끝"

116회 4교시 2번

1. 문제

도로터널 방재시설 설치 및 관리지침에서 규정하는 1, 2등급 터널에 설치하는 무정전전원(UPS)설비 설치기준에 대하여 설명하시오.

Tip 수험생이 선택하기에 쉽지 않은 문제입니다.

116회 4교시 3번

1. 문제

건축물 배연창의 설치대상, 배연창의 설치기준, 배연창 유효면적 산정기준(미서기창, Pivot종축창 및 횡축창, 들창)에 대하여 설명하시오.

2. 시험지에 번호 표기

건축물 배연창(1)의 설치대상(2), 배연창의 설치기준(3), 배연창 유효면적 산정기준(4)(미서기창, Pivot종축창 및 횡축창, 들창)에 대하여 설명하시오.

Tip 써야 할 내용이 많고 그림이 많습니다. 하지만 순서대로 작성하되 소방에의 적용에 대한 소견이 있어야 고득점이 가능합니다.

3. 실제 답안지에 작성해보기

문	**4 - 3) 건축물 배연창의 설치대상, 배연창의 설치기준, 배연창 유효면적 산정 기준**

1. 개요

① 배연창은 화재발생 시 창문을 자동으로 강제 개방하여 연기 및 유독가스를 배출하여 질식사고로 인한 인명피해를 최소화하는 목적으로 사용함

② 하지만 소방에서의 제연개념이 아닌 배출의 개념으로 중성대의 형성 및 굴뚝 효과를 고려한 제연설비의 설치를 고려할 필요가 있음

2. 배연설비 설치대상

6층 이상인 건축물로서 다음 각 목에 해당하는 용도	• 제2종 근린생활시설 중 공연장, 종교집회장, 인터넷컴퓨터 • 게임시설제공업소 및 다중생활시설(공연장, 종교집회장 및 인터넷컴퓨터 게임시설제공업소는 해당 용도로 쓰는 바닥면적의 합계가 각각 300m² 이상인 경우)
	문화 및 집회시설, 종교시설, 판매시설, 운수시설, 의료시설(요양병원 및 정신병원은 제외), 교육연구시설 중 연구소, 노유자시설 중 아동 관련 시설, 노인 복지시설(노인요양시설은 제외), 수련시설 중 유스호스텔, 운동시설, 업무시설, 숙박시설, 위락시설, 관광휴게시설, 장례시설
대상 모두	의료시설 중 요양병원 및 정신병원
	노유자시설 중 노인요양시설·장애인 거주시설 및 장애인 의료재활시설
	제1종 근린생활시설 중 산후조리원

3. 배연창 설치기준

개수	건축물에 방화구획이 설치된 경우에는 그 구획마다 1개소 이상의 배연창을 설치
위치	• 천장의 높이가 3m 이내일 경우 　배연창의 상변과 천장 또는 반자로부터 수직거리가 0.9m 이내일 것 • 천장의 높이가 3m 이상일 경우 　배연창의 하변이 바닥으로부터 2.1m 이상의 위치에 놓이도록 설치
유효면적	• 별표 2의 산정기준에 의하여 산정된 면적이 1m² 이상으로서 그 면적의 합계가 당해 건축물의 바닥면적의 1/100 이상일 것 • 면적산정제외 : 거실바닥면적의 1/20 이상으로 환기창을 설치한 거실의 면적은 이에 산입하지 아니함
배연구	• 연기감지기 또는 열감지기에 의하여 자동으로 열 수 있는 구조로 하되, 손으로도 열고 닫을 수 있도록 할 것 • 예비전원에 의하여 열 수 있도록 할 것
소방법적용	기계식 배연설비를 하는 경우에는 소방관계법령의 규정에 적합하도록 할 것

4. 배연설비의 배연창 유효면적 산정기준

창 종류	창 형태	관계식
미서기창		$H \times L$ • L : 미서기 창의 유효폭 • H : 창의 유효높이 • W : 창문의 폭
Pivot 종축창		$H \times \dfrac{L'}{2} \times 2$ • H : 창의 유효높이 • L : 90° 회전 시 청호와 직각방향으로 개방된 수평거리 • L' : 90° 미만 0° 초과 시 창호와 직각으로 개방된 수평거리

창 종류	창 형태	관계식
Pivot 횡축창		$(W \times L_1) + (W \times L_2)$ • W : 창의 폭 • L_1 : 실내 측으로 열린 상부창호의 길이 방향으로 평행하게 개방된 순거리 • L_2 : 실외 측으로 열린 하부창호로서 창틀과 평행하게 개방된 순수수평 투영 거리
들창		$W \times L_2$ • W : 창의 폭 • L_2 : 창틀과 평행하게 개방된 순수수평 투영 면적
미들창		① 창이 실외 측으로 열리는 경우 : $W \times L$ ② 창이 실내 측으로 열리는 경우 : $W \times L_1$ 단, 창이 천장(반자)에 근접하는 경우 : $W \times L_2$ • W : 창의 폭 • L : 실외 측으로 열린 상부창호의 길이방향으로 평행하게 개방된 순거리 • L_1 : 실내 측으로 열린 상부창호의 길이 방향으로 평행하게 개방된 순거리 • L_2 : 창틀과 평행하게 개방된 순수수평 투영 면적 창이 천장(또는 반자)에 근접된 경우 창의 상단에서 천장면까지의 거리 $\leq L_1$

5. 소견

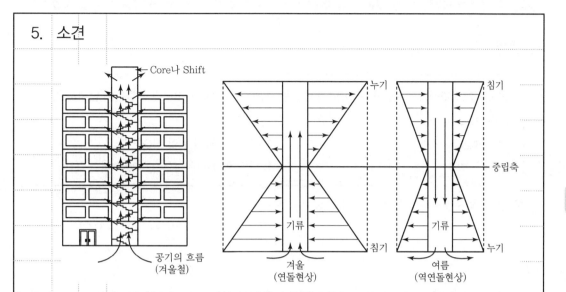

① 고층부의 경우에는 연돌효과가 발생하며, 바람의 영향에 의해 연기를 배출시
켜야 함에도 불구하고 문을 열수 없을 만큼의 압력에 의해 배연을 하지 못할
수도 있음

② 저층부의 경우에는 연돌효과에 의해 저층부의 압력이 낮아 배연이 아닌 부압
으로 인한 외부공기의 유입으로 화재를 확산시키는 결과를 초래함

③ 초고층건축물에서는 소방법에 의한 제연설비의 설치가 타당하다고 사료됨

"끝"

1. 문제

반도체 제조과정에서 사용되는 가스/케미컬 중 실란(Silane)에 대하여 다음 물음에 답하시오.

(1) 분자식

(2) 위험성

(3) 허용농도

(4) 안전 확보를 위한 이송체계

(5) 소화방법

(6) GMS(Gas Monitoring System)

Tip 수험생이 선택하기에 쉽지 않은 문제입니다.

1. 문제

지진발생 시 화재로 전이되는 메커니즘과 화재의 주요원인, 지진화재에 대한 방지대책에 대하여 설명하시오.

2. 시험지에 번호 표기

지진발생 시 화재(1)로 전이되는 메커니즘(2)과 화재의 주요원인(3), 지진화재에 대한 방지대책(4)에 대하여 설명하시오.

Tip 개요 – 메커니즘 – 원인 – 문제점 – 대책, 이렇게 정리가 되신다면 시험합격이 얼마남지 않았습니다.

3. 실제 답안지에 작성해보기

문 4-5) 지진발생 시 화재로 전이되는 메커니즘과 화재의 주요원인, 지진화재
　　　에 대한 방지대책

1. 개요

1) 지진파

지진파	전파속도	형태	통과 매질	진폭	파괴력 (피해)	구분	용도
P파	8km/s	종파	고체, 액체, 기체	작다 ↕ 크다	작다 ↕ 크다	실체파	지구 내부 연구
S파	4km/s	횡파	고체				
L파	2~3km/s	표면파	표면			표면파	지표 연구

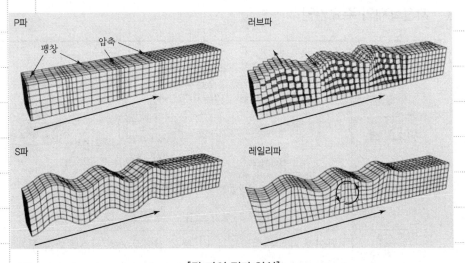

[각 파의 전파 양상]

2) 이러한 지진파로 인한 건물의 붕괴 및 가연물의 점화, 인접화재로 확산 등의 문

제가 발생되기에 이에 대한 원인파악과 대책을 세울 필요가 있음

2. 지진발생 시 화재로 전이되는 메커니즘

1) 누설, 방류, 체류로 인한 화재

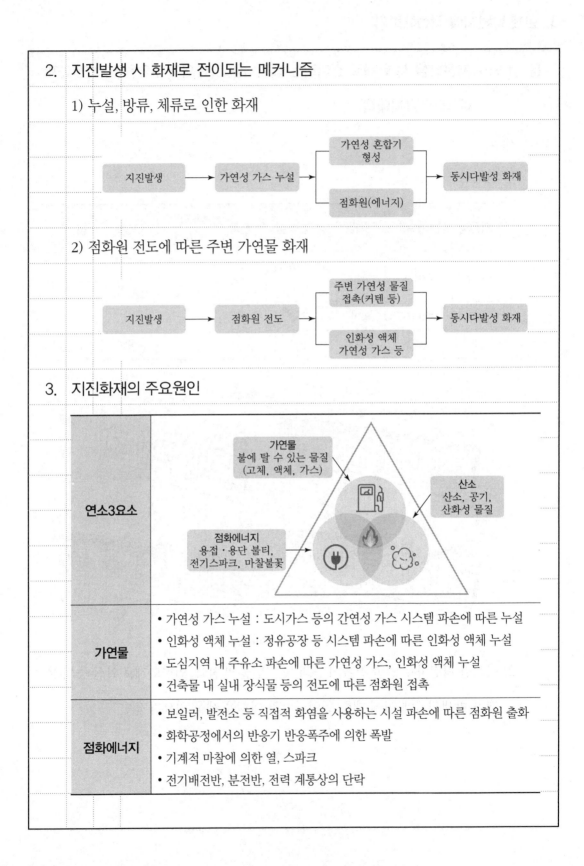

지진발생 → 가연성 가스 누설 → [가연성 혼합기 형성 / 점화원(에너지)] → 동시다발성 화재

2) 점화원 전도에 따른 주변 가연물 화재

지진발생 → 점화원 전도 → [주변 가연성 물질 접촉(커텐 등) / 인화성 액체 가연성 가스 등] → 동시다발성 화재

3. 지진화재의 주요원인

연소3요소	**가연물** 불에 탈 수 있는 물질 (고체, 액체, 가스) / **산소** 산소, 공기, 산화성 물질 / **점화에너지** 용접·용단 불티, 전기스파크, 마찰불꽃
가연물	• 가연성 가스 누설 : 도시가스 등의 간연성 가스 시스템 파손에 따른 누설 • 인화성 액체 누설 : 정유공장 등 시스템 파손에 따른 인화성 액체 누설 • 도심지역 내 주유소 파손에 따른 가연성 가스, 인화성 액체 누설 • 건축물 내 실내 장식물 등의 전도에 따른 점화원 접촉
점화에너지	• 보일러, 발전소 등 직접적 화염을 사용하는 시설 파손에 따른 점화원 출화 • 화학공정에서의 반응기 반응폭주에 의한 폭발 • 기계적 마찰에 의한 열, 스파크 • 전기배전반, 분전반, 전력 계통상의 단락

4.	**지진화재 방지대책**	
	가연물대책	• 가연성 가스, 인화성액체 배관 내진설계 필요 • 진동 센서시스템 적용으로 공급밸브 자동 차단 • 설계한계 이상 지진력 작용 시 대기 중 자동 방출 • 실내 장식물 등의 불연화, 난연화
	점화원대책	• 화기 취급시설 진동에 의한 자동소화시스템 도입 • 전력설비의 내진설계 도입 • 화기사용시설 국가인증 시 전도 방지 설계 확인
	소방대책	• 소화수조, 가압송수장치, 소화수 이송배관, 소화수방출구 내진설계 • 소화용수시설의 각 건축물에 설치 • 소방대의 접근로 확보방안 마련

"끝"

1. 문제

계단실의 상·하부 개구부 면적이 각각 $A_a = 0.4\text{m}^2$과 $A_b = 0.2\text{m}^2$, 유량계수 $C = 0.7$, 높이(상·하부 개구부 중심 간 거리) $H = 60\text{m}$, 계단실 내부 및 외기 온도가 각각 $T_s = 20\text{℃}$와 $T_0 = -10\text{℃}$인 경우 아래 사항에 대하여 답하시오.

(1) 중성대 높이 계산식 유도 및 중성대 높이 계산

(2) 상·하부 개구부 중심 위치에서의 차압 계산

(3) 각 개구부의 질량유량 계산

(4) 수직높이에 대한 차압 분포 그림 도시

(5) 개구부의 면적 변화에 대한 중성대의 위치 변화 설명

2. 시험지에 번호 표기

계단실의 상·하부 개구부 면적이 각각 $A_a = 0.4\text{m}^2$과 $A_b = 0.2\text{m}^2$, 유량계수 $C = 0.7$, 높이(상·하부 개구부 중심 간 거리) $H = 60\text{m}$, 계단실 내부 및 외기 온도가 각각 $T_s = 20\text{℃}$와 $T_0 = -10\text{℃}$인 경우 아래 사항에 대하여 답하시오.

(1) 중성대 높이 계산식 유도 및 중성대 높이 계산

(2) 상·하부 개구부 중심 위치에서의 차압 계산

(3) 각 개구부의 질량유량 계산

(4) 수직높이에 대한 차압 분포 그림 도시

(5) 개구부의 면적 변화에 대한 중성대의 위치 변화 설명

Tip 높은 점수를 받을 수 있는 계산문제이지만 답과 과정이 일치해야 하며, 이번 문제처럼 긴 지문일 경우 포기하지 말고 평상시 2~4교시 한 문제당 20분 연습을 하여 맨 마지막에 푸는 방법을 익히도록 합니다. 계산문제를 포기하면 수험기간이 길어집니다.

3. 실제 답안지에 작성해보기

문 4-6) 중성대 높이 계산식 유도 및 중성대 높이 계산, 상·하부 개구부 중심 위치에서의 차압 계산

1. 중성대 높이 계산식 유도 및 중성대 높이 계산

1) 중성대 높이 계산식 유도

연속 방정식	상·하부 개구부에 대해 연속방정식을 적용하면 • 하부개구부 통한 유입된 질량유량 : $$\dot{m}_{in}(\text{kg/s}) = C\,A_b\sqrt{2\rho_o H_n}\ \cdots\cdots\cdots\cdots\cdots\text{①식}$$ • 상부개구부를 통해 유출된 질량유량 : $$\dot{m}_{out}(\text{kg/s}) = C\,A_s\sqrt{2\rho_s(H-H_n)}\ \cdots\cdots\text{②식}$$
질량보존 법칙	①식과 ②식에 질량보존의 법칙을 적용하면, ①식=②식 $$\dot{m}_{in}(\text{kg/s}) = C\,A_b\sqrt{2\rho_o H_n}$$ $$= \dot{m}_{in}(\text{kg/s}) = \dot{m}_{out}(\text{kg/s}) \rightarrow C\,A_b\sqrt{2\rho_o H_n} = C\,A_s\sqrt{2\rho_s(H-H_n)}$$
$\rho = \dfrac{PM}{RT}$	$\rho = \dfrac{PM}{RT}$ 을 상기 식에 적용 정리하면 $H_n = \dfrac{H}{1+\left(\dfrac{A_b}{A_s}\right)^2\left(\dfrac{T_s}{T_0}\right)}$

2) 중성대 높이 계산

계산식	$H_n = \dfrac{H}{1+\left(\dfrac{A_b}{A_s}\right)^2\left(\dfrac{T_s}{T_0}\right)}$
계산조건	$A_a = 0.4\text{m}^2$, $A_b = 0.2\text{m}^2$, $H = 60\text{m}$, $T_s = 20\text{℃}$, $T_0 = -10\text{℃}$
계산	$H_n = \dfrac{H}{1+\left(\dfrac{A_b}{A_s}\right)^2\left(\dfrac{T_s}{T_a}\right)} = \dfrac{60}{1+\left(\dfrac{0.2}{0.4}\right)^2\left(\dfrac{293}{263}\right)} = 46.93\,\text{m}$
답	46.93m

2. 상하부 개구부 중심에서의 차압

상부차압	$\triangle p = 3{,}460(H-H_n)(\dfrac{1}{T_a}-\dfrac{1}{T_s})$ $= 3{,}460(60-46.93)(\dfrac{1}{263}-\dfrac{1}{293}) = 17.61\,\text{Pa}$
하부차압	$\triangle p = 3{,}460\,H_n(\dfrac{1}{T_a}-\dfrac{1}{T_s})$ $= 3{,}460 \times 46.93 \times (\dfrac{1}{263}-\dfrac{1}{293}) = 63.22\,\text{Pa}$
답	상부 $= 17.61\,\text{Pa}$, 하부 $= 63.22\,\text{Pa}$

3. 각 개구부의 질량유량 계산

관계식	$Q(\text{kg/s}) = C \times A \times \sqrt{2\rho\triangle p}$
상부개구부	$Q_{상부}(\text{kg/s}) = C \times A_s \times \sqrt{2\rho_s\triangle p}$ $= 0.7 \times 0.4 \times \sqrt{2 \times 1.207 \times 17.61} \fallingdotseq 1.83\,\text{kg/s}$ 여기서, $\rho_s = \dfrac{PM}{RT} = \dfrac{1 \times 29}{0.082 \times (273+20)} = 1.207\,\text{kg/m}^3$
하부개구부	$Q_{하부}(\text{kg/s}) = C \times A_b \times \sqrt{2\rho_o\triangle p}$ $= 0.7 \times 0.2 \times \sqrt{2 \times 1.345 \times 63.22} \fallingdotseq 1.83\,\text{kg/s}$ 여기서, $\rho_o = \dfrac{PM}{RT} = \dfrac{1 \times 29}{0.082 \times (273-10)} = 1.345\,\text{kg/m}^3$

4. 수직높이에 따른 차압분포

5. 개구부의 면적 변화에 대한 중성대의 위치 변화 설명

구분	중성대 높이 변화
관계식	$H_n = \dfrac{H}{1 + \left(\dfrac{A_b}{A_s}\right)^2\left(\dfrac{T_s}{T_a}\right)}$
상부개구부가 커질 경우	상부개구부가 클수록 상기 관계식에 의해 중성대의 높이가 높아져 상부 개구부 쪽으로 이동
하부개구부가 커질 경우	하부개구부가 클수록 상기 관계식에 의해 중성대의 높이가 낮아져 하부 개구부 쪽으로 이동

"끝"

Chapter 07

제117회

소방기술사
기출문제풀이

117회 1교시 1번

1. 문제

> 원소주기율표상 1족 원소인 K, Na의 소화특성을 설명하시오.

2. 시험지에 번호 표기

> 원소주기율표상 1족 원소(1)인 K, Na의 소화특성(2, 3)을 설명하시오.

3. 실제 답안지에 작성해보기

문 1-1) 원소주기율표상 1족 원소인 K, Na의 소화특성

1. 개요

① 원소주기율표는 원소를 구분하기 쉽게 성질에 따라 배열한 표를 의미

② 가로는 주기, 세로는 족으로 표현

③ 주기와 족에 따라 물질의 성질과 소화메커니즘이 결정됨

2. K 소화특성

주성분	탄산수소칼륨($KHCO_3$)이 주성분인 2종 분말소화약제
반응식	• 190℃에서 반응 : $2KHCO_3 \rightarrow K_2CO_3 + CO_2 + H_2O - Q$ • 590℃에서 반응 : $2KHCO_3 \rightarrow K_2O + 2CO_2 + H_2O - Q$
소화특성	• 연쇄반응억제 : K에 의한 부촉매소화 • 질식소화 : 반응 시 발생되는 CO_2, H_2O(수증기)에 의한 질식소화 • 냉각소화 : 반응종료 시 H_2O와 흡열반응에 따른 냉각소화

3. Na 소화특성

주성분	탄산수소나트륨($NaHCO_3$)이 주성분인 1종 분말소화약제
반응식	• 270℃에서 반응 : $2NaHCO_3 \rightarrow Na_2CO_3 + CO_2 + H_2O - Q$ • 850℃에서 반응 : $2NaHCO_3 \rightarrow Na_2O + 2CO_2 + H_2O - Q$
소화특성	• 연쇄반응억제 : Na이 라디칼 포착 • 질식소화 : 반응 시 CO_2, 수증기에 의한 질식 • 냉각소화 : 반응종료 시 H_2O, 흡열작용

4. 비교

① 주기율표상 K원소는 4주기, Na원소는 3주기로 4주기인 K의 전자껍질수가 많아 결합력이 Na에 비해 작음

② K원소는 결합력이 작아 분해속도가 빨라 Na에 비해 소화성능이 우수함

"끝"

1. 문제

옥외저장탱크 유분리장치의 설치목적 및 구조에 대하여 설명하시오.

2. 시험지에 번호 표기

옥외저장탱크 유분리장치의 설치목적(1) 및 구조(2)에 대하여 설명하시오.

Tip 지문에서 두 가지를 물어보았지만 출제자는 수용성의 정의에 대해서도 알고 있는지 물어보고 있습니다. 또한 소방에의 적용은 어떻게 되는지를 고민하며 답을 작성하여야 합니다.

3. 실제 답안지에 작성해보기

문 1 - 2) 옥외저장탱크 유분리장치의 설치목적 및 구조

1. 설치대상

　① 온도 20℃에서 용해도가 1g / 100g, 즉 1% 이상인 위험물

　② 알코올류, 제1석유류, 제2석유류 등의 수용성 물질은 제외함

2. 설치목적

　① 공지 외부로의 비수용성인 기름 및 기타 액체 유출방지

　② 기름과 물을 분리

　③ 기름은 모으고, 물은 하수구로 배수

3. 구조

공공하수도에 연결 ←

→ 배수구

50mm
400mm
100mm
150mm

[평면도]

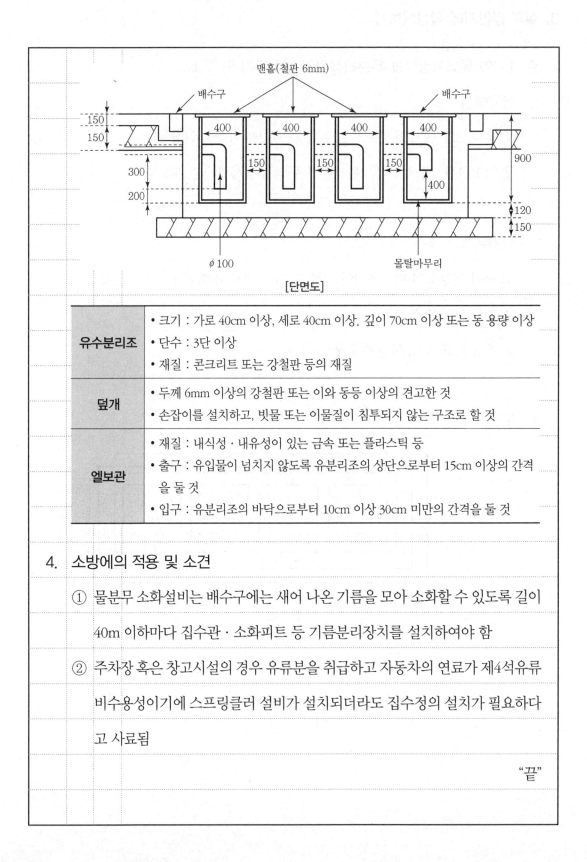

[단면도]

유수분리조	• 크기 : 가로 40cm 이상, 세로 40cm 이상, 깊이 70cm 이상 또는 동 용량 이상 • 단수 : 3단 이상 • 재질 : 콘크리트 또는 강철판 등의 재질
덮개	• 두께 6mm 이상의 강철판 또는 이와 동등 이상의 견고한 것 • 손잡이를 설치하고, 빗물 또는 이물질이 침투되지 않는 구조로 할 것
엘보관	• 재질 : 내식성 · 내유성이 있는 금속 또는 플라스틱 등 • 출구 : 유입물이 넘치지 않도록 유분리조의 상단으로부터 15cm 이상의 간격을 둘 것 • 입구 : 유분리조의 바닥으로부터 10cm 이상 30cm 미만의 간격을 둘 것

4. 소방에의 적용 및 소견

① 물분무 소화설비는 배수구에는 새어 나온 기름을 모아 소화할 수 있도록 길이 40m 이하마다 집수관 · 소화피트 등 기름분리장치를 설치하여야 함

② 주차장 혹은 창고시설의 경우 유류분을 취급하고 자동차의 연료가 제4석유류 비수용성이기에 스프링클러 설비가 설치되더라도 집수정의 설치가 필요하다고 사료됨

"끝"

1. 문제

> Newton의 운동법칙과 점성법칙에 대하여 설명하시오.

2. 시험지에 번호 표기

> Newton의 운동법칙(1)과 점성법칙(2)에 대하여 설명하시오.

Tip 지문이 2개이며, 순서대로 작성을 하면 됩니다. 이때 소방에의 적용이 꼭 들어가야 한다는 것을 잊으시면 안 됩니다.

3. 실제 답안지에 작성해보기

문 1 - 3) Newton의 운동법칙과 점성법칙에 대하여 설명

1. 운동법칙

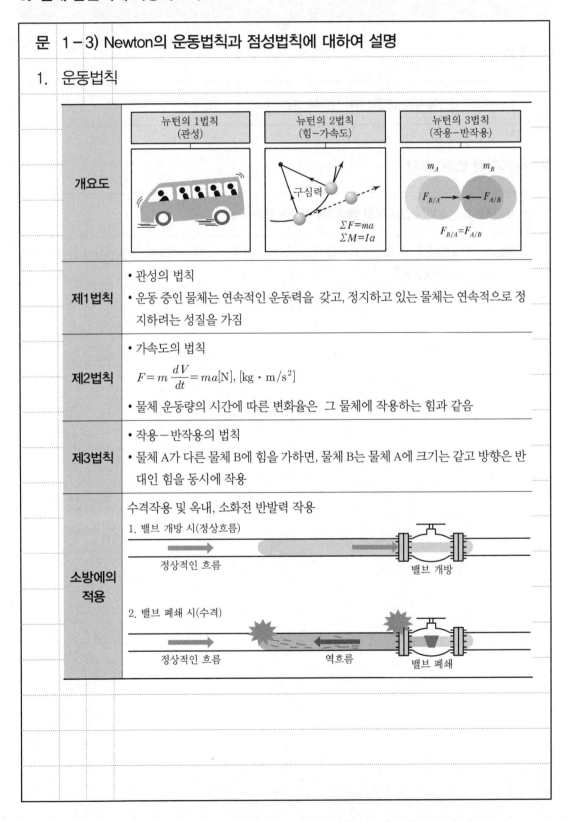

개요도	뉴턴의 1법칙 (관성) / 뉴턴의 2법칙 (힘-가속도) / 뉴턴의 3법칙 (작용-반작용)
제1법칙	• 관성의 법칙 • 운동 중인 물체는 연속적인 운동력을 갖고, 정지하고 있는 물체는 연속적으로 정지하려는 성질을 가짐
제2법칙	• 가속도의 법칙 $F = m \dfrac{dV}{dt} = ma[\text{N}], [\text{kg} \cdot \text{m/s}^2]$ • 물체 운동량의 시간에 따른 변화율은 그 물체에 작용하는 힘과 같음
제3법칙	• 작용-반작용의 법칙 • 물체 A가 다른 물체 B에 힘을 가하면, 물체 B는 물체 A에 크기는 같고 방향은 반대인 힘을 동시에 작용
소방에의 적용	수격작용 및 옥내, 소화전 반발력 작용 1. 밸브 개방 시(정상흐름) 정상적인 흐름 / 밸브 개방 2. 밸브 폐쇄 시(수격) 정상적인 흐름 / 역흐름 / 밸브 폐쇄

2. 점성법칙

개요도	$\tau = \mu \dfrac{du}{dy}$ $\quad = \mu \dfrac{V}{h}$ $\quad = \mu \dfrac{dy}{dt}$ $\quad = \mu \dfrac{F}{A}$ 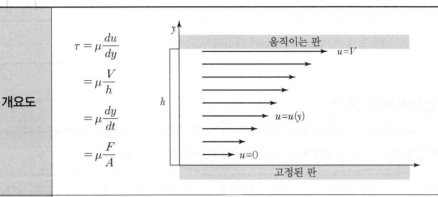
개념	• 유동하는 유체의 점성, 유속, 고정면에서의 이격거리에 따른 전단응력을 해석하는 법칙 • 이동판을 이동시키기 위해서는 힘$(F) = F \propto \dfrac{A(\text{m}^2) \times v(\text{m/s})}{y(\text{m})}$ • 비례상수 점성계수(μ)를 적용하면 $F = \mu \dfrac{A(\text{m}^2) \times v(\text{m/s})}{y(\text{m})}$ • 작용−반작용 법칙에 의해 힘(F)의 반대힘을 전단력(F_τ)이라 하며, $F = \mu \dfrac{A(\text{m}^2) \times v(\text{m/s})}{y(\text{m})} = $ 전단력(F_τ) • 단위면적당 전단력을 전단응력이라 함 전단응력$(\tau) = \mu \dfrac{v}{y} (\text{N/m}^2)$
소방에의 적용	• 수계 소화설비의 마찰손실 산출 시 적용되며, 유속과 관경으로 결정함 • 화재안전기준에서 옥내소화전 4m/s 이내, 가지배관 6m/s 이내, 기타배관 10m/s로 제한하고 있음 • 제연설비에서 덕트의 마찰손실 산출에서 화재안전기준에서 제연송풍기 흡입측 덕트 풍속은 15m/s 이내, 토출측 덕트 풍속 20m/s 이내로 제한하고 있음

"끝"

1. 문제

> 흑연화현상과 트래킹(Tracking)현상에 대하여 비교 설명하시오.

2. 시험지에 번호 표기

> 흑연화현상(1)과 트래킹(Tracking)현상(1)에 대하여 비교(2) 설명하시오.

Tip 정의−메커니즘−원인−문제점−대책 순으로 작성하면 됩니다. 1교시뿐만 아니라 2~4교시에 소주제를 정하고 설명을 전개할 때도 마찬가지입니다.

3. 실제 답안지에 작성해보기

문 1 – 4) 흑연화현상과 트래킹(Tracking)현상에 대하여 비교 설명

1. 정의

흑연화현상	탄화현상이라고도 하며 스파크 아크에 의해 절연체의 탄소화로 도전로가 형성되어 발화되는 현상
트래킹현상	전선로의 구성이 정상 회로구성이 아닌 외부여건에 의해 도전로가 형성되어 전기적 작용 또는 누전 발생으로 발화로 이어지는 현상

2. 흑연화현상과 트래킹의 비교

구분	흑연화현상	트래킹현상
개요도	층상 그물구조(흑연) 층과 층 사이 전자이동 가능	먼지+습기 전류 흐름 화재발생
메커니즘	절연체 → 스파크, 아크 → 흑연화 → 도전로형성 → 전류통전 → 줄열/단락 → 발화	2개전극 전류통전 → 주변 유도기전력 발생 → 유도기전력에 의한 전자력 형성 → 자성체물질 부착 → 2전극 간 도전로형성 → 줄열/단락 → 발화
문제점	• 줄열에 의한 발화 $W = Pt = I^2Rt$ • 단락에 의한 즉시 발화	

3. 대책

흑연화현상	트래킹현상
• 작업자나 관리자에 대한 주기적인 교육을 통한 전기화재에 대한 관심 및 책임감 유도 • 누전차단기, 누전경보기 등 안전장치 설치 • 열화상카메라, 직무고시 적용 점검강화	• 전기화재 위험성에 대한 지속적 교육 • 정기적 분진 제거작업 실시 • 정기점검 실시 및 휴먼에러 방지

"끝"

1. 문제

열역학법칙에 대하여 설명하시오.

2. 시험지에 번호 표기

열역학법칙(1)에 대하여 설명하시오.

Tip 열역학법칙인 제0~3법칙 각각을 설명한 후 소방에의 적용을 설명하여야 완벽한 답이 됩니다. 채점자가 얼마나 쉽게 내가 알고있다고 느낄 수 있게 하는지가 관건이며, 그림과 표를 사용해서 최대한 쉽게 설명을 하는 것이 중요합니다.

3. 실제 답안지에 작성해보기

문 1 – 5) 열역학법칙에 대하여 설명

1. 개요

정의	열역학법칙은 열역학적 과정에서 열과 일에 관한 법칙이며, 열역학에서 열역학적 계를 구성하기 위한 기본적인 물리적 양을 정의하는 데 있어 4가지의 법칙이 있음
의의	다양한 조건에서 어떻게 물리적 양들이 변하는지를 설명하거나 영구기관과 같은 특정한 자연현상이 불가능함을 설명함

2. 열역학법칙

개념도	 $A = C, B = C$라면 $A = B$ 열역학 제0법칙 (열평형 법칙)	$q = w + \Delta u$ 열역학 제1법칙 (에너지보존의 법칙)	열역학 제2법칙 (엔트로피 증가의 법칙)
제0법칙	• 만약 2개의 계가 다른 3번째 계와 열적 평형상태에 있으면 이 2개의 계는 반드시 서로에 대해 열적 평형상태이어야 함 • 온도를 정의하는 하나의 방법		
제1법칙	• 열과 일은 에너지의 한 형태로 일은 열로, 열은 일로 변환 가능함 • 에너지 변환에 따른 손실이 없으며 가역과정을 의미하며, 에너지가 보존된다는 것을 나타냄		
제2법칙	• 에너지는 높은 곳에서 낮은 곳으로 흐르는 방향을 설명하는 법칙 • 에너지변환에 따른 손실을 나타내는 법칙으로 엔트로피로 나타냄 • 엔트로피 : $dS = \dfrac{(dU + PdV)}{T} \geq \dfrac{dQ}{T}$		

제3법칙	• 절대영도에서의 엔트로피에 관한 법칙으로 엔트로피는 증가하는 방향으로 진행 • 엔트로피의 변화 ΔS는 절대온도 T가 0으로 접근할 때 일정한 값을 갖고, 그 계는 가장 낮은 상태의 에너지를 갖게 됨 • 자연계에서는 절대온도 0K에 이를 수 없음 • 열기관의 효율 : 열기관의 효율은 100%가 될 수 없음

3. 소방에의 적용

냉각소화	열역학 제0법칙
베르누이 방정식	열역학 제1법칙 : 에너지보존의 법칙 $$P_1 + \frac{1}{2}\rho v_1{}^2 + \rho g h_1 = P_2 + \frac{1}{2}\rho v_2{}^2 + \rho g h_2$$

"끝"

1. 문제

다음 조건을 고려하여 화재조기진압용 스프링클러설비 수원의 양을 구하시오.

〈조건〉
- 랙(Rack)창고의 높이는 12m이며 최상단 물품높이는 10m이다.
- ESFR헤드의 K Factor는 320이고 하향식으로 천장에 60개가 설치되어 있다.
- 옥상수조의 양 및 제시되지 않는 조건은 무시한다.

2. 시험지에 번호 표기

다음 조건을 고려하여 화재조기진압용 스프링클러설비(1) 수원의 양(2)을 구하시오.

〈조건〉
- 랙(Rack)창고의 높이는 12m이며 최상단 물품높이는 10m이다.
- ESFR헤드의 K Factor는 320이고 하향식으로 천장에 60개가 설치되어 있다.
- 옥상수조의 양 및 제시되지 않는 조건은 무시한다.

Tip 계산문제입니다. 최대한 정갈하게 표를 이용하여 최대한의 점수를 받을 수 있게 하는 것이 중요합니다.

3. 실제 답안지에 작성해보기

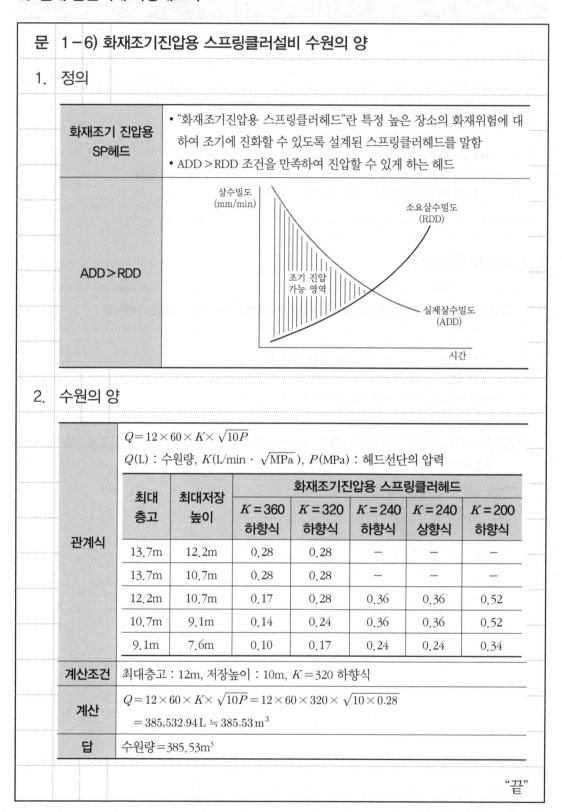

| 문 | 1-6) 화재조기진압용 스프링클러설비 수원의 양 |

1. 정의

화재조기 진압용 SP헤드	• "화재조기진압용 스프링클러헤드"란 특정 높은 장소의 화재위험에 대하여 조기에 진화할 수 있도록 설계된 스프링클러헤드를 말함 • ADD > RDD 조건을 만족하여 진압할 수 있게 하는 헤드
ADD > RDD	살수밀도 (mm/min) / 소요살수밀도 (RDD) / 조기 진압 가능 영역 / 실제살수밀도 (ADD) / 시간

2. 수원의 양

$Q = 12 \times 60 \times K \times \sqrt{10P}$

$Q(L)$: 수원량, $K(L/min \cdot \sqrt{MPa})$, $P(MPa)$: 헤드선단의 압력

	최대 층고	최대저장 높이	화재조기진압용 스프링클러헤드				
			$K=360$ 하향식	$K=320$ 하향식	$K=240$ 하향식	$K=240$ 상향식	$K=200$ 하향식
관계식	13.7m	12.2m	0.28	0.28	—	—	—
	13.7m	10.7m	0.28	0.28	—	—	—
	12.2m	10.7m	0.17	0.28	0.36	0.36	0.52
	10.7m	9.1m	0.14	0.24	0.36	0.36	0.52
	9.1m	7.6m	0.10	0.17	0.24	0.24	0.34
계산조건	최대층고 : 12m, 저장높이 : 10m, $K=320$ 하향식						
계산	$Q = 12 \times 60 \times K \times \sqrt{10P} = 12 \times 60 \times 320 \times \sqrt{10 \times 0.28}$ $\quad = 385,532.94\,L ≒ 385.53\,m^3$						
답	수원량 = 385.53m³						

"끝"

1. 문제

스프링클러설비의 건식 밸브의 Water Columning 현상에 대하여 설명하시오.

2. 시험지에 번호 표기

스프링클러설비의 건식 밸브(1)의 Water Columning 현상(2)에 대하여 설명하시오.

Tip '현상'이라고 질문을 했기 때문에 정의 – 문제점 – 원인 및 대책 – 소견, 혹은 정의 – 원인, 메커니즘 – 문제점 – 대책 – 소견 순으로 전개하셔야 합니다.

3. 실제 답안지에 작성해보기

문 1 – 7) 건식 밸브의 Water Columning 현상에 대하여 설명

1. 정의

건식 밸브	
Water Columning	건식 밸브 클래퍼 상부 물올림수위 이상의 누적수두에 의해 건식 밸브 클래퍼가 작동되지 않는 경우나 시간지연이 발생할 수 있는 현상

(그림 라벨: 압축공기 인입구, 물올림 수위, 클래퍼, 걸쇠, 배수밸브, 2차 측(압축공기), 물올림관, 클래퍼 패킹, 배수플러그, 압력스위치 연결구, 경보시험관, 1차 측 가압수)

2. 문제점

① 밸브의 Trip Point 초과에 따른 방수 시간지연

② 빙점 이하에 노출 시 동결로 인한 밸브작동 불가 및 동파위험

3. 원인 및 대책

원인	대책
• 2차 측 배관 내 압축공기의 응축수 누적 • 물공급 조정밸브를 통한 물의 배수 지연 • 잔류 소화수 누적	• 2차 측 충전 압력 질소 또는 Dry 공기 사용 • 응축수 등을 제거하기 위한 응축수 트랩설치 • 압축공기 공급관 계통 내 습기제거용 Filter 설치

4. 소견

① Water Columning 현상은 누적수두에 의한 밸브의 시간지연을 뜻하지만 건식 밸브는 배관에도 응축수에 의한 부식, 핀홀이 발생할 우려가 큼

② 따라서 주기적인 배관의 핀홀의 발생여부를 확인할 수 있는 비눗방울 테스트 등을 실시하여 실제 화재 시 균일한 살수밀도를 유지할 수 있도록 하는 것이 타당하다고 사료됨

"끝"

1. 문제

MIE 분산법칙과 이를 응용한 감지기에 대하여 설명하시오.

2. 시험지에 번호 표기

MIE 분산법칙(1)과 이를 응용한 감지기(2)에 대하여 설명하시오.

Tip 대주제를 풀어나가기 위해서는 소제목을 어떻게 전개해 나갈지를 생각하며 답을 쓰셔야 합니다. 다음 예시처럼 정의 – 메커니즘(그림) – 문제점 – 대책 순으로 전개해 나가면 됩니다.
- MIE 분산법칙 : 정의 – 그림 – 메커니즘 – (문제점은 없기에 생략)
- 응용 감지기 : 정의 – 그림 – 메커니즘

3. 실제 답안지에 작성해보기

문 1-8) MIE 분산법칙과 이를 응용한 감지기에 대하여 설명

1. MIE 분산법칙

정의	• 산란 : 빛이 입자를 만나 진행방향과 다른 여러 방향으로 흩어지는 현상 • 산란의 종류 −레일리산란 : 입자의 크기가 파장보다 작은 경우 −MIE 산란 : 입자가 큰 경우(입자크기 파장의 $\lambda/2\sim10\lambda$) 불규칙한 산란
개념도	 레일리산란　　　　MIE 산란　　　　MIE 산란(더 큰 입자) ⟶ 빛의 방향
메커니즘	• 입자크기 < 파장 : 투과최대 • 입자크기 = 파장 : 반사최대 • 입자크기 > 파장 : 흡수최대

2. MIE 분산법칙 응용 감지기

광전식 스폿형 감지기	 확인등 / 연기입자 / 산란된 빛 / 수광부 / 광원
	발광소자와 수광소자를 감지기 내에 구성한 것으로 감지기 내에 연기가 침입하면 수광소자의 산란광의 증가에 따라 동작하는 감지기

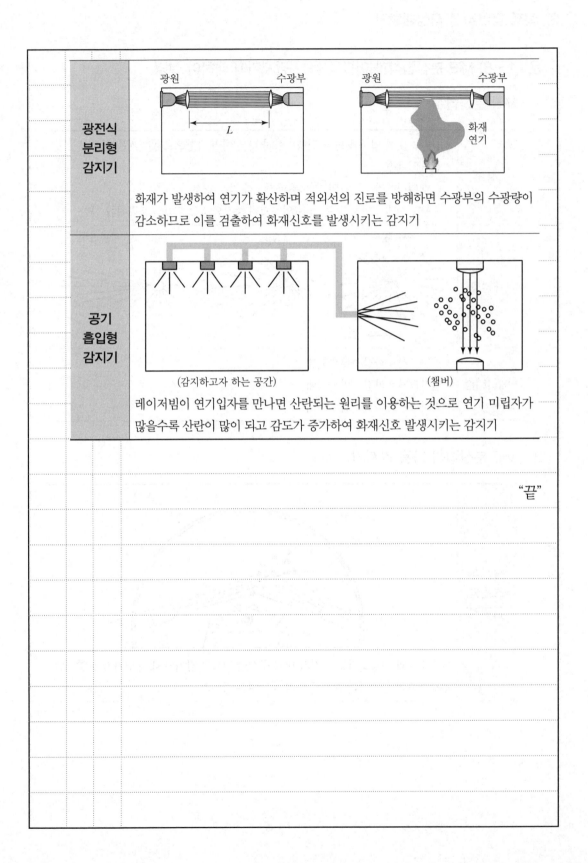

| 광전식
분리형
감지기 | 화재가 발생하여 연기가 확산하며 적외선의 진로를 방해하면 수광부의 수광량이 감소하므로 이를 검출하여 화재신호를 발생시키는 감지기 |
| 공기
흡입형
감지기 | 레이저빔이 연기입자를 만나면 산란되는 원리를 이용하는 것으로 연기 미립자가 많을수록 산란이 많이 되고 감도가 증가하여 화재신호 발생시키는 감지기 |

"끝"

1. 문제

열전현상인 Seebeck Effect, Peltier Effect, Thomson Effect에 대하여 설명하시오.

2. 시험지에 번호 표기

열전현상인 Seebeck Effect(1), Peltier Effect(2), Thomson Effect(3)에 대하여 설명하시오.

Tip 지문은 세 개를 각각 설명하는 것이고 문제점이 있는 것이 아니기에 정의 – 그림 – 메커니즘 – 소방에의 적용 순으로 설명합니다. 주의할 점은 문제를 제외한 1페이지의 줄수가 21줄이니 지문당 7줄을 넘으면 시간이 부족할 수 있습니다.

3. 실제 답안지에 작성해보기

문 1 – 9) Seebeck Effect, Peltier Effect, Thomson Effect 설명

1. Seebeck Effect

정의	폐회로를 이룬 서로 다른 두 금속의 한 접합부에 온도 변화를 주면 기전력이 발생하는 현상으로, 이때 발생하는 기전력을 열기전력이라고 함
개념도	
메커니즘	• 금속의 자유전자는 그 금속의 종류나 온도에 특유한 에너지로 움직임 • 같은 종류의 금속이라도 고온의 것과 저온의 것을 접촉시키면 전자 에너지가 다르기 때문에 전자가 한쪽으로 이동하여 전위차가 생김 • 이 전위차에 의한 열기전력이 발생하며 이를 열전대라고 함 • 열기전력의 크기 $V_s = \alpha \times T$ 여기서, V_s : 기전력(V), T : 온도차(K), α : 제벡계수
소방에의 적용	차동식 열전대형, 열반도체형 감지기

2. Peltier Effct

정의	다른 종류의 도체를 결합하여 거기에 전류를 흘리면 그 접합점에서 줄(joule)열 이외에 열의 발생 또는 흡수되는 현상
메커니즘	• 제벡효과의 반대현상 $Q = \pi \times I$ 여기서, Q : 매초 발생 또는 흡수하는 열량(W), I : 흐르는 전류(A) • 줄열과 다른 점 – 전류의 방향에 따라서 발열되기도 하고 흡열되기도 함 – 전류의 2승(乘)이 아니고 1승에 비례함
소방에의 적용	열전냉동기(Thermoelectric Refrigerator)

3. Thomson Effect

정의	전선에 전기를 흘리면 부분적으로 전자의 운동에너지가 달라지면서 전기저항에 의한 줄열 이외에 더 큰 열이 나오거나 차가워지는 현상
개념도	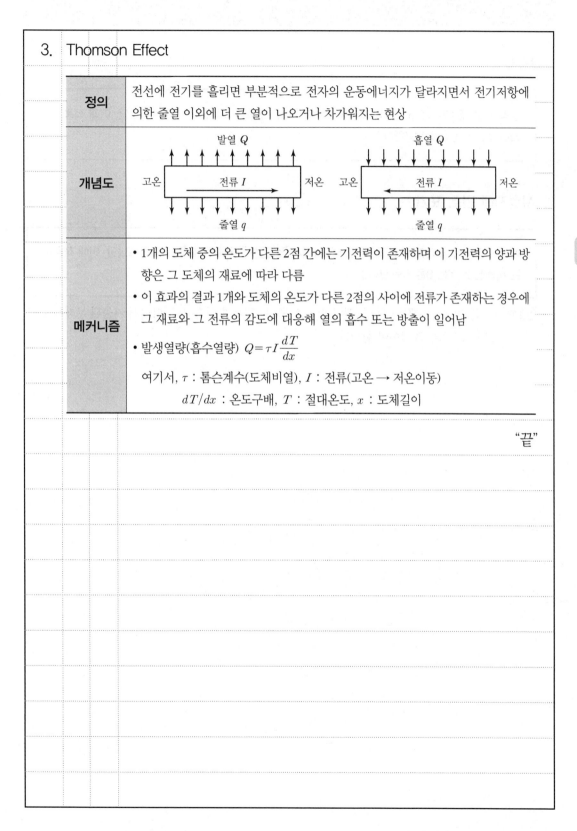
메커니즘	• 1개의 도체 중의 온도가 다른 2점 간에는 기전력이 존재하며 이 기전력의 양과 방향은 그 도체의 재료에 따라 다름 • 이 효과의 결과 1개와 도체의 온도가 다른 2점의 사이에 전류가 존재하는 경우에 그 재료와 그 전류의 감도에 대응해 열의 흡수 또는 방출이 일어남 • 발생열량(흡수열량) $Q = \tau I \dfrac{dT}{dx}$ 여기서, τ : 톰슨계수(도체비열), I : 전류(고온 → 저온이동) dT/dx : 온도구배, T : 절대온도, x : 도체길이

"끝"

1. 문제

감강(소멸)계수가 0.3m⁻¹일 때 자극성 연기에서 유도등의 가시거리를 구하시오.(단, 이때 적용하는 비례상수 K는 8을 적용한다.)

2. 시험지에 번호 표기

감강(소멸)계수가 0.3m⁻¹일 때 **자극성 연기에서 유도등의 가시거리(1)**를 구하시오.(단, 이때 적용하는 비례상수 K는 8을 적용한다.)

Tip 대부분의 계산문제는 세월을 뛰어넘어 출제되는 경우가 있습니다. 따라서 기출된 문제는 반드시 익히고 외우고 있어야 합니다.

3. 실제 답안지에 작성해보기

문 1-10) 자극성 연기에서 유도등의 가시거리

1. 정의

① 유도등이란 피난구의 위치 및 피난방향을 정확히 지시하는 것으로 화재 시 재실자의 인명안전과 신속한 피난유도를 확보가 주목적임

② 유도등의 핵심은 유도등만 따라가면 지상 등의 안전한 장소로 피난할 수 있는 설비라는 개념이며, 이를 위해 가시거리가 중요함

117회

2. 유도등의 가시거리

관계식	$S = \dfrac{K}{\alpha}(C_s - 1.47\log\alpha)$ [단, $\alpha \geq 0.076\,\text{ft}^{-1}(0.25\,\text{m}^{-1})$] 여기서, S : 가시거리(ft, m), K : 비례상수, 　　　α : 감광계수($\text{ft}^{-1}, \text{m}^{-1}$), C_s(계수) : -0.6225
계산조건	$K = 8$, α : $0.3\,\text{m}^{-1} = 0.09144\,\text{ft}^{-1}$ C_s(계수) : -0.6225
계산	$S = \dfrac{K}{\alpha}(C_s - 1.47\log\alpha)$ $= \dfrac{8}{0.09144}[-0.6255 - 1.47 \times \log(0.09144)]$ $= 78.883\,\text{ft} = 24.04\,\text{m}$
답	유도등 가시거리 : 24.04m

"끝"

1. 문제

> 건축물 방화계획의 작성 원칙에 대해 설명하시오.

Tip 시사성이 떨어지는 문제입니다. 현재는 성능위주 설계가 대세입니다.

1. 문제

> NFPA 12에서 정하는 이산화탄소의 적응성, 비적응성 및 나트륨(Na)과 CO_2의 반응식을 설명하시오.

2. 시험지에 번호 표기

> NFPA 12에서 정하는 **이산화탄소의 적응성, 비적응성(1)** 및 **나트륨(Na)과 CO_2의 반응식(2)**을 설명하시오.

Tip 지문이 2개이므로 11줄씩이면 됩니다. 만약 NFPA 12 규정이 떠오르지 않는다 해도 국내 이산화탄소설비의 적응성에 관해서 설명해도 무방합니다. 1교시에 고르는 문제들 중에서 자신없는 문제는 맨 나중에 답을 쓰도록 합니다.

3. 실제 답안지에 작성해보기

문 1-12) 이산화탄소 적응성, 비적응성 및 나트륨(Na)과 CO_2의 반응식

1. 정의

불연성 가스인 CO_2 가스를 고압가스용기에 저장하여 두었다가 화재 발생 시 설치된 소화설비에 의하여 화재발생지역에 CO_2 가스를 방출 분사시켜서 질식 및 냉각작용에 의한 소화를 함

2. 이산화탄소 소화설비의 적응성, 비적응성

적응성	비적응성
• 인화성 액체 • 전기적 위험성이 있는 장소 • 인화성 액체를 사용하는 엔진 • 일반가연물 • 고체위험물	• 자체에서 산소를 공급하는 화합물 　니트로셀룰로오스 • 반응성 금속 　나트륨(Na), 칼륨(K), 마그네슘(Mg), 티타늄(Ti), 지르코늄(Zr) • 금속 수소화합물

3. Na과 CO_2의 반응식

반응식	• $2Na + CO_2 \rightarrow Na_2O + CO$ 　　• $4Na + CO_2 \rightarrow 2Na_2O + C$
문제점	• 일산화탄소(CO)에 의한 인체질식 및 중독, 사망우려 발생 • 탄소미립자 발생에 의한 관계자의 가시거리 저하에 따른 피난저해
대책	• 소화설비의 설치제한 　- 방재실, 제어실 등 사람이 상시근무하는 장소 　- Na, k, Ca 등 활성금속을 저장, 취급하는 장소 • 방호구역의 안전 　- 피난경로에 유도등, 유도표지등, 방출표시등, 방출사이렌등 설치 　- 양방향 피난구를 설치하고 피난방향으로 개방되며, 자동폐쇄장치 설치 • 설비유지관리 및 경고표지 설치

"끝"

1. 문제

> 스프링클러소화설비에서 탬퍼스위치(Tamper Switch)의 설치목적 및 설치기준, 설치위치에 대하여
> 설명하시오.

2. 시험지에 번호 표기

> 스프링클러소화설비에서 탬퍼스위치(Tamper Switch)의 설치목적(1) 및 설치기준(2), 설치위치(3)
> 에 대하여 설명하시오.

Tip 소방기술사 시험에서 채점자에게 가장 쉽게 어필할 수 있는 부분은 그림입니다. 그림을 최대한
정성스럽게 그리고 표와 함께 답안을 작성하면 차별성을 가지며, 높은 점수를 받을 수 있습니
다. 이 문제의 설치위치의 경우에도 소화설비의 계통도를 그리고 설명하면 확실하게 알고 있다
고 어필할 수 있습니다. 하지만 이때에도 1페이지, 시간은 8분 이내를 지키도록 합니다.

3. 실제 답안지에 작성해보기

문	1 - 13) 탬퍼스위치의 설치목적 및 설치기준, 설치위치

1. 설치목적

정의	탬퍼스위치란 밸브의 개폐상태를 수신기에 전기적인 신호를 보냄으로써 밸브의 개폐상태를 알 수 있도록 하기 위한 장치를 의미
목적	• 소화배관에 소화수를 공급하는 배관에 설치하여 개폐여부 확인 • 수신기에 신호를 보내어 밸브의 개폐여부에 대한 경보 발신

2. 설치기준

경보	급수개폐밸브가 잠길 경우 탬퍼스위치의 동작으로 인하여 감시제어반 또는 수신기에 표시되어야 하며 경보음을 발할 것
시험	탬퍼스위치는 감시제어반 또는 수신기에서 동작의 유무확인과 동작시험, 도통시험을 할 수 있을 것
배선	급수개폐밸브의 작동표시 스위치에 사용되는 전기배선은 내화전선 또는 내열전선으로 설치할 것

3. 설치위치

개요도	

설치위치	• 지하수조로부터 펌프 흡입 측 배관에 설치한 개폐밸브 • 주펌프 흡입 측 개폐밸브 • 주펌프 토출 측 개폐밸브 • 스프링클러 송수구 개폐밸브 • 유수검지장치 1차 측, 일제개방밸브 1, 2차 측 개폐밸브 • 스프링클러 입상관과 접속된 고가수조 개폐밸브

"끝"

1. 문제

> 스프링클러설비 수리계산 절차 중 다음 내용에 대하여 설명하시오.
>
> − 상당길이(Equivalent Length)
>
> − 조도계수(C − Factor)
>
> − 마찰손실 계산 시 등가길이 반영 방법

2. 시험지에 번호 표기

> 스프링클러설비 **수리계산 절차(1)** 중 다음 내용에 대하여 설명하시오.
>
> − 상당길이(Equivalent Length)(2)
>
> − 조도계수(C − Factor)(3)
>
> − 마찰손실 계산 시 등가길이 반영 방법(4)

Tip 지문이 4개이며 마지막 소견까지 작성을 하여야 합니다. 지문당 10줄 내외로 작성하면 됩니다.

3. 실제 답안지에 작성해보기

문	2 - 1) 상당길이, 조도계수(C - Factor), 마찰손실 계산 시 등가길이 반영 방법

1. 개요

수리계산	수계 소화설비의 작동을 위해 필요한 소화수가 제대로 공급될 수 있도록 소방수리학 원리에 입각하여 필요한 배관경, 유량, 압력을 계산하는 방법
절차	① 설계기준 결정 ② 설계기준에 따른 설계 입력데이터 결정 ③ 필요 유량 결정 ④ 개방될 노즐의 배치 결정 ⑤ 수리계산 수행 ⑥ 소방 펌프 및 수조 용량 결정 ⑦ 보고서 작성 ⑧ 수리계산 검증

2. 상당길이

정의	• 상당길이란 관부속물에 유량이 흐를 때 발생하는 마찰손실과 동일한 마찰손실을 갖는 직관의 길이 • 배관의 구성에는 직관과 엘보, 티, 레듀서 등의 관부속품으로 구성되어 있는데 수두를 구할 때 일관적인 단위로 표현하기 위해서 관부속품의 마찰손실을 직관의 길이(m)로 표현
계산법	• 엘보나 티, 밸브의 상당길이 Le를 산출하고, 직관길이 L'과 더해 배관길이 L을 구함 $L = L' + Le$ $Le = kd/f$ 여기서, k : 손실계수, d : 내경, f : 마찰손실계수 • 부차적 손실은 상당길이 외에 유량계수(Flow Coefficient) 또는 저항계수(K Value) 등을 이용하여 반영할 수 있음

3. 조도계수

정의	조도계수란 배관내부의 거친 정도를 의미하며, 마찰손실 계산식 중 하나인 하젠-윌리엄스(Hazen-Williams) 식에 적용하는 배관 거칠기 계수를 말함 $$\Delta P = 6.053 \times 10^4 \times \dfrac{Q^{1.85}}{C^{1.85} \times D^{4.87}} \, [\text{MPa/m}]$$

기준	관의 종류	C
	新황동관, 新동관, 新연관, 新시멘트라이닝주철관 또는 강관, 新석면시멘트관	140
	新강관, 新주철관, 古황동관, 古동관, 古연관, 경질염화비닐관	130
	古시멘트라이닝관, 도관	110
	古주철관, 古강관	110

의미	조도값이 클수록 매끄럽고, 마찰손실이 적다는 것을 의미함

4. 마찰손실 계산 시 등가길이 반영 방법

① 헤드방수에 영향을 주는 배관의 높이 변화

② 배수관 연결관로 및 시험밸브의 관로밸브류, 부속류, 장치류 손실

③ 레듀싱 엘보가 적용되는 경우는 작은 쪽 구경의 등가길이에 포함

④ 헤드가 회향식 배관이나 플렉시블 호스 등에 연장된 경우의 회향식 배관, 플렉시블 호스

⑤ 분류티는 등가길이에 포함하되, 직류티는 제외

5. 소견

규약배관방식	수리계산방식
• 비숙련자도 할 수 있음 • 배관경이 커져 경제성이 떨어짐	• 숙련자, 전문프로그램으로 수행 • 수리계산을 통한 정확한 관경의 계산 • 경제성의 원리에 적합

→ 경제성 및 유속을 고려한 수리계산의 장점이 있기에 배관 선정 시 수리계산방

식을 적용해야 한다고 사료됨

"끝"

1. 문제

물질안전보건자료(MSDS) 작성대상 물질과 작성항목에 대하여 설명하시오.

2. 시험지에 번호 표기

물질안전보건자료(MSDS)(1) 작성대상 물질(2)과 작성항목(3)에 대하여 설명하시오.

Tip 작성대상 물질과 작성항목은 각각 답안을 작성하면 2페이지가 나올 정도로 법의 내용이 많으므로, 단순히 어떻게 표시가 되고 실생활에서 근로자나 사용자에게 적용되는지를 알고있느냐가 출제목적으로 판단됩니다.

3. 실제 답안지에 작성해보기

문 2-2) 물질안전보건자료(MSDS) 작성대상 물질과 작성항목에 대하여 설명하시오.

1. 개요

정의	화학물질의 유해, 위험성, 취급방법, 응급조치요령 등을 상세히 설명해주는 자료로서 화학물질을 안전하게 사용하기 위한 설명서
목적	• 유해 화학물질의 취급, 사용으로 인한 화재 및 폭발 또는 직업병 등의 산업재해를 예방하기 위한 기초자료를 근로자나 실수요자에게 제공 • 유해 화학물질을 판매, 양도 시 반드시 MSDS 자료 첨부, 최종 사용자에게 전달하여 안전한 사용과 사고 시 응급조치가 가능하게 해야 함

2. 물질안전보건자료 작성대상 물질(화학물질 및 이를 포함한 혼합물)

물리적 위험성(16)	① 폭발성 물질	② 인화성 가스
	③ 에어로졸	④ 산화성 가스
	⑤ 고압가스	⑥ 인화성 액체
	⑦ 인화성 고체	⑧ 자기반응성 물질 및 혼합물
	⑨ 자연발화성 액체	⑩ 자연발화성 고체
	⑪ 자기발열성 물질 및 혼합물	⑫ 물반응성 물질 및 혼합물
	⑬ 산화성 액체	⑭ 산화성 고체
	⑮ 유기과산화물	⑯ 금속부식성 물질
건강 유해성(10)	① 급성 독성	② 피부 부식성 또는 자극성
	③ 심한 눈 손상 또는 눈 자극성	④ 호흡기 또는 피부 과민성
	⑤ 생식세포 변이원성	⑥ 발암성
	⑦ 생식독성	
	⑧ 특정 표적장기(標的臟器) 독성 -1회 노출	
	⑨ 특정 표적장기(標的臟器) 독성 -반복 노출	
	⑩ 흡인 유해성	
환경 유해성(2)	① 수생환경 유해성	
	② 오존층에 대한 유해성	

3. 작성항목(16)

① 화학제품과 회사에 관한 정보　　② 유해성·위험성

③ 구성성분의 명칭 및 함유량　　④ 응급조치 요령

⑤ 폭발·화재 시 대처방법　　⑥ 누출 사고 시 대처방법

⑦ 취급 및 저장방법　　⑧ 노출방지 및 개인보호구

⑨ 물리화학적 특성　　⑩ 안정성 및 반응성

⑪ 독성에 관한 정보　　⑫ 환경에 미치는 영향

⑬ 폐기 시 주의사항　　⑭ 운송에 필요한 정보

⑮ 법적 규제현황　　⑯ 그 밖의 참고사항

4. MSDS 작성 경고표지 작성예시

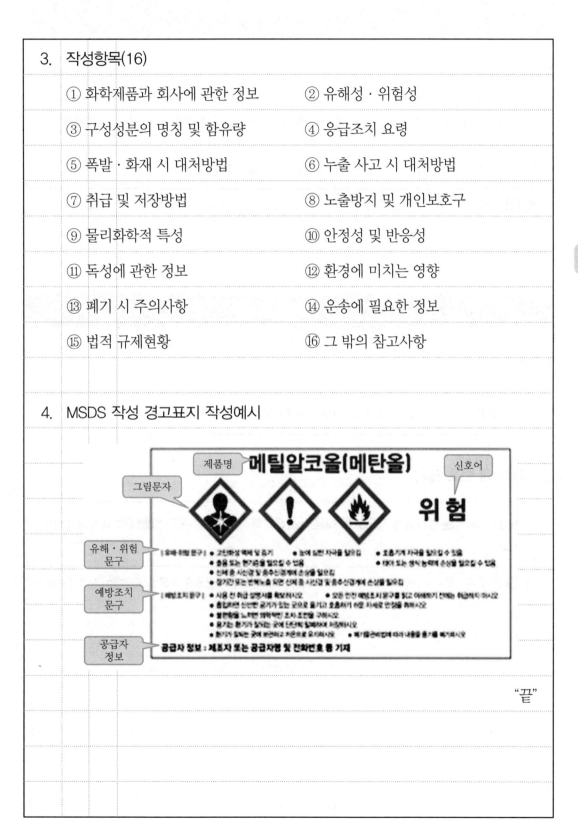

"끝"

1. 문제

리튬이온배터리 에너지저장장치시스템(ESS)의 안전관리가이드에서 정한 다음의 내용을 설명하시오.

- -ESS 구성
- -환기설비 성능 조건
- -용량 및 이격거리 조건
- -적용 소화설비

Tip 시사성이 떨어지는 문제입니다.

1. 문제

제연설비의 성능평가 방법 중 Hot Smoke Test의 목적 및 절차, 방법에 대하여 설명하시오.

2. 시험지에 번호 표기

제연설비의 성능평가 방법 중 Hot Smoke Test(1)의 **목적(2)** 및 **절차(3)**, **방법(4)**에 대하여 설명하시오.

Tip 문제 속 지문은 4개이지만, 소방에의 적용, 소견까지 더해 6개 지문으로 2페이지 반을 채우도록 합니다.

3. 실제 답안지에 작성해보기

문 2-4)	제연설비의 성능평가 방법 중 Hot Smoke Test의 목적 및 절차, 방법에 대하여 설명

1. 개요

① Hot Smoke Test는 시험장소의 높이 및 온도 조건에 따라 일정 크기의 화원을 제공하여 부력을 형성함으로써 보다 안정된 연기층의 관찰이 가능한 시험방법임

② 실제 실험의 실시 불가 및 시뮬레이션의 실제 환경과의 유사성 결여 등의 문제로 Hot Smoke Test가 필요함

2. 시험목적

개요도	
목적	• 천장 연기층의 온도분포 파악 가능 • Fire Plume, Ceiling Jet Flow 등 연기의 이동특성 파악 • 제연설비의 신뢰성 확인 및 효율성 제고 • Contam Program, 화재 Simulation 신뢰 확인

3. 시험절차

도서검토 → 세부 수행계획서 작성 → 현장 점검 및 제연설비 확인 → 테스트 화재 크기 선정, 공조설비 충분히 가동 후 정지 → 테스트 구역 점검 → 연료주입 및 화재 시험 → 테스트 결과 분석 → 문제점 발견 → 문제점 기록 및 보완 후 재실시

4. 시험방법

순서	방법
① 산업용 변성알코올을 사용하여 화재 생성	• 천장온도 조건 설정 • 변성 메틸알코올 • Smallscaling에 의한 Pool Fire 크기 결정
② 생성된 화재에 인공연기 공급	인공연기 발생기
③ 연기가 잘 보이도록 하여 연기의 이동, 축적, 온도변화 상태 확인	열전대 및 부대시설 이용

5. 소방에의 적용

화재 시뮬레이션 검증	모델링 과정에서는 많은 불확실성이 포함되어 있으므로 수치적으로나 물리적으로 이상이 없는지 확인할 필요가 있으며 실험결과 등과의 비교를 통해 결과의 신뢰성을 확인할 필요가 있음
제연시스템 검증	아트리움과 쇼핑몰 등 복잡한 건물의 제연설비는 공조시스템에 의해 신뢰도가 저하될 수 있으며 주요 시설물에 대해서는 시스템의 유효성을 시험할 필요가 있음

6. 소견

① 초고층건물이나 대형 건물 등의 경우 건물의 일부분에서 실시한 Hot Smoke Test의 결과를 어떻게 일반화하여 건물전체에 반영할 것인지에 대한 문제가 있음

② Hot Smoke Test를 통해 얻어진 결과가 실제 화재 시와 얼마나 유사한지에 대한 확인이 필요하기에 철저한 Database를 구축하고 이를 통한 검증이 될 수 있도록 하는 것이 필요하다고 사료됨

"끝"

1. 문제

액체상태로 보관하는 가스계 소화약제의 약제량을 확인하는 4가지 방법에 대하여 설명하시오.

2. 시험지에 번호 표기

액체상태로 보관하는 가스계 소화약제의 약제량(1)을 확인하는 4가지 방법(2)에 대하여 설명하시오.

Tip 4가지 방법이라는 소주제가 정해졌으므로 왜 약제량 측정이 중요한지, 화재안전기준에는 어떻게 정해졌는지 답을 이어나가면 좋은 답안이 됩니다.

3. 실제 답안지에 작성해보기

문 2-5) 가스계 소화약제의 약제량을 확인하는 4가지 방법에 대하여 설명

1. 개요

개요도	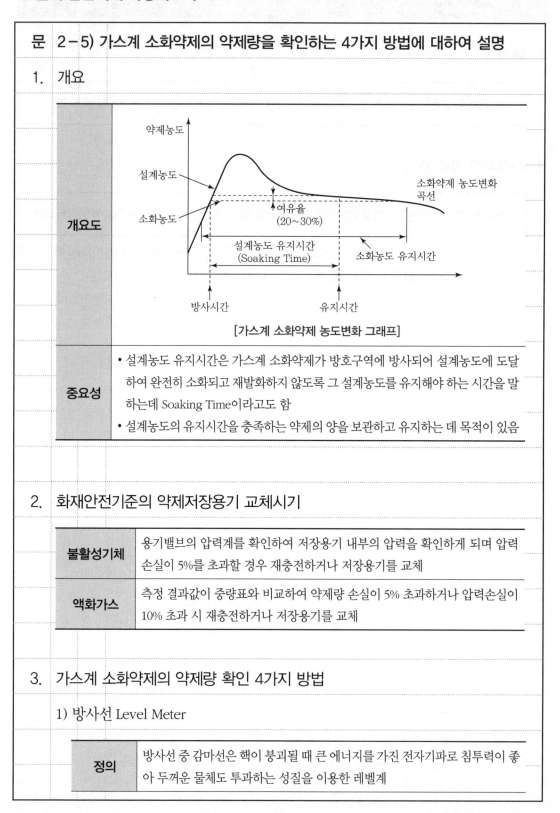[가스계 소화약제 농도변화 그래프]
중요성	• 설계농도 유지시간은 가스계 소화약제가 방호구역에 방사되어 설계농도에 도달하여 완전히 소화되고 재발화하지 않도록 그 설계농도를 유지해야 하는 시간을 말하는데 Soaking Time이라고도 함 • 설계농도의 유지시간을 충족하는 약제의 양을 보관하고 유지하는 데 목적이 있음

2. 화재안전기준의 약제저장용기 교체시기

불활성기체	용기밸브의 압력계를 확인하여 저장용기 내부의 압력을 확인하게 되며 압력손실이 5%를 초과할 경우 재충전하거나 저장용기를 교체
액화가스	측정 결과값이 중량표와 비교하여 약제량 손실이 5% 초과하거나 압력손실이 10% 초과 시 재충전하거나 저장용기를 교체

3. 가스계 소화약제의 약제량 확인 4가지 방법

1) 방사선 Level Meter

정의	방사선 중 감마선은 핵이 붕괴될 때 큰 에너지를 가진 전자기파로 침투력이 좋아 두꺼운 물체도 투과하는 성질을 이용한 레벨계

구성도	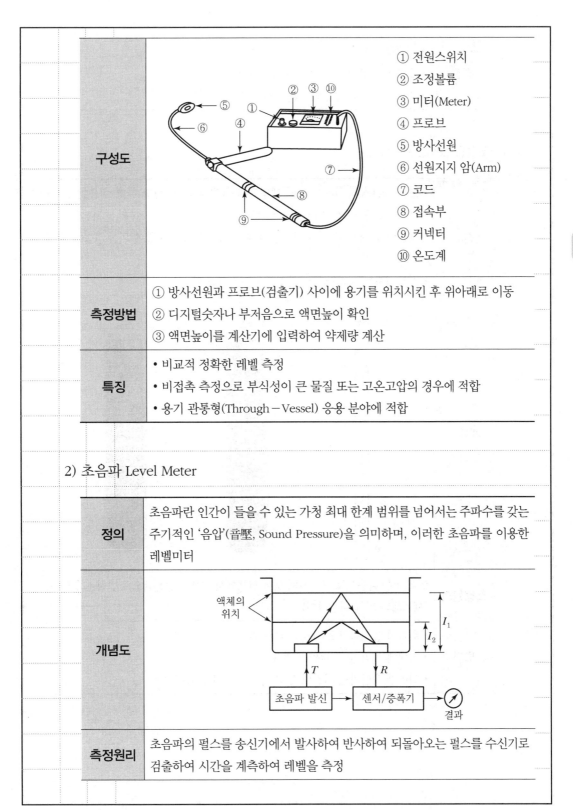 ① 전원스위치 ② 조정볼륨 ③ 미터(Meter) ④ 프로브 ⑤ 방사선원 ⑥ 선원지지 암(Arm) ⑦ 코드 ⑧ 접속부 ⑨ 커넥터 ⑩ 온도계
측정방법	① 방사선원과 프로브(검출기) 사이에 용기를 위치시킨 후 위아래로 이동 ② 디지털숫자나 부저음으로 액면높이 확인 ③ 액면높이를 계산기에 입력하여 약제량 계산
특징	• 비교적 정확한 레벨 측정 • 비접촉 측정으로 부식성이 큰 물질 또는 고온고압의 경우에 적합 • 용기 관통형(Through-Vessel) 응용 분야에 적합

2) 초음파 Level Meter

정의	초음파란 인간이 들을 수 있는 가청 최대 한계 범위를 넘어서는 주파수를 갖는 주기적인 '음압'(音壓, Sound Pressure)을 의미하며, 이러한 초음파를 이용한 레벨미터
개념도	
측정원리	초음파의 펄스를 송신기에서 발사하여 반사하여 되돌아오는 펄스를 수신기로 검출하여 시간을 계측하여 레벨을 측정

특징	• 비접촉측정 • 초음파 사용으로서 인체 위험성이 낮음 • 기체, 온도 등 여러 인자들이 반사 신호에 영향

3) 열전달 Level Meter

정의	• LSI(Level Strip Indicator) 액면표시지(액체 레벨 측정지)를 이용한 Level Meter로 근적외선 히터를 사용 가열하면 가열된 발열체로부터 열전달율은 기체보다 액체가 더 크며 이러한 비열 차이를 이용하여 열에 의한 감응으로 표시지가 변색 • 실무에서는 액화가스 레벨측정 표시지라고 함
개념도	
측정원리	열에 의한 감응으로 표시지의 색이 흰색에서 식으면 검은색으로 변하는 원리 이용(액체와 기체 비열차이)
특징	• 취급이 용이하고 표시지 가격 저렴 • 인체에 해가 없고 열원이 필요 • 액면부 육안확인 시간이 짧고 정확도가 다소 떨어짐

4) 중량측정 Level Meter

측정원리	• 비어있을 때 용기의 중량과 약제가 존재할 때 측정된 총중량의 차를 측정 • 레벨보다 실제 중량이 더 중요한 곳에서 자주 사용
특징	• 타측정 방법에 비해 가장 정량적인 측정방법 • 측정과정이 복잡(밸브, 동관 등 제거 및 재설치) • 시스템 분리나 결합 시 동관의 누기 등 간접피해 우려

4. 소견

현행 화재안전기준에서는 할로겐화합물 및 불활성 기체소화약제의 교체 및 충전

기준이 있지만 이산화탄소 소화약제의 기준이 없으며, 이에 대한 기준정립이 필

요하다고 사료됨

"끝"

1. 문제

피난용 승강기의 설치대상과 설치기준을 설명하시오.

Tip 전회차 시험에도 출제가 되었으며, 지속적으로 출제가능성이 있는 문제이기에 전회차 답안지를 이해하고 자기만의 답안을 만들어 봅니다.

1. 문제

송풍기의 System Effect에 대하여 설명하시오.

2. 시험지에 번호 표기

송풍기의 System Effect(1)에 대하여 설명하시오.

Tip 지문을 보고 개요 – 정의 – 메커니즘 – 문제점 – 대책 – 소견 이렇게 머릿속으로 정리가 된다면 합격은 멀지 않았습니다. 어느 정도 정리가 되셨다면 교과서에 나와있는 그림이 아닌 인터넷에서 그림을 한번씩 찾아보는 것도 좋은 방법입니다.

3. 실제 답안지에 작성해보기

> **문 3-1) 송풍기의 System Effect에 대하여 설명**
>
> ### 1. 개요
>
> ① 제연설비는 필요한 장소에 필요한 풍량을 보내어 가압을 하거나 배기하여 청
> 결층 확보 및 차압을 형성하여 소방대의 활동과 피난안전성을 확보하기 위한
> 소방활동설비이자 피난설비
>
> ② System Effect는 공기의 통로인 덕트로 인한 정압손실을 고려하여 송풍기의
> 성능저하를 계산하여 추가하는 정압
>
> ### 2. 송풍기의 System Effect
>
> 1) 정의
>
>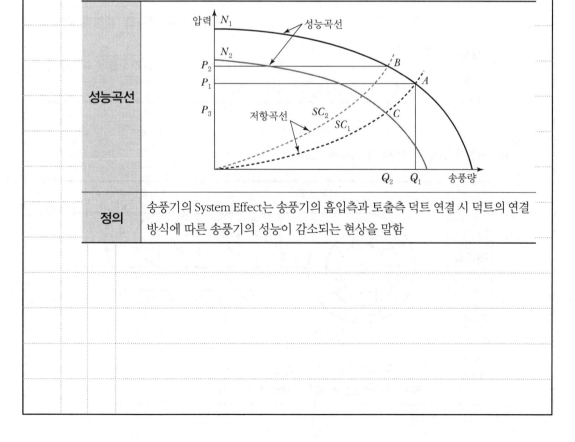
>
> | 성능곡선 | |
> |---|---|
> | 정의 | 송풍기의 System Effect는 송풍기의 흡입측과 토출측 덕트 연결 시 덕트의 연결 방식에 따른 송풍기의 성능이 감소되는 현상을 말함 |

2) 송풍기의 흡입 측에서의 System Effect

개념도	 불량　　　　　　　　　　　양호 **[흡입 측 연결 시 공기의 소용돌이]**
메커 니즘	송풍기 임펠러 측으로 난류와 불균등유동(Uneven Flow)이 발생하며 불량하게 설치된 흡입덕트는 심각한 성능 손실 발생
대책	• 축류형 송풍기의 흡입 엘보는 송풍기 흡입구로부터 최소한 덕트 직경의 3배 이상 떨어진 곳에 설치되어야 함 • 흡입 측의 관로의 크기가 크고 길게 연결된 흡입연결부는 송풍기 흡입 측에서 덕트시스템 효과를 상당히 감소시킬 수 있음

3) 송풍기 토출 측에서의 System Effect

개념도	
메커 니즘	• 송풍기의 토출 측 방향 전환이 정상류가 되지 않는 거리에 있으면, 거리에 따라 시스템 효과로 인한 압력 손실량이 달라짐 • 와류와 불균형유동에 따른 마찰손실의 증가

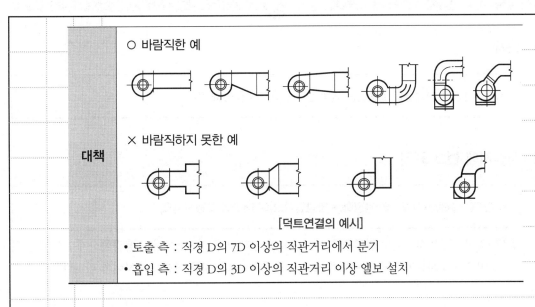

| 대책 | ○ 바람직한 예

× 바람직하지 못한 예

[덕트연결의 예시]
• 토출 측 : 직경 D의 7D 이상의 직관거리에서 분기
• 흡입 측 : 직경 D의 3D 이상의 직관거리 이상 엘보 설치 |

3. 소견

문제점 및 대책	토출댐퍼 제어성능곡선
• 문제점 ‒ 송풍기의 풍량제어를 위한 토출댐퍼 제어를 사용하여 실시하고 있음 ‒ 효율의 저하 ‒ 무분별한 제어로 급기가압성능 불가 • 대책 ‒ 회전수 제어방식 채택 ‒ 주기적인 TAB 실시로 신뢰성 확보	

"끝"

1. 문제

축전지 용량환산계수를 결정하는 영향인자에 대하여 설명하시오.

2. 시험지에 번호 표기

축전지(1) 용량환산계수를 결정하는 영향인자(2)에 대하여 설명하시오.

Tip 축전지는 비상전원의 일종임을 언급하고 축전지 용량 계산절차에서 용량환산계수가 어떤 의미로 작용하는지 언급하여 영향인자가 얼마나 중요한지를 연산하게 하여야 합니다.

3. 실제 답안지에 작성해보기

문	3-2) 축전지 용량환산계수를 결정하는 영향인자에 대하여 설명

1. 개요

① 비상전원이란 상용전원의 공급 중단 시 소방시설을 일정시간 사용하기 위한 별도의 전원공급장치를 말함

② 종류로는 축전지설비, 비상발전설비, 비상전원수전설비, ESS로 구분되며 용량환산계수는 축전지 설비에서 축전지용량 산정을 위한 계수로 온도, 방전시간, 허용된 최저전압 등으로 결정됨

2. 축전지 용량계산절차

관계식	$C = \dfrac{1}{L}\left(K_1 I_1 + K_2(I_2 - I_1)\right)$ [Ah] 여기서, K : 용량환산계수, C : 필요축전지 용량(Ah), L : 보수율(일반적으로 0.8 적용)

계산절차	① 축전지 부하의 결정 : 동시 소비 가능량의 최대치 필요 부하용량으로 산정
	 ② 작성대상부하 방전전류(I)계산 : 방전전류＝부하용량(V)/정격전압(V)
	 ③ 방전시간의 결정
	     단시간 부하 : 통상 1분, 연속부하 : 통상 30분을 기준
	 ④ 부하특성곡선 작성 : 방전 종기에 큰 방전전류가 되도록 그래프 작성
	 ⑤ 축전지 종류 및 셀수 결정
	     축전지셀(cell)수＝부하정격전압(V)/1cell의 공칭전압(V)
	     * 부하정격전압은 110V, 1셀의 공칭전압은 2V를 표준으로 많이 사용, 55cell이 표준
	 ⑥ 허용최저전압의 결정 : 허용최저전압＝(부하허용전압＋축전지와 접속선의 총 전압 강하)/직렬 접속된 cell수
	 ⑦ 최저 축전지 온도 결정 : 옥내(5~10℃), 옥외(큐비클의 경우 5℃), 한냉지(-5℃)에 따라 적용
	 ⑧ 용량환산계수의 결정 : 방전시간, 축전지최저온도, 허용최저전압고려 산출
	 ⑨ 축전지용량의 계산

3. 용량환산계수 영향인자

1) 방전시간

정의	• 관계식 : 방전시간(T)＝배터리용량(Ah)÷부하전류(A) • 배터리용량을 부하전류로 나눈 값으로 부하전류가 클수록 방전시간은 짧아짐
적용	• 단시간 부하 : 통상 1분 기준 • 연속부하 : 통상 30분 기준 • 방전시간이 길수록 용량환산계수는 증가함

2) 축전지의 최저온도

정의	• 축전지는 주변 온도에 따라 성능이 결정됨 • 축전지의 온도가 낮을수록 내부 전자의 이동이 둔해져 재성능 발휘 곤란
적용	• 실내의 경우 : +5℃ • 한랭지의 경우 : -5℃ • 옥외큐비클에 수납하는 경우 : 최저주위온도에 5~10℃를 더한 값으로 함 • 공기조화설비에 의해 온도를 보증할 수 있는 경우 : 25℃(온도가 변동하는 일이 있으므로 주의함) • 온도가 낮을수록 용량환산계수는 증가함

3) 허용최저전압

정의	$V = \dfrac{Va + Vc}{n}$ • V : 허용최저전압 • Va : 부하의 최저허용전압(부하의 최저허용전압 중 가장 높은 값) • Vc : 전압강하 　－전기기기와 축전지 : 5~10V 　－교환기와 전지 : 1V • n : Cell 수(직렬연결된 것－연축전지 52개, 알칼리축전지 80개)
적용	허용최저전압이 높을수록 용량환산계수는 증가함

4) 비교

방전시간	최저온도	허용최저전압	용량환산시간
길수록	낮을수록	높을수록	증가함

4. 소견

특성곡선	
소견	• 축전지 종류의 결정 : 가격, 성능, 유지보수(연 : HS형, 알카리 : AMH형) • 특성곡선의 경우 방전의 말기에 큰 방전전류가 사용되도록 작성하고 유지보수 측면에서 축전지 설치 후 3년 경과하면 교체하는 것이 타당하다고 사료됨

"끝"

1. 문제

> 국내 소방법령에 의한 성능위주설계에 대하여 다음의 내용을 설명하시오.
>
> - 성능위주설계의 목적 및 대상
> - 시나리오 적용기준에서 인명안전기준 및 피난가능시간 기준

2. 시험지에 번호 표기

> 국내 소방법령에 의한 **성능위주설계(1)**에 대하여 다음의 내용을 설명하시오.
>
> - 성능위주설계의 목적 및 대상(2)
> - 시나리오 적용기준에서 인명안전기준 및 피난가능시간 기준(3)

Tip 문제에서 개요 포함 5개의 지문으로 구성되어 있기에 순서대로 작성한 뒤 소견을 덧붙이도록
합니다.

3. 실제 답안지에 작성해보기

문 2-4) 국내 소방법령에 의한 성능위주설계에 대하여 설명

1. 개요

정의	"성능위주설계"란 건축물 등의 재료, 공간, 이용자, 화재 특성 등을 종합적으로 고려하여 공학적 방법으로 화재 위험성을 평가하고 그 결과에 따라 화재안전성능이 확보될 수 있도록 특정소방대상물을 설계하는 것을 말함
절차	주된 목적 선정(예: Life Safety, Property Safety or Business Interruption) ↓ 소방대상물의 특성파악(구조, 건축자재, 피난루트 등) ↓ 잠재적인 화재위험 확인 및 이에 대한 화재 시나리오 구성 ↓ 적합한 공학적 계산방법(화재역학, 화재모델링, 피난모델링 등) 선택하여 화재현상(화재출하 및 성장, 전파, 연기발생, 피난시간 등) 예측 ↓ 해결방법(소화시스템, 감지시스템, 방화구조, 피난루트 등) ↓ 적합한 공학적 계산방법(화재역학, 화재모델링, 피난모델링 등) 선택하여 해결방법(소화시스템, 감지시스템, 방화구조, 피난루트 등)의 적정성 예측

2. 성능위주설계 목적 및 대상

1) 목적

① 화재 시 위험이 인명안전기준에 도달하는 시간 연장

② 거주가능시간(ASET)의 연장

③ 총피난시간(RSET)의 단축

④ ASET > RSET 하여 피난안전성 확보

⑤ 화재 시 인명 및 재산 피해 최소화

2) 대상

연면적	아파트를 제외한 연면적 20만㎡ 이상인 특정소방대상물
층+높이	30층 이상 높이가 120m 이상인 특정소방대상물
연면적+용도	철도 및 도시철도 시설 공항시설
창고시설	• 연면적 10만㎡ 이상인 것 • 지하층의 층수가 2개층 이상이고 그 바닥면적이 3만㎡ 이상
아파트 등	지하층 제외 층수가 50층 이상이거나 높이가 200m 이상인 것
영화상영관	하나의 건축물에 영화상영관이 10개 이상인 특정소방대상물
복합건출물	지하연계복합건축물에 해당하는 특정소방대상물
터널	수저터널이거나 길이가 5천m 이상인 것

3. 인명안전기준 및 피난가능시간 기준

1) 인명안전기준

정의	• 재실자가 거실에 거주할 수 있다라는 전제 기준 • 화재시뮬레이션을 수행하여 인명안전기준에 도달하는 시간 측정		
기준	**구분**	**성능기준**	
	호흡 한계선	바닥으로부터 1.8m 기준	
	열에 의한 영향	60℃ 이하	
	독성에 의한 영향	성분	독성기준치
		CO	1,400ppm
		CO_2	5% 이하
		O_2	15% 이상
	가시거리에 의한 영향	용도	허용가시거리 한계
		기타시설	5m
		집회시설 판매시설	10m (고휘도 유도등, 바닥유도등, 축광유도표지 설치 시 7m)

2) 피난가능시간 기준

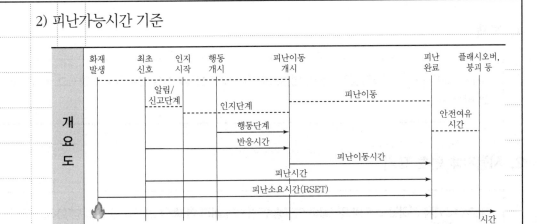

용도 및 거주자 특성	W1	W2	W3
사무실, 상업, 산업건물, 학교, 대학교(거주자는 건물의 내부, 경보, 탈출로에 익숙하고, 상시 깨어 있음)	<1	3	>4
상점, 박물관, 레져스포츠 센터, 그 밖의 문화집회시설(거주자는 상시 깨어 있으나 건물의 내부, 경보, 탈출로에 익숙하지 않음)	<2	3	>6
기숙사, 중/고층 주택(거주자는 건물의 내부, 경보, 탈출로에 익숙, 수면상태일 가능성이 있음)	<2	4	>5
호텔, 하숙용도(거주자는 건물의 내부, 경보, 탈출로에 익숙하지도 않고, 수면상태일 가능성이 있음)	<2	4	>6
병원, 요양소, 그 밖의 공공 숙소(대부분의 거주자는 주변의 도움이 필요함)	<3	5	>8

4. 소견

국내 인명안전기준	NFPA 인명안전기준
• 인명피해 고려	• 인명피해 + 재산피해 고려
• 건축물의 구조적 안전성 미고려	• 건축물의 구조적 안전성 고려(철근의 온도 538℃ 기준)
• 소방관 인명피해 미고려	• 소방관 인명피해 고려

→ 인명안전기준을 좀 더 세분화하고 명료화하여 인명 + 재산피해를 고려하고 건

축물의 구조적 안전성을 고려하여 소방관 인명피해를 줄여야 한다고 사료됨

"끝"

1. 문제

NFPA 13에서 정하는 스프링클러설비 연결송수구의 배관 연결방식을 도시하여 설명하고 국내기준
과 비교하시오.

2. 시험지에 번호 표기

NFPA 13에서 정하는 스프링클러설비 연결송수구(1)의 배관 연결방식을 도시하여 설명(2)하고 국내
기준과 비교(3)하시오.

Tip 출제범위가 넓어지면서 기본문제가 되었으나, 수험생이 선택하기에 쉽지 않은 문제입니다. 풀
이를 이해하고 넘어가도록 합니다.

3. 실제 답안지에 작성해보기

문 3-4) NFPA 13에서 정하는 스프링클러설비 연결송수구의 배관 연결방식을 도시하고 설명

1. 개요

① 고층건축물, 지하건축물, 복합건축물, 아케이드용 건축물 등에 설치하여 초기 소화를 목적으로 설치한 스프링클러, 물분무, 옥내소화전설비 등을 도와 소화 활동을 원활하게 하기 위해서 설치하는 소화활동설비

② NFPA 13에서는 설비형태별로 연결송수구의 위치를 결정하지만 국내기준에 서는 펌프토출측 개폐밸브 2차 측 수직배관에 설치하는바 기준의 장단점을 살펴 설치할 필요가 있음

2. NFPA 13 연결송수구 배관 연결방식 도시

그림 도시

[습식 설비]

[건식 설비]

그림 도시	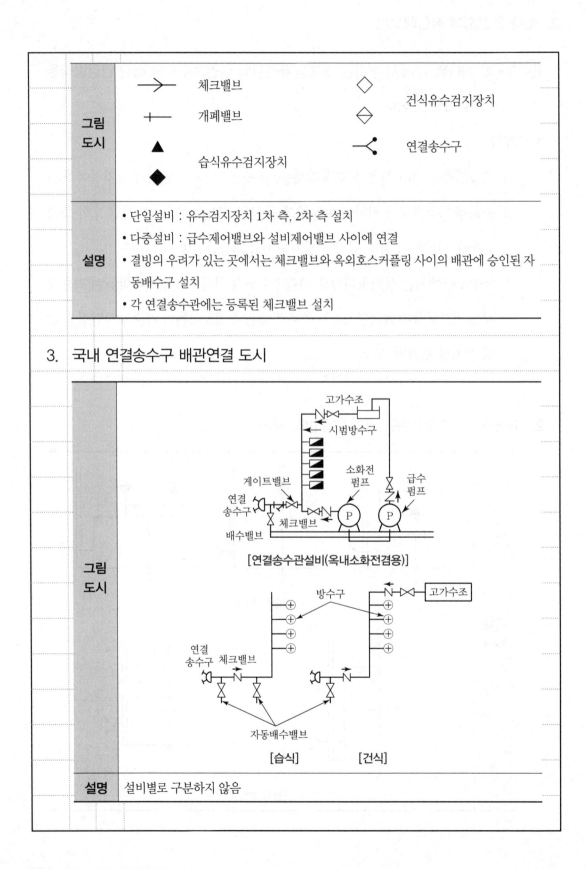
설명	• 단일설비 : 유수검지장치 1차 측, 2차 측 설치 • 다중설비 : 급수제어밸브와 설비제어밸브 사이에 연결 • 결빙의 우려가 있는 곳에서는 체크밸브와 옥외호스커플링 사이의 배관에 승인된 자동배수구 설치 • 각 연결송수관에는 등록된 체크밸브 설치

3. 국내 연결송수구 배관연결 도시

그림 도시	[연결송수관설비(옥내소화전겸용)] [습식]　[건식]
설명	설비별로 구분하지 않음

4. NFPA 13과 국내기준 비교

1) 송수구의 위치

NFPA	• 단일설비의 경우
	  − 습식 설비 : 설비의 제어밸브, 체크밸브, 알람밸브의 2차 측
	  − 건식 설비 : 설비의 제어밸브와 건식 밸브 사이
	  − 준비작동식 : 준비작동식 밸브와 준비작동식 밸브의 2차 측 체크밸브 사이
	  − 일제살수식 설비 : 일제살수식 밸브의 2차 측
	• 다중설비의 경우
	  급수 제어밸브와 설비 제어밸브 사이

국내	펌프 토출 측 개폐밸브 2차 측 수직배관에 설치

2) 송수구 설치기준

NFPA	• 인접한 지표면이나 접근 바닥 높이로부터 18in(457mm) 이상 4ft(1.2m) 이하 설치 • 소방대의 장비를 연결하기 쉬운 지점 또는 관할당국에 승인받은 장소에 위치 • 배관의 구경은 4in(100mm) 이상 • 급수설비용 체크밸브의 2차 측에 설치 • 습식 설비는 입상관뿐만 아니라 급수배관의 효율적인 지점에 설치 가능(단, 가지배관에 설치 금지) • 건물 일부에만 급수 시 급수되는 부분에 대한 표지 설치 • 송수구의 명판에 높이 1in(25.4mm) 이상의 양각 또는 음각 글자로 표지 • 표지에는 압력을 표시, 송수구에는 등록된 체크밸브 설치 • 송수구에는 차단밸브 설치 불가 • 주입구 형식을 지정하지 않을 시 주입구는 구경 65mm의 쌍구형
국내	• 송수구는 소방차가 쉽게 접근할 수 있는 잘 보이는 장소에 설치하되 화재층으로부터 지면으로 떨어지는 유리창 등이 송수 및 그 밖의 소화작업에 지장을 주지 아니하는 장소에 설치할 것 • 송수구로부터 스프링클러설비의 주배관에 이르는 연결배관에 개폐밸브를 설치한 때에는 그 개폐상태를 쉽게 확인 및 조작할 수 있는 옥외 또는 기계실 등의 장소에 설치할 것

국내	• 구경 65mm의 쌍구형으로 할 것 • 송수구에는 그 가까운 곳의 보기 쉬운 곳에 송수압력범위를 표시한 표지를 할 것 • 폐쇄형 스프링클러헤드를 사용하는 스프링클러설비의 송수구는 하나의 층의 바닥면적이 3,000m²를 넘을 때마다 1개 이상(5개를 넘을 경우에는 5개로 한다)을 설치할 것 • 지면으로부터 높이가 0.5m 이상 1m 이하의 위치에 설치할 것 • 송수구의 가까운 부분에 자동배수밸브(또는 직경 5mm의 배수공) 및 체크밸브를 설치할 것. 이 경우 자동배수밸브는 배관 안의 물이 잘 빠질 수 있는 위치에 설치하되, 배수로 인하여 다른 물건 또는 장소에 피해를 주지 않을 것 • 송수구에는 이물질을 막기 위한 마개를 씌워야 함

5. 소견

① 건식 밸브의 연결송수구는 배관 연결이 많을수록 누기의 위험이 높아지며, 따라서 제어밸브와 건식 밸브 사이에 위치하도록 하는 것이 타당하다고 사료됨

② 국내에서는 송수구가 3,000m²를 넘을 때마다 1개 이상 송수구를 설치할 것을 규정하여 각 방호구역별 별도의 송수구를 설치하지 않고 주배관에 송수구를 연결하고 있으나, NFPA에서와 같이 한 층 바닥면적이 3,000m² 초과 시 각 방호구역별 설치된 유수검지장치 2차 측에 송수구를 연결하는 방법을 고려할 필요가 있다고 사료됨

"끝"

117회 3교시 5번

1. 문제

> 국가화재안전기준(NFSC)을 적용하여야 하는 지하구의 기준 및 지하공간(공동구, 지하구 등)의 화재 특성, 소방대책을 설명하시오.

Tip 내가 아는 것을 쓰는 기본문제입니다. 계속해서 출제될 예정이니 후에 기술하도록 하겠습니다.

117회 3교시 6번

1. 문제

> 위험물안전관리법령에서 정하는 제5류 위험물에 대하여 다음의 내용을 설명하시오.
>
> – 성질, 품명, 지정수량, 위험등급
> – 저장 및 취급방법
> – 위험물혼재기준
> – 히드록실아민 1,000kg을 취급하는 제조소의 안전거리 산정

2. 시험지에 번호 표기

> 위험물안전관리법령에서 정하는 제5류 위험물(1)에 대하여 다음의 내용을 설명하시오.
>
> – 성질, 품명, 지정수량, 위험등급(2)
> – 저장 및 취급방법(3)
> – 위험물혼재기준(4)
> – 히드록실아민 1,000kg을 취급하는 제조소의 안전거리 산정(5)

Tip 위험물의 기본문제입니다. 차례대로 써나가면 되는 문제입니다.

3. 실제 답안지에 작성해보기

문 3-6) 위험물안전관리법령에서 정하는 제5류 위험물에 대하여 설명

1. 개요

정의	자기반응성 물질(Self Reactive Substances)이라 함은 고체 또는 액체로서 폭발의 위험성 또는 가열분해의 격렬함을 판단하기 위하여 고시로 정하는 시험에서 고시로 정하는 성질과 상태를 나타내는 것을 말함
특성	• 산소를 함유한 물질로 자기연소가능 • 연소속도가 빠르며 폭발성이 있음 • 가열, 마찰, 충격에 의해 폭발할 수 있음 • 장시간 공기노출로 산화반응 일어남 • 산화반응에 의한 열분해로 자연발화위험

2. 성질, 품명, 지정수량, 위험등급

유별	성질	품명	지정수량	위험등급
제5류	자기 반응성 물질	유기과산화물, 질산에스테르류	10kg	I
		히드록실아민, 히드록실아민염류	100kg	II
		니트로화합물, 니트로소화합물, 아조화합물, 디아조화합물, 히드라진유도체	200kg	
		기타	10, 100, 200kg	I, II

3. 저장 및 취급방법

① 용기의 파손 및 균열에 주의   ② 냉암소에 저장

③ 가열, 충격, 마찰을 피해 관리   ④ 화기, 점화원으로부터 멀리 저장

⑤ 용기는 밀전, 밀봉

4. 위험물의 혼재기준

	[운반 시 위험물의 혼재 가능 기준] (단, 이 표는 지정수량의 1/10 이하의 위험물에 대해서는 적용하지 않음)					
개요표	**위험물구분**	**제1류**	**제2류**	**제3류**	**제4류**	**제5류**	**제6류**
	제1류		×	×	×	×	○
	제2류	×		×	○	○	×
	제3류	×	×		○	×	×
	제4류	×	○	○		○	×
	제5류	×	○	×	○		×
	제6류	○	×	×	×	×	
혼재가능	• 제2류 위험물 + 제5류 위험물 • 제4류 위험물 + 제5류 위험물					

5. 히드록실아민 제조소의 안전거리 산정

관계식	$D = 51.1\sqrt[3]{N}$ • D : 거리(m) • N : 해당 제조소에서 취급하는 히드록실아민 등의 지정수량의 배수
계산조건	$N = 1{,}000\text{kg}/100\text{kg} = 10$
계산	$D = 51.1\sqrt[3]{10} = 110.09\text{m}$
답	110.9m 이상 확보

"끝"

1. 문제

NFPA 12에서 제시한 이산화탄소소화설비의 소화약제 방출과 관련한 "자유유출(Free Efflux)"에 대하여 설명하고 이산화탄소 소화약제 방출 후 "자유유출(Free Efflux)" 조건에서의 방호구역의 단위체적당 약제량(kg/m³), 방출 후 농도(Vol %) 및 비체적(m³/kg)과의 관계식을 유도하시오. (단, 방호구역 단위체적당 약제량은 F, 방출 후 농도를 C, 비체적은 S로 표시한다.)

2. 시험지에 번호 표기

NFPA 12에서 제시한 이산화탄소소화설비(1)의 소화약제 방출과 관련한 "자유유출(Free Efflux)"에 대하여 설명(2)하고 이산화탄소 소화약제 방출 후 "자유유출(Free Efflux)" 조건에서의 방호구역의 단위체적당 약제량(kg/m³), 방출 후 농도(Vol %) 및 비체적(m³/kg)과의 관계식을 유도(3)하시오. (단, 방호구역 단위체적당 약제량은 F, 방출 후 농도를 C, 비체적은 S로 표시한다.)

Tip 유도하는 식은 계산과 마찬가지로 정확하게 외우고 그림을 그려야 합니다.

3. 실제 답안지에 작성해보기

문 4-1) NFPA 12에서 제시한 이산화탄소소화설비의 소화약제 방출과 관련한 "자유유출(Free Efflux)"에 대하여 설명

1. 개요

정의	이산화탄소 소화설비는 불연성가스인 CO_2 가스를 고압가스용기에 저장하여 두었다가 화재발생 시 설치된 소화설비에 의하여 화재발생지역에 CO_2 가스를 방출 분사시켜서 질식 및 냉각작용에 의한 소화를 목적으로 설치하는 설비를 말함
질식소화	질식소화는 연소의 물질조건 중 하나인 산소의 공급을 차단하여 공기 중의 산소농도를 한계산소지수 이하로 유지시키는 소화 방법
유출	• 자유유출(Free Efflux) : 방사된 CO_2 가스의 부피만큼 실내 공기와 CO_2의 혼합 기체가 외부로 배출되는 경우 • 무유출(No Efflux) : 완전 밀폐구역으로 CO_2 방사 시 기체 유출이 전혀 없는 경우

2. 자유유출(Free Efflux)

개념도	
자유유출	• 액상으로 방출된 이산화탄소가 삼중점 이상의 온도가 되며 기체로 변하고 팽창하며 기존방호구역의 공기를 밀어내며 환기함 • 이산화탄소소화설비는 방호공간의 O_2 농도를 15% 이하로 낮춰 소화하는데, 이 때 주어진 농도에 도달하는 데 필요한 이산화탄소의 체적은 해당 방호구역 내에 남아 있는 최종 체적보다 큼 • 이산화탄소가 주입될 때 교체된 대기는 여러 작은 개구부나 특수 배기관을 통하여 해당 방호구역으로부터 자유롭게 환기됨 • 어느 정도의 이산화탄소는 환기된 대기와 함께 손실되며, 농도가 높을 경우 손실이 커지는데, 이를 자유유출이라고 함

3. 약제량과 농도 및 비체적과의 관계식

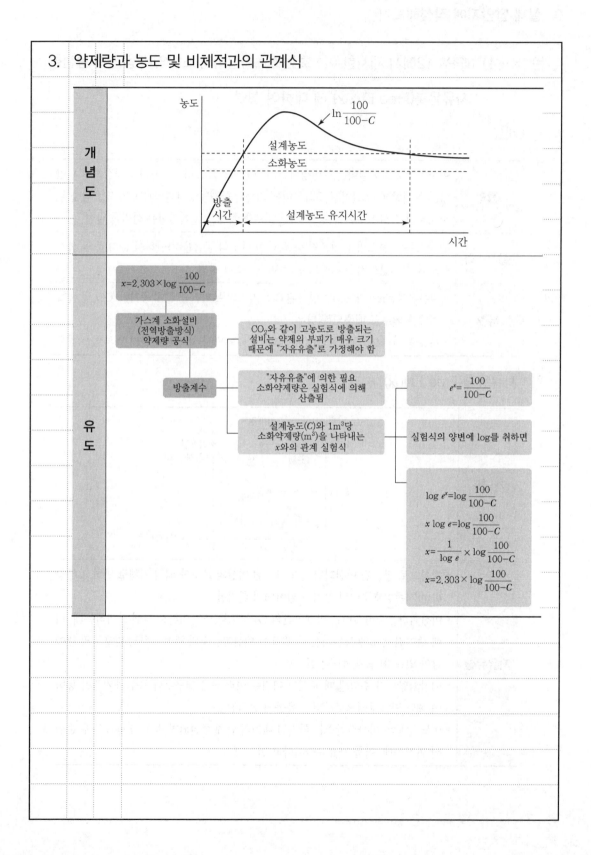

개념도	(그래프) 농도 $\ln\dfrac{100}{100-C}$ 설계농도 소화농도 방출시간 설계농도 유지시간 시간

유도

$$x = 2.303 \times \log\frac{100}{100-C}$$

가스계 소화설비
(전역방출방식)
약제량 공식

방출계수

CO_2와 같이 고농도로 방출되는 설비는 약제의 부피가 매우 크기 때문에 "자유유출"로 가정해야 함

"자유유출"에 의한 필요 소화약제량은 실험식에 의해 산출됨

$$e^x = \frac{100}{100-C}$$

설계농도(C)와 $1m^3$당 소화약제량(m^3)을 나타내는 x와의 관계 실험식

실험식의 양변에 $\log$를 취하면

$$\log e^x = \log\frac{100}{100-C}$$

$$x\log e = \log\frac{100}{100-C}$$

$$x = \frac{1}{\log e} \times \log\frac{100}{100-C}$$

$$x = 2.303 \times \log\frac{100}{100-C}$$

4. 소견

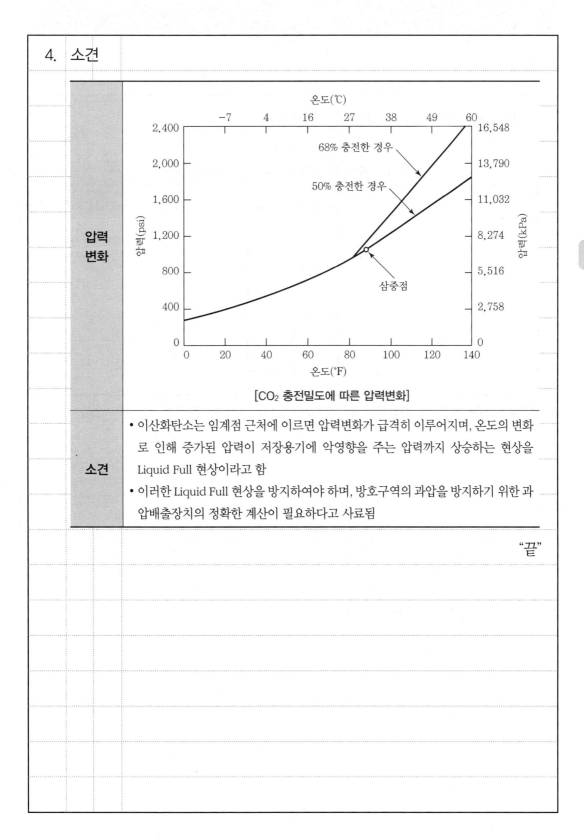

[CO₂ 충전밀도에 따른 압력변화]

구분	내용
압력 변화	(그래프)
소견	• 이산화탄소는 임계점 근처에 이르면 압력변화가 급격히 이루어지며, 온도의 변화로 인해 증가된 압력이 저장용기에 악영향을 주는 압력까지 상승하는 현상을 Liquid Full 현상이라고 함 • 이러한 Liquid Full 현상을 방지하여야 하며, 방호구역의 과압을 방지하기 위한 과압배출장치의 정확한 계산이 필요하다고 사료됨

"끝"

1. 문제

다음 그림의 조건에서 유효누설면적(A_T)을 구하시오.

〈조건〉
$A_1 = A_3 = A_4 = A_6 = 0.02m^2$이고, $A_2 = A_5 = 0.03m^2$이다.

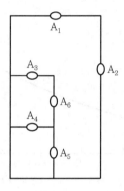

Tip 1번방을 기준으로 가압하고 3번방과 닿는 부분을 고려해보면 쉽게 답을 쓸 수 있습니다.

2. 실제 답안지에 작성해보기

문 4-2) 다음 그림의 조건에서 유효누설면적(A_T)을 구하시오.

1. 유효 누설면적 계산법

- 병렬 시 : $A_T = A_1 + A_2 + \ldots + A_n$

- 직렬 시 : $\dfrac{1}{A_T{}^2} = \dfrac{1}{A_1{}^2} + \dfrac{1}{A_2{}^2} + \ldots + \dfrac{1}{A_n{}^2}$

2. 계산

순서	계산
① A_1, A_2 병렬	$A_{12} = 0.02 + 0.03 = 0.05\text{m}^2$
② A_3, A_6 병렬	$A_{36} = 0.02 + 0.02 = 0.04\text{m}^2$
③ A_4, $A_{3\sim6}$ 직렬	$\dfrac{1}{(A_{436})^2} = \dfrac{1}{0.02^2} + \dfrac{1}{0.04^2}$, $A_{4\sim3\sim6} = 0.01789\text{m}^2$
④ A_5, $A_{4\sim3\sim6}$ 병렬	$A_{5\sim4\sim3\sim6} = 0.03 + 0.01789 = 0.04789\text{m}^2$
⑤ $A_{1\sim2}$, $A_{5\sim4\sim3\sim6}$ 직렬	$\dfrac{1}{(A_{125436})^2} = \dfrac{1}{0.05^2} + \dfrac{1}{0.04789^2}$ $A_{1\sim6} = 0.03459 ≒ 0.035\text{m}^2$
답	0.035m^2

"끝"

1. 문제

> 스프링클러헤드의 균일한 살수밀도를 저해하는 3가지(Cold Soldering, Skipping, Pipe Shadow Effect)의 원인 및 대책에 대하여 설명하시오.

2. 시험지에 번호 표기

> 스프링클러헤드(1)의 균일한 살수밀도를 저해하는 3가지(Cold Soldering(2), Skipping(3), Pipe Shadow Effect(4))의 원인 및 대책에 대하여 설명하시오.

Tip 개요 6줄, (2)~(4) 각각 14줄, 소견 6줄 정도로 나누어 작성하도록 합니다.

3. 실제 답안지에 작성해보기

문 4 - 3) Cold Soldering, Skipping, Pipe Shadow Effect의 원인 및 대책에 대하여 설명

1. 개요

① 스프링클러설비는 소방대상물의 화재를 자동으로 감지하여 소화 작업을 실시하는 자동식 물소화설비의 일종으로서 수원 및 가압송수장치, 유수검지장치, 헤드, 배관 및 밸브류 등으로 구성되어 있음

② 화재의 소화, 제어, 진압을 달성하기 위해서는 방호공간에 균일한 살수밀도가 매우 중요하지만 저해요소인 Cold Soldering, Skipping, Pipe Shadow Effect을 방지하는 대책이 요구됨

2. Cold Soldering

정의	헤드의 감열체가 직접적인 소화수의 냉각에 의해 개방시간이 지연되는 현상
문제점	• 균일한 살부 밀도 저해 • 미경계지역 발생 • 화재의 제어, 진압 곤란 • 살수장애 및 패턴의 왜곡
원인	• 헤드의 다단배열 시 상부의 헤드가 먼저 작동되어 하부의 헤드 냉각 • 경사 지붕형태의 방호 대상물에 헤드 설치 시 상부헤드 작동에 의해 하부헤드 냉각 • 대형 장애물에 의한 살수 장애 방지를 위해 하부에 설치된 헤드가 상수 헤드 작동 시 하부헤드 냉각 • 헤드 간 이격거리가 너무 가까울 때
대책	 • 차폐판 설치 • 헤드 간 최소 이격거리 규정

차폐판(Water Shield) 또는 집열판(Heat Collector)

측벽형 차폐판

드라이팬던트형 차폐판

하향형 차폐판

하향형 차폐판 (앞면)

하향형(소형) 차폐판

3. Skipping

정의	화재 발생 시 초기에 개방된 스프링클러헤드로부터 방사된 물로 인하여 주변 헤드를 적시거나 또는 방사된 물방울들이 화재 시 발생되는 열기류에 의해 동반 상승되어 인근에 근접한 헤드에 부착하여 헤드 감열부를 냉각시킴으로써 주변헤드의 개방을 지연시키는 현상
문제점	• 화심의 물적심이 불가하여 소화, 제어, 진압 불가 • 화재의 확산 및 초기소화 불능
원인	• 헤드 간 이격거리가 너무 가까울 때 • 동일 방호공간에 표시온도가 상이한 헤드 설치 시 • 동일 방호공간에 열감도, RTI, 형식승인이 상이한 헤드 설치 시 • 고강도 화재 시
대책	 [화재진압에 필요한 ADD, RDD] • 고강도 화재 시 적응성 있는 특수 헤드 적용(ADD > RDD) • 동일 형식승인 제품 사용 • 헤드 간 최소 이격거리 규정 • 동일 방호공간에 동일 표시온도, 열감도, RTI 헤드 설치

4. Pipe Shadow Effect

정의	소화배관으로 인한 미경계지역 또는 살수패턴 왜곡이 발생하는 현상
원인	• 헤드를 상향식으로 가지배관에 매우 근접하게 직접 설치 시 • 배관이 꺾인 부분에 헤드 설치 시 • 가지배관의 구경이 필요 이상으로 클 때 • 헤드 직근에 고정용 가대 및 행거 등 설치 시

문제점	• 방호구역 미경계구역 발생 • 화재의 소화, 제어 진압 곤란
대책	• 헤드 설치 시 가지배관에서최소 30cm 이상 이격 설치 • 꺾임 부분 배관 인근 설치 시 배관 직경의 3배 이상 이격 설치 • 가지배관의 구경은 65mm 이하 선정 • 행거 등 배관 지지대 인근 8cm 이상 이격 설치

5. 소견

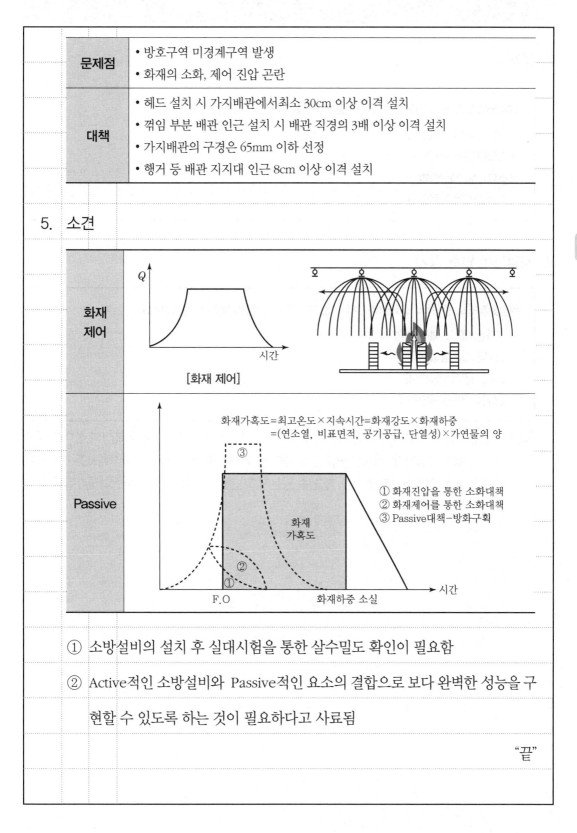

화재 제어	[화재 제어]
Passive	화재가혹도=최고온도×지속시간=화재강도×화재하중 =(연소열, 비표면적, 공기공급, 단열성)×가연물의 양 ① 화재진압을 통한 소화대책 ② 화재제어를 통한 소화대책 ③ Passive대책-방화구획

① 소방설비의 설치 후 실대시험을 통한 살수밀도 확인이 필요함

② Active적인 소방설비와 Passive적인 요소의 결합으로 보다 완벽한 성능을 구

현할 수 있도록 하는 것이 필요하다고 사료됨

"끝"

1. 문제

> 위험물제조소 등의 소화설비 설치기준에 대하여 다음의 내용을 설명하시오.
>
> - 전기설비의 소화설비
> - 소요단위와 능력단위
> - 소요단위 계산방법
> - 소화설비의 능력단위

2. 시험지에 번호 표기

> 위험물제조소 등(1)의 소화설비 설치기준에 대하여 다음의 내용을 설명하시오.
>
> - 전기설비의 소화설비(2)
> - 소요단위와 능력단위(3)
> - 소요단위 계산방법(4)
> - 소화설비의 능력단위(5)

Tip 기출문제는 모두 알아야 하는 기본문제이지만 위험물의 경우에는 수험생 본인의 선택에 치우치는 경향이 있습니다. 하지만 새로운 문제를 선택해서 이해하고 답안을 작성해보는 것보다는 기출문제를 좀더 세련되게 답을 적을 수 있는지 고민하는 것이 더 중요하다고 생각됩니다.

3. 실제 답안지에 작성해보기

문 4-4) 위험물제조소 등의 소화설비 설치기준에 대하여 설명

1. 개요

① 위험물제조소 등의 분류

위험물제조소 등		대상시설 및 장소
제조소	제조소	위험물 또는 위험물이 아닌 물질을 사용하여 제조한 생산품이 위험물이 되는 시설
취급소	일반 취급소	위험물을 사용·취급하기 위한 시설로 위험물 제조를 제외한 것
	주유 취급소	고정 주유설비를 사용하여 자동차, 선박 및 항공기 등에 주유를 하기 위한 장소
저장소	옥내탱크 저장소	옥내에 위험물 저장탱크를 설치하고 위험물을 저장하는 장소
	옥외 저장소	지붕기둥벽 등으로 둘러싸인 옥내의 장소에 위험물을 저장하는 장소
	옥외탱크 저장소	옥외에 위험물 저장탱크를 설치하고 위험물을 저장하는 장소
	옥내 저장소	옥외에 울타리 등을 설치하고 위험물을 저장하는 장소

② 상기 분류에 따라 분류하고 지정수량 및 건축물, 공작물의 규모에 따라 소화설비 등을 설치하게 되며, 그에 대한 기준을 위험물안전관리법에서 규정하고 있음

2. 전기설비의 소화설비

기준	제조소 등에 전기설비가 설치된 경우에는 당해 장소의 면적 $100m^2$마다 소형 수동식 소화기를 1개 이상 설치할 것
제외	전기배선, 조명기구 등은 제외

3. 소요단위와 능력단위

소요단위	소화설비의 설치대상이 되는 건축물 그 밖의 공작물의 규모 또는 위험물의 양의 기준단위
능력단위	소요단위에 대응하는 소화설비의 소화능력의 기준단위

4. 소요단위 계산방법

제조소 혹은 취급소	• 건축물의 외벽이 내화구조일 경우 　－ 연면적 100m²가 1소요단위 　－ 제조소 등의 용도로 사용되는 부분 외의 부분이 있는 건축물에 설치된 제조소 등에 있어서는 당해 건축물 중 제조소 등에 사용되는 부분의 바닥면적의 합계를 말함 • 건축물의 외벽이 내화구조가 아닌 경우 　연면적 50m²가 1소요단위
저장소	• 건축물의 외벽이 내화구조일 경우 　연면적 150m²가 1소요단위 • 건축물의 외벽이 내화구조가 아닌 경우 　연면적 75m²가 1소요단위
옥외공작물	• 외벽이 내화구조인 것으로 간주 • 공작물의 최대수평투영면적을 연면적으로 간주 • 제조소와 저장소의 기준을 준용할 것
위험물	지정수량의 10배가 1소요단위

5. 소화설비의 능력단위

소화기	수동식 소화기의 능력단위는 수동식 소화기의 형식승인 및 검정기술기준에 의하여 형식승인 받은 수치로 할 것

	소화설비	용량(L)	능력단위
기타	소화전용(轉用)물통	8	0.3
	수조(소화전용물통 3개 포함)	80	1.5
	수조(소화전용물통 6개 포함)	190	2.5
	마른 모래(삽 1개 포함)	50	0.5
	팽창질석 또는 팽창진주암(삽 1개 포함)	160	1.0

"끝"

1. 문제

> 건축물의 내부마감재료 난연성능기준에 대하여 설명하시오.

2. 시험지에 번호 표기

> 건축물의 내부마감재료(1) 난연성능기준(2)에 대하여 설명하시오.

Tip 개요 – 난연성능(불연재료, 준불연재료, 난연재료) – 소견 순으로 정리해 나가시면 됩니다.

3. 실제 답안지에 작성해보기

문 4 – 5) 건축물의 내부마감재료 난연성능기준에 대하여 설명

1. 개요

1) 화재성장곡선

단계	초기	성장기		최성기(번성기)	감쇠기
연소의 진행특성	연료의 가열	연료 지배형 화재		환기 지배형 화재	연료 지배형 화재
인간의 대응특성	발화방지	수동조작 진화시도, 피난		사망(화재실외 사람 피난)	사망
화재의 동적 방호	–	자동소화설비 또는 소방대의 진화		소방대의 진화	소방대의 진화
화재의 정적 방호	가연물의 처리 (난연, 방염)	가연물의 난연, 방염처리, 화재하중의 완화		건축구조재의 내화성 부여, 방화구획, 건축물의 붕괴방지	
화재감지	징후 감지기	연기 감지기	불꽃 감지기 / 열 감지기	연기, 화염 분출로 화재상황 감지	

2) 중요성

① 난연성능은 발화초기에 화재의 성장을 지연시키고 재실자의 거주가능시간

ASET > RSET 가능성을 크게 함

② 불연재료, 준불연재료, 난연재료로 분류됨

2. 건축물의 내장재 제한대상과 설치기준

건축물 용도	거실의 벽 및 반자의 실내에 접하는 부분	복도 · 계단기타 통로의 벽 및 반자
단독주택 중 다중주택 · 다가구주택	불연재료 · 준불연재료 또는 난연재료	불연재료 또는 준불연재료
공동주택		
제2종 근린생활시설 중 공연장 · 종교집회장 · 위험물 저장 및 처리시설, 자동차 관련 시설, 공장의 용도로 쓰는 건축물		
5층 이상인 층 거실의 바닥면적의 합계 500m² 이상		
창고로 쓰이는 바닥면적 600m² 이상 (자동식 소화설비를 설치한 경우에는 1,200m²)		
문화 및 집회시설, 종교시설, 판매시설, 다중이용업	불연재료 또는 준불연재료	
지하층 또는 지하의 공작물에 설치한 경우의 그 거실		

3. 내부마감재료 난연성능기준

1) 불연재료

시험방법	시험기준
불연성시험 KS F ISO 1182	• 일정한 가열온도 750 ± 5℃에서 20분간 안정 • 3회 실시

가스유해성 시험 KS F 2271	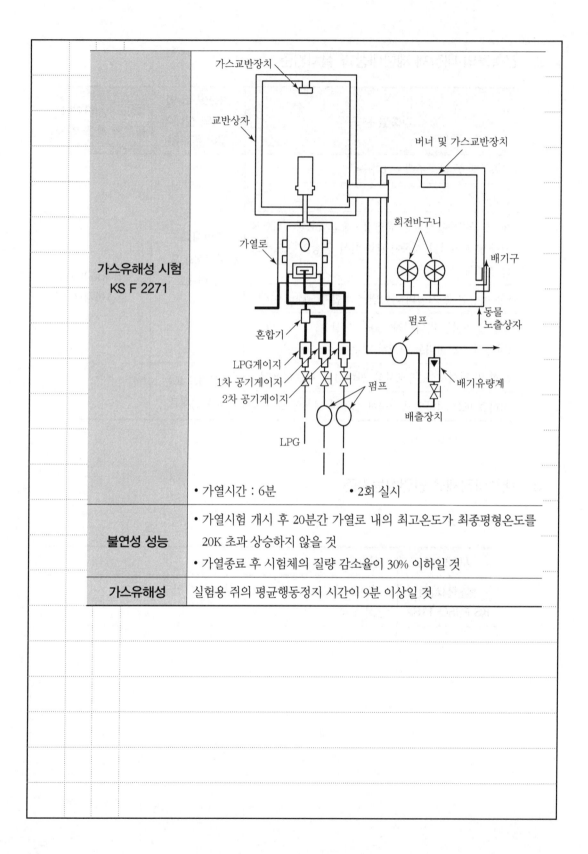 • 가열시간 : 6분 • 2회 실시
불연성 성능	• 가열시험 개시 후 20분간 가열로 내의 최고온도가 최종평형온도를 20K 초과 상승하지 않을 것 • 가열종료 후 시험체의 질량 감소율이 30% 이하일 것
가스유해성	실험용 쥐의 평균행동정지 시간이 9분 이상일 것

2) 준불연재료

열방출률 시험 KS F ISO 5660 – 1	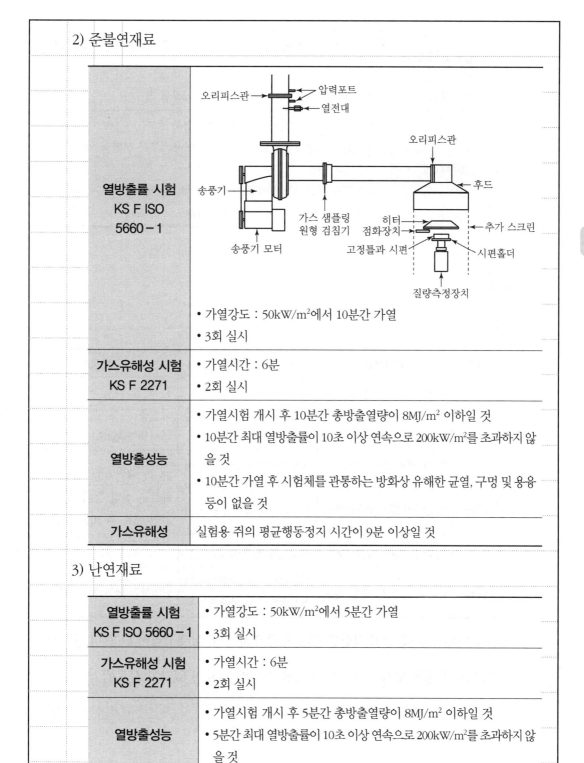 • 가열강도 : 50kW/m²에서 10분간 가열 • 3회 실시
가스유해성 시험 KS F 2271	• 가열시간 : 6분 • 2회 실시
열방출성능	• 가열시험 개시 후 10분간 총방출열량이 8MJ/m² 이하일 것 • 10분간 최대 열방출률이 10초 이상 연속으로 200kW/m²를 초과하지 않을 것 • 10분간 가열 후 시험체를 관통하는 방화상 유해한 균열, 구멍 및 용융 등이 없을 것
가스유해성	실험용 쥐의 평균행동정지 시간이 9분 이상일 것

3) 난연재료

열방출률 시험 KS F ISO 5660 – 1	• 가열강도 : 50kW/m²에서 5분간 가열 • 3회 실시
가스유해성 시험 KS F 2271	• 가열시간 : 6분 • 2회 실시
열방출성능	• 가열시험 개시 후 5분간 총방출열량이 8MJ/m² 이하일 것 • 5분간 최대 열방출률이 10초 이상 연속으로 200kW/m²를 초과하지 않을 것

열방출성능	• 5분간 가열 후 시험체를 관통하는 방화상 유해한 균열, 구멍 및 용융 등이 없을 것
가스유해성	실험용 쥐의 평균행동정지 시간이 9분 이상일 것
복합자재	• 철판과 심재로 이루어진 복합자재의 경우 －철판 도장용융아연도금강판 중 일반용으로서 전면도장의 횟수는 2회 이상 －도금량은 180g/m² 이상 －철판 두께는 도금 후 도장 전을 기준으로 0.5mm 이상일 것

4. 결론

1) 분류

구분	불연재료	준불연재료	난연재료
정의	불에 타지 않는 성질을 가진 재료(건축법시행령 제2조)	불연재료에 준하는 성질을 가진 재료(건축법시행령 제2조)	불에 잘 타지 아니하는 성질을 가진 재료(건축법시행령 제2조)
기준	750℃에서 20분 가열 시 온도가 50℃를 초과하여 상승하지 않고 305℃에서 10분간 가열 종료 후 30초 이상 잔류불꽃 없는 것	305℃에서 10분 가열 시 용융 및 균열 등 방화상 현저하게 해로운 변형 등이 없고, 가열 종료 후 30초 이상 잔류불꽃이 없는 것	23.5℃에서 6분 가열 시 해로운 변형 등이 없고, 가열 종료 후 30초 이상 잔류불꽃이 없는 것
종류	콘크리트, 석재, 벽돌, 철강	석고보드, 목모시멘트판, 펄스시멘트판, 미네랄텍스 등	난연합판, 난연플라스틱판

2) 법에 의해 기준에 맞춰 시험한 성능도 중요하지만, 실제시험이 더욱 더 중요하며, 특히 복합자재의 경우 실제시험을 확대할 필요가 있다고 사료됨

"끝"

1. 문제

연료전지의 종류와 특성 및 장·단점에 대하여 설명하시오.

2. 시험지에 번호 표기

연료전지의 종류(1)와 특성 및 장·단점(2)에 대하여 설명하시오.

Tip 연료전지의 종류는 전해질의 종류에 따라 구분되며, 적용 연료의 특성에 따라 작동온도가 결정이 됩니다. 이런 것은 이해가 필요한 것이며, 원리 및 장단점은 어느 정도 외우기가 필요합니다. 힘들더라도 꾸준한 읽기와 답안 작성을 해나가야 합니다.

3. 실제 답안지에 작성해보기

문 4-6) 연료전지의 종류와 특성 및 장·단점에 대하여 설명

1. 개요

정의	연료전지(Fuel Cell)란 연료가 가진 화학에너지를 전기화학반응을 통해 직접 전기에너지로 바꾸는 에너지 변환 장치로서, 배터리와는 달리 연료가 공급되는 한 재충전 없이 계속해서 전기를 생산할 수 있고, 반응 중 발생된 열은 온수생산에 이용되어 급탕 및 난방으로 사용 가능함
개념도	
원리	① 연료극 수소 → 수소이온과 전자로 분리 ② 수소이온은 전해질층을 통해 공기극으로 이동 ③ 전자는 외부회로를 통해 공기극으로 이동 ④ 공기극에서 산소이온과 수소이온 결합 → 전기, 물, 열 발생

2. 연료전지의 종류와 특성 및 장단점

1) 연료전지의 종류 및 특성

종류	특성
인산형 연료전지	• 순도 70% 이상의 수소를 연료로 사용 • 연료전기 내 전극은 탄소 지지체의 표면적 위에 백금촉매사용 • 운전온도는 약 200℃, 발전효율은 약 40∼50%
용융탄산염 연료전지	• 천연가스, LPG, 나프타, 석탄가스 등에서 수소연료 얻음 • 극은 다공성 니켈로 만듦 • 전해질은 탄화리튬과 탄화포타슘의 혼합물 사용 • 작동온도 : 650℃, 고온으로 백금촉매가 필요없음

종류	특성
고체산화물 연료전지	• 연료를 탄화수소를 직접 사용 전해질은 고체 세라믹 사용 • 고온의 운전으로 촉매 불필요 운전온도 : 약 600~1,000℃ • 고온의 배출가스이용 복합발전 가능
고분자 전해질형 연료전지	• 전해질이 액체가 아닌 고체 고분자 중합체로서 다른 연료전지와 구별됨 • 촉매로 백금 사용 • 백금촉매는 CO에 의한 부식에 민감 CO 농도를 100ppm 이하 유지 • 소형화가 용이하고, 출력 밀도가 큼
직접 메탄올 연료전지	• 메탄올과 물의 전기화학반응에서 생성되는 수소가 산소와 결합하면서 전기를 만듦 • 음극에서는 메탄올과 물이 반응하여 수소이온과 전자 생성 • 생성된 수소이온은 전해질 막을 통해 양극 쪽으로 이동, 양극에서는 수소이온과 전자가 산소와 결합하여 물과 전기 생성 • 다량의 백금 촉매 사용, 메탄올과 산화제의 혼합 • 작동 온도가 약 150℃로 개질기가 필요하지 않음 • 소형화할 수 있기 때문에 휴대전화 등 휴대용 전원으로의 응용 가능
알칼리형 연료전지	• 연료로 순수 수소와 순수 산소 사용 • 양극 촉매는 니켈망에 은을 도금하고 그 위에 백금－납, 음극 촉매는 니켈망에 금은을 도금하고 그 위에 금－백금 사용 • 운전온도 : 60~120℃

2) 장단점

장점	단점
• 고에너지변환율(열병합 시 80% 이상) • 모듈구성으로 고장 시 교환용이 • 석유대체효과 : 천연가스, 메탄 등을 연료로 사용 • 높은 부하응답성 : 소방설비 비상전원으로 사용 가능 • 환경영향성 : CO_2 발생량 1/2, 냉각수 불필요	• 가격이 비쌈 • 내구성이 낮음 • 불순물에 민감 • 연료전지 특성에 맞는 기술 미흡 • 인식부족

"끝"

Chapter 08

제118회

소방기술사
기출문제풀이

118회 1교시 1번

1. 문제

보상식 스폿형 감지기의 필요성 및 적응장소에 대하여 설명하시오.

2. 시험지에 번호 표기

보상식 스폿형 감지기의 필요성(1) 및 적응장소(2)에 대하여 설명하시오.

Tip 지문이 2개이므로 지문당 11줄로 나누되 2번 지문은 내용이 적으므로 1번 지문을 좀 더 강조한 후 2번 지문을 써나가고, 그래도 줄이 남는다면 소견을 넣어 꽉 채웁니다.

3. 실제 답안지에 작성해보기

문 1-1) 보상식 스폿형 감지기의 필요성 및 적응장소

1. 보상식 스폿형 감지기의 필요성

정의	• 보상식 스폿형 감지기는 차동식 스폿형과 정온식 스폿형의 성능을 가진 감지기 • 차동식 스폿형과 정온식 스폿형 감지기가 모두 작동하거나 둘 중 어느 한 기능이 작동하면 화재신호를 발하는 감지기
메커니즘	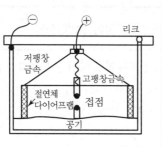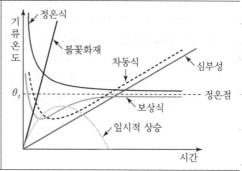
필요성	• 차동식 스폿형 : 훈소성의 비적응성 확보 • 정온식 스폿형 : 시간지연발생 방지 • 가장 빠른 동작 및 실보 방지

2. 적응장소

구분	장소
먼지 또는 미분 등의 다량체류장소	도장실, 하역장, 섬유, 목재의 가공공장
연기 다량유입 우려장소	식품저장실, 주방주변, 복도, 통로
부식성 가스 발생우려장소	도금공장, 축전지실, 오수처리장
배기가스 다량체류장소	주차장, 차고, 화물취급소, 자가발전기실
물방울 발생장소	밀폐된 지하창고, 냉동실 등

"끝"

1. 문제

> 교차회로 방식으로 하지 않아도 되는 감지기에 대하여 설명하시오.

2. 시험지에 번호 표기

> 교차회로 방식(1)으로 하지 않아도 되는 감지기(2)에 대하여 설명하시오.

Tip 이 문제는 교차회로 방식에 문제점이 있으니 교차회로 방식을 사용하지 않아도 되는 감지기에 대해서 설명을 하는 것으로 이해를 했습니다. 따라서 교차회로 방식의 문제점이 반드시 들어가야 합니다. 지문은 2개이지만 2번 감지기 종류를 설명하는 데 좀 더 많은 줄수가 소요되면 좋을 듯합니다.

3. 실제 답안지에 작성해보기

문 1 - 2) 교차회로 방식으로 하지 않아도 되는 감지기

1. 교차회로 방식

정의	교차회로 방식이란 하나의 준비작동식 유수검지장치 또는 일제개방밸브의 담당구역 내에 2 이상의 화재감지기 회로를 설치하고 인접한 2 이상의 화재감지기가 동시에 감지되는 때에 준비작동식 유수검지장치 또는 일제개방밸브가 개방·작동되는 방식을 말함
개념도	
문제점	• 소화설비의 반응이 늦음(2개의 회로가 동작되는 시간까지 지연) • 하나의 회로가 고장나면 설비 불능

2. 교차회로 방식으로 하지 않아도 되는 감지기

구분	특성
불꽃감지기	빛의 방사의 원리를 이용하여 화재를 감지하는 감지기
정온식 감지선형	정온점에 도달 시 화재를 감지하는 감지기
분포형 감지기	넓은 방호공간에 분포되어 화재를 감지하는 감지기로 차동식 분포형, 정온식 감지선형, 정온식 감지선형, 아날로그감지기 등이 있다.
복합형 감지기	감지원리가 다른 감지소자의 조합으로 열과 연기가 동시에 감지되었을 때 화재를 신호하는 감지기
광전식 분리형	빛의 감쇄를 이용한 연기 감지기
아날로그방식	연속신호를 입력하여 출력하는 감지기
다신호방식	감지원리는 같으나 종, 감도, 축적여부 등이 다른 감지소자의 조합
축적방식	감지기 자체에 화재 시 발생되는 열, 연기 감지 후 일정 시간 후 화재를 전송하는 감지기

"끝"

1. 문제

> 방화문의 종류 및 문을 여는 데 필요한 힘의 측정기준과 성능에 대하여 설명하시오.

2. 시험지에 번호 표기

> 방화문의 종류(1) 및 문을 여는 데 필요한 힘의 측정기준과 성능(2)에 대하여 설명하시오.

Tip 지문이 3개이므로 최대한 많이 쓴다고 해도 지문당 7줄입니다. 항상 얼마나 쓸지 고민하면서 답을 쓰셔야 합니다.

3. 실제 답안지에 작성해보기

문 1-3) 방화문의 종류 및 문을 여는 데 필요한 힘의 측정기준과 성능

1. 방화문의 종류

정의	건물 내에 화재가 발생하더라도 더 이상의 확산을 방지하고 이로 인한 피해를 경감하기 위하여 층별, 면적별 또는 용도별로 건물을 구획화한 방화구역에 설치하는 문
종류	• 60분+ 방화문 : 연기 및 불꽃을 차단할 수 있는 시간이 60분 이상이고, 열을 차단할 수 있는 시간이 30분 이상인 방화문 • 60분 방화문 : 연기 및 불꽃을 차단할 수 있는 시간이 60분 이상인 방화문 • 30분 방화문 : 연기 및 불꽃을 차단할 수 있는 시간이 30분 이상 60분 미만인 방화문

2. 문을 여는 데 필요한 힘의 측정기준과 성능

1) 측정기준

측정기준	• 방화문의 개방에 필요한 힘의 저항으로는 도어클로저, 경첩 및 힌지, 차압 등을 들 수 있음 • 가압공간과 비가압공간과의 압력을 대기압 상태로 도어클로저 세팅 • 가압공간의 규정 차압상태에서 도어클로저 재세팅 • Push-Pull Gauge를 이용하여 미는 힘과 당기는 힘 측정
관련식	$$\Delta P = \frac{2(W-d)(F-F_r)}{AW}$$ 여기서, ΔP : 차압, F : 문을 개방하는 데 필요한 전체 힘 $\quad\quad F_r$: 자동폐쇄장치의 폐쇄력 및 출입문 경첩의 마찰력 등을 이겨내는 힘 $\quad\quad W$: 문의 폭, A : 문의 면적, d : 손잡이와 문의 모서리까지 거리

2) 성능

조건	도어클로저가 부착된 상태에서 방화문을 작동하는 데 필요한 힘
문 개방 시	133N 이하
완전 개방 시	67N 이하

"끝"

1. 문제

> 건축물의 구조안전 확인 적용기준, 확인대상 및 확인자의 자격에 대하여 설명하시오.

2. 시험지에 번호 표기

> 건축물의 구조안전 확인 적용기준(1), 확인대상(2) 및 확인자의 자격(3)에 대하여 설명하시오.

Tip 지문이 3개이므로 최대한 많이 쓴다고 해도 지문당 7줄입니다. 항상 얼마나 쓸지 고민하면서 답을 쓰셔야 합니다.

3. 실제 답안지에 작성해보기

문 1 - 4) 건축물의 구조안전 확인 적용기준, 확인대상, 확인자의 자격

1. 적용기준

건축법 제11조 (건축허가)	건축물을 건축하거나 대수선하려는 자는 특별자치시장·특별자치도지사 또는 시장·군수·구청장의 허가를 받아야 함
건축법 제48조 (구조내력 등)	• 건축법 제11조제1항에 따른 건축물을 건축하거나 대수선하는 경우에는 대통령령으로 정하는 바에 따라 구조의 안전을 확인하여야 함 • 지방자치단체의 장은 구조 안전 확인 대상 건축물에 대하여 허가 등을 하는 경우 내진(耐震)성능 확보 여부를 확인하여야 함
건축법시행령 제32조 (구조안전의 확인)	• 건축물을 건축하거나 대수선하는 경우 해당 건축물의 설계자는 국토교통부령(건축물 구조기준 규칙)으로 정하는 구조기준 등에 따라 그 구조의 안전을 확인하여야 함 • 구조 안전을 확인한 건축물에 해당하는 건축물의 건축주는 해당 건축물의 설계자로부터 구조 안전의 확인 서류를 받아 법 제21조에 따른 착공신고를 하는 때에 그 확인 서류를 허가권자에게 제출하여야 함
건축물의 구조 기준 등에 관한 규칙 제58조(구조안전확인서 제출)	구조안전의 확인(지진에 대한 구조안전을 포함한다)을 한 건축물에 대해서는 건축법 제21조에 따른 착공신고를 하는 경우에 구조안전 및 내진설계 확인서를 작성하여 제출하여야 함

2. 확인대상(건축물의 구조기준에 따르는 경우)

층수	• 층수가 2층 이상인 건축물 • 기둥과 보가 목재인 목구조 건축물의 경우에는 3층
연면적	연면적 200m²(목구조 건축물 500m²) 이상인 건축물
높이	• 높이 13m 이상인 건축물 • 처마높이 9m 이상인 건축물
기둥사이거리	기둥과 기둥 사이의 거리 10m 이상인 건축물
중요도	건축물의 용도 및 규모를 고려한 중요도가 높은 건축물로서 국토교통부령으로 정하는 건축물

문화유산	국가적 문화유산으로 보존할 가치가 있는 건축물로 국토교통부령으로 정하는 것(문화유산으로 보존할 가치가 있는 박물관·기념관 그 밖에 이와 유사한 것으로서 연면적의 합계가 5,000m² 이상인 건축물)
특수공법	한쪽 끝은 고정되고 다른 끝은 지지되지 않는 구조로 된 보·차양 등이 외벽의 중심선으로부터 3m 이상 돌출된 건축물, 특수한 설계·시공·공법 등이 필요한 건축물
주택	단독주택 및 공동주택

3. 확인자의 자격

건축구조기준에 따른 경우	구조안전 및 내진설계 확인서 및 구조설계도서(구조계획서, 구조설계도, 구조계산서, 구조분야의 공사시방서)를 제출
소규모건축구조기준에 따른 경우	

구조안전 및 내진설계확인서에 구조기술사의 날인 및 건축사의 날인이 포함되어야 하므로 자격은 구조기술사와 건축사임

"끝"

1. 문제

스프링클러 작동 시의 스모크 로깅(Smoke–Logging) 현상에 대하여 설명하시오.

2. 시험지에 번호 표기

스프링클러 작동 시의 **스모크 로깅(Smoke–Logging) 현상(1)**에 대하여 설명하시오.

Tip 정의 – 메커니즘, 원인 – 문제점 – 대책 순으로 답을 써나가야 합니다.

3. 실제 답안지에 작성해보기

| 문 | 1 – 5) 스프링클러 작동시의 스모크 로깅(Smoke – Logging) 현상 |

1. 정의

화재 발생 시 제연설비가 작동하기 전 스프링클러가 먼저 작동하여 연기가 안개처럼 단층을 이루어 내려앉아 가시거리 약화 및 제연설비의 성능을 저하시키는 현상

2. 메커니즘

관련식	$\rho = \dfrac{m}{V} = \dfrac{PM}{RT}$
메커니즘	화재 시 화재플럼으로 밀도 감소 → 연소생성물 상승 → S/P 작동으로 온도하강 → 밀도의 질량 증가로 연소생성물 하강 → 연소생성물이 안개형태로 강하 → 가시도 저하 및 재연설비 성능 저하 → 가시거리 저하로 피난안전성 저해

3. 문제점

거실제연	
	천장 제연경계 폭=0.6m 이상 제연경계 수직거리=2m 이내 바닥
	거실제연은 청결층의 확보를 통한 피난안전성의 도모 및 ASET의 증가에 목적이 있음
문제점	• 제연설비의 성능 저하 • 가시거리 저하로 피난안전성 저해 • 피난안전성 저하에 따른 ASET 감소 • 이성적인 판단불가에 따른 RSET 증가

4. 대책

설계	성능위주 소방설계 통한 소방시설 작동 연관성 검토
감지기	공기흡입형 감지기 및 아날로그 감지기 설치를 통한 제연설비 조기작동 유도
피난안전성	• 피난유도선 및 방송설비 이용 • 대공간은 피난유도등 이외에 바닥에 통로 유도등 설치 등

"끝"

1. 문제

프레셔 사이드 프로포셔너(Pressure Side Proportioner)의 설비구성과 혼합원리를 설명하시오.

2. 시험지에 번호 표기

프레셔 사이드 프로포셔너(Pressure Side Proportioner)(1)의 설비구성(2)과 혼합원리(3)를 설명하시오.

Tip 지문이 3개이므로 최대한 많이 쓴다고 해도 지문당 7줄입니다. 항상 얼마나 쓸지 고민하면서 답을 쓰셔야 합니다.

3. 실제 답안지에 작성해보기

문 1-6) 프레셔 사이드 프로포셔너의 설비구성과 혼합원리

1. 정의

정의	펌프의 토출관에 압입기를 설치하여 포소화약제 압입용 펌프로 포소화약제를 압입시켜 혼합하는 방식
특징	• 대형 설비에 주로 사용 • 혼합비율이 가장 일정

2. 설비구성

구성도	
소화펌프	소화용수를 공급
소화약제펌프	소화약제를 혼합기로 공급
약제탱크	소화약제를 저장
발포기	혼합기에서 혼합된 포수용액을 발포

3. 혼합원리

혼합원리	• 프레셔 사이드 프로포셔너 혼합장치는 별도의 소화약제용 펌프를 사용 • 소화수용 펌프 기동 → 소화약제펌프 기동 → 혼합기에서 혼합 → 포수용액 형성 → 발포기로 방사
장점	• 혼합 가능한 유량 범위가 가장 넓음 • 혼합기를 통한 압력손실이 작음 : 약 $0.3 \sim 3.4 kg/cm^2$ • 역류 우려가 없으며 약제의 장기 보존 가능

"끝"

1. 문제

청정소화약제의 인체에 대한 유해성을 나타내는 LOAEL, NOAEL, NEL을 설명하시오.

2. 시험지에 번호 표기

청정소화약제(1)의 인체에 대한 유해성을 나타내는 LOAEL, NOAEL, NEL(2)을 설명하시오.

Tip 정의에서 분류 및 특징을 설명하고 이런 특징으로 LOAEL, NOAEL, NEL의 유해성 판단 지표가 나온다는 방식으로 전개해 나가야 합니다.

3. 실제 답안지에 작성해보기

문 1 – 7) LOAEL, NOAEL, NEL

1. 개요

할로겐 화합물	• 불소, 염소, 브롬 또는 요오드 중 하나 이상의 원소를 포함하고 있는 유기화합물을 기본성분으로 하는 소화약제 • 할로겐물질에 의한 인체 독성, LOAEL과 NOAEL에 의한 농도 제한
불활성 기체	• 헬륨, 네온, 아르곤 또는 질소가스 중 하나 이상의 원소를 기본성분으로 하는 소화약제 • 산소농도 저하에 의한 인체 질식, LEL과 NEL에 의한 농도 제한

2. LOAEL과 NOAEL

개념도	
NOAEL	• 최대허용설계농도 • 측정물질의 농도를 높여가며 측정 시 독성효과가 나타나지 않는 최대독성농도
LOAEL	측정물질의 농도를 낮춰가며 측정 시 독성효과가 나타나는 최저독성농도
적용	• 최대허용설계농도(NOAEL) 이하의 농도에 노출되는 것을 포함하여 할로겐화합물 및 그 분해 물질에 불필요하게 노출되는 것은 피해야 함 • 5분 이상 노출되지 않도록 대책을 강구해야 함 • 보호장비를 갖추지 않은 사람은 방출 중 또는 방출 후에 방호구역에 들어갈 수 없음

개념도 내부 텍스트: 100 / 응답률(%) / 50 / LOAEL / NOAEL / LC_{50} / 투여량(ppm)

3. LEL과 NEL

LEL	측정물질의 농도를 낮춰가며 측정 시 질식효과가 나타나는 최저 농도
NEL	측정물질의 농도를 올려가며 측정 시 질식효과가 나타나지 않는 최대 농도

4. 소견

① LOAEL, NOAEL은 개의 심장발작 농도를 기준으로 하여 동물시험대상으로 비

   윤리적임

② 따라서 PBPK 및 적외선 분광기 등을 사용한 방법을 적용하는 것이 정량적이

   며 타당하다고 사료됨

"끝"

1. 문제

「소방기본법」에 명시된 법의 취지에 대하여 설명하시오.

Tip 시사성이 떨어지는 문제입니다.

1. 문제

감리 계약에 따른 소방공사 감리원이 현장배치 시 소방공사 감리를 할 때 수행하여야 할 업무를 설명하시오.

2. 시험지에 번호 표기

감리 계약에 따른 소방공사 감리원(1)이 현장배치 시 소방공사 감리를 할 때 수행하여야 할 업무를 설명(2)하시오.

Tip 소방기술사는 설계, 감리, 연구, 교육 등의 업무를 하므로 전문지식 소양을 알아보는 문제입니다. 감리원칙 및 실제 수행내용으로 구분되어 있습니다.

3. 실제 답안지에 작성해보기

문 1 - 9) 소방공사 감리를 할 때 수행하여야 할 업무를 설명

1. 정의

감리	발주자 또는 발주업체의 위탁으로 감리자가 공사관리 공정관리 자재관리 안전관리를 행하는 행위를 의미
절차	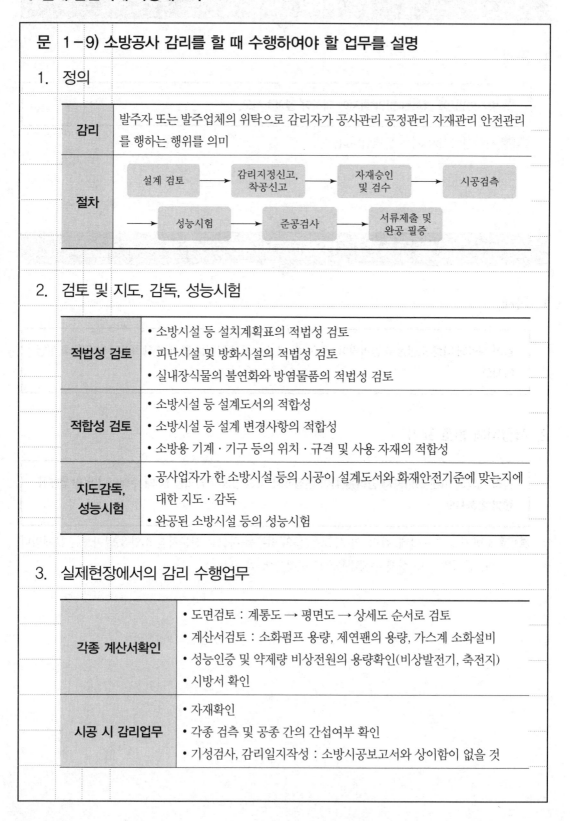

2. 검토 및 지도, 감독, 성능시험

적법성 검토	• 소방시설 등 설치계획표의 적법성 검토 • 피난시설 및 방화시설의 적법성 검토 • 실내장식물의 불연화와 방염물품의 적법성 검토
적합성 검토	• 소방시설 등 설계도서의 적합성 • 소방시설 등 설계 변경사항의 적합성 • 소방용 기계 · 기구 등의 위치 · 규격 및 사용 자재의 적합성
지도감독, 성능시험	• 공사업자가 한 소방시설 등의 시공이 설계도서와 화재안전기준에 맞는지에 대한 지도 · 감독 • 완공된 소방시설 등의 성능시험

3. 실제현장에서의 감리 수행업무

각종 계산서확인	• 도면검토 : 계통도 → 평면도 → 상세도 순서로 검토 • 계산서검토 : 소화펌프 용량, 제연팬의 용량, 가스계 소화설비 • 성능인증 및 약제량 비상전원의 용량확인(비상발전기, 축전지) • 시방서 확인
시공 시 감리업무	• 자재확인 • 각종 검측 및 공종 간의 간섭여부 확인 • 기성검사, 감리일지작성 : 소방시공보고서와 상이함이 없을 것

예비준공시험	• 수계 소화설비 : 소화펌프의 성능시험 • 가스계 소화설비 : Door Fan Test • 제연설비 : TAB	
준공시험	• 설치된 소화설비 등이 설계도서 및 화재안전기준에 적합한지 여부를 확인 • 각각의 성능시험표를 근거로 실제 테스트	
보고서작성	• 각종 감리보고서 작성 • 소방관서 및 발주자에게 각종 보고서, 감리보고서 제출	

"끝"

118회

1. 문제

공정흐름도(PFD : Process Flow Diagram)와 공정배관계장도(P&ID : Process & Instrumentation Diagram)에 대하여 설명하시오.

Tip 수험생이 선택하기에 쉽지 않은 문제입니다.

1. 문제

가연물 연소패턴 중 다음의 용어에 대하여 설명하시오.

(1) Pool – Shaped Burn Pattern　　　　　(2) Splash Pattern

2. 시험지에 번호 표기

가연물 연소패턴(1) 중 다음의 용어에 대하여 설명하시오.

(1) Pool – Shaped Burn Pattern(2)　　　　　(2) Splash Pattern(2)

Tip 지문이 3개로 이루어져 있으니 순서대로 정리해야 합니다.

3. 실제 답안지에 작성해보기

문 1 – 11) 가연물 연소패턴 중 다음의 용어에 대하여 설명

1. 정의

    화재패턴은 화염, 열기, 가스, 그을음 등으로 탄화, 소실, 변색, 용융 등의 형태로

    물질의 손상된 형상으로 가연물의 양과 시간에 따라 반응물질이 발생되며 생기는

    변화를 말함

2. Pool – Shaped Burn Pattern, Splash Pattern

    1) Pool – Shaped Burn Pattern(균일한 연소형태)

개념	• Pool – Shaped : 웅덩이모양 • Pool을 이루고 있는 액체 탄화수소에 의해서도 발생하지만 열가소성 플라스틱에 의해서도 발생	
적용	• 화재조사 시 인화성 액체량에 따른 화재크기 판단 • 화재크기에 따른 플래시오버 발생여부 및 피해정도 판단	

    2) Splash Pattern

개념	• 액체가연물을 쏟을 때 방울로 튀어나간 액체 가연물이 연소되는 형상 • 연소되어 끓어오르면서 튀어나간 액체 가연물이 연소될 때 나타나는 연소형태	
적용	• 화재조사 시 인화성 액체의 비산량, 방향에 따른 화재크기와 연소확대 과정 판단 • 연소확대에 따른 피해정도 판단	

"끝"

1. 문제

「위험물안전관리법 시행령」에서 규정하고 있는 인화성 액체에 대하여 설명하고, 인화성 액체에서 제외할 수 있는 경우 4가지를 설명하시오.

2. 시험지에 번호 표기

「위험물안전관리법 시행령」에서 규정하고 있는 인화성 액체(1)에 대하여 설명하고, 인화성 액체에서 제외할 수 있는 경우 4가지(2)를 설명하시오.

Tip 제외되는 경우 4가지는 2019년 「위험물안전관리법 시행령」 별표1의 단서조항 신설관련 시사성 문제였습니다. 위험물은 수험생의 계륵입니다. 범위는 넓지만 출제비중은 작고 내용도 어렵습니다. 따라서 최소한 위험물 기출문제는 반드시 습득해야 합니다.

3. 실제 답안지에 작성해보기

문 1-12) 인화성 액체 설명 및 제외할 수 있는 경우 4가지

1. 개요

1) 정의

① 액체(제3석유류, 제4석유류 및 동식물유류에 있어서는 1기압과 20℃에서 액상인 것에 한한다)로서 인화의 위험성이 있는 것

② 액체(Liquid)란 50℃에서 300kPa(3bar) 이하의 증기압을 가지고, 20℃ 및 101.3kPa에서 완전히 가스상이 아니며 또한 101.3kPa에서 녹는점 또는 초기 녹는점이 20℃ 이하인 위험물을 말함

2) 분류

유별	성질	품명	지정수량(L)	위험등급
제4류	인화성 액체	특수인화물	50	Ⅰ
		제1석유류 - 비수용성/수용성	200/400	Ⅱ
		알코올류	400	Ⅱ
		제2석유류 - 비수용성/수용성	1,000/2,000	Ⅲ
		제3석유류 - 비수용성/수용성	2,000/4,000	
		제4석유류	6,000	
		동식물유류	10,000	

2. 제외할 수 있는 경우 4가지

[위험물안전관리법 시행령 [별표 1] 〈개정 2019. 2. 26.〉]

① 화장품 중 인화성 액체를 포함하고 있는 것

② 의약품 중 인화성 액체를 포함하고 있는 것

③ 의약외품(알코올류에 해당하는 것 제외) 중 수용성인 인화성 액체를 50Vol%

이하로 포함하고 있는 것

④ 체외진단용 의료기기 중 인화성 액체를 포함하고 있는 것

⑤ 안전확인 대상 생활 화학제품(알코올류에 해당하는 것 제외) 중 수용성인 인

화성 액체를 50Vol% 이하로 포함하고 있는 것

"끝"

118회 1교시 13번

1. 문제

전기화재의 원인으로 볼 수 있는 은(Silver) 이동 현상의 위험성과 특징, 대책에 대하여 설명하시오.

Tip 수험생이 선택하기에 쉽지 않은 문제입니다.

118회 2교시 1번

1. 문제

스프링클러 급수배관은 수리계산에 의하거나 아래의 "스프링클러헤드 수별 급수관의 구경"에 따라 선정하여야 한다. "스프링클러헤드 수별 급수관의 구경"의 (주)사항 5가지를 열거하고 스프링클러 헤드를 "가", "나", "다" 각 란의 유형별로 한쪽의 가지배관에 설치할 수 있는 최대의 개수를 그림으로 설명하시오.(단, "가"란은 상향식 설치 및 상 · 하향식 설치 2가지 유형으로 표기하고, 관경 표기는 필수이다.)

[스프링클러헤드 수별 급수관의 구경]

단위(mm)

급수관의 구경 구분	25	32	40	50	65	80	90	100	125	150
가	2	3	5	10	30	60	80	100	160	161 이상
나	2	4	7	15	30	60	65	100	160	161 이상
다	1	2	5	8	15	27	40	55	90	91 이상

2. 시험지에 번호 표기

스프링클러 급수배관은 **수리계산에 의하거나 아래의 "스프링클러헤드 수별 급수관의 구경"에 따라 선정(1)**하여야 한다. **"스프링클러헤드 수별 급수관의 구경"**의 (주)사항 5가지를 **열거(2)**하고 스프링클러 헤드를 "가", "나", "다" 각 란의 유형별로 한쪽의 가지배관에 설치할 수 있는 **최대의 개수를 그림으로 설명(3)**하시오.(단, "가"란은 상향식 설치 및 상 · 하향식 설치 2가지 유형으로 표기하고, 관경 표기는 필수이다.)

Tip 다소 어려운 문제이지만 그릴 수만 있다면 고득점도 가능합니다.

3. 실제 답안지에 작성해보기

문 2 - 1) 가지배관에 설치할 수 있는 최대의 개수를 그림으로 설명

1. 규약배관방식과 수리계산방식 비교

구분	규약배관방식	수리계산방식
정의	국내 스프링클러 설계 시 대부분 쓰이는 방법으로 국가화재안전기준에서 정하는 스프링클러헤드 수별 급수관의 관경 기준표에 의해 설계 진행	스프링클러설비의 방사압력, 방수량, 유속과 배관의 관경 등을 공학적으로 분석한 수리계산에 의해 배관구경을 산정하는 방법
장단점	• 비숙련자도 쉽게 적용 가능 • 헤드 증설 시에도 여유가 있음 • 경제성이 떨어짐	• 정확한 관경계산 가능 • 헤드 증설 시 재설계 필요 • 경제적인 배관설계 가능

2. 스프링클러헤드 수별 급수관의 구경의 (주)사항 5가지

구분	내용
폐쇄형 헤드	• 담당구역 면적 　폐쇄형 스프링클러헤드를 사용하는 설비의 경우로서 1개층에 하나의 급수배관이 담당하는 구역의 최대면적은 3,000m^3를 초과하지 말아야 함 • 수리계산 시 　폐쇄형 스프링클러헤드를 설치하는 경우에는 표 "가"의 헤드 수에 따름. 다만 100개 이상의 헤드를 담당하는 급수배관(또는 밸브)의 구경을 100mm로 할 경우에는 수리계산을 통하여 제8조 3항 3호에서 규정한 배관의 유속에 적합하도록 하여야 함 • 반자에 설치 시 　폐쇄형 스프링클러헤드를 설치하고 반자 아래의 헤드와 반자 속의 헤드를 동일 급수관의 가지관상에 병설하는 경우에는 표 "나"의 헤드수에 따라야 함 • 무대부, 특수가연물 　폐쇄형 스프링클러헤드를 설치하는 설비의 배관관경은 표 "다"에 따름
개방형 헤드	• 30개 이하 시 　표 "다"의 헤드 수에 의함 • 30개 초과 시 　30개를 초과할 때는 수리계산 방법에 따름

3. 설치할 수 있는 최대 개수

1) 가형일 때 관경

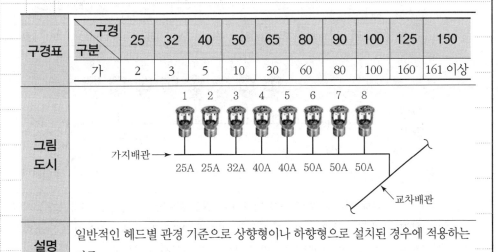

구경표 구분 \ 구경	25	32	40	50	65	80	90	100	125	150
가	2	3	5	10	30	60	80	100	160	161 이상

설명: 일반적인 헤드별 관경 기준으로 상향형이나 하향형으로 설치된 경우에 적용하는 기준

2) 나형일 때 관경

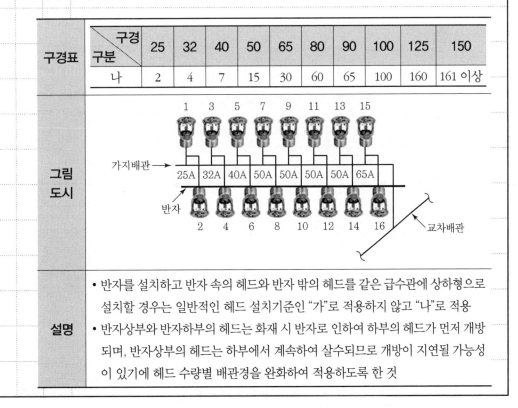

구경표 구분 \ 구경	25	32	40	50	65	80	90	100	125	150
나	2	4	7	15	30	60	65	100	160	161 이상

설명:
- 반자를 설치하고 반자 속의 헤드와 반자 밖의 헤드를 같은 급수관에 상하형으로 설치할 경우는 일반적인 헤드 설치기준인 "가"로 적용하지 않고 "나"로 적용
- 반자상부와 반자하부의 헤드는 화재 시 반자로 인하여 하부의 헤드가 먼저 개방되며, 반자상부의 헤드는 하부에서 계속하여 살수되므로 개방이 지연될 가능성이 있기에 헤드 수량별 배관경을 완화하여 적용하도록 한 것

3) 다형일 때 관경

구경표	구경 구분	25	32	40	50	65	80	90	100	125	150
	다	1	2	5	8	15	27	40	55	90	91 이상

그림 도시	

설명: 무대부나 특수가연물을 저장 또는 취급하는 장소의 경우는 천장고가 높거나 가연성 물품 등으로 인하여 화재 시 연소가 확대되기 쉬운 장소이며 또한 소화가 곤란한 장소인 관계로 헤드별 관경을 가장 엄격하게 적용함

"끝"

118회 2교시 2번

1. 문제

호스릴 소화전의 도입배경과 설치기준 및 호스릴 소화전의 특징·문제점에 대하여 설명하시오.

Tip 시사성이 떨어지는 문제입니다. 2024년도 공동주택화재안전기준에는 호스릴 소화전을 설치하도록 규정하고 있습니다.

118회 2교시 3번

1. 문제

「위험물안전관리법」에서 규정하고 있는 「수소충전설비를 설치한 주유취급소의 특례」상의 기술기준 중 아래 내용을 설명하시오.

(1) 개질장치(改質裝置)　　　　　　　　(2) 압축기(壓縮機)
(3) 충전설비　　　　　　　　　　　　　(4) 압축수소의 수입설비(受入設備)

2. 시험지에 번호 표기

「위험물안전관리법」에서 규정하고 있는 「**수소충전설비(1)**를 설치한 주유취급소의 특례」상의 기술기준 중 아래 내용을 설명하시오.

(1) 개질장치(改質裝置)(2)　　　　　　　(2) 압축기(壓縮機)(2)
(3) 충전설비(2)　　　　　　　　　　　　(4) 압축수소의 수입설비(受入設備)(2)

Tip 기출문제는 언제 또 출제될지 모르는 기본문제이므로 확실히 이해하고 넘어가도록 합니다.

3. 실제 답안지에 작성해보기

문 2-3) 「수소충전설비를 설치한 주유취급소의 특례」상의 기술기준

1. 개요

정의	수소충전설비는 수소차에 수소를 충전하기 위한 설비이며, 개질장치, 압축기, 충전기, 수입설비 등으로 구성되어 있음
구조도	
과정	① 생산 : 수소생산 방법에는 석유화학 공장의 부생수소 활용 및 천연가스 등 개질방법, 수전해 방법 등이 있음 ② 저장 : Off-Site 충전소 경우 외부에서 공급받은 수소를 저장하는 장치 ③ 압축 : 많은 수소를 수소 전기차의 수소탱크에 충전하기 위해 수소를 압축기로 압축함 ④ 축압 : 고압으로 압축된 수소를 수소 전기차에 충전하기 위해 고압의 압력으로 저장하는 장치 ⑤ 냉각 : 고압으로 압축된 수소는 고온의 상태이므로 냉각기를 통해 수소의 온도를 상온으로 만듦 ⑥ 충전 : 충전기를 통해 고압의 수소를 수소전기차의 수소탱크에 주입함

2. 「수소충전설비를 설치한 주유취급소의 특례」 기술기준

1) 개질장치

정의	연료를 수소로 바꾸어 주는 설비
개념도	
기술 기준	• 개질장치는 자동차 등이 충돌할 우려가 없는 옥외에 설치할 것 • 개질원료 및 수소가 누출된 경우에 개질장치의 운전을 자동으로 정지시키는 장치를 설치할 것 • 펌프설비에는 개질원료의 토출압력이 최대상용압력을 초과하여 상승하는 것을 방지하기 위한 장치를 설치할 것 • 개질장치의 위험물 취급량은 지정수량의 10배 미만일 것

2) 압축기

정의	많은 수소를 수소 전기차의 수소탱크에 충전하기 위해 수소를 압축기로 압축하는 설비
개념도	 (Anode) $H_2 \rightarrow 2H^+ + 2e^-$ $2H^+ + 2e^- \rightarrow H_2$ (Cathode)

설치 기준	• 가스의 토출압력이 최대상용압력을 초과하여 상승하는 경우에 압축기의 운전을 자동으로 정지시키는 장치를 설치할 것 • 토출측과 가장 가까운 배관에 역류방지밸브를 설치할 것 • 자동차 등의 충돌을 방지하는 조치를 마련할 것

3) 충전설비

정의	충전기를 통해 고압의 수소를 수소 전기차의 수소탱크에 주입하는 설비
	• 위치는 주유공지 또는 급유공지 외의 장소로 하되, 주유공지 또는 급유공지에 서 압축수소를 충전하는 것이 불가능한 장소로 할 것 • 충전호스는 자동차 등의 가스충전구와 정상적으로 접속하지 않는 경우에는 가 스가 공급되지 않는 구조로 하고, 200kg 중 이하의 하중에 의하여 파단 또는 이 탈되어야 하며, 파단 또는 이탈된 부분으로부터 가스 누출을 방지할 수 있는 구 조일 것 • 자동차 등의 충돌을 방지하는 조치를 마련할 것 • 자동차 등의 충돌을 감지하여 운전을 자동으로 정지시키는 구조일 것

4) 압축수소의 수입설비 설치기준

① 위치는 주유공지 또는 급유공지 외의 장소로 하되, 주유공지 또는 급유공지
에서 가스를 수입하는 것이 불가능한 장소로 할 것

② 자동차 등의 충돌을 방지하는 조치를 마련할 것

"끝"

1. 문제

> 축적형 감지기의 작동원리 · 설치장소 · 사용할 수 없는 경우에 대하여 설명하시오.

2. 시험지에 번호 표기

> 축적형 감지기(1)의 작동원리(2) · 설치장소(3) · 사용할 수 없는 경우(4)에 대하여 설명하시오.

Tip 지문에서 사용할 수 없는 경우까지 설명하라고 하였으니 소견을 적는 것이 타당한 문제입니다.

3. 실제 답안지에 작성해보기

문 2-4) 축적형 감지기의 작동원리 · 설치장소 · 사용할 수 없는 경우에 대하여 설명

1. 개요

축적형 감지기	축적형 감지기는 일정 농도 이상의 연기가 일정 시간 연속하는 것을 전기적으로 검출함으로써 작동하는 감지기
비축적형 감지기	비축적형 감지기는 연기가 일정 농도가 되면 바로 작동하고 수신기에 통보하는 감지기
목적	축적형 감지기는 일시적으로 발생하는 연기에 의해 오동작하는 것을 방지하기 위함
공칭 축적시간	연기가 지속하는 축적시간은 5초 이상 60초 이하로 하고 공칭축적시간은 10초 이상 60초 이하의 범위에서 10초 간격으로 함

2. 작동원리

개념도	화재발생 → 화재신호 감지 주경종 → 축적시간 10초 → 화재신호 여부 → 화재경보 지구경종 축적시간 이후 화재신호가 없는 경우 화재신호 무효화 **[축적형 감지기 화재신호 시퀀스]**
작동 원리	연기 등 연소생성물이 일정 농도에 이르렀을 때 감지기 A접점 동작 시 수신기에 화재발생 1차 화재신호 전송 후, 공칭축적시간이 경과한 후 감지기 AB접점 동작 시 수신기에 화재경보 전송

3. 설치장소

환기	지하층, 무창층으로 환기가 잘 되지 않는 장소
실내용적	실내용적이 40m² 미만인 장소
층고	층고가 2.3m 이내인 장소

4. 사용할 수 없는 경우

1) 교차회로 방식인 경우

개념도	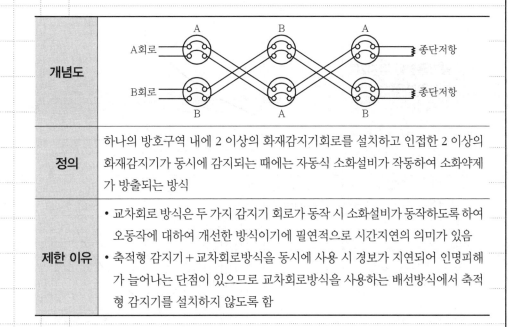
정의	하나의 방호구역 내에 2 이상의 화재감지기회로를 설치하고 인접한 2 이상의 화재감지기가 동시에 감지되는 때에는 자동식 소화설비가 작동하여 소화약제가 방출되는 방식
제한 이유	• 교차회로 방식은 두 가지 감지기 회로가 동작 시 소화설비가 동작하도록 하여 오동작에 대하여 개선한 방식이기에 필연적으로 시간지연의 의미가 있음 • 축적형 감지기 + 교차회로방식을 동시에 사용 시 경보가 지연되어 인명피해가 늘어나는 단점이 있으므로 교차회로방식을 사용하는 배선방식에서 축적형 감지기를 설치하지 않도록 함

2) 축적형 수신기 적용 시

정의	최초의 화재신고를 수신한 후 곧바로 수신개시 하지 않고, 축적시간(5초 초과 60초 이내)내 화재신호를 재차 받을 경우에 지구경종 동작 및 화재표시를 나타내는 수신기
제한 이유	축적형 감지기 + 축적형 수신기 사용 시 경보시간이 늦어져서 인명피해가 늘어나는 단점이 있기 때문에 축적형 감지기 사용이 제한됨

3) 급속한 연소확대 우려장소

제한 이유	유류 및 가스화재 등 급속하게 연소가 진행될 화재는 축적형 감지기 설치 시 늦은 경보 발령에 의한 인명피해가 늘어나는 단점이 있기 때문에 축적형 감지기 사용이 제한됨

4. 소견

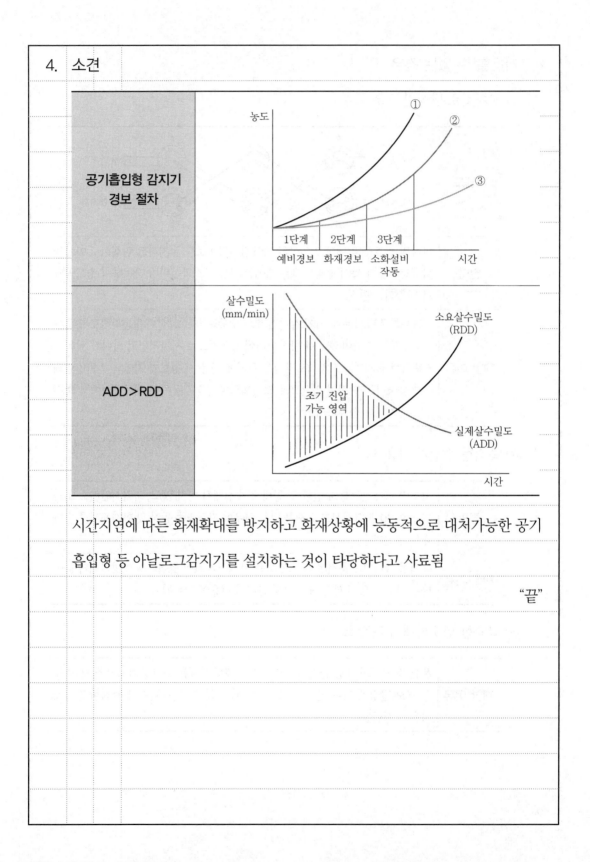

공기흡입형 감지기 경보 절차	농도 그래프 ① ② ③ 1단계 / 2단계 / 3단계 예비경보 / 화재경보 / 소화설비 작동 시간
ADD > RDD	살수밀도 (mm/min) 소요살수밀도 (RDD) 조기 진압 가능 영역 실제살수밀도 (ADD) 시간

시간지연에 따른 화재확대를 방지하고 화재상황에 능동적으로 대처가능한 공기

흡입형 등 아날로그감지기를 설치하는 것이 타당하다고 사료됨

"끝"

1. 문제

건축물에 설치하는 지하층의 구조 및 지하층에 설치하는 비상탈출구의 구조에 대하여 설명하시오.
[건축물의 피난ㆍ방화구조 등의 기준에 관한 규칙]

2. 시험지에 번호 표기

건축물에 설치하는 **지하층(1)의 구조(2)** 및 **지하층에 설치하는 비상탈출구의 구조(3)**에 대하여 설명
하시오. [건축물의 피난ㆍ방화구조 등의 기준에 관한 규칙]

Tip 지하층의 개요를 설명하고 피난 시의 문제점의 언급한 뒤 지하층의 구조, 비상탈출구의 구조를
설명하면 완벽한 답안이 됩니다.

3. 실제 답안지에 작성해보기

문 2-5) 지하층의 구조 및 지하층에 설치하는 비상탈출구의 구조에 대하여 설명

1. 개요

개념도	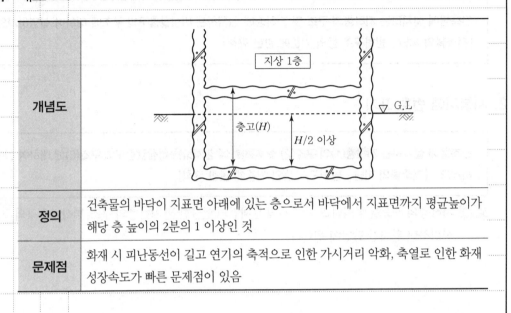
정의	건축물의 바닥이 지표면 아래에 있는 층으로서 바닥에서 지표면까지 평균높이가 해당 층 높이의 2분의 1 이상인 것
문제점	화재 시 피난동선이 길고 연기의 축적으로 인한 가시거리 악화, 축열로 인한 화재 성장속도가 빠른 문제점이 있음

2. 지하층의 구조

구조	대상
비상탈출구, 환기통	• 거실의 바닥면적이 50m² 이상인 층에는 직통계단 외에 피난층 또는 지상으로 통하는 비상탈출구 및 환기통을 설치할 것 • 예외 : 직통계단 2개소 이상 설치 시
직통계단 2개소	• 용도 : 제2종근린생활시설 중 공연장·단란주점·당구장·노래연습장, 문화 및 집회시설 중 예식장·공연장, 수련시설 중 생활권수련시설·자연권수련시설, 숙박시설 중 여관·여인숙, 위락시설 중 단란주점·유흥주점 또는 「다중이용업소의 안전관리에 관한 특별법 시행령」 제2조에 따른 다중이용업의 용도에 쓰이는 층 • 그 층의 거실의 바닥면적의 합계가 50m² 이상인 건축물에는 직통계단을 2개소 이상 설치할 것

구조	대상
직통계단 구조	• 개수 : 바닥면적이 1,000m² 이상인 층에는 피난층 또는 지상으로 통하는 직통계단을 방화구획으로 구획되는 각 부분마다 1개소 이상 설치 • 구조 : 피난계단 또는 특별피난계단의 구조
환기설비	거실의 바닥면적의 합계가 1,000m² 이상인 층
급수전	지하층의 바닥면적이 300m² 이상인 층에는 식수공급을 위한 급수전을 1개소 이상 설치

3. 비상탈출구의 구조

구조도	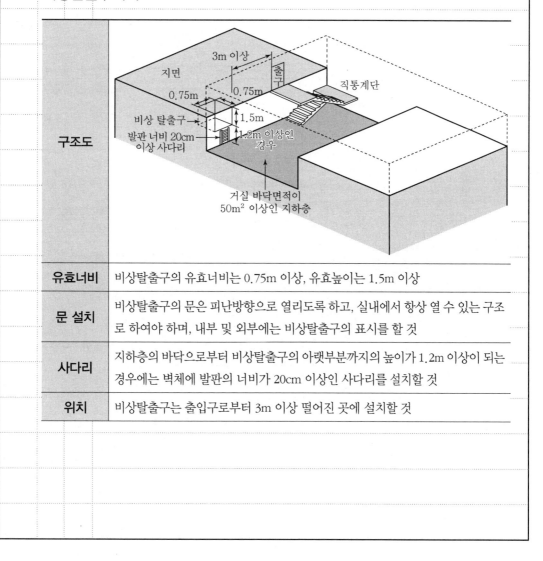
유효너비	비상탈출구의 유효너비는 0.75m 이상, 유효높이는 1.5m 이상
문 설치	비상탈출구의 문은 피난방향으로 열리도록 하고, 실내에서 항상 열 수 있는 구조로 하여야 하며, 내부 및 외부에는 비상탈출구의 표시를 할 것
사다리	지하층의 바닥으로부터 비상탈출구의 아랫부분까지의 높이가 1.2m 이상이 되는 경우에는 벽체에 발판의 너비가 20cm 이상인 사다리를 설치할 것
위치	비상탈출구는 출입구로부터 3m 이상 떨어진 곳에 설치할 것

연계 및 마감	• 비상탈출구는 피난층 또는 지상으로 통하는 복도나 직통계단에 직접 접하거나 통로 등으로 연결될 수 있도록 설치할 것 • 피난층 또는 지상으로 통하는 복도나 직통계단까지 이르는 피난통로의 유효너비는 0.75m 이상으로 하고, 피난통로의 실내에 접하는 부분의 마감과 그 바탕은 불연재료로 할 것 • 비상탈출구의 진입부분 및 피난통로에는 통행에 지장이 있는 물건을 방치하거나 시설물을 설치하지 아니할 것	
소방법령	비상탈출구의 유도등과 피난통로의 비상조명등의 설치는 소방법령이 정하는 바에 의할 것	

"끝"

1. 문제

프로판의 연소식을 적고 화학양론조성비, 연소상한계(UFL), 연소하한계(LFL), 최소산소농도(MOC)를 구하고 각각의 의미를 설명하시오.

2. 시험지에 번호 표기

프로판의 연소식(1)을 적고 **화학양론조성비(2)**, **연소상한계(UFL)(3)**, **연소하한계(LFL)(3)**, **최소산소농도(MOC)(4)**를 구하고 각각의 의미를 설명하시오.

> **Tip** 지문 5개를 순서대로 적으시면 됩니다. 출제자가 의미를 물어봤으니 얼마나 수험자가 이해하고 있느냐까지 물어본 문제입니다.

3. 실제 답안지에 작성해보기

문 2-6) 화학양론조성비, 연소상한계, 연소하한계, 최소산소농도를 구하고 의미를 설명

1. 프로판의 연소식

구분	내용
연소식	$C_3H_8 + 5O_2 \rightarrow 3CO_2 + 4H_2O$
설명	프로판의 1몰이 완전 연소하기 위해서는 5몰의 산소가 필요하고 반응 후 3몰의 이산화탄소, 4몰의 수증기가 발생됨
적용	화학양론조성비, 연소범위(연소상한계, 하한계) 최소산소농도를 구할 수 있음

2. 화학양론조성비

개념도	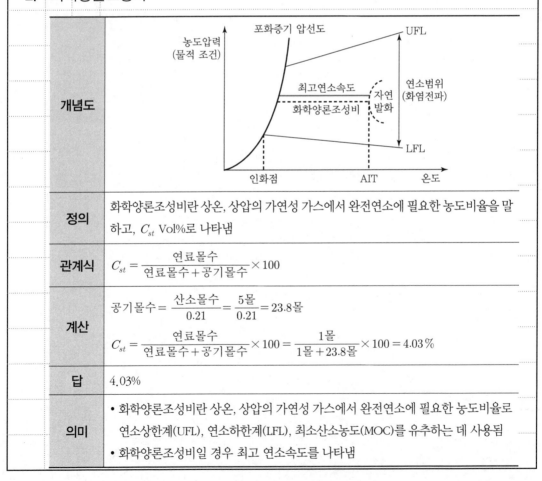
정의	화학양론조성비란 상온, 상압의 가연성 가스에서 완전연소에 필요한 농도비율을 말하고, C_{st} Vol%로 나타냄
관계식	$C_{st} = \dfrac{연료몰수}{연료몰수 + 공기몰수} \times 100$
계산	공기몰수 $= \dfrac{산소몰수}{0.21} = \dfrac{5몰}{0.21} = 23.8몰$ $C_{st} = \dfrac{연료몰수}{연료몰수 + 공기몰수} \times 100 = \dfrac{1몰}{1몰 + 23.8몰} \times 100 = 4.03\%$
답	4.03%
의미	• 화학양론조성비란 상온, 상압의 가연성 가스에서 완전연소에 필요한 농도비율로 연소상한계(UFL), 연소하한계(LFL), 최소산소농도(MOC)를 유추하는 데 사용됨 • 화학양론조성비일 경우 최고 연소속도를 나타냄

3. 연소상한계(UFL), 연소하한계(LFL)

구분	연소상한계	연소하한계
관계식	$UFL = 3.5\,C_{st} = 3.5 \times 4.03 = 14.105$	$LFL = 0.55\,C_{st} = 0.55 \times 4.03 = 2.217$
답	14.015	2.217
의미	• 공기 중에서 가장 높은 농도에서 연소할 수 있는 부피 • 지연성 가스는 적고, 가연성 가스는 많은 상태를 말하고, 그 이상에서는 연소할 수 없는 한계치가 됨 • 가연물의 최대용량비	• 공기 중 가장 낮은 농도에서 연소할 수 있는 부피 • 지연성 가스는 많고, 가연성 가스는 적은 상태를 말하고, 그 이하에서는 연소할 수 없는 한계치가 됨 • 가연물의 최저용량비

4. 최저산소농도(MOC)

정의	MOC(Minimuam Oxygen Consitency)란 예혼합(공기와 가연물이 미리 혼합) 연소에서 화염을 전파하기 위한 최소산소농도로 연소를 지속하기 위한 산소의 최저 농도
관계식	$MOC = LFL \times \dfrac{O_2 몰수}{연료몰수} = 2.217 \times 5\,(O_2 몰수/연료몰수) = 11.085\,\%$
답	11.086%
의미	• MOC 이하의 산소농도에서는 화염의 자력전파가 불가능하며, 이를 불활성화라고 함 • 불활성화는 화재나 폭발을 방지하기 위하여 가연성 가스 농도에 관계없이 불활성 가스를 투입하여 MOC 이하로 산소농도를 유지시키는 것으로 불활성 공정의 기초가 됨

"끝"

1. 문제

건축물 실내 내장재의 방염의 원리 · 방염대상물품 · 방염성능기준과 방염의 문제점 및 해결방안에 대하여 설명하시오.

2. 시험지에 번호 표기

건축물 실내 내장재(1)의 방염의 원리(2) · 방염대상물품(3) · 방염성능기준(4)과 방염의 문제점 및 해결방안(5)에 대하여 설명하시오.

Tip 지문이 5개이므로 분량에 신경쓰면서 그림과 표를 이용한 답안을 작성합니다.

3. 실제 답안지에 작성해보기

문 3-1) 건축물 실내 내장재의 방염의 원리 · 방염대상물품 · 방염성능 기준과 방염의 문제점 및 해결방안

1. 개요

1) 개요도

온도	초기화재 단계	눈에 보이는 단계	화염발생 단계	격렬한 열발생 단계	최대 열방출 단계	열소멸 단계
	착화			F·O	시간	

단계	초기	성장기		최성기(번성기)	감쇠기
연소의 진행특성	연료의 가열	연료 지배형 화재		환기 지배형 화재	연료 지배형 화재
인간의 대응특성	발화방지	수동조작 진화시도, 피난		사망(화재실외 사람 피난)	사망
화재의 동적 방호	−	자동소화설비 또는 소방대의 진화		소방대의 진화	소방대의 진화
화재의 정적 방호	가연물의 처리 (난연, 방염)	가연물의 난연, 방염처리, 화재하중의 완화		건축구조재의 내화성 부여, 방화구획, 건축물의 붕괴방지	
화재감지	징후 감지기	연기 감지기	불꽃 감지기	열 감지기	연기, 화염 분출로 화재상황 감지	

2) 방염 의의 : 화재 시 발화를 지연하거나 예방하기 위해 방염 또는 난연화 실시

2. 방염의 원리

피복이론	방염가공제의 용융 흡착으로 막형성 시 산소공급 차단
가스이론	불활성가스 첨가 및 발생 이용
열적 이론	방염가공제의 용융이나 승화 시에 흡열적인 상변화에 따른 열에너지의 소비
화학적 이론	방염가공제로 발생한 이온들로 인한 연쇄반응 억제

3. 방염대상물품

제조/가공 공정에서 방염처리를 물품	건축물내부에 부착 · 설치하는 물품
• 커튼, 블라인드 • 카펫 • 벽지류(두께 2mm 미만인 종이벽지 제외) • 전시용 또는 무대용 합판, 목재, 섬유판 • 암막, 무대막(영화관 스크린 등) • 섬유류 또는 합성수지류 등을 원료로 한 소파, 의자(단란주점, 유흥주점, 노래연습장의 영업장에 설치하는 것)	• 종이류(두께 2mm 이상), 합성수지류 또는 섬유류를 주원료로 한 물품 • 합판이나 목재 • 공간을 구획하기 위해 설치하는 간이 칸막이(이동가능 벽체나 천장까지 구획하지 않는 벽체) • 흡음을 위해 설치하는 흡음재(흡음용 커튼 포함) • 방음을 위해 설치하는 방음재(방음용 커튼 포함)

4. 방염성능기준

구분	성능기준
잔염시간	버너의 불꽃을 제거한 때부터 불꽃을 올리며 연소하는 상태가 그칠 때까지 시간은 20초 이내
잔신시간	버너의 불꽃을 제거한 때부터 불꽃을 올리지 아니하고 연소하는 상태가 그칠 때까지 시간은 30초 이내
탄화 면적	50cm² 이내
탄화 길이	20cm 이내
접염횟수	불꽃에 의하여 완전히 녹을 때까지 불꽃의 접촉횟수는 3회 이상
발연량	최대연기밀도 400 이하

5. 방염의 문제점 및 해결방안

방염 절차도	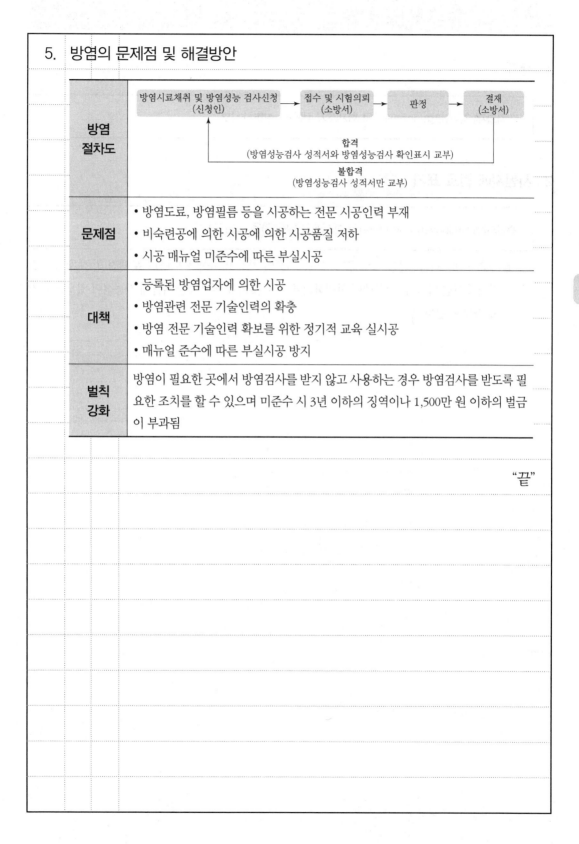
문제점	• 방염도료, 방염필름 등을 시공하는 전문 시공인력 부재 • 비숙련공에 의한 시공에 의한 시공품질 저하 • 시공 매뉴얼 미준수에 따른 부실시공
대책	• 등록된 방염업자에 의한 시공 • 방염관련 전문 기술인력의 확충 • 방염 전문 기술인력 확보를 위한 정기적 교육 실시공 • 매뉴얼 준수에 따른 부실시공 방지
벌칙 강화	방염이 필요한 곳에서 방염검사를 받지 않고 사용하는 경우 방염검사를 받도록 필요한 조치를 할 수 있으며 미준수 시 3년 이하의 징역이나 1,500만 원 이하의 벌금이 부과됨

"끝"

1. 문제

수렴화재(Convergence Fire)의 화재조사 내용을 설명하시오.

2. 시험지에 번호 표기

수렴화재(1)(Convergence Fire)의 화재조사 내용(2)을 설명하시오.

Tip 개요 – 메커니즘, 원인 – 화재조사 내용(내용이 가장 많아야 합니다) – 문제점 및 대책 순으로
정리하시면 됩니다. 수험생이 선택하기에 쉽지 않은 문제이지만 재출제 가능성이 있으므로 알
고 가도록 합니다.

3. 실제 답안지에 작성해보기

문 3－2) 수렴화재(Convergence Fire)의 화재조사 내용을 설명

1. 정의

투명 용기, 물이 담긴 PET(Poly Ethylene Terephthalate)병 등 혹은 고층건물 외벽 유리창 등 오목면상의 물체를 매개체로 태양 광선이 굴절 또는 반사할 때 열에너지에 의해 출화하는 현상을 수렴화재(收斂火災)라 함

2. 메커니즘

개념도

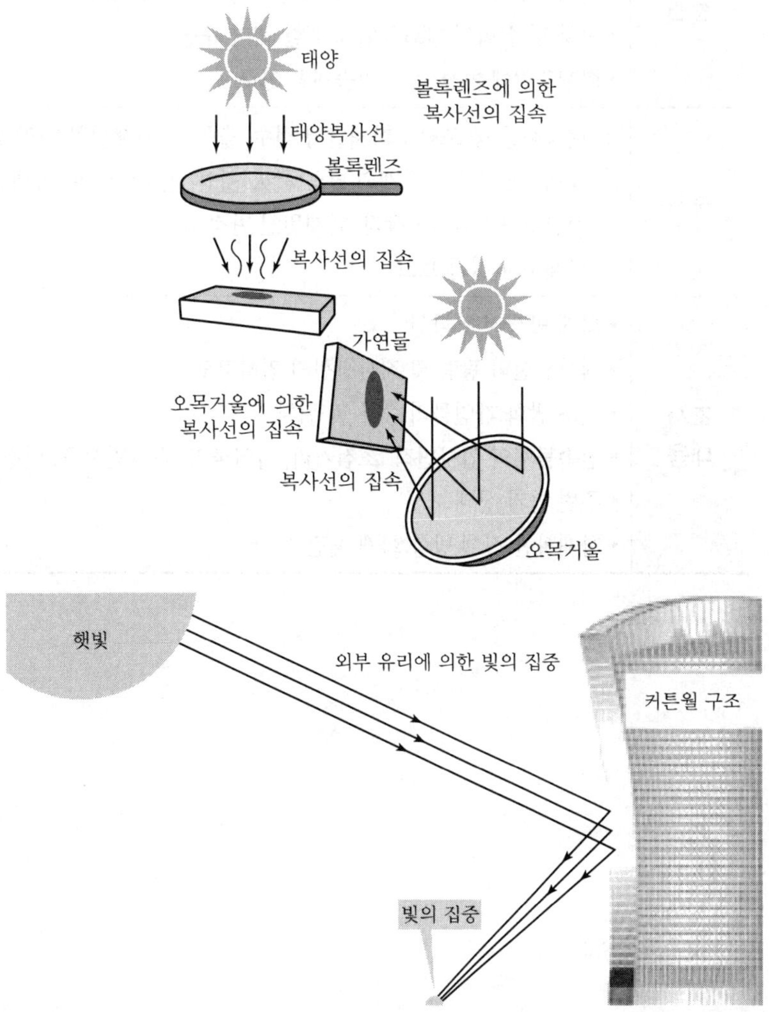

메커니즘	태양광입사 → 유리병, 건물외벽 빛 반사, 투과 → 가연물 온도상승 → 가연물 산화반응 → 온도상승 가속 → 발화점 → 발화
문제점	• 태양광에 의한 화재 사례는 매우 드물게 발생하며 설사 발생하였다고 해도 그것을 원인으로 판단할 만한 지표들을 남기지 않으므로 화재조사 시에 발화원인으로서 지목되는 경우는 희박함 • 따라서 화재조사 발화원인 판단 시 신중함이 필요함

3. 수렴화재 조사 내용

목적	• 발화원인 및 연소확대 요인을 규명하여 화재예방을 위한 대책 수립 • 화재발생 상황, 원인 및 손해상황 등을 집계하고 통계화하여 정책 자료로 사용 • 방화 및 실화의 발화원인에 대한 책임 규명 • 화재원인에 따른 각종 기술개발 연구
순서	① 현장출동 중 조사 : 화재발생 접수, 출동 중 화재상황 파악 등 ② 화재현장 조사 : 화재의 발화(發火)원인, 연소상황 및 피해상황 조사 등 ③ 정밀조사 : 감식·감정, 화재원인 판정 등 ④ 화재조사 결과 보고
조사 내용	• 화재 발생위치 확인 • 직사광선의 광량 및 직사광선의 입사각도 • 최초 발화 가연물의 종류 및 위치 • 접속물체의 입사면적, 초점거리, 가연물의 성질(반사율, 열전도도, 입사각) • 주변 환기 상태 • 화재확산 진행 방향 화재 패턴

4. 방지대책

개념도	
방지대책	• 태양광 입사각이 큰 동절기에 발생할 여지가 큼 • 창가 또는 발코니에 무심코 방치한 생활용품 중에 물이 담긴 PET병이나 스테인리스 양푼, 거울, 장식물 등 반사되는 물건이 없는지 확인 • 곡면 형태의 반사 재질의 조형물, 건축물 근처에는 차량을 주차 금지 • 산이나 들판에 물병이나 캠핑용품들을 함부로 버리거나 방치하지 말아야 함
화재조사 시 고려사항	• 태양광의 수렴에 의한 화재 가설을 증명하기 위해서는 집속물체의 곡률반경과 최초 가연물과의 거리, 그리고 가연물의 성질에 관심을 기울여야 함 • 방화와 관련하여 태양광의 수렴화재는 예상치 못한 화재를 가장하기 위한 방법으로서 일상 속의 집속물체가 사용될 여지가 있으며, 특히 특정 건물에 침입하거나 창문을 깨지 않은 상태에서도, 건물에 접근하지 않은 상태에서도 원거리의 건물 내부에 화재를 일으킬 수 있다는 점이 방화범들에게 유용한 도구가 될 것으로 사료됨

"끝"

1. 문제

건식 유수검지장치의 작동 시 방수지연에 대하여 설명하시오.

2. 시험지에 번호 표기

건식 유수검지장치(1)의 작동 시 방수지연(2)에 대하여 설명하시오.

Tip 건식 유수검지장치의 개요에서 방수지연의 개념을 언급하고 메커니즘, 원인 및 문제점, 대책을 설명하면 됩니다.

3. 실제 답안지에 작성해보기

문 3-3) 건식 유수검지장치의 작동 시 방수지연에 대하여 설명

1. 개요

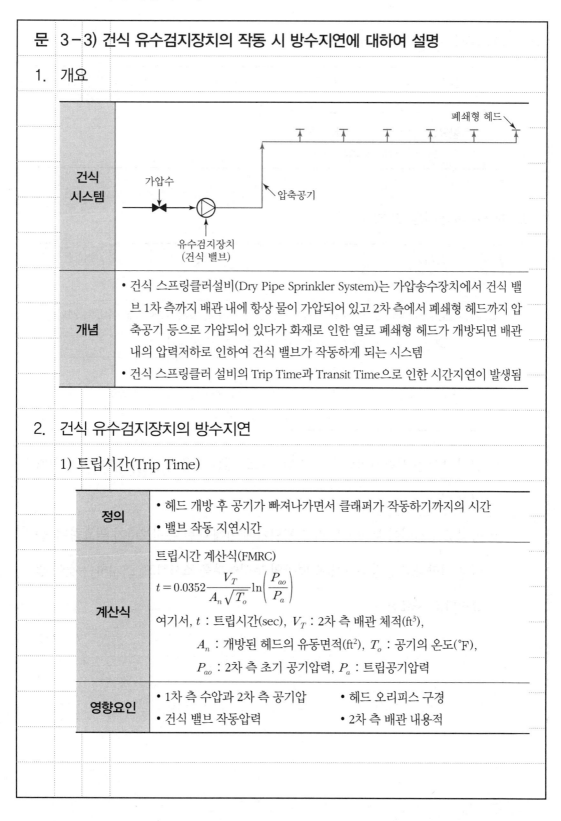

건식 시스템	(도면)
개념	• 건식 스프링클러설비(Dry Pipe Sprinkler System)는 가압송수장치에서 건식 밸브 1차 측까지 배관 내에 항상 물이 가압되어 있고 2차 측에서 폐쇄형 헤드까지 압축공기 등으로 가압되어 있다가 화재로 인한 열로 폐쇄형 헤드가 개방되면 배관 내의 압력저하로 인하여 건식 밸브가 작동하게 되는 시스템 • 건식 스프링클러 설비의 Trip Time과 Transit Time으로 인한 시간지연이 발생됨

도면 라벨: 폐쇄형 헤드, 가압수, 압축공기, 유수검지장치(건식 밸브)

2. 건식 유수검지장치의 방수지연

1) 트립시간(Trip Time)

정의	• 헤드 개방 후 공기가 빠져나가면서 클래퍼가 작동하기까지의 시간 • 밸브 작동 지연시간
계산식	트립시간 계산식(FMRC) $t = 0.0352 \dfrac{V_T}{A_n \sqrt{T_o}} \ln\left(\dfrac{P_{ao}}{P_a}\right)$ 여기서, t : 트립시간(sec), V_T : 2차 측 배관 체적(ft³), 　　　　A_n : 개방된 헤드의 유동면적(ft²), T_o : 공기의 온도(℉), 　　　　P_{ao} : 2차 측 초기 공기압력, P_a : 트립공기압력
영향요인	• 1차 측 수압과 2차 측 공기압　　• 헤드 오리피스 구경 • 건식 밸브 작동압력　　　　　　　• 2차 측 배관 내용적

2) 소화수 이송시간(Transit Time)

정의	헤드에서 규정방사압과 방수량이 방사되기까지 배관에서의 시간지연
영향요인	• 1차 측 수압과 2차 측 공기압 • 헤드 오리피스 구경 • 2차 측 배관 내용적 등

3. NFPA 제한사항 및 방지대책

제한사항	내용
2차 측 배관 내용적	• 750gallons 이내
Quick Opening Device	• 500gallons 이상 설치 (2차 측 방사시간이 1분 이내 시 제외)
배관	• 시간지연으로 인한 그리드 배관 제외
2차 측 공기압	• 저차압식 차동비 1.1 : 1 • 건식 밸브 작동압력보다 20psi(1.4bar) 높은 압력 • 공기 충전시간은 30분 이내

① 건식 밸브는 시간지연의 문제가 있으므로 배관 내용적 등을 고려하여 설치하여야 함

② 습식보다 건식이 부식이 빨리 진행되기에 이에 대한 유지보수가 필요하며, 습식을 지향하고 일정주기 내에 배관의 부식여부를 조사하고, 조치하는 것이 필요하다고 사료됨

"끝"

1. 문제

IBC(International Building Code)에서 규정하고 있는 피난로(Means of Egress) 및 피난로의 구성에 대하여 설명하시오.

2. 시험지에 번호 표기

IBC(International Building Code)(1)에서 규정하고 있는 피난로(Means of Egress)(2) 및 피난로의 구성(3)에 대하여 설명하시오.

Tip 어려운 문제이지만 기출이 되었으니 이해하고 넘어가도록 합니다.

3. 실제 답안지에 작성해보기

문 3-4) 피난로 및 피난로의 구성에 대하여 설명

1. 개요

개요	• 미국의 경우 대도시화와 산업화의 과정 중에 큰 인명피해가 발생한 화재사고를 경험하면서 건물화재 시 피난에 대한 관심을 갖고 오랫동안 제도를 개선해 왔음 • 건축물이 갈수록 대형화, 고층화되고 복잡하게 연결되는 현대사회에서, 비상시에 건물 내의 사람들이 안전하고 신속하게 외부로 이동하는 것이 중요해짐
국내	건축법의 '건축물의 피난 · 방화구조 등의 기준에 관한 규칙(이하 피난방화규칙)'에서 피난계단 등 피난안전에 관한 규정을 하고 있음
IBC CODE	• 미국의 건축법이라고 할 수 있는 IBC(International Building Code) 1)의 10장에서는 Means of Egress에 대한 규정을 통해 건축물의 피난안전을 규정하고 있음 • 미국의 방 재기관인 NFPA는 NFPA 101, Life Safety Code(인명안전코드, 이하 NFPA 101)를 제정하여 용도별로 좀더 세부적인 피난 안전대책을 제시하고 있음

2. 피난로

개념도	

개념	NFPA 101은 단순히 피난통로(Exit)뿐만 아니라 피난통로를 이동하는 피난통로 접근로(Exit Access)와 피난통로를 빠져나와 건물 외부의 안전한 공공장소까지 나가는 경로인 피난통로 탈출구(Exit Discharge)가 유기적인 조합을 이루어야 신뢰성 있는 피난로가 완성됨을 전제로 하여, Exit Access, Exit, Exit Discharge 세 가지 요소에 대해 규정함
구성	3개의 구획된 부분(피난통로 접근로, 피난통로, 피난통로 출구)으로 구성되어 방해받지 않고 계속적으로 공공도로로 피난할 수 있는 통로

3. 피난로의 구성

1) 피난통로 접근로(Exit Access)

개념도	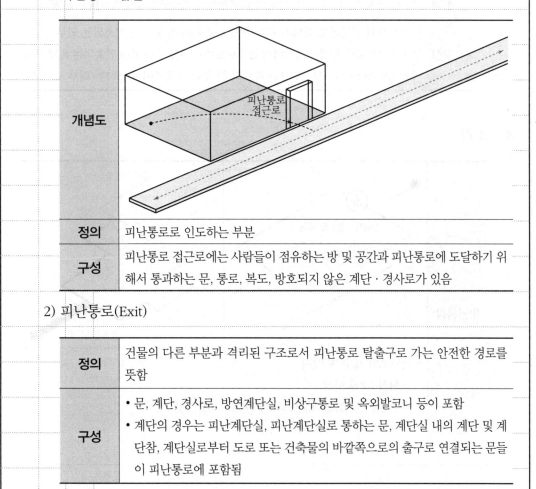
정의	피난통로로 인도하는 부분
구성	피난통로 접근로에는 사람들이 점유하는 방 및 공간과 피난통로에 도달하기 위해서 통과하는 문, 통로, 복도, 방호되지 않은 계단·경사로가 있음

2) 피난통로(Exit)

정의	건물의 다른 부분과 격리된 구조로서 피난통로 탈출구로 가는 안전한 경로를 뜻함
구성	• 문, 계단, 경사로, 방연계단실, 비상구통로 및 옥외발코니 등이 포함 • 계단의 경우는 피난계단실, 피난계단실로 통하는 문, 계단실 내의 계단 및 계단참, 계단실로부터 도로 또는 건축물의 바깥쪽으로의 출구로 연결되는 문들이 피난통로에 포함됨

3) 피난통로 탈출구(Exit Discharge)

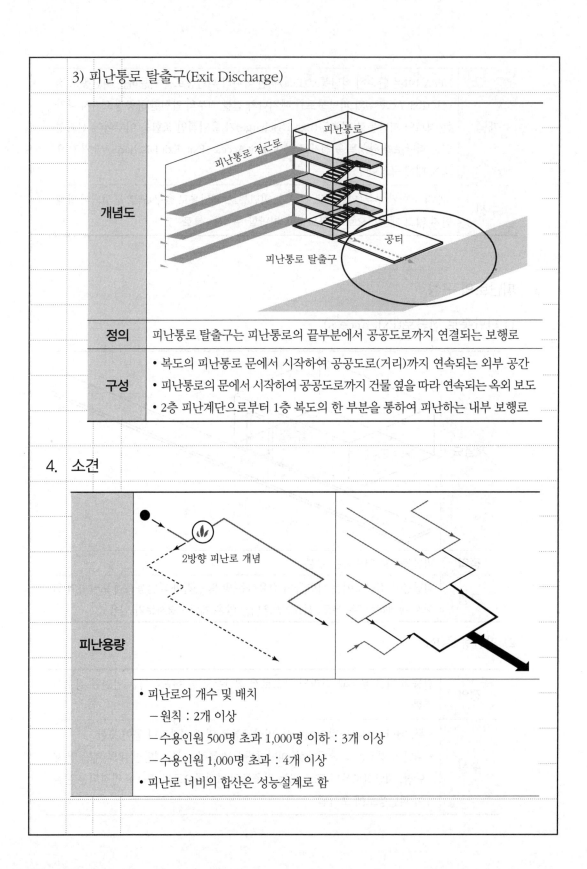

개념도	
정의	피난통로 탈출구는 피난통로의 끝부분에서 공공도로까지 연결되는 보행로
구성	• 복도의 피난통로 문에서 시작하여 공공도로(거리)까지 연속되는 외부 공간 • 피난통로의 문에서 시작하여 공공도로까지 건물 옆을 따라 연속되는 옥외 보도 • 2층 피난계단으로부터 1층 복도의 한 부분을 통하여 피난하는 내부 보행로

4. 소견

피난용량	

	• 피난로의 개수 및 배치
	  − 원칙 : 2개 이상
	  − 수용인원 500명 초과 1,000명 이하 : 3개 이상
	  − 수용인원 1,000명 초과 : 4개 이상
	• 피난로 너비의 합산은 성능설계로 함

보호	• 피난통로 접근로 보호 　30명을 초과하는 인원을 수용할 수 있는 공간을 위해 사용되는 것으로서 피난통로 접근로로 사용되는 복도는 내화성능 1시간 이상의 벽(비내력 방화벽)으로 건물의 다른 부분으로부터 구획해야 함 • 피난통로(Exit)의 보호 　−3개 이하의 층을 연결하는 피난통로 방화구획의 내화성능은 1시간 이상 　−4개 이상의 층을 연결하는 피난통로 방화구획의 내화성능은 2시간 이상
보행거리 제한	막다른 복도(Dead End), 공통 경로(Common Path), 피난통로(Exit)까지의 보행거리(Travel Distance) 등은 피난 시 인명안전에 큰 영향을 끼치므로 길이를 제한하고 있음(단, 스프링클러가 설치되는 경우 제한 완화 가능)

"끝"

1. 문제

> 에너지저장시스템(ESS : Energy Storage System)의 안전관리상 주요 확인사항과 리튬이온 ESS
> 의 적응성 소화설비에 대하여 설명하시오.

2. 시험지에 번호 표기

> 에너지저장시스템(1)(ESS : Energy Storage System)의 **안전관리상 주요 확인사항(2)**과 **리튬이온
> ESS의 적응성 소화설비(3)**에 대하여 설명하시오.

Tip 개요에서 ESS 및 구성을 설명하고 이를 유지관리하기 위한 안전관리상 주요 확인 사항을 설명
합니다. 그리고 리튬이온 배터리 ESS의 특징을 설명하여 거기에 맞는 소화설비를 설치하여야
한다는 순서로 나아가면 완벽한 답안이 됩니다.

3. 실제 답안지에 작성해보기

문 3-5)	안전관리상 주요 확인사항과 리튬이온 ESS의 적응성 소화설비에 대하여 설명

1. 개요

개념도	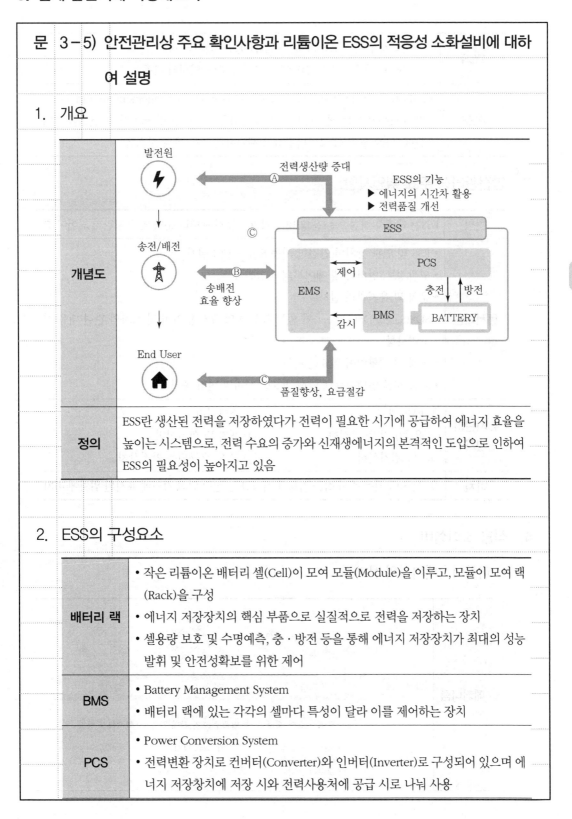
정의	ESS란 생산된 전력을 저장하였다가 전력이 필요한 시기에 공급하여 에너지 효율을 높이는 시스템으로, 전력 수요의 증가와 신재생에너지의 본격적인 도입으로 인하여 ESS의 필요성이 높아지고 있음

2. ESS의 구성요소

배터리 랙	• 작은 리튬이온 배터리 셀(Cell)이 모여 모듈(Module)을 이루고, 모듈이 모여 랙(Rack)을 구성 • 에너지 저장장치의 핵심 부품으로 실질적으로 전력을 저장하는 장치 • 셀용량 보호 및 수명예측, 충·방전 등을 통해 에너지 저장장치가 최대의 성능 발휘 및 안전성확보를 위한 제어
BMS	• Battery Management System • 배터리 랙에 있는 각각의 셀마다 특성이 달라 이를 제어하는 장치
PCS	• Power Conversion System • 전력변환 장치로 컨버터(Converter)와 인버터(Inverter)로 구성되어 있으며 에너지 저장창치에 저장 시와 전력사용처에 공급 시로 나눠 사용

PCS	– 전력저장 시 : 교류(AC) → 직류(DC) – 컨버터 사용 – 사용처 공급 시 : 직류(DC) → 교류(AC) – 인버터 사용
EMS	• EMS(Energy Management System), PMS(Power Management System) • EMS 또는 PMS는 배터리 및 PCS의 상태를 모니터링 및 제어하고, 컨트롤 센터 등에서 ESS를 통합 모니터링하고 제어하기 위한 운영 시스템

3. 안전관리상 주요 확인사항

원칙	ESS는 제조사 지침 또는 운영 및 유지관리 문서에 따라 운영 및 유지관리 되어야 함
문서내용	• ESS 및 연관 장치의 안전한 시동(Start – Up) 절차 • 연관정보, 인터락 및 제어부의 시험절차 • 운영 및 유지관리 절차 • SDS(Safety Data Sheet)가 없는 경우 이와 유사한 안전 및 소화와 관련 대응 시 고려사항 • 변경 시 재확인이 필요한 사항 • 기술 서류 업데이트로 인해 필요한 설비의 변경 통지
유지관리 절차	① EMS 관리 ② 소화설비 ③ 유출방지 및 중성화 ④ 배기 및 환기설비 ⑤ 가스검지설비 ⑥ 그 외 요구되는 안전장치
비치	유지관리문서는 즉시 접근 가능한 지역 또는 설비 인접 지역에 표시된 위치에 비치

4. 적응 소화설비

1) 리튬이온배터리의 문제점

메커니즘	

원인	• 배터리 화재는 크게 외부 가열에 의한 과열과 과충전 두 가지 원인에 의해 발생 • 기상 조건, ESS 시스템 내부 냉각장치 오작동 등 다양한 원인에 의해 배터리 외부 열원에 의해 배터리의 온도가 증가함 • 한 셀의 온도증가 및 훼손이 전체 배터리로 확산하는 열폭주로 이어짐

2) 적응 소화설비

환기, 감시장치	• 환기설비를 설치하여 배터리 온도상승 방지 • 온도감시장치 설치로 온도상승 시 충, 방전 OFF
수계 설비	• 스프링클러소화설비를 설치하는 경우 최소 방사밀도는 12.2LPM/m²(12.2 mm/min) 이상으로 하되 실제규모 화재시험에 따라서 변경될 수 있음 • 하부스프링클러 설비로 배터리에 직접적으로 소화수가 방사될 수 있게 설치 • 포소화설비를 설치하는 경우 포약제는 ESS의 열폭주를 일으키는 온도와 가연물이 있는 경우 가연물의 자연발화온도보다 낮아지도록 해야 함 • 옥내소화전설비 설치
가스계 설비	• 전역방출방식의 가스계 소화설비는 가연물의 소화에 필요한 농도와 ESS의 배열 또는 배치형태를 고려하여 설계해야 함 • 전역방출방식의 가스계 소화설비는 설계농도를 충분한 시간동안 유지하여 화재를 진압하고, ESS의 열폭주를 일으키는 온도와 가연물이 있는 경우 가연물의 자연발화온도보다 낮아지도록 해야 함

"끝"

1. 문제

> 「소방기본법」에서 규정하고 있는 화재예방을 위하여 불의 사용에 있어서 지켜야 할 사항 중 일반음
> 식점에서 조리를 위하여 불을 사용하는 설비와 보일러 설비에 대하여 설명하시오.

Tip 시사성 있는 문제로서, 법 개정 시 혹은 법 개정 전 수험자가 알고 있는지 묻는 문제입니다. 평
상시 개정예고 혹은 변경된 법은 한번씩 정리해 두도록 합니다.

1. 문제

> 열전달 메커니즘(Mechanism)에 대하여 설명하시오.

2. 시험지에 번호 표기

> 열전달(1) 메커니즘(Mechanism)(2)에 대하여 설명하시오.

Tip 개요-메커니즘-문제점-대책 순으로 전개해야 합니다.

3. 실제 답안지에 작성해보기

문 4-1) 열전달 메커니즘(Mechanism)에 대하여 설명

1. 개요

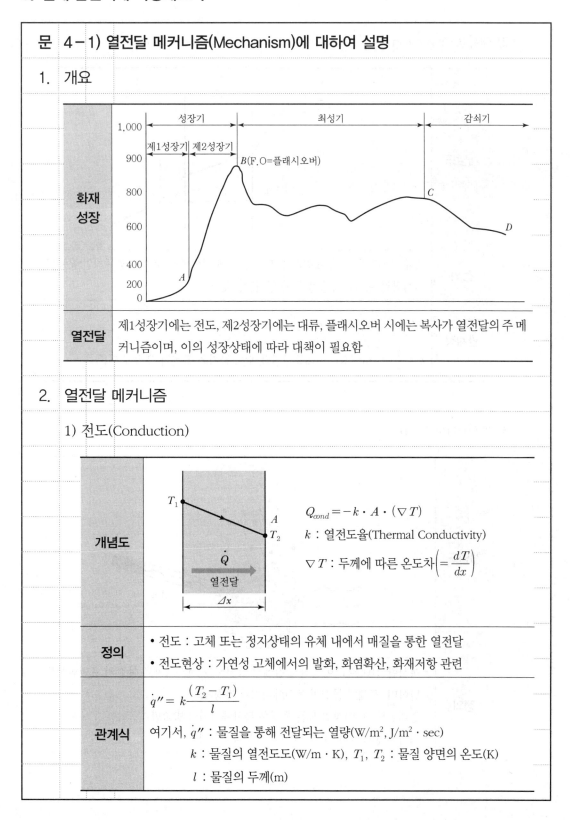

화재 성장	(그래프: 성장기 - 제1성장기 A, 제2성장기 / 최성기 B(F.O=플래시오버), C / 감쇠기 D)
열전달	제1성장기에는 전도, 제2성장기에는 대류, 플래시오버 시에는 복사가 열전달의 주 메커니즘이며, 이의 성장상태에 따라 대책이 필요함

2. 열전달 메커니즘

1) 전도(Conduction)

개념도	(개념도) $Q_{cond} = -k \cdot A \cdot (\nabla T)$ k : 열전도율(Thermal Conductivity) ∇T : 두께에 따른 온도차$\left(= \dfrac{dT}{dx}\right)$
정의	• 전도 : 고체 또는 정지상태의 유체 내에서 매질을 통한 열전달 • 전도현상 : 가연성 고체에서의 발화, 화염확산, 화재저항 관련
관계식	$\dot{q}'' = k \dfrac{(T_2 - T_1)}{l}$ 여기서, $\dot{q}''$: 물질을 통해 전달되는 열량(W/m², J/m² · sec) k : 물질의 열전도도(W/m · K), T_1, T_2 : 물질 양면의 온도(K) l : 물질의 두께(m)

2) 대류(Convection)

개념도	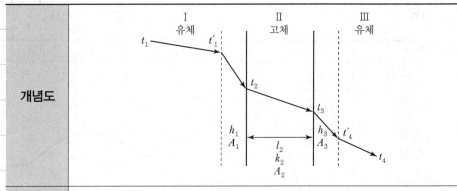
정의	대류 열전달은 고체 표면과 움직이는 유체 사이에서 분자의 불규칙한 운동과 거시적인 유체의 유동을 통한 열전달을 말함
관계식	$\dot{q}'' = k\dfrac{(T_2 - T_1)}{l} = h(T_2 - T_1)$ $h = \dfrac{k}{l}\,(\mathrm{W/m^2 \cdot K}) \rightarrow$ 대류열전달계수, 공기의 특성과 유속에 의존

3) 복사(Radiation)

개념도	 대류 열 전도 복사
정의	• 복사란 절대온도 이상의 물질에서 방사하는 전자기파로 물질의 표면현상을 말하며, 흑체인 물질이 복사에너지가 가장 큼 • 절대온도 0K 이상인 모든 물질은 복사에너지를 방출함 • 입사된 총에너지(1) = 흡수율 + 반사율 + 투과율

| 관계식 | • Stefan $-$ Boltzmann의 법칙

$\dot{q}'' = \varepsilon\,\sigma\,T^4$

여기서, σ : 스테판$-$볼츠만 계수 $5.67 \times 10^{-8}(\text{W/m}^2 \cdot \text{K}^4)$

• 흑체의 복사에너지는 복사 최댓값으로 절대온도의 4승에 비례함 |

4. 구획실 화재에서의 대책

단계	초기	성장기	최성기(번성기)	감쇠기
연소의 진행특성	연료의 가열	연료 지배형 화재	환기 지배형 화재	연료 지배형 화재
인간의 대응특성	발화방지	수동조작 진화시도, 피난	사망(화재실외 사람 피난)	사망
화재의 동적 방호	−	자동소화설비 또는 소방대의 진화	소방대의 진화	소방대의 진화
화재의 정적 방호	가연물의 처리 (난연, 방염)	가연물의 난연, 방염처리, 화재하중의 완화	건축구조재의 내화성 부여, 방화구획, 건축물의 붕괴방지	
화재감지	징후 감지기	연기 감지기	불꽃 감지기	열 감지기	연기, 화염 분출로 화재상황 감지	

구분	관계식	파라m	대책
전도열전달	$\dot{q}'' = \dfrac{k}{l}\,\Delta T$	전도열전달계수 : k (물질의 고유 성질)	방염, 내화성능 공기흡입형 감지기 등
대류열전달	$\dot{q}'' = h\,\Delta T$	대류열전달계수 : h (유체의 상황)	자동식 소화설비 제연설비
복사열전달	$\dot{q}'' = \sigma\,T^4$	스테판−볼츠만상수 : σ (물체 표면 특성)	자동식 소화설비 제연설비

"끝"

1. 문제

> 건축법에서 아파트 발코니의 대피공간 설치 제외기준과 관련하여 다음 내용을 설명하시오.
>
> (1) 대피공간 설치 제외기준
>
> (2) 하향식 피난구 설치기준
>
> (3) 하향식 피난구 설치에 따른 화재안전기준의 피난기구 설치관계

2. 시험지에 번호 표기

> 건축법에서 아파트 발코니의 대피공간(1) 설치 제외기준과 관련하여 다음 내용을 설명하시오.
>
> (1) 대피공간 설치 제외기준(2)
>
> (2) 하향식 피난구 설치기준(3)
>
> (3) 하향식 피난구 설치에 따른 화재안전기준의 피난기구 설치관계(4)

Tip 법 문제에 소견을 굳이 쓸 필요가 있을까? 라고 생각하실 수 있지만 무조건 소견을 쓰시고 자신의 의견을 피력하셔야 합니다. 그것이 차별화이고 채점자에게 어필할 수 있는 방법입니다.

3. 실제 답안지에 작성해보기

문 4-2) 건축법에서 아파트 발코니의 대피공간 설치 제외기준

1. 개요

대피공간	화재 시 인명대피를 위하여 각 층마다 설치되어 있는 방화구획된 공간
필요성	공동주택에서는 양방향 피난의 수단으로 계단의 설치가 어려울 경우 대신하여 대피공간을 설치하며, 대피공간을 확보하기 어려울 경우 대체수단으로 피난의 신뢰성을 확보하고 있다.
개념도	
대피공간 설치기준	• 대피공간은 바깥의 공기와 접할 것 • 대피공간은 실내의 다른 부분과 방화구획으로 구획될 것 • 대피공간의 바닥면적은 인접 세대와 공동으로 설치하는 경우에는 3m² 이상, 각 세대별로 설치하는 경우에는 2m² 이상일 것 • 국토교통부장관이 정하는 기준에 적합할 것

2. 대피설치 제외기준

아파트의 4층 이상인 층에서 발코니에 다음 각 호의 어느 하나에 해당하는 구조 또는 시설을 설치한 경우에는 대피공간을 설치하지 아니할 수 있다.

① 인접 세대와의 경계벽이 파괴하기 쉬운 경량구조 등인 경우

② 경계벽에 피난구를 설치한 경우

③ 발코니의 바닥에 국토교통부령으로 정하는 하향식 피난구를 설치한 경우

④ 국토교통부장관이 중앙건축위원회의 심의를 거쳐 대피공간과 동일하거나 그 이상의 성능이 있다고 인정하여 고시하는 구조 또는 시설을 설치한 경우

3. 하향식 피난구 설치기준

덮개	피난구의 덮개는 비차열 1시간 이상의 내화성능을 가져야 하며, 피난구의 유효 개구부 규격은 직경 60cm 이상일 것
아래층 구조	아래층에서는 바로 위층의 피난구를 열 수 없는 구조일 것
상하층 간격	상층·하층 간 피난구의 설치위치는 수직방향 간격을 15cm 이상 띄어서 설치
사다리	사다리는 바로 아래층의 바닥면으로부터 50cm 이하까지 내려오는 길이
경보, 조명	• 덮개가 개방될 경우에는 건축물관리시스템 등을 통하여 경보음이 울리는 구조 • 난구가 있는 곳에는 예비전원에 의한 조명설비를 설치

4. 하향식 피난구 설치에 따른 화재안전기준의 피난기구 설치관계

건축법	소방법
• 하향식 피난구 설치 시 건축법규를 적용하여 사다리 등을 설치하므로 화재안전기준의 피난기구와는 무관하게 설치됨 • 11층 이상에서도 설치 가능 • 2개의 직통계단을 사용할 수 있으면 층수에 관계없이 설치하지 않음	• 화재안전기준에 의한 3층부터 10층까지 피난기구를 설치하여야 함 • 10층 이하에는 절대적으로 화재안전기준에 의한 설치가 필요함 • 직통계단과는 관계가 없음

5. 소견

Active 보완	• 스프링클러 설치 : 대피공간이나 하향식 피난구를 보호하기 위한 스프링클러설비의 살수범위에 포함 • 자동화재탐지설비 : 가연물이 없는 공간 등 발코니에 사전 설치
Passive 보완	• 수평피난대책 : 하향식 피난구 및 대피공간을 설치 시 완충지역을 확보하기 위해 발코니 안을 방화구획하여 대피공간이나 하향식 피난구의 경로로 확보함 • 수직피난대책 : 화재 시 아랫세대로 피난할 수 있는 피난구 설치 시 노약자를 위한 안전장치를 설치하도록 함

"끝"

1. 문제

아래와 같이 특정소방대상물에 주어진 조건으로 「화재예방, 소방시설 설치·유지 및 안전관리에 관한 법률」에 따라 적용하여야 할 소방시설(법적기준 포함)을 설명하시오.

〈조건〉
1) 용도 : 지하층 – 주차장, 지상1~2층 – 근린생활시설, 지상3~15층 – 오피스텔
2) 연면적 : 18,000m²(각층 바닥면적 : 1,000m²이며, 지하3층 전기실 : 290m²)
3) 층수 : 지하3층, 지상15층
4) 층고 : 지하전층 15m, 지상1~15층 60m
5) 구조 : 철근, 철골 콘크리트조
6) 특별피난계단 2개소 및 비상용 승강기 승강장 1개소
7) 지상층은 유창층이며, 특수가연물 해당 없음
8) 소방시설 설치의 면제기준 중 소방전기설비는 비상경보설비 또는 단독경보형 감지기만 대체 설비 적용하며, 기타설비는 적용하지 않음(소방기계설비는 적용)

Tip 수험생이 선택하기에 쉽지 않은 문제입니다. 다음을 참고하도록 합니다.

[참고]

설비명		법적시설기준	설치대상
		관련내용	
소화 설비	소화기	연면적 33m² 이상인 것	전층 및 각 실
		EPS, TPS 등	해당 구역
	옥내소화전	연면적 3천m² 이상인 것	전층
	스프링클러	– 복합건축물 – 바닥면적의 합계가 5천m² 이상인 것	전층
	물분무 등	차고 또는 주차장 용도 바닥면적 200m² 이상인 것	주차장 (스프링클러 대체)
경보 설비	자동화재탐지 설비	복합건축물로서 연면적 600m² 이상인 것	전층
	비상 방송 설비	– 연면적 3천5백m² 이상인 것 – 지하층을 제외한 층수가 11층 이상인 것 – 지하층의 층수가 3층 이상인 것	전층
	시각 경보기	업무시설, 근린생활시설	해당 층

설비명		법적시설기준	설치대상
		관련내용	
소화용수설비	상수도소화용수	연면적 5,000m² 이상인 것	옥외
피난구조설비	피난기구	모든 대상물 적용	지상 3~10층
	유도등	모든 대상물 적용	전층
	비상조명설비	지하층 포함한 층수가 5층 이상이고 연면적 3,000m² 이상인 것	전층
소화활동설비	부속실 제연	특별피난계단 또는 비상용 승강기의 승강장	전층
	연결 송수관	층수가 5층 이상이고, 연면적 6,000m² 이상인 것	피난층을 제외한 전층
	비상콘센트설비	층수가 11층 이상인 경우	11층 이상의 층
		지하층의 층수가 3층 이상이고 지하층의 바닥면적의 합계가 1천m² 이상인 것	지하층 모든 층
	무선통신설비	−지하층의 바닥면적의 합계가 3천m² 이상인 것 −지하층의 층수가 3층 이상이고 지하층의 바닥면적의 합계가 1천m² 이상인 것	지하층 모든 층

118회 4교시 4번

1. 문제

차압식 유량계의 유속측정 원리에 대하여 식을 유도하고 설명하시오.

2. 시험지에 번호 표기

차압식 유량계(1)의 유속측정 원리에 대하여 식을 유도(2)하고 설명하시오.

Tip 유도문제, 계산문제 모두 고득점을 받을 수 있는 문제입니다. 계산문제는 외우고 나서 이해하시면 됩니다. 이 문제의 경우 차압식 유량계 말고도 다른 유량계 형식도 알고 있지만 특히나 차압식 유량계의 원리에 대해서 잘 알고 있다고 어필하여야 합니다.

3. 실제 답안지에 작성해보기

문 4-4) 차압식 유량계의 유속측정 원리에 대하여 식을 유도하고 설명

1. 개요

정의	• 유량계는 기체나 액체의 유량을 측정하는 계기 • 수계 시스템 소화설비의 경우 성능시험배관 직관부에 설치되어 유량의 적정성 및 펌프의 성능을 확인하는 역할을 함			
유량계 종류	**종류**		**개념**	**동작원리**	**특징**
	차압식		• 관로에 오리피스, 벤투리, 플로우노즐 설치 • 전후 발생되는 압력차로 유량측정	$\triangle Q = A \times \sqrt{\dfrac{2g \times \triangle P}{\gamma}}$	• 가격저렴 • 정확도가 낮음 • 직관거리가 긺 • 소용량에 적당
	면적식		플로트 이용하여 단면적의 변화, 움직이는 플로트의 위치를 측정	$\triangle Q = \triangle A \times V$	• 가격저렴 • 정확도가 낮음 • 직관부 불필요
	유속식	터빈식	회전축이 회전하며 회전수를 측정하여 유량측정	$Q = k \times w$ k : 비례정수 w : 로타회전수	• 소형으로 대용량 측정 • 정확도가 뛰어남 • 직관부 불필요
		전자식	유체의 흐름으로 유도된 전압을 아날로그 또는 디지털 신호로 변환	$Q = k \times e$ k : 비례정수 e : 발생기전력	• 압력손실 없음 • 정확도가 뛰어남
	용적식		• Meter의 유입구, 유출구 차압에 의해 회전차 • 회전 시 회전수를 측정	$Q = K \times N$	• 가격고가 • 정확도가 높음 • 구조가 복잡 • 직관부 불필요
소방적용	• 차압식 유량계는 오리피스형과 벤투리형이 있음 • 신뢰성은 벤투리형 높으나 소방에서는 대부분 오리피스형을 사용하고 있음			

2. 유속측정 원리

1) 오리피스형 유량계

개념도	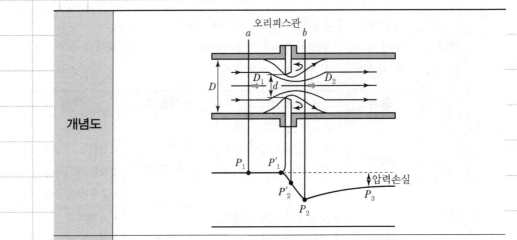
유도	① 물은 비압축성 유체로서 베르누이 원리를 이용하여 $$\frac{V_1}{2g}+Z_1+P_1=\frac{V_2}{2g}+Z_2+P_2$$ ② 위 식에서 배관에서 물이 흐르므로 $Z_1=Z_2$, $V_1 \fallingdotseq 0$이므로 식을 재정리하면 $$P_1=\frac{V_2^2}{2g}+P_2$$ ③ V_2에 대해 정리하면 ($\triangle P=P_1-P_2$, $\gamma=\rho g$) $$V_2=\sqrt{\left(\frac{2g}{\rho g}\times\triangle P\right)}=\sqrt{\left(\frac{2}{\rho}\times\triangle P\right)}$$

2) 벤투리형 유량계

개념도	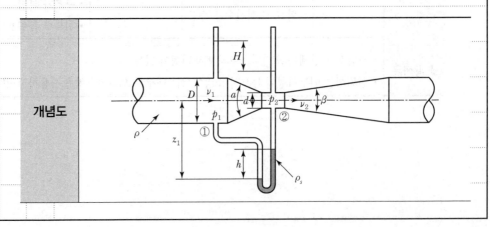

유도	① 베르누이 정리에 의하면	

<table>
<tr><td rowspan="9">유도</td><td colspan="2">① 베르누이 정리에 의하면</td></tr>
</table>

<table>
<tr>
<td rowspan="7">유도</td>
<td colspan="2">

① 베르누이 정리에 의하면

$$\frac{v^{2_1}}{2g}+\frac{P_1}{r_2}+z_1 = \frac{v^{2_2}}{2g}+\frac{P_2}{r_2}+z_2 \text{에서 } Z_1 = Z_2\text{으로}$$

$$\frac{1}{2g}\left(V_2^2 - V_1^2\right) = \frac{1}{r_2}(P_1 - P_2) \text{이며}\left(V_2^2 - V_1^2\right) = 2g\frac{P_1 - P_2}{r_2} \quad \cdots\cdots\cdots \text{①식}$$

② 연속방정식

$$Q = A_1 V_1 = A_2 V_2 \rightarrow v_1 = \left(\frac{A_2}{A_1}\right)V_2 \quad \cdots\cdots\cdots\cdots\cdots\cdots\cdots\cdots\cdots \text{②식}$$

③ ①식에 ②식을 대입하면

$$\left(v_2^2 - \left(\frac{A_2}{A_1}\right)^2 \times v_2^2\right) = 2g\frac{P_1 - P_2}{r_2} \text{에서 } \left(1 - \left(\frac{A_2}{A_1}\right)^2\right)v_2^2 = 2g\frac{P_1 - P_2}{r_2}$$

$$v_2^2 = \frac{1}{1 - \left(\frac{A_2}{A_1}\right)^2} \times 2g\frac{P_1 - P_2}{r_2}$$

④ 여기서 $P_1 - P_2 = r_1 h - r_2 h = (r_1 - r_2)h$이므로

$$v_2^2 = \frac{1}{1 - \left(\frac{A_2}{A_1}\right)^2} \times 2g\frac{r_1 - r_2}{r_2}h$$

양변을 제곱근하면 $v_2 = \dfrac{1}{\sqrt{1 - \left(\frac{A_2}{A_1}\right)^2}} \times \sqrt{2g\frac{r_1 - r_2}{r_2}h}$

</td>
</tr>
<tr>
<td>유량</td>
<td colspan="2">

$$\triangle Q = \frac{A_2}{\sqrt{1 - \left(\frac{A_2}{A_1}\right)^2}} \times \sqrt{2g\frac{r_1 - r_2}{r_2}h}$$

</td>
</tr>
</table>

3. 소견

① 소방에서는 펌프의 성능시험에 대부분 차압식 유량계를 사용함

② 차압식 유량계는 가격이 낮은 장점이 있으나 정확성이 떨어지므로 펌프의 성능을 정확히 확인하는 데 신뢰성을 확보할 수 없음

③ 유속식, 용적식 등의 유량계를 적용하여 펌프의 성능시험에 정확성을 높임으로써 수계 시스템의 신뢰성을 향상시킬 수 있다고 사료됨

"끝"

1. 문제

> 정온식 감지선형 감지기의 구조 · 작동원리 · 특성 · 설치기준 · 설치 시 주의사항에 대하여 설명하시오.

2. 시험지에 번호 표기

> 정온식 감지선형 감지기(1)의 구조(2) · 작동원리(3) · 특성(4) · 설치기준(5) · 설치 시 주의사항(6)에 대하여 설명하시오.

Tip 지문이 6개이며, 그림과 표를 이용하여 순서대로 작성해 나가시면 기본점수 이상을 받을 수 있는 문제입니다.

3. 실제 답안지에 작성해보기

문 4-5) 정온식 감지선형 감지기의 구조 · 작동원리 · 특성 · 설치기준 · 설치 시 주의사항을 설명

1. 개요

① 정온식 감지선형 감지기는 일국소의 주위온도가 일정한 온도 이상 되었을 때 작동하는 감지기

③ 외형이 전선모양으로 되어 있기 때문에 소방대상물에 근접 설치하여 정확한 발화위치를 조기에 감지하여 화재의 확산을 방지할 수 있음

2. 정온식 감지선형 감지기 구조 및 작동원리

구조도	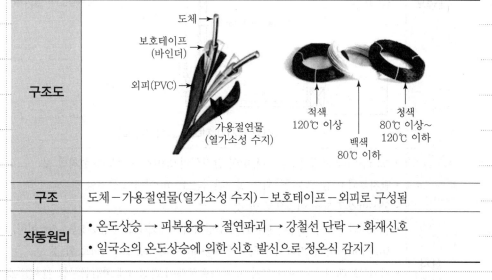
구조	도체-가용절연물(열가소성 수지)-보호테이프-외피로 구성됨
작동원리	• 온도상승 → 피복용융→ 절연파괴 → 강철선 단락 → 화재신호 • 일국소의 온도상승에 의한 신호 발신으로 정온식 감지기

3. 정온식 감지선형 감지기 특성

주소기능	선형 감지기는 전용수신기 혹은 거리표시모듈을 사용하였을 경우 수신기로부터 몇 m 지점에서 화재가 발생하였는지 알 수 있음(감지부의 강철선이 수신기로부터 Lm 떨어진 지점에서 두 도선 간에 선간단락이 된다면 수신기에서 단락지점까지의 감지선의 저항을 알고 있으므로 이를 이용하여 몇 m 지점에서 작동하였는지를 알 수 있음)

연속기능	전용의 수신기로 화재지점의 저항치의 변화 등을 알 수 있음
최악의조건	부식, 화학물질, 먼지습기 등에도 잘 견디며, 방폭지역에서 사용 가능
장거리감지	하나의 회로로 3,500ft(1,067m)까지 포설 가능
기록유지	전용수신기로 감지선 자체 이상 저항측정 등 기록을 유지 관리할 수 있음

4. 설치기준

개념도	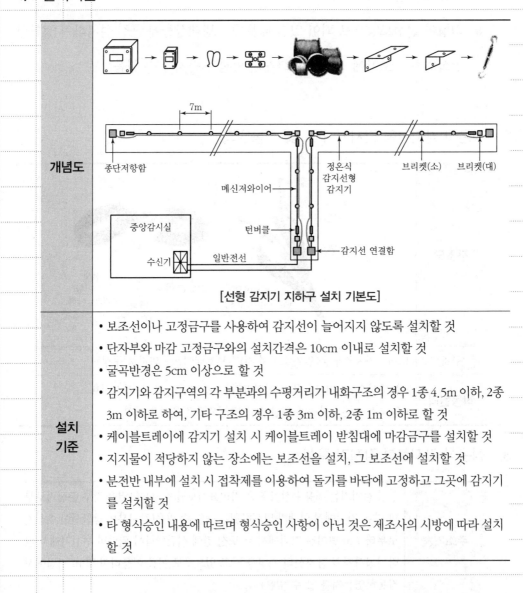[선형 감지기 지하구 설치 기본도]
설치 기준	• 보조선이나 고정금구를 사용하여 감지선이 늘어지지 않도록 설치할 것 • 단자부와 마감 고정금구와의 설치간격은 10cm 이내로 설치할 것 • 굴곡반경은 5cm 이상으로 할 것 • 감지기와 감지구역의 각 부분과의 수평거리가 내화구조의 경우 1종 4.5m 이하, 2종 3m 이하로 하여, 기타 구조의 경우 1종 3m 이하, 2종 1m 이하로 할 것 • 케이블트레이에 감지기 설치 시 케이블트레이 받침대에 마감금구를 설치할 것 • 지지물이 적당하지 않는 장소에는 보조선을 설치, 그 보조선에 설치할 것 • 분전반 내부에 설치 시 접착제를 이용하여 돌기를 바닥에 고정하고 그곳에 감지기를 설치할 것 • 타 형식승인 내용에 따르며 형식승인 사항이 아닌 것은 제조사의 시방에 따라 설치할 것

5.	설치 시 주의사항	
	① 열에 민감하므로 감지온도보다 주위온도가 높은 곳에서 다루지 말 것	
	② 각 존 및 말단 부분에는 터미널 Box 및 ELB Box를 설치 연결할 것	
	③ 공구 사용하지 않고 손으로 부드럽게 구부려 설치할 것	
	④ 페인트 등 열감지를 저해할 수 있는 물질의 도포를 삼가할 것	
	⑤ 감지선 수축팽창으로 장력에 의한 손상이 발생하므로 여유를 두고 설치할 것	
		"끝"

1. 문제

특별피난계단의 부속실과 비상용 승강기의 승강장의 제연설비 설치와 관련하여, 공동주택 지상1층에는 제연설비를 미적용하는 사례가 있다. 건축법과 소방관계법령의 이원화에 따른 문제점 및 개선방안을 설명하시오.

Tip 2014년도 국민안전처에 질의했었던 문제로 시사성이 있습니다. 현재는 성능위주 설계 시 60분 방화문도 설치하고 제연설비도 설치하고 있습니다.

Chapter 09

제119회

소방기술사
기출문제풀이

119회 1교시 1번

---

1. 문제

> 펌프의 비속도 및 상사법칙에 대하여 설명하시오.

2. 시험지에 번호 표기

> 펌프의 비속도(1) 및 상사법칙(2)에 대하여 설명하시오.

Tip 지문이 2개이므로 한 지문당 11줄 내외로 작성하면 됩니다. 지문당 '정의 − 메커니즘(관계식) − 소방에의 적용' 이런 순서로 작성하시면 됩니다.

3. 실제 답안지에 작성해보기

문 1-1) 펌프의 비속도 및 상사법칙 설명

1. 펌프의 비속도

정의	비회전도(비속도, 비교 회전도, N_s)란 임펠러가 1분당 1m³의 유량을 1m만큼 끌어올리는 데 필요한 회전수를 말함
관계식	$N_s = \dfrac{N\sqrt{Q}}{H^{\frac{3}{4}}}$ 여기서, N_s : 비속도, Q : 편흡입 토출량(m³/min), H : 단단양정(m), N : 회전수

소방에의 적용	• 비속도는 임펠러 형상과 펌프특성을 결정
	− 비속도 낮음 → 유량 작음 → 마찰손실 작음 → 펌프성능곡선 완만
	− 비속도 높음 → 유량 많음 → 마찰손실 큼 → 펌프성능곡선이 가파름
	• 소방펌프는 비속도가 작은 볼류트, 터빈 펌프를 사용

N_s	100, 200, 300	400	800~1,000	1,200 이상
펌프의 종류	편흡입 볼류트	양흡입 볼류트	사류	축류

저유량 고양정 ←   → 대유량 저양정

2. 펌프의 상사법칙

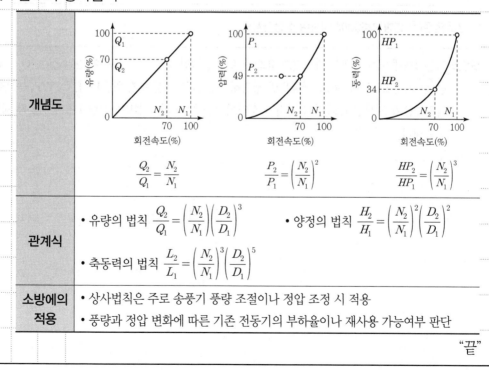

개념도	$\dfrac{Q_2}{Q_1} = \dfrac{N_2}{N_1}$ $\dfrac{P_2}{P_1} = \left(\dfrac{N_2}{N_1}\right)^2$ $\dfrac{HP_2}{HP_1} = \left(\dfrac{N_2}{N_1}\right)^3$
관계식	• 유량의 법칙 $\dfrac{Q_2}{Q_1} = \left(\dfrac{N_2}{N_1}\right)\left(\dfrac{D_2}{D_1}\right)^3$ • 양정의 법칙 $\dfrac{H_2}{H_1} = \left(\dfrac{N_2}{N_1}\right)^2\left(\dfrac{D_2}{D_1}\right)^2$
	• 축동력의 법칙 $\dfrac{L_2}{L_1} = \left(\dfrac{N_2}{N_1}\right)^3\left(\dfrac{D_2}{D_1}\right)^5$
소방에의 적용	• 상사법칙은 주로 송풍기 풍량 조절이나 정압 조정 시 적용
	• 풍량과 정압 변화에 따른 기존 전동기의 부하율이나 재사용 가능여부 판단

"끝"

1. 문제

> 그래파이트(Graphite) 현상과 트래킹(Tracking) 현상에 대하여 설명하시오.

Tip 전회차에도 출제되었던 문제입니다.

1. 문제

> 연소범위 영향요소에 대하여 설명하시오.

2. 시험지에 번호 표기

> 연소범위(1) 영향요소(2)에 대하여 설명하시오.

Tip 지문 2개에 대한 정의를 하고 영향요소를 길게 설명합니다. 간혹 생각이 안날 경우 'O, T, P, 농, 난(산소, 온도, 압력, 농도, 난류)' 만 생각하시면 답을 쓰실 수가 있습니다. O, T, P, 농, 난에서 각각 2줄씩 쓰시면 10줄이 소비되니 정의에서 10줄 내외를 설명하시면 1페이지를 꽉 채울 수 있습니다.

3. 실제 답안지에 작성해보기

문 1-2) 연소범위 영향요소에 대하여 설명

1. 연소범위

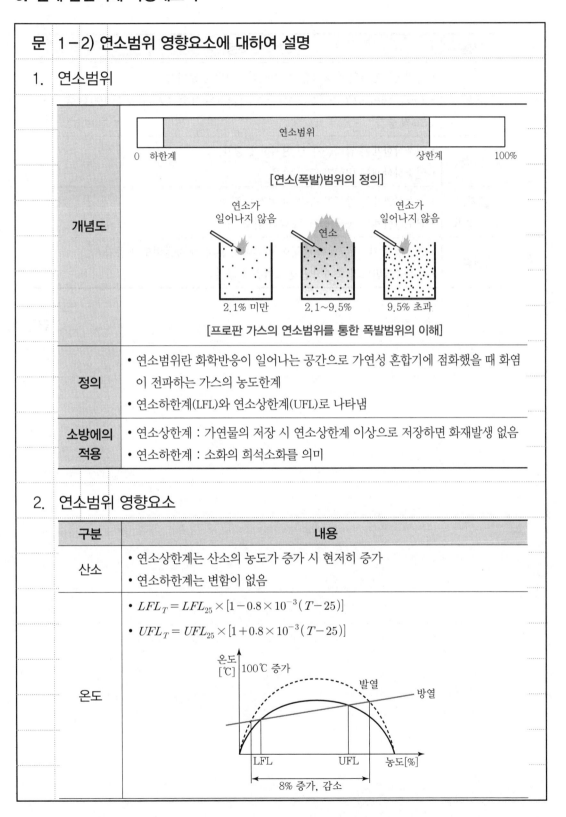

개념도	[연소(폭발)범위의 정의] [프로판 가스의 연소범위를 통한 폭발범위의 이해]
정의	• 연소범위란 화학반응이 일어나는 공간으로 가연성 혼합기에 점화했을 때 화염이 전파하는 가스의 농도한계 • 연소하한계(LFL)와 연소상한계(UFL)로 나타냄
소방에의 적용	• 연소상한계 : 가연물의 저장 시 연소상한계 이상으로 저장하면 화재발생 없음 • 연소하한계 : 소화의 희석소화를 의미

2. 연소범위 영향요소

구분	내용
산소	• 연소상한계는 산소의 농도가 증가 시 현저히 증가 • 연소하한계는 변함이 없음
온도	• $LFL_T = LFL_{25} \times [1 - 0.8 \times 10^{-3}(T-25)]$ • $UFL_T = UFL_{25} \times [1 + 0.8 \times 10^{-3}(T-25)]$

구분	내용
온도	• 가연성혼합기의 온도상승에 의해 연소범위는 넓어짐 • LFL_{25} 대비 LFL은 온도 100℃ 증가 시 8%씩 감소, UFL은 온도 100℃ 증가 시 8%씩 증가
압력	• 연소상한계는 압력증가 시 현저하게 증가 • 연소하한계는 변화가 크지 않음
불황성 가스농도	• 연소상한계는 농도가 증가 시 현저히 감소 • 연소하한계는 농도 증가 시 약간 감소
난류	• 난류성 증가 시 균일한 혼합이 이루어져 분자 간 충돌빈도가 증가 • 분자충돌빈도가 증가하면 연소범위가 넓어짐

"끝"

1. 문제

훈소의 발생 메커니즘과 특성 및 소화대책에 대하여 설명하시오.

2. 시험지에 번호 표기

훈소의 발생 메커니즘(1)과 특성 및 소화대책(2)에 대하여 설명하시오.

Tip 훈소화재의 정의 및 메커니즘, 훈소화재의 특성으로 인한 소화대책 이렇게 2개의 지문이 생성됩니다. 각 지문당 11줄 내외로 작성하시면 됩니다.

3. 실제 답안지에 작성해보기

문 1-4) 훈소의 발생 메커니즘과 특성 및 소화대책에 대하여 설명

1. 훈소의 발생 메커니즘

정의	훈소란 공기 중에 존재하는 산소와 고체표면 간에 발생하는 상태적으로 느린 연소 과정으로 연료표면에서만 반응이 일어나고 산소는 그 표면으로 확산하며, 고체표면에서는 작열과 탄화현상이 일어나는 연소
개념도	
메커니즘	흡열 → 증발/분해 → 내부공기혼합 → 표면연소 → 연소생성물 배출

2. 훈소화재 특성 및 소화대책

1) 특성

느린 연소속도	공기가 많이 필요하지 않으며 반응속도는 약 1~5mm/min로 느림
발연량	• 연기 입자가 큼 　- 고온의 연소 메커니즘을 거치지 않고 분해된 연기는 계외로 배출되기 때문에 연기 입자가 큼 • 발연량이 많음($K = A - BT_f$) 　- 온도가 낮을수록 발연량이 많은데 훈소는 표면온도가 약 1,000℃ 정도여서 저강도 화재에 속하며 독성연기의 발생량이 많음
연기의 단층화	훈소는 저강도 화재에 속하고 따라서 플럼의 온도가 낮아 연기를 높게 올리는 열에너지가 부족하여 감지기 선택 및 스프링클러 작동에 대한 고려가 필수적임
연쇄반응	훈소의 경우 활성라디칼을 연속적으로 생성하여 연소를 지속하는 연쇄반응이 없으므로 부촉매 효과의 소화는 적응성이 없음

2) 소화대책

수계 소화설비	• 훈소는 기상에서의 연쇄반응을 하지 않아 화학적 소화방법으로는 효과가 없고 물리적 소화를 통한 냉각, 질식을 통해 소화하여야 함 • 물은 표면장력이 커 침투성이 낮아 표면장력을 줄이는 계면활성제 등을 첨가하여 심부에서 표면 냉각소화 • 포소화약제를 통한 질식, 냉각소화 질식소화는 산소농도 2~5% 미만으로 소화
가스계 설비	• 이산화탄소, 불활성기체 소화약제를 이용한 질식소화 • 산소농도를 2~5% 미만으로 낮춰야 하며 이때 설계농도 유지시간이 요구됨 • NFPA에서는 10~20분 정도를 요구함

119회

"끝"

1. 문제

> 할로겐 화합물 및 불활성기체 소화설비의 배관 압력등급을 선정하는 방법에 대하여 설명하시오.

2. 시험지에 번호 표기

> 할로겐 화합물 및 불활성기체 소화설비의 배관 압력등급(1)을 선정하는 방법(2)에 대하여 설명하시오.

Tip "배관의 압력등급"에 대해 생소할 수 있습니다. 할로겐 화합물 및 불활성기체 소화설비에서 당연히 언급되는 것이 배관의 두께산정 방법과 스케줄이라는 것을 떠올리면 되고, 제연설비의 덕트에서는 종횡비, 시스템효과를 떠올리면 답을 쓸 수 있습니다. 각 단원에서 꼭 언급되는 것들은 소견에서도 쓸 수 있고, 문제에서 뭘 물어보는 건지 연상할 수 있는 키워드가 됩니다.

3. 실제 답안지에 작성해보기

문 1-5) 할로겐 화합물 및 불활성기체 소화설비의 배관 압력등급을 선정하는 방법에 대하여 설명

1. 할로겐 화합물 및 불활성기체 소화설비의 배관 압력등급

배관 압력등급	파이프의 압력등급은 파이프가 견딜 수 있는 최대 압력을 나타내며, 파이프의 두께가 중요하며, 그에 따라 스케줄 번호로 나타냄
배관기준	• 배관·배관부속 및 밸브류는 저장용기의 방출내압을 견딜 수 있을 것 • 강관을 사용하는 경우의 배관은 압력배관용 탄소강관(KS D 3562) 또는 이와 동등 이상의 강도를 가진 것으로서 아연도금 등에 따라 방식 처리된 것을 사용할 것 • 동관을 사용하는 경우의 배관은 이음이 없는 동 및 동합금관(KS D 5301)의 것을 사용할 것

2. 배관 압력등급을 선정하는 방법

1) 배관의 두께

관계식	관의 두께$(t) = \dfrac{P \times D}{2SE} + A$ • P : 배관의 최대허용압력(kPa) • D : 배관의 바깥지름(mm) • SE : 최대허용응력(배관재질의 인장강도의 1/4값과 항복점의 2/3값 중 작은 값 × 배관이음효율 × 1.2)(kPa) • A : 나사이음, 홈이음 등의 허용 값(mm) 　ㅡ헤드설치부분 제외　　　　　　　　ㅡ나사이음 : 나사의 높이 　ㅡ절단홈이음 : 홈의 깊이　　　　　　ㅡ용접이음 : 0 • 배관의 이음효율 　ㅡ이음매 없는 배관 : 1.0 　ㅡ전기저항 용접배관 : 0.85 　ㅡ가열맞대기 용접배관 : 0.60
선정	• 관의 두께는 계산식에서 구한 값 두께(t) 이상인 것 사용 • 산출된 배관의 두께는 KS D 3562 규격에 따른 스케줄 번호 적용

2) 스케줄 번호

시험압력	스케줄 번호	10	20	30	40	60	80
	시험압력(MPa)	2.0	3.5	5.0	6.0	9.0	12.0

선정	할로겐 화합물 및 불활성 기체소화약제 저장용기의 충전밀도 · 충전압력 및 배관의 최소사용설계압력과 스케줄 번호에 따른 시험압력 비교 최종 스케줄 번호 결정
고려사항	스케줄 번호가 커질수록 배관의 살 두께는 증가하나 내경이 작아지는 문제가 있어 최종 선정 시 최대 방출시간을 고려하여 결정

"끝"

1. 문제

> 소방감리자 처벌규정 강화에 따른 운용지침에서 중요 및 경미한 위반사항에 대하여 설명하시오.

Tip 시사성이 떨어지는 문제입니다.

[참고]

구분	내용
중요 사항	• 특정소방대상물에 갖추어야 하는 소방시설이 설치되지 않은 경우 • 비상구 및 방화문, 방화셔터가 설치되지 않은 경우 • 형식승인을 받지 않은 소방용품을 소방시설공사에 사용한 경우 • 완공된 소방시설에 대하여 성능시험을 실시하지 않은 경우 • 소방시설공사가 완료되지 않은 상태에서 소방공사감리 결과보고서를 제출한 경우 • 화재안전기준 위반으로 소방시설 등 성능에 장애가 발생되거나 인명 및 재산피해가 발생한 경우 • 소방시설 시공공정과 소방공사 감리일지 기재내용의 불일치 행위가 명백하거나 반복적으로 발생한 경우 • 법령위반 행위가 고의 또는 중대한 과실로 발생한 경우 • 기타 소방관서장이 중요하다고 정한 위반행위
경미 사항	• 소방공사감리 결과보고서, 소방시설 성능시험조사표, 소방공사 감리일지 등에 단순오기사항으로 즉시 시정이 가능하거나 기타 참고자료 등으로 증빙이 가능한 경우 • 부속품의 탈락 및 미점등 등 화재안전기준에 극히 사소한 차이가 있는 사항으로 소방시설의 성능에 지장이 없고 즉시 현지시정이 가능한 경우

119회

1. 문제

> 「소화기구 및 자동소화장치의 화재안전기술기준(NFTC 101)」 표 2.1.1.1 소화기구의 소화약제별
> 적응성에 관하여 설명하시오.

Tip 수험생이 선택하기에 쉽지 않은 문제입니다.

[참고]

소화약제 구분 / 적응대상	가스			분말		액체				기타			
	이산화탄소 소화약제	할론소화약제	할로겐화합물 및 불활성기체 소화약제	인산염류 소화약제	중탄산염류 소화약제	산알칼리 소화약제	강화액 소화약제	포소화약제	물·침윤 소화약제	고체에어로졸 화합물	마른모래	팽창질석·팽창진주암	그밖의것
일반화재 (A급 화재)	–	○	○	○	–	○	○	○	○	○	○	○	–
유류화재 (B급 화재)	○	○	○	○	○	○	○	○	○	○	○	○	–
전기화재 (C급 화재)	○	○	○	○	○	*	*	*	*	○	–	–	–
주방화재 (K급 화재)	–	–	–	–	*	–	*	*	*	–	–	–	*

[비고] "*"의 소화약제별 적응성은 「소방시설 설치 및 관리에 관한 법률」 제37조에 의한 형식승인 및 제품검사의 기술
기준에 따라 화재 종류별 적응성에 적합한 것으로 인정되는 경우에 한한다.

1. 문제

주거용 주방자동소화장치의 정의, 감지부, 차단장치, 공칭방호면적에 대하여 설명하시오.

2. 시험지에 번호 표기

주거용 주방자동소화장치의 정의(1), 감지부, 차단장치, 공칭방호면적(2)에 대하여 설명하시오.

3. 실제 답안지에 작성해보기

문 1-8) 주거용 주방자동소화장치의 정의, 감지부, 차단장치, 공칭방호면적에 대하여 설명

1. 정의

정의	"주거용 주방자동소화장치"란 주거용 주방에 설치된 열발생 조리기구의 사용으로 인한 화재 발생 시 열원(전기 또는 가스)을 자동으로 차단하며 소화약제를 방출하는 소화장치를 말함
설치대상	아파트 등 및 오피스텔의 모든 층

2. 주거용 자동소화장치의 감지부, 차단장치, 공칭방호면적

개념도	
감지부	• 화재 시 발생하는 열 또는 불꽃을 감지하는 부분 • 이종금속 또는 유리벌브, 온도센서를 감지부로 사용 • 화재 시 자동으로 수신부에 신호를 전송함 • 강도시험, 작동시험, 감도시험, 부작동시험 등을 실시
차단장치	• 수신부에서 발하는 신호를 받아 가스 또는 전기의 공급을 차단시키는 장치 • 가스 또는 화재감지 등에 의하여 닫힌 후에는 복원조작을 하지 않는 한 열리지 않는 구조이어야 함 • 화재 신호나 가스누설 신호 시 자동으로 작동되어야 함 • 차단장치에 사용하는 금속은 내식성 재질이거나 표면에 내식처리를 하여야 하고 수지 등은 $-25℃$ 이하에서 24시간 놓아두었을 때 변형 등이 없어야 함

공칭방호 면적	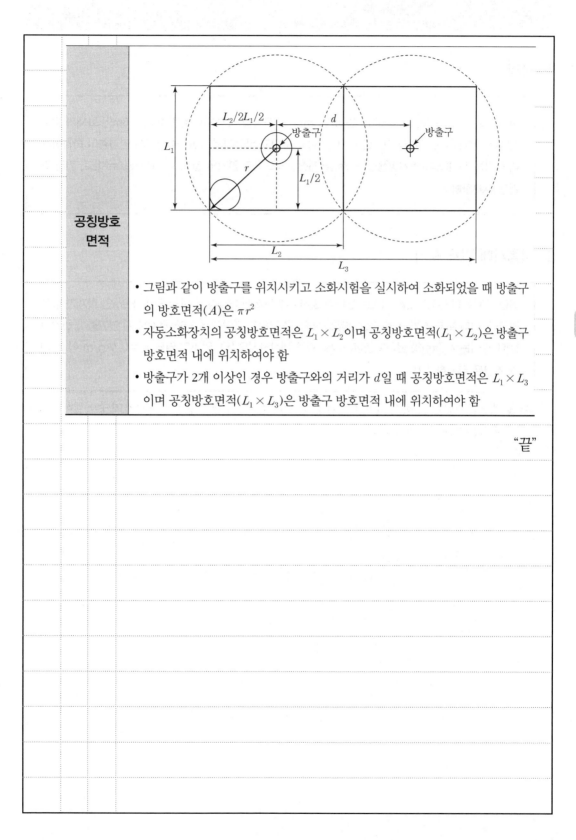 • 그림과 같이 방출구를 위치시키고 소화시험을 실시하여 소화되었을 때 방출구의 방호면적(A)은 πr^2 • 자동소화장치의 공칭방호면적은 $L_1 \times L_2$이며 공칭방호면적($L_1 \times L_2$)은 방출구 방호면적 내에 위치하여야 함 • 방출구가 2개 이상인 경우 방출구와의 거리가 d일 때 공칭방호면적은 $L_1 \times L_3$이며 공칭방호면적($L_1 \times L_3$)은 방출구 방호면적 내에 위치하여야 함

"끝"

1. 문제

> 어떤 구획실의 면적이 24m²이고, 높이가 3m일 때 구획실 내부에서 화원 둘레가 6m인 화재가 발생
> 하였다. 이때 화재 초기의 연기발생량(kg/s)을 구하고 바닥에서 1.5m 높이까지 연기층이 하강하는
> 데 걸리는 시간(s)과 연기발생량(m³/s)을 계산하시오.(단, 연기의 밀도 $\rho_s = 0.4$kg/m³이고, 기타 조
> 건은 무시한다.)

2. 시험지에 번호 표기

> 어떤 구획실의 면적이 24m²이고, 높이가 3m일 때 구획실 내부에서 화원 둘레가 6m인 화재가 발생
> 하였다. 이때 화재 초기의 연기발생량(kg/s)(1)을 구하고 바닥에서 1.5m 높이까지 연기층이 하강하
> 는 데 걸리는 시간(s)과 연기발생량(m³/s)(2)을 계산하시오.(단, 연기의 밀도 $\rho_s = 0.4$kg/m³이고, 기
> 타 조건은 무시한다.)

Tip 계산문제입니다. 자신 있게 전개과정을 표로 작성해서 내가 얼마나 채점자에게 어필하려고 노
력하는지 보여줘야 합니다.

3. 실제 답안지에 작성해보기

문 1-9) 연기층이 하강하는 데 걸리는 시간(s)과 연기발생량(m^3/s)

1. 화재 초기의 연기발생량(kg/s)

관계식	Hinkley 연기발생량식 적용 $m_s = 0.188\,P_f\,Y^{3/2}\,(\text{kg/s})$ 여기서, m_s=연기발생량(kg/s), P_f=화재 둘레(m), Y=수직거리(m)
계산조건	• 화재 둘레(P_f)=6m • 수직거리(Y)=화재 초기이므로 높이 3m 적용
계산	$m_s = 0.188\,P_f\,Y^{3/2} = 0.188 \times 6 \times 3^{3/2} = 5.86$
답	5.86kg/s

2. 연기층이 하강하는 데 걸리는 시간(s)과 연기발생량(m^3/s)

1) 연기층이 하강하는 데 걸리는 시간(s)

관계식	Hinkley식 적용 $t = \dfrac{20A}{P\sqrt{g}}\left(\dfrac{1}{\sqrt{y}} - \dfrac{1}{\sqrt{h}}\right)$ [sec] 여기서, t : 청결층 길이 y가 될 때까지의 시간(sec) $\quad\quad A$: 실의 바닥면적(m^2), P : 화원 둘레(m) $\quad\quad y$: 청결층 높이(m), h : 실의 높이(m) $\quad\quad g$: 중력가속도(9.8m/s^2)
계산조건	• 실의 바닥면적(A)=24m^2 • 화원둘레(P)=6m • 중력가속도(g)=9.8m/s^2 • 청결층 높이(y)=1.5m • 실의 높이(h)=3m
계산	$t = \dfrac{20A}{P\sqrt{g}}\left(\dfrac{1}{\sqrt{y}} - \dfrac{1}{\sqrt{h}}\right) = \dfrac{20 \times 24}{6\sqrt{9.8}}\left(\dfrac{1}{\sqrt{1.5}} - \dfrac{1}{\sqrt{3}}\right) = 6.11$
답	6.11s

2) 연기발생량(m^3/s)

관계식	$Q = 0.188\,P_f\,Y^{3/2}\dfrac{1}{\rho_s}\,(\text{m}^3/\text{s})$
계산조건	• 화재둘레(P_f)＝6m • 수직거리(Y)＝1.5m • 연기밀도(ρ_s)＝0.4kg/m³
계산	$Q = 0.188\,P_f\,Y^{3/2}\dfrac{1}{\rho_s}$ $= 0.188 \times 6 \times 1.5^{3/2} \times \dfrac{1}{0.4} = 5.18$
답	5.18m³/s

"끝"

1. 문제

직통계단에 이르는 보행거리를 건축물의 주요구조부 등에 따라 설명하시오.

2. 시험지에 번호 표기

직통계단(1)에 이르는 **보행거리를 건축물의 주요구조부 등에 따라 설명(2)하시오.**

Tip 직통계단에 대한 정의와 보행거리를 법이 규정한 대로만 쓴다면 6점을 받기 힘듭니다. 이런 문제일수록 짧게라도 자신의 의견을 내세우는 것이 중요합니다.

3. 실제 답안지에 작성해보기

문 1-10) 직통계단에 이르는 보행거리를 건축물의 주요구조부 등에 따라 설명

1. 직통계단

정의	건축물의 모든 층에서 피난층 또는 지상층으로 직접 연결되는 계단
중요성	막힘없는 대피를 위한 통로를 마련해주기 위한 것으로 건물의 주요구조부에 따라 화재저항성을 고려하여 보행거리의 규정을 마련한 것

2. 건축물의 주요구조부에 따른 직통계단에 이르는 보행거리

주요구조부	용도	보행거리
내화구조 또는 불연재료로 되어 있지 않는 건축물		30m 이하
내화구조 또는 불연재료로 된 건축물	일반건축물	50m 이하
	공동주택 16층 이상	40m 이하
	지하층에 설치하는 것으로서 바닥면적의 합계가 300m² 이상인 공연장·집회장·관람장 및 전시장	30m 이하
자동화 생산시설에 스프링클러 등 자동식 소화설비를 설치한 반도체 및 디스플레이 패널을 제조하는 공장		75m 이하
자동화 생산시설에 스프링클러 등 자동식 소화설비를 설치한 반도체 및 디스플레이 패널을 제조하는 무인화 공장		100m 이하

3. 소견

NFPA 피난용량 및 피난로의 보호의 규정이 필요하다고 사료됩니다.

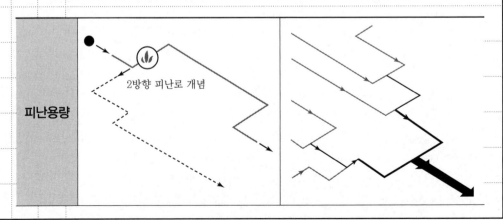

피난용량	• 피난로의 개수 및 배치 　－원칙 : 2개 이상 　－수용인원 500명 초과 1,000명 이하 : 3개 이상 　－수용인원 1,000명 초과 : 4개 이상 • 피난로 너비의 합산은 성능설계로 함
보호	• 피난통로 접근로 보호 　－30명을 초과하는 인원을 수용할 수 있는 공간을 위해 사용되는 것으로서 피난 　　통로 접근로로 사용되는 복도는 내화성능 1시간 이상의 벽(비내력 방화벽)으 　　로 건물의 다른 부분으로부터 구획해야 함 • 피난통로(Exit)의 보호 　－3개 이하의 층을 연결하는 피난통로 방화구획의 내화성능은 1시간 이상 　－4개 이상의 층을 연결하는 피난통로 방화구획의 내화성능은 2시간 이상
보행거리 제한	막다른 복도(Dead End), 공통 경로(Common Path), 피난통로(Exit)까지의 보행 거리(Travel Distance) 등은 피난 시 인명안전에 큰 영향을 끼치므로, 길이를 제한 하고 있음. 이때 스프링클러가 설치되는 경우 일부 완화가 가능함

"끝"

1. 문제

정온식 감지선형 감지기의 적용장소 및 지하구에 설치할 경우 설치기준을 설명하시오.

2. 시험지에 번호 표기

정온식 감지선형 감지기(1)의 적용장소 및 지하구에 설치할 경우 설치기준(2)을 설명하시오.

3. 실제 답안지에 작성해보기

문 1-11) 정온식 감지선형 감지기의 적용장소 및 지하구에 설치할 경우 설치기준

1. 정온식 감지선형 감지기의 구조 및 특성

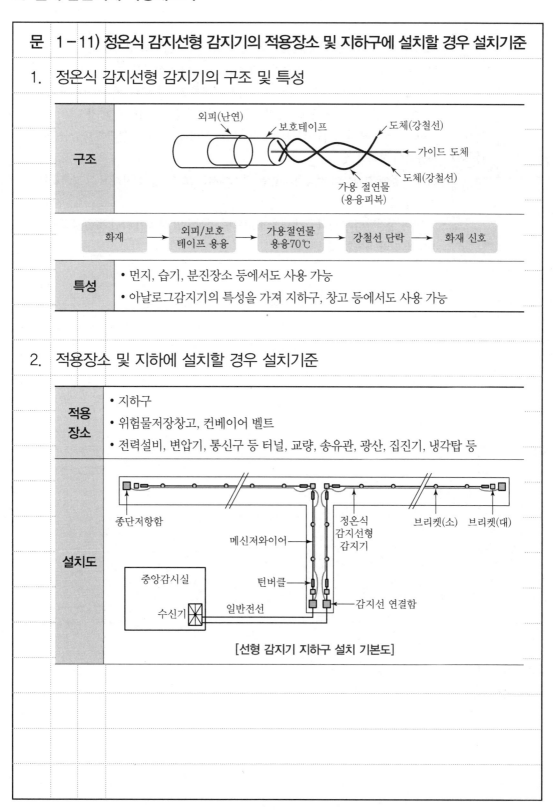

구조	
	외피(난연), 보호테이프, 도체(강철선), 가이드 도체, 도체(강철선), 가용 절연물(용융피복)
	화재 → 외피/보호테이프 용융 → 가용절연물 용융70℃ → 강철선 단락 → 화재 신호
특성	• 먼지, 습기, 분진장소 등에서도 사용 가능 • 아날로그감지기의 특성을 가져 지하구, 창고 등에서도 사용 가능

2. 적용장소 및 지하에 설치할 경우 설치기준

적용 장소	• 지하구 • 위험물저장창고, 컨베이어 벨트 • 전력설비, 변압기, 통신구 등 터널, 교량, 송유관, 광산, 집진기, 냉각탑 등
설치도	종단저항함, 메신저와이어, 정온식 감지선형 감지기, 브리켓(소), 브리켓(대), 중앙감시실, 턴버클, 감지선 연결함, 수신기, 일반전선 [선형 감지기 지하구 설치 기본도]

설치 기준	• 보조선이나 고정금구를 사용하여 감지선이 늘어지지 않도록 설치할 것 • 단자부와 마감 고정금구와의 설치간격은 10cm 이내로 설치할 것 • 감지기와 감지구역의 각 부분과의 수평거리가 내화구조의 경우 1종 4.5m 이하, 2종 3m 이하로 할 것. 기타 구조의 경우 1종 3m 이하, 2종 1m 이하로 할 것 • 케이블트레이에 감지기를 설치하는 경우에는 케이블트레이 받침대에 마감금구를 사용하여 설치할 것 • 지하구 등에 지지물이 적당하지 않는 장소에서는 보조선을 설치하고 그 보조선에 설치할 것 • 그 밖의 설치방법은 형식승인 내용에 따르며 형식승인 사항이 아닌 것은 제조사의 시방에 따라 설치할 것

"끝"

1. 문제

소방성능위주설계 대상물과 설계변경 신고 대상에 대하여 설명하시오.

2. 시험지에 번호 표기

소방성능위주설계 대상물(1)과 설계변경 신고 대상(2)에 대하여 설명하시오.

3. 실제 답안지에 작성해보기

문 1-12) 소방성능위주설계 대상물과 설계변경 신고 대상

1. 소방성능위주설계 대상물

1) 정의

"성능위주설계"란 건축물 등의 재료, 공간, 이용자, 화재 특성 등을 종합적으로

고려하여 공학적 방법으로 화재위험성을 평가하고 그 결과에 따라 화재안전성

능이 확보될 수 있도록 특정소방대상물을 설계하는 것을 말함

2) 대상물

구분	내용
연면적	연면적 20만m² 이상인 특정소방대상물(공동주택 중 주택으로 쓰이는 층수가 5층 이상인 주택은 제외)
아파트등	지하층 제외 50층 이상 높이 200m 이상
층+높이	지하층 포함 30층 이상 높이 120m 이상인 특정소방대상물
연면적+용도	연면적 3만m² + 철도, 도시철도시설, 공항시설
창고시설	연면적 10만m² 이상. 지하층 2개 층 이상이고 면적 3만m² 이상
기타	영화상영관(하나의 건축물에 10개), 지하연계복합건축물, 터널(5,000m 이상 혹은 수저터널)

2. 설계변경 신고 대상

연면적	연면적이 10% 이상 증가되는 경우
용도변경	연면적을 기준으로 10% 이상 용도변경이 되는 경우
층수	층수가 증가되는 경우
특수공간	소방법 적용이 곤란한 특수공간으로 변경되는 경우
설계변경	설계변경으로 성능위주설계 심의내용과 상이하거나 화재안전에 지장이 있다고 관할 소방본부장 또는 소방서장이 인정하는 경우
변경신고	건축법에 따라 허가를 받았거나 신고한 사항을 변경하여 허가나 신고를 신청하는 경우

3. 소견(개선할 점)

① 화재 과학 및 공학의 육성

② 화재 시뮬레이션 프로그램의 검정

③ 실물화재 시험 및 Data Base 구축

④ PBD 설계자 및 인ㆍ허가자들을 위한 교육

"끝"

1. 문제

헬리포트 및 인명구조공간 설치기준과 경사지붕 아래에 설치하는 대피공간의 기준을 설명하시오.

2. 시험지에 번호 표기

헬리포트 및 인명구조공간 설치기준(1)과 경사지붕 아래에 설치하는 대피공간의 기준(2)을 설명하시오.

3. 실제 답안지에 작성해보기

문 1 - 13) 헬리포트 및 인명구조공간 설치기준과 대피공간의 기준

1. 개요

개요	• 재난상황에서 사람들이 대부분 1층 출구로 몰리게 되는데, 대규모 고층건축물의 경우 많은 대피인원이 1층으로 집중할 경우 2차 피해를 예상할 수 있기 때문에 「건축법」에서는 피난층 외에 옥상광장으로의 대피분산을 유도하는 개념으로 헬리포트 등의 설치를 규정 • 평지붕일 경우 : 헬리포트, 인명구조공간 • 경사지붕일 경우 : 대피공간 설치
설치대상	11층 이상의 층 바닥면적 합계 10,000m² 11층

2. 헬리포트와 인명구조공간의 설치기준

구분	헬리포트	인명구조공간
크기	길이, 너비 22m(15m 감축 가능)	직경 10m 이상
장애물	헬리포트의 중심으로부터 반경 12m 이내에는 헬리콥터의 이·착륙에 장애가 되는 건축물, 공작물, 조경시설 또는 난간 등을 설치하지 아니할 것	구조공간에는 구조활동에 장애가 되는 건축물, 공작물 또는 난간 등을 설치해서는 안 됨
착륙대	• 주위한계선은 백색으로 하되, 그 선의 너비는 38cm로 할 것 • 중앙부분에는 지름 8m의 "Ⓗ" 표지를 백색으로 하되, "H" 표지의 선의 너비는 38cm로, "O" 표지의 선의 너비는 60cm로 할 것	

3. 경사지붕 아래에 설치하는 대피공간의 기준

구분	내용
면적	대피공간의 면적은 지붕 수평투영면적의 1/10 이상일 것
계단	특별피난계단 또는 피난계단과 연결되도록 할 것
구획	출입구 · 창문을 제외한 부분은 해당 건축물의 다른 부분과 내화구조의 바닥 및 벽으로 구획할 것
출입구	출입구는 유효너비 0.9m 이상으로 하고, 그 출입구에는 60분, 60분＋방화문을 설치할 것
마감	내부마감재료는 불연재료로 할 것
조명	예비전원으로 작동하는 조명설비를 설치할 것
통신시설	관리사무소 등과 긴급 연락이 가능한 통신시설을 설치할 것

"끝"

119회 2교시 1번

1. 문제

> 비상방송설비의 단락보호기능 관련 문제점 및 성능개선 방안에 대하여 설명하시오.

Tip 시사성이 떨어지는 문제입니다.

119회 2교시 2번

1. 문제

> 소화배관의 기밀시험 방법 중 국내 수압시험 기준과 NFPA 13의 수압시험 및 기압시험에 대하여 설명하시오.

2. 시험지에 번호 표기

> 소화배관의 기밀시험(1) 방법 중 국내 수압시험 기준(2)과 NFPA 13의 수압시험 및 기압시험(3)에 대하여 설명하시오.

Tip '개요 – 국내기준 – NFPA 기준 – 비교 및 개선점' 순으로 답안을 작성합니다.

3. 실제 답안지에 작성해보기

문 2-2) 소화배관의 기밀시험 방법 중 국내 수압시험 기준과 NFPA 13의 수압

시험 및 기압시험에 대하여 설명

1. 개요

1) 정의 : 배관의 안전성을 확인하기 위해 배관에 물 또는 기체를 주입하고 적절

한 압력에서 누설되는지를 확인하는 시험

2) 종류

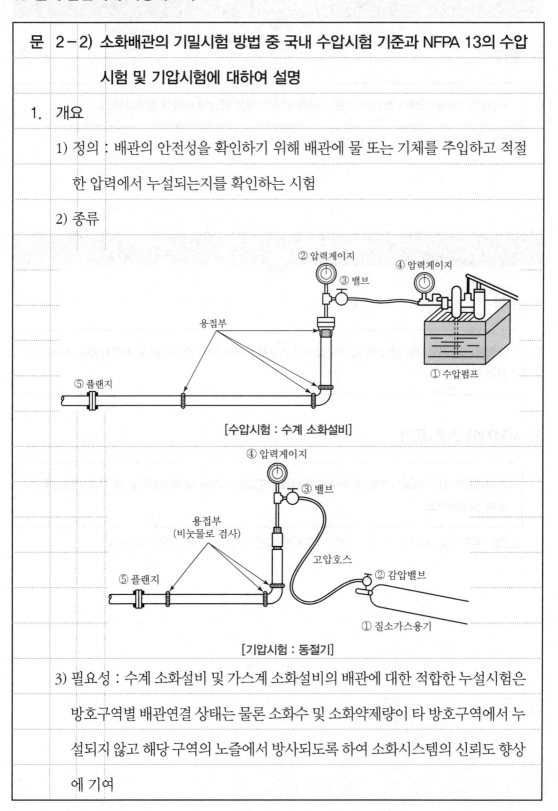

[수압시험 : 수계 소화설비]

[기압시험 : 동절기]

3) 필요성 : 수계 소화설비 및 가스계 소화설비의 배관에 대한 적합한 누설시험은

방호구역별 배관연결 상태는 물론 소화수 및 소화약제량이 타 방호구역에서 누

설되지 않고 해당 구역의 노즐에서 방사되도록 하여 소화시스템의 신뢰도 향상

에 기여

2. 국내 수압시험 기준

1) 수압시험 : 표준정수압 시험

시험부위	• 가압송수장치 및 부속장치(밸브류 · 배관 · 배관부속류 · 압력챔버)를 접속 상태에서 실시 • 옥외연결송수구 및 연결배관 • 입상배관 및 가지배관
시험방법	• 상용수압 1.05MPa 이상 －상용압력에 0.35MPa을 더한 값의 압력으로 2시간 이상 시험하고자 하는 장치의 가장 낮은 부분에서 가압 • 상용수압 1.05MPa 이하 －1.4MPa의 압력으로 2시간 이상 시험하고자 하는 장치의 가장 낮은 부분에서 가압
판정	배관과 배관 · 배관부속류 · 밸브류 · 각종장치 및 기구의 접속부분에서 누수현상이 없어야 함

2) 기압시험

시험사유	건식 설비 및 이중 인터록 설비에 대한 공기시험은 설비에 동결위험이 존재하는 곳에서 정수압시험을 임시 대체하기 위한 것으로 통결위험 없이 기능할 경우에는 반드시 표준 정수압시험을 수행해야 함
시험방법	공기압력 누설시험은 40psi(2.8bar)에서 24시간 동안 수행
판정	압력손실이 24시간 동안 1psi(0.1bar)를 초과한 누설은 보수해야 함

3. NFPA 13에 의한 수압시험 및 기압시험

1) 수압시험

시험부위	• 설비사용압력을 받을 우려가 있는 모든 배관과 부속장치 • 옥외 송수구와 인입배관 체크밸브 사이의 연결구 포함
수압측정지점 · 측정시기	• 시험 중인 각 설비의 가장 낮은 지점 • 하나의 소화전 토출 측에 위치된 게이지 눈금의 압력

수압측정지점·측정시기	• 소화전이 없는 경우, 가장 낮은 지점에 위치된 게이지 눈금의 압력 • 누설부위를 발견할 수 있도록 이음부를 덮기 전에 실시
시험방법	• 작동압력 150psi(10.4bar) 이하 시 　－설비의 사용압력을 받을 우려가 있는 모든 배관과 부속장치는 　　200psi(13.8bar)로 정수압 시험을 2시간 동안 실시 • 작동압력 150psi(10.4bar) 초과 시 　－설비의 작동압력보다 50psi(3.5bar)초과하는 압력으로 정수압 시험을 2시간 동안 실시
판정	2시간 동안 손실이 없이 그 압력을 유지해야 함

2) 기압시험

구분	할로겐화합물, 불활성기체 소화설비	할론1301 설비
시험방법	배관은 공기압 40psi(276kPa)에서 10분간 폐쇄회로에서 기밀시험	배관은 공기압 150psi(1,034kPa)에서 10분간 폐쇄회로에서 기밀시험
판정	10분 후에 압력강하가 시험압력의 20%를 초과하지 않아야 함	

4. 비교 및 소견

NFPA 13 기밀시험	국내 기밀시험
• 측정시기 및 측정지점 상세 • 소화설비별 측정압력 규정 • 기압시험 판정시간이 짧음	• 측정시기 규정 필요 • 설비별 규정 필요 • 판정시간 조정 필요

① 건식 밸브, 준비작동식 밸브의 경우 부식이 습식보다 더 빨리 진행되며, 배관의 핀홀 혹은 엘보, 용접부위 등 높이가 낮은 부위에 결로발생 시 배관의 동파로 인해 실제 화재 시 화점의 균일한 살수 밀도를 충족할 수 없게 될 우려가 있음

② 따라서 경년변화를 고려한 배관의 누설점검주기를 규정화하여 배관의 상태변화의 추이를 점검할 필요가 있다고 사료됨

"끝"

1. 문제

「특별피난계단의 계단실 및 부속실 제연설비의 화재안전성능기준(NFPC 501A)」에서 정하는 누설면적의 기준 누설량 계산방법과 KS규격 방화문 누설량 계산방법에 대하여 설명하시오.

〈조건〉
– 제연구역의 실내 쪽으로 열리는 경우 방화문 높이 2.0m, 폭 1.0m
– 적용 차압은 50Pa

2. 시험지에 번호 표기

「특별피난계단의 계단실 및 부속실 제연설비의 화재안전성능기준(NFPC 501A)」에서 정하는 누설면적의 기준 누설량 계산방법(1)과 KS규격 방화문 누설량 계산방법(2)에 대하여 설명하시오.

〈조건〉
– 제연구역의 실내 쪽으로 열리는 경우 방화문 높이 2.0m, 폭 1.0m
– 적용 차압은 50Pa

Tip 2개의 지문에 각각 다른 계산방법으로 나온 답을 비교하는 문제입니다. 기출문제는 언제 또 출제될지 모르기 때문에 암기하고 이해하셔야 합니다. 암기하고 이해하기의 반복이 소방기술사 시험 준비입니다.

3. 실제 답안지에 작성해보기

문 2 - 3) 「화재안전성능기준(NFPC 501A)」에서 정하는 누설면적의 기준 누설량 계산방법과 KS규격 방화문 누설량 계산방법

1. 개요

용어	정의
급기량	제연구역에 공급하여야 할 공기의 양
누설량	틈새를 통하여 제연구역으로부터 흘러나가는 공기량
보충량	방연풍속을 유지하기 위하여 제연구역에 보충하여야 할 공기량

① 국가화재안전기준에 따른 누설량 계산은 실제 누설면적을 통한 계산과 화재 시 비제연구역의 압력상승을 고려하여 산출함

② KS규격에서는 누설면적이 아닌 실제 누설풍량 측정에 따른 결과 값으로 적용 하고 있어 두 가지 방법의 차이점과 장점을 알 필요가 있음

2. 누설면적의 기준 누설량 계산방법

출입문 누설면적	$A = (L/l) \times A_d$ • A : 출입문의 틈새(m²) • L : 출입문 틈새의 길이(m). 다만, L의 수치가 l의 수치 이하인 경우에는 l의 수치로 할 것 • l : 외여닫이문이 설치되어 있는 경우에는 5.6, 쌍여닫이문이 설치되어 있는 경우에는 9.2, 승강기의 출입문이 설치되어 있는 경우에는 8.0으로 할 것 • A_d : 외여닫이문으로 제연구역의 실내 쪽으로 열리도록 설치하는 경우에는 0.01, 제연구역의 실외 쪽으로 열리도록 설치하는 경우에는 0.02, 쌍여닫이문의 경우에는 0.03, 승강기의 출입문에 대하여는 0.06으로 할 것
누설량	$Q = 0.827 A \sqrt{\Delta P}\,(\text{m}^3/\text{s})$

계산	• 누설면적 $A = \dfrac{L}{l} \times A_d = \dfrac{6}{5.6} \times 0.01 = 0.0107$ $[L = (2+2) + (1+1) = 6,\ A_d : 0.01]$ • 차압 $\triangle P = 50$ $\therefore\ Q = 0.827A\sqrt{\triangle P} = 0.827 \times 0.0107 \times \sqrt{50} = 0.06257$
답	화재안전기준상 누설량은 $0.063\text{m}^3/\text{s} = 3.78\text{m}^3/\text{min}$

3. KS규격 방화문 누설량 계산방법

시험방법	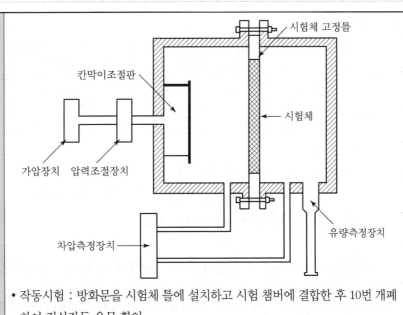 • 작동시험 : 방화문을 시험체 틀에 설치하고 시험 챔버에 결합한 후 10번 개폐하여 정상작동 유무 확인 • 시험장치의 공기 누설 측정 : 시험체틀에 있는 방화문개구부 밀폐 시 공기누설량 100Pa에서 $1\text{m}^3/\text{h}$를 초과하지 않을 것 • 방화문의 공기 누설 측정 − 문을 잠근 상태에서 시험, 양쪽 면 모두 실시 − 시험체에 양면에 5−10−25−50−70−100Pa의 압력차에서의 공기 누설량 측정 − 다시 5Pa의 차압과 100Pa의 차압에서 공기 누설량을 2회 측정하여 평균값을 산출함으로써 방화문의 공기누설량 측정 − 측정값은 기준건구온도 20℃, 표준대기압(1atm : 101,325Pa)으로 보정

시험방법	ー누설량 산출 관계식[KS F 2846 관계식] $$Q_a' = Q_a \times \frac{P_a + \triangle P}{101325} \times \frac{293.15}{(T_a + 273.15)} \times \left[1 - \left(0.3795 \times \frac{M_w}{100} \times \frac{E_s}{P_a + \triangle P}\right)\right]$$ 여기서, Q_a : 측정된 공기유량(m³/hr), P_a : 대기압(Pa) $\triangle P$: 압력증가(압력차)(Pa), T_a : 주위온도[25±15℃](℃) M_w : 상대습도(%), E_s : 포화수증기압(Pa)
성능기준	KS F 3109(문세트)에서 차압 25Pa일 때 공기 누설량이 0.9m³/min · m² 이하

4. 비교 및 소견

용어	산출식	누설량	비교
누설틈새 기준	$Q = 0.827 \times 0.011 \times \sqrt{50}$	0.0643m³/s	약 150%
방화문 누설량 기준	$Q = 2.0 \times 1.0 \times 0.9 \times \sqrt{2}$	0.0424m³/s	100% 기준

※ 비교 조건

－가로 1m × 세로 2m 규격방화문 적용

－외여닫이문으로 제연구역의 실내 쪽으로 열리도록 설치하는 경우

－$A = \dfrac{L}{I} \times Ad = \dfrac{6.0}{5.6} \times 0.01 \approx 0.011\text{m}^2$ 적용

국가화재안전기준에서 차압기준과 KS규격에서 제시한 실제 누설풍량을 동시에

적용하여 적절한 누설풍량과 제연송풍기 용량을 산출함이 타당하리라 사료됨

"끝"

1. 문제

비상전원으로 축전지를 적용할 때 종류선정 방법 및 용량산출 순서에 대하여 설명하시오.

2. 시험지에 번호 표기

비상전원(1)으로 축전지를 적용할 때 종류선정 방법(2) 및 용량산출 순서(3)에 대하여 설명하시오.

3. 실제 답안지에 작성해보기

문 2-4) 비상전원으로 축전지를 적용할 때 종류선정 방법 및 용량산출 순서

1. 개요

① 비상전원이란 상용전원의 공급 중단 시 소방시설을 일정시간 사용하기 위한 별도의 전원공급장치를 말함

② 축전지설비, 비상발전설비, 비상전원수전설비, ESS 등으로 구분되며 Passive 적인 축전지 설비가 그 신뢰도가 가장 우수함

2. 축전지 종류선정 방법

1) 축전지의 종류

연 축전지	알칼리 축전지
• 크래드식(CS) 완만한 방전형 • 페이스트식(HS) 급 방전형	• 포켓식(AL) 완만한 방전형 　-(AM) 표준형 　-(AMH) 급 방전형 　-(AH) 초급 방전형

2) 선정방법

경제성	가격고려 : 연축전지 급 방전형(HS형)
성능	• 순간대전류 시 : 알칼리 포켓 급 방전형(AMH형) • 비상조명용 : 알칼리 포켓 표준형(AM형)
설치환경	설치장소의 크기 및 환경(온도, 습도 등) 상태 고려
유지보수	재충전 사이클 횟수에 따른 유지보수에 대한 경제성
폐기 시	폐기 시 환경 영향성 고려

3. 용량산출 순서

순서	내용
① 축전지 부하의 결정	동시 소비 가능량의 최대치를 필요 부하용량으로 산정
② 방전전류의 산출	방전전류[A] $= \dfrac{\text{부하용량[VA]}}{\text{정격전압[V]}}$
③ 방전시간의 결정	• 단시간 부하 : 통상 1분 기준 • 연속부하 : 통상 30분 기준
④ 부하특성곡선 작성	최악의 조건에서도 대처할 수 있도록 하기 위하여, 방전의 종기에 큰 방전전류가 오도록 그래프를 작성
⑤ 축전지 셀수의 결정	축전지 셀수[cell] $= \dfrac{\text{부하정격전압(V)}}{\text{1셀의 공칭전압(V)}}$ 일반적으로 부하정격전압은 110V, 1셀의 공칭전압은 2V를 표준으로 많이 사용하며 55셀을 표준으로 정함
⑥ 허용최저전압의 결정	$V = \dfrac{V_a + V_c}{N}$ [V/cell] 여기서, V : 허용최저전압(V/cell), V_a : 부하허용최저전압(V) $\quad\quad\quad V_c$: 축전지와 부하 간 접속선의 총전압강하 $\quad\quad\quad N$: 직렬 접속된 셀수
⑦ 용량환산시간의 결정	축전지 종류, 방전시간, 셀당 허용최저전압을 고려하고 최저 축전지 온도(보통 5℃ 기준)를 고려하여 용량환산시간을 구함
⑧ 축전지용량의 계산	$C = \dfrac{1}{L}\left(K_1 I_1 + K_2\left(I_2 - I_1\right)\right)$ [Ah] 여기서, C : 필요축전지 용량(Ah), L : 보수율(일반적으로 0.8 적용) $\quad\quad\quad K$: 용량환산시간(h) $\quad\quad\quad I$: 부하특성별(연속/단시간부하) 방전전류(A)

4. 소견

① 축전지의 설치하는 장소가 외부인 경우 동절기 시 축전지의 용량이 현저하게

감소하므로 보온 및 용량 확대가 필요함

② 경년변화를 고려하여 최소 3년 주기마다 교체를 규정할 필요가 있다고 사료됨

"끝"

1. 문제

피난기구의 설치에 대하여 다음 사항을 설명하시오.

(1) 피난기구의 설치 수량 및 추가 설치기준

(2) 승강식 피난기 및 하향식 피난구용 내림식 사다리 설치기준

2. 시험지에 번호 표기

피난기구(1)의 설치에 대하여 다음 사항을 설명하시오.

(1) 피난기구의 설치 수량 및 추가 설치기준(2)

(2) 승강식 피난기 및 하향식 피난구용 내림식 사다리 설치기준(3)

3. 실제 답안지에 작성해보기

문 2 – 5) 피난기구의 설치에 대하여 다음 사항을 설명하시오.

1. 개요

1) 정의

피난기구는 화재가 발생하였을 때 건물에 거주 및 출입하는 사람들이 정상적인 피난통로를 통해 대피하지 못할 경우 안전한 장소로 피난시킬 수 있는 기계 · 기구를 말함

2) 적응성

설치장소별 \ 층별	1층	2층	3층	4층 이상 10층이하
1. 노유자 시설	• 미끄럼대 • 구조대 • 피난교 • 다수인피난장비 • 승강식 피난기	• 미끄럼대 • 구조대 • 피난교 • 다수인피난장비 • 승강식 피난기	• 미끄럼대 • 구조대 • 피난교 • 다수인피난장비 • 승강식 피난기	• 구조대[1)] • 피난교 • 다수인피난장비 • 승강식 피난기
2. 의료시설 · 근린생활 시설중 입원실이 있는 의원 · 접골원 · 조산원			• 미끄럼대 • 구조대 • 피난교 • 피난용 트랩 • 다수인피난장비 • 승강식 피난기	• 구조대 • 피난교 • 피난용 트랩 • 다수인피난장비 • 승강식 피난기
3. 「다중이용업소의 안전관리에 관한 특별법 시행령」 제2조에 따른 다중이용업소로서 영업장의 위치가 4층 이하인 다중이용업소		• 미끄럼대 • 피난사다리 • 구조대 • 완강기 • 다수인피난장비 • 승강식 피난기	• 미끄럼대 • 피난사다리 • 구조대 • 완강기 • 다수인피난장비 • 승강식 피난기	• 미끄럼대 • 피난사다리 • 구조대 • 완강기 • 다수인피난장비 • 승강식 피난기
4. 그 밖의 것			• 미끄럼대 • 피난사다리 • 구조대 • 완강기 • 피난교 • 피난용 트랩 • 간이완강기[2)] • 공기안전매트[3)] • 다수인피난장비 • 승강식 피난기	• 피난사다리 • 구조대 • 완강기 • 피난교 • 간이완강기[2)] • 공기안전매트[3)] • 다수인피난장비 • 승강식 피난기

[설치장소별 피난기구의 적응성]

[비고]

1) 구조대의 적용성은 장애인 관련 시설로서 주된 사용자 중 스스로 피난이 불가한 자가 있는 경우「피난기구의 화재안전기술기준」2.1.2.4에 따라 추가로 설치하는 경우에 한한다.

2), 3) 간이완강기의 적용성은 동 기준 2.1.2.2에 따라 숙박시설의 3층 이상에 있는 객실에, 공기안전매트의 적용성은 동 기준 2.1.2.3에 따라 공동주택(「공동주택관리법」제2조제1항제2호 가목부터 라목까지 중 어느 하나에 해당하는 공동주택)에 추가로 설치하는 경우에 한한다.

2. 피난기구의 설치 수량 및 추가 설치기준

원칙	층마다 설치하되, 특정소방대상물의 종류에 따라 그 층의 용도 및 바닥면적을 고려하여 한 개 이상 설치할 것
추가설치	• 숙박시설(휴양콘도미니엄을 제외한다)의 경우에는 추가로 객실마다 완강기 또는 둘 이상의 간이완강기를 설치할 것 • 4층 이상의 층에 설치된 노유자시설 중 장애인 관련 시설로서 주된 사용자 중 스스로 피난이 불가한 자가 있는 경우에는 층마다 구조대를 1개 이상 추가로 설치할 것 • 숙박시설 · 노유자시설 및 의료시설로 사용되는 층에 있어서는 그 층의 바닥면적 500m²마다, 위락시설 · 문화집회 및 운동시설 · 판매시설로 사용되는 층 또는 복합용도의 층에 있어서는 그 층의 바닥면적 800m²마다, 계단실형 아파트에 있어서는 각 세대마다, 그 밖의 용도의 층에 있어서는 그 층의 바닥면적 1,000m²마다 1개 이상 설치할 것

3. 승강식 피난기 및 하향식 피난구용 내림식 사다리 설치기준

구조도	 

연계구조	승강식 피난기 및 하향식 피난구용 내림식 사다리는 설치경로가 설치층에서 피난층까지 연계될 수 있는 구조로 설치할 것	
대피실 면적	대피실의 면적은 2m²(2세대 이상일 경우에는 3m²) 이상으로 하고, 하강구(개구부) 규격은 직경 60cm 이상일 것	
구조	• 하강구 내측에는 기구의 연결 금속구 등이 없어야 하며 전개된 피난기구는 하강구 수평투영면적 공간 내의 범위를 침범하지 않는 구조이어야 할 것 • 사용 시 기울거나 흔들리지 않도록 설치할 것	
출입문	대피실의 출입문은 60분＋방화문 또는 60분 방화문으로 설치하고, 피난방향에서 식별할 수 있는 위치에 "대피실" 표지판을 부착할 것	
수평거리	착지점과 하강구는 상호 수평거리 15cm 이상의 간격을 둘 것	
조명	대피실 내에는 비상조명등을 설치할 것	
표지	대피실에는 층의 위치표시와 피난기구 사용설명서 및 주의사항 표지판을 부착할 것	
경보, 확인	대피실 출입문이 개방되거나, 피난기구 작동 시 해당층 및 직하층 거실에 설치된 표시등 및 경보장치가 작동되고, 감시 제어반에서는 피난기구의 작동을 확인할 수 있어야 할 것	
성능검증	승강식 피난기는 한국소방산업기술원 또는 성능시험기관으로 지정받은 기관에서 그 성능을 검증받은 것으로 설치할 것	

"끝"

1. 문제

화학공장의 위험성평가 목적과 정성적 평가와 정량적 평가 방법에 대하여 설명하시오.

2. 시험지에 번호 표기

화학공장의 위험성평가(1) 목적(2)과 정성적 평가와 정량적 평가 방법(3)에 대하여 설명하시오.

Tip 두 가지로 나누어서 설명을 할 때에는 마지막에 비교를 넣어 결론을 내려주도록 합니다. 비교
설명이 소견이 될 수 있어 답안이 보다 더 완벽해질 수 있습니다.

3. 실제 답안지에 작성해보기

문 2-6) 화학공장의 위험성평가 목적과 정성적 평가와 정량적 평가 방법

1. 개요

정의	위험성평가란 유해·위험요인을 파악하고 해당 유해·위험요인에 의한 부상 또는 질병의 발생 가능성(빈도)과 중대성(강도)을 추정·결정하고 감소대책을 수립하여 실행하는 일련의 과정을 말함
평가 5단계	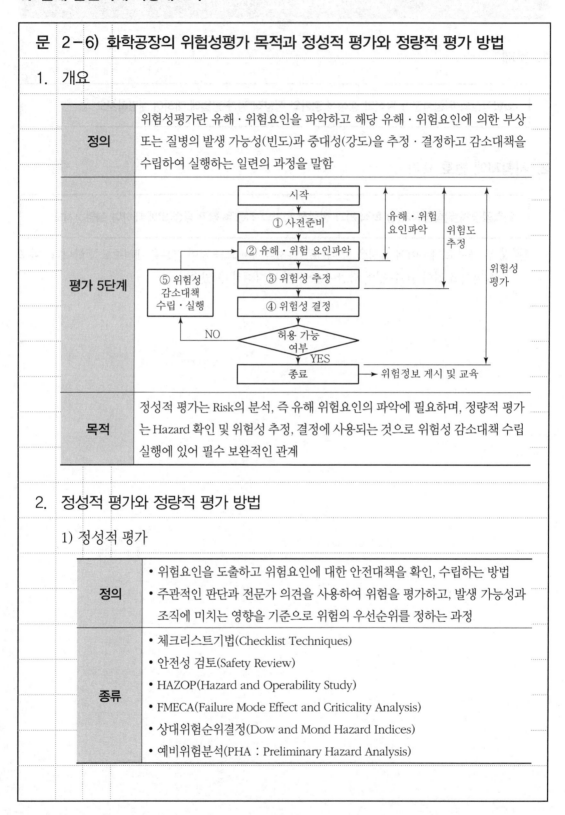
목적	정성적 평가는 Risk의 분석, 즉 유해 위험요인의 파악에 필요하며, 정량적 평가는 Hazard 확인 및 위험성 추정, 결정에 사용되는 것으로 위험성 감소대책 수립 실행에 있어 필수 보완적인 관계

2. 정성적 평가와 정량적 평가 방법

1) 정성적 평가

정의	• 위험요인을 도출하고 위험요인에 대한 안전대책을 확인, 수립하는 방법 • 주관적인 판단과 전문가 의견을 사용하여 위험을 평가하고, 발생 가능성과 조직에 미치는 영향을 기준으로 위험의 우선순위를 정하는 과정
종류	• 체크리스트기법(Checklist Techniques) • 안전성 검토(Safety Review) • HAZOP(Hazard and Operability Study) • FMECA(Failure Mode Effect and Criticality Analysis) • 상대위험순위결정(Dow and Mond Hazard Indices) • 예비위험분석(PHA : Preliminary Hazard Analysis)

2) 정량적 평가

정의	사고의 발생확률, 사고에 의한 피해의 결과를 정량적으로 나타내는 위험성평가 방법
종류	• 결함수 분석법 • 사건수 분석법 • 사고영향 분석법

3. 비교

구분	정성적 평가	정량적 평가
개념	• 정성적인 위험 • 사회적 허용기준 이상	• 정량적인 위험 • 빈도 × 가혹도, 확률 × 결과
대상	인적, 물적, 환경적 피해를 주는 위험	
위험성 평가방법	• 사고예상 질문 분석법 • 체크리스트법 • 이상위험도 분석법 • 작업자 실수 분석법 • 위험과 운전성 분석법 • 안전성 검토법 • 예비위험도 분석법	• 결함수 분석법(FTA) • 사건수 분석법(ETA) • 사고영향 분석법(CA)
장점	• 위험 분석이 용이 • 시간소요가 적음 • 신속한 위험의 판정	재해발생 확률, 재해의 결과를 양적으로 나타냄
단점	재해발생 확률, 재해의 결과를 양적으로 나타내지 못함	• 위험 분석의 어려움 • 정성적 위험성평가보다 시간이 소요됨

"끝"

1. 문제

> 방염에 대하여 다음 사항을 설명하시오.
>
> (1) 방염대상   (2) 실내장식물   (3) 방염성능기준

Tip 전회차에서 설명한 부분입니다.

1. 문제

> 수계 시스템에서 배관경 산정방법인 규약배관방식(Pipe Schedule Method)과 수리계산방식 (Hydraulic Calculation Method)을 비교 설명하시오.

2. 시험지에 번호 표기

> 수계 시스템에서 배관경 산정방법(1)인 규약배관방식(Pipe Schedule Method)(2)과 수리계산방식 (Hydraulic Calculation Method)(3)을 비교 설명(4)하시오.

3. 실제 답안지에 작성해보기

문 3-2) 규약배관방식과 수리계산방식을 비교 설명

1. 개요

① 수계 소화시스템은 유체인 물을 가압하여 이송하는 소화설비로서 배관경에 따른 소화수의 유속과 압력과 유량이 결정되어 관경 선정이 매우 중요함

② 관경 산출방법은 규약배관방식과 수리계산방식으로 구분됨

2. 규약배관방식

개요도	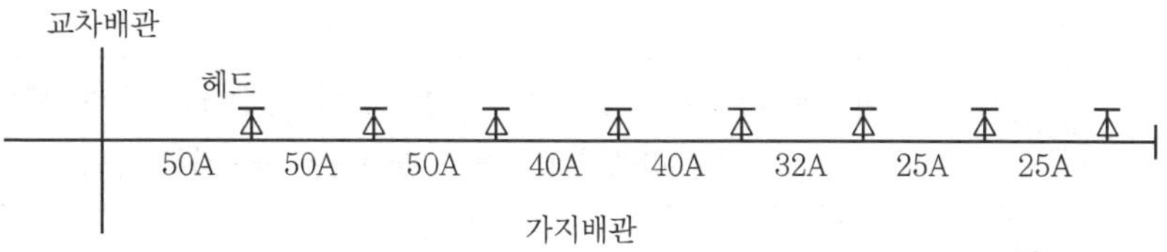교차배관 헤드 50A 50A 50A 40A 40A 32A 25A 25A 가지배관
정의	규약배관방식(Pipe Schedule Method)은 배관의 구경에 따라 헤드의 개수를 제한해 설치하도록 하는 설계방식으로 경험상 미리 규정된 관경에 필요한 소요수량을 적용하고 있어 비숙련자도 비교적 쉽게 설계가 가능함
주수 계획	표준화재 개념, 건물의 용도, 규모, 가연물의 종류에 따라 헤드 수를 결정
배관 계획	• 테이블에 의한 배관경 결정 • 스프링클러헤드 수별 급수관의 구경표에서 결정
절차	특정소방대상물 규모 및 용도 확인 → 자연낙차 및 기준개수 확인 → 스프링클러헤드 수별 급수관의 구경표에서 결정

3. 수리계산방식

면적, 밀도 그래프	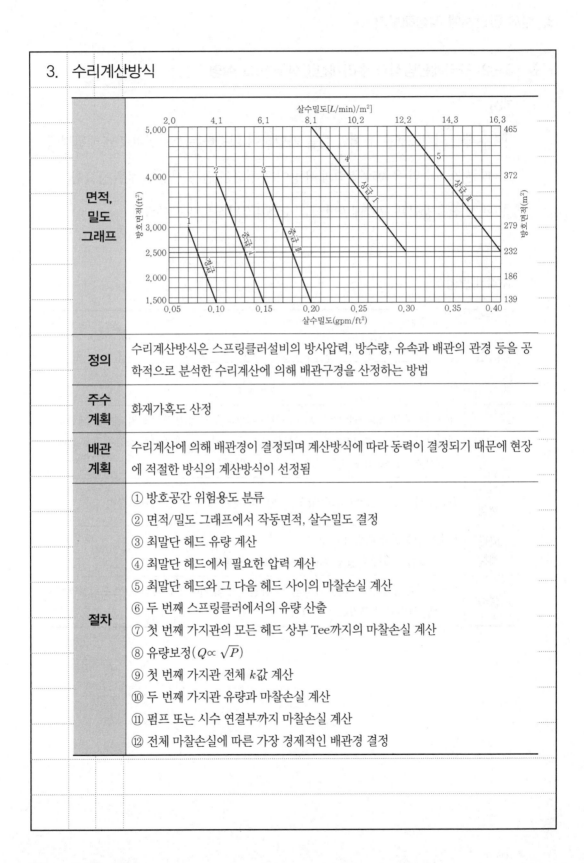
정의	수리계산방식은 스프링클러설비의 방사압력, 방수량, 유속과 배관의 관경 등을 공학적으로 분석한 수리계산에 의해 배관구경을 산정하는 방법
주수 계획	화재가혹도 산정
배관 계획	수리계산에 의해 배관경이 결정되며 계산방식에 따라 동력이 결정되기 때문에 현장에 적절한 방식의 계산방식이 선정됨
절차	① 방호공간 위험용도 분류 ② 면적/밀도 그래프에서 작동면적, 살수밀도 결정 ③ 최말단 헤드 유량 계산 ④ 최말단 헤드에서 필요한 압력 계산 ⑤ 최말단 헤드와 그 다음 헤드 사이의 마찰손실 계산 ⑥ 두 번째 스프링클러에서의 유량 산출 ⑦ 첫 번째 가지관의 모든 헤드 상부 Tee까지의 마찰손실 계산 ⑧ 유량보정($Q \propto \sqrt{P}$) ⑨ 첫 번째 가지관 전체 k값 계산 ⑩ 두 번째 가지관 유량과 마찰손실 계산 ⑪ 펌프 또는 시수 연결부까지 마찰손실 계산 ⑫ 전체 마찰손실에 따른 가장 경제적인 배관경 결정

4. 비교

구분	규약배관방식	수리계산방식
개념	• 주수계획 : 표준화재에 의해 결정 • 배관계획 : 테이블에 의해 배관경이 결정	• 주수계획 : 화재가혹도 산정 • 배관계획 : 수리계산에 의해 배관경 결정
방호대상물의 화재위험도 결정	용도별/규모별에 의해 결정 : 화재조사/경험에 근거로 무대부, 특수가연물, 래크식 창고 등으로 분류	화재가혹도 산정 : 경급, 중급 I · II, 상급 I · II로 구분
SP 작동면적 결정	기준 개수가 설계면적이 됨 : 10/20/30개	위험도에 따른 면적밀도 그래프에서 결정
살수밀도 결정	용도별 헤드의 수평거리에 의해 결정 －무대부·특수가연물을 저장 또는 취급하는 장소 : 1.7m 이하 －랙식 창고 : 2.5m 이하(단, 특수가연물을 저장 또는 취급하는 랙식 창고 : 1.7m 이하) －공동주택(아파트) 세대 내의 거실 : 3.2m 이하 －기타 특정소방대상물은 2.1m 이하 (내화구조로 된 경우에는 2.3m 이하)	위험도에 따른 면적/밀도 그래프에서 결정
설계면적 형태 결정	• 헤드의 작동 면적 : 기준개수, 방호면적 : 유수검지장치 • 1개가 담당하는 면적에 따라 결정하나 형태는 별도로 규제하지 않음	설계면적의 가지관 방향의 길이 $(L) = 1.2\sqrt{A}$ (A : 설계면적)
설계면적 내 헤드 수 결정	용도별 수평거리로 가로열, 세로열, 헤드 수 결정	헤드 수($N_T = \dfrac{A}{A_s}$) $= \dfrac{설계면적}{스프링클러\ 1개의\ 방호면적}$
유량, 압력계산	• 말단 유량 : 80LPM 이상 • 방수압 : 0.1~1.2MPa	• 말단 유량 : 80LPM 이상 • 방수압 : 0.05MPa 이상
배관마찰 손실계산	Hazen－Wiliams식 활용	Hazen－Wiliams식 활용

"끝"

1. 문제

무창층의 기준해석에 대한 업무처리 지침 관련 아래 사항을 설명하시오.

(1) 개구부 크기의 인정기준

(2) 도로 폭의 기준

(3) 쉽게 파괴할 수 있는 유리의 종류

Tip 시사성이 떨어지는 문제입니다.

1. 문제

스프링클러의 작동시간 예측에 있어 감열체의 대류와 전도에 대하여 열평형식을 이용하여 설명하시오.

Tip 수험생이 고르기에는 난도가 높습니다. 열평형 방정식에서 라플라스 변환까지 알아야 하는 문제로 한국화재보험협회에서 방재기술로 논의되었던 내용입니다.

1. 문제

> 소방시설의 내진설계 기준에서 정한 면진, 수평력, 세장비에 대하여 설명하고, 단면적이 9cm²로 동
> 일한 정삼각형, 정사각형, 원형의 버팀대가 있을 경우 세장비가 300일 때 최소회전반경(γ)과 버팀대
> 의 길이를 계산하시오.

2. 시험지에 번호 표기

> 소방시설의 내진설계 기준에서 정한 면진, 수평력, 세장비(1)에 대하여 설명하고, 단면적이 9cm²로
> 동일한 정삼각형, 정사각형, 원형의 버팀대가 있을 경우 세장비가 300일 때 최소회전반경(γ)과 버팀
> 대의 길이를 계산(2)하시오.

Tip 설명과 계산문제입니다. 계산문제와 유도문제는 먼저 외우고 이해하도록 합니다.

119회

3. 실제 답안지에 작성해보기

> **문 3 - 5)** 면진, 수평력, 세장비에 대하여 설명하고, 세장비가 300일 때 최소회
>
> 전반경(γ)과 버팀대의 길이를 계산

1. 면진, 수평력, 세장비

   1) 면진

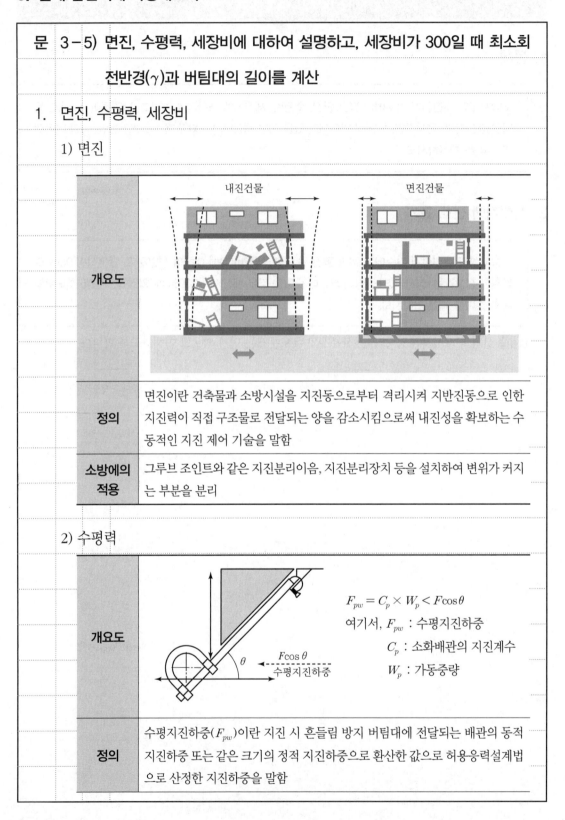

개요도	
정의	면진이란 건축물과 소방시설을 지진동으로부터 격리시켜 지반진동으로 인한 지진력이 직접 구조물로 전달되는 양을 감소시킴으로써 내진성을 확보하는 수동적인 지진 제어 기술을 말함
소방에의 적용	그루브 조인트와 같은 지진분리이음, 지진분리장치 등을 설치하여 변위가 커지는 부분을 분리

   2) 수평력

개요도	$F_{pw} = C_p \times W_p < F\cos\theta$ 여기서, F_{pw} : 수평지진하중 C_p : 소화배관의 지진계수 W_p : 가동중량
정의	수평지진하중(F_{pw})이란 지진 시 흔들림 방지 버팀대에 전달되는 배관의 동적 지진하중 또는 같은 크기의 정적 지진하중으로 환산한 값으로 허용응력설계법으로 산정한 지진하중을 말함

계산방법	• 지진에 의한 소화배관의 수평지진하중(F_{pw}) 산정은 허용응력설계법을 적용 $F_{pw} = C_p \times W_p$ [F_{pw} : 수평지진하중, C_p : 소화배관의 지진계수(별표 1에 따라 선정한다), W_p : 가동중량] • 소방시설의 지진하중은 "건축물 내진설계기준"의 비구조요소의 설계지진력 산정방법 중 허용응력설계법 외의 방법으로 산정된 설계지진력에 0.7을 곱한 값을 수평지진하중(F_{pw})으로 적용

3) 세장비

개요도	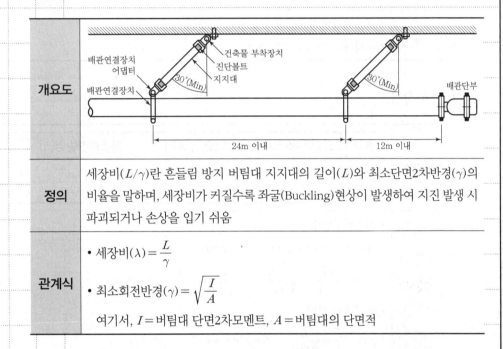
정의	세장비(L/γ)란 흔들림 방지 버팀대 지지대의 길이(L)와 최소단면2차반경(γ)의 비율을 말하며, 세장비가 커질수록 좌굴(Buckling)현상이 발생하여 지진 발생 시 파괴되거나 손상을 입기 쉬움
관계식	• 세장비(λ) = $\dfrac{L}{\gamma}$ • 최소회전반경(γ) = $\sqrt{\dfrac{I}{A}}$ 여기서, I = 버팀대 단면2차모멘트, A = 버팀대의 단면적

2. 최소회전반경과 버팀대의 길이 계산

1) 정삼각형

	형태	단면2차모멘트(I_x)	단면적(A)	최소회전반경(γ)
관계식	삼각형	$I_x = \dfrac{ah^3}{36}$	$A = \dfrac{1}{2}ah$	$\gamma = \sqrt{\dfrac{I_x}{A}} = \sqrt{\dfrac{2ah^3}{36ah}} = \dfrac{h}{\sqrt{18}}$

계산	• 최소회전반경
	$- A = \dfrac{\sqrt{3}}{4} \times a^2 \, , \; 9\text{cm}^2 = \dfrac{\sqrt{3}}{4} \times a^2 \rightarrow a = 4.559\text{cm}$
	$- \text{높이}\,(h) = \dfrac{2 \times A}{a} = \dfrac{2 \times 9}{4.559} = 3.9482\text{cm}$
	$\therefore \; \gamma = \sqrt{\dfrac{I_x}{A}} = \sqrt{\dfrac{2ah^3}{36ah}} = \dfrac{h}{\sqrt{18}} = \dfrac{3.9482}{\sqrt{18}} = 0.931\text{cm}$
	• 버팀대의 길이
	$300 = \dfrac{L}{\lambda} = \dfrac{L}{0.931} \quad \therefore \; L = 279.18\text{cm}$
답	• 최소회전반경$(\gamma) = 0.931\text{cm}$
	• 버팀대의 길이 $= 279.18\text{cm}$

2) 정사각형

	형태	단면2차모멘트(I_x)	단면적(A)	최소회전반경(γ)
관계식	사각형	$I_x = \dfrac{ah^3}{12}$	$A = ah$	$\gamma = \sqrt{\dfrac{I_x}{A}} = \sqrt{\dfrac{ah^3}{12ah}} = \dfrac{h}{\sqrt{12}}$

계산	• 최소회전반경
	$A = a \times a = a^2 = 9\text{cm}^2 \rightarrow a = 3\text{cm}$
	$\therefore \; \gamma = \sqrt{\dfrac{I_x}{A}} = \sqrt{\dfrac{ah^3}{12ah}} = \dfrac{h}{\sqrt{12}} = \dfrac{3}{\sqrt{12}} = 0.866\text{cm}$
	• 버팀대의 길이
	$300 = \dfrac{L}{\lambda} = \dfrac{L}{0.866} \quad \therefore \; L = 259.8\,\text{cm}$
답	• 최소회전반경$(\gamma) = 0.866\text{cm}$
	• 버팀대의 길이 $= 259.8\text{cm}$

3) 원형

형태	단면2차모멘트(I_x)	단면적(A)	최소회전반경(γ)
원형	$I_x = \dfrac{\pi d^4}{64}$	$A = \dfrac{\pi d^2}{4}$	$\gamma = \sqrt{\dfrac{I_x}{A}} = \sqrt{\dfrac{4\pi d^4}{64\pi d^2}} = \sqrt{\dfrac{d^2}{16}} = \dfrac{d}{4}$

관계식 (왼쪽 레이블)

계산

- 최소회전반경

$$A = \frac{\pi}{4}d^2 = 9\,\text{cm}^2 \rightarrow d = 3.385\,\text{cm}$$

$$\therefore\ \gamma = \sqrt{\frac{I_x}{A}} = \sqrt{\frac{4\pi d^4}{64\pi d^2}} = \sqrt{\frac{d^2}{16}} = \frac{d}{4} = \frac{3.385}{4} = 0.846\,\text{cm}$$

- 버팀대의 길이

$$300 = \frac{L}{\lambda} = \frac{L}{0.846} \quad \therefore\ L = 253.8\,\text{cm}$$

답

- 최소회전반경(γ) = 0.846cm
- 버팀대의 길이 = 253.8cm

"끝"

1. 문제

옥외에 설치된 유입변압기 화재방호를 위해 설계된 물분무소화설비의 배수설비 용량(m³)을 NFPA 15에 따라 다음 조건을 이용하여 계산하시오.(단, 배수설비 용량 산정 시 빗물 및 공정액체 또는 냉각수가 배수설비로 보내어지는 정상적인 방출유량은 제외한다.)

〈조건〉
- 단일저장용기에 저장된 절연유 최대 용량 : 50m³, 절연유 비중 : 0.83
- 변압기 윗면 표면적 : 35m², 변압기 외형 둘레길이 : 32m, 변압기 높이 : 4.5m
- Conservator Tank 지름 및 길이 : 1.2m, 5.2m
- 소화수 방출시간 : 30분
- 변압기 설치 지역의 비흡수지반 면적 : 16.5m²

2. 시험지에 번호 표기

옥외에 설치된 유입변압기 화재방호를 위해 설계된 **물분무소화설비(1)의 배수설비 용량(m³)(2)**을 NFPA 15에 따라 아래 조건을 이용하여 계산하시오.(단, 배수설비 용량 산정 시 빗물 및 공정액체 또는는 냉각수가 배수설비로 보내어지는 정상적인 방출유량은 제외한다.)

〈조건〉
- 단일저장용기에 저장된 절연유 최대 용량 : 50m³, 절연유 비중 : 0.83
- 변압기 윗면 표면적 : 35m², 변압기 외형 둘레길이 : 32m, 변압기 높이 : 4.5m
- Conservator Tank 지름 및 길이 : 1.2m, 5.2m
- 소화수 방출시간 : 30분
- 변압기 설치 지역의 비흡수지반 면적 : 16.5m²

Tip 자주 출제되는 계산문제는 아니지만 알고 가야 합니다.

3. 실제 답안지에 작성해보기

문 3-6) 물분무소화설비의 배수설비 용량(m³)을 NFPA 15에 따라 다음 조건을 이용하여 계산하시오.

1. 물분무소화설비

① 물분무소화설비란 스프링클러소화설비와 유사하나 스프링클러설비의 방수압보다 고압으로 방사하여 물의 입자를 미세하게 분무시켜 물방울의 표면적을 넓게 함으로써 유류화재, 전기화재 등에도 적응성이 뛰어나도록 한 소화설비

② 국내는 B급 화재에 물분무소화설비를 적용 시 기름과 물의 혼합으로 인한 화재확대를 방지하기 위해 배수설비를 설치하는 규정이 있으며, NFPA 15의 경우는 용도의 구분 없이 배수설비를 설치하고 있음

2. 물분무소화설비의 배수설비 용량 계산

적용대상	• 둔덕 또는 경사지 • 개방된 트렌치 또는 도랑	• 지하배수구 또는 밀폐된 배수구 • 방유제 주변
관계식	배수설비 용량(변압기 표면적 + Conservator Tank + 비흡수지반 면적) × 30분	
변압기표면적	[변압기 윗부분 표면적 + (변압기 외형 둘레길이 × 변압기의 높이)] × 10.2 (LPM/m²) = [35m² + (32m × 4.5m)] × 10.2LPM/m² = 1,825.8LPM	
Conservator Tank	(3.14 × 지름 × 길이) × 10.2LPM/m² = (3.14 × 1.2m × 5.2m) × 10.2LPM/m² = 199.85LPM	
비흡수지반 면적	비흡수지반 면적 × 6.1LPM/m² = 16.5m² × 6.1LPM/m² = 100.65LPM	
답	(1,825.8LPM + 199.85LPM + 100.65LPM) × 30분 = 63,789L = 63.79m³	

3.	국내의 물분무소화설비의 배수설비 기준과 소견	
	기준	• 차량이 주차하는 장소의 적당한 곳에 높이 10cm 이상의 경계 턱으로 배수구를 설치할 것 • 배수구에는 새어나온 기름을 모아 소화할 수 있도록 길이 40m 이하마다 집수관·소화피트 등 기름분리장치를 설치할 것 • 차량이 주차하는 바닥은 배수구를 향하여 100분의 2 이상의 기울기를 유지할 것 • 배수설비는 가압송수장치의 최대송수능력의 수량을 유효하게 배수할 수 있는 크기 및 기울기로 할 것
	소견	• 국내는 차고 주차장에 스프링클러설비를 설치하고 화재 시 스프링클러설비에 의해 화재를 진압하도록 하고 있으나 스프링클러설비는 소화약제가 물로서 비중이 기름보다 크므로 기름의 유출 시 연소확대의 위험이 있음 • 따라서 소화잔류수에 의한 환경 영향성을 고려한 스프링클러설비를 차고 주차장에 하였을 경우 배수설비를 설치하는 것이 타당하다고 사료됨

"끝"

1. 문제

최근 건설현장에서 용접 · 용단 적업 시 화재 및 폭발사고가 증가하고 있다. 다음 사항을 설명하시오.

(1) 용접 · 용단 작업 시 발생되는 비산불티의 특징

(2) 발화원인물질별 주요 사고발생 형태

(3) 용접 · 용단 작업 시 화재 및 폭발 재해예방 안전대책

Tip 128회에서도 출제되어 후술하도록 하겠습니다.

1. 문제

NFPA 20에 따라 소방펌프 및 충압펌프 기동 · 정지 압력을 세팅하려고 한다. 아래 내용에 대하여 설명하시오.

(1) 소방펌프 및 충압펌프 기동 · 정지 압력 설정기준

(2) 소방펌프 최소운전시간

(3) 소방펌프의 운전범위

(4) 소방펌프(전동기 구동 1대, 디젤엔진 구동 2대) 및 충압펌프의 정지압력은 150psi, 체절압력은 165psi이다. 현재 정력압력 기준 자동기동, 자동정지로 세팅된 상태를 체절압력 기준 자동기동, 수동정지 상태로 변경하려고 한다. 소방펌프 및 충압펌프의 기동 · 정지 압력 세팅값을 계산하시오(단, 최소 정격 급수압력은 50psi으로 한다).

(5) 계통 신뢰성 향상을 위한 고려사항

2. 시험지에 번호 표기

NFPA 20에 따라 소방펌프 및 충압펌프 기동 · 정지 압력을 세팅하려고 한다. 아래 내용에 대하여 설명하시오.

(1) 소방펌프 및 충압펌프 기동 · 정지 압력 설정기준(1)

(2) 소방펌프 최소운전시간(2)

(3) 소방펌프의 운전범위(3)

(4) 소방펌프(전동기 구동 1대, 디젤엔진 구동 2대) 및 충압펌프의 정지압력은 150psi, 체절압력은 165psi이다. 현재 정력압력 기준 자동기동, 자동정지로 세팅된 상태를 체절압력 기준 자동기동, 수동정지 상태로 변경하려고 한다. 소방펌프 및 충압펌프의 기동 · 정지 압력 세팅값을 계산하시오(4)(단, 최소 정격 급수압력은 50psi으로 한다).

(5) 계통 신뢰성 향상을 위한 고려사항(5)

Tip 지문이 5개입니다. 지문이 많을 경우 바로 지문에 대한 답을 하는 것이 좋습니다. 2페이지 반 분량을 넘어서 3~4페이지를 넘길 경우 시간부족, 채점자의 주의력 결핍 등을 초래할 수 있으므로 주의해야 합니다.

3. 실제 답안지에 작성해보기

문 4-2) NFPA 20에 따라 소방펌프 및 충압펌프 기동·정지 압력을 세팅하는 방법을 설명

1. 소방펌프 및 충압펌프 기동·정지 압력 설정기준

보조펌프 정지점	주펌프 체절 압력＋시수의 최소 정압 공급 압력
보조펌프 기동점	보조펌프의 정지점：－10psi(0.68bar)
주펌프 기동점	보조펌프의 기동점：－5psi(0.34bar)
예비펌프 기동점	주펌프의 기동점：－10psi(0.68bar)
주펌프 정지점	수동기동이 원칙
고려사항	압력 스위치의 작동차이 값들이 이러한 설정을 허용하지 않는 경우, 설정은 장비가 허용하는 한 근접한 값으로 설정되어야 함

2. 소방펌프의 최소운전시간

구분	전동기펌프	엔진펌프
운전시간	10분 이상	30분 이상
이유	• 전동기 펌프의 수명연장 • 엔진펌프의 냉각 계통 확인 • 엔진펌프의 연료 계통 확인 • 엔진펌프의 배기 계통등의 확인으로 실제 화재 시 원활한 작동 확인	

3. 소방펌프의 운전범위

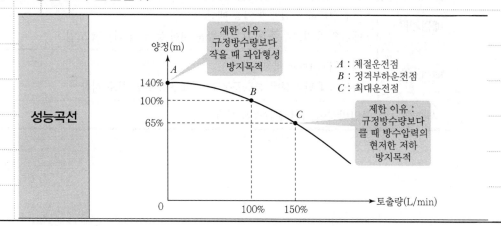

운전범위	• 화재 초기 : 화재초기 시 헤드가 1개 개방되는 것을 가정할 경우 소방펌프는 체절운전점 근처에서 운전 • 성장기 : 기준개수를 기준으로 개방된다고 가정하고 정격운전 • 최성기 : 주변의 헤드가 모두 터지는 것을 가정하고 최대운전점에서 운전
화재안전 기준	체절운전 시 통상적으로 압력은 정격압력보다 15~20% 상승하게 되는데 정격압력의 140% 초과해서는 안 되며, 소방펌프는 정격유량의 150%까지 올렸을 때 정격압력이 65% 이상 유지되어야 함

4. 소방펌프 및 충압펌프의 기동 · 정지 압력 세팅값 계산

충압펌프 정지압력	165psi + 50psi = 215psi
충압펌프 기동압력	215psi − 10psi = 205psi
전동기펌프 기동압력	205psi − 5psi = 200psi
엔진펌프 1	200psi − 10pi = 190psi
엔진펌프 2	190psi − 10psi = 180psi
전동기, 엔진펌프 정지점	수동정지

5. 계통 신뢰성 향상을 위한 고려사항

가압송수장치	• 정전 시 대비 엔진펌프 예비펌프 설치 • 고가수조 방식 선택
배관계통	• 고층건축물 수직배관 이중 배관 • 배관의 유지보수를 위해 비눗방울 시험 등 누기 테스트 도입
배선계통	• 회로의 Class A 배선 • 자동화재 탐지설비 회로공통 각 경계구역 단일 선로 시공
저수조	부압방식이 아닌 정압방식 선택

"끝"

1. 문제

피난구 유도등에 대하여 다음 사항에 답하시오.

(1) 점등방식(2선식, 3선식)에 따른 회로도 작성

(2) 유도등의 크기 및 상용점등 · 비상점등 시 평균휘도

(3) 유도등의 색상이 녹색인 이유

2. 시험지에 번호 표기

피난구 유도등(1)에 대하여 다음 사항에 답하시오.

(1) 점등방식(2선식, 3선식)에 따른 회로도 작성(2)

(2) 유도등의 크기 및 상용점등 · 비상점등 시 평균휘도(3)

(3) 유도등의 색상이 녹색인 이유(4)

Tip 지문 4개를 순서대로 그림과 표를 이용해 답안을 작성하면 됩니다.

3. 실제 답안지에 작성해보기

문 4-3) 피난구 유도등에 대하여 다음 사항에 답하시오.

1. 개요

① 피난구유도등이란 피난구 또는 피난경로로 사용되는 출입구를 표시하여 피난을 유도하는 등을 말하는 것으로 암순응을 위하여 녹색바탕에 흰색문자로 되어 있음

② 공연장, 암실 등에는 3선식 배선으로 설치하는 등 장소에 따라 2선식, 3선식 배선으로 시공되어 있음

2. 점등방식에 따른 회로도 작성

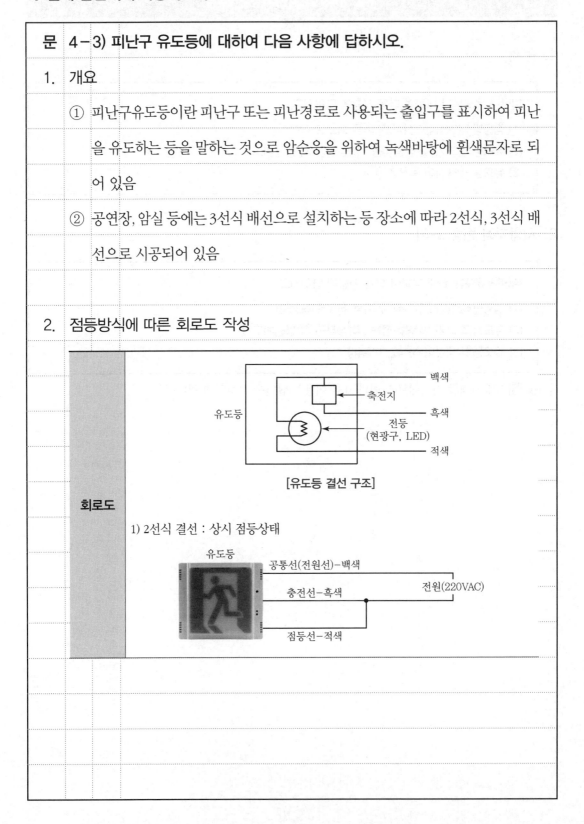

회로도

[유도등 결선 구조]

1) 2선식 결선 : 상시 점등상태

회로도	2) 3선식 결선 : 평소 소등상태 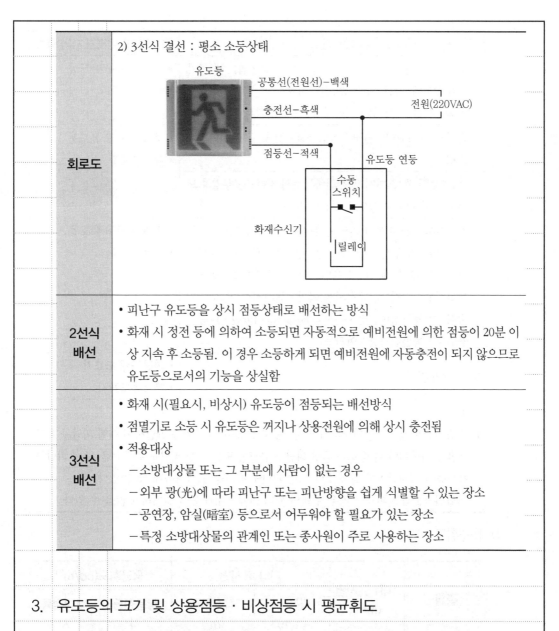	

2선식 배선	• 피난구 유도등을 상시 점등상태로 배선하는 방식 • 화재 시 정전 등에 의하여 소등되면 자동적으로 예비전원에 의한 점등이 20분 이상 지속 후 소등됨. 이 경우 소등하게 되면 예비전원에 자동충전이 되지 않으므로 유도등으로서의 기능을 상실함
3선식 배선	• 화재 시(필요시, 비상시) 유도등이 점등되는 배선방식 • 점멸기로 소등 시 유도등은 꺼지나 상용전원에 의해 상시 충전됨 • 적용대상 − 소방대상물 또는 그 부분에 사람이 없는 경우 − 외부 광(光)에 따라 피난구 또는 피난방향을 쉽게 식별할 수 있는 장소 − 공연장, 암실(暗室) 등으로서 어두워야 할 필요가 있는 장소 − 특정 소방대상물의 관계인 또는 종사원이 주로 사용하는 장소

3. 유도등의 크기 및 상용점등 · 비상점등 시 평균휘도

1) 유도등 크기 : 대형, 중형, 소형으로 구분

설치장소	유도등 및 유도표지의 종류
1. 공연장 · 집회장(종교집회장 포함) · 관람장 · 운동시설	• 대형 피난구 유도등
2. 유흥주점영업시설(「식품위생법 시행령」 제21조제8호라목의 유흥주점영업 중 손님이 춤을 출 수 있는 무대가 설치된 카바레, 나이트클럽 또는 그 밖에 이와 비슷한 영업시설만 해당한다)	• 통로유도등 • 객석유도등

설치장소	유도등 및 유도표지의 종류
3. 위락시설 · 판매시설 · 운수시설 · 「관광진흥법」 제3조제1항제2호에 따른 관광숙박업 · 의료시설 · 장례식장 · 방송통신시설 · 전시장 · 지하상가 · 지하철역사	• 대형 피난구 유도등 • 통로유도등
4. 숙박시설(제3호의 관광숙박업 외의 것을 말한다) · 오피스텔	• 중형 피난구 유도등 • 통로유도등
5. 제1호부터 제3호까지 외의 건축물로서 지하층 · 무창층 또는 층수가 11층 이상인 특정소방대상물	
6. 제1호부터 제5호까지 외의 건축물로서 근린생활시설 · 노유자시설 · 업무시설 · 발전시설 · 종교시설(집회장 용도로 사용하는 부분 제외) · 교육연구시설 · 수련시설 · 공장 · 창고시설 · 교정 및 군사시설(국방 · 군사시설 제외) · 기숙사 · 자동차정비공장 · 운전학원 및 정비학원 · 다중이용업소 · 복합건축물 · 아파트	• 소형 피난구 유도등 • 통로유도등
7. 그 밖의 것	• 피난구 유도표지 • 통로유도표지

※ 비고

1. 소방서장은 특정소방대상물의 위치 · 구조 및 설비의 상황을 판단하여 대형 피난구 유도등을 설치하여야 할 장소에 중형 피난구 유도등 또는 소형 피난구 유도등을, 중형 피난구 유도등을 설치하여야 할 장소에 소형 피난구 유도등을 설치하게 할 수 있다.
2. 복합건축물과 아파트의 경우 주택의 세대 내에는 유도등을 설치하지 않을 수 있다.

2) 평균휘도

종별		1대1 표시면 (mm)	기타 표시면		평균휘도(cd/m²)	
			짧은 변 (mm)	최소면적 (m²)	상용점등 시	비상점등 시
피난구 유도등	대형	250 이상	200 이상	0.10	320 이상 800 미만	100 이상
	중형	200 이상	140 이상	0.07	250 이상 800 미만	
	소형	100 이상	110 이상	0.036	150 이상 800 미만	

종별		1대1 표시면 (mm)	기타 표시면		평균휘도(cd/m²)	
			짧은 변 (mm)	최소면적 (m²)	상용점등 시	비상점등 시
통로 유도등	대형	400 이상	200 이상	0.16	500 이상 1,000 미만	150 이상
	중형	200 이상	110 이상	0.036	350 이상 1,000 미만	
	소형	130 이상	85 이상	0.022	300 이상 1,000 미만	

4. 유도등의 색상이 녹색인 이유

개요도	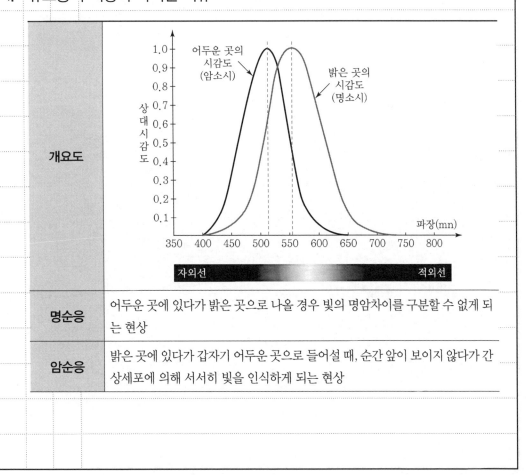
명순응	어두운 곳에 있다가 밝은 곳으로 나올 경우 빛의 명암차이를 구분할 수 없게 되는 현상
암순응	밝은 곳에 있다가 갑자기 어두운 곳으로 들어설 때, 순간 앞이 보이지 않다가 간상세포에 의해 서서히 빛을 인식하게 되는 현상

녹색인 이유 (Purkinje Effect)	• 푸르키네 효과(Purkinje Effect)는 빛이 약할 경우에 눈은 장파장보다 단파장의 빛에 대해 민감해지는 현상을 말함 • 화재 시 정전현상으로 빛이 없다는 가정하에 암순응을 겪게 되며, 어두울 때는 물체의 색을 인식하기에는 추상체가 그 기능을 거의 하지 못하고 물체의 윤곽만을 인식하는 간상체가 활발히 활동하게 되는데, 이 세포가 가장 민감한 색이 녹색임. 이 때문에 국내의 유도등이 녹색임

"끝"

1. 문제

건축물 화재 시 안전한 피난을 위한 피난시간을 계산하고자 한다. 다음 사항에 대하여 답하시오.

(1) 피난계산의 필요성, 절차, 평가방법

(2) 피난계산의 대상층 선정방법

Tip 당시 수험생이 알기 쉽지 않았으나 현재는 성능위주설계에서 피난 시뮬레이션에 관한 문제가 출제되고 있습니다.

1. 문제

유기 과산화물의 활성산소량, 분해온도, 활성화에너지, 반감기, 사용 시 주의사항에 대하여 설명하시오.

2. 시험지에 번호 표기

유기 과산화물(1)의 활성산소량(2), 분해온도(3), 활성화에너지(4), 반감기(5), 사용 시 주의사항(6)에 대하여 설명하시오.

Tip 유기 과산화물, 무기 과산화물은 필기시험뿐만 아니라 면접에도 나오기 때문에 한번 정리하셔야 합니다.

3. 실제 답안지에 작성해보기

문 4-5)	유기 과산화물의 활성산소량, 분해온도, 활성화에너지, 반감기, 사용 시 주의사항
1. 개요	
	① 과산화기를 갖고 있는 유기 과산화물은 매우 불안정하여 발열 분해를 일으키기 쉽고, 과산화기인 $O-O$ 결합은 $C-H$, $C-O$, $C-C$에 비해 결합에너지가 작아 열이나 빛에 의해 쉽게 분해됨
	② 유기 과산화물의 특성치로서 과산화기에 의해 활성산소량, 반감기, 활성화에너지의 특성을 가짐
2. 활성산소량	

관계식	활성산소량 % = 순도 × ($-O-O-$ 결합의 수) × 16 / 분자량
정의	• 화학반응을 라디칼로 진행시키는 경우 유기 과산화물은 그 반응의 개시제(Initiator) 또는 가교제(Cross-linking Agent)로서의 기능을 갖고 있는 과산화(Peroxy) 결합 수나 방출되는 라디칼의 수를 표시하는 데 활성산소량 %를 씀 • 활성산소량이 높아 분자 중의 산소원자 함유율이 높으면 폭발 위험성이 높음

3. 분해온도

관계식	분해속도 $K = \alpha \cdot e^{\left(-\frac{E}{RT}\right)}$ 여기서, K : 분해속도, α : 빈도계수, E : 활성화에너지 R : 기체상수, T : 절대온도(K)
정의	• 절대온도(T)가 분해온도이며, 물질을 가열하면 화학물질의 분해 반응이 발생되는데, 이때 분해반응이 발생되는 온도를 분해온도라고 함 • 분해온도가 낮을수록 폭발분해의 위험성이 높고 속도가 빨라짐

4. 활성화에너지

관계식	분해속도 $K = \alpha \cdot e^{\left(-\frac{E}{RT}\right)}$ 여기서, K : 분해속도, α : 빈도계수, E : 활성화에너지 　　　　R : 기체상수, T : 절대온도(K)
정의	• 분해시키기 위해서 높이지 않으면 안 되는 에너지 레벨의 상한을 의미 • 활성화에너지에 의해 과산화물 깨짐이 일어나고 자유 라디칼이 생성됨 • 활성화에너지가 작은 물질은 저온에서 분해하기 쉬워 불안정하며 연소속도가 빠름

5. 반감기

119회

관계식	$\ln \tau = C - E/RT$ 여기서, τ : 반감기, C : 상수, E : 활성화에너지, R : 기체상수, T : 절대온도(K)
정의	• 과산화물 중의 활성산소량이 분해에 의해 원래 수치의 반이 되는 데 필요한 시간 • 측정되는 분해속도와는 역수관계이고 온도가 높으면 작아짐

6. 사용 시 주의사항

유기 과산화물 특성	주의사항
• 열, 충격, 마찰에 대단히 민감 • 반응성, 연소성이 매우 커서 폭발하기 쉬움 (화재 시 냉각소화) • 강력한 산화력이 있고 자발적으로 분해 가능 • 용도 : 합성수지제품의 중합 개시제, 불포화 또는 포화에스테르수지의 경화제, 합성 고무·합성수지의 가교제	• 저장용기와 장비의 재질이 동일재질 • 용기는 유리, 자기, PE 등을 이용하고 분해가스가 잘 빠질 수 있는 구조의 용기 사용 • 분해촉진약품인 Fe, Co, Mn 등과 같은 산화−환원작용이 있는 화합물과의 직접혼합 절대금지 • 빈 용기는 직사광선이 닿지 않는 곳에 보관 • 밀폐장소에서 취급 시 온도감시장치, 안전장치, 가스배출장치 등 부착 보관

"끝"

1. 문제

거실제연설비에 대하여 다음 사항을 설명하시오.

(1) 배출풍도 및 유입풍도의 설치기준

(2) 상당지름과 종횡비(Aspect Ratio)

(3) 종횡비를 제한하는 이유

2. 시험지에 번호 표기

거실제연설비(1)에 대하여 다음 사항을 설명하시오.

(1) 배출풍도 및 유입풍도의 설치기준(2)

(2) 상당지름과 종횡비(Aspect Ratio)(3)

(3) 종횡비를 제한하는 이유(4)

Tip 제연설비에 있어서 가장 중요한 내용은 상당지름과 종횡비이며, 반드시 언급해야 하는 내용입니다.

3. 실제 답안지에 작성해보기

문 4 - 6) 거실제연설비에 대하여 다음 사항을 설명

1. 개요

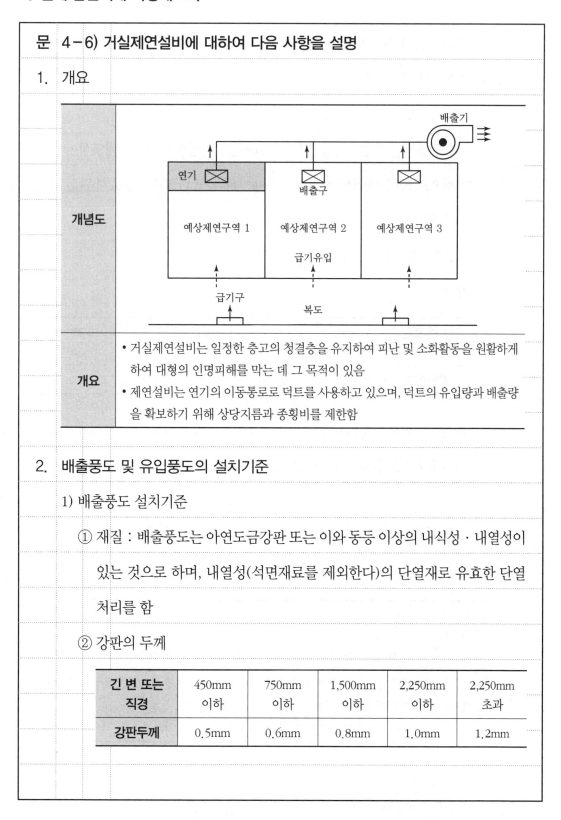

개념도	
개요	• 거실제연설비는 일정한 층고의 청결층을 유지하여 피난 및 소화활동을 원활하게 하여 대형의 인명피해를 막는 데 그 목적이 있음 • 제연설비는 연기의 이동통로로 덕트를 사용하고 있으며, 덕트의 유입량과 배출량을 확보하기 위해 상당지름과 종횡비를 제한함

2. 배출풍도 및 유입풍도의 설치기준

1) 배출풍도 설치기준

① 재질 : 배출풍도는 아연도금강판 또는 이와 동등 이상의 내식성 · 내열성이 있는 것으로 하며, 내열성(석면재료를 제외한다)의 단열재로 유효한 단열 처리를 함

② 강판의 두께

긴 변 또는 직경	450mm 이하	750mm 이하	1,500mm 이하	2,250mm 이하	2,250mm 초과
강판두께	0.5mm	0.6mm	0.8mm	1.0mm	1.2mm

③ 풍속 : 흡입 측 풍도 안의 풍속은 15m/s 이하, 배출 측 풍속은 20m/s 이하

2) 유입풍도의 설치기준

① 재질, 풍속

- 유입풍도는 아연도금강판 또는 이와 동등 이상의 내식성 · 내열성이 있는 것으로 하며, 내열성(석면재료를 제외한다)의 단열재로 유효한 단열 처리를 함

- 유입풍도 안의 풍속은 20m/s 이하

② 두께

긴 변 또는 직경	450mm 이하	750mm 이하	1,500mm 이하	2,250mm 이하	2,250mm 초과
강판두께	0.5mm	0.6mm	0.8mm	1.0mm	1.2mm

③ 구조 : 옥외에 면하는 배출구 및 공기유입구는 비 또는 눈 등이 들어가지 아니하도록 하고, 배출된 연기가 공기유입구로 순환유입되지 않도록 해야 함

3. 상당지름과 종횡비

1) 상당지름

관계식	$D = 1.3 \dfrac{(a \times b)^{0.625}}{(a+b)^{0.25}}$ 여기서, D : 상당지름, a : 긴 변의 길이, b : 짧은 변의 길이
정의	• 덕트의 모양이 원형이 아닌 경우, 이와 동일한 유체 역학적인 특성을 갖는 원형 관의 지름을 말함 • 유체역학적 현상인 유속, 풍량, 마찰손실 등을 파악하기 위해 적용

2) 종횡비

관계식	$\text{종횡비} = \dfrac{\text{긴 변의 길이}}{\text{짧은 변의 길이}}$
정의	• 종횡비란 각형 덕트에서 긴 변과 짧은 변의 비를 말함 • 동일면적일 때 Aspect Ratio(덕트의 긴 변과 짧은 변의 비)가 커질수록 표면적이 증가하여 마찰손실이 커짐 • 덕트의 Aspect Ratio는 일반적으로 1 : 4 이하로 권장되고 최대 1 : 8로 제한함

4. 종횡비를 제한하는 이유

1) 상당지름과 종횡비의 관계

개요도	 • 면적 : 0.4×0.4 　　 $= 0.16\text{m}^2$ • 둘레 : 1.6m　　• 면적 : 0.2×0.8 　　 $= 0.16\text{m}^2$ • 둘레 : 2m　　• 면적 : 0.1×1.6 　　 $= 0.16\text{m}^2$ • 둘레 : 3.4m
관계	동일면적인 각형 덕트에서 종횡비가 클수록 상당지름은 작아짐

2) 종횡비를 제한하는 이유

관계식	$H = fv^2 / 2g L/D$ 여기서, H : 마찰손실, f : 마찰계수(무차원수), v : 속도(m/s) 　　　　g : 중력가속도(m/s²), L : 관의 길이, D : 관의 직경
마찰손실	분모인 상당지름이 커질수록 마찰손실은 줄어들며, 상당지름이 작아질수록 마찰손실은 늘어남
이유	• 각형 덕트는 설치 공간이 줄어드나 접수 길이가 원형 덕트에 비해 길어져 마찰 손실 증가 • 종횡비에 따라 종횡비가 클수록 접수길이는 더욱 길어져 마찰 손실 증가 • 장변부 덕트가 함몰되어 유체 이송 면적 감소 → 규정유량 확보 곤란 • 긴 변에 대한 추가 보강이 필요 → 경제적 손실 • 유속 과대에 따른 진동과 소음 등이 발생

"끝"

Chapter 10

제120회

소방기술사
기출문제풀이

120회 1교시 1번

1. 문제

> 연소의 4요소에 해당하는 연쇄반응과 화학적 소화(할로겐 화합물)를 단계별 반응식으로 설명하시오.

2. 시험지에 번호 표기

> 연소의 4요소에 해당하는 연쇄반응(1)과 화학적 소화(할로겐 화합물)를 단계별 반응식(2)으로 설명하시오.

3. 실제 답안지에 작성해보기

문 1-1) 연쇄반응과 화학적 소화(할로겐 화합물)의 단계별 반응식

1. 정의

개요도	
개요도	[연소의 4요소]
정의	불꽃연소나 화재 발생 시 충분한 열에너지가 가연성 증기나 가스를 활성 라디칼 형태로 지속적으로 생성시킬 수 있도록 공급될 때 연소가 지속되는데, 이러한 형태의 작용을 연쇄반응(Chain Reaction)이라고 함

2. 화학적 소화 단계별 반응식

1) 절차

① 시작 : 자유 라디칼 생성, 라디칼 포착제 생성

② 확산 : 두 라디칼 분자의 만남 및 충돌

③ 지연, 방해 : 수소 라디칼의 포착 및 연쇄반응억제

④ 종료 : 할로겐 분자의 결합

2) 반응식

① 시작 : $CF_3Br + e \rightarrow CF_3^* + Br^*$

② 확산 : $Br^* + H_2 \rightarrow HBr + H^*$, $H^* + Br_2 \rightarrow HBr + Br^*$

③ 지연, 방해 : $Br^* + H^* \rightarrow HBr^*$

④ 종료 : $HBr^* + OH^* \rightarrow H_2O + Br^*$

3. 소견

① 할로겐 소화약제는 화학적 소화능력은 우수하지만 소화생성물에 의한 독성,
환경성 위험성으로 사용 규제대상임

② 강화액소화약제, 미분무소화약제 또는 동등 이상의 소화성능이 있는 소화약
제 개발사용이 필요하다고 사료됨

"끝"

1. 문제

> 비열(Specific Heat)의 종류와 공기의 비열비(Specific Heat Ratio)에 대하여 설명하시오.

2. 시험지에 번호 표기

> 비열(Specific Heat)의 종류(1)와 공기의 비열비(Specific Heat Ratio)(2)에 대하여 설명하시오.

Tip 답안의 마지막에 소견 혹은 소방에의 적용을 넣어 완성하도록 합니다.

3. 실제 답안지에 작성해보기

문 1 - 2) 비열의 종류와 공기의 비열비에 대하여 설명

1. 비열의 종류

정의	비열이란 어떤 물질 1kg의 온도를 1℃ 높이는 데 필요한 열량을 의미하고 단위는 kcal/kg · ℃로 표현
정압비열	• 정압비열이란 계의 압력이 일정한 상태에서 단위질량의 물체의 온도를 1℃ 높이는 데 필요한 열량으로 단위는 kcal/kg · ℃로 표현 • 압력이 상승하면 분자 간의 정충돌횟수 증가로 비열은 작아지는 특징이 있으며, 물질이 가지고 있는 온도에 따른 엔탈피 변화로 표현됨
정적비열	• 정적비열이란 계의 체적이 일정한 상태에서 단위질량의 물체의 온도를 1℃ 높이는 데 필요한 열량으로 단위는 kcal/kg · ℃로 표현 • 물질이 가지고 있는 온도에 따른 내부에너지 변화로 표현됨

2. 공기의 비열비

관계식	비열비란 정적비열에 대한 정압비열의 비 비열비 $= \dfrac{정압비열}{정적비열}$
계산조건	• 정압비열 $- C_p = C_v + R = 0.17 + 0.082 ≒ 0.25(0.24\ 적용)$ • 정적비열 $- C_v = C_p - R = 0.24 + 0.082 ≒ 0.158(0.17\ 적용)$
계산	비열비 $= \dfrac{C_p[정압비열(0.24)]}{C_v[정적비열(0.17)]} ≒ 1.41$

3. 소방에의 적용

1) 단열압축

개요도	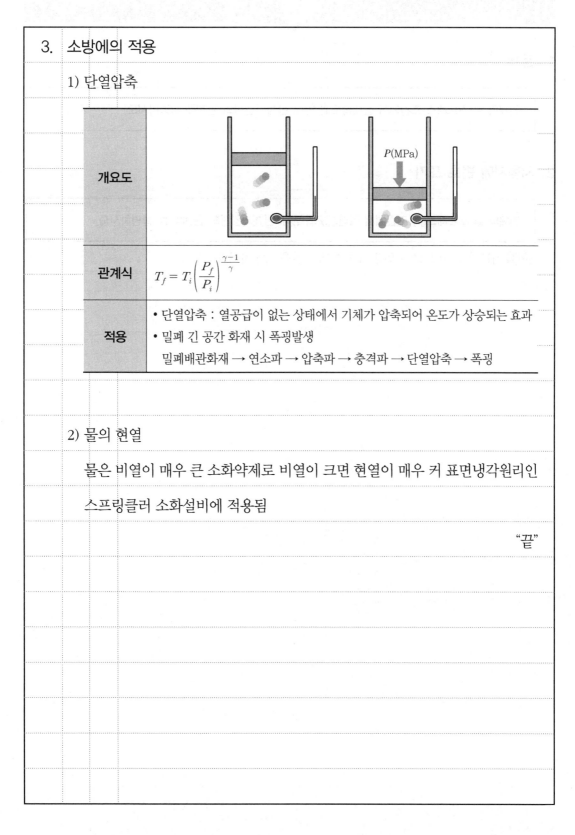
관계식	$T_f = T_i \left(\dfrac{P_f}{P_i} \right)^{\frac{\gamma-1}{\gamma}}$
적용	• 단열압축 : 열공급이 없는 상태에서 기체가 압축되어 온도가 상승되는 효과 • 밀폐 긴 공간 화재 시 폭굉발생 밀폐배관화재 → 연소파 → 압축파 → 충격파 → 단열압축 → 폭굉

2) 물의 현열

물은 비열이 매우 큰 소화약제로 비열이 크면 현열이 매우 커 표면냉각원리인

스프링클러 소화설비에 적용됨

"끝"

1. 문제

인체의 열 스트레스 조건에서 상대습도와 인내 한계시간과의 관계를 설명하시오.

2. 시험지에 번호 표기

인체의 열 스트레스(1) 조건에서 상대습도와 인내 한계시간과의 관계(2)를 설명하시오.

Tip 지문이 2개이므로 지문당 11줄 이내로 답을 작성합니다.

3. 실제 답안지에 작성해보기

문 1-3) 인체의 열 스트레스 조건에서 상대습도와 인내 한계시간과의 관계

1. 인체의 열 스트레스

정의	인체는 36~38℃ 사이의 체온을 자연적으로 유지하며, 체온이 이 범위 이상으로 올라가면 신체는 과도한 열을 제거하려고 반응함. 그러나 신체가 열을 제거할 수 있는 속도보다 더 빨리 열이 계속하여 증가하면 체온이 상승하고 열 스트레스(Heat Stress)를 경험함
축적되는 양	인체에 축적된 에너지 양 = 신진대사에너지 방출량 + 복사 및 전도 열량 − 발한에 의한 증발에너지 손실량 − 호흡에너지 손실량
관계식	$\dot{q}'' = h(T_{smoke} - T_{skin})$ 여기서, $\dot{q}''$: 열유속(W/m²), h : 대류열전달계수(W/m² · K) T_{smoke} : 연기온도, T_{skin} : 45℃에서 통증유발 짧은 시간 화상에 필요한 열유속 : 4kW/m²

2. 열 스트레스 조건에서 상대습도와 인내 한계시간과의 관계

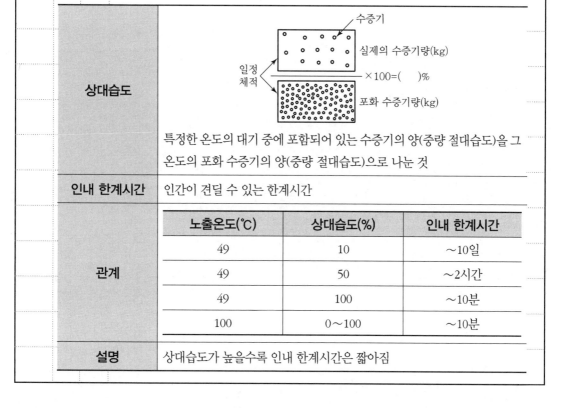

상대습도	특정한 온도의 대기 중에 포함되어 있는 수증기의 양(중량 절대습도)을 그 온도의 포화 수증기의 양(중량 절대습도)으로 나눈 것
인내 한계시간	인간이 견딜 수 있는 한계시간

	노출온도(℃)	상대습도(%)	인내 한계시간
관계	49	10	~10일
	49	50	~2시간
	49	100	~10분
	100	0~100	~10분
설명	상대습도가 높을수록 인내 한계시간은 짧아짐		

3. 소견

① 구획된 실에서의 화재는 고온으로 인체에 열적 스트레스를 유발하며, 화재 제어 · 진압을 위해 소화수 방사 시 열과 습도에 의한 인체의 스트레스를 가중 시킴

② 구획된 실 화재 시 소화수 방사는 재실자의 피난과 소방대의 소화활동 관계가 있으므로 충분한 검토가 필요함

"끝"

1. 문제

초고층 및 지하연계 복합건축물 재난관리에 관한 특별법 시행령에서 규정하고 있는 피난안전구역 설치기준 등에 대하여 설명하시오.(단, 선큰의 기준은 제외한다.)

Tip 피난안전구역 문제는 지속적으로 출제되고 있습니다. 후술하도록 하겠습니다.

1. 문제

할로겐화합물 및 불활성기체 소화약제를 적용할 수 없는 위험물에 대하여 설명하시오.(단, 소화성능이 인정되는 경우 예외이기는 하나 이 내용은 무시한다.)

2. 시험지에 번호 표기

할로겐화합물 및 불활성기체 소화약제(1)를 적용할 수 없는 위험물(2)에 대하여 설명하시오.(단, 소화성능이 인정되는 경우 예외이기는 하나 이 내용은 무시한다.)

Tip 정의와 소화특성에 대해서 제시하고 이러한 소화특성으로 인해 적용할 수 없는 위험물을 소방기술사는 과학적인 근거를 제시하여 답을 내는 과학적·수학적인 전문가입니다.

3. 실제 답안지에 작성해보기

문 1 – 5) 할로겐화합물 및 불활성기체 소화약제를 적용할 수 없는 위험물

1. 할로겐화합물 및 불활성기체 소화약제

구분	할로겐화합물	불활성기체
특성	불소, 염소, 브롬 또는 요오드 중 하나 이상의 원소를 포함하고 있는 유기화합물을 기본성분으로 하는 소화약제	헬륨, 네온, 아르곤 또는 질소가스 중 하나 이상의 원소를 기본성분으로 하는 소화약제
소화효과	연쇄반응 억제를 통한 화학적 소화	질식효과를 이용한 물리적 소화
위험물제한	NFTC 107A – 제3류 위험물 및 제5류 위험물을 저장 · 보관 · 사용하는 장소	

2. 할로겐화합물 및 불활성기체 소화약제를 적용할 수 없는 위험물

1) 제3류 위험물

특성	• 자연발화성 및 금수성 물질 • 나트륨, 칼륨, 물과 접촉 시 수소와 산소 발생 • 알킬알루미늄, 알킬리튬과 물, 공기와 접촉시 폭발 • 황린 등은 공기 중 자연 발화 • 보관은 비수용성인 석유, 등유 보관
적용할 수 없는 이유	• 금수성 물질인 할로겐화합물 소화약제는 연쇄반응 종료 시 생성된 물에 의한 수소 발생 • 화재감지 전 연소확대 • 연쇄반응 억제와 산소 농도를 15% 이하로 낮춰 소화하기 전 연소 확대

2) 제5류 위험물

특성	• 자기반응성 물질 • 물질 내에 가연성 물질과 산소를 함유 • 폐록시기를 함유하여 작은 에너지, 충격, 마찰 등에도 쉽게 분해, 폭발 • 연소속도가 빨라 폭발하므로 소화설비로는 곤란
적용할 수 없는 이유	• 물질 내 산소 함유로 질식소화가 주된 소화 메커니즘인 불활성기체 소화약제는 적용성 없음 • 연소속도 > 소화속도로 적용성 없음

"끝"

120회 1교시 6번

1. 문제

자동화재속보설비의 데이터 및 코드전송에 의한 속보방식 3가지를 설명하시오.

Tip 자동화재 속보설비의 화재 시 소방대의 **빠른 출동**과 화재진압의 장점이 있어 업무시설 창고 등에도 설치를 하였으나 현재는 적용에서 제외되어 시사성이 떨어지며, 오히려 비화재보 방지대책에 대해서 설명하라는 문제가 출제 가능성이 높습니다.

120회 1교시 7번

1. 문제

소방시설 중 수원과 제어반, 가압송수장치(전동기 또는 내연기관에 따른 펌프)의 내진설계기준에 대하여 설명하시오.

Tip 개정 전 출제되었던 문제로 127회에서 다른 내용으로 출제된 바 있으니 후술하도록 하겠습니다.

1. 문제

위험물제조소의 위치 · 구조 및 설비기준에서 다음 내용을 설명하시오.

(1) 안전거리

(2) 보유공지(방화상 유효한 격벽 포함)

(3) 정전기 제거설비

2. 시험지에 번호 표기

위험물제조소의 위치 · 구조 및 설비기준에서 다음 내용을 설명하시오.

(1) 안전거리(1)

(2) 보유공지(방화상 유효한 격벽 포함)(2)

(3) 정전기 제거설비(3)

Tip 지문이 3개이며, 한 지문당 7줄을 넘기면 시간이 부족할 수 있습니다. 만약 7줄을 넘길 경우 다음 문제의 소요 줄수를 줄여야 합니다. 답안지 작성 시 항상 지문당 소요되는 줄수를 기억하고 답을 작성해야 합니다.

3. 실제 답안지에 작성해보기

문 1-8) 위험물제조소의 위치·구조 및 설비기준 설명

1. 안전거리

정의	안전거리란 위험물제조소 또는 그 구성 부분과 다른 공작물 또는 방호대상물과 소방 안전상, 공해 등의 환경안전상 확보해야 할 물리적인 외벽 간 수평거리를 말함
기준	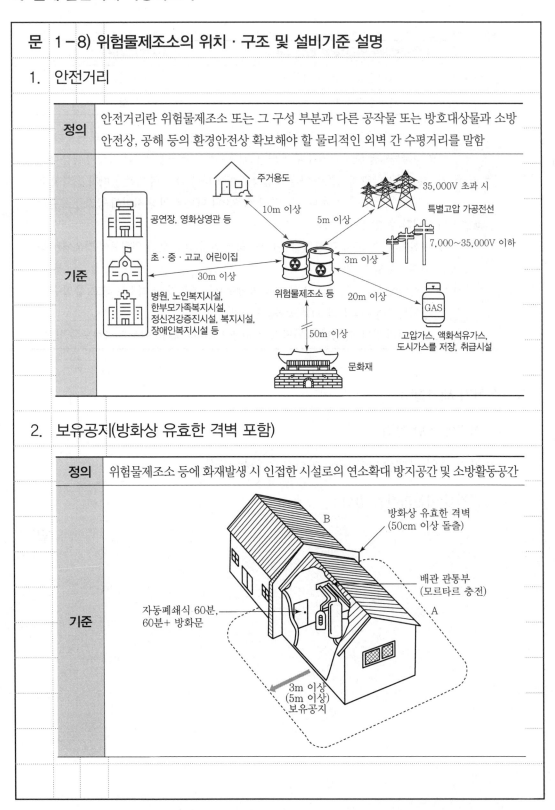

2. 보유공지(방화상 유효한 격벽 포함)

정의	위험물제조소 등에 화재발생 시 인접한 시설로의 연소확대 방지공간 및 소방활동공간
기준	

기준	취급하는 위험물의 최대수량	공지의 너비
	지정수량의 10배 이하	3m 이상
	지정수량의 10배 초과	5m 이상

| 격벽
기준 | 제조소의 작업공정이 다른 작업장의 작업공정과 연속되어 있어, 제조소의 건축물, 그 밖의 공작물의 주위에 공지를 두게 되면 그 제조소의 작업에 현저한 지장이 생길 우려가 있는 경우 당해 제조소와 다른 작업장 사이에 다음 각 목의 기준에 따라 방화상 유효한 격벽(隔壁)을 설치한 때에는 당해 제조소와 다른 작업장 사이에 공지를 보유하지 아니할 수 있음
가. 방화벽은 내화구조로 할 것, 다만 취급하는 위험물이 제6류 위험물인 경우에는 불연재료로 할 수 있음
나. 방화벽에 설치하는 출입구 및 창 등의 개구부는 가능한 한 최소로 하고, 출입구 및 창에는 자동폐쇄식의 60분 방화문을 설치할 것
다. 방화벽의 양단 및 상단이 외벽 또는 지붕으로부터 50cm 이상 돌출하도록 할 것 |

3. 정전기 제거설비

① 접지에 의한 방법

② 공기 중의 상대습도를 70% 이상으로 하는 방법

③ 공기를 이온화하는 방법

"끝"

1. 문제

전기적 폭발을 내부적 원인과 외부적 원인으로 구분하여 설명하시오.

2. 시험지에 번호 표기

전기적 폭발(1)을 내부적 원인(2)과 외부적 원인(3)으로 구분하여 설명하시오.

Tip 원인이 나오면 대책을 세워야 합니다.

3. 실제 답안지에 작성해보기

문	1-9) 전기적 폭발을 내부적 원인과 외부적 원인을 구분하여 설명

1. 정의

① 전기적 폭발이란 통전 중인 전기적 에너지에 의해 고열의 아크를 수반하며 폭발하는 현상을 의미

② 내부적 원인과 외부적 원인으로 전기에너지가 열에너지로 축적되다가 폭음과 고열을 수반하는 현상

2. 전기적 폭발의 내부적 원인

내부적 원인	대책
• 단락 : 부하 측에서 단락발생으로 회로에 대전류가 흐를 경우 • 절연 파괴 : 변압기 등 전기회로를 내장한 용기 내에서 절연유 및 절연가스 등의 절연재료 부족에 따른 절연 파괴가 될 경우 • 아크 : 접점에서 발생된 아크가 소호되지 않을 시 서지가 발생하는 경우 회로에서 접속 불량	• 과전류 차단기, 누전차단기 설치 • 몰드변압기 · 유입변압기 등 교체 • 아크 소호장치 설치 • SPD 설치 및 평상시 유지관리 • 열화상 카메라 또는 전력분석기 이용

3. 전기적 폭발의 외부적 원인

외부적 원인	대책
• 인접화재로 발생한 화재로 전선의 단락 시 • 크레인 등 고가사다리 작업 중 고압선과 접촉 지락되는 경우 • 고압시설에 동 · 식물 등이 접촉하는 경우 • 낙뢰가 전기시설에 피격되어 비정상인 전압 상승 • 습기에 의해 절연이 파괴되어 지락이 되는 경우	• 방호벽 설치로 인접화재 방호 • 작업 중 안전보호장치 설치 및 안전관리자 배치 • 평상시 유지관리 • LA 피뢰기 등 설치 및 피뢰설비 설치 • 전기설치 장소 환경 유지관리

"끝"

1. 문제

> 건축물 방화구획 시 사전 확인사항과 방화구획을 관통하는 부분에 내화충전 적용이 미흡한 사유를
> 설명하시오.

2. 시험지에 번호 표기

> **건축물 방화구획 시 사전 확인사항(1)**과 방화구획을 관통하는 부분에 **내화충전 적용이 미흡한 사유**
> **(2)**를 설명하시오.

Tip 미흡한 사유를 설명하고 대책까지 세워야 합니다.

3. 실제 답안지에 작성해보기

문 1 – 10) 방화구획 시 사전 확인사항과 내화충전 미흡한 사유

1. 건축물 방화구획 시 사전 확인사항

사전 확인사항	기준
• 건축물 연면적 확인 및 층별 방화구획 확인 • 방화구획 도면 이용 방화구획 면적 확인 • 방화구획재료 확인 : 내화구조에 적합한 구조 • 자동방화셔터 설치 위치 및 구조 확인 • 방화문의 종류 및 구조 확인 • 층간 구획 대상 확인 • 방화구획선에 위치한 배관, 케이블트레이, 덕트 등 관통부 충전재료 및 충전방법 확인 • 커튼월 마감재료 확인	• 각 층마다 구획할 것. 다만, 지하 1층에서 지상으로 직접 연결하는 경사로 부위는 제외 • 10층 이하의 층은 바닥면적 1천m², 11층 이상의 층은 바닥면적 200m² 이내마다 구획 • 방화구획으로 사용하는 60＋ 방화문 또는 60분 방화문은 언제나 닫힌 상태를 유지하거나 화재로 인한 연기 또는 불꽃을 감지하여 자동적으로 닫히는 구조로 할 것 • 방화구획에 틈이 생긴 때에는 그 틈을 내화시간(내화채움성능이 인정된 구조로 메워지는 구성 부재에 적용되는 내화시간을 말한다) 이상 견딜 수 있는 내화채움성능이 인정된 구조로 메울 것

2. 내화충전 적용이 미흡한 사유

구분	미흡한 사유	대책
설계 시	• 적절한 공법선정 및 세부도면 작성미흡 • 비전문가에 의한 설계	전문가 양성 및 전문가에 의한 설계
성능시험 시	성능시험 시 견본 테스트	전문인력 배치 현장 테스트 원칙
시공 시	비전문업체의 시공	전문가에 의한 시공 감독
감리 시	• 건축감리자와 소방감리자와의 책임소재 혼선 • 건축감리자의 전문화재지식 부족	소방감리자 업무 규정 및 감독
유지관리	• 관리대장 및 도면미비 → 설치위치 및 설치개소 파악곤란 • 인테리어 → 외부마감 → 육안식별 및 검사곤란	도면비치 규정 마련 및 감독기관 선정 감독

"끝"

1. 문제

일반건축물 화재 시 Flame Over(Roll Over) 현상에 대하여 설명하시오.

2. 시험지에 번호 표기

일반건축물 화재 시 Flame Over(Roll Over) 현상(1)에 대하여 설명하시오.

Tip 현상을 설명하는 문제의 경우 '정의 – 메커니즘 – 문제점 – 원인, 대책' 순으로 작성합니다.

3. 실제 답안지에 작성해보기

문 1 – 11) Flame Over(Roll Over) 현상에 대하여 설명

1. 정의

① 열분해된 미연소가스가 천장하부에 축적되어 층을 이루고, 이 층이 연소범위
에 도달 시 점화되면서 연소하여 화염이 구르듯 전파되는 현상

2. 메커니즘

개요도	
메커니즘	발화 → Plume 발생 → Celing Jet Flow 발생 → 미연소가스층 형성 → 공기유입 → 가연성 혼합기 형성 → 점화 → 화염면이 구르듯이 화염전파

3. 문제점

① 연기가 정체된 지점은 화재발생 지점의 스프링클러보다 먼저 작동할 수 있으
며, 가연성 가스가 산소와 만나면 폭발 가능성 있음

② Flame Over로 인한 화재의 급속한 확대 발생

4. 원인 및 대책

구분	원인	대책
구획실공기	구획실 내 공기가 부족한 상태 미연소 가스가 과농으로 외부공기 혼합 시 가연성 혼합기 형성	• Active 대책 　－제연설비 설치 연기배출 　－ESFR 설치로 빠른 소화 • Passive 대책 　－방화구획 시 가연물의 양 등에 따른 성능위주 설계 　－내화구조체 강도 향상
연소범위	상층부에 측적된 미연소가스층이 연소범위 형성	
점화원	연소범위 내 미연소가스층이 화염과 접촉 점화	
산소	산소 부족으로 미연소된 열분해물이 미연소가스층 형성	

"끝"

1. 문제

Fail Safe와 Fool Proof의 개념과 소방에서 적용 예를 들어 설명하시오.

2. 시험지에 번호 표기

Fail Safe와 Fool Proof의 개념(1)과 소방에서 적용 예(2)를 들어 설명하시오.

Tip 답안지의 지문은 반드시 출제자가 낸 문제가 실제 지문이 되어야 합니다.

3. 실제 답안지에 작성해보기

문 1-12) Fail Safe와 Fool Proof의 개념과 소방에서 적용 예

1. Fail Safe와 Fool Proof의 개념

Fail Safe	기계나 시스템이 오작동이나 고장을 일으킬 경우, 이로 인해 더 위험한 상황이 되는 것이 아니라 더 안전한 상황이 되도록 기계나 시스템을 설계하는 방식으로 시스템의 다중화를 의미
Fool Proof	Proof란 어리석은 사람도 보호한다는 의미로 화재 시 거주자는 패닉에 빠져 인간의 본능에 의해 행동하므로 인간의 본능을 고려한 단순한 설계 및 사용을 의미

2. 소방에서 적용 예

1) Fail Safe 적용 예

소방설비	• 가압송수장치 : 주펌프 외에 별도의 예비펌프설치 • 옥상수조+가압송수장치 및 펌프대수 분할 • 50층 이상 배관 : 수직배관 2개 이상 설치, 각 유수검지장치 설치 • 50층 이상 헤드연결배관 : 2개 이상의 가지배관 양방향에서 소화수공급 (Loop, Grid 배관) • 50층 이상 건축물에 설치한 통신, 신호배선 : 이중배선 설치
방화	내장재 불연화, 난연화 및 방화구획
피난	• 피난용 승강기 및 비상용 승강기 설치 • 양방향피난로 확보 및 직통계단 2개소 설치 • 공동주택에 직통계단 2개소를 설치하지 못할 경우 대피공간 설치

2) Fool Proof 적용 예

소방설비	• 소화기 등 소방용품 색상 : 적색	• 소화설비 및 제어반 색상 : 적색
피난	• 문열림방향 : 피난방향으로 개방 • 피난동선의 단순화	• 유도등 색상 : 녹색
기타	피난 시 협조자 선정 및 교육훈련	

"끝"

1. 문제

위험물안전관리법령에서 정한 예방규정 작성대상 및 예방규정에 포함되어야 할 내용에 대하여 설명하시오.

2. 시험지에 번호 표기

위험물안전관리법령에서 정한 예방규정(1) 작성대상(2) 및 예방규정에 포함되어야 할 내용(3)에 대하여 설명하시오.

3. 실제 답안지에 작성해보기

문 1 – 13) 예방규정 작성대상 및 예방규정에 포함되어야 할 내용

1. 예방규정

목적	대통령령으로 정하는 제조소 등의 관계인은 해당 제조소 등의 화재예방과 화재 등 재해발생 시의 비상조치를 위하여 작성
제출, 평가	• 제조소 등의 사용을 시작하기 전에 시 · 도지사에게 제출 • 소방청장은 대통령령으로 정하는 제조소 등에 대하여 행정안전부령으로 정하는 바에 따라 예방규정의 이행 실태를 정기적으로 평가할 수 있음

2. 예방규정 작성대상

구분	지정수량의 배수
제조소, 일반취급소	10배 이상
옥외저장소	100배 이상
옥내저장소	150배 이상
옥외탱크저장소	200배 이상
암반탱크저장소, 이송취급소	지정수량 관계없이 예방규정을 정함

3. 예방규정에 포함되어야 할 내용

① 위험물의 안전관리업무를 담당하는 자의 직무 및 조직에 관한 사항

② 안전관리자가 그 직무를 수행할 수 없을 경우 그 직무의 대리자에 관한 사항

③ 자체소방대의 편성과 화학소방자동차의 배치에 관한 사항

④ 위험물의 안전에 관계된 작업에 종사하는 자에 대한 안전교육 및 훈련에 관한 사항

⑤ 위험물시설 및 작업장에 대한 안전순찰에 관한 사항

⑥ 위험물시설 · 소방시설 그 밖의 관련시설에 대한 점검 및 정비에 관한 사항

⑦ 위험물시설의 운전 또는 조작에 관한 사항

⑧ 위험물 취급작업의 기준에 관한 사항

⑨ 이송취급소에 배관공사 현장에 대한 감독체제에 관한 사항과 이송취급소 시설

　 외의 공사를 하는 경우 배관의 안전확보에 관한 사항

⑩ 재난 그 밖의 비상시의 경우에 취하여야 하는 조치에 관한 사항

⑪ 위험물의 안전에 관한 기록에 관한 사항

⑫ 제조소 등의 위치·구조 및 설비를 명시한 서류와 도면의 정비에 관한 사항

⑬ 그 밖에 위험물의 안전관리에 관하여 필요한 사항

"끝"

1. 문제

열전달 메커니즘의 형태를 실내화재에 적용시켜 기술하고 화재 방지대책에 대하여 설명하시오.

2. 시험지에 번호 표기

열전달 메커니즘의 형태(1)를 실내화재에 적용시켜 기술하고 화재 방지대책(2)에 대하여 설명하시오.

Tip 120회부터는 화재가 실생활에 적용되는 문제가 출제되기 시작했습니다. 기술사가 되기에 소양
이 충분한지 고려하는 듯한 문제들이며 전도, 대류, 복사 등에 대한 충분한 고려가 필요합니다.

120회

3. 실제 답안지에 작성해보기

문 2-1) 열전달 메커니즘의 형태를 실내화재에 적용시켜 기술하고 화재 방지

　　　　대책에 대하여 설명

1. 개요

열전달	
의의	구획실 화재의 화재 양상은 초기, 성장기, 최성기, 감쇄기로 구분되며, 초기에는 전도, 중기에는 대류, 후기에는 복사의 열전달이 주요 영향을 미침

2. 실내화재에 적용한 화재 방지대책

1) 화재 초기 : 전도

개요도	$Q_{cond} = -k \cdot A \cdot (\Delta T)$ 여기서, k : 열전도율(Thermal Conductivity) 　　　　A : 면적(m^2) 　　　　ΔT : 두께에 따른 온도차$\left(= \dfrac{dT}{dx}\right)$
전도	고체 또는 정지 상태의 유체 내에서 매질을 통한 열전달
관계식	$\dot{q}'' = k\dfrac{(T_2 - T_1)}{l}$ 여기서, $\dot{q}''$: 물질을 통해 전달되는 열량(W/m^2, J/m^2sec) 　　　　k : 물질의 열전도도($W/m \cdot K$), T_1, T_2 : 물질 양면의 온도(K) 　　　　l : 물질의 두께(m)

실내화재 적용	• 전도는 화재 초기 가연성 고체의 발화, 화재확산, 화재저항에 영향을 미침 • 전도를 통해 열전달이 많을수록 미연소 가연물의 열분해 촉진 • 두꺼운 재료의 발화시간 $$tig = C(k\rho c)\left(\frac{T_{ig} - T_\infty}{\dot{q}''}\right)^2$$ ー열전도도는 열관성($k\rho c$)에 영향을 미치는 요소 ー열관성은 물질의 표면온도 상승을 결정하는 물질의 특성으로 물질표면에서 내부로의 방열현상을 말함 ー열전도도가 클수록 열관성이 크고, 발화시간은 길어짐
방지대책	• 실내 가연물의 양을 줄이고, 초기 화재 진압 유도 • 화재 초기 발화 지연을 위한 방염처리 확대 • 실내마감 재료의 불연화, 난연화 • 열용량, 열관성, 열전도도가 큰 물질을 사용하여 발화시간 지연 • 점화원의 제거 및 점화 에너지 제어(최소발화에너지 미만)

2) 화재 성장기 : 대류

개요도	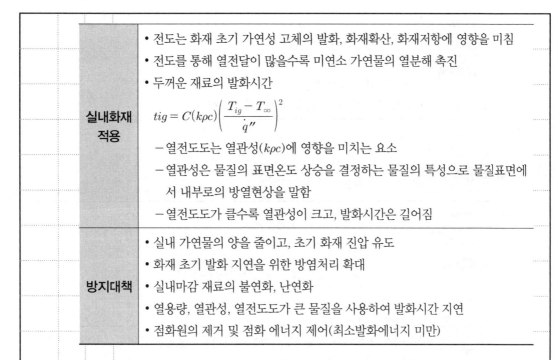
대류	고체 표면과 움직이는 유체 사이에서 분자의 불규칙한 운동과 거시적 유체의 유동을 통한 열전달
관계식	$$\dot{q}'' = k\frac{(T_2 - T_1)}{l} = h(T_2 - T_1)$$ $h = \dfrac{k}{l}\ (\mathrm{W/m^2K})$: 대류전열계수, 공기의 특성과 유속에 의존
실내화재 적용	• 실내 가연물의 착화 후 온도차에 의한 밀도차에 의해 부력을 형성하여 상승 • 화재플럼의 형성으로 벽 및 천장부에 대류 열전달 • 가연물의 열분해에 의한 화염의 확산이 발생 • 천정부에 고온의 Ceiling Jet Flow를 형성, Flashover를 발생시킴

방지대책	• 실내 내장재의 불연화, 난연화 • 스프링클러 등 자동식 소화설비 설치 • 자동화재탐지설비 설치 • 조기감지, 조기소화를 통한 화재의 성장 방지

3) 최성기 : 복사

개요도	
복사	절대온도 이상의 물질에서 방사하는 전자기파로 물질의 표면현상을 말하며 흑체인 물질이 복사에너지가 가장 큼
관계식	$\dot{q}'' = \varepsilon \sigma T^4$ 여기서, σ : 스테판볼츠만 계수 5.67×10^{-8}(W/m²K⁴) ε : 방사능(화염에서의 에너지 감소분) – 물질의 표면 특성에 의해 결정
실내화재 적용	• Ceiling Jet Flow의 온도가 500~600℃ 도달 시 복사열에 의해 Flashover 발생 • Flashover 발생으로 실내 전체 가연물에 착화, 전실화재로 전이 • 주변 산소를 모두 소모할 때까지 화재 성장 • 화염으로부터의 복사열에 의해 실내 온도가 최고온도에 도달 • 이후 외부로부터 인입되는 공기량에 의해 화재의 성상이 결정(환기지배형 화재)
방지대책	• 제연설비를 통한 연기 배출로 Flashover 발생 지연 • 자동식 소화설비 설치로 화재 제어, 진압, 소화 • 성능위주 설계를 통한 성능확보(내화성능 > 설계화재시간)

"끝"

120회 2교시 2번

1. 문제

연기유동에 대한 Network 모델의 유형에 대하여 설명하시오.

Tip 수험생이 선택하기에 쉽지 않은 문제입니다.

120회 2교시 3번

1. 문제

소화펌프 성능시험방법 중 무부하운전, 정격부하운전, 최대부하운전에 대한 작동시험방법 및 시험 시 주의사항에 대하여 설명하시오.

2. 시험지에 번호 표기

소화펌프 성능시험방법(1) 중 무부하운전, 정격부하운전, 최대부하운전에 대한 작동시험방법(2) 및 시험 시 주의사항(3)에 대하여 설명하시오.

3. 실제 답안지에 작성해보기

문 2-3) 무부하운전, 정격부하운전, 최대부하운전에 대한 작동시험방법 및 시

험 시 주의사항에 대하여 설명

1. 개요

성능시험 곡선	
성능시험 목적	펌프의 성능을 확인하여 펌프의 토출량 및 토출압력이 설치 당시의 특성곡선에 부합한지의 여부를 진단하고, 부합되지 않을 경우 어느 정도의 편차가 있는지를 조사하여 보수 및 유지관리를 위한 자료의 효과

2. 무부하운전, 정격부하운전, 최대부하운전에 대한 작동시험방법

1) 무부하운전 : 체절운전

개요도	

시험 전 준비	• 펌프의 외관점검(밸브 개폐여부, 부식, 누수 점검의 편리성 등) • 동력제어반 : 선택스위치 수동위치로 전환 • 펌프 토출 측 개폐밸브폐쇄 • 설치된 펌프의 현황(토출량, 양정)을 파악하여 펌프성능을 위한 표 작성 • 유량계에 100%, 150% 유량 표시(네임펜 사용)
시험방법	① 성능시험배관상의 개폐밸브 폐쇄 ② 릴리프밸브 상단 캡을 열고, 스패너를 이용하여 릴리프밸브의 조절볼트를 시계방향으로 돌려 작동압력을 최대로 높임(릴리프밸브가 개방되기 전 설치된 펌프가 낼 수 있는 최대의 압력을 확인하기 위한 조치) ③ 주펌프 수동 기동(동력 제어반) ④ 펌프 토출 측 압력계의 압력이 급격히 상승하다가 정지할 때의 압력이 펌프가 낼 수 있는 최고의 압력이며, 이때의 압력을 확인하고 체크 ⑤ 펌프 정지 ⑥ 스패너로 릴리프밸브의 조절볼트를 반시계방향으로 적당히 돌려 스프링의 힘을 작게 해줌 ⑦ 주펌프를 다시 기동시켜 릴리프밸브에서 압력수가 방출되는지 확인
성능기준	• 체절운전 시 체절압력 미만에서 릴리프밸브가 동작하는지 확인 • 체절압력이 정격토출압력의 140% 이하인지 확인

2) 정격부하운전

시험방법	① 성능시험배관상의 개폐밸브 개방, 유량조절밸브 약간 개방 ② 주펌프 수동 기동 ③ 유량조절밸브를 개방하여 정격토출량(100% 유량)일 때의 흡입·토출압력을 확인 ④ 주펌프 정지 ⑤ 유량조절밸브 잠금
성능기준	• 펌프를 기동한 상태에서 유량조절밸브를 개방하여 유량계의 유량이 정격유량상태(100%)인지 확인 • 펌프의 명판에 기재된 내용 또는 설계도서와 비교하여 일치하는지 확인

3) 최대부하운전

시험방법	① 유량조절밸브를 중간정도만 개방 ② 주펌프 수동 기동 ③ 유량계를 보면서 유량조절밸브를 조절하여 정격 토출량의 150%일 때의 흡입·토출압력을 확인 ④ 주펌프 정지
성능기준	토출 측 압력계의 압력이 정격양정의 65% 이상이 되는지 확인

3. 펌프성능시험 시 주의사항

① 개폐밸브의 급격한 개폐금지(수격현상 발생)

② 집수정의 배수펌프 용량은 소방펌프에 비해 작아 배수처리에 유의

③ 성능시험 시 펌프 – 모터의 회전축 근처에 있지 말 것

④ 펌프성능시험 시 토출 측 개폐밸브를 완전히 폐쇄한 후 점검 실시·노후된 건

물에서 개폐밸브가 완전 미폐쇄된 경우 펌프 체절운전 시 과압으로 시스템의

누수현상 발생

"끝"

1. 문제

> 정전기 대진현상에 대하여 기술하고, 위험물을 고무타이어가 있는 탱크로리, 탱크차 및 드럼 등에 주입하는 설비의 경우 "정전기 재해예방을 위한 기술상의 지침"에서 정한 정전기 완화조치에 대하여 설명하시오.

Tip 2020년도 "정전기 재해예방을 위한 기술상의 지침" 개정 당시 출제된 문제로, 현재는 시사성이 떨어지는 문제입니다. 이 문제는 정전기 완화대책 중 아는 부분을 적용하여 설명한다면 충분히 기본점수를 받을 수 있습니다.

1. 문제

> NFPA 101의 피난계획 시 인명안전을 위한 기본 요구사항과 국내 건축물에서 피난 관련 법령의 문제점 및 개선방안에 대하여 설명하시오.

2. 시험지에 번호 표기

> NFPA 101(1)의 피난계획 시 인명안전을 위한 기본 요구사항(2)과 국내 건축물에서 피난 관련 법령의 문제점 및 개선방안(3)에 대하여 설명하시오.

Tip NFPA와 관련된 문제는 마지막에 비교표를 넣어 채점자에게 어필하는 것이 중요합니다.

3. 실제 답안지에 작성해보기

> **문 2-5)** NFPA 101의 피난계획 시 인명안전을 위한 기본 요구사항과 국내 건축물에서 피난 관련 법령의 문제점 및 개선방안

1. 개요

① NFPA 101는 Life Safety Code(인명안전코드)로 피난로 관점에서 건축관련 규정 기술하고 있음

② NFPA 101과 국내법령에는 차이점이 있으며, 국내 건축물의 피난안전성 확보를 위한 제도개선 방안 모색이 필요함

2. NFPA 101 인명안전을 위한 기본 요구사항

기본 요구사항	내용
다중 안전장치	단 하나의 안전장치에 의존하지 않고 적정한 안전 제공
안전장치의 적절성	용도의 크기, 형태 및 특징을 고려하여 적정한 인명 안전도 제공
피난로의 수	예비 또는 이중 피난설비 제공 : 2개의 피난로 설치
장애가 없는 피난로	출구통로가 막히지 않고, 장애물 없어야 하며 문이 잠겨 있지 않아야 함
피난설비의 인지	피난통로와 출구통로가 혼동되지 않도록 명확하게 표시되어야 하며, 효과적인 사용을 위한 신호가 제공되어야 함
조명 설계	적절한 조명을 제공해야 함
점유자 통보	화재의 조기 경보를 제공함으로써 점유자가 즉시 대응할 수 있도록 함
상황 인식	요구되는 설비는 상황 인식을 가능하게 하고 향상시켜야 함
수직개구부 피난로	수직개구부에 대하여 적절한 방호구역을 확보해 주어야 함
설비 설계, 설치	적용되는 설치기준에 대하여 적합해야 함
유지관리	요구되는 모든 사항들이 적절히 가동되도록 유지관리해야 함

3. 국내 건축물에서 피난 관련 법령의 문제점 및 개선방안

구분	문제점	개선방안(NFPA 101)
법령제정주체	소방법과 건축법의 제정 주체가 달라 두 법의 연속성 결여	• 건축법과 소방법을 동일주체 제정 • 피난로 배치(건축법) 및 방호시설 설치(소방법)에 대해 유기적 규정
피난로 구성	직통계단 등을 정의하고, 구체적 규정 없음	• 피난로를 피난통로 접근로, 피난통로, 피난통로 탈출구의 구분 • 각 요소들의 역할 규정
막다른 복도 공용이용통로	고려하지 않음	• 막다른 부분에 대한 용도별 제한 • 공용이용통로의 거리 제한
피난로 수	일정규모 이상, 용도별 직통계단을 2개소 이상 설치 규정	2개 이상의 피난로 원칙 수용인원에 따른 피난로 수 규정
피난로 구획	내화구조 및 마감 규정 시간에 대한 규정 없음	피난로 구성요소별 필요한 구체적 내화시간 규정(1~2시간 이상)
피난로의 용량	고려하지 않음	피난로 너비에 따른 피난 용량을 계산 및 피난로 구성요소의 용량 산정

"끝"

1. 문제

특별피난계단의 계단실 및 부속실(비상용 승강기 승강장 포함) 제연설비의 국가화재안전기준 (NFPC)에 따른 급기의 기준, 외기취입구의 기준, 급기구의 기준, 급기송풍기의 기준에 대하여 설명 하시오.

2. 시험지에 번호 표기

특별피난계단의 계단실 및 부속실(비상용 승강기 승강장 포함) 제연설비(1)의 국가화재안전기준 (NFPC)에 따른 급기의 기준(2), 외기취입구의 기준(3), 급기구의 기준(4), 급기송풍기의 기준(5)에 대하여 설명하시오.

Tip 지문의 내용이 많은 경우 답안의 구성도 중요하지만 시간 배분계획을 잘 세워야 합니다. 2~4 교시는 1문제당 20분을 넘기지 않는다라는 생각으로 문제를 푸셔야 합니다.

3. 실제 답안지에 작성해보기

문 2-6) 급기의 기준, 외기취입구의 기준, 급기구의 기준, 급기송풍기의 기준에 대하여 설명

1. 개요

제연목적	특별피난계단의 계단실 및 부속실의 제연은 급기 가압방식으로 가압공간의 압력을 비가압공간의 압력보다 높게 하여 연기의 확산을 차단하는 것
제연방식	제연방식으로는 차압, 방연풍속, 과압방지를 통해 거주자의 피난안전성 및 소방관 소화활동의 거점으로서 안전성을 확보함

2. 급기의 기준(NFPC 501A)

구분	기준
부속실만을 제연하는 경우	부속실만을 제연하는 경우 동일 수직선상의 모든 부속실은 하나의 전용수직풍도를 통해 동시에 급기할 것
계단실 및 부속실 동시제연	계단실 및 부속실을 동시에 제연하는 경우 계단실에 대하여는 그 부속실의 수직풍도를 통해 급기
계단실만 제연	계단실만을 제연하는 경우에는 전용수직풍도를 설치하거나 계단실에 급기풍도 또는 급기송풍기를 직접 연결하여 급기하는 방식으로 할 것
전용송풍기	하나의 수직풍도마다 전용의 송풍기로 급기할 것
승강장만 제연	비상용 승강기의 승강장만을 제연하는 경우에는 비상용 승강기의 승강로를 급기풍도로 사용

3. 외기취입구의 기준

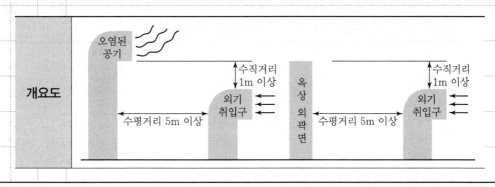

| 기준 | 외기취입구는 옥외의 연기 또는 공해물질 등으로 오염된 공기, 빗물과 이물질 등이 유입되지 않는 구조 및 위치에 설치해야 함 |

4. 급기구의 기준

위치	급기용 수직풍도와 직접 면하는 벽체 또는 천장에 고정하되, 급기되는 기류 흐름이 출입문으로 인하여 차단되거나 방해받지 않도록 옥내와 면하는 출입문으로부터 가능한 한 먼 위치에 설치할 것
높이	계단실과 그 부속실을 동시에 제연하거나 계단실만을 제연하는 경우 급기구는 계단실 매 3개 층 이하의 높이마다 설치할 것
댐퍼	• 급기댐퍼는 두께 1.5mm 이상의 강판 또는 이와 동등 이상의 강도가 있는 것으로 설치해야 하며, 비내식성 재료의 경우에는 부식방지조치를 할 것 • 자동차압급기댐퍼를 설치하는 경우 차압범위의 수동설정기능과 설정범위의 차압이 유지되도록 개구율을 자동조절하는 기능이 있을 것 • 자동차압급기댐퍼는 옥내와 면하는 개방된 출입문이 완전히 닫히기 전에 개구율을 자동감소시켜 과압을 방지하는 기능이 있을 것 • 자동차압급기댐퍼는 주위온도 및 습도의 변화에 의해 기능이 영향을 받지 않는 구조일 것 • 자동차압급기댐퍼는 「자동차압급기댐퍼의 성능인증 및 제품검사의 기술기준」에 적합한 것으로 설치할 것 • 자동차압조절형이 아닌 댐퍼는 개구율을 수동으로 조절할 수 있는 구조로 할 것 • 옥내에 설치된 화재감지기에 따라 모든 제연구역의 댐퍼가 개방되도록 할 것. 다만, 둘 이상의 특정소방대상물이 지하에 설치된 주차장으로 연결되어 있는 경우에는 주차장에서 하나의 특정소방대상물의 제연구역으로 들어가는 입구에 설치된 제연용 연기감지기의 작동에 따라 특정소방대상물의 해당 수직풍도에 연결된 모든 제연구역의 댐퍼가 개방되도록 할 것

5. 급기송풍기의 기준

관계식	$Q_2 = Q_n - Q_0$ $\rightarrow Q_n = K\left(\dfrac{A \times V}{0.6}\right)$ $Q_2 = K\left(\dfrac{A \times V}{0.6}\right) - Q_0$ 방연풍량(Q_n) 보충량(Q_2) / 거실유입풍량(Q_0)
기준	급기송풍기의 송풍능력은 송풍기가 담당하는 제연구역에 대한 급기량의 1.15배 이상으로 하고, 송풍기는 다른 장소와 방화구획되고 접근과 점검이 용이하도록 설치하며, 화재감지기의 동작에 따라 작동하도록 해야 함

"끝"

1. 문제

> 건축물 화재 시 연기제어 목적, 연기제어기법 및 연기의 이동형태에 대하여 설명하시오.

2. 시험지에 번호 표기

> 건축물 화재 시 연기제어 목적(1), 연기제어기법(2) 및 연기의 이동형태(3)에 대하여 설명하시오.

Tip (1) 목적, 의의, 개념을 설명하라는 지문이 나오면 바로 대주제로 정하고 풀이를 하는 것이 좋습니다. (2) 연기제어기법은 기본문제이므로 내용이 길고 양이 많습니다. (3) 연기의 이동형태는 구획실과 고층건물로 구분하여 설명을 하여야 합니다.

3. 실제 답안지에 작성해보기

문 3-1) 건축물 화재 시 연기제어 목적, 연기제어기법 및 연기의 이동형태에 대
하여 설명

1. 연기제어 목적

개념도	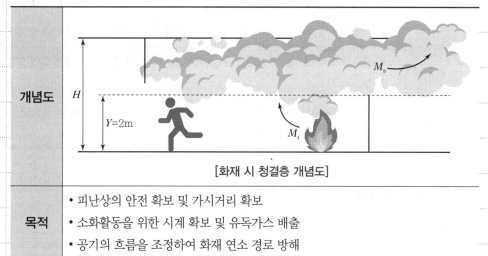 [화재 시 청결층 개념도]
목적	• 피난상의 안전 확보 및 가시거리 확보 • 소화활동을 위한 시계 확보 및 유독가스 배출 • 공기의 흐름을 조정하여 화재 연소 경로 방해

2. 연기제어기법

제어기법	내용
구획	• 공간을 벽 등의 구조체 또는 제연경계벽 등을 설치하여 연기의 유동 방지 • 공기나 연기의 통과량은 개구부의 크기에 비례하므로 구조체 등으로 밀폐하여 연기의 유출 방지
가압	• 압력을 높여 피난로가 되는 복도, 부속실, 계단 등의 연기로부터 보호해야 하는 공간으로 연기가 들어가지 않도록 하는 방식 • 두 공간 사이에 차압을 형성하여 개구부나 틈새를 사이에 두고 연기의 확산 및 침입을 방지하는 방식
축연	• 연기층이 한계 연기층의 하단 높이까지 하강하지 않도록 설계하거나 연기층이 하강하기 전에 피난을 완료할 수 있도록 설계 • 큰 공간의 용적 특성을 살려 비교적 긴 연기 하강 시간을 확보하여 화재 시 피난 안전 확보에 이용하는 방식

제어기법	내용
배연	• 부력을 이용한 자연 배연 또는 배출기의 기계적 에너지를 이용하여 연기를 직접 옥외로 배출하는 방식 • 배연 방식으로 시스템 구성 시 각 구획 공간의 출입문에 작용하는 압력은 반드시 피난 방향으로 작용하도록 할 것 • 공기는 고압 측의 안전 구획에서 저압 측의 안전 구획으로 흐르도록 설계
강하방지	배연구를 상부에 설치하고 급기구를 하부에 설치하여 청결층을 형성하여 연기의 하강을 방지
희석	연기 농도를 피난이나 소화활동에 지장이 없는 수준으로 유지하는 것으로 모든 연기제어 시스템은 희석효과를 가짐

3. 연기의 이동형태

1) 구획실 화재 시 연기의 이동형태

개념도	
부력	• $\rho = \dfrac{PM}{RT}$ 으로 온도의 상승은 밀도의 감소를 가져오며 이는 $\triangle(\rho_a - \rho_f)gh$로 연기를 상승 및 이동하는 힘을 가짐 • 화재로부터 발생된 고온의 연기는 밀도의 자체 감소로 인해 부력을 가짐 • 구획실 화재 시 천장하부에 모여 Ceiling Jet Flow 발생
팽창	• 보일−샤를 법칙에 의해 $\dfrac{P_1 V_1}{T_1} = \dfrac{P_2 V_2}{T_2}$ 온도 상승 시 압력 또는 부피가 팽창 • 화재로부터 방출되는 에너지는 연소가스를 팽창시켜 연기가 이동
공조 시스템	• 화재 발생 시 건축물에 설치되는 환기 및 냉난방용의 공조시스템은 건물 내의 기류를 순환시켜 연기 또한 순환시킬 가능성이 있음 • 화재실에 공기 공급 역할로 화재 시 공조시스템을 정지시킬 필요가 있음

2) 고층건축물에서 연기의 이동형태

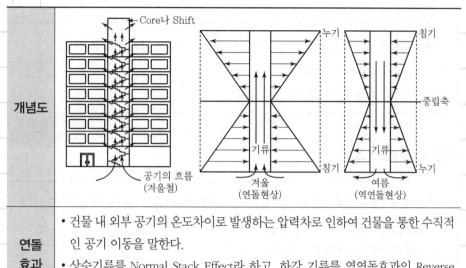

개념도	
연돌 효과	• 건물 내 외부 공기의 온도차이로 발생하는 압력차로 인하여 건물을 통한 수직적인 공기 이동을 말한다. • 상승기류를 Normal Stack Effect라 하고, 하강 기류를 역연돌효과인 Reverse Stack Effect라고 한다.
바람	• 건물의 높이와 형태에 따라 달라지며, 바람효과는 $P_w = \dfrac{1}{2} C_w \rho_o V^2$로 표현 • 풍압은 직접적인 압력의 영향으로 바람이 부는 방향이 정면인지 뒷면인지에 따라 화재에 대한 영향이 매우 큼
피스톤 효과	• 엘리베이터가 샤프트 내에서 이동할 때 발생하는 과도압력 • 피스톤 효과는 정상적으로 가압된 공기를 엘리베이터 승강장이나 샤프트로 빼내어 정상적인 제연 시스템의 성능을 저해시킬 수 있음

4. 소견

① 설계 및 시공 시 연기제어 설비를 성능이 발휘될 수 있도록 설계 시공을 했다

하더라도 인테리어 공사 시 혹은 가구의 재배치 등으로 성능이 발휘될 수 없는

경우가 있을 수 있음

② 따라서 주기적인 TAB를 통한 제연설비의 성능을 확인하고 성능저하 시 필요

한 조치를 할 수 있도록 하는 규정이 필요하다고 사료됨

"끝"

1. 문제

소방시설용 비상전원수전설비의 설치기준에 대하여 다음의 내용을 설명하시오.

(1) 인입선 및 인입구 배선의 경우

(2) 특별고압 또는 고압으로 수전하는 경우

2. 시험지에 번호 표기

소방시설용 비상전원수전설비(1)의 설치기준에 대하여 다음의 내용을 설명하시오.

(1) 인입선 및 인입구 배선의 경우(2)

(2) 특별고압 또는 고압으로 수전하는 경우(3)

> **Tip** 비상전원수전설비의 개요를 작성하고, 소방에서 비상전원 수전설비 적용대상을 언급하는 것이 고득점에 유리합니다. 범위가 폭넓지만 문제에서 물어본 것은 정확하게 답안을 작성할 수 있는 능력을 키워야 합니다.

3. 실제 답안지에 작성해보기

문 3-2) 소방시설용 비상전원수전설비의 설치기준

1. 개요

① 전력회사가 공급하는 상용전원을 이용하는 것으로서, 소방설비 전용의 변압기에 의해 수전 또는 주변압기의 2차 측에서 직접 전용의 개폐기에 의해 수전하는 것으로 소방대상물의 옥내 화재에 의한 전기회로의 단락, 과부하에 견딜 수 있는 구조를 갖춘 수전설비

② 고압 혹은 특고압으로 수전을 하는 경우가 있으며, 인입구와 인입구 배선에 대해 규정함으로써 전원의 안전정인 공급을 규정하고 있음

2. 비상전원수전설비 적용대상

적용설비	대상
스프링클러	차고, 주차장으로서 스프링클러가 설치된 바닥면적 합계가 1,000m² 이하
포소화설비	• 호스릴 또는 포소화전만을 설치한 차고, 주차장 • 포 헤드 또는 고정포 방출구 설비가 설치된 연면적 합계가 1,000m² 미만
간이 S/P	전원이 설치되어 있는 경우
비상콘센트	• 지하층을 제외한 7층 이상으로 연면적 2,000m² 이상 • 지하층 연면적(차고, 주차장, 기계실 제외) 3,000m² 이상

3. 인입선 및 인입구 배선의 경우

인입선	가공인입선 및 수용장소의 조영물의 옆면 등에 시설하는 전선으로서 그 수용장소의 인입구에 이르는 부분의 전선
인입구 배선	인입선 연결점으로부터 특정소방대상물 내에 시설하는 인입개폐기에 이르는 배선

기준	• 인입선은 특정소방대상물에 화재가 발생할 경우에도 화재로 인한 손상을 받지 않도록 설치해야 함 • 인입구 배선은 내화배선으로 해야 함

4. 특별고압 또는 고압으로 수전하는 경우(NFPC 602)

개요도	인입구 배선 — CB_{10}(또는 PF_{10}) — CB_{11}(또는 PF_{11}) / CB_{12}(또는 PF_{12}) — Tr1 / Tr2 — CB_{21}(또는 F_{21}) / CB_{22}(또는 F_{22}) — 소방부하 / 일반부하 인입구 배선 — CB_{10}(또는 PF_{10}) — Tr — CB_{21}(또는 F_{21}) / CB_{22}(또는 F_{22}) — 소방부하 / (일반부하) CB(또는 F) / (일반부하) CB(또는 F)
방화구획형	• 전용의 방화구획 내에 설치할 것 • 소방회로배선은 일반회로배선과 불연성의 격벽으로 구획할 것 • 일반회로에서 과부하, 지락사고 또는 단락사고가 발생한 경우에도 이에 영향을 받지 아니하고 계속하여 소방회로에 전원을 공급시켜 줄 수 있어야 할 것 • 소방회로용 개폐기 및 과전류차단기에는 "소방시설용"이라 표시할 것
옥외형	옥외개방형이 설치된 건축물 또는 인접 건축물에 화재가 발생한 경우에도 화재로 인한 손상을 받지 않도록 설치해야 함
큐비클형	• 전용큐비클 또는 공용큐비클식으로 설치할 것 • 외함은 두께 2.3mm 이상의 강판과 이와 동등 이상의 강도와 내화성능이 있는 것으로 제작해야 하며, 개구부는 방화문으로서 60분＋ 방화문, 60분 방화문 또는 30분 방화문으로 설치할 것 • 다음 각 목(옥외에 설치하는 것에 있어서는 가목부터 다목까지)에 해당하는 것은 외함에 노출하여 설치할 수 있음 　가. 표시등(불연성 또는 난연성 재료로 덮개를 설치한 것에 한함) 　나. 전선의 인입구 및 인출구 　다. 환기장치

큐비클형	라. 전압계(퓨즈 등으로 보호한 것에 한함) 마. 전류계(변류기의 2차 측에 접속된 것에 한함) 바. 계기용 전환스위치(불연성 또는 난연성 재료로 제작된 것에 한함) • 외함은 건축물의 바닥 등에 견고하게 고정할 것 • 외함에 수납하는 수전설비, 변전설비 그 밖의 기기 및 배선은 다음 각 목에 적합하게 설치할 것 　가. 외함 또는 프레임(Frame) 등에 견고하게 고정할 것 　나. 외함의 바닥에서 10cm(시험단자, 단자대 등의 충전부는 15cm) 이상의 높이에 설치할 것 • 전선 인입구 및 인출구에는 금속관 또는 금속제 가요전선관을 쉽게 접속할 수 있도록 할 것 • 환기장치는 다음 각 목에 적합하게 설치할 것 　가. 내부의 온도가 상승하지 않도록 환기장치를 할 것 　나. 자연환기구의 개구부 면적의 합계는 외함의 한 면에 대하여 해당 면적의 3분의 1 이하로 할 것. 이 경우 하나의 통기구의 크기는 직경 10mm 이상의 둥근 막대가 들어가서는 아니 됨 　다. 자연환기구에 따라 충분히 환기할 수 없는 경우에는 환기설비를 설치할 것 　라. 환기구에는 금속망, 방화댐퍼 등으로 방화조치를 하고, 옥외에 설치하는 것은 빗물 등이 들어가지 않도록 할 것 • 공용큐비클식의 소방회로와 일반회로에 사용되는 배선 및 배선용 기기는 불연재료로 구획할 것 • 그 밖의 큐비클형의 설치에 관하여는 한국산업표준에 적합할 것

4. 소견

① 비상전원수전설비의 경우 한전에서 공급하는 선로를 사용하는 것으로 동일 공급라인의 선로에서 인입하여 수전하는 경우가 많으며, 이는 인입 선로의 단선 시 전원공급이 불가할 수 있음

② 따라서 자가발전설비 혹은 전기저장장치를 사용하여 신뢰도를 높일 필요가 있다고 사료됨

"끝"

1. 문제

> 장외영향평가서 작성 등에 관한 규정에서 정한 장외영향평가의 정의, 업무절차 및 장외영향평가서
> 의 작성방법에 대하여 설명하시오.

2. 시험지에 번호 표기

> 장외영향평가서 작성 등에 관한 규정에서 정한 장외영향평가의 정의(1) 업무절차(2) 및 장외영향평
> 가서의 작성방법(3)에 대하여 설명하시오.

Tip "화학물질관리법" 관련 문제입니다. 정의를 순서대로 쓰고, 그림을 그린 후 설명을 덧붙여 페이
지를 채우는 방식으로 설명하겠습니다.

3. 실제 답안지에 작성해보기

문 3-3) 장외영향평가의 정의, 업무절차 및 장외영향평가서의 작성방법

1. 장외영향평가의 정의

정의	유해화학물질 취급시설을 설치·운영하려는 자가 사전에 화학사고 발생으로 사업장 주변지역의 사람이나 환경 등에 미치는 영향을 평가하는 제도
작성내용	• 유해화학물질 취급시설의 설치·운영으로 사람의 건강이나 주변 환경에 영향을 미치는지 여부 • 화학사고 발생으로 유해화학물질이 사업장 주변 지역으로 유출·누출될 경우 사람의 건강이나 주변 환경에 영향을 미치는 정도 • 유해화학물질 취급시설의 입지 등이 다른 법률에 저촉되는지 여부

2. 업무절차

절차도	

안전진단

고	중	저
4년마다	8년마다	12년마다

위험도 결과 반영

유해화학물질 취급시설

검사기관

장외영향평가서 제출 [착공일 30일 전]

검사결과 통보

적합여부 및 위험도 통보

관련자료 제공

화학물질안전원
National Institute of Chemical Safety

절차	① 유해화학물질 취급시설을 설치 · 운영하려는 자는 취급시설 설치 공사 착공일 30일 이전에 장외영향평가서를 작성하여 화학물질안전원에 제출 ② 화학물질안전원은 장외영향평가서 내용을 검토하여 평가서의 적합여부와 취급시설의 위험도를 30일 이내에 신청인과 지방환경관서에 통보 ③ 취급시설의 설치를 마친 경우에는 검사기관이 설치 검사를 할 때 평가서 검토 결과와 현장의 내용이 일치하는지 여부를 확인하고 결과를 안전원장에게 통보 ④ 화학물질안전원 및 지방환경관서의 장은 이행점검을 통해 평가서의 준수여부를 주기적으로 확인

3. 장외영향평가서 작성방법

개요도	 [화학물질관리법 – 장외평가항목]
기본평가 정보	• 취급 화학물질의 목록, 취급량 및 유해성 정보 • 취급시설의 목록, 명세, 공정정보, 운전절차 및 유의사항 • 취급시설 및 주변지역의 입지 정보 • 기상 정보
장외평가 정보	• 공정위험성 분석 • 사고 시나리오, 가능성 및 위험도 분석 • 사업장 주변지역 영향 평가 • 안전성 확보 방안
타법관계 정보	타법과의 관계 정보

"끝"

1. 문제

소화펌프에서 발생할 수 있는 공동현상(Cavitation)의 발생원인, 판정방법 및 방지대책에 대하여 설명하시오.

2. 시험지에 번호 표기

소화펌프에서 발생할 수 있는 **공동현상(Cavitation)(1)**의 **발생원인(2)**, **판정방법(3)** 및 **방지대책(4)**에 대하여 설명하시오.

Tip 지문에서 답을 어떻게 쓰라고 다 알려준 문제입니다. 항상 문제를 정독하고 답안을 어떻게 작성할지 번호를 표기하여 시나리오를 작성해서 쓰면 좋은 결과가 나올 수 있습니다.

3. 실제 답안지에 작성해보기

문 3-4) 공동현상(Cavitation)의 발생원인, 판정방법 및 방지대책에 대하여 설명

1. 개요

정의	공동현상 또는 캐비테이션(Cavitation)이란 유체의 속도 변화에 의한 압력 변화로 인해 유체 내에 공동이 생기는 현상을 말하며, 액체의 포화증기압보다 낮아진 범위에서 증기가 발생하거나 액체 속에 녹아 있던 기체가 나와서 공동을 이룸
문제점	• 공동현상이 발생하면 기포는 펌프의 토출부위에서 급격히 파괴되면서 주위에 충격을 주게 됨 • 공동현상은 고온, 고압의 충격파를 발생시켜 소음, 진동, 재료의 피로현상, 부식 등의 원인을 제공함 • 균일한 살수밀도 저해로 화재의 소화, 진압, 제어를 어렵게 함 • 펌프 및 배관의 파손 초래

2. 발생원인

상평형도	
발생원인	• 물은 100℃, 1기압에서 비등하나 압력이 내려갈 경우 그 이하의 온도에서도 비등하게 됨. 이에 흡입배관에서 대기압 이하로 압력이 저하되므로 상온에서도 국부적으로 비등현상이 발생. 즉, 물의 압력이 해당온도에 대응하는 포화증기압 이하로 내려가게 되면 증발하여 기포가 발생함 • $NPSH_{av} < NPSH_{re}$인 경우 　－펌프의 흡입 측 수두가 클 경우　　－펌프의 마찰손실이 클 경우 　－펌프의 흡입관경이 너무 작을 경우　－이송하는 유체가 고온인 경우

3. 판정방법

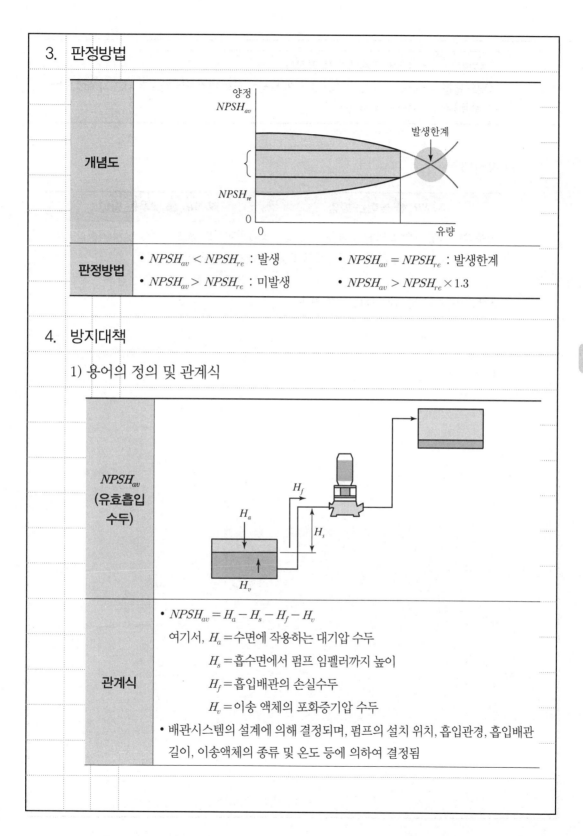

개념도	(양정 그래프: $NPSH_{av}$, $NPSH_{re}$, 발생한계, 유량)
판정방법	• $NPSH_{av} < NPSH_{re}$: 발생 • $NPSH_{av} = NPSH_{re}$: 발생한계 • $NPSH_{av} > NPSH_{re}$: 미발생 • $NPSH_{av} > NPSH_{re} \times 1.3$

4. 방지대책

1) 용어의 정의 및 관계식

120회

$NPSH_{av}$ (유효흡입 수두)	(펌프 흡입 배관 개념도: H_a, H_f, H_s, H_v)
관계식	• $NPSH_{av} = H_a - H_s - H_f - H_v$ 　여기서, H_a = 수면에 작용하는 대기압 수두 　　　　　H_s = 흡수면에서 펌프 임펠러까지 높이 　　　　　H_f = 흡입배관의 손실수두 　　　　　H_v = 이송 액체의 포화증기압 수두 • 배관시스템의 설계에 의해 결정되며, 펌프의 설치 위치, 흡입관경, 흡입배관 길이, 이송액체의 종류 및 온도 등에 의하여 결정됨

$NPSH_{re}$ (필요흡입 수두)	• 펌프의 설계에 의해 결정됨 • 펌프의 제작 시 펌프 고유의 특성에 의해 결정되는 것으로 펌프 자체에서 발생하는 손실 수두

2) 방지대책

$NPSH_{av}$를 높이는 방법	$NPSH_{re}$를 낮추는 방법
• 부압이 아닌 정압 흡입방식 적용 • 부압일 경우 펌프 설치 높이를 낮춰 흡입양정 최소화 • 펌프 내 안내 깃 설치 − 터빈펌프 적용	• 흡입비속도 펌프 특성에 맞게 최적화적용 • 단흡입 양흡입 펌프 적용 • 다단펌프적용으로 압축비 감소

"끝"

1. 문제

이산화탄소소화설비의 소화약제 저장용기 등의 설치장소에 관한 기준을 서술하고 각 항목마다 근거를 설명하시오.

2. 시험지에 번호 표기

이산화탄소소화설비(1)의 소화약제 저장용기 등의 설치장소에 관한 기준(2)하고 각 항목마다 근거(3)를 설명하시오.

3. 실제 답안지에 작성해보기

| 문 3-5) 이산화탄소소화설비의 소화약제 저장용기 등의 설치장소에 관한 기준을 서술하고 각 항목마다 근거를 설명 |

1. 개요

① 이산화탄소소화설비는 불연성가스인 CO_2 가스를 고압가스용기에 저장하여 두었다가 화재발생 시 설치된 소화설비에 의하여 화재발생지역에 CO_2 가스를 방출 분사시켜서 질식 및 냉각작용에 의한 소화를 목적으로 설치

② 이때 저장용기는 이산화탄소 소화약제의 특성을 고려하여 장소적 기준을 규정하고 따르도록 하고 있음

2. 소화약제 저장용기 등의 설치장소에 관한 기준

구분	기준내용
위치기준	방호구역 외의 장소에 설치할 것. 다만, 방호구역 내에 설치할 경우에는 피난 및 조작이 용이하도록 피난구 부근에 설치
온도	온도가 40℃ 이하이고, 온도변화가 작은 곳에 설치할 것
직사광선	직사광선 및 빗물이 침투할 우려가 없는 곳에 설치할 것
방화구획	방화문으로 방화구획된 실에 설치할 것
표지	용기의 설치장소에는 해당 용기가 설치된 곳임을 표시하는 표지를 할 것
점검	용기 간의 간격은 점검에 지장이 없도록 3cm 이상의 간격을 유지할 것
체크밸브	저장용기와 집합관을 연결하는 연결배관에는 체크밸브를 설치할 것. 다만, 저장용기가 하나의 방호구역만을 담당하는 경우에는 그렇지 않음

3. 설치장소 기준 및 근거

1) 위치기준

방호구역	이산화탄소의 소화범위에 포함되는 영역으로 화재의 발생을 가정한 공간
근거	소화약제 저장용기는 화재에 노출되지 않는 환경에 보관하여 화재 시 성능이 보장되도록 하고, 기본적으로 저장용기는 방호구역 외의 장소에 별도의 용기 저장실을 설치하여 보관 관리하여야 함

2) 온도

상평형도	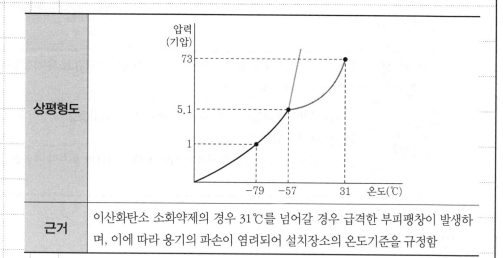
근거	이산화탄소 소화약제의 경우 31℃를 넘어갈 경우 급격한 부피팽창이 발생하며, 이에 따라 용기의 파손이 염려되어 설치장소의 온도기준을 규정함

3) 직사광선

개요도	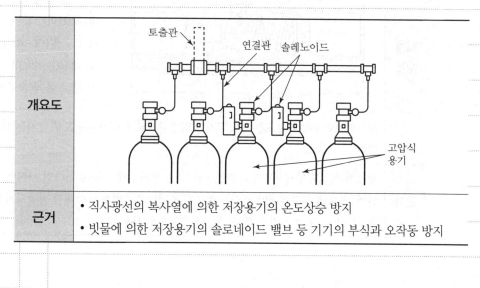
근거	• 직사광선의 복사열에 의한 저장용기의 온도상승 방지 • 빗물에 의한 저장용기의 솔로네이드 밸브 등 기기의 부식과 오작동 방지

4) 방화구획

방화구획	방화구획(Fire-Fighting Partition)은 화염의 확산을 방지하기 위해 건축물의 특정 부분과 다른 부분을 내화구조로 된 바닥, 벽 또는 60분 방화문(자동방화셔터 포함)으로 구획하는 것
근거	저장용기를 방화구획된 장소에 설치하는 것은 방호구역의 화재로 인한 피해가 저장용기실에 미치지 않도록 하여 이산화탄소소화설비의 신뢰성 확보

5) 표지 및 점검

약제교체 시기	이산화탄소 소화약제의 경우 저장용기의 5% 이상의 압력감소 시 저장용기의 재충전 혹은 교체를 하여야 함
근거	• 표지를 설치하여 출입자 등이 이산화탄소저장용기실임을 알려 질식 등의 위험성을 알리기 위함 • 점검 시 용기의 교체 및 재충전을 용이하게 하기 위하여 용기의 최소간격을 규정한 것

6) 체크밸브

체크 밸브	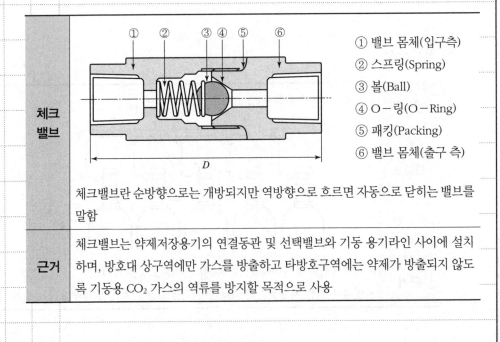 ① 밸브 몸체(입구측) ② 스프링(Spring) ③ 볼(Ball) ④ O-링(O-Ring) ⑤ 패킹(Packing) ⑥ 밸브 몸체(출구 측) 체크밸브란 순방향으로는 개방되지만 역방향으로 흐르면 자동으로 닫히는 밸브를 말함
근거	체크밸브는 약제저장용기의 연결동관 및 선택밸브와 기동 용기라인 사이에 설치하며, 방호대 상구역에만 가스를 방출하고 타방호구역에는 약제가 방출되지 않도록 기동용 CO_2 가스의 역류를 방지할 목적으로 사용

4. 소견

① 약제저장실은 밀폐되어 있거나 지하실에 설치하는 경우가 많으며, 공기보다 무거운 이산화탄소가 특성상 설치장소에 항시 체류할 가능성이 있음

② 이산화탄소의 누설 시 경보할 수 있는 감지기와 이에 연동하는 환기설비의 설치가 필요하다고 사료됨

"끝"

1. 문제

습식 및 건식 스프링클러설비의 시험장치를 기술하고, NFPA 13과 비교하여 개선방안에 대하여 설명하시오.

Tip 현재 NFTC 103 시험장치 기준에는 습식 및 부압식 시험장치 배관위치와 건식 시험장치의 방사시간까지 규정되어 있기에 시사성이 떨어집니다.

[NFTC 103 기준 참고]

습식 스프링클러설비 및 부압식 스프링클러설비에 있어서는 유수검지장치 2차 측 배관에 연결하여 설치하고, 건식 스프링클러설비인 경우 유수검지장치에서 가장 먼 거리에 위치한 가지배관의 끝으로부터 연결하여 설치할 것. 이 경우 유수검지장치 2차 측 설비의 내용적이 2,840L를 초과하는 건식 스프링클러설비는 시험장치 개폐밸브를 완전 개방 후 1분 이내에 물이 방사되어야 한다.

1. 문제

화재를 다루는 분야에서는 열에너지원(Heat Energy Source)의 제어가 중요하다. 열에너지원을 화학적, 전기적 및 기계적 열에너지로 구분하여 설명하시오.

2. 시험지에 번호 표기

화재를 다루는 분야에서는 열에너지원(Heat Energy Source)의 제어(1)가 중요하다. 열에너지원을 화학적, 전기적 및 기계적 열에너지로 구분하여 설명(2)하시오.

Tip 화재에서 열에너지원은 점화원을 의미하는 것으로 이에 대한 종류를 화학적, 전기적, 기계적으로 분류하고 대책을 제시합니다.

3. 실제 답안지에 작성해보기

문 4-1) 열에너지원을 화학적, 전기적 및 기계적 열에너지로 구분하여 설명하시오.

1. 개요

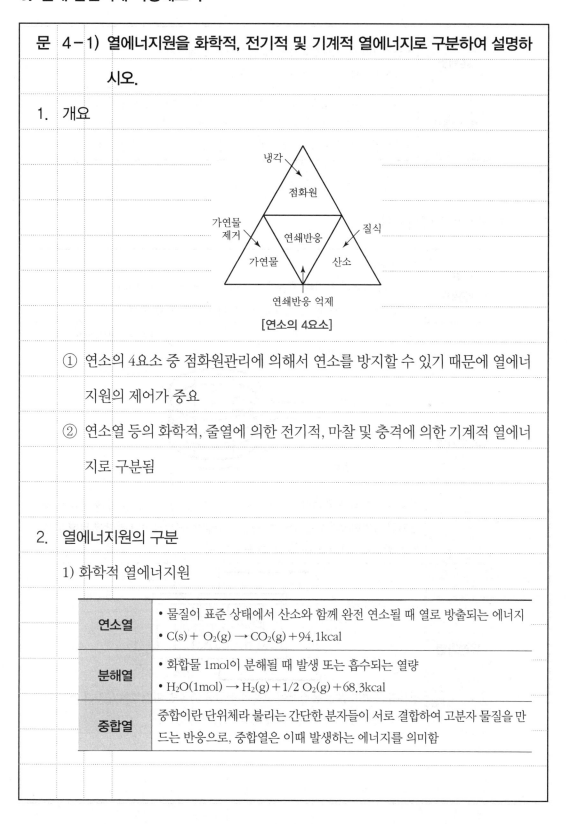

[연소의 4요소]

① 연소의 4요소 중 점화원관리에 의해서 연소를 방지할 수 있기 때문에 열에너지원의 제어가 중요

② 연소열 등의 화학적, 줄열에 의한 전기적, 마찰 및 충격에 의한 기계적 열에너지로 구분됨

2. 열에너지원의 구분

1) 화학적 열에너지원

연소열	• 물질이 표준 상태에서 산소와 함께 완전 연소될 때 열로 방출되는 에너지 • $C(s) + O_2(g) \rightarrow CO_2(g) + 94.1kcal$
분해열	• 화합물 1mol이 분해될 때 발생 또는 흡수되는 열량 • $H_2O(1mol) \rightarrow H_2(g) + 1/2\ O_2(g) + 68.3kcal$
중합열	중합이란 단위체라 불리는 간단한 분자들이 서로 결합하여 고분자 물질을 만드는 반응으로, 중합열은 이때 발생하는 에너지를 의미함

융해열	• 물질 1mol을 용매에 녹일 때 발생하는 열에너지 • $H_2SO_4 + H_2O \longrightarrow H_2SO_4(aq) + 19.0kcal$
방지대책	• 발화점 이하의 온도 이하로 유지하고 환기 통풍이 잘되는 곳에 물질 보관 • 물품을 소분하여 저장하고 물품의 온도를 감시하는 설비 설치 • 온도감시장치와 자동소화설비의 연동으로 발화온도 이상 방지

2) 전기적 열에너지원

저항열 (줄열)	$H = I^2 Rt$ • 도체의 전류의 크기의 제곱에 비례하고 도체의 저항에 비례 • 백열전구의 열이 전구 내의 필라멘트의 저항의 원인이 됨
유도가열	 전자기 유도를 이용하여 금속물체를 가열시키는 방법으로 코일에 전류가 공급되면 가열하고자 하는 금속에 와전류가 발생하고, 금속의 저항에 의해 발생된 줄열(Joule Heating)이 온도를 높이게 됨
유전가열	 전류가 통하지 않는 유전체에 고주파 전압을 가하면 피가열체 분자가 매우 격렬히 운동하여 그에 따라 피가열체 자체가 발열됨

아크가열	 아크(Arc) 발생 통전 중인 두전극에 아크 발생 시 발생된 열을 이용하는 방법
방지대책	• 과전류 차단기 및 누전차단기 설치로 누설전류, 과전류 차단 • 아크 소호기, 아크차단기 서리 • 전선의 두께를 정격전류 이상 설치

3) 기계적 열에너지원

마찰열	물체의 역학적 에너지(위치에너지+운동에너지의 합)의 일부가 열에너지로 전환되는 현상
충격열	두 물체의 추돌, 충돌에 의한 열에너지 발생
단열압축	 • 단열된 상태에서 하강하는 공기의 부피가 압력의 증가로 수축하여 기체의 온도가 올라가는 현상 • $T_f = T_i \left(\dfrac{P_f}{P_i} \right)^{\frac{\gamma-1}{\gamma}}$
방지대책	• 물품의 혼재 저장 및 취급 금지 • 마찰, 충격을 줄일 수 있는 저장용기에 저장 • 물픔의 단열상태에서 수축방지기 설치

"끝"

1. 문제

ESFR 스프링클러헤드는 표준형 스프링클러헤드보다 화재초기에 작동하여 화재를 조기 진압한다. 이를 결정하는 3가지 특성요소에 대하여 설명하시오.

2. 시험지에 번호 표기

ESFR 스프링클러헤드는 표준형 스프링클러헤드(1)보다 화재초기에 작동하여 화재를 조기 진압한다. 이를 결정하는 3가지 특성요소(2)에 대하여 설명하시오.

Tip 스프링클러에서는 감지특성과 방사특성이 소화성능을 결정하는 요소이며, 이에 대해 정리해 두어야 합니다. ESFR에서는 화재를 초기에 진압할 수 있는 3가지 특성요소, 즉 RTI, K-Factor에 의한 ADD > RDD에 대해 설명해야 합니다.

3. 실제 답안지에 작성해보기

문 4-2) 화재초기에 작동하여 화재 조기 진압을 결정하는 3가지 특성요소에 대하여 설명

1. 개요

1) 화재안전기준상 랙식 창고 등에는 ESFR의 물리적인 특성을 이용하여 조기감지 및 충분한 방사량으로 화재를 조기 진압할 수 있도록 규정하고 있음

2) 표준형 스프링클러설비와 비교

구분	ESFR 헤드	표준형 헤드
개요도		
RTI	50 이하	80~350
C값	1 이하	2 이하
K-Factor	360	80

2. 화재초기에 작동하여 화재 조기 진압을 결정하는 3가지 특성요소

1) RTI, C값

개요도	
관계식	$$RTI = \tau\sqrt{U}, \quad \tau = \frac{m \times C_{비열}}{h \times A}$$ 여기서, τ : 시간지수, U : 기류속도(m/s), m : 감열체 질량(kg), $\quad\quad h$: 대류 열전달계수, A : 감열체 면적
의의	• τ는 스프링클러 온도가 가스온도의 63%에 도달했을 때의 시간 • mC가 클수록 τ와 RTI는 커져 헤드가 늦게 작동함 • 표시온도가 낮을수록, RTI값이 작을수록, C값이 작을수록 헤드는 빨리 작동함

2) K-Factor에 의한 ADD, RDD

개요도	
ADD	$$ADD = \frac{분사된\ 물이\ 화염을\ 통과하여\ 가연물\ 상단에\ 도달한\ 물의\ 양}{가연물\ 상단의\ 면적}[LPM/m^2]$$ • 분사된 물방울이 연소 중인 가연물의 상단까지 도달한 물방울량을 가연물 상단의 표면적으로 나눈 값 • 화재초기에 큰 물방울을 빠른 시간에 가연물의 표면에 도달하게 하는 것이 관건

RDD	$$RDD = \frac{\text{화재진압에 필요한 최소한의 물의 양}}{\text{가연물 상단의 면적}} \, [LPM/m^2]$$ • 화재진압에 필요한 최소한의 물의 양을 가연물 상단 표면적으로 나눈 것

3. RTI와 ADD, RDD의 관계

1) 개요도

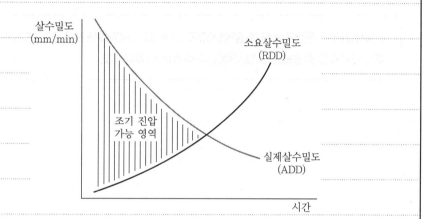

2) 관계

RTI	ADD	RDD	조기진화조건
작을수록	커짐	작아짐	조기 진압 가능
커질수록	작아짐	커짐	조기 진압 실패

"끝"

1. 문제

소방시설에서 절연저항 측정방법을 기술하고, 국가화재안전기준(NFPC)에서 정한 절연내력과 절연
저항을 적용하는 소방시설에 대하여 설명하시오.

2. 시험지에 번호 표기

소방시설에서 절연저항(1) 측정방법(2)을 기술하고, 국가화재안전기준(NFPC)에서 정한 절연내력
과 절연저항을 적용하는 소방시설(3)에 대하여 설명하시오.

3. 실제 답안지에 작성해보기

문 4-3) 국가화재안전기준(NFSC)에서 정한 절연내력과 절연저항을 적용하는 소방시설에 대하여 설명

1. 개요

절연저항	전류가 도체에서 절연물을 통하여 다른 충전부나 기기의 케이스 등에서 새는 경로에서의 저항
절연내력	절연재료에 인가되는 전계가 크게 되어 어느 값에 도달하면 갑자기 대전류가 흘러 도체와 같이 되는 현상을 절연파괴라고 하며, 절연파괴를 일으키는 전압 V를 절연파괴전압이라 함. 또, 이 파괴전압을 시료의 두께 d로 나눈 V/d를 절연파괴강도 또는 절연내력이라 함

이러한 절연저항과 절연내력은 소방설비 전기 충전부 등의 절연유지 및 신호전송에 영향을 미치므로 평상시 유지관리가 중요함

2. 절연저항 측정방법

개요도	
관계식	$\dfrac{\text{인가 전압}}{\text{누설전류}}\,(\text{M}\Omega)$

개요도 내 표기:
- ① 분기개폐기를 개방한다.
- ③ 2선을 접속한다.
- ② 점멸기를 [ON]한다.
- ② 사용상태로 한다.
- 전원
- 전로
- 분기개폐기
- 점멸기
- 콘센트
- TV / 전기기기
- 전구
- ② 사용상태로 한다.
- 절연저항값
- ④ L단자를 부하에 접속한다.
- ④ E단자를 부하에 접속한다.
- ⑤ 버튼을 누른다. 절연저항계
- 접지극

	[2023년 KEC 기준]		
측정 기준	전로의 사용전압[V]	DC 시험전압[V]	절연저항[MΩ]
	SELV 및 PELV	250	0.5
	FELV, 500[V] 이하	500	1.0
	500[V] 초과	1,000	1.0

주) ELV(Extra Low Voltage) : 특별저압으로 2차 전압이 AC 50[V], DC 120[V] 이하
  SELV(비접지회로 구성) 및 PELV(접지회로 구성) : 1차와 2차가 전기적으로 절연된 회로
  FELV : 1차와 2차가 전기적으로 절연되지 않은 회로

3. 국가화재안전기술에서 정한 절연내력과 절연저항을 적용하는 소방시설

구분	소방시설
절연저항	• 자동화재탐지설비 및 시각경보장치의 화재안전성능기준(NFPC 203) 　－전원회로의 전로와 대지 사이 및 배선 상호 간의 절연저항은 「전기사업법」에 　　따른 기술기준이 정하는 바에 의함 　－감지기회로 및 부속회로의 전로와 대지 사이 및 배선 상호 간의 절연저항은 　　1경계구역마다 직류 250V의 절연저항측정기를 사용하여 측정한 절연저항이 　　0.1MΩ 이상이 되도록 할 것 • 비상콘센트설비의 화재안전성능기준(NFPC 504) 　－전원부와 외함 사이를 500V 절연저항계로 측정할 때 20MΩ 이상일 것
절연내력	• 비상콘센트설비의 화재안전성능기준(NFPC 504) 　－시험전압 　　① 전원부와 외함 사이 정격전압이 150V 이하일 경우 : 1,000V의 실효전압 　　② 정격전압이 150볼트 이상인 경우 : 정격전압×2＋1,000V 실효전압 　－성능 : 실효전압을 가하는 시험에서 1분 이상 견디는 것으로 할 것

4. 소견

① 화재안전 성능기준에서 자동화재탐지설비와 비상콘센트설비에서 절연저항

　과 절연내력을 규정하고 있음

② 타 소방설비의 전원부의 절연저항 및 절연내력에 대한 규정이 필요하며 이에

　따른 유지관리의 규정이 필요하다고 사료됨　　　　　　　　　　　　　　"끝"

1. 문제

> 유체유동과 관련 있는 무차원수의 필요성과 주요 무차원수에 대하여 설명하시오.

Tip 무차원수에 있어서는 계속 출제가 되고 있으므로 후술하도록 하겠습니다.

1. 문제

> 화재예방, 소방시설 설치 · 유지 및 안전관리에 관한 법령에서 정한 소방특별조사에 대하여 다음의
> 내용을 설명하시오.
> (1) 조사목적 (2) 조사기기
> (3) 조사항목 (4) 조사방법

Tip 2023년도 10월 12일 시행된 「화재의 예방 및 안전관리에 관한 법률」에 따라 "「화재예방, 소방
시설 설치 · 유지 및 안전관리에 관한 법률」 제4조에 따른 소방특별조사"가 "「화재의 예방 및
안전관리에 관한 법률」 제7조에 따른 화재안전조사"로 바뀌었으므로 정리해 두도록 합니다.

1. 문제

소방청 및 한국소방시설협회에서 발표한 소방공사 표준시방서에 명기된 소방설비별 배관 적용을 옥내(실내, 입상, 수평), 옥외(공동구, 매설) 및 설비별로 구분하여 설명하고, 사용압력이 1.2MPa 이상과 미만일 경우 배관재질의 적용에 대하여 설명하시오.

Tip 수험생이 선택하기에 쉽지 않은 문제입니다.

[참고] 배관 내 사용압력에 따른 배관재질

구분 \ 사용압력	1.2MPa 미만	1.2MPa 이상
강관	KS D 3507 배관용 탄소강관	• KS D 3562 압력배관용 탄소강관 • KS D 3583 배관용 아크용접 탄소강관
동관	KS D 3501 이음매 없는 구리 및 구리합금관 (단, 습식일 경우)	
스테인레스강관	• KS D 3576 배관용 스테인레스강관 • KS D 3595 일반배관용 스테인레스강관	

Chapter 11

제121회

소방기술사
기출문제풀이

121회 1교시 1번

1. 문제

> 액체가연물의 연소에 영향을 미치는 인자에 대하여 설명하시오.

2. 시험지에 번호 표기

> 액체가연물의 연소(1)에 영향을 미치는 인자(2)에 대하여 설명하시오.

Tip 액체가연물의 연소 정의에서 정의, 메커니즘 그리고 각 인자는 'O, T, P, 농, 난(산소, 온도, 압력, 농도, 난류)' 기본 5개를 이해하고 기억나시는 부분을 더 적으면 됩니다.

3. 실제 답안지에 작성해보기

문	1-1) 액체가연물의 연소에 영향을 미치는 인자

1. 개요

① 정의

액체가연물이 연소할 때 액체 자체가 연소하는 것이 아니라 액체 표면에서 발생된 증기가 연소하는 것으로 액체 표면에서 증발한 가연성 증기가 산소와 반응하여 열에너지를 방출하는 연소 형태

② 메커니즘

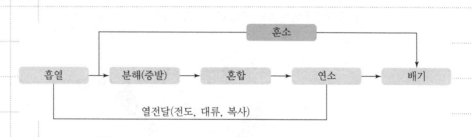

2. 연소에 영향을 미치는 인자

영향인자	내용
산소	• 산소농도가 높을수록 연소속도가 증가하고, 연소범위는 넓어짐 • 산소농도다 낮을수록 연소속도가 감소하고, 연소범위는 좁아짐
온도	• 주변온도가 높을수록 연소속도가 증가하고, 연소범위는 넓어짐 • 주변온도가 낮을수록 연소속도가 감소하고, 연소범위는 좁아짐
압력	• 주변압력이 높을수록 연소속도가 증가하고, 연소범위는 넓어짐 • 주변압력이 낮을수록 연소속도가 감소하고, 연소범위는 좁아짐
불활성 가스 농도	불활성가스의 농도가 높을수록 연소속도가 감소하고, 연소범위는 좁아짐
난류	난류에 의해 산소공급이 원활해져 연소속도가 증가하고, 연소범위는 넓어짐

영향인자	내용
용기의 직경	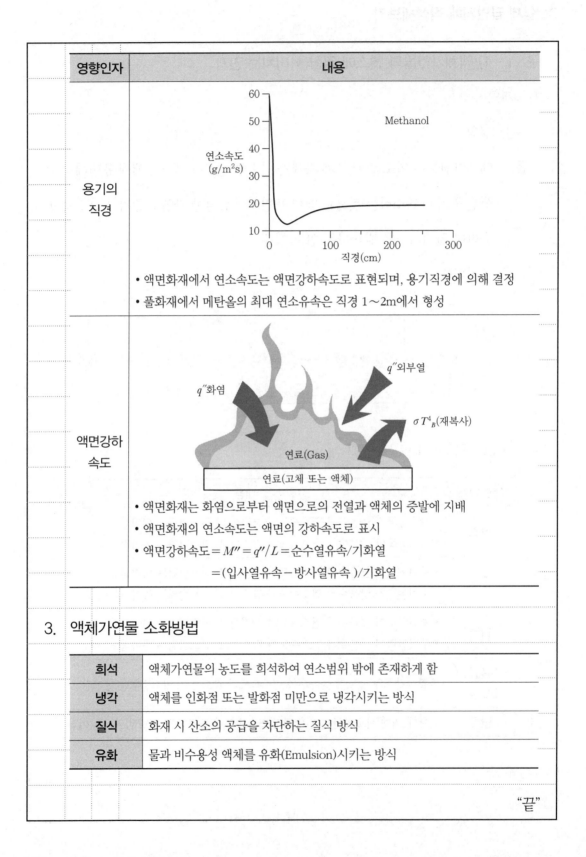

- 액면화재에서 연소속도는 액면강하속도로 표현되며, 용기직경에 의해 결정
- 풀화재에서 메탄올의 최대 연소유속은 직경 1～2m에서 형성

액면강하 속도	

- 액면화재는 화염으로부터 액면으로의 전열과 액체의 증발에 지배
- 액면화재의 연소속도는 액면의 강하속도로 표시
- 액면강하속도 $= M'' = q''/L =$ 순수열유속/기화열
  $=$ (입사열유속 $-$ 방사열유속)/기화열

3. 액체가연물 소화방법

희석	액체가연물의 농도를 희석하여 연소범위 밖에 존재하게 함
냉각	액체를 인화점 또는 발화점 미만으로 냉각시키는 방식
질식	화재 시 산소의 공급을 차단하는 질식 방식
유화	물과 비수용성 액체를 유화(Emulsion)시키는 방식

"끝"

1. 문제

「위험물안전관리법」상 다음 용어의 정의를 쓰시오.

(1) 위험물   (2) 지정수량   (3) 제조소   (4) 저장소   (5) 취급소

2. 시험지에 번호 표기

「위험물안전관리법」상 다음 용어의 정의를 쓰시오.

(1) 위험물   (2) 지정수량   (3) 제조소   (4) 저장소   (5) 취급소

Tip 한 개의 지문당 4줄씩 쓰면 한 페이지를 채우게 되는데 정의에 위험물 분류 혹은 지정수량 계산하는 법 등 아는 것을 조합해서 정리하면 한 페이지가 넘습니다. 한 페이지를 알기 쉽게 쓰는 것이 포인트이며 지문이 많을 경우 표를 사용해서 정리하면 채점자에게 눈도장을 찍을 수 있습니다.

3. 실제 답안지에 작성해보기

문 1-2) 「위험물안전관리법」상 다음 용어의 정의를 쓰시오.

1. 위험물

① 정의

대통령령이 정하는 인화성(引火性) 또는 발화성(發火性) 등의 성질을 가지는

물품

② 분류

유별	성질	대표품명
1류	산화성 고체	아염소산염류, 무기과산화물, 질산염류 등
2류	가연성 고체	황화린, 적린, 금속분, 마그네슘, 철분 등
3류	자연발화성 및 금수성 물질	칼륨, 황린, 알킬알루미늄 등
4류	인화성 액체	특수인화물, 알코올류, 제1~4석유류, 동식물유류
5류	자기반응성 물질	유기과산화물, 질산에스테르류, 니트로화합물 등
6류	산화성 액체	과염소산, 과산화수소, 질산 등

2. 지정수량

정의	위험물의 종류별로 위험성을 고려하여 대통령령이 정하는 수량으로서 제조소 등의 설치허가 등에 있어서 최저의 기준이 되는 수량
지정수량배수	• 지정수량배수＝위험물의 저장량/지정수량 • 지정수량배수에 따라 보유공지 등 규정

3. 제조소, 저장소, 취급소

분류표	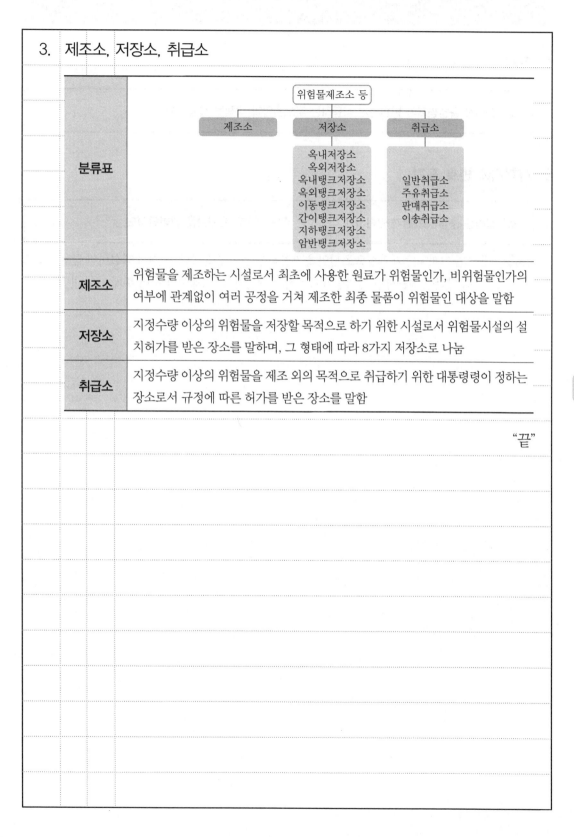
제조소	위험물을 제조하는 시설로서 최초에 사용한 원료가 위험물인가, 비위험물인가의 여부에 관계없이 여러 공정을 거쳐 제조한 최종 물품이 위험물인 대상을 말함
저장소	지정수량 이상의 위험물을 저장할 목적으로 하기 위한 시설로서 위험물시설의 설치허가를 받은 장소를 말하며, 그 형태에 따라 8가지 저장소로 나눔
취급소	지정수량 이상의 위험물을 제조 외의 목적으로 취급하기 위한 대통령령이 정하는 장소로서 규정에 따른 허가를 받은 장소를 말함

"끝"

1. 문제

소화설비용 충압펌프가 빈번하게 작동하는 주요원인과 대책을 설명하시오.

2. 시험지에 번호 표기

소화설비용 **충압펌프(1)**가 빈번하게 작동하는 **주요원인과 대책(2)**을 설명하시오.

> **Tip** 계통도를 그리고 전개과정으로 답안을 제출하는 것이 좋습니다. 수계 소화설비의 경우 계통도를 그려 답안을 제출하면 신뢰성이 증가하고 채점자가 0.1점이라도 더 주게 됩니다.

3. 실제 답안지에 작성해보기

문 1 – 3) 소화설비용 충압펌프가 빈번하게 작동하는 주요원인과 대책

1. 개요

① 정의 : 배관 내 압력손실에 따른 주펌프의 빈번한 기동을 방지하기 위하여 충압역할을 하는 펌프

② 역할

옥내소화전설비 주배관 내의 평상시 압력을 일정한 압력범위 이내로 유지하고, 누설로 인한 주배관의 압력을 보충

2. 충압펌프가 빈번하게 작동하는 주요원인과 대책

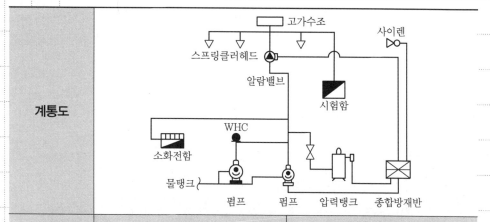

계통	원인	대책
물탱크	• 풋밸브 누설 • 배관 핀홀 발생 및 결합부 누설	풋밸브 교체 및 배관 수리
가압송수장치	• 그랜드패킹 누설 • 체크밸브 누설	• 그랜드패킹 Mechanical Seal로 교체 • 체크밸브 교체
배관	• 배관 핀홀 발생 • 결합부 누설, 크랙, 동파	배관 교체주기 규정 및 보수

계통	원인	대책
수압개폐장치	• 압력챔버 DIFF값 0.1MPa 미만 시 • 압력챔버에 공기가 없을 경우 • 전자압력 S/W 세팅 불량, 노이즈 발생	• 압력챔버 공기 채우고, DIFF값 확인 • 전자압력 S/W 세팅, 차폐장치 설치
방수구	• 헤드, 방수구 누수 • 앵글밸브 누수	헤드, 방수구, 앵글밸브 교체
고가수조	• 고가수조 체크밸브 불량 • 배관드레인 통수 중	• 체크밸브 교체 • 드레인 및 물공급밸브 확인 및 교체

"끝"

1. 문제

Plug Holing의 발생원인과 방지대책에 대하여 설명하시오.

2. 시험지에 번호 표기

Plug Holing(1)의 발생원인과 방지대책(2)에 대하여 설명하시오.

Tip '정의 – 문제점 – 원인, 메커니즘 – 대책' 순으로 작성하시면 됩니다.

3. 실제 답안지에 작성해보기

문 1 – 4) Plug Holing의 발생원인과 방지대책

1. 개요

개요도	 연기층 하강 공기배출 [Plug Holing 발생]
정의	플러그홀링(Plug Holing)은 지나치게 높은 배출량으로 인해 연기층 아래의 맑은 공기가 연기층을 통해 배기구로 빠져나가며 연기배출을 방해하는 상태를 말함
문제점	• 연기 배출이 늦어져 청결층 확보 곤란 • 연기층 하강으로 피난 장애 발생 • 급기량보다 배기량이 많아 부압이 형성되어 재실자의 호흡 곤란 초래

2. Plug Holing의 발생원인 및 방지대책

원인	대책
화재 초기 연기층이 형성되지 않았을 때 배연설비 가동 시 발생	회전수 제어방식으로 초기에는 배기량을 줄이고 화재상황에 따른 가동량 증가
배출구 수는 적고, 배출구 면적이 클 때	배출구 수를 늘리고 배출구 면적은 줄임
배기팬의 용량이 클수록 발생	배출량보다는 유입량을 더 많게

3. 소견

NFPA	• 연층의 최소 깊이 확보 • 제연설비 설계 시 정량화된 관계식에 의한 질량유량 산출 $$m_{\max} = C\beta d^{\frac{5}{2}}\left(\frac{T_S - T_O}{T_S}\right)^{\frac{1}{2}}\left(\frac{T_O}{T_S}\right)^{\frac{1}{2}}$$ 여기서, $m_{\max}$: Plug Holing이 없는 최대배출 질량흐름률(kg/s) 　　　　C : 3.13 　　　　β : 배출구 위치 선정계수(무차원수) 　　　　d : 배출구 하부 연기층의 깊이(m) 　　　　T_S : 연기층의 절대온도(K) 　　　　T_O : 주변의 절대온도(K)
소견	• 주기적인 거실제연설비 TAB로 성능확인 및 플러그홀링 확인 • Hot-Smoke Test를 통한 플러그홀링 유무 확인

121회

"끝"

1. 문제

소방시설법령상 건축허가 동의대상에 대하여 설명하시오.

2. 시험지에 번호 표기

소방시설법령상 건축허가 동의(1) 대상(2)에 대하여 설명하시오.

> **Tip** 법에 관한 답안을 적을 경우 무조건 외운 것을 적는 것이 아니라 '내가 이 문제에 대해서 이만큼 고민하고 알고 있다.'라는 것을 어필해야 하기 때문에 소견 혹은 표로 작성해야 합니다.

3. 실제 답안지에 작성해보기

문	1 – 5) 소방시설법령상 건축허가 동의 대상에 대하여 설명

1. 건축허가 동의

건축허가의 권한이 있는 행정기관은 건축물 등의 신축 · 증축 · 개축 · 재축 · 이전 · 용도변경 또는 대수선의 허가 · 협의 및 사용승인을 할 때 미리 소방본부장 또는 소방서장의 동의를 받아야 함

2. 건축허가 동의 대상

연면적	• 학교시설 : 100m² • 노유자시설 및 수련시설 : 200m² • 정신의료기관 : 300m² • 장애인 의료재활시설 : 300m²
지하층 · 무창층	지하층 또는 무창층이 있는 건축물로서 바닥면적이 150m²(공연장의 경우에는 100m²) 이상인 층
차고 · 주차장	• 차고 · 주차장으로 사용되는 바닥면적이 200m² 이상인 층이 있는 건축물이나 주차시설 • 승강기 등 기계장치에 의한 주차시설로서 자동차 20대 이상을 주차할 수 있는 시설
층수	6층 이상인 건축물
특정소방시설물 등	• 항공기 격납고, 관망탑, 항공관제탑, 방송용 송수신탑 • 의원 · 조산원 · 산후조리원, 위험물 저장 및 처리 시설, 발전시설 중 풍력발전소 · 전기저장시설, 지하구(地下溝) • 요양병원
공장 · 창고 · 탱크	• 공장, 창고 : 지정 수량의 750배 이상의 특수가연물을 저장 · 취급하는 것 • 지상에 노출된 탱크의 저장용량의 합계가 100톤 이상인 것
노유자시설	• 노인주거복지시설, 재가노인복지시설, 장애인 거주시설, 아동복지시설, 노숙인자활시설, 노숙인재활시설 및 노숙인요양시설 • 결핵환자나 한센인이 24시간 생활하는 노유자 시설

3. 동의 대상 제외

화재안전기준에 적합	특정소방대상물에 설치되는 소화기구, 자동소화장치, 누전경보기, 단독경보형 감지기, 가스누설경보기 및 피난구조설비가 화재안전기준에 적합한 경우 해당 특정소방대상물
추가 소방시설을 설치하지 않은 경우	축물의 증축 또는 용도변경으로 인하여 해당 특정소방대상물에 추가로 소방시설이 설치되지 않은 경우
착공신고 제외대상 시	「소방시설공사업법 시행령」 소방시설공사의 착공신고 대상에 해당하지 않는 경우

"끝"

1. 문제

소방시설법령상 "인화성 물품을 취급하는 작업 등 대통령령으로 정하는 작업"에 대하여 설명하시오.

2. 시험지에 번호 표기

소방시설법령상 "인화성 물품을 취급하는 작업 등 대통령령으로 정하는 작업(1)"에 대하여 설명하시오.

> **Tip** 시사성 있는 문제로서 창고화재의 지속적인 발생과 피해의 확대 등이 고려되어 계속 출제되고 있는 문제입니다. KOSHA Guide, 분야별 안전보건기술지침에는 각 작업에 대한 문제점과 방지책이 수록되어 있으며, 128회에서는 용접, 용단에 대한 내용을 묻는 문제가 출제되기도 하였습니다. 시사성 있는 문제는 검색을 많이 할 필요가 있습니다.

3. 실제 답안지에 작성해보기

문 1-6) "대통령령으로 정하는 작업"에 대하여 설명

1. 대통령이 정하는 작업 : 화재위험작업

법령	소방시설 설치 및 관리에 관한 법률 시행령 제18조(화재위험작업 및 임시소방시설 등)
작업분류	• 인화성 · 가연성 · 폭발성 물질을 취급하거나 가연성 가스를 발생시키는 작업 • 용접 · 용단(금속 · 유리 · 플라스틱 따위를 녹여서 절단하는 일을 말한다) 등 불꽃을 발생시키거나 화기(火氣)를 취급하는 작업 • 전열기구, 가열전선 등 열을 발생시키는 기구를 취급하는 작업 • 알루미늄, 마그네슘 등을 취급하여 폭발성 부유분진(공기 중에 떠다니는 미세한 입자를 말한다)을 발생시킬 수 있는 작업 • 위 내용과 비슷한 작업으로 소방청장이 정하여 고시하는 작업

2. 대책 : 임시소방시설 설치대상

임시소방시설	설치대상
소화기	소방본부장 또는 소방서장의 동의를 받아야 하는 특정소방대상물의 신축 · 증축 · 개축 · 재축 · 이전 · 용도변경 또는 대수선 등을 위한 공사 화재위험작업 현장
간이소화장치	• 연면적 3천m^2 이상 • 지하층, 무창층 또는 4층 이상의 층. 이 경우 해당 층의 바닥면적이 600m^2 이상
비상경보장치	• 연면적 400m^2 이상 • 지하층 또는 무창층. 이 경우 해당 층의 바닥면적이 150m^2 이상
가스누설경보기	바닥면적이 150m^2 이상인 지하층 또는 무창층의 화재위험작업현장
간이피난유도선	바닥면적이 150m^2 이상인 지하층 또는 무창층의 화재위험작업현장
비상조명등	바닥면적이 150m^2 이상인 지하층 또는 무창층의 화재위험작업현장
방화포	용접 · 용단 작업이 진행되는 화재위험작업현장

"끝"

1. 문제

NFPA 72에서 정하는 Pathway Survivability를 Level별로 구분하여 설명하시오.

2. 시험지에 번호 표기

NFPA 72에서 정하는 Pathway Survivability(1)를 Level별로 구분하여 설명(2)하시오.

Tip NFPA 내용이 나오면 국내와의 비교 및 개선할 점 혹은 국내의 적용을 언급해야 합니다.

3. 실제 답안지에 작성해보기

> 문 1-7) NFPA 72에서 정하는 Pathway Survivability를 Level별로 구분하여
>
> 　　　　설명

1. Pathway Survivability

　① 정의

　　　잔존능력(생존능력, Pathway Survivability)은 화재 시 경보설비설비가 정상

　　　적인 기능을 수행하는 데 필요한 성능을 표시한 것

　② 분류기준

　　　Level 0~3까지 4단계로 구분하며, 이는 화재 시 화열로 인한 경로(Pathway)

　　　에 대한 내화, 내열 성능과 경로가 설치된 공간이나 장소에 대한 방화성능으로

　　　구분

2. Level별 분류

Level 0	경로에 대한 잔존능력이 어떠한 경로에도 해당되지 않는 경우
Level 1	금속제 선도(Race way) 등 물리적 경로 등에 설치되고 자동식 스프링클러가 설치된 경우
Level 2	• 2시간 내화도 능력의 회로 케이블 • 2시간 내화도 능력의 케이블설비(전기적인 보호기능을 보유한 설비) • 2시간 내화도의 방호구역이나 방화구획 • 관계 기관에 의해 승인된 2시간 내화성능의 대체설비(Alternative)
Level 3	Level 1 + Level 2

3.	소견	
	①	미국 화재경보설비는 여러 가지 상황과 환경을 가정하고, 화재경보설비의 신뢰성 확보와 비상대응설비와의 통합에 완전성(Integrity)을 구현하기 위한 규정에 대해 기술하고 있음
	②	국내의 경우에는 장소의 구체적인 방화성능을 고려하지 않고, 내화배선에 대한 규정을 하고 있어 신뢰성 확보가 상대적으로 미약하다고 생각되므로 이에 대한 고려를 하여야 한다고 사료됨
		(내화배선 : 화염에 견딜 수 있는 특성을 가진 배선, 즉 배선이 실제 화염에 노출되었을 때 화염에 견딜 수 있는 특성을 가진 것)

"끝"

1. 문제

단상 2선식 회로의 전압강하 계산식을 유도하시오.

2. 시험지에 번호 표기

단상 2선식 회로의 전압강하(1) 계산식을 유도(2)하시오.

3. 실제 답안지에 작성해보기

문 1-8) 단상 2선식 회로의 전압강하 계산식 유도

1. 개요

- 전압강하란 전기회로에 흐르는 전류의 경로를 따라 전위가 감소한 것

- NFPC 203에서 자동화재탐지설비의 감지기회로의 전로저항은 $50\,\Omega$ 이하가 되도록 해야 하며, 수신기의 각 회로별 종단에 설치되는 감지기에 접속되는 배선의 전압은 감지기 정격전압의 80% 이상이어야 한다고 규정하고 있음

2. 전압강하 계산식 유도

개요도	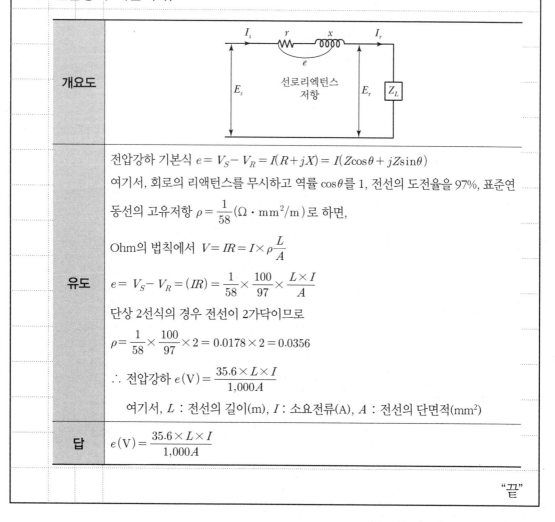
유도	전압강하 기본식 $e = V_S - V_R = I(R + jX) = I(Z\cos\theta + jZ\sin\theta)$ 여기서, 회로의 리액턴스를 무시하고 역률 $\cos\theta$를 1, 전선의 도전율을 97%, 표준연 동선의 고유저항 $\rho = \dfrac{1}{58}(\Omega \cdot mm^2/m)$로 하면, Ohm의 법칙에서 $V = IR = I \times \rho \dfrac{L}{A}$ $e = V_S - V_R = (IR) = \dfrac{1}{58} \times \dfrac{100}{97} \times \dfrac{L \times I}{A}$ 단상 2선식의 경우 전선이 2가닥이므로 $\rho = \dfrac{1}{58} \times \dfrac{100}{97} \times 2 = 0.0178 \times 2 = 0.0356$ $\therefore$ 전압강하 $e(V) = \dfrac{35.6 \times L \times I}{1,000\,A}$ 여기서, L : 전선의 길이(m), I : 소요전류(A), A : 전선의 단면적(mm²)
답	$e(V) = \dfrac{35.6 \times L \times I}{1,000\,A}$

"끝"

1. 문제

건축법령에서 정하는 소방관 진입창의 설치기준에 대하여 설명하시오.

2. 시험지에 번호 표기

건축법령에서 정하는 소방관 진입창(1)의 설치기준(2)에 대하여 설명하시오.

> **Tip** 법 문제에서 그림을 그려야 할까요? 소견을 써야 할까요? 모두 해야 합니다. 소방기술사는 문제와 답을 외우는 단순한 일반인이 아니라 문제와 해결방안을 모두 갖춘 전문 기술인이기 때문입니다.

3. 실제 답안지에 작성해보기

문 1-9) 건축법령에서 정하는 소방관 진입창의 설치기준

1. 개요

정의	소방차 진입로 또는 공지에 면한 2층 이상의 각 층에 위치한 창문 중 소방관 진입이 용이한 곳을 말함
설치대상	2층 이상 11층 이하의 건축물
설치제외	• 대피공간 설치 아파트 ・ 비상용 승강기 설치 아파트

2. 설치기준

개요도	
위치, 갯수	• 2층 이상 11층 이하인 층에 각각 1개소 이상 설치할 것 • 소방관이 진입할 수 있는 창의 가운데에서 벽면 끝까지의 수평거리가 40m 이상인 경우에는 40m 이내마다 소방관이 진입할 수 있는 창을 추가로 설치
방향	소방차 진입로 또는 소방차 진입이 가능한 공터에 면할 것
표시	창문의 가운데에 지름 20cm 이상의 역삼각형을 야간에도 알아볼 수 있도록 빛 반사 등으로 붉은색으로 표시
타격지점	창문의 한쪽 모서리에 타격지점을 지름 3cm 이상의 원형으로 표시
창크기	창문의 크기는 폭 90cm 이상, 높이 1.2m 이상으로 하고, 실내 바닥면으로부터 창의 아랫부분까지의 높이는 80cm 이내로 할 것
유리종류	• 플로트판유리로서 그 두께가 6mm 이하인 것 • 강화유리 또는 배강도유리로서 그 두께가 5mm 이하인 것 • 이중 유리로서 그 두께가 24mm 이하인 것

"끝"

1. 문제

커튼월 Type 건축물의 화재확산 방지구조에 대하여 설명하시오.

1. 문제

위험성평가 기법 중 위험도 매트릭스(Risk Matrix)에 대하여 설명하시오.

2. 시험지에 번호 표기

위험성평가(1) 기법 중 위험도 매트릭스(Risk Matrix)(2)에 대하여 설명하시오.

Tip 위험성평가 기법 중 위험도 매트릭스. F−N 커브는 꼭 정리하여야 하는 기분문제입니다.

3. 실제 답안지에 작성해보기

문 1-11) 위험성평가 기법 중 위험도 매트릭스(Risk Matrix)에 대하여 설명

1. 개요

위험요소 (Hazard)	• 현장의 안전을 저해하는 유해위험과 발생 가능성을 의미 • 대상시설물 고유의 위험요인으로 회피할 수는 없지만 저감이 가능한 요소
위험성 (Risk)	사고의 발생빈도와 심각성으로 정량적 평가기법 사용 측정
위험도 매트릭스	• 결과의 심각도 범주에 대한 확률 또는 가능성 범주를 고려하여 위험 수준을 정의하기 위해 위험 평가 중에 사용되는 매트릭스 • 위험 가시성을 높이고 운영 의사 결정을 지원하기 위한 메커니즘

2. 위험도 매트릭스

개요도	
개요	• x축에 사고크기, y축에 사고빈도를 단계로 나누어 위험도를 등급으로 표시하는 방법 • 사고발생 빈도가 5에 근접할수록, 사고발생 결과가 E에 근접할수록 위험 증가 • 확률은 낮지만 피해크기가 큰 것을 중시하여 고려 • Risk Level(위험 수준) = 발생 빈도 · 가능성 발생의 결과
결과	피해크기 : 재산피해 크기
빈도	사고발생 빈도 : 확률사고 · 발생빈도로 분류
장단점	• 시각화 용이 • 물적 피해인 재산피해를 표현하기 유리하나 인명피해를 표현하기에는 불리

"끝"

1. 문제

Hazen – Poiseuille식과 Darcy – Weisbach식을 이용하여 층류 흐름의 마찰계수를 유도하시오.

2. 시험지에 번호 표기

Hazen – Poiseuille식과 Darcy – Weisbach식을 이용하여 층류 흐름의 마찰계수(1)를 유도(2)하시오.

3. 실제 답안지에 작성해보기

문 1-12) Hazen-Poiseuille식과 Darcy-Weisbach식을 이용하여 층류 흐름의 마찰계수 유도

1. 개요

층류	• 속도가 시간적으로 변동하지 않는 유체의 층을 이루어 흐르는 관(管) 내 또는 경계층 내의 흐름 • 유체가 평행한 층을 이루어 흐르며, 층 사이가 붕괴되지 않음
마찰계수	• 물체와 지면이 잘 미끄러지지 않는 정도를 나타낸 것 • 접촉면의 상태가 얼마나 마찰력에 영향을 미치는지에 대한 지표

2. 층류흐름에서 마찰계수 유도

Hazen-Poiseuille식	$\triangle p = \dfrac{128\,\mu\,Q\,l}{\pi\,d^4}$ 여기서, μ : 점성계수, Q : 유량, l : 길이, d : 관경
Darcy-Weisbach식	$\triangle p = f\,\dfrac{l}{d}\,\dfrac{\gamma\,v^2}{2\,g}$
유도	$\triangle p = \dfrac{128\,\mu\,Q\,l}{\pi\,d^4} = f\,\dfrac{l}{d}\cdot\dfrac{\gamma\,v^2}{2\,g}$ $Q = A\times v = \dfrac{\pi}{4}\,d^2 v,\ \gamma = \rho\times g$을 위의 식에 대입하면 $\dfrac{128\mu\pi d^2 vl}{\pi d^4 4} = f\dfrac{l}{d}\cdot\dfrac{\rho g v^2}{2g}$ $\therefore\ f = \dfrac{64\mu}{\rho vd} = \dfrac{64}{Re}$
답	$f = \dfrac{64}{Re}$

"끝"

1. 문제

국가화재안전기준에서 정하는 화재조기진압용 스프링클러의 설치제외와 물분무헤드의 설치제외에 대하여 설명하시오.

2. 시험지에 번호 표기

국가화재안전기준에서 정하는 화재조기진압용 스프링클러의 설치제외(1)와 물분무헤드의 설치제외(2)에 대하여 설명하시오.

Tip 지문이 2개이므로 11줄씩 답을 작성합니다.

3. 실제 답안지에 작성해보기

문	1-13) 화재조기진압용 스프링클러 및 물분무헤드의 설치제외에 대하여 설명

1. 화재조기진압용 스프링클러의 설치제외

정의	ESFR은 화재 확산에 빠르게 응답하고 화재 진압을 위해 많은 양의 물을 방수하도록 설계된 헤드를 이용한 스프링클러설비
설치제외 대상과 이유	• 4류 위험물 　－물에 녹지 않고 물보다 가볍고, 인화하기 쉬운 인화성 액체 　－물보다 비중이 가볍고 비극성이므로 소화수를 방사하면 넓게 퍼지며 화재가 확대되어 ESFR은 적응성이 없음 • 타이어, 두루마리 종이 및 섬유류, 섬유제품 등 　－연소 시 확염의 속도가 빠르고 방사된 물이 하부까지 도달하지 못함
적응성	포말, 이산화탄소, 할로겐화합물, 분말소화약제로 질식소화, 수용성 위험물은 알코올형 포소화약제를 사용

2. 물분무헤드 설치제외

정의	스프링클러설비의 방수압보다 고압으로 방사하여 물의 입자를 미세하게 분무시켜 물방울의 표면적을 넓게함으로써 유류화재, 전기화재 등에도 적응성이 뛰어나도록 한 소화설비
설치제외	• 물에 심하게 반응하는 물질 또는 물과 반응하여 위험한 물질을 생성하는 물질을 저장 또는 취급하는 장소 • 고온의 물질 및 증류범위가 넓어 끓어 넘치는 위험이 있는 물질을 저장 또는 취급하는 장소 • 운전 시에 표면의 온도가 260℃ 이상으로 되는 등 직접 분무를 하는 경우 그 부분에 손상을 입힐 우려가 있는 기계장치 등이 있는 장소

"끝"

1. 문제

건축법령상 건축물 실내에 접하는 부분의 마감재료(내장재)를 난연성능에 따라 구분하고, 마감재료의 시험방법과 성능기준에 대하여 설명하시오.

2. 시험지에 번호 표기

건축법령상 건축물 실내에 접하는 부분의 마감재료(내장재)(1)를 난연성능에 따라 구분(2)하고, 마감재료의 시험방법(3)과 성능기준(4)에 대하여 설명하시오.

Tip 양이 많습니다. 항상 지문마다 소요되는 줄의 수를 생각하고 시간을 고려하여 답안을 작성하여야 합니다.

3. 실제 답안지에 작성해보기

문 2-1) 건축법령상 건축물 실내에 접하는 부분의 마감재료(내장재)를 난연성
능에 따라 구분하고, 마감재료의 시험방법과 성능기준에 대하여 설명

1. 개요

정의	"내부마감재료"란 건축물 내부의 천장·반자·벽(경계벽 포함)·기둥 등에 부착되는 마감재료를 말함
개요	• 「건축법」에서는 방화요건으로 건축물의 구조요건 및 방화구획요건 외에도 특정 용도 및 일정면적 이상 되는 건축물의 마감재료의 내화기준을 규정하고 있음 • 실생활은 건축물의 구조체보다는 마감재료에 더 밀접하게 노출되어 있기 때문
재료의 종류	법령에 의해 정해진 건축물의 마감재료는 불연재료, 준불연재료 및 난연재료로 해야 함

2. 난연성능에 따른 마감재료의 구분

난연성능	개념정의	재료
불연재료 (난연1급)	불에 타지 아니하는 성질을 가진 재료	콘크리트·석재·벽돌·기와·철강·알루미늄·유리 및 건축공사 표준시방서에서 정한 두께 이상이 시멘트모르타르 또는 회동 미장재료(피난방화규칙 제6조 제1호)
준불연재료 (난연2급)	불연재료에 준하는 성질을 가진 재료로 재료 자체는 간신히 연소되지만 크게 번지지 않는 것	석고보드 등
난연재료 (난연3급)	(목재에 비해) 불에 잘 타지 아니하는 성능을 가진 재료	난연합판, 난연플라스틱판 등

3. 마감재료 시험방법

1) 불연재료

불연성 시험 KS F ISO1182	• 시험체는 실제의 것과 동일한 구성과 재료로 구성, 총3회 시험 실시 • 노의 평균 온도가 10분 동안 $750 \pm 5℃$로 유지될 수 있도록 전력공급 조절 • 10분간 온도변동이 2℃를 넘지 않고, 평균온도 최대편차가 10분간 10℃를 넘지 않을 것
가스유해성 시험 KS F 2271	• 시험체가 내부마감재료인 경우 실내에 접하는 면, 외벽 마감재료인 경우 외기에 접하는 면에 대하여 2회 시험 실시 • 복합자재인 경우 시험체의 각 단면에 별도의 마감을 하지 않아야 함

2) 준불연재료

열방출률 시험 KS F ISO5660 – 1	• 시험체는 실제의 것과 동일한 구성과 재료로 구성 • 시험체가 내부마감재료인 경우 실내에 접하는 면에 대하여 3회 시험 실시, 외벽 마감재료인 경우 외기에 접하는 면에 대하여 3회 시험 실시 • 복합자재인 경우 시험체의 각 단면에 별도의 마감을 하지 않아야 함 • 가열강도 : $50kW/m^2$에서 10분간 가열
가스유해성 시험 KS F 2271	• 시험체가 내부마감재료인 경우 실내에 접하는 면, 외벽 마감재료인 경우 외기에 접하는 면에 대하여 2회 시험 실시 • 복합자재인 경우 시험체의 각 단면에 별도의 마감을 하지 않아야 함

3) 난연재료

열방출률 시험 KS F ISO5660 – 1	• 시험체는 실제의 것과 동일한 구성과 재료로 구성 • 시험체가 내부마감재료인 경우 실내에 접하는 면에 대하여 3회 시험 실시, 외벽 마감재료인 경우 외기에 접하는 면에 대하여 3회 시험 실시 • 복합자재인 경우 시험체의 각 단면에 별도의 마감을 하지 않아야 함 • 가열강도 : $50kW/m^2$에서 5분간 가열
가스유해성 시험 KS F 2271	• 시험체가 내부마감재료인 경우 실내에 접하는 면에 대하여 2회 실시, 외벽 마감재료인 경우 외기에 접하는 면에 대하여 2회 시험 실시 • 복합자재인 경우 시험체의 각 단면에 별도의 마감을 하지 않아야 함

복합재료 시	철판과 심재로 이루어진 복합자재의 경우 • 철판은 도장용용아연도금강판 중 일반용으로서 전면도장의 횟수는 2회 이상 • 도금량은 $180g/m^2$ 이상 • 철판 두께는 도금 후 도장 전을 기준으로 0.5mm 이상일 것

4. 마감재료 성능기준

1) 불연재료

불연성 시험	• 가열시험 개시 후 20분간 가열로 내의 최고온도가 최종평형온도를 20K 초과 상승하지 않을 것 • 가열종료 후 시험체의 질량 감소율 30% 이하
가스유해성 시험	실험용 쥐의 평균행동정지 시간 9분 이상

2) 준불연재료

열방출률 시험	• 가열시험 개시 후 10분간 총방출열량 $8MJ/m^2$ 이하 • 10분간 최대 열방출률이 10초 이상 연속으로 $200kW/m^2$를 초과하지 않을 것 • 가열 후 시험체를 관통하는 방화상 유해한 균열, 구멍 및 용융 등이 없을 것
가스유해성 시험	실험용 쥐의 평균행동정지 시간 9분 이상

3) 난연재료

열방출률 시험	• 가열시험 개시 후 5분간 총방출열량 $8MJ/m^2$ 이하 • 5분간 최대 열방출률이 10초 이상 연속으로 $200kW/m^2$를 초과하지 않을 것 • 가열 후 시험체를 관통하는 방화상 유해한 균열, 구멍 및 용융 등이 없을 것
가스유해성 시험	실험용 쥐의 평균행동정지 시간 9분 이상

"끝"

1. 문제

위험물안전관리법령에서 정하는 위험물 제조소의 안전거리에 대하여 설명하시오.

2. 시험지에 번호 표기

위험물안전관리법령에서 정하는 위험물 제조소(1)의 안전거리에 대하여 설명하시오.

Tip 문제에는 꼭 써야 하는 내용이 있습니다. 예를 들어 제연설비에는 종횡비와 상당직경을 써야 하고, 위험물 제조소 안전거리에는 안전거리 단축기준과 벽 그림 등을 써야 합니다. 잘 모르는 문제가 나왔을 때 핵심 키워드를 알고 있다면 그걸 묻는 건 아닌지 생각해 보시고 문제를 풀어 나가면 좋은 결과가 있을 것입니다.

3. 실제 답안지에 작성해보기

문 2-2) 위험물안전관리법령에서 정하는 위험물 제조소의 안전거리에 대하여
　　　설명

1. 개요

　① 안전거리란 위험물 제조소 또는 그 구성 부분과 다른 공작물 또는 방호대상물
　　과 소방안전상, 공해 등의 환경안전상 확보해야 할 물리적인 외벽 간 수평거리
　　를 말함

　② 안전거리는 방화상 유효한 벽을 세울 경우 단축기준이 있으며, 안전거리 내에
　　규제대상 외 건축물 설치가 가능하고 방호대상물을 보호하기 위한 기능을 함

2. 위험물 제조소등의 안전거리 기준

　① 확보대상 : 제조소, 일반취급소, 옥내·외 저장소, 옥외탱크저장소

　② 안전거리 기준

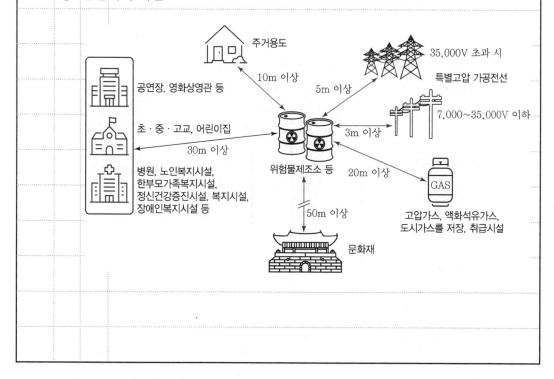

3. 안전거리 단축기준

1) 방화상 유효한 담을 설치한 경우 안전거리

구분	취급하는 위험물의 최대수량(지정수량의 배수)	안전거리(m 이상)		
		주거용 건축물	학교·유치원 등	문화재
제조소·일반취급소(주거지역에 있어서는 30배, 상업지역에 있어서는 35배, 공업지역에 있어서는 50배 이상인 것은 제외)	10배 미만	6.5	20	35
	10배 이상	7.0	22	38

2) 방화상 유효한 벽의 높이와 길이

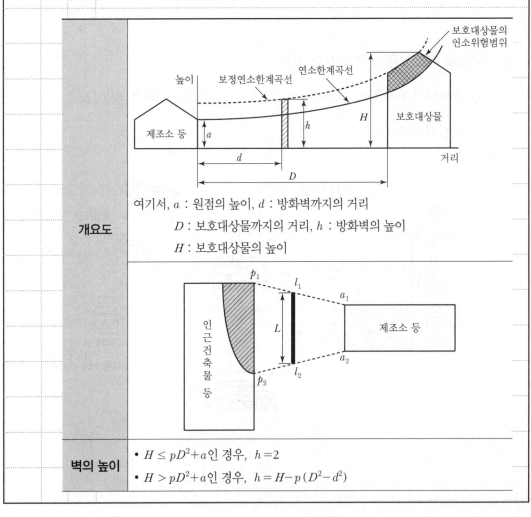

개요도	여기서, a : 원점의 높이, d : 방화벽까지의 거리 D : 보호대상물까지의 거리, h : 방화벽의 높이 H : 보호대상물의 높이
벽의 높이	• $H \leq pD^2 + a$인 경우, $h = 2$ • $H > pD^2 + a$인 경우, $h = H - p(D^2 - d^2)$

벽의 길이	안전거리를 반지름으로 하여 원을 그려서 당해 원의 내부에 들어오는 인근 건축물 등의 부분 중 최외측 양단(p_1, p_2)을 구한 다음, a_1과 p_1을 연결한 선분(l_1)과 a_2와 p_2을 연결한 선분(l_2) 상호 간의 간격(L)으로 함

3) 방화상 유효한 벽의 구조

제조소 등으로부터 5m 미만의 거리에 설치 시	내화구조
제조소 등으로부터 5m 이상의 거리에 설치 시	불연재료
제조소 등의 벽을 높게 하여 방화상 유효한 벽을 갈음할 경우	그 벽을 내화구조로 하고 개구부를 설치 금지

4. 소견

① 안전거리는 방호대상물을 보호하기 위한 수평거리로서 문화재의 경우 50m 이상, 주택의 경우 10m 이상으로 규정하고 있음

② 주택의 경우 제조소 등의 화재 및 폭발을 가정하였을 때 거리가 미흡하며, 제조소 등의 위험물의 종류와 양에 따라 복사열과 폭발강도가 다르므로 제조소 등의 위험물의 종류와 양, 폭발강도에 따른 안전거리가 필요하다고 사료됨

"끝"

1. 문제

> 특정소방대상물에 스프링클러설비가 설치되지 않는 경우 NFPC 501A에 의한 부속실 제연설비의 최소 차압은 40Pa 이상으로 정하고 있으나, NFPA 92의 경우는 천장 높이에 따라 최소(설계) 차압의 기준이 다르게 적용된다. 천장 높이가 4.6m일 때를 기준으로 하여 NFPA 92에 따른 차압 선정의 이론적 배경을 설명하시오.

2. 시험지에 번호 표기

> 특정소방대상물에 스프링클러설비가 설치되지 않는 경우 NFPC 501A에 의한 부속실 제연설비(1)의 최소 차압(2)은 40Pa 이상으로 정하고 있으나, NFPA 92의 경우는 천장 높이에 따라 최소(설계) 차압의 기준(3)이 다르게 적용된다. 천장 높이가 4.6m일 때를 기준으로 하여 NFPA 92에 따른 차압 선정의 이론적 배경(4)을 설명하시오.

> **Tip** 출제자는 수험자가 국내규정의 문제점을 알고 있는지를 묻고 있습니다. 따라서 국내기준과 NFPA 92기준을 기술한 후 NFPA 92의 근거를 설명하고 국내의 경우 개선점이 있는지 답하면 됩니다.

3. 실제 답안지에 작성해보기

문 2-3) 천장 높이가 4.6m일 때를 기준으로 하여 NFPA 92에 의한 차압 선정

의 이론적 배경을 설명

1. 개요

① 부속실 제연설비는 화재로 인한 유독가스가 들어오지 못하도록 차압, 방연풍

속 등의 제어방식을 통해 재실자의 피난안전성 및 소방대의 소방활동을 지원

하기 위한 설비

② 국내의 기준과 NFPA 기준 규정이 차이점이 있으므로 이를 숙지하고 설계 및

유지관리 시 이를 적용하여야 함

2. NFPC 501A에 의한 부속실 제연설비의 차압 기준

최소차압	• 제연구역과 옥내와의 사이에 유지해야 하는 최소 차압은 40Pa • 옥내에 스프링클러설비가 설치된 경우에는 12.5Pa
최대차압	제연설비가 가동되었을 경우 출입문의 개방에 필요한 힘은 110N 이하
출입문개방 시	출입문이 일시적으로 개방되는 경우 최소차압규정의 70% 이상 유지
기타	단실과 부속실을 동시에 제연하는 경우 부속실의 기압은 계단실과 같게 하거나 계단실의 기압보다 낮게 할 경우에는 부속실과 계단실의 압력차이는 5Pa 이하가 되도록 하여야 함

3. NFPA 92 기준

① 차압기준

구분	천장 높이(m)	설계차압(Pa)
SP가 설치되었을 경우	관계없음	12.5
SP가 설치되지 않았을 경우	2.7	25.0
	4.6	35.0
	6.4	45.0

② 조건

  • 제연시스템은 연돌효과 또는 바람의 특성 고려

  • 가스 온도가 1,200K(927℃)인 경우 형성되는 최소설계 차압

  • 제연설비 가동 시 차압측정

4. NFPA 차압 선정의 이론적 배경

관계식	$\triangle P_{fo} = \dfrac{gP_{atm}}{R}\left[\dfrac{1}{T_o} - \dfrac{1}{T_f}\right]$ 표준 대기압 101,325Pa, 공기의 기체 상수 R(287J/kg · K), 중력가속도의 값을 대입하면 $\triangle P = 3,460\left[\dfrac{1}{T_o} - \dfrac{1}{T_f}\right]h$
계산조건	4.6m 기준적용 시, 실의온도 293K → 중성대 $h = 4.6 \times \left(\dfrac{293}{293+1,200}\right) = 0.9m$
계산	$33.024Pa \fallingdotseq 3,460\left[\dfrac{1}{293} - \dfrac{1}{1,200}\right](4.6-0.9)$
답	$33.024Pa \fallingdotseq 35Pa$

5. 소견

① 국내의 최소 차압 기준 12.5Pa의 경우에는 NFPA 92A를 준용한 것으로 연돌

   효과나 바람의 영향은 고려하지 않고 단지 화재실의 부력만을 고려한 기준임

② 따라서 최대 · 최소 차압의 경우 연돌효과나 바람의 특성을 고려한 개정이 필

   요한 것으로 사료됨

"끝"

1. 문제

건축물설계의 경제성 등 검토(VE : Value Engineering)에 대하여 다음 내용을 설명하시오.

(1) 실시대상   (2) 실시시기 및 횟수   (3) 수행자격

(4) 검토조직의 구성   (5) 설계자가 제시하여야 할 자료

Tip 수험생이 선택하기에 쉽지 않은 문제입니다.

1. 문제

임야화재에서 대표적인 발화원인과 화재원인별 조사방법에 대하여 설명하시오.

2. 시험지에 번호 표기

임야화재에서 대표적인 발화원인(1)과 화재원인별 조사방법(2)에 대하여 설명하시오.

3. 실제 답안지에 작성해보기

문 2-5) 임야화재에서 대표적인 발화원인과 화재원인별 조사방법

1. 화재원인

발화원인		설명
자연적 원인	낙뢰	• 숲 지역에서 나무, 전선, 바위에 떨어진 벼락 • 나무에 떨어진 벼락은 나무 기둥을 쪼개고 섬전암(Fulgurites)이라고 불리는 유리와 같은 덩어리를 형성. 이는 뿌리 부분에 있는 모래가 녹으면서 토양 발화 또는 벼락은 단순하게 땅에 떨어지면서 근처의 가연물에 불을 붙일 수도 있음
	자연발화	• 특별한 종류의 가연물은 생물학적 및 화화적 반응에 의해 발생한 내부 열로부터 자발적으로 발화 • 건초, 곡물, 먹이, 비료, 톱밥, 나뭇조각 더미, 수화물, 쌓여 있는 토란 이끼와 같은 유기농 물질의 더미가 분해되면서 따뜻하고 습도가 높은 날씨에 발생하기 쉬움
인간에 의한 원인	흡연	담배, 궐련, 파이프 담배, 성냥과 같이 버려진 흡연 관련 물질들
	잔해 연소	주거지의 쓰레기 및 화재의 다른 잔해뿐만 아니라 폐기물 처리장에서도 발생
	수렴현상	• 햇빛은 특정 유리나 빛나는 물체에서 한 점에서 모이면, 강한 열의 지점으로 집중될 수 있음 • 굴절 과정은 확대경에서 일어나는 현상과 유사한 광선을 만듦
	방화	두 곳 이상에서 발생하는 경우가 있으면 사람의 왕래가 많은 곳일 가능성이 큼
	특정지역 소각	자원 관리를 목적으로 승인된 계획에 따라 계속 태우도록 허가를 받은, 자연적 화재 또는 사람에 의해 의도적으로 발화
	기계류 및 차량	• 차량 및 전력을 사용하는 기계류의 작동 실패, 과열, 탄소의 연소, 연료 누설 및 유출, 마찰 등 • 철도 선로를 깨끗하게 하려고 의도한 불이 옆으로 새어 나가는 경우 • 디젤 또는 디젤-전기 기관차는 배기 탄소, 외부에 쌓인 윤활유, 배기관 및 연료관의 고장으로 인한 트랙 쪽에서 발생

발화원인		설명
인간에 의한 원인	기계류 및 차량	• 철도 차량(Rolling Stock)에서는 고온의 브레이크 금속 및 과열된 바퀴 베어링(Hot box), 탈선(Derailment), 레일의 절단 또는 마모, 또는 경고 섬광으로부터 발생
	부주의	• 불에 대한 호기심과 부주의로 인해 집, 학교, 운동장, 캠프장 및 나무가 많은 지역 주변에서 발생 • 불꽃놀이는 스파크와 화염을 내는 잔해를 통해 발화
공공설비에 의한 원인	가공 전선로	공중으로 지나가는 전선은 나무가 도선에 접촉하면 나뭇가지나 잎이 발화
	석유 및 가스채굴	석유 및 가스 채굴 활동 시 담배, 장비 사용 및 전기, 유정의 폭발, 가스나 액체 연료를 수송하는 파이프라인에서 발생

2. 화재원인별 조사방법

발화원인		조사방법
자연적 원인	낙뢰	• GPS를 사용하여 데이터를 수집하고 벼락 확인 • 기상청의 벼락 여부 확인
	자연발화	• 최초 발화지점의 온도, 습도 확인 • CCTV 및 목격자 증언
인간에 의한 원인	흡연	담배꽁초의 필터와 재 또는 연소된 성냥 확인
	잔해 연소	• 소각되던 잔해확인 • CCTV 및 목격자 증언
	수렴현상	• 태양 빛의 각도 초점 상태 확인 • CCTV 및 목격자 증언
	방화	• 성냥, 신관 또는 다른 인화·발화 장치 확인 • 담배, 밧줄, 고무줄, 테이프, 양초 및 전선 등 확인
	특정지역 소각	• 소각일지, 소각자의 증언 • CCTV 및 목격자 증언
	기계류 및 차량	• 기계창치의 탄화 흔적 및 폭발 상태 확인 • CCTV 및 목격자 증언

발화원인		조사방법
인간에 의한 원인	부주의	• 성냥, 라이터 또는 다른 발화 장치 확인 • CCTV 및 목격자 증언 • 금속(선)이나 나무로 된 심 확인 • 불꽃놀이나 그 패키지 잔해 • 폭발력으로 인해 땅이 약간 움푹 파인 부분 확인
공공설비에 의한 원인	가공 전선로	• 나무에는 타다 남은 부분 확인 • 전선에 난 구멍이나 불꽃의 자리 확인
	석유 및 가스채굴	• 담배, 장비 사용 및 전기 설비의 단락 확인 • 가스나 액체 연료를 수송하는 파이프라인 누설, 파손여부 확인 • CCTV 및 목격자 증언

"끝"

121회 2교시 6번

1. 문제

NFTC 102 표 2.7.2에 의한 내화배선의 공사방법을 설명하고, 내화배선에 1종 금속제 가요전선관을 사용할 수 없는 이유와 내화전선을 전선관 내에 배선할 수 없는 이유에 대하여 설명하시오.

> **Tip** 현 추세에는 맞지 않는 시험입니다. 오히려 내화전선의 성능인 KS C IEC 60331–1과 2(온도 830도 / 가열시간 120분) 표준 이상을 충족하고 난연성능을 확보를 위한 KS C IEC 60332–3–24 성능을 정리할 필요가 있습니다.

121회 3교시 1번

1. 문제

샌드위치 패널의 종류별 특징과 화재위험성, 국내·외 시험기준에 대하여 설명하시오.

> **Tip** 당시 시사성 있던 문제로 127회에 복합자재 성능시험이 출제되었으므로 후술하도록 하겠습니다.

121회 3교시 2번

1. 문제

자연발화의 정의, 분류, 조건 및 예방방법에 대하여 설명하시오.

2. 시험지에 번호 표기

자연발화의 정의(1), 분류(2), 조건(3) 및 예방방법(4)에 대하여 설명하시오.

3. 실제 답안지에 작성해보기

문 3-2)	**자연발화의 정의, 분류, 조건 및 예방방법에 대하여 설명**

1. 자연발화의 정의

① 자연발화는 인위적으로 외부에서 점화에너지를 부여하지 않는데도 상온에서 물질이 공기 중 화학변화를 일으켜 오랜시간에 걸쳐 열의 축적으로 발화하는 현상을 말함

② 화학변화로 생긴 산화열, 분해열, 중합열, 흡착열 등은 자연발화를 일으키는 원인이 됨

2. 자연발화의 분류

1) 완만한 온도상승을 일으키는 경우(저온발화)

메커니즘	
STEP1. 열의 축적이 용이한 상태	STEP2. 산화, 분해, 흡착, 중합, 미생물에 의한 열 축적
STEP3. 자연발화온도 도달	STEP4. 자연발화

특징	• 발화시간이 비교적 긺 • 연소속도가 느리며, 열방출률이 낮음 • 발화원 : 분해열, 산화열, 마찰열, 흡착열, 중합열, 발효열 등

2) 비교적 온도상승이 빠른 경우(고온발화)

정의	고온발화란 발화점 이상의 고온 물질 등이 가연물에 에너지를 공급할 경우 발생하는 자연발화
특징	• 발화점 이상의 고에너지를 가진 물질이 필요하며, 열방출률이 큼 • 발화시간이 짧고, 연소속도가 빠름 • 발화원 : 고온의 열면

3. 자연발화의 조건(발열>방열)

1) 열의 발생

온도	주위온도가 높으면 반응속도가 빠르기 때문에 열의 발생이 증가하고 반응속도는 온도상승에 따라 현저히 증가함
발열량	발열량이 증가할수록 열의 축적량 증가
수분	적당량의 수분이 존재하면 수분이 촉매역할을 하여 반응속도 증가
표면적	• 표면적이 클수록 산소와의 접촉면적이 증가하고 산화반응이 촉진되어 자연발화하기 쉬움 • 분말이나 액체가 포나 종이 등에 스며들어 배이면 자연발화가 용이함
촉매	발열반응에 정촉매적 작용을 가진 물질이 존재하면 반응 가속화

2) 열의 축적

열전도율	분말상, 섬유상의 물질이 열전도율이 적은 공기를 많이 포함할 때 열이 축적되기 쉬움
축적방법	여러 겹의 중첩상황이나 분말상태가 축적하기 쉬움
공기 이동	통풍이 잘 되는 장소는 열의 축적이 곤란하기 때문에 자연발화하기 어려움

4. 자연발화의 예방방법(방열 > 발열)

가연물대책	• 여러 겹일 때 방열이 어려워 열의 축적이 쉬우므로 보관 시 주의 • 분말상의 물질이 더 발열하기 쉬우므로 덩어리로 보관
산소	산소, 즉 공기의 이동이 방열을 키우므로 환기가 잘되는 곳에 보관
환경	• 주위 온도를 낮출 것 • 주위 습도를 낮출 것

"끝"

1. 문제

수계 배관에서 돌연확대 및 돌연축소되는 관로에서의 부차적 손실계수(k)가 돌연확대는 $k = \left[1 - \left(\dfrac{D_1}{D_2}\right)^2\right]^2$, 돌연축소는 $k = \left(\dfrac{A_2}{A_0} - 1\right)^2$ 임을 증명하시오.

2. 시험지에 번호 표기

수계 배관에서 돌연확대 및 돌연축소되는 관로에서의 <mark>부차적 손실계수(k)(1)가 돌연확대는 $k =$</mark> <mark>$\left[1 - \left(\dfrac{D_1}{D_2}\right)^2\right]^2$, 돌연축소는 $k = \left(\dfrac{A_2}{A_0} - 1\right)^2$ 임을 증명(2)하</mark>시오.

Tip 계산문제와 유도문제는 암기과목입니다. 잊지마세요. 항상 매일 30분 이상은 계산문제를 공부해야 합니다. 타수험생들과의 차별화는 계산문제에 있습니다.

121회

3. 실제 답안지에 작성해보기

문 3-3) 부차적 손실계수(k)가 돌연확대는 $k = \left[1 - \left(\dfrac{D_1}{D_2} \right)^2 \right]^2$, 돌연축소는 $k = \left(\dfrac{A_2}{A_0} - 1 \right)^2$ 임을 증명하시오.

1. 개요

부차적 손실	• 배관의 부속류(엘보, 티 등) 등에 의한 압력강하나 압력의 증가에 의한 기계적인 에너지의 손실 • $h_L = k \dfrac{V^2}{2g}$ 여기서, V : 수두 손실이 생기지 않는 곳의 단변에 있어서의 평균 유속 $\quad\quad\quad k$: 전저항계수, g : 중력가속도(m/s^2)
주손실	배관의 마찰손실
상당 관길이	• 관의 부차적 손실을 관의 길이, 즉 [m] 단위로 환산한 것 • 관의 상당길이 $Le = \dfrac{KD}{f}$ 여기서, f : 마찰계수, K : 부차적 손실계수, D : 관의 직경

2. 돌연확대 및 축소 관로의 손실계수 증명

1) 돌연확대 손실계수 $k = \left[1 - \left(\dfrac{D_1}{D_2} \right)^2 \right]^2$

개요도	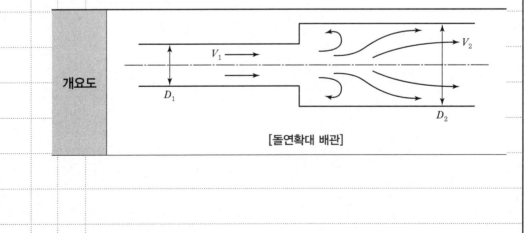 [돌연확대 배관]

유도	• 운동량 법칙의 적용 $$P_1 A_2 - P_2 A_2 = \frac{\gamma}{g} Q(V_2 - V_1)(단면 1의 면적 : A_2) \quad \cdots\cdots ①$$ • 베르누이식 적용 $$\frac{P_1}{\gamma} + \frac{V_1{}^2}{2g} = \frac{P_2}{\gamma} + \frac{V_2{}^2}{2g} + h_L \quad \cdots\cdots\cdots\cdots\cdots\cdots\cdots\cdots ②$$ 식 ①과 ②에서 $$\frac{P_1 - P_2}{\gamma} = \frac{Q}{gA_2}(V_2 - V_1) = \frac{V_2{}^2 - V_1{}^2}{2g} + h_L$$ • 손실수두 $$h_L = \frac{2V_2(V_2 - V_1)}{2g} - \frac{V_2{}^2 - V_1{}^2}{2g} = \frac{2V_2{}^2 - 2V_2 V_1 - V_2{}^2 + V_1{}^2}{2g} = \frac{(V_1 - V_2)^2}{2g}$$ $$\therefore h_L = \left(1 - \frac{V_2}{V_1}\right)^2 \frac{V_1{}^2}{2g}$$ • 전저항계수 $$k = \left(1 - \frac{V_2}{V_1}\right)^2 = \left(1 - \frac{A_1}{A_2}\right)^2 = \left[1 - \left(\frac{D_1}{D_2}\right)^2\right]^2$$
답	$$k = \left[1 - \left(\frac{D_1}{D_2}\right)^2\right]^2$$

2) 돌연축소 손실계수 $k = \left(\dfrac{A_2}{A_0} - 1\right)^2$

개요도	 [돌연축소 배관]

유도		• 운동량방정식 $$P_o A_2 - P_2 A_2 = \frac{\gamma}{g} Q(V_2 - V_o)$$ • 연속방정식 $$Q = A_o V_o = A_2 V_2$$ $\dfrac{Q}{A_2} = V_2$ 이므로 $\dfrac{P_o - P_2}{\gamma} = \dfrac{2V_2(V_2 - V_o)}{2g}$ $\cdots\cdots\cdots\cdots\cdots\cdots$ ① • A_o와 A_2에서의 수정 베르누이식 적용 $\dfrac{P_o}{\gamma} + \dfrac{v_o^2}{2g} = \dfrac{P_2}{\gamma} + \dfrac{v_2^2}{2g} + h_L$, $h_L = \dfrac{P_o - P_2}{\gamma} + \dfrac{v_o^2 - v_2^2}{2g}$ $\cdots\cdots$ ② 식 ①과 ②를 합하면 $$h_L = \frac{2V_2(V_2 - V_o)}{2g} + \frac{V_o^2 - V_2^2}{2g} = \frac{(V_o - V_2)^2}{2g}$$ • C_o를 수축계수(Coefficient of Contraction)라 하면 연속방정식 $Q = A_o V_o = A_2 V_2$에서 $C_o = \dfrac{A_o}{A_2} = \dfrac{V_2}{V_o}$ $V_o = \dfrac{V_2}{C_o}$ 를 적용하여 정리하면 $$h_L = \left(\frac{1}{C_o} - 1\right)^2 \frac{V_2^2}{2g}$$ • 전저항계수 $$k = \left(\frac{1}{C_o} - 1\right)^2 = \left(\frac{A_2}{A_0} - 1\right)^2$$
답		$k = \left(\dfrac{A_2}{A_0} - 1\right)^2$

"끝"

1. 문제

화재감지기의 감지소자로 적용되는 서미스터(Thermistor)의 저항변화 특성을 저항 – 온도 그래프를
이용하여 종류별로 설명하고, 서미스터가 적용된 감지기의 작동 메커니즘에 대하여 설명하시오.

2. 시험지에 번호 표기

화재감지기의 감지소자로 적용되는 서미스터(Thermistor)(1)의 저항변화 특성을 저항 – 온도 그래
프를 이용하여 종류별로 설명(2)하고, 서미스터가 적용된 감지기의 작동 메커니즘(3)에 대하여 설명
하시오.

3. 실제 답안지에 작성해보기

> 문 3-4) 서미스터가 적용된 감지기의 작동 메커니즘에 대하여 설명
>
> 1. 개요
>
> ① 서미스터(Thermistor)는 Thermally Sensitive Resistor의 합성어로서 온도 변화에 대해서 저항값이 민감하게 변하는 저항체를 말하며, 다른 말로는 열가변 저항기라고 함
>
> ② 종류로는 CTR, PTC, NTC 등이 있으며, 소방에서는 감지기소자로 사용됨
>
> 2. 저항-온도 그래프를 이용하여 종류별로 설명

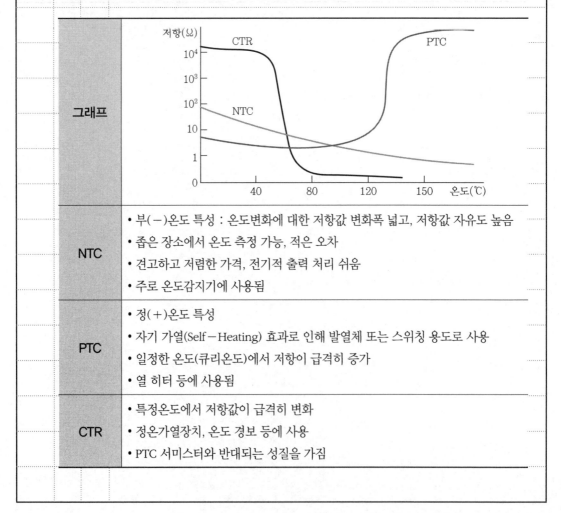

그래프	
NTC	• 부(-)온도 특성 : 온도변화에 대한 저항값 변화폭 넓고, 저항값 자유도 높음 • 좁은 장소에서 온도 측정 가능, 적은 오차 • 견고하고 저렴한 가격, 전기적 출력 처리 쉬움 • 주로 온도감지기에 사용됨
PTC	• 정(+)온도 특성 • 자기 가열(Self-Heating) 효과로 인해 발열체 또는 스위칭 용도로 사용 • 일정한 온도(큐리온도)에서 저항이 급격히 증가 • 열 히터 등에 사용됨
CTR	• 특정온도에서 저항값이 급격히 변화 • 정온가열장치, 온도 경보 등에 사용 • PTC 서미스터와 반대되는 성질을 가짐

3. 서미스터가 적용된 감지기의 작동 메커니즘

개요도	
메커니즘	• 서미스터가 온도가 상승하면 저항이 감소하는 반도체의 브릿지 회로의 전위차를 검출하는 감지기 • 평상 시 : 브릿지 회로는 $R_1 \times TH_1 = R_2 \times R_3$로 릴레이 R에 전류가 흐르지 않음 • 화재 시 : TH_1이 열을 받아 저항치가 변화되어 a점과 b점 사이에 전위차가 발생하여 릴레이에 전류가 흘러 동작
특징	• 감도와 반응속도 : 정온식에 비해 빠름 • 정확도 : 일시적 온도상승 시 비화재보 유발. 먼지, 벌레 등 외부환경에 영향이 적음 • 적응화재 : 불꽃연소에 적응성이 있으며, 훈소에 비적응성 • 비용 : 성능에 비해 경제적이며, 수명이 긺

"끝"

1. 문제

전역방출방식 가스계 소화설비의 신뢰성을 확보하기 위하여 실시하는 Enclosure Integrity Test의 종류와 수행절차에 대하여 설명하시오.

2. 시험지에 번호 표기

전역방출방식 가스계 소화설비(1)의 신뢰성을 확보하기 위하여 실시하는 Enclosure Integrity Test의 종류(2)와 수행절차(3)에 대하여 설명하시오.

Tip Enclosure Integrity Test를 처음 들어본 수험생은 이 문제를 포기했을지 모릅니다. 하지만 전역 방출방식 하면 떠오르는 것이 바로 도어 팬 테스트입니다. 각 단원에서 핵심 키워드가 뭔지 알고 있으면 답은 쉽습니다.

3. 실제 답안지에 작성해보기

문	3 – 5) Enclosure Integrity Test의 종류와 수행절차에 대하여 설명하시오.

1. 개요

① 방호구역 기밀성 시험(Enclosure Integrity Test)은 약제방출 시와 동일한 환경을 조성하여 직접적인 약제의 방출 없이 Door Fan을 설치하여 행하는 시험

② 그 종류로는 Mixing Mode(믹싱모드법)와 Descend Interface Mode(하강모드)가 있음

2. Enclosure Integrity Test의 종류

1) Mixing Mode(믹싱모드법)

개요도	순환
설계농도 유지시간	초기의 소화약제 농도에서 최소설계농도로 내려갈 때까지의 시간
영향인자	• 개구부 : 개구부가 클수록 설계농도 유지시간은 짧아짐 • 방호공간의 체적 : 방호공간의 체적이 작을수록 설계농도 유지시간은 짧아짐 • 약제의 농도 : 약제 최소 방사 시의 농도가 낮을수록 설계농도 유지시간은 짧아짐 • 공기와 비중이 비슷한 불활성계 소화약제에 적용

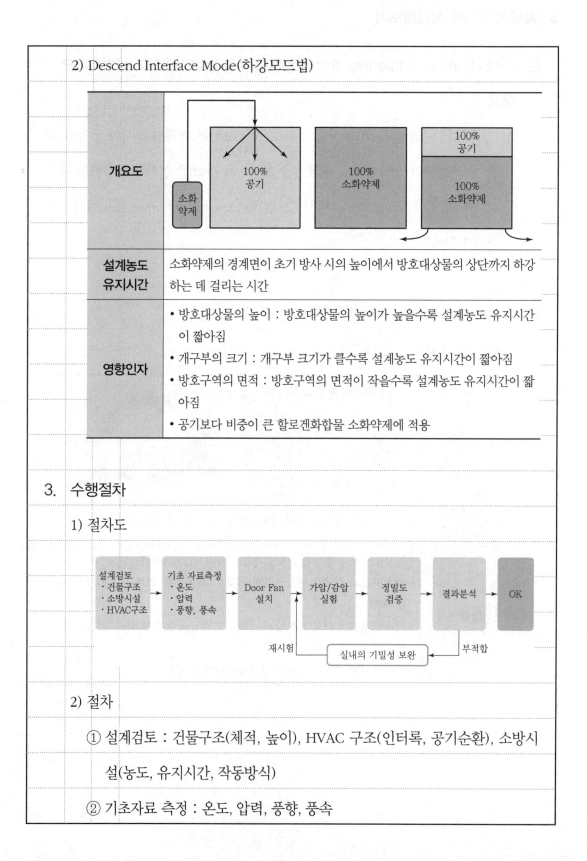

2) Descend Interface Mode(하강모드법)

개요도	
설계농도 유지시간	소화약제의 경계면이 초기 방사 시의 높이에서 방호대상물의 상단까지 하강하는 데 걸리는 시간
영향인자	• 방호대상물의 높이 : 방호대상물의 높이가 높을수록 설계농도 유지시간이 짧아짐 • 개구부의 크기 : 개구부 크기가 클수록 설계농도 유지시간이 짧아짐 • 방호구역의 면적 : 방호구역의 면적이 작을수록 설계농도 유지시간이 짧아짐 • 공기보다 비중이 큰 할로겐화합물 소화약제에 적용

3. 수행절차

1) 절차도

설계검토
· 건물구조
· 소방시설
· HVAC구조
→ 기초 자료측정
· 온도
· 압력
· 풍향, 풍속
→ Door Fan 설치 → 가압/감압 실험 → 정밀도 검증 → 결과분석 → OK

재시험 ← 실내의 기밀성 보완 ← 부적합

2) 절차

① 설계검토 : 건물구조(체적, 높이), HVAC 구조(인터록, 공기순환), 소방시설(농도, 유지시간, 작동방식)

② 기초자료 측정 : 온도, 압력, 풍향, 풍속

③ Door Fan 설치

④ 가압 및 감압시험 : 실내·외 정압차, 가압·감압 범위 설정, Door Fan 가동

⑤ 정밀도 검증, 결과분석 : 실험 Data 입력, 누설량, 누설등가면적, 소화농도 유지시간 산출

⑥ 보정실험 : 누출 등가면적 30% 범위 내 Door Fan 패널 개방 후 실험 → 등가면적 ±10% 적정

⑦ 조치 : 방호구역 내 기밀성 보완 후 재시험

4. 소견

① 성능위주설계에서 도어 팬 테스트를 실시하고 있으며, 설계대상 범위가 너무 적어 그 실효성이 적음

② 도어 팬 테스트의 실시대상을 가스계 소화설비 전체를 대상으로 하여 가스계 소화설비의 신뢰성을 확보할 필요가 있다고 사료됨

"끝"

1. 문제

건축법령에 의한 방화구획 기준에 대하여 다음의 내용을 설명하시오.

(1) 대상 및 설치기준

(2) 적용을 아니하거나 완화적용할 수 있는 경우

(3) 방화구획 용도로 사용되는 방화문의 구조

2. 시험지에 번호 표기

건축법령에 의한 방화구획(1) 기준에 대하여 다음의 내용을 설명하시오.

(1) 대상 및 설치기준(2)

(2) 적용을 아니하거나 완화직용할 수 있는 경우(3)

(3) 방화구획 용도로 사용되는 방화문의 구조(4)

3. 실제 답안지에 작성해보기

문 3-6) 건축법령에 의한 방화구획 기준에 대하여 다음의 내용을 설명
1. 개요
① 방화구획은 건축물에 화재가 발생하였을 경우, 화재의 발화지점에서 더이상 확산이 되지 않도록 하며, 인명과 재산을 보호하기 위하여 내화구조의 벽과 바닥 그리고 방화문 등으로 구획하는 것
② 일정 요건을 충족할 경우 적용을 아니하거나 완화적용할 수 있으므로 문제점이 있음
2. 대상 및 설치기준
1) 설치대상
주요 구조부가 내화구조 또는 불연재료로 된 건축물로서 연면적이 1,000m²를 넘는 것은 국토교통부령으로 정하는 기준에 따라 내화구조로 된 바닥·벽 및 방화문(자동방화셔터 포함)으로 구획함
2) 설치기준[( ) 안의 내용은 자동식 소화설비 설치 시 면적]

구분		내용
면적별 구획	10층 이하의 층	바닥면적 1천m²(3천m²) 이내마다 구획
	11층 이상의 층	• 바닥면적 200m²(600m²) 이내마다 구획 • 바닥면적 500m²(1천500m²) 이내마다 구획
층별 구획		• 매 층마다 구획 • 지하 1층에서 지상으로 직접 연결하는 경사로 부위는 제외
용도별 구획		필로티나 그 밖에 이와 비슷한 구조(벽면적의 2분의 1 이상이 그 층의 바닥면에서 위층 바닥 아래면까지 공간으로 된 것만 해당)의 부분을 주차장으로 사용하는 경우 그 부분은 건축물의 다른 부분과 구획

3. 적용을 아니하거나 완화적용할 수 있는 경우

시선 및 활동공간	문화 및 집회시설(동·식물원은 제외), 종교시설, 운동시설 또는 장례시설의 용도로 쓰는 거실로서 시선 및 활동공간의 확보를 위하여 불가피한 부분
물품제조	물품의 제조·가공 및 운반 등(보관은 제외)에 필요한 고정식 대형 기기 또는 설비의 설치를 위하여 불가피한 부분. 다만, 지하층인 경우에는 지하층의 외벽 한쪽 면(지하층의 바닥면에서 지상층 바닥 아래면까지의 외벽 면적 중 4분의 1 이상이 되는 면을 말한다) 전체가 건물 밖으로 개방되어 보행과 자동차의 진입·출입이 가능한 경우로 한정
계단실	계단실·복도 또는 승강기의 승강장 및 승강로로서 그 건축물의 다른 부분과 방화구획으로 구획된 부분. 다만, 해당 부분에 위치하는 설비배관 등이 바닥을 관통하는 부분은 제외
최상층·피난층	건축물의 최상층 또는 피난층으로서 대규모 회의장·강당·스카이라운지·로비 또는 피난안전구역 등의 용도로 쓰는 부분으로서 그 용도로 사용하기 위하여 불가피한 부분
복층형 공동주택	복층형 공동주택의 세대별 층 간 바닥 부분
주차장	주요 구조부가 내화구조 또는 불연재료로 된 주차장
단독주택 등	단독주택, 동물 및 식물 관련 시설 또는 교정 및 군사시설 중 군사시설(집회, 체육, 창고 등의 용도로 사용되는 시설만 해당)로 쓰는 건축물
동일용도 시	건축물의 1층과 2층의 일부를 동일한 용도로 사용하며 그 건축물의 다른 부분과 방화구획으로 구획된 부분(바닥면적의 합계가 500m² 이하인 경우로 한정)

4. 방화구획 용도로 사용되는 방화문의 구조

구조	60분+ 방화문 또는 60분 방화문은 언제나 닫힌 상태를 유지하거나 화재로 인한 연기 또는 불꽃을 감지하여 자동적으로 닫히는 구조로 할 것. 다만, 연기 또는 불꽃을 감지하여 자동적으로 닫히는 구조로 할 수 없는 경우에는 온도를 감지하여 자동적으로 닫히는 구조
구분	• 60분+ 방화문 : 연기 및 불꽃을 차단할 수 있는 시간이 60분 이상이고, 열을 차단할 수 있는 시간이 30분 이상인 방화문 • 60분 방화문 : 연기 및 불꽃을 차단할 수 있는 시간이 60분 이상인 방화문 • 30분 방화문 : 연기 및 불꽃을 차단할 수 있는 시간이 30분 이상 60분 미만인 방화문

5. 소견

① 주요구조부가 내화구조 또는 불연재료로 된 주차장은 방화구획 완화대상이나 화재 시 축열과 연기의 정체로 피난안전성이 저해되며, 화재가 전체 주차장으로 확대될 개연성이 큼

② 최소한 방호구역인 3,000m² 이하로 방화구획을 설정하고 제연설비를 설치하는 등의 조치가 필요하다고 사료됨

"끝"

121회

1. 문제

공기포소화약제의 혼합방식에 대하여 설명하시오.

2. 시험지에 번호 표기

공기포소화약제(1)의 혼합방식(2)에 대하여 설명하시오.

Tip 그림과 표가 주가 되는 문제입니다. 채점자가 한눈에 볼 수 있도록 답안을 작성해야 좋은 점수를 받을 수 있습니다. 마지막에는 각 방식별로 비교하여 수험자가 철저하게 이해하고 있다는 것을 알릴 필요가 있습니다.

3. 실제 답안지에 작성해보기

문 4 - 1) 공기포소화약제의 혼합방식에 대하여 설명

1. 개요

① "포소화약제"라 함은 주원료에 포안정제, 그 밖의 약제를 첨가한 액상의 것으로 물과 일정한 농도로 혼합하여 공기 또는 불활성 기체를 기계적으로 혼입함으로써 거품을 발생시켜 소화에 사용하는 약제로서 '소화약제의 형식승인 및 제품검사의 기술기준'에 적합한 것을 말함

② "포소화약제혼합장치"라 함은 포소화약제를 사용농도에 적합한 수용액으로 혼합하는 장치를 말하는 것으로 혼합방식에 따라 펌프, 라인, 프레셔 사이드 프로포셔너 방식 등이 있다.

2. 공기포소화약제의 혼합방식

1) 펌프 프로포셔너 방식

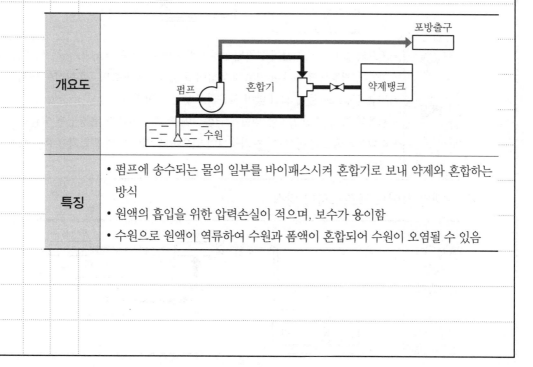

개요도	
특징	• 펌프에 송수되는 물의 일부를 바이패스시켜 혼합기로 보내 약제와 혼합하는 방식 • 원액의 흡입을 위한 압력손실이 적으며, 보수가 용이함 • 수원으로 원액이 역류하여 수원과 폼액이 혼합되어 수원이 오염될 수 있음

2) 라인 프로포셔너 방식

개요도	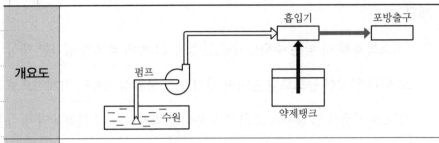
특징	• 펌프와 발포기 중간에 설치된 벤투리관의 벤투리작용에 의하여 포소화약제를 흡입 · 혼합하는 방식 • 설치비가 저렴하고 설치하기가 용이하며, 소방자동차 등에 사용됨 • 혼합기를 통한 압력손실이 크고, 혼합기의 흡입 높이가 한정(약 1.8m 이하)

3) 프레셔 프로포셔너 방식

개요도	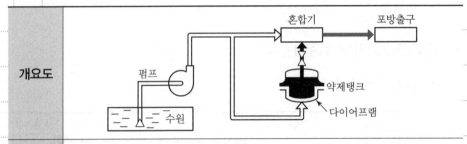
특징	• 펌프와 발포기의 중간에 설치된 벤투리관의 벤투리작용과 펌프가압수의 포소화약제 저장탱크에 대한 압력에 의하여 포소화약제를 흡입 · 혼합하는 방식 • 위험물제조소 등에 제일 많이 사용되고 있는 혼합방식 • 원액의 흡입 시 혼합기에 의한 압력손실이 적고, 유효방사 유량범위가 넓음 • 다이어프램(고무튜브) 파손 가능성이 있으며, 원액이 물과 혼합되어 혼합비가 상이

4) 프레셔 사이드 프로포셔너 방식

개요도	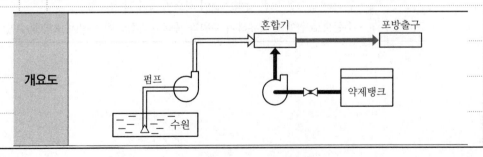

| | 특징 | • 펌프의 토출관에 압입기를 설치하여 포소화약제 압입용 펌프로 포소화약제를 압입시켜 혼합하는 방식
• 위험물제조소 등에 설치된 포소화설비의 일부의 대형 옥외탱크에 설치
• 약제와 수원과의 혼합우려가 없고, 혼합기의 압력손실이 적음
• 설치비가 많이 들고 시설이 복잡하며, 유지관리에 비용이 많이 소요됨 |

5) 압축공기포 믹싱챔버 방식

	개요도	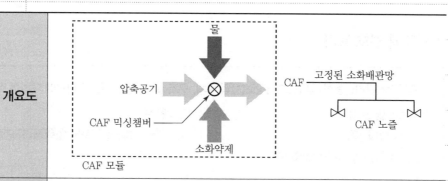
	특징	• 압축공기 또는 압축질소를 일정 비율로 포수용액에 강제 주입 혼합하는 방식 • 압축공기를 이용한 포생성으로 포의 균질도 우수 • 건식포로 입체화재에 적응성 우수 • 수원의 양이 타 혼합방식에 비해 적게 소요 • 넓은 지역에 포방출이 가능하며, 이때 운동량을 상실하지 않은 상태로 방출

3. 비교

구분	프레셔	라인	펌프	프레셔 사이드	압축공기
혼합기	펌프와 발포기 중간	펌프와 발포기 중간	펌프토출관과 흡입관 사이	펌프와 발포기 중간	믹싱챔버
압력손식	작음	큼	작음	작음	작음
비용		저렴		비쌈	비쌈
유지보수		용이		어려움	어려움

"끝"

1. 문제

위험물안전관리법령상 옥내탱크저장소의 위치, 구조 및 설비의 기준 중 다음에 대하여 설명하시오.

(1) 표시 및 표지
(2) 게시판
(3) 게시판의 색
(4) 압력탱크에 설치하는 압력계 및 안전장치
(5) 밸브 없는 통기관의 설치기준

2. 시험지에 번호 표기

위험물안전관리법령상 옥내탱크저장소(1)의 위치, 구조 및 설비의 기준 중 다음에 대하여 설명하시오.

(1) 표시 및 표지
(2) 게시판
(3) 게시판의 색(2)
(4) 압력탱크에 설치하는 압력계 및 안전장치(3)
(5) 밸브 없는 통기관의 설치기준(4)

Tip 위험물은 어렵지만 기출문제는 꼭 암기하고 이해하고 넘어가야 합니다.

3. 실제 답안지에 작성해보기

문 4-2) 위험물안전관리법령상 옥내탱크저장소의 위치. 구조 및 설비의 기준 중 다음에 대하여 설명

1. 개요

① 옥내에 있는 탱크에서 위험물을 저장·취급하는 저장소를 말하는 것으로 안전거리 및 보유 공지 규제를 받지 않는 저장소

② 게시판을 세우고 안전장치를 부착하여 근로자 및 인근 거주자에게 위험의 알림과 화재, 폭발을 방지할 필요가 있음

2. 표시 및 표지, 게시판, 게시판의 색

개요도	위험물옥내탱크저장소 **화기엄금** 허가번호및년월일 / 제○○호 20 년 월 일 류 별 및 품 명 최 대 취 급 량 지정수량 및 배수 위험물안전관리자
표시 및 표지	• 표지는 한 변의 길이가 0.3m 이상, 다른 한 변의 길이가 0.6m 이상인 직사각형 • 표지의 바탕은 백색으로, 문자는 흑색으로 할 것 • "위험물옥내탱크저장소"라는 표시를 한 표지를 할 것
게시판	• 한 변의 길이가 0.3m 이상, 다른 한 변의 길이가 0.6m 이상인 직사각형 • 저장 또는 취급하는 위험물의 유별·품명 및 저장최대수량 또는 취급최대수량, 지정수량의 배수 및 안전관리자의 성명 또는 직명을 기재 • 게시판의 바탕은 백색으로, 문자는 흑색으로 할 것 • 주의사항 - 제1류 위험물 중 알칼리금속의 과산화물과 이를 함유한 것 또는 제3류 위험물 중 금수성 물질에 있어서는 "물기엄금"

게시판	− 제2류 위험물(인화성 고체 제외)에 있어서는 "화기주의" − 제2류 위험물 중 인화성 고체, 제3류 위험물 중 자연발화성 물질, 제4류 위험물 또는 제5류 위험물에 있어서는 "화기엄금"
게시판의 색	• "물기엄금"을 표시하는 것에 있어서는 청색바탕에 백색문자 • "화기주의" 또는 "화기엄금"을 표시하는 것에 있어서는 적색바탕에 백색문자

3. 압력탱크에 설치하는 압력계 및 안전장치

압력탱크	최대상용압력이 부압 또는 정압 5kPa을 초과하는 탱크
압력계 및 안전장치	• 자동적으로 압력의 상승을 정지시키는 장치 • 감압 측에 안전밸브를 부착한 감압밸브 • 안전밸브를 병용하는 경보장치 • 파괴판 : 위험물의 성질에 따라 안전밸브의 직동이 곤란한 가압설비에 한함

4. 밸브 없는 통기관의 설치기준

개요도	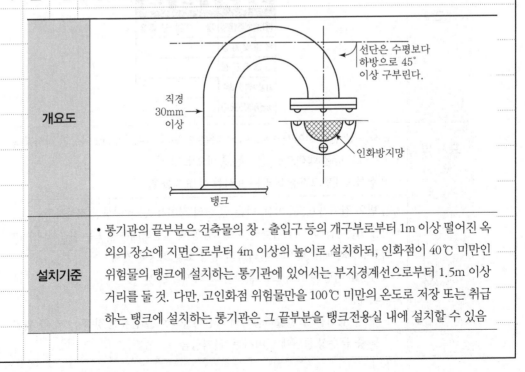
설치기준	• 통기관의 끝부분은 건축물의 창·출입구 등의 개구부로부터 1m 이상 떨어진 옥외의 장소에 지면으로부터 4m 이상의 높이로 설치하되, 인화점이 40℃ 미만인 위험물의 탱크에 설치하는 통기관에 있어서는 부지경계선으로부터 1.5m 이상 거리를 둘 것. 다만, 고인화점 위험물만을 100℃ 미만의 온도로 저장 또는 취급하는 탱크에 설치하는 통기관은 그 끝부분을 탱크전용실 내에 설치할 수 있음

설치기준	• 가연성의 증기를 회수하기 위한 밸브를 통기관에 설치하는 경우에 있어서는 당해 통기관의 밸브는 저장탱크에 위험물을 주입하는 경우를 제외하고는 항상 개방되어 있는 구조로 하는 한편, 폐쇄하였을 경우에 있어서는 10kPa 이하의 압력에서 개방되는 구조로 할 것. 이 경우 개방된 부분의 유효단면적은 777.15mm² 이상이어야 함 • 통기관은 가스 등이 체류할 우려가 있는 굴곡이 없도록 할 것 • 가는 눈의 구리망 등으로 인화방지장치를 할 것 • 직경은 30mm 이상일 것 • 선단은 수평면보다 45° 이상 구부려 빗물 등의 침투를 막는 구조로 할 것

"끝"

1. 문제

> 공기흡입형 감지기의 설계 및 유지관리 시 고려사항에 대하여 설명하시오.

2. 시험지에 번호 표기

> 공기흡입형 감지기(1)의 설계(2) 및 유지관리 시 고려사항(3)에 대하여 설명하시오.

Tip '정의 – 메커니즘 – 설계 – 유지관리 고려사항' 4가지 단계를 생각하면 됩니다. 공기흡입형의 메커니즘이 실제 이러하므로 설계 및 유지관리 시 고려사항이 나온다면 근거와 답을 제시하여 야 합니다.

3. 실제 답안지에 작성해보기

문 4-3) 공기흡입형 감지기의 설계 및 유지관리 시 고려사항에 대하여 설명

1. 개요

① 공기흡입형 감지기란 연소 초기 열분해에 의해 생성되는 초미립자를 포함한 주변공기를 흡입 분석하여 설정치 이상이면 화재신호를 발신하는 감지기를 말함

② 공기흡입배관을 포설하고 홀을 만들어 연기를 흡입하는 과정에서 홀의 방향, 크기, 비율 등의 설계 시 고려해야 할 사항들이 있고, 평상시 필터 및 공기홀 막힘 현상을 방지하기 위한 유지관리가 필요함

2. 공기흡입형 감지기 동작 메커니즘

구성도	
구성요소	• Sampling Pipes(공기흡입배관) • Air Pump[흡입장치(Aspirator)] • Filter : 큰 이물질 제거 • Sensing Chamber(Light Source and Photo Receiver) : 감지부로서 흡입된 연기입자 크기를 IR LED 또는 레이저를 이용하여 측정 • Display Control Panel(제어부) : 감지농도 조절 및 화재 시 경보, 시스템의 이상상태 등 제어

| 메커니즘 | 공기 흡입 (Aspirator) → 필터링 (연기입자 이외의 것) → 연기입자 레이저 통과 (Sensing Chamber) |
| | 빛의 산란 (연기입자크기에 따라) → 수광부 광량 증가 → 감도에 따라 화재신호 전송 |

3. 설계 시 유의사항

감지홀	• 홀은 스폿 감지기의 역할을 하며, 동일배관 첫 번째 구멍과 마지막 공기흡입량의 비율이 1 : 1에 가깝게 되어야 공간의 균형 있는 감시가 됨 • 흡입구에 흡입되는 공기량이 항상 일정하게 흡입되기 위해 흡입구의 크기는 프로그램에 의해 계산됨
다중배관시	다중배관은 모든 배관의 공기흡입율을 균등하게 하여야 함
이송시간	NFPA에서는 공기의 이송시간을 경보지연을 막기 위해 120초로 제한함
기밀성	배관과 부속은 누기를 방지하기 위해 기밀성 있게 연결하여야 함
표지	공기흡입배관에는 6m마다 공기흡입형 감지기임을 알리는 표지를 함
배관길이	• 배관의 최대길이는 100m 이하가 되도록 함 • 다중배관 시 모든 배관 길이의 합은 200m 이하가 되도록 함
배관 갯수	배관의 최대개수는 4개 이하로 연결 시 T형으로 연결하지 않음
배관경	배관경은 20~22mm를 사용

4. 유지관리 시 유의사항

공기흡입관	• 공기흡입관의 변형 이탈, 파손, 고정 장치 상태 확인 • 감지 홀, 엔드캡의 오염상태, 변형, 파손상태 등 확인
흡입팬	• 진동 · 소음상태 확인 • 흡입장치 임펠러 이물질에 따른 오염 상태 확인
필터	• 필터 오염 및 변형, 파손상태 확인 • 제조사의 시방서에 따른 교체주기 확인 및 교체
챔버검출기	• 작동 테스트를 통한 정상 상태 확인 • IR LED 및 레이저 등 검출광 이외의 광상태 점검
제어반	• 설비 비상전원 상태 확인 • 각 기기 운전 램프 및 부저(Buzzer) 상태 확인

"끝"

1. 문제

「소방시설공사업법 시행령」 별표 4에 따른 소방공사 감리원의 배치기준 및 배치기간에 대하여 설명하시오.

2. 시험지에 번호 표기

「소방시설공사업법 시행령」 별표 4에 따른 소방공사 감리원(1)의 배치기준(2) 및 배치기간(3)에 대하여 설명하시오.

> **Tip** 소방기술사는 설계, 감리, 연구, 교육 등의 업무를 할 수 있습니다. 그중에서 감리업무에 대해서 물어보는 문제입니다. 면접에도 출제되고 있으므로 꼭 알고 가야 할 문제 중 하나입니다.

121회

3. 실제 답안지에 작성해보기

문 4-4) 「소방시설공사업법 시행령」 별표 4에 따른 소방공사 감리원의 배치기준 및 배치기간에 대하여 설명

1. 개요

소방감리	소방시설공사가 설계도서와 관계 법령에 따라 적법하게 시공되는지를 확인하고, 품질·시공관리에 대한 기술지도 등을 수행하는 것
책임감리원	해당 공사 전반에 관한 감리업무를 총괄하는 사람
보조감리원	책임감리원을 보좌하고 책임감리원의 지시를 받아 감리업무를 수행하는 사람

2. 소방감리원의 배치기준

감리원의 배치기준		소방시설공사 현장의 기준
책임감리원	보조감리원	
특급감리원 중 소방기술사	초급감리원 이상의 소방공사 감리원 (기계분야 및 전기분야)	• 연면적 20만m² 이상인 특정소방대상물의 공사 현장 • 지하층을 포함한 층수가 40층 이상인 특정소방대상물의 공사 현장
특급감리원 이상의 소방공사감리원	초급감리원 이상의 소방공사 감리원 (기계분야 및 전기분야)	• 연면적 3만m² 이상 20만m² 미만인 특정소방대상물(아파트는 제외한다)의 공사현장 • 지하층을 포함한 층수가 16층 이상 40층 미만인 특정소방대상물의 공사 현장
고급감리원 이상의 소방공사감리원	초급감리원 이상의 소방공사 감리원 (기계분야 및 전기분야)	• 물분무등소화설비(호스릴 방식의 소화설비는 제외한다) 또는 제연설비가 설치되는 특정소방대상물의 공사 현장 • 연면적 3만m² 이상 20만m² 미만인 아파트의 공사 현장
중급감리원 이상의 소방공사 감리원 (기계분야 및 전기분야)		연면적 5천m² 이상 3만m² 미만인 특정소방대상물의 공사 현장
초급감리원 이상의 소방공사 감리원 (기계분야 및 전기분야)		• 연면적 5천m² 미만인 특정소방대상물의 공사 현장 • 지하구의 공사 현장

3. 소방감리원의 배치기간

배치기간	• 소방공사 감리원을 상주 공사감리 및 일반 공사감리로 구분 배치 • 소방시설공사의 착공일부터 소방시설 완공검사증명서 발급일까지의 기간 중 행정안전부령으로 정하는 기간 동안 배치
배치중단	시공관리, 품질 및 안전에 지장이 없는 경우로서 다음의 어느 하나에 해당하여 발주자가 서면으로 승낙하는 경우 배치중단 가능 • 민원 또는 계절적 요인 등으로 해당 공정의 공사가 일정 기간 중단된 경우 • 예산의 부족 등 발주자의 책임 있는 사유 또는 천재지변 등 불가항력으로 공사가 일정기간 중단된 경우 • 발주자가 공사의 중단을 요청하는 경우

4. 소견

① 소방기술사는 전문지식을 가진 감리원으로 공사전반과 건설현장에 대한 지식이 출중한 전문인으로서 감리대상의 확대가 필요함

② 연면적 20만m² 이상일 경우 보조감리원을 10만m²마다 추가로 배치할 수 있지만 추가배치 연면적을 줄여 감리인원을 확대할 필요가 있음

③ 시공사가 소방완료필증을 공사완료 전에도 요구하고 있으므로 소방감리원의 배치기간을 건축사용승인일까지 연장할 필요가 있는 것으로 사료됨

"끝"

1. 문제

가연성 혼합기의 연소속도(Burning Velocity)에 영향을 주는 미치는 인자에 대하여 설명하시오.

2. 시험지에 번호 표기

가연성 혼합기의 연소속도(Burning Velocity)(1)에 영향을 주는 미치는 인자(2)에 대하여 설명하시오.

Tip 연소속도의 영향인자는 'O, T, P, 농, 난(산소, 온도, 압력, 농도, 난류)'을 기본으로 답을 적고 시작하시면 됩니다.

3. 실제 답안지에 작성해보기

문 4-5) 가연성 혼합기의 연소속도(Burning Velocity)에 영향을 주는 미치는 인자에 대하여 설명

1. 개요

    ① 연소는 '가연물이 공기 중의 산소와 화합하여 열과 빛을 발산하는 급격한 산화반응 현상'이며, 연소속도는 이러한 연소가 일어나는 단위 시간 동안 가연물이 감소하는 속도를 의미

    ② 가연성 혼합기의 연소속도는 화학반응속도로 표현되며, 산소, 가연성 혼합기의 농도 등에 따라 연소속도가 변화함

2. 화학반응속도

관계식	$k = Ae^{\left(-\frac{E_a}{RT}\right)}$ 여기서, k : 속도 상수(Rate Constant) T : 절대 온도(Absolute Temperature) A : 아레니우스 상수(Pre-exponential Factor) E_a : 활성화 에너지(Activation Energy) R : 기체 상수(Gas Constant)
개념	• 상수 A는 적절한 방향으로 발생하는 초당 충돌횟수 혹은 빈도 • 유효한 충돌이 증가할수록 화학반응속도는 증가 • 활성화 에너지가 낮고 온도가 높을수록 속도는 증가

3. 가연성 혼합기의 연소속도에 영향을 주는 미치는 인자

산소	• 산소의 공급이 원활할수록 연소속도 증가 • 산소농도 15% 이하에서는 활성산소와 활성라디칼의 유효충돌 빈도저하로 소화

회

	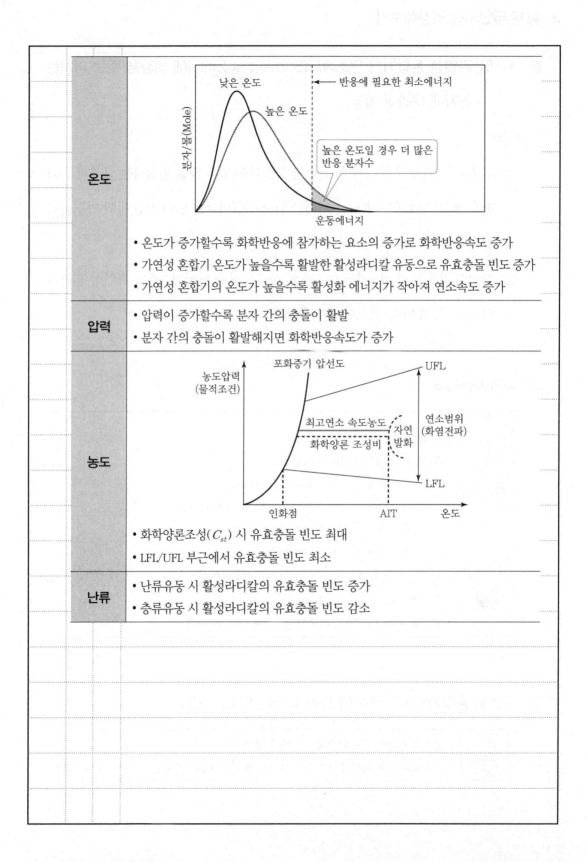
온도	• 온도가 증가할수록 화학반응에 참가하는 요소의 증가로 화학반응속도 증가 • 가연성 혼합기 온도가 높을수록 활발한 활성라디칼 유동으로 유효충돌 빈도 증가 • 가연성 혼합기의 온도가 높을수록 활성화 에너지가 작아져 연소속도 증가
압력	• 압력이 증가할수록 분자 간의 충돌이 활발 • 분자 간의 충돌이 활발해지면 화학반응속도가 증가
농도	• 화학양론조성(C_{st}) 시 유효충돌 빈도 최대 • LFL/UFL 부근에서 유효충돌 빈도 최소
난류	• 난류유동 시 활성라디칼의 유효충돌 빈도 증가 • 층류유동 시 활성라디칼의 유효충돌 빈도 감소

| 촉매 | 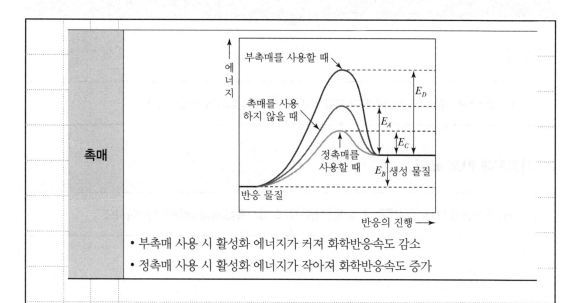 |

- 부촉매 사용 시 활성화 에너지가 커져 화학반응속도 감소
- 정촉매 사용 시 활성화 에너지가 작아져 화학반응속도 증가

4. 화학반응속도 감소 대책

산소	온도	압력	농도	난류	촉매
15% 이하	낮게	낮게	C_{st} 회피	층류유동	부촉매 사용

"끝"

1. 문제

스프링클러헤드를 감지특성에 따라 분류하고 방사특성에 대하여 설명하시오.

2. 시험지에 번호 표기

스프링클러헤드(1)를 감지특성에 따라 분류(2)하고 방사특성(3)에 대하여 설명하시오.

3. 실제 답안지에 작성해보기

문 4-6) 스프링클러헤드를 감지특성에 따라 분류하고 방사특성에 대하여 설명

1. 개요

① 스프링클러헤드는 감지특성에 따라 표준형, 특수반응형, 조기반응형 등으로

분류하고 동일한 감지특성을 갖고 있다 하더라도 방사특성이 다름

② 방사특성에 따라 화재의 진압, 제어, 소화의 특성을 갖게 되며, 스프링클러설

비가 설치되는 건축물의 가연물의 양, 건축형태 등을 고려하여야 함

2. 감지특성에 따른 분류

1) 감지특성을 결정하는 인자

121회

RTI	• 반응시간지수 $$RTI = \frac{-t_r \sqrt{u}\,(1 + C/\sqrt{u})}{\ln\left[1 - \dfrac{\Delta T_{ea} \times (1 + C/\sqrt{u})}{\Delta T_{ga}}\right]}, \quad RTI = \tau\sqrt{U}, \quad \tau = \frac{m \times C}{h \times A}$$ t_r : 스프링클러 반응시간(s), u : 터널시험구간에서 열기류속도(m/s) ΔT_{ea} : 스프링클러의 액조 평균작동온도와 대기온도의 차(℃) ΔT_{ga} : 시험구간에서 열기류온도와 대기온도의 차(℃), C : 열전도계수 • RTI 값이 작을수록 감열체의 온도상승비율이 커 헤드가 조기 작동
표시 온도	• $T_a = 0.9\,T_m - 27.3$ T_a : 최고주위온도(℃), T_m : 헤드표시온도(℃) • 설치장소의 최고주위온도에 따른 표시온도 결정 <table><tr><th>설치장소의 최고 주위온도</th><th>표시온도</th></tr><tr><td>39℃ 미만</td><td>79℃ 미만</td></tr><tr><td>39℃ 이상 64℃ 미만</td><td>79℃ 이상 121℃ 미만</td></tr><tr><td>64℃ 이상 106℃ 미만</td><td>121℃ 이상 162℃ 미만</td></tr><tr><td>106℃ 이상</td><td>162℃ 이상</td></tr></table>

	• 전도 열전달계수는 스프링클러의 주위로부터 흡수된 열량 중 스프링클러 배관 및 수로(Water Way) 등으로 방출되는 열손실량에 대한 주요 특성치로서 이 값이 적을수록 전도 열손실량이 적어져 헤드가 빨리 작동
전도 열전달 계수(C)	• 관계식 －조건 만족 $\sqrt{\dfrac{U_H}{U_L}} \leq 1.1$ －산술평균값이 전도계수값으로 적용 $C = \left(\dfrac{\Delta T_{ga}}{\Delta T_{ea}} - 1 \right) \times \sqrt{U}$ ΔT_{ea} : 스프링클러의 액조 평균작동온도와 스프링클러 마운트 온도의 차(℃) ΔT_{ga} : 열기류온도와 스프링클러 마운트 온도의 차(℃) u : 터널시험구간에서 열기류속도(m/s)

2) 감지특성에 따른 분류

① 개요도

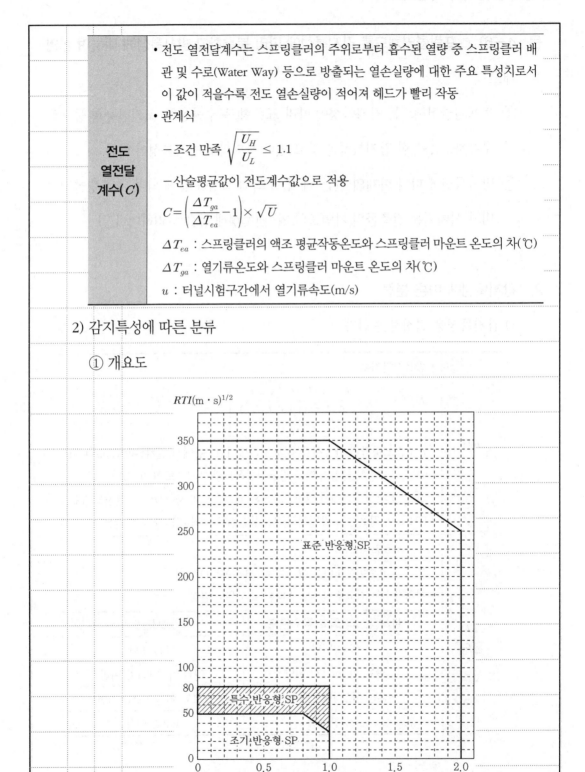

② 감지특성에 따른 분류

조기반응형	특수반응형	표준형	ESFR
• RTI : 50 이하 • C : 1 이하 • T_m(표시온도) $T_a = 0.9\,T_m - 27.3$	• RTI : 50 초과 　~80 이하 • C : 1 이하 • T_m(표시온도) $T_a = 0.9\,T_m - 27.3$	• RTI : 80 초과 　~350 이하 • C : 1 이하 • T_m(표시온도) $T_a = 0.9\,T_m - 27.3$	• RTI : 20 초과 　~36 이하 • C : 1 이하 • T_m(표시온도) 　: 74℃ 이하

3. 방사특성

① 개요도

[개방형 스프링클러의 예]

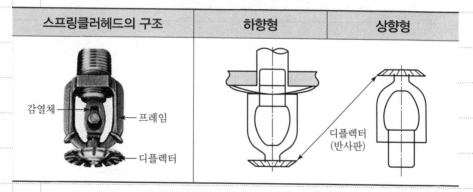

스프링클러헤드의 구조	하향형	상향형

② 영향인자

오리피스구경	오리피스 구경이 클수록 소화수 입자가 커 침투력 증가, 가연물 표면냉각 증대
디플렉터 형태	• 디플렉터 형태는 살수 패턴을 결정 • 디플렉터 크기는 살수 면적에 영향
디플렉터 위치	상향식, 하향식, 측벽형 등 살수패턴에 영향
방사압력	• 방사압력은 살수 패턴과 소화수 입자의 크기를 결정 　－방사 압력이 높을 경우 : 소화수 입자가 작아 기상냉각 및 질식소화 　　에 적용 　－방사 압력이 낮을 경우 : 소화수 입자가 커 표면냉각 소화에 적용

4. 감지특성과 방사특성에 따른 소화특성

개요도	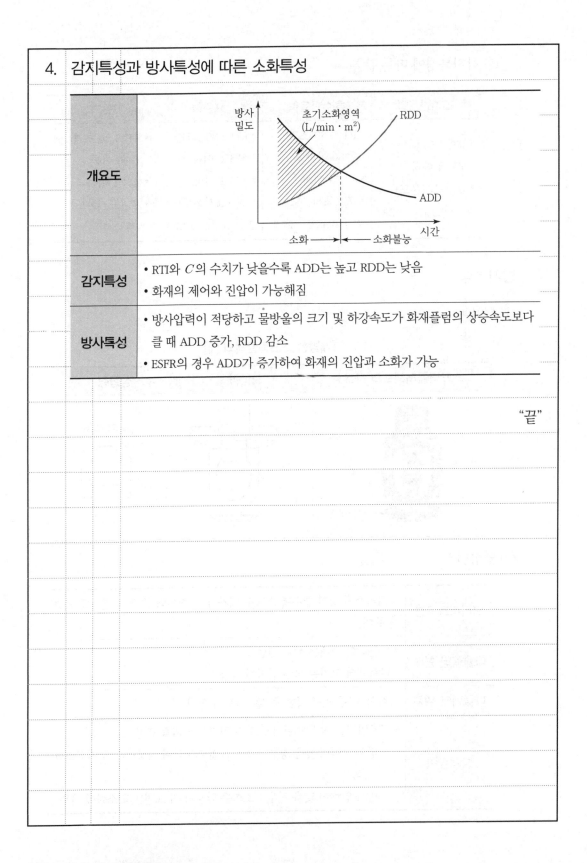
감지특성	• RTI와 C의 수치가 낮을수록 ADD는 높고 RDD는 낮음 • 화재의 제어와 진압이 가능해짐
방사특성	• 방사압력이 적당하고 물방울의 크기 및 하강속도가 화재플럼의 상승속도보다 클 때 ADD 증가, RDD 감소 • ESFR의 경우 ADD가 증가하여 화재의 진압과 소화가 가능

"끝"

Chapter 12

제122회

소방기술사
기출문제풀이

122회 1교시 1번

1. 문제

화재패턴(Pattern)의 개념과 패턴의 생성원리에 대해서 설명하시오.

2. 시험지에 번호 표기

화재패턴(Pattern)의 개념(1)과 패턴의 생성원리(2)에 대해서 설명하시오.

Tip 화재패턴의 개념으로 시작하여 문제에 있는 내용을 그대로 옮겨 답안지에 적으면 됩니다.

3. 실제 답안지에 작성해보기

문 1 - 1) 화재패턴(Pattern)의 개념과 패턴의 생성원리

1. 화재패턴의 개념

개념	화재패턴은 화염, 열기, 가스, 그을음 등으로 탄화, 소실, 변색, 용융 등의 형태로 물질이 손상된 형상이며, 가연물의 양과 시간에 따라 반응물질이 생겨나고 발화 이후 화재현장에 남아 있는 가시적이고 측정 가능한 물리적 효과(NFPA 921)를 말함
소방에 적용	• 화재패턴은 화재 시 발화의 원인을 규명하는 데 사용되며, 화재의 예방 및 대책의 방법으로 사용됨 • 연기의 확산, 화염의 유동패턴의 화재패턴을 분석하여 화재가 지나간 경로를 역추적, 발화지역 – 발화장소 – 발화지점 – 발화부위 – 발화원 순으로 좁혀 발화원인을 결정하는 중요한 도구

2. 화재패턴의 생성원리

개념도	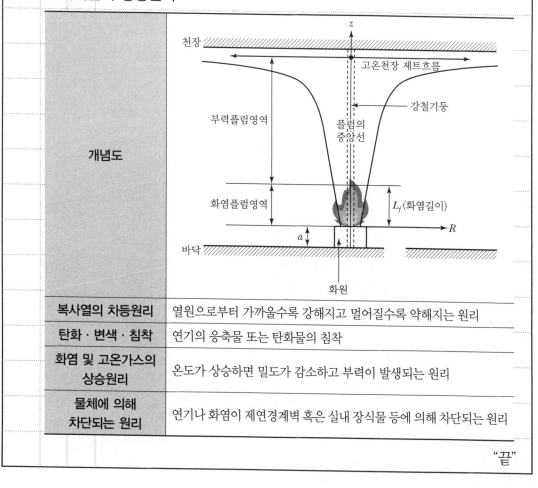
복사열의 차등원리	열원으로부터 가까울수록 강해지고 멀어질수록 약해지는 원리
탄화 · 변색 · 침착	연기의 응축물 또는 탄화물의 침착
화염 및 고온가스의 상승원리	온도가 상승하면 밀도가 감소하고 부력이 발생되는 원리
물체에 의해 차단되는 원리	연기나 화염이 제연경계벽 혹은 실내 장식물 등에 의해 차단되는 원리

"끝"

1. 문제

스프링클러헤드의 RTI(Response Time Index)와 헤드 감도시험방법에 대해서 설명하시오.

2. 시험지에 번호 표기

스프링클러헤드의 RTI(1)(Response Time Index)와 헤드 감도시험방법(2)에 대해서 설명하시오.

3. 실제 답안지에 작성해보기

문 1-2) 스프링클러헤드의 RTI와 헤드 감도시험방법

1. 스프링클러헤드의 RTI

정의	RTI란 기류의 온도·속도 및 작동시간에 대하여 스프링클러헤드의 반응을 예상한 지수를 말함
계산식	$RTI = \tau \sqrt{u}$ 여기서, τ : 감열체의 시간상수(초), u : 기류속도(m/s)
의의	RTI가 작을수록 화재의 발생 시 헤드가 조기 개방됨

2. 헤드 감도시험방법

1) 시험장치

2) 시험방법

① 표시온도에 따른 기류온도, 기류속도에 의한 RTI 결정

표시온도 구분 (℃)	표준반응		특수반응		조기반응	
	기류온도 (℃)	기류속도 (m/s)	기류온도 (℃)	기류속도 (m/s)	기류온도 (℃)	기류속도 (m/s)
57~77	191~203	2.4~2.6	129~141	2.4~2.6	129~141	1.65~1.85

② 표시온도가 55~77℃의 표준반응형 헤드는 풍도 내 기류의 온도 191~203℃, 기류의 속도 2.4~2.6m/s를 송기시켜 감도 측정

3) 분류

헤드의 구분	RTI($\sqrt{m \cdot s}$)
조기반응형(Fast Response)	50 이하
특수형(Special Response)	51 초과 ~ 80 이하
표준형(Standard Response)	81 초과 ~ 350 이하

"끝"

1. 문제

미분무소화설비에서 발생할 수 있는 클로깅(Clogging) 현상과 이 현상을 방지할 수 있는 방법에 대하여 설명하시오.

2. 시험지에 번호 표기

미분무소화설비에서 발생할 수 있는 클로깅(Clogging) 현상(1)과 이 현상을 방지할 수 있는 방법(2)에 대하여 설명하시오.

3. 실제 답안지에 작성해보기

문 1-3) 클로깅(Clogging) 현상과 이 현상을 방지할 수 있는 방법

1. 클로깅 현상

정의	이물질에 의해 미분무소화설비헤드가 막히는 현상
미분무	• 미분무 소화설비는 높은 압력과 특수한 헤드를 통하여 소화수를 미세화하여 방사하는 설비를 말함 [충돌형]　[분사형]　[선회류형]　[디플렉터형]　[슬리트형] • 미분무수를 화재실에 분사하면 화재실 내 O_2농도가 15% 이하로 소화 $$O_2 농도(\%) = \frac{O_2 량}{공기량 + 미분무수량} \times 100$$
문제점	• 클로깅에 의해 노즐의 막힘은 미분무수의 살수량을 저하하여 소화 실패 • 살수량 부족은 미분무소화성능인 질식효과를 저하시켜 플래시오버 발생 가능

2. 클로깅 현상을 방지할 수 있는 방법

클로깅 현상 원인	방지 방법
• 수원 자체 이물질 • 부식환경 조성에 따른 배관 부식에 의한 녹 등 • 경년변화에 따른 스케일 • 배관 내 아연도금 도장 부분 파손 • 배관 아크용접 시 용접 슬래그 • 배관 응축수의 동결에 따른 얼음으로 막힘 • 배관연결 시 사용하는 씰의 파손으로 인한 막힘	• 먹는 물 기준의 수질관리 및 스트레이너 설치 • 내부식성 혹은 스테인레스 배관 사용 • 경수연화장치 혹은 상수도 사용 • 아연도금 배관 사용 지양 • 아크용접 시 플러싱 실시 혹은 TIG, MIG 용접 • 응축수 제거필터 혹은 배관 보온 • 패킹 및 씰의 사용 지양

"끝"

1. 문제

화재수신기와 감시제어반을 비교하여 설명하시오.

2. 시험지에 번호 표기

화재수신기(1)와 감시제어반(2)을 비교(3)하여 설명하시오.

3. 실제 답안지에 작성해보기

문 1-4) 화재수신기와 감시제어반을 비교하여 설명

1. 화재수신기

개요도	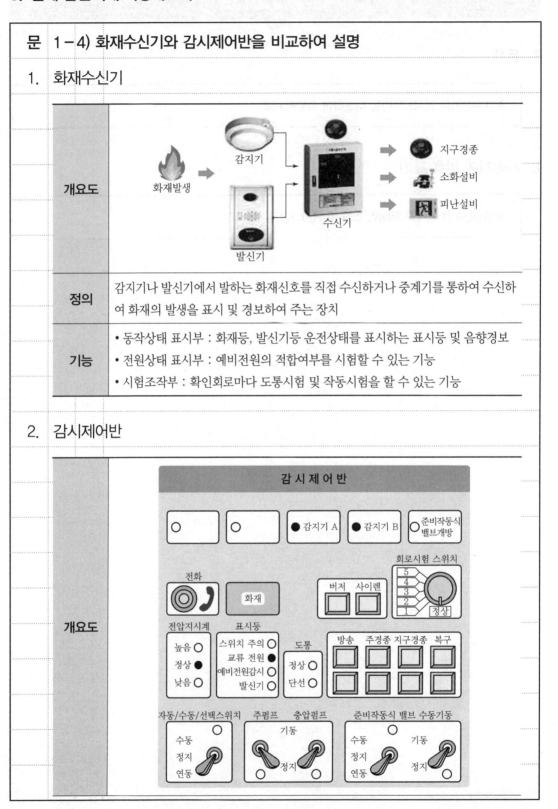
정의	감지기나 발신기에서 발하는 화재신호를 직접 수신하거나 중계기를 통하여 수신하여 화재의 발생을 표시 및 경보하여 주는 장치
기능	• 동작상태 표시부 : 화재등, 발신기등 운전상태를 표시하는 표시등 및 음향경보 • 전원상태 표시부 : 예비전원의 적합여부를 시험할 수 있는 기능 • 시험조작부 : 확인회로마다 도통시험 및 작동시험을 할 수 있는 기능

2. 감시제어반

정의	소화설비 및 제연설비의 운전상태를 표시등 및 음향경보장치를 통하여 감시하고 설비를 자동 및 수동으로 작동시키거나 중단시킬 수 있는 제어기능이 있는 판넬
기능	• 각 펌프의 작동여부를 확인할 수 있는 표시등 및 음향경보기능이 있어야 할 것 • 각 펌프를 자동 및 수동으로 작동시키거나 중단시킬 수 있어야 할 것 • 비상전원을 설치한 경우에는 상용전원 및 비상전원의 공급여부를 확인 • 수조 또는 물올림탱크가 저수위로 될 때 표시등 및 음향으로 경보할 것 • 기동용 수압개폐장치의 압력스위치회로 · 수조 또는 물올림탱크의 감시회로마다 도통시험 및 작동시험을 할 수 있어야 할 것 • 예비전원이 확보되고 예비전원의 적합여부를 시험할 수 있어야 할 것

3. 화재수신기와 감시제어반 비교

구분	화재수신기	감시제어반
평상시	화재 감지	설비 운전상태 감시
화재 시	화재 경보	설비 ON/OFF 제어
설치장소	상시근무자가 있는 곳, 관리용이한 곳	피난층 혹은 지하 1층
방화구획	관계없음	방화구획
부대설비	화재 일람도 비치	비상조명등, 무선통신보조설비, 급배기시설 등
면적제한	제한 없음	조작에 필요한 최소면적

122회

"끝"

1. 문제

> 유체에서 전단력(Shearing Force)과 응력(Stress)에 대해서 설명하시오.

2. 시험지에 번호 표기

> 유체에서 **전단력(1)**(Shearing Force)과 **응력(2)**(Stress)에 대해서 설명하시오.

Tip 문제에서 1번, 2번 지문은 추출할 수 있지만 문제에는 보이지 않는 것이 있습니다. 기본적인 개념, 즉 소방기술사의 입장에서 '소방에서는 어떻게 해야 하는가?' 하는 질문이 행간에 숨어 있습니다.

3. 실제 답안지에 작성해보기

문 1-5) 유체에서 전단력과 응력에 대해서 설명

1. 전단력

개요도	
정의	표면에 평행하게 작용하여 표면의 한 부분이 다른 부분에 대해 상대적으로 미끄러지거나 변형되도록 하는 힘
관계식	• 경계층을 이동시키기 위해서는 힘(F)이 필요 • 힘(F)은 이동판의 단면적(A)과 이동하는 속도(v)에 비례하고, 고정면에서의 거리(y)에 반비례하며 비례식으로 표현하면 다음과 같다. $$F \propto \frac{A(\text{m}^2) \times v(\text{m/s})}{y(\text{m})}$$ 비례상수 점성계수(μ)를 적용하면 $$F = \mu \frac{A(\text{m}^2) \times v(\text{m/s})}{y(\text{m})}$$ • 힘(F)에 대해 반대방향으로 고정면에 전단력이 작용함
전단력	$$전단력(F_\tau) = \mu \frac{A(\text{m}^2) \times v(\text{m/s})}{y(\text{m})}$$

2. 응력

정의	외부 힘을 받아 변형을 일으킨 물체의 내부에 발생하는 단위면적당 힘
관계식	$$\tau = \frac{F}{A} = \frac{\mu A \dfrac{dv}{dy}}{A} = \mu \frac{dv}{dy} [\text{N/m}^2]$$
의의	• 응력은 유체의 경계면에 접하는 방향으로 작용하는 힘(전단력)에 의한 응력(반작용)을 말하며 마찰응력(접선응력)이라고도 함 • 응력은 유체의 성질에 따라서도 변하고 유체의 점성에 따라 뉴턴유체, 비뉴턴유체로 분류함

122회

3. 소방에의 적용

① 점도와 온도 관계

구분	액체의 점성	기체의 점성
온도상승	감소	증가
온도하강	증가	감소

② 마찰력은 손실이므로 제연설비의 경우 온도가 상승하면 기체의 점도가 상승

함. 따라서 마찰손실이 증가하므로 유체의 상태를 고려한 마찰력을 적용할 필

요가 있음

"끝"

1. 문제

이상기체 운동론의 5가지 가정과 보일(Boyle)의 법칙, 샤를(Charles)의 법칙, 게이뤼삭(Gay – Lussac)의 법칙에 대하여 설명하시오.

2. 시험지에 번호 표기

이상기체 운동론의 5가지 가정(1)과 보일(Boyle)의 법칙, 샤를(Charles)의 법칙, 게이뤼삭(Gay – Lussac)의 법칙(2)에 대하여 설명하시오.

3. 실제 답안지에 작성해보기

문 1 - 6) 이상기체 운동론의 5가지 가정과 보일의 법칙, 샤를법칙, 게이뤼삭의 법칙

1. 이상기체 운동론의 5가지 가정

부피	기체 분자가 차지하는 부피는 분자들 사이의 거리에 비해 매우 작기 때문에 무시
직선운동	기체 분자들은 무질서한 직선 운동을 지속
인력, 반발력	기체 분자 상호 간 인력과 반발력 무시
무손실	분자들이 충돌할 때, 완전 탄성충돌로 손실이 없다고 가정
절대온도	분자의 평균 운동에너지는 절대온도에 비례

2. 샤를, 보일, 게이뤼삭의 법칙

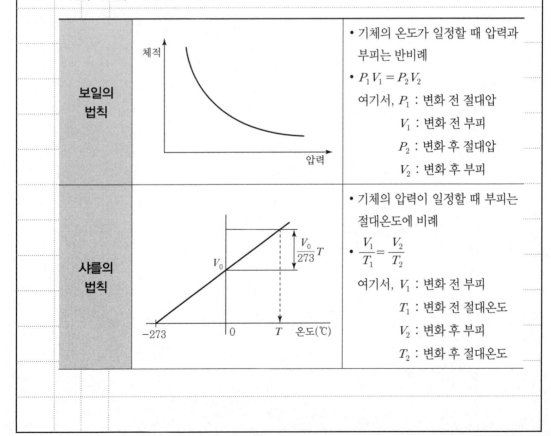

보일의 법칙		• 기체의 온도가 일정할 때 압력과 부피는 반비례
		• $P_1 V_1 = P_2 V_2$
		 여기서, P_1 : 변화 전 절대압
		  V_1 : 변화 전 부피
		  P_2 : 변화 후 절대압
		  V_2 : 변화 후 부피

샤를의 법칙		• 기체의 압력이 일정할 때 부피는 절대온도에 비례
		• $\dfrac{V_1}{T_1} = \dfrac{V_2}{T_2}$
		 여기서, V_1 : 변화 전 부피
		  T_1 : 변화 전 절대온도
		  V_2 : 변화 후 부피
		  T_2 : 변화 후 절대온도

게이뤼삭의 법칙	• 제1법칙

| 게이뤼삭의 법칙 | • 제1법칙

$- V = V_0\left(1 + \dfrac{t}{273}\right)$

－기체의 부피는 일정한 압력하에서 기체의 종류에 관계없이 절대온도에 정비례하여 증가한다는 법칙

• 제2법칙

$-\quad 2H_2 \quad + \quad O_2 \quad = \quad 2H_2O$
(수소 2부피) (산소 1부피)　　(수증기 2부피)

－기체반응의 법칙이라고도 하며 일정한 온도와 압력에서 기체와 기체가 반응하여 또 다른 기체를 형성할 때, 이들 기체의 부피비 사이에는 일정한 정수비가 성립함 |

3. 소방에의 적용

보일의 법칙	물의 질식소화, 이상기체상태방정식 유도
샤를의 법칙	선형상수(K_2값), 이상기체상태방정식 유도
게이뤼삭의 법칙	화학반응식의 유도, 소화약제의 반응식 유도

122회

"끝"

1. 문제

트래킹(Tracking) 화재의 진행과정과 방지대책에 대하여 설명하시오.

2. 시험지에 번호 표기

트래킹(Tracking) 화재(1)의 진행과정(2)과 방지대책(3)에 대하여 설명하시오.

3. 실제 답안지에 작성해보기

문 1-7) 트래킹(Tracking) 화재의 진행과정과 방지대책

1. 정의

트래킹 화재란 전위차가 있는 전극 사이에 오염물이 묻은 곳에서 소규모 불꽃 방

전이 일어나며 절연되어 있어야 할 경로에 전기가 흐르는 트랙(도전로)이 생기는

것으로, 화재 원인이 될 수 있음

2. 트래킹 화재의 진행과정

1) 개요도

2) 진행과정

3. 방지대책

구분	대책
교육	관계자 및 사용자에게 전기화재 위험성에 대한 지속적 교육
점검	열화상 카메라, 누전점검 등 정기점검 실시
유지관리	정기적 분진 제거작업 실시 및 단자조임 상태 확인
설비	전원설비의 고장파급으로 2차적 피해유발의 가능성이 있으므로 Fail Safe 개념으로 이중으로 설비 보호 및 설비 이중화

"끝"

1. 문제

소방설비 배관 및 부속설비의 동파를 방지하기 위한 보온방법에 대하여 설명하시오.

2. 시험지에 번호 표기

소방설비 배관 및 부속설비의 동파(1)를 방지하기 위한 보온방법(2)에 대하여 설명하시오.

3. 실제 답안지에 작성해보기

문	1-8) 소방설비 배관 및 부속설비의 동파를 방지하기 위한 보온방법

1. 정의

동파	소화수의 동결 시 약 10% 체적팽창, 25MPa 압력발생으로 배관, 기기 등의 파손 발생하는 현상
메커니즘	[물의 구조]　　　　[얼음의 구조] 물이 얼음으로 변하며 육각형 입체구조로 변하며, 분자 간의 거리가 멀어지고 부피의 증가가 발생함

2. 보온방법

구분	내용
건물난방법	• 건물 내의 온도를 0℃ 이상 유지 • 비경제적
보온법	• 단열재를 사용하여 배관을 보온 • 개방된 곳, 한냉지의 경우에는 히팅케이블 등과 병행 설치
가열법	• 배관 내의 소화수 및 수조의 수원을 열선을 사용하여 가열 • 화재의 개연성과 비경제적
냉풍차단	방풍실 및 중문설치로 냉풍의 유입을 차단
매설법	• 배관을 동결심도+30cm 이상의 깊이로 매설 • NFPA 13 　일반 : 동결심도+30cm, 차도 : 동결심도+90cm, 철도 : 동결심도+120cm • 동결심도=동결깊이 　$Z = -C\sqrt{F}$ 　Z : 동결깊이(cm), C : 정수(3~5), F : 동결지수(0℃ 이하기온 × 지속일수)

"끝"

1. 문제

옥내소화전설비에서 압력 챔버(Chamber) 설치기준과 역할에 대하여 설명하시오.

Tip 대부분 전자식 압력스위치 방식을 적용하여 설치하고 있어 현 추세에는 적용되지 않는 문제입니다.

1. 문제

할로겐화합물 및 불활성기체소화설비 구성요소 중 저장용기의 설치장소 기준과 할로겐화합물 및 불활성기체 소화약제의 구비조건을 설명하시오.

2. 시험지에 번호 표기

할로겐화합물 및 불활성기체소화설비 구성요소 중 저장용기의 설치장소 기준(1)과 할로겐화합물 및 불활성기체 소화약제의 구비조건(2)을 설명하시오.

Tip 설치장소의 기준은 법에 나와 있는 내용이며, 이산화탄소소화설비 저장장소와 온도와의 차이점만이 있습니다. 모든 소화약제의 구비조건은 '소, 독, 환, 물, 안, 경', 즉 '소화성능, 인체독성, 환경영향성, 물리적 성질, 안정성, 경제성'입니다.

3. 실제 답안지에 작성해보기

문 1 – 10) 저장용기의 설치장소 기준과 소화약제의 구비조건

1. 소화약제 저장용기의 설치장소 기준

위치	• 방호구역 외의 장소에 설치할 것. 다만, 방호구역 내에 설치할 경우에는 피난 및 조작이 용이하도록 피난구 부근에 설치할 것 • 저장용기를 방호구역 외에 설치한 경우에는 방화문으로 구획된 실에 설치할 것
환경영향	• 온도가 55℃ 이하이고 온도의 변화가 작은 곳에 설치할 것 • 직사광선 및 빗물이 침투할 우려가 없는 곳에 설치할 것
표지	용기의 설치장소에는 해당 용기가 설치된 곳임을 표시하는 표지를 할 것
점검고려	용기 간의 간격은 점검에 지장이 없도록 3cm 이상의 간격을 유지할 것
역류방지	저장용기와 집합관을 연결하는 연결배관에는 체크밸브를 설치할 것. 다만, 저장용기가 하나의 방호구역만을 담당하는 경우에는 그러하지 않음

2. 소화약제의 구비조건

소화성능	소화성능이 우수할 것
인체독성	자체독성 및 분해부산물에 대한 인체 영향성이 없을 것
환경영향성	환경영향성이 없을 것 : ODP(오존층 파괴지수), GWP(지구온난화 지수), ALT(대기 중 잔존년수)
물리적 성질	물리, 화학적으로 안정할 것
안정성	소화 후 잔존물을 남기지 않고 2차 피해를 유발하지 않을 것
경제성	쉽게 구입 가능하고 경제적일 것

"끝"

122회

1. 문제

자연배연과 기계배연을 비교하여 설명하시오.

2. 시험지에 번호 표기

자연배연(1)과 기계배연(2)을 비교(3)하여 설명하시오.

Tip 문제에는 없지만 답에는 소방의 적용 혹은 소견이 들어가야 합니다. 잊지 마세요.

3. 실제 답안지에 작성해보기

문 1-11) 자연배연과 기계배연을 비교하여 설명

1. 자연배연

개요도	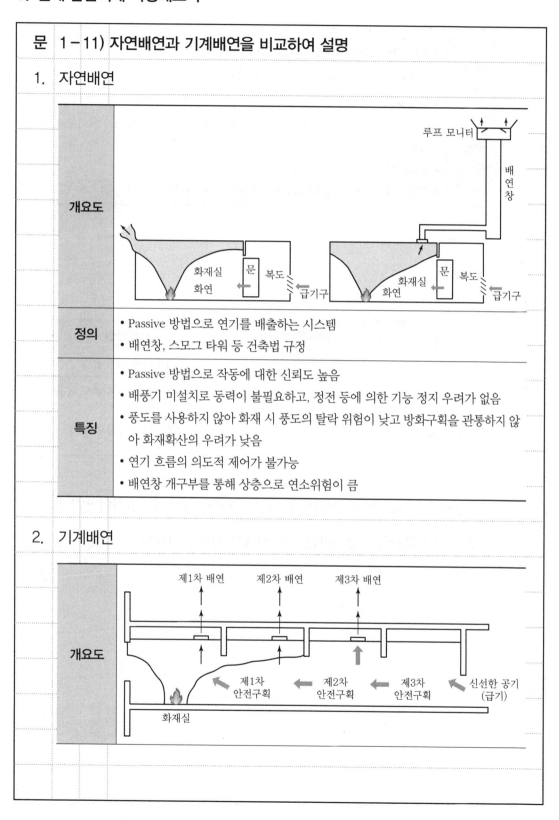
정의	• Passive 방법으로 연기를 배출하는 시스템 • 배연창, 스모그 타워 등 건축법 규정
특징	• Passive 방법으로 작동에 대한 신뢰도 높음 • 배풍기 미설치로 동력이 불필요하고, 정전 등에 의한 기능 정지 우려가 없음 • 풍도를 사용하지 않아 화재 시 풍도의 탈락 위험이 낮고 방화구획을 관통하지 않아 화재확산의 우려가 낮음 • 연기 흐름의 의도적 제어가 불가능 • 배연창 개구부를 통해 상층으로 연소위험이 큼

2. 기계배연

개요도	

정의	• Active 방법으로 연기를 배출하는 시스템 • 소방법에 규정하고 있는 제연설비를 의미
특징	• 배연량은 연기 발생량으로 설정되므로 안정적인 성능의 확보 가능 • 바람 등 외부환경의 영향이 적고, 온도가 낮아 부력이 작은 상태의 연기도 배연 가능 • Active 방법으로 신뢰도가 낮음 • 방화구획의 덕트 관통부의 화댐퍼 미작동 시 화재확산 우려가 높음

3. 소견

① 비교

구분	기계배연	자연배연
규정	소방법에 의한 규정	건축법에 의한 규정
신뢰도	Active 방법으로 신뢰도 낮음	Passive 방법으로 신뢰도 높음
제연능력	배연량은 연기 발생량으로 설정되므로 안정적인 성능확보 가능	인위적인 성능확보 불가

② 기계배연과 자연배연은 신뢰도와 제연능력 관점에서 장·단점이 있으며, 설계 시 서로 보완하여 설치하는 것이 타당할 것으로 사료됨

"끝"

1. 문제

> 구획 내 전체화재에 사용하는 화재하중의 설정에 대하여 설명하시오.

2. 시험지에 번호 표기

> 구획 내 전체화재에 사용하는 화재하중(1)의 설정(2)에 대하여 설명하시오.

3. 실제 답안지에 작성해보기

문 1-12) 구획 내 전체화재에 사용하는 화재하중의 설정에 대하여 설명

1. 화재하중

1) 정의

정의	화재실 바닥의 단위면적당 가연물의 양을 등가목재중량으로 환산한 값을 의미하며, 화재하중에 따라 화재의 지속시간이 결정되고, 지속시간이 길수록 화재가혹도가 증가함
관계식	$q(\text{kg/m}^2) = \dfrac{\sum\limits_{t=1}^{n} \Sigma\,(G_t \cdot H_t)}{H \cdot A} = \dfrac{\Sigma\,Q_t}{4,500\,A}$ 여기서, G_t : 가연물량(kg) $\quad\quad\ H_t$: 가연물의 단위질량당 발열량(kcal/kg) $\quad\quad\ H$: 목재의 단위질량당 발열량(kcal/kg) $\quad\quad\ Q_t$: 총발열량(kcal)

2) 소방에의 적용

화재하중	화재강도	화재가혹도
• 화재실의 단위바닥면적에 대한 등가가연물(목재의 단위발열량으로 환산)의 양 • 목재의 단위발열량 4,500kcal/kg • 주수시간(주수량)을 결정하는 인자	• 열방출률에 따른 화재실의 열축적률 • 화재실의 온도가 높을수록 화재강도는 큼 • 주수율(L/m² · min)을 결정하는 인자	• 화재가 건축물을 손상 · 파괴시키는 피해의 정도 • 화재의 양적 개념과 질적 개념을 포함 • 화재가혹도 = 지속시간 × 최고온도

2. 화재하중의 설정순서

① 구획실 내 각 가연물별 열방출률 산출

② 구획실 내 각 가연물별 발화될 확률이 큰 가연물 선정

③ 구획실 내 각 가연물별 열방출률 산출이 가장 큰 가연물과 발화하기 가장 쉬운

조건의 가연물을 화재하중으로 설정

3. 소견

1) 개요도

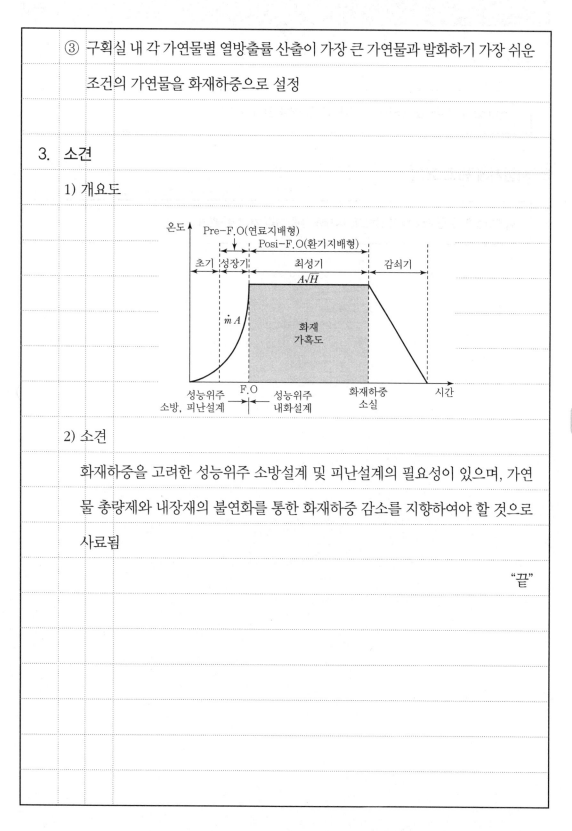

2) 소견

화재하중을 고려한 성능위주 소방설계 및 피난설계의 필요성이 있으며, 가연

물 총량제와 내장재의 불연화를 통한 화재하중 감소를 지향하여야 할 것으로

사료됨

"끝"

1. 문제

화학물질의 위험도를 정의하고, 아세틸렌을 예를 들어 설명하시오.

2. 시험지에 번호 표기

화학물질의 위험도를 정의(1)하고, 아세틸렌을 예를 들어 설명(2)하시오.

3. 실제 답안지에 작성해보기

문 1-13) 화학물질의 위험도를 정의하고, 아세틸렌을 예를 들어 설명

1. 화학물질의 위험도

정의	화학물질에 의한 위한 폭발 발생 빈도 혹은 폭발 가능성 정도를 확률 통계에 의하여 정량적으로 나타낸 지수
관계식	$H = \dfrac{UFL - LFL}{LFL}$ 여기서, H : 위험도, UFL : 연소상한계, LFL : 연소하한계
개념	• 위험도 지수가 클수록 위험 • 폭발하한계와 폭발상한계 차이가 클수록 위험

2. 아세틸렌의 위험도

개요도	
폭발하한계	2.5vol%
폭발상한계	80vol%
계산	$H = \dfrac{UFL - LFL}{LFL} = \dfrac{80 - 2.5}{2.5} = 31$
답	31

"끝"

1. 문제

소화배관에서 수격(Water Hammer) 현상 시 발생하는 충격파의 특징 및 방지대책에 대하여 설명하시오.

2. 시험지에 번호 표기

소화배관에서 수격(Water Hammer) 현상(1) 시 발생하는 충격파의 특징(2) 및 방지대책(3)에 대하여 설명하시오.

Tip '수격 개요-수격 메커니즘-충격파의 특징, 문제점-대책' 순으로 정리합니다.

3. 실제 답안지에 작성해보기

문 2-1) 충격파의 특징 및 방지대책에 대하여 설명

1. 개요

① 유로 단면적의 급격한 변화에 의해 충격파가 발생하여 소음과 충격을 일으키는 현상으로 밸브의 급격한 개폐 혹은 펌프의 기동 시 발생함

② 배관의 변형, 파손 등의 원인이 되어 충격파의 특징을 알고, 방지대책을 세워야 함

2. 수격발생 메커니즘

개요도	 1. 밸브 폐쇄된 상태 2. 밸브 개방　　　유동 중인 유체 3. 밸브 폐쇄　　　수격작용
운동량방정식	• 충격량(F) $= \rho Q(V_1 - V_2)$ • 충격량＝속도차
베르누이정리	• $\dfrac{v_1^2}{2g} + \dfrac{p_1}{r} + z_1 = \dfrac{v_2^2}{2g} + \dfrac{p_2}{r} + z_2, \ \dfrac{v_2^2}{2g} - \dfrac{v_1^2}{2g} = \dfrac{p_1}{r} - \dfrac{p_2}{r} \ (z_1 = z_2)$ • 속도 변화의 제곱에 따른 압력변화에 의한 충격파
메커니즘	속도차 → 압력차 → 힘의 차 → 충격파

3. 충격파의 특징

정의	수격작용에 압력파는 특정한 속도를 가지고 관로 내로 전파되는데, 이 속도를 충격파 혹은 압력파의 전파속도라 하며 그 크기에 따라 수격압의 차이를 보임
관계식	상승압력 $\Delta P(\text{kPa}) = \dfrac{9.81 \times a \times V}{g}, \ a = \sqrt{\dfrac{K/\rho}{1 + K/E \times d/\delta}}$ 여기서, a : 충격파속도(m/sec), V : 유체속도(m/sec), g : 중력가속도(m/s^2) 　　　　K : 물의 체적탄성계수(kg/m^2), E : 관종탄성계수(kg/m^2) 　　　　ρ : 밀도(kgfs^2/m^4), d : 관직경(m), δ : 관두께(m)

특징	• 상승압력은 유체속도 및 압력파 속도에 비례하여 증가 • 상승압력은 배관 길이 및 형태와는 무관하며, 충격파 속도는 유체 내에서 음속과 동일 • 충격파 발생 시 유동의 압력, 온도, 밀도가 급격히 상승
문제점	• 공기의 체류에 의한 통수 및 분수의 기능저하 등에 의한 송수관의 송수기능 정지 • 펌프 및 원동기 역전 과속에 의한 기계 파손 문제 • 수면 동요에 의하여 분수공과 배출수조로부터 월류 발생 • 관내의 압력 상승·하강에 의한 관, 밸브, 펌프 등 기계 파손 • 관내 부압이 커짐에 따라 수중에 녹아 있던 공기가 분리되거나 밸브로부터 공기 혼입으로 발생하는 Water Hammer 현상 또는 Cavitation에 의한 관체나 기계의 파손

4. 방지대책

부압방지법	• 속도조절용 플라이휠 설치 • 펌프토출 측 공기조 및 서지탱크 설치
압력상승경감법	• 바이패스 설치 • 스모렌스키 체크 밸브 설치
수격흡수장치	벨로즈형, 에어챔버 등의 Water Hammering Chamber 설치
유속저하	배관구경을 크게 하고, 유속을 2m/s 이하로 낮춤
밸브개폐속도	NFPA 13에서는 밸브조작 시 5초 이상 요구

"끝"

1. 문제

소화설비의 배관에서 사용하는 게이트(Gate) 밸브, 글로브(Globe) 밸브, 체크(Check) 밸브의 특징에 대하여 설명하시오.

Tip 밸브의 종류 및 특징은 전회차에서 설명하였습니다.

1. 문제

전기적 폭발의 개념과 발생원인 및 예방대책에 대하여 설명하시오.

2. 시험지에 번호 표기

전기적 폭발의 개념(1)과 발생원인 및 예방대책(2)에 대하여 설명하시오.

3. 실제 답안지에 작성해보기

문 2-3) 전기적 폭발의 개념과 발생원인 및 예방대책에 대하여 설명

1. 개요

① 전기적 폭발이란 전기에너지가 전선, 기기에 열에너지로 축적되다가 폭발하는 것으로 폭음과 고열의 아크를 수반함

② 아크, 단락, 과전류, 서지 등의 내부적 요인과 낙뢰, 동·식물류의 접촉사고와 같은 외부적 요인에 의해 발생됨

2. 전기적 폭발 위험성 및 문제점

구분	내용
1차적 위험	• 인체를 통해 흐르는 전류에 의한 감전사고 • 전기 아크와 그 결과로 인한 고온 및 유해물질과의 접촉 • 강력한 전자기장의 영향으로 통신기기 등 손상 • 발화원 혹은 폭발원으로 작용
2차적 위험	• 생산시설, 통신시설 등 인프라 훼손 • 생산중단, 네트워크 마비 회복에 상당한 시간과 비용손실 발생

3. 전기적 폭발의 발생원인 및 예방대책

1) 내부적 발생원인 및 예방대책

내부적 원인	예방대책
• 부하 측에서 단락발생으로 회로에 대전류가 흐를 시 • 변압기 등 전기회로를 내장한 용기 내에서 절연유및 절연가스 등의 절연재료 부족에 따른 절연파괴 시 • 접점에서 발생된 아크가 소모되지 않을 경우 • 뇌서지가 발생하는 경우 • 회로에서 접속불량의 경우	• 변압기 1차 측에 피뢰기, 보호퓨즈설치, 낙뢰 등 서지전압의 차단 • 변압기 절연유 상부 공기공간 확보로 압력완충 • 압력의 적절한 분출장치 마련 • 절연유의 절연내력시험 등 점검 • 유지관리 철저 및 유지관리자 교육

2) 외부적 발생원인 및 예방대책

외부적 원인	예방대책
• 크레인 등 고가사다리 작업 중 고압선과 접촉, 지락되는 경우 • 고압시설에 동 · 식물 등이 접촉하는 경우 • 낙뢰가 전기시설에 피격되어 비정상인 전압 상승 • 습기에 의해 절연이 파괴되어 지락이 되는 경우 • 외부 인접 화재로 발생한 화재로 전선의 단락 시	• 인접화재 영향의 최소화 및 전기시설 이격설치 등 • 사람, 동물 등의 고압시설 접근 방지를 위한 울타리 및 시건장치 설치 • 낙뢰 등 방지를 위한 피뢰설비 설치 • 고가사다리 작업 시 안전원 배치 및 교육 • 유지관리 철저 및 유지관리자 교육

"끝"

1. 문제

> 접지(Earth)설비에 대하여 설명하시오.
>
> (1) 접지의 목적
>
> (2) 접지목적에 따른 분류
>
> (3) 접지공사 종류별 접지저항값, 접지선 굵기, 적용대상

2. 시험지에 번호 표기

> 접지(Earth)(1)설비에 대하여 설명하시오.
>
> (1) 접지의 목적(2)
>
> (2) 접지목적에 따른 분류(3)
>
> (3) 접지공사 종류별 접지저항값, 접지선 굵기, 적용대상(4)

Tip 시험지에 번호를 표기하면 지문을 잊어 답을 못쓰는 경우를 피할 수 있으며, 질문자가 묻는 내용을 정확하게 파악할 수 있습니다. (2)와 (3) 문항은 바뀐 KEC 규정에 대한 답을 써야 합니다.

3. 실제 답안지에 작성해보기

문 2-4) 접지(Earth)설비에 대하여 설명

1. 개요

   ① 접지(接地) 또는 그라운드(Ground, Earth)는 전기회로를 도선으로 연결해 전류가 지면으로 흐르게 하는 것을 말함

   ② 접지목적에 따라 계통보호, 기기보호 등으로 나뉘어 있으며, 최근 법령 개정으로 접지선의 굵기 등을 산정하는 방법 등이 바뀜

2. 접지의 목적

   1) 개요도

   2) 접지목적

   ① 기기의 지락사고 발생 시 인체 감전 방지

   ② 선로로부터 유도된 전류에 의한 감전방지

   ③ 절연계급의 저감, 보호장치의 동작에 대한 확실성 보장

   ④ 고·저압 혼촉 시 저압선의 전위상승 억제

3. 접지목적에 따른 분류

접지대상	현행 접지방식	KEC 접지방식
(특)고압설비	1종 : 접지저항 10Ω	• 계통접지 : TN, TT, IT 계통
600V 이하 설비	특3종 : 접지저항 10Ω	• 보호접지 : 등전위본딩 등
400V 이하 설비	3종 : 접지저항 100Ω	• 피뢰시스템 접지
변압기	2종 : (계산요함)	"변압기 중성점 접지"로 명칭 변경

4. 접지공사 종류별 접지저항값, 접지선 굵기, 적용대상

접지대상	현행 접지도체 최소단면적	KEC 접지/보호도체 최소단면적
(특)고압설비	1종 : 6.0mm² 이상	• 상도체 단면적 S(mm²)에 따라 선정*
600V 이하 설비	특3종 : 2.5mm² 이상	$- S \leq 16 : S$
400V 이하 설비	3종 : 2.5mm² 이상	$-16 < S \leq 35 : 16$
		$-35 < S : S/2$
변압기	2종 : 16.0mm² 이상	• 차단시간 5초 이하의 경우 $S = \sqrt{I^2 t}/k$

* 접지도체와 상도체의 재질이 같은 경우로서, 다른 경우에는 재질 보정계수(k_1/k_2)를 곱함

"끝"

1. 문제

소방안전관리대상물의 소방계획서 작성 등에 있어서 소방계획서에 포함되어야 하는 사항을 설명하시오.

2. 시험지에 번호 표기

소방안전관리대상물의 소방계획서(1) 작성 등에 있어서 소방계획서에 포함되어야 하는 사항(2)을 설명하시오.

Tip 개요에서 정의와 목적 등을 설명하고 작성하는 내용에 대해서 정리해서 답안을 작성해야 합니다. 채점자에게 내가 많이 알고 있다는 것을 알리기 위한 방법을 찾고 답을 적어내야 합니다.

3. 실제 답안지에 작성해보기

문 2-5) 소방계획서에 포함되어야 하는 사항을 설명

1. 개요

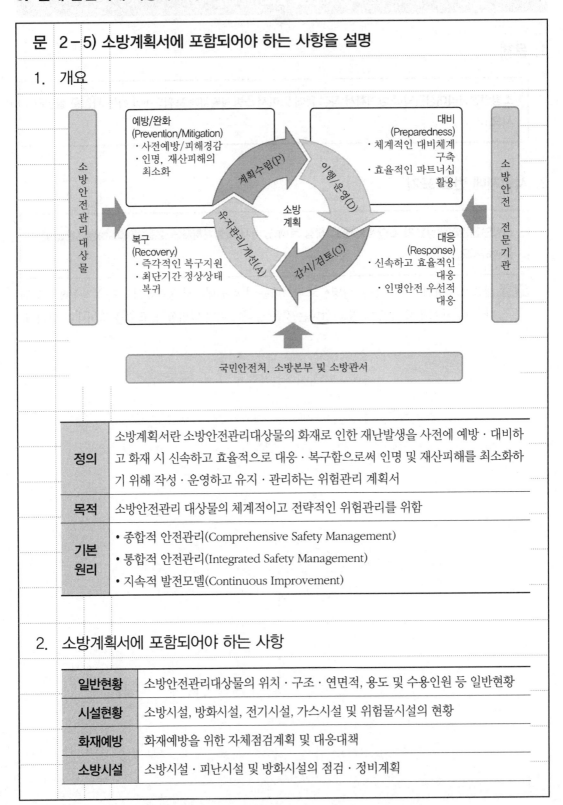

정의	소방계획서란 소방안전관리대상물의 화재로 인한 재난발생을 사전에 예방·대비하고 화재 시 신속하고 효율적으로 대응·복구함으로써 인명 및 재산피해를 최소화하기 위해 작성·운영하고 유지·관리하는 위험관리 계획서
목적	소방안전관리 대상물의 체계적이고 전략적인 위험관리를 위함
기본 원리	• 종합적 안전관리(Comprehensive Safety Management) • 통합적 안전관리(Integrated Safety Management) • 지속적 발전모델(Continuous Improvement)

2. 소방계획서에 포함되어야 하는 사항

일반현황	소방안전관리대상물의 위치·구조·연면적, 용도 및 수용인원 등 일반현황
시설현황	소방시설, 방화시설, 전기시설, 가스시설 및 위험물시설의 현황
화재예방	화재예방을 위한 자체점검계획 및 대응대책
소방시설	소방시설·피난시설 및 방화시설의 점검·정비계획

피난계획	피난층 및 피난시설의 위치와 피난경로의 설정, 화재안전취약자의 피난계획 등을 포함한 피난계획
방화구획등	방화구획, 제연구획(除煙區劃), 건축물의 내부 마감재료 및 방염대상물품의 사용현황과 그 밖의 방화구조 및 설비의 유지·관리계획
권원분리	관리의 권원이 분리된 특정소방대상물의 소방안전관리에 관한 사항
훈련, 교육	소방훈련·교육에 관한 계획
자위소방대	소방안전관리대상물의 근무자 및 거주자의 자위소방대 조직과 대원의 임무(화재안전취약자의 피난 보조 임무를 포함한다)에 관한 사항
화기취급	화기취급 작업에 대한 사전 안전조치 및 감독 등 공사 중 소방안전관리에 관한 사항
소화, 연소	소화에 관한 사항과 연소방지에 관한 사항
위험물	위험물의 저장·취급에 관한 사항
기록, 유지	소방안전관리에 대한 업무수행에 관한 기록 및 유지에 관한 사항
초기대응	화재발생 시 화재경보, 초기소화 및 피난유도 등 초기대응에 관한 사항
기타	그 밖에 소방본부장 또는 소방서장이 소방안전관리대상물의 위치·구조·설비 또는 관리 상황 등을 고려하여 소방안전관리에 필요하여 요청하는 사항

"끝"

1. 문제

화재 시 아래의 제한된 조건하에서 화염의 열유속(q'')의 값을 비교하고 각각 연료에 대한 위험성과 상관관계를 설명하시오.

※ 재료별 직경 1m의 풀화재 자료

	질량감소유속 $\dot{m}''[\text{g/m}^2\text{s}]$	연소면적 $A[\text{m}^2]$	유효연소열 $\triangle H_c[\text{kJ/g}]$	기화열 $L[\text{kJ/g}]$
폴리스티렌	38	0.785	39.85	1.72
가솔린	55	0.785	43.70	0.33

2. 시험지에 번호 표기

화재 시 아래의 제한된 조건하에서 화염의 열유속(q'')의 값을 비교(1)하고 각각 연료에 대한 위험성과 상관관계(2)를 설명하시오.

※ 재료별 직경 1m의 풀화재 자료

	질량감소유속 $\dot{m}''[\text{g/m}^2\text{s}]$	연소면적 $A[\text{m}^2]$	유효연소열 $\triangle H_c[\text{kJ/g}]$	기화열 $L[\text{kJ/g}]$
폴리스티렌	38	0.785	39.85	1.72
가솔린	55	0.785	43.70	0.33

3. 실제 답안지에 작성해보기

문 2-6) 화염의 열유속($\dot{q}''$)의 값을 비교하고 각각 연료에 대한 위험성과 상관관계를 설명하시오.

1. 화염의 열유속 값의 비교

   1) 화염의 열유속

   ① 폴리스티렌 열유속

관계식	$\dot{q}'' = \dot{m}'' \cdot L$ 여기서, $\dot{m}''$: 질량감소유속(g/m²s), L : 기화열(kJ/g)
계산	$\dot{q}'' = \dot{m}'' \cdot L = 38 \times 1.72 = 65.36\,(\text{kJ/m}^2\text{s})$

   ② 가솔린 열유속

관계식	$\dot{q}'' = \dot{m}'' \cdot L$ 여기서, $\dot{m}''$: 질량감소유속(g/m²s), L : 기화열(kJ/g)
계산	$\dot{q}'' = \dot{m}'' \cdot L = 55 \times 0.33 = 18.15\,(\text{kJ/m}^2\text{s})$

   2) 화염의 열방출률

   ① 폴리스티렌의 열방출률

관계식	$Q = \dot{m}'' \cdot A \cdot \triangle H_c$
	 여기서, $\dot{m}''$: 질량감소유속(g/m²s)
	         A : 연소면적(m²)
	         $\triangle H_c$: 유효연소열(kJ/g)

계산	$Q = \dot{m}'' \cdot A \cdot \triangle H_C = 38 \times 0.785 \times 39.85 = 1{,}188.7\,(\text{kJ/s})$

② 가솔린의 열방출률

관계식	$Q = \dot{m}'' \cdot A \cdot \triangle H_c$ 여기서, $\dot{m}''$: 질량감소유속(g/m²s) A : 연소면적(m²) $\triangle H_c$: 유효연소열(kJ/g)
계산	$Q = \dot{m}'' \cdot A \cdot \triangle H_C = 55 \times 0.785 \times 43.70 = 1,886.8 \, (\text{kJ/s})$

2. 화염의 열유속과 열방출률 비교

구분	가솔린	폴리스티렌	비교
열유속	18.15	65.36	폴리스티렌>가솔린
열방출률	1,886.8	1,188.7	가솔린>폴리스티렌

3. 열유속과 위험성의 상관관계

구분	상관관계	결론
열유속	건축물의 손괴 가능성과 관련	폴리스티렌의 건축물 손괴 가능성 큼
열방출률	Flashover 발생 가능성과 관련	가솔린의 Flashover 발생 가능성 큼

"끝"

1. 문제

소화배관의 과압 발생 시 감압방법의 종류와 각각의 특징에 대하여 설명하시오.

2. 시험지에 번호 표기

소화배관의 과압 발생(1) 시 감압방법의 종류와 각각의 특징(2)에 대하여 설명하시오.

3. 실제 답안지에 작성해보기

문 3-1) 소화배관의 과압 발생 시 감압방법의 종류와 각각의 특징에 대하여 설명

1. 개요

① 최근 건축물이 고층화, 대형화됨에 따라 고가수조방식의 가압송수방식을 채택하는 경우가 많고, 규정 방사압력과 방사량을 확보하기 위해서는 고양정의 소화펌프가 요구되며, 하층부에서는 낙차압 및 펌프압력에 의한 과압이 발생됨

② 과압을 방지하기 위한 감압방법으로는 전용배관방식, 감압밸브방식 등 여러 가지가 있으며 각각의 특징을 알고 적용하여야 함

2. 과압발생 시 문제점

옥내 · 외 소화전	• 수원의 조기 고갈 • 반동력에 의한 관계인 및 소방대의 소방활동 곤란 • 호스의 파손 및 배관부속 등의 누수 발생
스프링클러설비	• 균일한 살수 밀도 유지 곤란 • 수원의 조기 고갈 • 플럼에 의한 스키핑 현상 발생

3. 감압방법의 종류와 각각의 특징

1) 감압밸브방식

개요도

감압밸브

특징	• 호스접결구 인입 측에 감압 오리피스 및 감압밸브 설치 • 소화설비의 시스템 구성이 간편, 단순 • 분할방식에 비해 소화시스템의 설치비 저렴

2) 중계펌프(부스터 펌프)방식

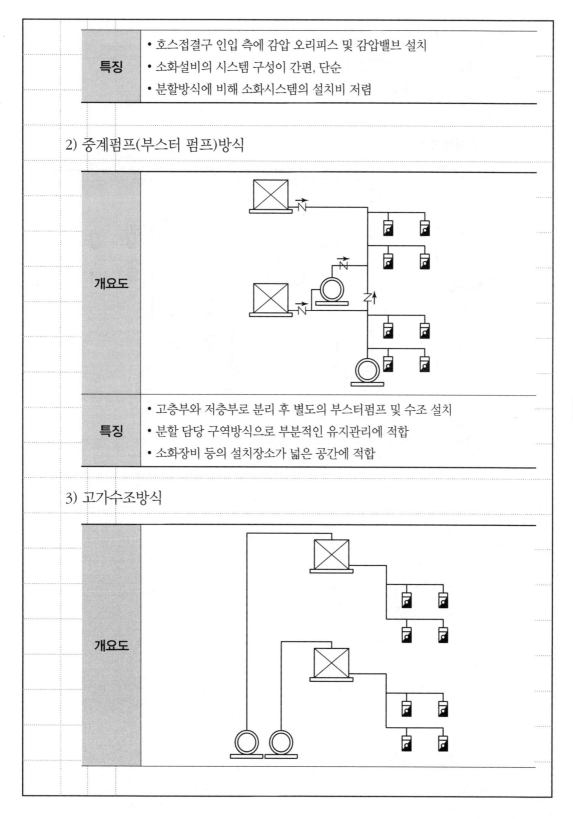

특징	• 고층부와 저층부로 분리 후 별도의 부스터펌프 및 수조 설치 • 분할 담당 구역방식으로 부분적인 유지관리에 적합 • 소화장비 등의 설치장소가 넓은 공간에 적합

3) 고가수조방식

특징	• 고층부와 저층부를 구분하여 고가수조 설치 • 규정방사압을 얻기 위해서는 일정 낙차 확보하여야 함 • 가압펌프 및 비상전원이 필요 없어 신뢰도가 높음

4) 전용배관 방식

개요도	
특징	• 고층부와 저층부로 분리하여 별도의 가압송수장치 설치 • 소화시스템 구성이 단일 구성방식에 비해 고가 • 설비의 감시와 제어가 복잡

"끝"

1. 문제

최근 정부에서는 지난 4월 발생한 이천 물류센터 공사현장 화재사고 이후 동일한 사고가 다시는 재발하지 않도록 건설현장과 발생위험 요인들을 분석하여 건설현장 화재안전 대책을 마련하였다. 다음 각 물음에 대하여 설명하시오.

(1) 건설현장 화재안전 대책의 중점 추진방향
(2) 건설현장 화재안전 대책의 세부 내용을 건축자재 화재안전기준 강화 측면과 화재 위험작업 안전조치 이행 측면 중심으로 각각 설명

Tip 시사성이 떨어지는 문제입니다.

1. 문제

송풍기의 특성곡선을 설명하고, 직렬운전 및 병렬운전 시 송풍기의 용량이 동일한 경우와 다른 경우를 구분하여 설명하시오.

2. 시험지에 번호 표기

송풍기의 특성곡선(1)을 설명하고, 직렬운전 및 병렬운전 시 송풍기의 용량이 동일한 경우(2)와 다른 경우(3)를 구분하여 설명하시오.

3. 실제 답안지에 작성해보기

문 3-3) 직렬운전 및 병렬운전 시 송풍기의 용량이 동일한 경우와 다른 경우를 구분하여 설명

1. 송풍기의 특성곡선

정의	• 각종 송풍기는 고유의 특성이 있으며, 이러한 특성을 하나의 선도로 나타낸 것을 송풍기의 특성곡선이라 함 • 일정한 회전수에서 횡축을 풍량 Q[m³/min], 종축을 압력(정압 P_s, 전압 P_t) [mmAq], 효율[%], 소요동력 L[kw]로 놓고 풍량에 따라 이들의 변화과정을 나타냄
특성곡선	 [Sirocco Fan 특성곡선]
설명	• 송풍량을 증가시키면 축동력(실선)은 급상승 • 전압(1점 쇄선)과 정압(2점 쇄선)은 산형(山形)을 이루면서 강하 • 전압과 정압의 차가 동압 • 전압 효율과 정압을 기준으로 하는 정압효율이 있는데 포물선 형식으로 어느 한 계까지 증가 후 감소

2. 직렬운전 및 병렬운전 시 송풍기의 용량이 동일한 경우

구분	직렬운전	병렬운전
특성 곡선	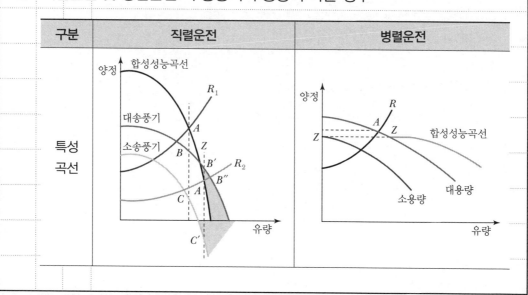	
운전 특성	• 정압을 늘릴 때 적용 • 유량과 정압 모두 증가 • 동일유량에서 정압은 대략 2배	• 유량을 늘릴 때 적용 • 유량과 정압이 모두 증가 • 토출량은 대략 2배
특징	• 덕트계통에 고정압이 필요하거나 Booster 송풍기를 둘 경우 이용 • 상류에 있는 송풍기는 압입운전이 되므로 흡입덕트의 내압에 주의를 하여야 하며, 흡입유량이 항상 확보되어야 함	• 병렬운전 시 비상시에 유용하며 대수제어로 유량조절이 가능 • 유량의 증가율은 실양정이 낮고 덕트의 길이가 길수록 덕트의 저항손실의 비율이 높을수록 낮아짐

122회

3. 직렬운전 및 병렬운전 시 송풍기의 용량이 다를 경우

구분	직렬운전	병렬운전
특성 곡선		

구분	직렬운전	병렬운전

운전 특성	• 합성운전점 : A점
	• 각 송풍기 운전점 : B, C점
	• 덕트저항곡선 R_2로 운전할 경우
	  − 합성운전점 : A'점
	  − 소용량 송풍기 운전점 : C' 저항으로 작용
	  − 대용량 한 대로 운전이 타당
		• 운전점인 A점이 Z점보다 낮은 구간에서 병렬운전
		• 덕트저항곡선 R로 A점 운전 시
		  − A점이 소용량 송풍기 체절점보다 높음
		  − 소용량 송풍기는 송수 불가
		  − 대용량 한 대로 운전이 타당

특징	• 저항곡선이 Z점보다 아래에서 운전 시 소용량 송풍기는 체절운전이 되어 흐름을 방해 • 송풍기는 대용량 → 소용량 순서 설치 • 역순으로 배치 시 서징유발	• Z점보다 적은 유량으로 운전 시 소유량 송풍기는 체절운전 상태가 되므로 운전점이 Z점 이하일 때는 소유량 송풍기 운전 중단 • 유량증가 시 유용

"끝"

1. 문제

정전기의 대전을 방지하기 위한 전압인가식 제전기의 종류와 제전기 사용상의 유의사항에 대하여 설명하시오.

2. 시험지에 번호 표기

정전기의 대전(1)을 방지하기 위한 전압인가식 제전기의 종류(2)와 제전기 사용상의 유의사항(3)에 대하여 설명하시오.

3. 실제 답안지에 작성해보기

문 3-4) 전압인가식 제전기의 종류와 제전기 사용상의 유의사항에 대하여 설명하시오.

1. 개요

정의	• 공간의 모든 장소에서 전하의 이동이 전혀 없는 전기(정지한 전기, 전하들이 대전된 상태) • 전하의 공간적 이동이 적고, 그것에 의한 자계효과가 전계효과에 비해 무시할 수 있을 만큼 적은 전기
메커니즘	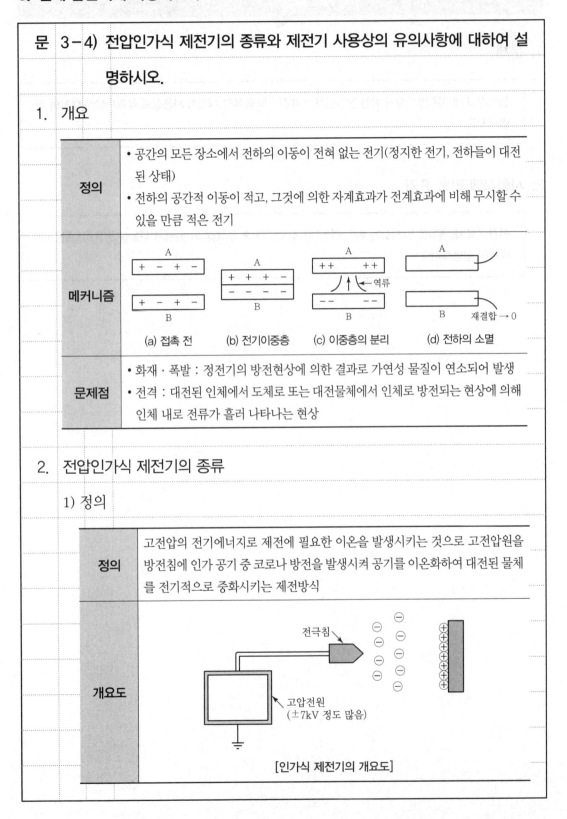
문제점	• 화재 · 폭발 : 정전기의 방전현상에 의한 결과로 가연성 물질이 연소되어 발생 • 전격 : 대전된 인체에서 도체로 또는 대전물체에서 인체로 방전되는 현상에 의해 인체 내로 전류가 흘러 나타나는 현상

2. 전압인가식 제전기의 종류

1) 정의

정의	고전압의 전기에너지로 제전에 필요한 이온을 발생시키는 것으로 고전압원을 방전침에 인가 공기 중 코로나 방전을 발생시켜 공기를 이온화하여 대전된 물체를 전기적으로 중화시키는 제전방식
개요도	[인가식 제전기의 개요도]

2) 종류

종류	제전전극 형태	적용
표준형	침상전극 등과 용량결합에 의한 고전압인가 → 이온전극 형상은 직선상으로 형성	Film, 종이, 섬유
플랜지형	플랜지형태, 고리형 전극을 통하여 공기 이온화 제전	파이크라인에 설치
송풍형	고전압에 의한 이온화된 공기를 송풍장치가 이송 → 이온전극현상은 직선 혹은 면상(面狀)으로 형성	분체, 인체, 액체 등
노즐형	이온화된 공기를 제전기 본체에 연결된 노즐 피팅에 형성된 다수개의 공기 분사구를 통해 분사시켜서 제전	• 복잡한 형상의 대전 • 물체의 제전
방폭형	• 제전전극, 전원장치, 고압케이블, 접속기구 등이 특수 방폭구조로 설계된 제전기 • 내압방폭구조, 특수방폭구조로 구분	폭발 위험장소
Gun형	이온화된 공기를 장치 본체에 연결된 압축공기 Gun을 통해 압축공기와 함께 방출 제전	Film의 먼지

3. 제전기 사용상의 유의사항

고전압에 대한 안전성	코로나 방전개시 전압은 7kV의 고전압이며, 접지에 주의
방전침으로부터 먼지발생 고려	클린룸 내에서 제전장치 사용 시 방전침 소재가 방출된 스퍼터링(Sputtering) 현상, 공기 중의 미량불순물이 응집·침착하여 불규칙적으로 비산하는 현상 주의
양·음이온의 발생 밸런스	제전장치에 의한 이온 밸런스 : 대전체의 대전량 고려
오존에 대한 안전성	공기의 이온화되는 과정에서 오존이 발생되고, 오존은 강력한 산화제이며 신체에 독성물질

"끝"

1. 문제

ESFR(Early Suppression Fast Response) 헤드 설치장소의 구조기준 및 헤드의 특징에 대하여 설명하시오.

2. 시험지에 번호 표기

ESFR(Early Suppression Fast Response) 헤드(1) 설치장소의 구조기준(2) 및 헤드의 특징(3)에 대하여 설명하시오.

Tip 스프링클러는 감지특성과 방사특성을 설명하여야 하며, ESFR의 경우에는 여기에 ADD, RDD를 설명하여야 합니다.

3. 실제 답안지에 작성해보기

문 3-5) ESFR(Early Suppression Fast Response) 헤드 설치장소의 구조기
준 및 헤드의 특징에 대하여 설명

1. 개요

정의	ESFR(화재조기진압용 스프링클러헤드)란 특정 높은 장소의 화재위험에 대하여 조기에 진화할 수 있도록 설계된 스프링클러헤드를 말함
메커니즘	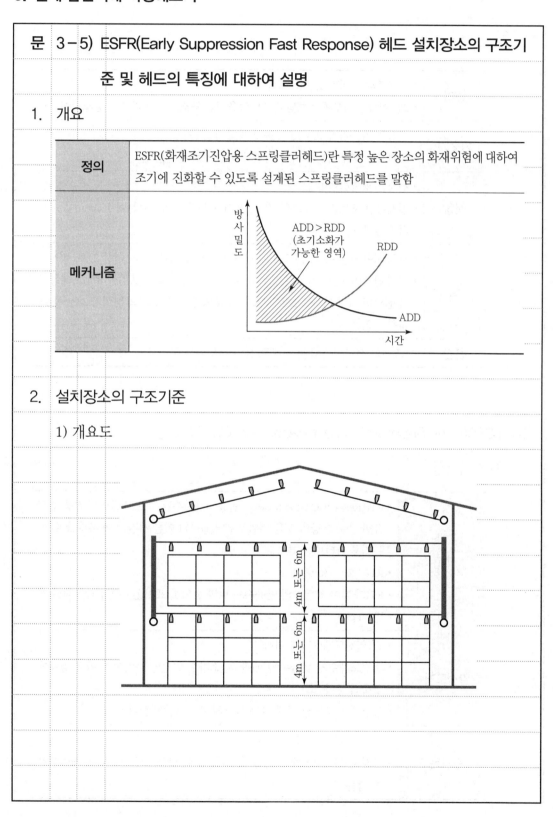

2. 설치장소의 구조기준

1) 개요도

2) 설치장소의 구조기준

높이	• 해당층의 높이가 13.7m 이하 • 2층 이상일 경우에는 해당층의 바닥을 내화구조로 하고 다른 부분과 방화구획
기울기	• 천장의 기울기가 168/1,000을 초과하지 않을 것 • 초과하는 경우에는 반자를 지면과 수평으로 설치할 것
천장	• 천장은 평평하여야 함 • 철재나 목재트러스 구조인 경우, 철재나 목재의 돌출부분이 102mm를 초과하지 않을 것
보	• 보로 사용되는 목재, 콘크리트, 철재 사이의 간격은 0.9m 이상 2.3m 이하 • 보의 간격이 2.3m 이상인 경우에는 화재조기진압용 스프링클러헤드의 동작을 원활히 하기 위하여 보로 구획된 부분의 천장 및 반자의 넓이가 28m²를 초과하지 않을 것
선반	창고 내의 선반의 형태는 하부로 물이 침투되는 구조로 할 것

3. ESFR(Early Suppression Fast Response) 헤드의 특징

1) 감지특성

RTI	• RTI(Response Time Index : 반응시간지수)는 스프링클러의 작동에 필요한 충분한 양의 열을 주위로부터 얼마나 빠른 시간 내에 흡수할 수 있는지를 나타내는 특성값 • RTI : 20~36 이하 • RTI가 낮아 감열체의 반응속도 빨라 동일한 표시온도에서 감열체의 개방 빠름
열전도계수	• C(열전도계수) : 1 이하 • 열전도계수가 낮을수록 배관 및 소화수 열전달 능력이 낮아 감열체에 열축적 증가 • 감열체의 축적된 열에 따라 감열체 개방시간이 짧아짐
표시온도	• T_m(표시온도) : 74℃ 이하 • 표시온도는 감열체 정온점으로 정온점이 낮을수록 감열체의 개방시간이 짧음

2) 방사특성

최대층고와 방호대상물의 적재높이에 따라 다양한 K – Factor를 적용

최대층고	최대저장 높이	화재조기진압용 스프링클러헤드				
		K = 360 하향식	K = 320 하향식	K = 240 하향식	K = 240 상향식	K = 200 하향식
13.7m	12.2m	0.28	0.28	–	–	–
13.7m	10.7m	0.28	0.28	–	–	–
12.2m	10.7m	0.17	0.28	0.36	0.36	0.52
10.7m	9.1m	0.14	0.24	0.36	0.36	0.52
9.1m	7.6m	0.10	0.17	0.24	0.24	0.34

"끝"

1. 문제

구획실 화재(환기구 크기 : 1m×2m)에서 플래시 오버 이후 최성기화재(800℃로 가정)의 에너지 방출률을 구하시오.(단, 연료가 퍼진 바닥면적은 12m². 가연물의 기화열은 2kJ/g, 평균 연소열 $\triangle H_c$ =20kJ/g, Stefan Boltzman 상수(σ)=5.67×10^{-8} W/m² · K⁴이다.)

2. 시험지에 번호 표기

구획실 화재(환기구 크기 : 1m×2m)에서 플래시 오버 이후 최성기화재(800℃로 가정)의 에너지 방출률을 구하시오.(단, 연료가 퍼진 바닥면적은 12m². 가연물의 기화열은 2kJ/g, 평균 연소열 $\triangle H_c$ =20kJ/g, Stefan Boltzman 상수(σ)=5.67×10^{-8} W/m² · K⁴이다.)

3. 실제 답안지에 작성해보기

문 3-6) 플래시 오버 이후 최성기화재(800℃로 가정)의 에너지 방출률

1. 에너지 방출률

정의	• 연소반응이 열을 발생시키는 속도를 의미 • 열방출률＝열방출속도＝에너지
관계식	$\dot{Q} = \dot{m}'' A \triangle H_c = \dfrac{\dot{q}''}{L} A \triangle H_c$ 여기서, $\dot{m}''$: 연소속도(g/sm²), A : 면적(m²), $\dot{q}''$: 순수열유속(W/m²), L : 기화열(kJ/g), $\triangle H_c$: 유효연소열(kJ/g)
계산조건	• $\dot{q}'' = \sigma T^4 = 5.67 \times 10^{-8} \times (800 + 273)^4 = 75,159.17(\text{W/m}^2) = 75.16(\text{kW/m}^2)$ • L : 2kJ/g • A : 12m² • $\triangle H_c$: 20kJ/g
계산	$Q = \dfrac{\dot{q}''}{L} A \triangle H_c = \dfrac{75.16}{2} \times 12 \times 20 = 9,019.2\,(\text{kW}) = 9.02\,(\text{MW})$
답	9.02MW

"끝"

1. 문제

이산화탄소소화설비 호스릴방식의 설치장소 및 설치기준에 대하여 설명하시오.

2. 시험지에 번호 표기

이산화탄소소화설비 호스릴방식(1)의 설치장소(2) 및 설치기준(3)에 대하여 설명하시오.

Tip 이산화탄소소화설비 화재안전성능기준 NFPC 106에 규정된 내용이며, 호스릴의 특성상 사람이 직접 화점에 방사하는 이산화탄소소화설비로서 이산화탄소의 독성에 의해 밀폐된 곳에서 사용을 제한하고 있습니다. 따라서 이러한 개념을 가지고 답을 작성해 나가야 합니다.

3. 실제 답안지에 작성해보기

문 4-1) 이산화탄소소화설비 호스릴방식의 설치장소 및 설치기준에 대하여 설명하시오.

1. 개요

개요도	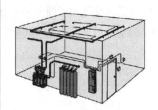   [전역방출방식]　　　　　[국소방출방식]　　　　[호스릴방식]
정의	CO_2 가스를 사용하여 초기 화재 초기 진압을 위한 소화장치이며, 방호구역에 설치하여 화재 시 호스를 소화대상물까지 관계인이 끌어 당겨 직접 방사하여 소화하는 방식

2. 설치장소

1) 이산화탄소의 위험성

	농도	신체 이상증상
농도별 영향	2%	불쾌감
	3%	호흡수가 늘어나며, 호흡이 가빠짐
	4%	눈, 목의 점막에 자극
	8%	두통, 귀울림, 어지럼증, 혈압상승 등
	9%	호흡이 곤란해진다.
	10%	구토, 실신
	20%	시력장애, 몸이 떨리며 1분 이내 실신
위험성	• 이산화탄소는 마취성 가스로서 인체에 치명적 • 이산화탄소 농도에 노출되면 졸음, 두통, 지루함 등을 느끼게 됨 • 탄소를 포함한 연소물질이 불연소하여 발생함 • 중독되면 두통, 메스꺼움, 현기증, 방향감각 상실 등을 느끼며 고농도에 중독되면 뇌조직 및 신경계통을 손상시켜 사망	

2) 설치장소의 기준

설치장소	기준
조건	• 화재 시 현저하게 연기가 찰 우려가 없는 장소 • 차고 또는 주차의 용도로 사용되는 부분 제외
지상1층, 피난층	지상 1층 및 피난층에 있는 부분으로서 지상에서 수동 또는 원격조작에 따라 개방할 수 있는 개구부의 유효면적의 합계가 바닥면적의 15% 이상이 되는 부분
전기설비등	• 전기설비가 설치되어 있는 부분 • 다량의 화기를 사용하는 부분(해당 설비의 주위 5m 이내의 부분을 포함한다)의 바닥면적이 해당 설비가 설치되어 있는 구획의 바닥면적의 5분의 1 미만이 되는 부분

3. 설치기준

수평거리	방호대상물의 각 부분으로부터 하나의 호스접결구까지의 수평거리가 15m 이하가 되도록 할 것
방사량	노즐은 20℃에서 하나의 노즐마다 분당 60kg 이상의 소화약제를 방사할 수 있는 것으로 할 것
저장용기	소화약제 저장용기는 호스릴을 설치하는 장소마다 설치할 것
개방밸브	소화약제 저장용기의 개방밸브는 호스의 설치장소에서 수동으로 개폐할 수 있는 것으로 할 것
표지	• 소화약제 저장용기의 가장 가까운 곳의 보기 쉬운 곳에 표시등을 설치 • 호스릴 이산화탄소소화설비가 있다는 뜻을 표시한 표지를 할 것

"끝"

1. 문제

> 임시소방시설의 화재안전기준 제정이유와 임시소방시설의 종류별 성능 및 설치기준에 대하여 설명하시오.

Tip 전회차에서 화기위험작업을 풀이할 때 대상 등은 설명하였으며, 성능기준만 정리하면 될 듯 합니다.

1. 문제

> 특수가연물의 정의, 품명 및 수량, 저장 및 취급기준, 특수가연물 수량에 따른 소방시설의 적용에 대하여 설명하시오.

122회

Tip 법 개정 이전에 출제가 되었던 문제입니다. 저장 및 취급기준이 개정되었고, 이후에도 출제 가능성이 높으므로 정리를 할 필요가 있습니다.

1. 문제

(초)고층 건축의 화재 시 연돌효과(Stack Effect)의 발생원인 및 문제점을 기술하고, 연돌효과 방지대책을 소방측면, 건축계획측면, 기계설비측면으로 각각 설명하시오.

2. 시험지에 번호 표기

(초)고층 건축의 화재 시 연돌효과(Stack Effect)(1)의 발생원인(2) 및 문제점(3)을 기술하고, 연돌효과 방지대책을 소방측면, 건축계획측면, 기계설비측면(4)으로 각각 설명하시오.

3. 실제 답안지에 작성해보기

문 4-4) 연돌효과의 발생원인 및 문제점을 기술하고, 연돌효과 방지대책을 소방측면, 건축계획측면, 기계설비측면으로 각각 설명

1. 개요

① 연돌효과란 외부의 찬 공기가 빌딩 하부로 유입되고 동시에 위로 올라간 빌딩 내부의 따뜻한 공기가 빌딩 상부에서 배출되는 현상

② 화재 발생 시 연기 및 화염의 급속한 확산이 발생하는 등 문제가 있어 이에 대한 대책이 필요함

2. 연돌효과의 발생원인

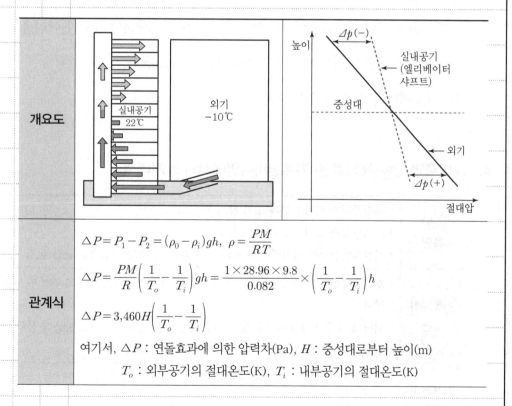

개요도	(개요도)
관계식	$\triangle P = P_1 - P_2 = (\rho_0 - \rho_i)gh, \ \rho = \dfrac{PM}{RT}$ $\triangle P = \dfrac{PM}{R}\left(\dfrac{1}{T_o} - \dfrac{1}{T_i}\right)gh = \dfrac{1 \times 28.96 \times 9.8}{0.082} \times \left(\dfrac{1}{T_o} - \dfrac{1}{T_i}\right)h$ $\triangle P = 3,460H\left(\dfrac{1}{T_o} - \dfrac{1}{T_i}\right)$ 여기서, $\triangle P$: 연돌효과에 의한 압력차(Pa), H : 중성대로부터 높이(m) T_o : 외부공기의 절대온도(K), T_i : 내부공기의 절대온도(K)

발생 원인	• 평상시 실내온도 > 실외온도일 때 　- 중성대 상부에는 분출되려는 압력(+), 중성대 하부는 인입되려는 압력(-)이 　　발생 　- 기류가 수직공간을 통해 상부로 이동 • 화재 시 연돌효과 　- 화재로 인한 열방출은 공기의 온도를 상승시켜 화재실공기의 밀도를 줄임 　- 그로 인한 부력이 발생되며 수직 상승 기류의 힘은 증대되어 상부에서는 외부 　　로 방출되는 압력이 상승, 하부에서는 외부의 공기가 하부로 인입됨

3. 연돌효과 발생 시 문제점

① 화염전파, 연기의 전파로 화재의 확산, 연기에 의한 피난안전성 저하

② 제연설비의 성능을 고려한 급·배기 풍량의 적정량 공급이 어려움

③ 밀도차에 의한 압력의 변화로 피난 시 출입문의 정상적인 개폐가 어려움

④ 밀도차에 의한 압력의 변화로 엘리베이터 문의 오동작

⑤ 소음, 에너지 손실, 불쾌감 유발

4. 소방측면, 건축계획측면, 기계설비측면에서의 방지대책

소방 측면	• 특수감지기 설치 : 화재 조기 감지 • 스프링클러 설치 : 초기 소화 유도 • 거실제연설비를 설치하여 고온의 기류 배출, 급기 및 가압으로 균압 유지
건축계획 측면	• E/V 승강로, 샤프트 등 바람의 효과가 적은 위치 배치와 방화구획 관통부 부분 　밀폐 • 외벽의 기밀성 향상 및 1층 및 피난층 출입구를 작게 설치하고 방풍실 설치 • 건물 상층부 개구부 설치 지양하며, 승강기 기계실의 기밀화
기계설비 측면	• 화재신호에 따른 공조설비, 환기설비 인터록 설정으로 정지 • 방화댐퍼 기밀도 향상 • 단일실 단일 UNIT 설치로 층간 덕트 설치 지양

"끝"

1. 문제

어떤 빌딩이 스프링클러설비와 소방서에 자동으로 울리는 알람 시스템에 의해 화재에 대해 보호되고 있다. 다음 조건에 따라 화재진압 실패 확률을 결함수 분석에 의해 계산하고 스프링클러 설비와 알람 시스템을 설치하는 이유를 설명하시오.(단, 연간 화재발생확률은 0.005회이고, 만약 화재가 발생한다면 스프링클러 설비가 작동할 확률은 97%이고, 소방서에서 알람이 울릴 확률은 98%이며, 스프링클러에 의해 효과적으로 화재를 진압할 확률은 95%이다. 또한 소방서에서 알람이 울리면 소방관은 성공적으로 99%의 화재진압을 할 수 있다.

1. 문제

가솔린의 증발속도와 가솔린 화재에서의 화재플럼(Fire Plume) 속도를 비교하여 설명하시오.(단, 가솔린은 최고 연소유속으로, 가솔린 증기 밀도는 공기의 2배로, 화재플럼의 높이는 1m로 가정한다.)

2. 시험지에 번호 표기

가솔린의 증발속도(1)와 가솔린 화재에서의 화재플럼(Fire Plume) 속도(2)를 비교(3)하여 설명하시오.(단, 가솔린은 최고 연소유속으로, 가솔린 증기 밀도는 공기의 2배로, 화재플럼의 높이는 1m로 가정한다.)

3. 실제 답안지에 작성해보기

문 4-6) 가솔린의 증발속도와 가솔린 화재에서의 화재플럼(Fire Plume) 속도를 비교하여 설명

1. 가솔린의 증발속도

관계식	$V_e = \dfrac{\text{최대연소질량속도}}{\text{공기밀도 2배}}$
계산조건	• 공기밀도 : 1,200g/m³ • 가솔린의 최대연소질량 속도 : 55g/m²s
계산	$V_e = \dfrac{55\text{g/m}^2\text{s}}{2,400\text{g/m}^3} \fallingdotseq 0.023\text{m/s}$
답	0.023m/s

2. 가솔린 화재플럼의 속도

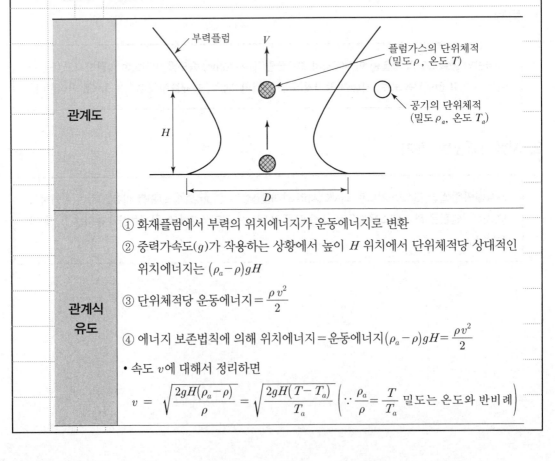

관계도	(부력플럼, V, 플럼가스의 단위체적(밀도 ρ, 온도 T), 공기의 단위체적(밀도 ρ_a, 온도 T_a), H, D)
관계식 유도	① 화재플럼에서 부력의 위치에너지가 운동에너지로 변환 ② 중력가속도(g)가 작용하는 상황에서 높이 H 위치에서 단위체적당 상대적인 위치에너지는 $(\rho_a - \rho)gH$ ③ 단위체적당 운동에너지 $= \dfrac{\rho v^2}{2}$ ④ 에너지 보존법칙에 의해 위치에너지=운동에너지 $(\rho_a - \rho)gH = \dfrac{\rho v^2}{2}$ • 속도 v에 대해서 정리하면 $v = \sqrt{\dfrac{2gH(\rho_a - \rho)}{\rho}} = \sqrt{\dfrac{2gH(T - T_a)}{T_a}} \left(\because \dfrac{\rho_a}{\rho} = \dfrac{T}{T_a} \text{ 밀도는 온도와 반비례} \right)$

계산	$v = \sqrt{\dfrac{2(2-1) \times 9.8 \times 1}{1}} = 4.4\text{m/s}$
답	4.4m/s

3. 증발속도와 플럼속도의 비교

구분	증발속도	플럼속도	비교
가솔린	0.023	4.4	플럼의 상승속도가 증발속도보다 약 190배 빠름

4. 상관관계

① 가솔린 증발속도와 플럼의 상승속도를 비교해 보면 $\dfrac{4.4}{0.023} ≒ 190$배 이상으로 화재플럼의 연소속도가 더욱 더 지배적임

② 이에 따라 부력에 의한 연소 생성물의 상승으로 공기인입 발생

"끝"

소방기술사 기출문제풀이 1

발행일 | 2024. 6. 20   초판발행

저 자 | 배상일, 김성곤
발행인 | 정용수
발행처 | 예문사

주 소 | 경기도 파주시 직지길 460(출판도시) 도서출판 예문사
T E L | 031) 955 – 0550
F A X | 031) 955 – 0660
등록번호 | 11 – 76호

정가 : 58,000원

ISBN 978-89-274-5480-9 13530